城乡规划领域 GIS 应用教程

陈秋晓　沈晨莹　王彦春　戴企成　著

ZHEJIANG UNIVERSITY PRESS
浙江大学出版社

图书在版编目（CIP）数据

城乡规划领域GIS应用教程 / 陈秋晓等著. —杭州：浙江大学出版社，2022.1
ISBN 978-7-308-20905-2

Ⅰ. ①城… Ⅱ. ①陈… Ⅲ. ①地理信息系统—应用—城乡规划—高等学校—教材 Ⅳ. ①TU984

中国版本图书馆CIP数据核字（2020）第248047号

城乡规划领域GIS应用教程

陈秋晓　沈晨莹　王彦春　戴企成　著

责任编辑　王元新
责任校对　阮海潮
封面设计　周　灵
出版发行　浙江大学出版社
（杭州市天目山路148号　邮政编码310007）
（网址：http://www.zjupress.com）
排　　版　杭州好友排版工作室
印　　刷　嘉兴华源印刷厂
开　　本　787mm×1092mm　1/16
印　　张　23.75
字　　数　593千
版 印 次　2022年1月第1版　2022年1月第1次印刷
书　　号　ISBN 978-7-308-20905-2
定　　价　69.00元

浙江大学出版社市场运营中心联系方式：（0571）88925591；http://zjdxcbs.tmall.com

前　言

城市规划是较早应用地理信息系统(Geographic Information System，GIS)的诸多行业之一。建设用地适建性评价、土地利用变化与模拟、公共服务设施布局优化、规划实施评价与监测、规划选址分析、规划方案比选、竖向设计与土方计算、视线与视廊分析等城市规划领域的典型应用均离不开GIS。城市规划管理信息系统、城市规划决策支持系统等规划行业的应用系统，其底层大多是GIS。

2012年，城市规划从二级学科升格为一级学科，并更名为城乡规划，本科指导性专业规范也于次年做了调整，地理信息系统应用课程被列入城乡规划本科专业的十门核心课程之一。2018年，国家大部制改革之后，城乡规划纳入国土空间规划体系中，国土空间规划的“一图、一库、一平台”均离不开GIS，GIS的地位更加突出。与此同时，随着移动互联网产业的发展和移动定位服务日臻完善，时空大数据的应用场景不断拓展，基于GIS的时空大数据分析成为规划从业人员的必备技能。地理信息系统应用课程的教学内容应切合时代和行业发展的要求，不断更新。

本教材面向城乡规划本科专业的地理信息系统应用课程，在介绍GIS基础知识的基础上，以实际问题为导向，基于规划设计实务和规划研究课题，编写了地理信息系统在城乡规划领域的典型应用案例，力求在涵盖传统规划领域GIS应用的基础上，结合国土空间规划体系变革、移动互联网日益普及的新形势，将GIS的应用案例延伸到国土空间规划、时空大数据分析等应用场景，以提升读者应用空间分析技术解决城乡规划领域实际问题的能力。除此之外，本教材还为空间分析的高级应用提供了模型构建和脚本编程等扩展内容，以提高数据处理的自动化水平，并解决一些复杂应用问题。

本教材共15章，整体安排如下：第1章概述了GIS基本含义与发展历程，介绍了GIS在城乡规划领域中的应用及其重要意义，阐述了GIS的基本功能和发展趋势。第2章介绍了ArcGIS的系列产品，特别是Desktop产品及功能。第3章介绍了常用的数据转换类型与方法，包括将CAD数据转换为ArcGIS矢量数据、ArcGIS矢量数据间的相互转换、矢量和栅格数据间的相互转换等。第4章介绍了数据符号化、地图注记和专题地图制作的基本要点和专题图的制作过程。第5章介绍了几何图形的创建与编辑方法、拓扑创建及错误修正、属性表的常用操作、居住小区容积率测算和行政单元属性数据挂接等案例。第6章介绍了投影相关的基本概念、常用的地理坐标系和投影坐标系，以及若干个常见的坐标系转换案例。第7章介绍了地理配准和空间校正的相关概念、校正和配准的相关技能。第8章介绍了面向矢量数据的邻近分析、叠置分析，以及总规实施评价案例。第9章介绍了面向栅格数据的典型空间分析工具及相关案例。第10章介绍了三维分析的基本知识，并通过具体的案例展示了若干典型的三维分析功能。第11章介绍了网络分析的基本概念，并通过实例较详细地介绍了网络数据集创建，以及如何运行网络分析方法来评价与优化公共服务设施布局。

第12章介绍了空间句法的基本概念和原理，以及如何利用空间句法分析软件 Axwoman 实现城市街道的轴线分析。第13章介绍了地理处理的两大主要内容：ModelBuilder 和 ArcPy，前者可实现空间数据处理工作流的可视化表达和重复使用；后者可高效简洁实现处理任务自动化。第14章介绍了一个应用于国土空间双评价的栅格分析综合案例。第15章介绍了百度POI和高德交通态势数据的获取与分析方法。另外，本书的案例数据与上机操作资料可在每一章的首页上以扫描二维码的方式获取。

本书由陈秋晓教授负责构思和总体框架设计，并组织撰写。具体分工如下：前言由陈秋晓编写；第1章由陈秋晓、王晨、娄格、张柯炜撰写；第2章由吴佳一、张柯炜撰写；第3章由王彦春、陈秋晓、吴佳一撰写；第4章由陈秋晓、王彦春撰写；第5章由陈秋晓、吴佳一、王彦春撰写；第6章由陈秋晓、常丰镇撰写；第7章由沈晨莹、王彦春撰写；第8章由陈秋晓、王彦春撰写；第9章由沈晨莹、戴企成撰写；第10章由沈晨莹、陈秋晓撰写；第11章由娄格、和震霆撰写；第12章由王彦春撰写；第13章由陈秋晓、戴企成撰写；第14章由沈晨莹、陈秋晓撰写；第15章由张柯炜、陈秋晓撰写。本书编写自2017年6月开始，经多次修订完善，增加案例，最终由陈秋晓教授于2020年12月初统稿和修改成书。

本书是作者多年来面向城乡规划专业授课的积累，也是多年来相关研究成果面向教学的应用。本书先后受国家国际科技合作项目、国家重点研发计划项目、2018年浙江大学本科生院校级本科教材立项项目等多个项目的资助，在此一并致谢。

作者

2021年5月于杭州

目　　录

第 1 章　地理信息系统概述 ………… 1

1.1　地理信息系统的基本概念 ………… 1
1.2　地理信息系统的发展历程 ………… 2
1.3　GIS 的功能 ………… 5
1.4　GIS 的发展趋势 ………… 6
1.5　本书的一些约定 ………… 7
1.6　本章小结 ………… 8

第 2 章　ArcGIS 简介 ………… 9

2.1　ArcGIS 系列产品 ………… 9
2.2　ArcGIS for Desktop ………… 10
2.3　本章小结 ………… 18

第 3 章　空间数据格式转换 ………… 19

3.1　ArcGIS 的常用数据格式简介 ………… 19
3.2　CAD 数据转换为 ArcGIS 矢量数据 ………… 21
3.3　ArcGIS 矢量数据间的相互转换 ………… 39
3.4　矢量和栅格数据间的转换 ………… 42
3.5　本章小结 ………… 44

第 4 章　空间数据的可视化 ………… 45

4.1　要素的符号化 ………… 45
4.2　地图注记 ………… 45
4.3　城市专题地图制作 ………… 46
4.4　本章小结 ………… 67

第 5 章　空间数据编辑和管理 ………… 69

5.1　几何图形创建和编辑 ………… 69
5.2　拓扑创建和编辑 ………… 76
5.3　拓扑创建和编辑实例 ………… 78
5.4　属性表的常用操作 ………… 82

5.5 空间数据管理…… 85
5.6 案例1居住小区容积率测算 …… 86
5.7 案例2行政单元属性数据挂接 …… 93
5.8 本章小结…… 96

第6章 投影变换 …… 97

6.1 基本概念…… 97
6.2 ArcGIS坐标系简介 …… 99
6.3 投影变换 …… 102
6.4 本章小结 …… 113

第7章 地理配准和空间校正…… 114

7.1 地理配准 …… 114
7.2 空间校正 …… 122
7.3 本章小结 …… 135

第8章 矢量数据的空间分析…… 136

8.1 邻近分析 …… 136
8.2 叠置分析 …… 145
8.3 案例S市总规实施评估 …… 147
8.4 本章小结 …… 160

第9章 栅格数据的空间分析…… 161

9.1 相关的基本操作 …… 161
9.2 案例1村庄发展条件评价 …… 174
9.3 案例2城区土地价值评价 …… 192
9.4 本章小结 …… 206

第10章 三维分析 …… 207

10.1 三维分析概要…… 207
10.2 案例1构建数字高程模型 …… 210
10.3 案例2视线分析和视域分析 …… 217
10.4 案例3三维可视化 …… 220
10.5 案例4地块和道路填挖方计算 …… 225
10.6 本章小结…… 233

第11章 网络分析 …… 234

11.1 概 述…… 234
11.2 网络数据集…… 236

11.3　案例 基础教育设施布局评价与优化 …… 243
11.4　本章小结 …… 268

第12章　空间句法的应用 …… 269

12.1　空间句法简介 …… 269
12.2　案例 基于 Axwoman 的空间句法分析 …… 271
12.3　本章小结 …… 277

第13章　地理处理框架 …… 278

13.1　ModelBuilder 简介 …… 278
13.2　案例 新学校选址 …… 282
13.3　ArcPy …… 293
13.4　Python 脚本案例 …… 300
13.5　本章小结 …… 305

第14章　双评价 …… 306

14.1　案例概述 …… 306
14.2　案例1 某县级市生态适宜性评价 …… 307
14.3　案例2 某县级市建设适宜性评价 …… 320
14.4　本章小结 …… 327

第15章　城乡规划大数据获取与分析 …… 328

15.1　概　述 …… 328
15.2　百度 POI 数据获取与分析 …… 328
15.3　交通态势数据获取与分析 …… 343
15.4　本章小结 …… 356

附　录 …… 357

附录1　工具英中对照表 …… 357
附录2　工具中英对照表 …… 361
附录3　重要概念中英对照表 …… 365
附录4　ArcPy 函数列表 …… 368

第1章　地理信息系统概述

地理信息系统是以地理空间数据为基础，采用地理模型分析方法，适时地提供多种空间的和动态的地理信息，对各种地理空间信息进行收集、存储、分析和可视化表达，是一种为地理研究和地理决策服务的计算机技术系统。

1.1　地理信息系统的基本概念

地理信息系统既是管理和分析空间数据的应用工程技术，又是跨越地球科学、信息科学和空间科学的应用基础学科。

1.1.1　地理信息的含义

地理数据是直接或间接关联着相对于地球的某个地点的数据，是表示地理位置、分布特点的自然现象和社会现象的诸要素文件。地理信息是地理数据所蕴含和表达的地理含义，是与地理环境要素有关的物质的数量、质量、性质、分布特征、联系和规律的数字、文字、图像和图形等的总称。

地理信息的标志性特征：

(1)空间性，即将信息与坐标位置联系在一起，使信息具有空间维(二维、三维)；

(2)动态性(时间性)，随时间而动态变化，具有时间维；

(3)分布性，地理信息分布在不同区域，具有分布性(网络)。

1.1.2　地理信息系统内涵的发展

地理信息系统(Geographic Information System, GIS)又称为“地学信息系统”或“资源与环境信息系统”，它是在计算机硬、软件系统支持下，对整个或部分地球表层(包括大气层)空间中的有关地理分布数据进行采集、储存、管理、运算、分析、显示和描述的技术系统。

GIS 发展至今，内涵发生了三个阶段的变化，即 GISystem、GIScience 和 GIService。

地理信息系统(Geographic Information System, GISystem)：第一个可操作的 GIS 是在 20 世纪 60 年代初由 Tomlinson 开发的加拿大地理信息系统(CGIS)。CGIS 作为一种土地资源调查的工具，用于分析加拿大的土地资源总量和各类土地利用数据。1987 年，《国际地理信息系统杂志》(*International Journal of Geographic Information Systems*)的创办，反映了这一时期 GIS 内涵的工具或系统特征。

地理信息科学(Geographic Information Science, GIScience)：1992 年，美国加州大学

M. F. Goodchild 教授提出地理信息科学的概念。1995 年,美国大学地理信息科学协会提出地理信息科学的十大优先研究课题,1997 年,《国际地理信息系统杂志》,更名为"*International Journal of Geographic Information Science*"。

地理信息服务(Geographic Information Service, GIService):20 世纪 90 年代以后,特别是进入 21 世纪以来,随着 GIS 与主流 IT 技术及无线电通信技术的加速融合,GIS 内涵又拓展为地理信息服务(GIService)。GIS 已经从早期的数据存储管理和查询检索,演进到区域系统空间分析、动态模拟和辅助决策,并正在向着个人生活服务和以地理信息服务为中心的新阶段发展。

GISystem、GIScience 和 GIService 的发展变化,体现了 GIS 内涵的发展过程,也反映了 GIS 的实用化、科学化和人性化的演变。

1.2 地理信息系统的发展历程

地理信息系统的发展已近六十年,用户的需要、技术的进步、应用方法的改善及创新、有关组织机构的建立等因素,均对地理信息系统的发展产生了深远的影响。下面从国外和国内两个方面来阐述 GIS 的发展历程。

1.2.1 国外发展历程回顾

国外 GIS 发展大致可概括为以下五个阶段。

1. 20 世纪 60 年代:GIS 发展的摇篮时期

1963 年,加拿大测量学家 R. F. Tomlinson 首先提出了"地理信息"这一术语,并于 1971 年建立了世界上第一个 GIS——加拿大地理信息系统(CGIS),用于自然资源的管理和规划。稍后,美国哈佛大学研究出 SYMAP 系统软件。由于当时计算机水平的限制,使得 GIS 带有更多的机助制图色彩,地学分析功能极为简单。与此同时,国外许多与 GIS 有关的组织和机构纷纷建立。例如,美国于 1966 年成立了城市和区域信息系统协会(URISA),三年后设立了州信息系统全国协会(NASIS),国际地理联合会(IGU)也于 1968 年设立了地理数据收集和处理委员会(CGDSP)。这些组织和机构的建立对传播 GIS 知识、发展 GIS 技术起到了重要的推动作用。

2. 20 世纪 70 年代:GIS 的迅速发展时期

20 世纪 70 年代以后,由于计算机硬件和软件技术的飞速发展,促使 GIS 朝着实用方向迅速发展,一些发达国家先后建立了多个专业性的土地信息系统和地理信息系统。例如,1970—1976 年,美国地质调查局就建成 50 多个 GIS,加拿大、联邦德国、瑞典和日本等国也相继发展了自己的 GIS。与此同时,一些商业公司开始活跃起来,软件在市场上受到欢迎,许多大学和研究机构开始重视 GIS 软件设计及应用的研究。

3. 20 世纪 80 年代:GIS 的普及应用推广时期

由于计算机行业推出了图形工作站和 PC 机等性价比大为提高的新一代计算机,这为 GIS 普及和推广应用提供了硬件基础。GIS 软件的研制和开发也取得了长足的进步,涌现出一些有代表性的 GIS 软件，如 Arc/Info、Genamap、MGE 等。GIS 的普及和推广应用又使得其理论研究不断完善，GIS 理论、方法和技术日趋成熟，开始致力于解决全球性问题，如全球沙漠化、全球可居住区的评价、厄尔尼诺现象、酸雨、核扩散及核废料等。

4. 20 世纪 90 年代：GIS 融入 IT 产业

随着信息高速公路的开通，地理信息的产业初具规模，GIS 深入各行各业，为科学界、技术界、商业界以及社会经济管理等领域的进步和发展发挥了较强的推动作用。

5. 进入 21 世纪：GIS 融合发展

21 世纪是科学与技术一体化的信息时代，GIS 技术进一步与遥感(RS)技术、全球定位系统(GPS)和国际互联网(Internet)等现代信息技术进行高度融合，并且逐渐形成以 GIS 技术为核心的集成化的技术体系。随着移动互联网的快速发展与普及，海量的时空大数据为 GIS 的发展提供了前所未有的广阔舞台。

1.2.2 国内 GIS 发展回顾

与国外相比，国内 GIS 发展相对晚一些，但进步较快，特别是从 20 世纪 90 年代以来，我国 GIS 的发展风生水起，与西方发达国家的差距日益缩小。概括而言，国内 GIS 的发展经历了以下几个阶段：

1. 20 世纪 70 年代：GIS 起步

陈述彭院士在 1977 年率先提出了开展我国地理信息系统研究的建议，当时我国 GIS 处于发展的起步阶段。

2. 20 世纪 80 年代：GIS 应用试验

1987 年，北京大学遥感所研发出了中国第一套 GIS 基础软件 PURSIS。这期间，我国在 GIS 理论探索、规范探讨、软件开发和系统建立等方面取得了突破和进展，进行了一些典型试验和专题试验软件的开发工作。

3. 20 世纪 90 年代：国产 GIS 涌现

20 世纪 90 年代，涌现了一批具有中国自主知识产权的 GIS 基础软件，包括北京大学的 CityStar、武汉测绘学院的 GeoStar、中国地质大学的 MapGIS、中国科学院地理研究所的 APSIS、中国林业科学研究院的 WinGIS 和北京超图软件公司的 SuperMap 等。1994 年，中国地理信息系统协会成立，标志着 GIS 行业地位受到社会各界的广泛重视。

同期，MapInfo、Arc/Info、Intergraph 等美国 GIS 软件产品先后进入中国市场，推动了 GIS 软件在各个行业的应用。国内 GIS 基础软件在模仿和跟踪国际商用 GIS 软件的同时，不断成长和进步。

4. 21 世纪：GIS 广泛应用

进入 21 世纪以来，GIS 的应用几乎渗透到各级政府、各个行业和部门。随着高分辨率对地观测技术的不断进步，摄影测量技术的不断进步，移动互联网技术的不断升级，海量的时空数据为 GIS 的应用提供了前所未有的广阔舞台。目前，无论是政府决策、企业运维还是市民生活，GIS 均不可或缺，它日益成为影响社会发展的应用平台。

1.2.3 GIS在城乡规划领域的应用

GIS应用于城市研究始于20世纪70年代初，至今已有近50年的发展历史。目前，不少国家已将GIS作为城市的基础设施之一，用于城市动态管理和规划发展，并将其作为对城市重大问题和突发事件进行科学决策的现代化手段之一。而随着GIS技术的不断进步，并结合各类新兴技术，其在城乡规划中的应用不断深入，典型的应用如下。

1. 城乡规划管理与决策

GIS以其强大的空间存储和信息管理功能在规划管理与决策方面得到了良好的应用。利用GIS可以把规划管理部门批准的用地许可资料记录到图形、属性数据库里，以电子地图为背景，可随时查询、统计。同时，也可以把管理工作的一些规划依据，如道路红线、控制性详细规划、文物保护、市政工程等方面的限制因素输入计算机，为地块红线划定、土地出让条件的制定、用地审批等规划管理工作带来便利，进而提高建设项目的审批质量和管理效率。

近年来，三维GIS在规划管理部门的应用不断深入。三维GIS以其良好的数据管理和可视化分析能力，结合BIM模型丰富的几何、语义信息，为城市建设、规划审批提供了可靠的解决方案，成为智慧城市建设的新模式。通过采用3DGIS＋BIM与CIM创建一个虚拟的智慧城市，各种符合智慧城市建设的规划、城市智慧应用解决方案都可在虚拟的智慧城市中得到模拟仿真和分析验证。

2. 城乡规划研究

GIS技术除了拥有强大的空间数据存储和管理功能外，最大的作用在于利用空间分析技术进行各项综合分析，其强大的空间数据处理能力和多源数据的综合分析能力为深入开展多维度、多尺度的城市规划研究提供了便利。利用诸如建立缓冲区、拓扑叠加、特征提取、邻域分析等空间量测、空间分析功能，可进行诸如建设用地适建性分析、选址决策、可达性分析、设施布点等方面的研究，从而为国土空间规划双评价、规划实施评价、用地布局优化、公共服务设施配置、职住平衡等城乡规划专题研究服务。

随着各类时空大数据的不断涌现，以此为基础的GIS分析研究受到越来越多的关注。在GIS的支持下，利用大数据开展定量城市研究成为热点。这些定量研究包括：居民时空活动分析、城市增长边界划定、城镇等级体系分析、城市中心体系探究、区域公共中心探测等。

3. 城乡规划设计

在设计方面，通过和遥感数据的结合，发挥GIS对城市地理空间信息强大的管理和分析功能，可以准确计算人口密度和建筑容量，进行有关城乡规划的各项技术经济指标分析，完成城乡规划、道路拓宽改建过程中拆迁指标计算等工作，从而有效确定各类用地性质，辅助城乡用地选择和建设项目合理选址。同时，利用GIS可合理确定控制点坐标、地块标高，合理安排各项工程管线、工程构筑物的位置和用地等。

随着虚拟现实(VR)技术的不断发展，融合此技术的GIS系统可模拟出一个虚拟的环境，给规划人员打造一个可交互的、沉浸式的设计平台，通过将规划方案模拟为建成后的真实场景，发现规划中的不合理因素，从而完善规划设计方案，提高规划方案的合理性与科学性。

4. 城乡规划信息查询

除了城乡规划的专业领域外，GIS在信息查询方面的应用也可惠及普通大众。通过将城市规划相关的数据，如基础地形数据、用地许可资料、规划指标、规划成果图、文档资料等输入计算机中的数据库，即可利用空间查询功能对这些信息进行查询、检索、统计、显示、输出，实现自动化、规范化和标准化，为公众提供信息咨询服务。

1.3 GIS的功能

GIS的功能主要包括以下几个方面。

1.3.1 数据采集、输入与编辑

数据采集也称为数据获取，是将各种不同形式的地理信息转换为数字形式并输入计算机，通过数据处理构建相应的地理信息数据库，同时需确保数据在内容与空间上的完整性、数值逻辑的一致性与正确性等。主要的数据采集方法有常规地图数字化、遥感影像数据输入和通过测绘仪器或GPS获取等，通常采用矢量和栅格两种形式表达所采集的空间数据。

采集地物空间坐标等几何数据的同时，还需要输入相应的属性数据。属性数据一般通过计算机键盘输入，即在采集完某类要素的空间数据后，在数据表中集中输入相应的属性信息；也可通过导入已有数据文件的方式进行输入。属性数据通常采用数据表形式存储和管理。

1.3.2 数据的存储与管理

数据的存储与管理，是建立地理信息系统数据库的关键步骤，是GIS系统应用成功与否的关键，涉及空间数据和属性数据的组织。其主要提供空间与非空间数据的存储、查询检索、修改和更新功能。栅格模型、矢量模型或栅格矢量混合模型是常用的空间数据组织方法。空间数据结构的选择在相当程度上决定了系统所能执行的数据分析功能。数据结构确定后，在地理数据的存储与管理中，最关键的是确定空间与属性数据库的结构，以及空间数据与属性数据的连接。目前大多数GIS系统将两者分开存储，通过地物标识码来连接。采用空间分区、专题分层的数据组织方法管理空间数据，用关系数据库管理属性数据，或者用面向对象的方式来组织和管理空间数据。

1.3.3 空间查询与分析功能

空间查询是地理信息系统应具备的最基本的分析功能，而空间分析则是地理信息系统的核心功能，也是地理信息系统与其他计算机系统的根本区别。

空间查询通过查找GIS数据库来回答用户提出的地理问题，包括定位数据查询、空间关系查询和属性数据查询三种；空间分析是通过对地理数据的计算来获取新的地理信息，可分为两个层次的内容：空间拓扑叠加分析，如空间的特征（点、线、面或图像）的相交、相减、合并等，以及特征属性在空间上的连接；空间模型分析，如数字地形高程分析、缓冲区分析、网络分析、三维模型分析、多要素综合分析及面向专业应用的各种特殊模型分析等。

1.3.4 可视化表达与输出

可视化表达与输出，即空间查询或空间分析结果的制图及在输出设备上输出，是GIS的重要功能之一。通常以人机交互方式来选择显示的对象与形式，对于图形数据，根据要素的信息密集程度，可选择放大或缩小显示。GIS不仅可以输出全要素地图，也可以根据用户需要，分层输出各种专题图、统计图及数据等。

GIS的这四大基本功能，通常被设计为GIS系统的四大子系统。依托这些基本功能，经过二次开发，可建成满足特定用户解决实际问题的应用GIS，综合应用于土地利用调查，格局变化分析，交通网络规划，绿化、景观格局分析，环境状况监测等方面。

1.4 GIS的发展趋势

随着移动互联网技术的飞速发展，电子地图服务在社会各个方面广泛应用，信息获取的渠道变得越来越通畅，GIS技术的应用场景也发生了明显的变化。从人员定位到移动端地图、出行导航、物流运输，再到社会经济各领域的大数据应用，人们日常生活的各个方面都离不开GIS综合应用。传统电子地图服务已经逐步被更加便捷化、动态化、直观化、场景化的在线地图服务所替代。目前，GIS总体上呈现出信息动态化、数据集成化、服务聚合化、空间多维化、开发开源化等发展趋势。

1.4.1 信息动态化

交通流、人口出行等动态信息与地理信息紧密相关，都具备动态化、实时化的时空变化特点，传统地图服务无法满足这些动态信息的实时汇聚、呈现、分析等要求。在百度地图、高德地图等互联网地图服务商的应用中，决策部门可以利用流量数据的时空分布特点，快捷地掌握各个城市之间的人流、车流情况。利用动态化时空信息构建的地图服务，将成为互联网、政务外网的主流地理信息服务模式。

1.4.2 数据集成化

精细化、智能化、标准化是当今城市建设管理的核心要求。从目前的情况看，依靠单一技术已不能满足未来城市建设和管理的需要，多种技术间的融合和集成将是必然之路。GIS与BIM融合为城市的建设管理提供了新的方法和手段；GIS与CAD的有效结合能够实现电子绘图与可视化的动态检测，有助于实现城市的动态管理。

1.4.3 服务聚合化

近年来，在互联网环境中的Web信息服务得到了迅速的发展。各种Web信息服务已经在线化、标准化，尤其是各大互联网的地图服务。地理信息服务为各类应用提供基础数据展示与分析服务，成为各种信息应用服务聚合的基础。把互联网现存的各种Web服务整合起来，结合已有数据信息，就可以形成新的、满足不同需求的增值服务，将原有复杂的服务简化、聚合,进一步催生了新的应用需求。

在倡导用“微服务”技术来整合原有应用服务的大潮流下,基于互联网服务聚合模式,就能够在短时间内利用高效开发手段完成一个便捷化的 GIS 应用服务系统。这种服务开发模式,已经成为 GIS 应用服务的主流方向之一。

1.4.4　场景三维化

自然资源部在新型基础测绘体系建设中明确提出了建设实景三维中国的要求,许多应用领域也对三维场景的构建和分析提出了迫切的需求,诸如地下空间开发、地下管网建设、空间规划、景观分析、地质勘探等,由此引发了对三维 GIS 的研究。地理空间具备三维时空特点,大到山川河流等自然场景,小到社区内部场景。场景化三维地图不仅带来了直观形象的展示,也带来了新的思维方式,为政府实现精细化管理提供了便利。

1.4.5　开发开源化

开源 GIS 软件目前已经形成了一个比较齐全的产品线,包括老牌的综合 GIS 软件 GRASS,数据转换库 OGR、GDAL,地图投影算法库 Proj4、Geotrans,简单易用的桌面软件 Quantum GIS,基于 Java 平台的 MapTools,而 MapServer、GeoServer 则是优秀的开源 WebGIS 软件。另外,各种空间分析和模型计算工具也层出不穷。一套 GIS 的完整开发框架,包括四个组成部分:标准层、数据库层、平台层和组间层。这四个部分从下到上,从底层到高层,共同构成一个完整的体系。不同于商业 GIS 软件,开源 GIS 软件不用背负数据兼容、易用性等问题的包袱,开发者能够集中精力于功能的开发,因此开源 GIS 软件普遍功能很强,技术也非常先进,但比较系统的、可达到商用要求的开源 GIS 解决方案尚不多见。

1.5　本书的一些约定

读者扫描本书每一章首页的二维码便可下载该章的示例数据。建议读者将下载的示例数据拷贝到 C:\ArcGIS 文件夹下,以方便对照本书的案例学习相关的内容。

本书所引用的菜单项都用双引号(“”),主菜单与菜单项及子菜单项用“＞＞”连接,比如“Selection”＞＞“Select by Location”。

本书使用的 ArcToolbox 工具用“加粗的字体”进行表述,工具集和工具之间用“→”进行连接,如:Analysis Tools→Extract→Clip,首次使用某工具时会在括号中给出工具的中文名,再次使用时将不再列出中文名,用户可在附件“ArcGIS 工具名中英文对照表”中按字母顺序查找英文工具名对应的中文名。

本书中的 TOC 窗口是指 ArcMap 的 Table of Contents(内容列表)窗口,这个窗口中的数据框架名以字体加粗并加双引号(“”)的方式进行引用,图层名在引用时也同样添加双引号,但字体不加粗。例如,图 1-1 所示的 TOC 窗口内含一个“Layers”数据框架,它包含了“PlanA Roads”“PlanA Roads”“PlanA Roads”“Vegetation Type”四个图层。

在引用对话框名、对话框参数及参数取值采用以下约定:用单引号‘’、加粗的斜体和斜体来表述。例如,试图删除图 1-2 所示 sqrk2016 表中的 ID 字段,本书中将采用如下的表述:在'Delete Field'对话框的 Input Table 下拉列表中选择 *sqrk*2016,在 Drop Field 列表框中勾选 *ID*。

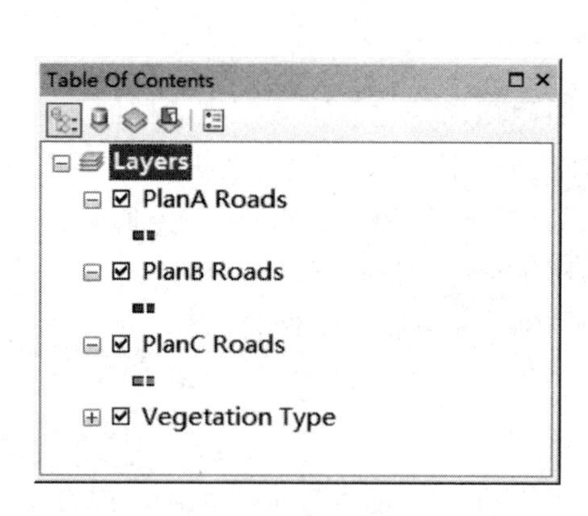

图 1-1 TOC 窗口

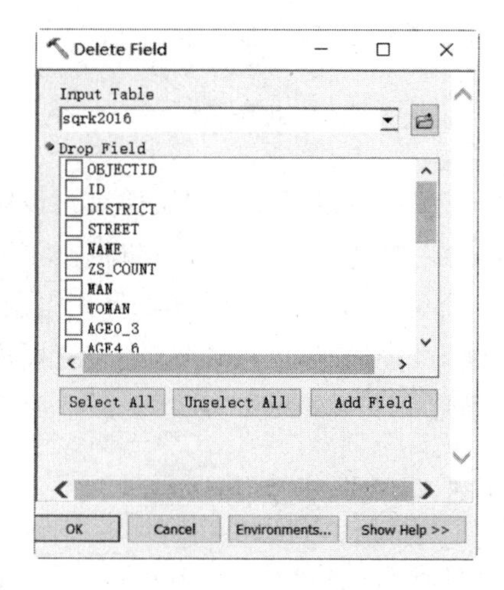

图 1-2 'Delete Field'对话框

1.6 本章小结

人类生活在地球上,80%以上的信息与地球的空间位置有关,GIS 的出现是信息技术及其应用发展到一定程度的必然产物。地理信息系统是"用于采集、存储、管理、处理、检索、分析和表达地理空间数据的计算机系统,是分析和处理海量地理数据的通用技术"。本章在概述 GIS 基本含义及其发展历程的基础上,介绍了 GIS 在城乡规划领域中的应用及其重要意义,阐述了 GIS 的四大基本功能——数据输入与编辑、数据存储与管理、空间查询与分析以及可视化表达与输出,最后简介了 GIS 的发展趋势。

第2章 ArcGIS简介

全球知名的通用型 GIS 软件产品包括 ArcGIS、GeoMedia、MapInfo Pro、AutoCAD MAP 3D、SuperMap 等。鉴于 ArcGIS 在较长时间内居于国内 GIS 市场的领先地位,其功能强、用户多、应用广、影响大,故本书主要利用 ArcGIS 软件来处理和分析空间数据。本章将以 ArcGIS 10.2 为例,介绍 ArcGIS 的系列产品,并着重介绍其中的 Desktop 产品及功能。

2.1 ArcGIS系列产品

ArcGIS 是美国环境系统研究所(Esri)在全面整合 GIS 与数据库、软件工程、人工智能、网络技术及其他多方面的计算机主流技术后所推出的系列 GIS 产品,它是一个全面的、可伸缩的 GIS 平台,旨在为用户构建一个完善的 GIS 系统提供完整的解决方案。

以 ArcGIS 10.2 为例,它包含了以下的产品。

2.1.1 ArcGIS 云平台

ArcGIS 云平台是 ArcGIS 与云计算技术相结合的最新产品。不论在 Web 制图还是资源的分享等方面,都为用户提供了前所未有的服务体验。ArcGIS 云平台提供了全方位的云 GIS 解决方案。云平台主要包括公有云 ArcGIS Online 和为微软 Office 软件量身定制的地图插件 Esri Maps for Office。

2.1.2 ArcGIS for Server

ArcGIS for Server 是基于服务器的 ArcGIS 工具,用于托管 GIS 资源(如地图、地球和地址定位器)并将它们作为服务呈现给客户端应用程序。当客户端应用请求某种特定服务时,ArcGIS for Server 产生响应并且将其返回到客户端应用。ArcGIS for Server 广泛用于企业级 GIS 以及各种 Web GIS 应用程序中,可在本地及云基础设施上配置并运行于 Windows 及 Linux 服务器环境。

2.1.3 ArcGIS for Mobile

ArcGIS for Mobile 将 GIS 从办公室延伸到了轻便灵活的智能终端和便携设备(车载、手持设备)之上。用户通过移动设备就能够随时随地查询和搜索空间数据。除了常用的定位、测量、采集、上传等 GIS 功能,还可以执行路径规划、空间分析等高级 GIS 分析功能。另外，先进的端云结合架构，让用户直接在移动端就能快速发现、使用和分享 ArcGIS Online 和 Portal for ArcGIS 中的丰富资源。

2.1.4 ArcGIS for Desktop

ArcGIS for Desktop 也称 ArcGIS 桌面版，它是为 GIS 专业人士提供的用于制作和使用信息的工具，利用它可以实现任何从简单到复杂的 GIS 任务。它的功能主要包括：高级的地理分析和处理能力、强大的编辑工具、完整的地图生产过程，以及无限的数据和地图分享体验。本书的案例基本上是在该软件产品中完成的。

2.1.5 ArcGIS 开发平台

Esri 为开发者提供了灵活多样的扩展能力，同时开放了更多立即可用的资源。功能强大的 ArcGIS Engine 开发包提供多种开发的接口，利用这些接口用户可以实现从简单的地图浏览到复杂的 GIS 编辑、分析系统的开发；Web APIs 和 Runtime SDKs 为用户提供了基于移动设备和桌面的、轻量级应用的多样化开发选择；同时提供一体化的资源帮助平台 ArcGIS REST API、ArcGIS for Developers 网站，为开发者访问各种在线资源，获取 ArcGIS 开源代码构建了方便快捷的高速通道。

2.1.6 CityEngine 三维建模产品

Esri CityEngine 是三维城市建模软件，应用于数字城市、城市规划、轨道交通、电力、建筑、国防、仿真、游戏开发和电影制作等领域。Esri CityEngine 提供的主要功能——程序规则建模，使用户可以使用二维数据快速、批量、自动地创建三维模型，并实现了"所见即所得"的规划设计。另外，与 ArcGIS 的深度集成，可以直接使用 GIS 数据来驱动模型的批量生成，这样能保证三维数据精度、空间位置和属性信息的一致性。同时，还提供如同二维数据更新的机制，可以快速完成三维模型数据和属性的更新。

由于本书的案例主要涉及 ArcGIS for Desktop 中的应用，以下仅对此部分内容予以介绍。读者若想了解 ArcGIS 的其他产品，请访问 Esri 公司的官方网站。

2.2 ArcGIS for Desktop

作为 ArcGIS 系列产品之一，ArcGIS for Desktop 包含了一套带有用户界面的 Windows 桌面应用——ArcMap、ArcCatalog、ArcGlobe、ArcScene、ArcToolbox 和 ModelBuilder，每一个应用都具有丰富的 GIS 工具。

2.2.1 ArcMap

ArcMap 是 ArcGIS for Desktop 中一个主要的应用程序，可承担所有制图和编辑任务。利用 ArcMap，也可实现查询和分析功能。ArcMap 通过一个或几个图层来表达地理信息，其地图窗口包含了许多地图元素，包括比例尺、指北针、地图标题、描述信息和图例等，上述信息可记录在扩展名为“.mxd”的地图文档中。如图2-1所示。

ArcMap窗口主要由主菜单、标准工具栏、内容列表、显示窗口和状态条五部分组成。如图2-1所示，以下简要进行介绍。

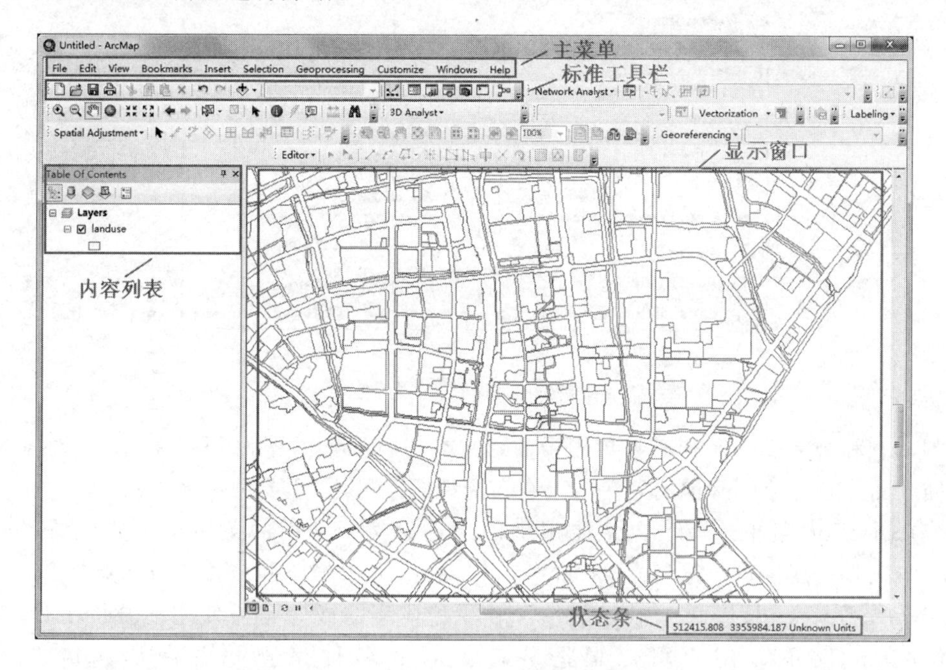

图2-1　ArcMap界面

1. 主菜单

主菜单总共有10个菜单项。其中，书签菜单可创建和管理书签；自定义菜单用于定制工具条、加载扩展模块、设定风格和设置ArcMap选项；利用窗口菜单，用户可添加全图窗口、放大窗口，帮助用户在多个尺度上编辑空间数据；当用户不清楚分析工具的具体使用方法时，可使用帮助菜单以激活帮助系统。

以下对其余的六个菜单择要进行介绍：

(1)文件菜单。该菜单的功能包括：针对地图文档的操作——新建、打开、保存，加载数据，共享与发布服务，打印和输出地图，地图属性设置，以及最近操作过的9个mxd历史文档。

(2)编辑菜单。该菜单与一般应用软件的编辑菜单类似。除此之外，还包含若干选择功能，用于选择文字、图形及其他地图装饰元素，或清除由这些要素所创建的选择集，或将地图窗口缩放到选中的地图装饰元素。

(3)View菜单。该菜单中经常使用的菜单项为“Data View”(数据视图)和“Layout View”(布局视图)，前者是任何一个数据集在选定的一个区域内的地理显示窗口，在该窗口中可对图层进行符号化显示、编辑和分析；后者也同样可显示空间数据，但其主要功能是制图，只有在该视图下，创建比例尺、图例、指北针等地图要素的相关功能才得以激活。如图2-2所示。

(4)Insert菜单。该菜单的“Data Frame”选项，用于在地图文档中插入一个新的数据框

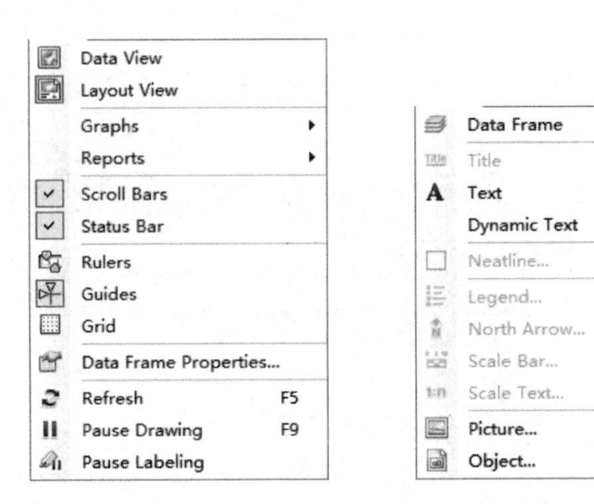

图 2-2 View 菜单界面

架。"Text"和"Dynamic Text"选项用于插入文本,"Picture"(图片)和"Object"(对象)选项用于插入图片和对象。其他的菜单项仅在布局视图下可用,主要用于地图制图。

(5)Selection 菜单。该菜单主要用来创建选择集。常用的菜单项主要是"Select By Attribute"(根据属性进行选择)、"Select By Location"(根据空间位置进行选择)。

(6)Geoprocessing 菜单。该菜单包含了一些典型的或经常被使用的分析工具。利用"Search For Tools",用户可以根据分析工具的名称来查找并激活相应的工具。"Environments"选项用来为当前的地图文档设置环境变量,此设置将作用于所有的地理处理和空间分析。而"Results"选项可理解为日志文件,经由此选项,用户可浏览处理和分析

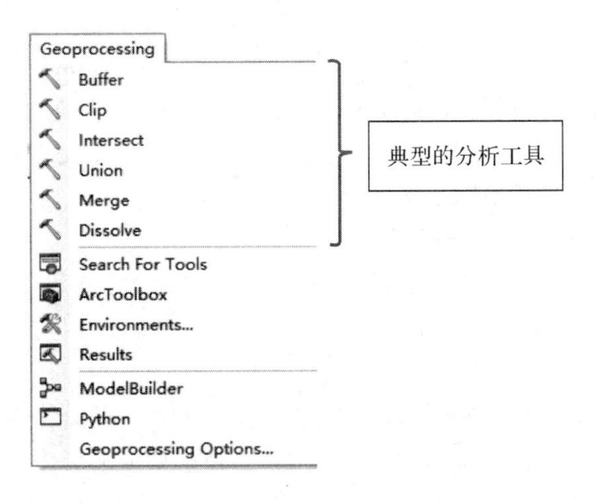

图 2-3 Geoprocessing 菜单界面

的过程,了解操作失败的原因和错误码。如图 2-3 所示。用户若希望输出结果能覆盖已有文件(可勾选图 2-4 的第一个选项),将输出结果显示在地图窗口中,可通过设置 Geoprocessing Options 来实现上述目标。

用户可使用 ArcToolbox、Modelbuilder 和 Python 选项用来启动相应的窗口。

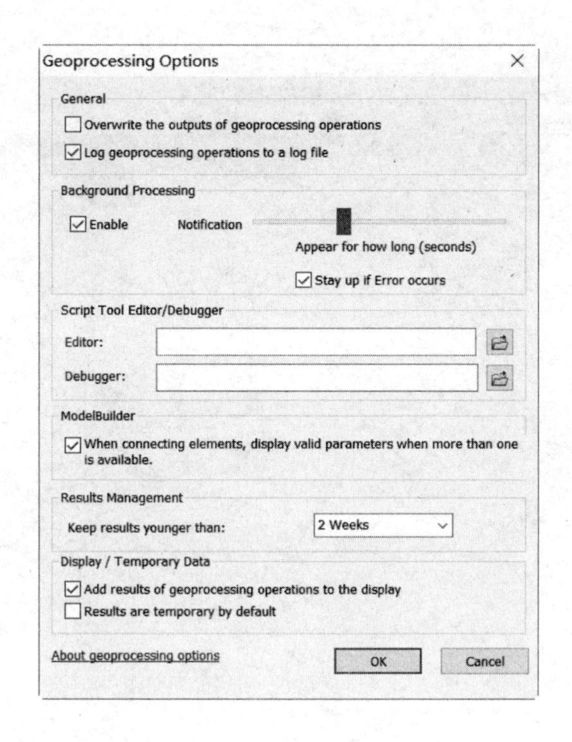

图 2-4　Geoprocessing Options 界面

2. 标准工具栏

标准工具栏前 10 个按钮与其他应用软件的工具栏类似，后面的按钮及其功能分别是：①，加载数据；② 1:30, 000，设置比例尺；③，开启或关闭编辑工具条；④，显示内容列表；⑤，启动 Catalog；⑥，打开搜索窗口，以搜索工具或数据；⑦，启动 ArcToolbox；⑧，启动 Python 窗口；⑨，运行 ModelBuilder。如图 2-5所示。

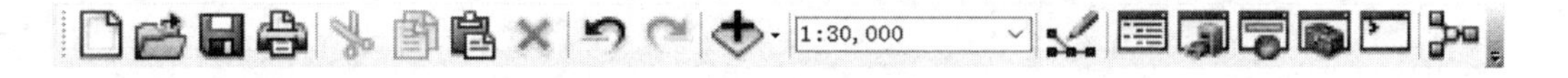

图 2-5　ArcMap 标准工具栏

3. Table of Contents

Table of Contents（内容列表，TOC）窗口用于组织和控制地图文档所包含的数据框架、图层①。数据框架通常包含若干图层，通过点按顶部的、、和按钮，用户可分别根据绘制顺序、数据源、可见性和可选择性来列出这些图层。图 2-6 的 TOC 窗口显示了一个名为 Layers 的数据框架，它由四个图层组成，图层的顺序决定了显示的优先等级，上面的图层将遮盖下面的图层。每个图层前面的复选框都已打钩，表明这些图层均已显示在地图窗口中。图层名称的下方显示了可视化图层的符号，单击该符号可对其进行修改。

① 用户加载空间数据后，内容列表中将出现一个对应的新图层，这些图层构成了数据框架。

Extract Vegetation.mxd - ArcMap
File Edit View Bookmarks Insert Selection Geoprocessing Customize Windows Help
1:63,360
Table Of Contents
Layers
PlanA Roads
PlanB Roads
PlanC Roads
Vegetation Type
6312572.81 1888866.61 Feet

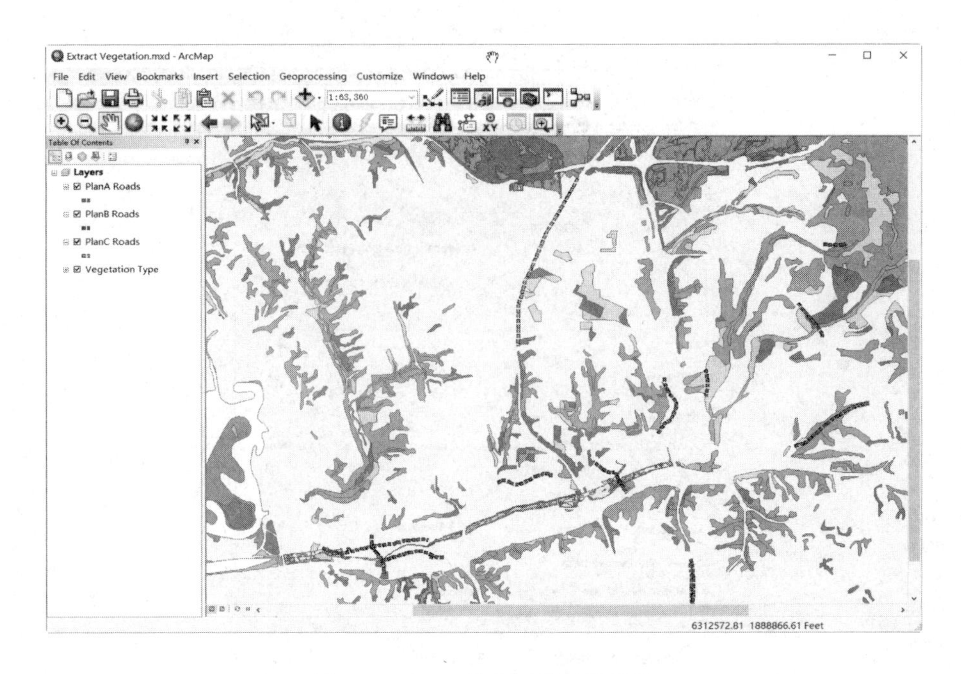

图 2-6 Layers 数据图层显示情况

用户也可在数据框架属性对话框(Data Frame Properties)中指定地图投影、显示范围和显示单位等属性(见图 2-7),数据框架下的图层将根据这些设置进行显示。通过设置图层的 Symbology 和 Labels 属性(见图 2-8)可进一步可视化空间数据。

一个地图文档至少包含一个数据框架,当有多个数据框架时,只有一个数据框架为当前

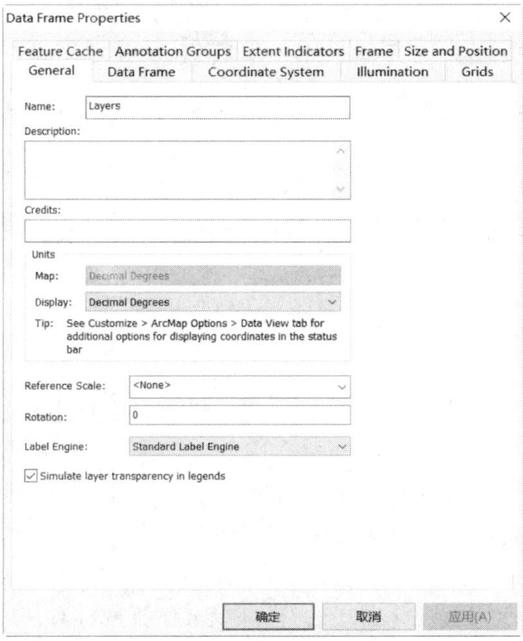

Data Frame Properties
Feature Cache
Annotation Groups
Extent Indicators
Frame
Size and Position
General
Data Frame
Coordinate System
Illumination
Grids
Name:
Layers
Description:
Credits:
Units
Map:
Decimal Degrees
Display:
Decimal Degrees
Tip: See Customize > ArcMap Options > Data View tab for additional options for displaying coordinates in the status bar
Reference Scale:
<None>
Rotation:
0
Label Engine:
Standard Label Engine
Simulate layer transparency in legends
确定
取消
应用(A)

图 2-7 数据框架属性对话框

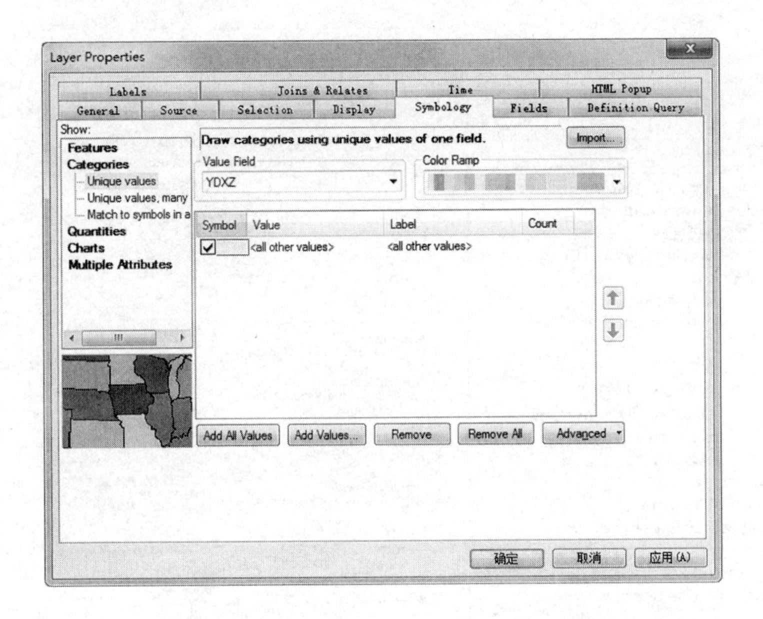

图 2-8　图层属性 Symbology 选项卡界面

数据框架(也即只有一个数据框架处于活动状态),用户只能对当前数据框架下的数据层进行操作。

2.2.2　ArcCatalog

ArcCatalog 应用程序为 ArcGIS for Desktop 提供一个目录窗口,类似于 Windows 操作系统的文件管理器(见图 2-9)。自 ArcGIS 10 开始,ArcCatalog 已嵌入到各个桌面应用程序中,包括:ArcMap、ArcGlobe、ArcScene。在 ArcMap 软件界面中,ArcCatalog 的名称简写为 Catalog。Catalog 可用于组织和管理各类地理信息,包括:

(1)地理数据库;

(2)栅格文件;

(3)地图文档、globe 文档、3D scene 文档和图层文件;

(4)地理处理工具箱、模型和 Python 脚本;

(5)使用 ArcGIS for Server 发布的 GIS 服务;

(6)基于标准的元数据;

(7)其他信息类型。

Catalog 将这些内容组织到树视图中,用户可使用该视图来组织 GIS 数据集和 ArcGIS 文档,查看、搜索、查找或管理上述信息项。

用户通过点击标准工具条中的按钮便可运行 Catalog。通过将 Catalog 树视图中的要素拖拽到地图窗口中可以便捷地加载空间数据。利用 Catalog,用户可实现诸如 GeoDatabase、Feature Datasets、Feature Class 的新建、复制、删除等操作,获得空间数据的描述性信息(见图 2-10),Feature Class 的导入和输出、预览功能(见图 2-11)。也可实现创建拓扑、网络数据集等复杂操作。

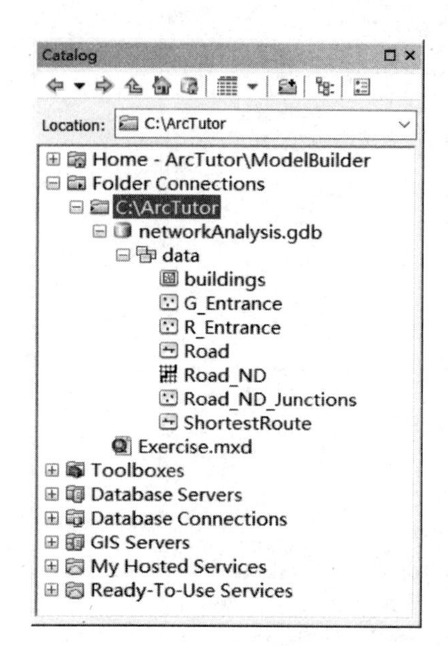

图 2-9　Catalog 窗口

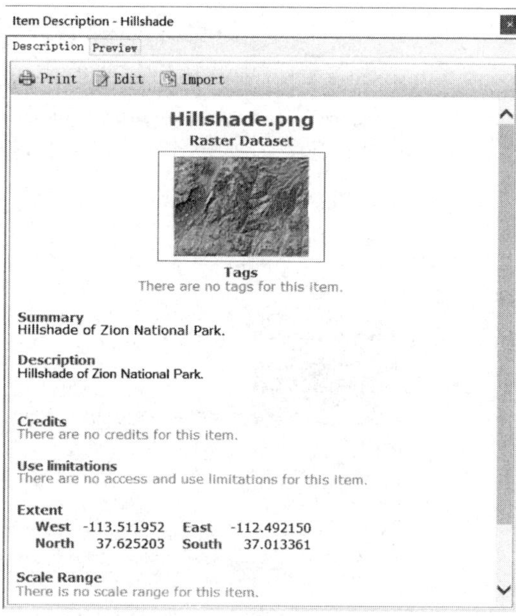

图 2-10　获得数据的描述信息

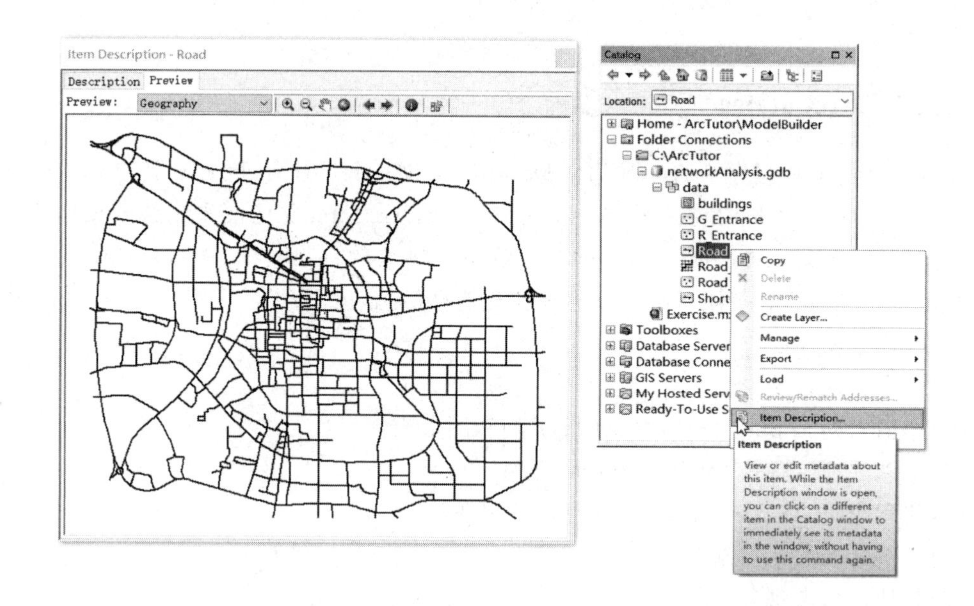

图 2-11　在 Catalog 中预览空间数据

2.2.3　ArcGlobe

ArcGlobe 是 ArcGIS 桌面系统中实现三维可视化和三维空间分析的应用，需要配备 3D 分析扩展模块。ArcGlobe 提供了全球地理信息连续、多分辨率的交互式浏览功能，支持海量数据的快速浏览。像 ArcMap 一样，ArcGlobe 也是使用 GIS 数据层来组织数据，显示 Geodatabase 和所有支持的 GIS 数据格式中的信息。ArcGlobe 具有地理信息的动态 3D 视图。ArcGlobe 图层放在一个单独的 TOC 窗口中，并将所有的 GIS 数据源整合到一个通用的球体框架中。它能处理数据的多分辨率显示，使数据集能够在适当的比例尺和详细程度上可视。

ArcGlobe 交互式地理信息视图使 GIS 用户整合并使用不同 GIS 数据的能力大大提高，而且在三维场景下可直接进行三维数据的创建、编辑、管理和分析。ArcGlobe 创建的 Globe 文档可以使用 ArcGIS for Server 将其发布为服务。

2.2.4　ArcScene

ArcScene 是 ArcGIS 桌面系统中实现三维可视化和三维空间分析的另一个应用程序，需要配备 3D 分析扩展模块。它是一个适合于展示三维透视场景的平台，可以在三维场景中漫游并与三维矢量与栅格数据进行交互，适用于小场景的 3D 分析和显示（见图 2-12）。除了三维可视化之外，用户可利用 ArcScene 创建、编辑、管理和分析三维数据，并且 ArcGIS 增加了对 LIDAR LAS① 数据的原生支持，极大地拓展了 ArcGIS 的三维应用领域。

图 2-12　在 ArcScene 中显示三维地形

2.2.5　ArcToolbox

ArcToolbox 提供了极其丰富的地学数据处理工具，可实现多种高级分析功能。ArcGIS 10.2 版本的 ArcToolbox 共包含 17 个工具集（见图 2-13）。其中，部分工具集的工具在运行前，需加载相应的模块，否则工具无法运行。这些工具集包括：3D Analyst Tools，Geostatistical Analyst Tools，Network Analyst Tools，Schematics Tools，Spatial Analyst Tools，Tracking Analyst Tools。关于扩展模块的加载，请使用主菜单“Customize”＞＞“Extentions”，并在弹出的对话框中勾选相应的扩展模块（见图 2-14）。

---

①　LIDAR（Light Detection And Ranging）是近年来兴起的一种快速获取地物目标三维信息的主动遥感技术，LAS 格式是测量与遥感（ASPRS）协会下属的 LIDAR 委员会制定的标准 LIDAR 数据格式。

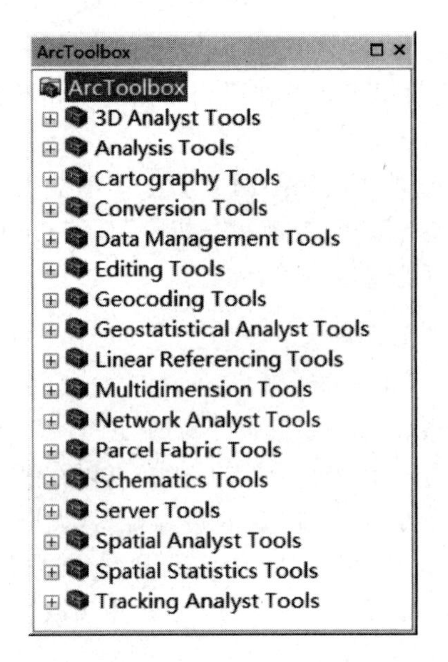

图 2-13　ArcToolbox 所包含的工具集

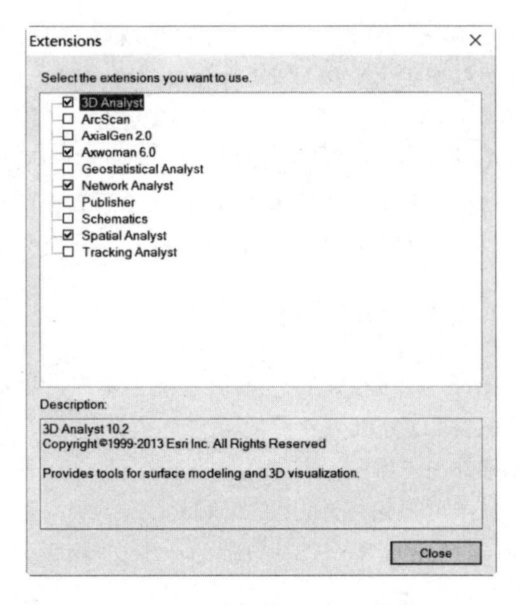

图 2-14　扩展模块设置对话框

2.3　本章小结

本章以 ArcGIS 10.2 为例，介绍了 ArcGIS 系列产品，包括 ArcGIS 云平台、ArcGIS for Server、ArcGIS for Mobile、ArcGIS for Desktop、ArcGIS 开发平台以及 CityEngine 三维建模产品，并对其中的 ArcGIS for Desktop 产品，介绍了其系列桌面应用的基本功能，这些应用包括 ArcMap、ArcCatalog、ArcGlobe、ArcScene、ArcToolbox 等。

第3章　空间数据格式转换

由于空间数据来源不一，导致空间数据格式多样。在城乡规划领域，这些空间数据包括现状测绘数据、规划图、遥感影像以及互联网时代的各种空间定位数据（如POI数据、手机信令数据、公交刷卡数据、微博签到数据）等。在使用这些数据之前，通常需要进行数据格式的转换。在ArcGIS中，常见的数据转换包括：

（1）数据格式间的转换。如把CAD格式的数据转换为ArcGIS的内生数据格式，如shape格式或GeoDatabase格式。

（2）数据结构间的转换。常见的两种数据结构为矢量数据和栅格数据结构，矢量数据转换为栅格数据或者栅格数据矢量化都属于此类转换。

（3）数据类型间的转换。ArcGIS常用的几种数据类型有基于文件的空间数据（包括shapefile、image和TIN等）和基于数据库的空间数据（包括个人数据和文件数据库），这两种类型数据的相互转换便属于此类转换。

在城乡规划领域，当前被广泛使用的数据莫过于CAD数据，无论是测绘部门提供的规划现状地形数据，还是规划编制单位的用地规划方案，以及规划管理部门的规划成果，它们的数据格式很有可能就是CAD的DWG格式。因此，本章将主要介绍CAD数据转换为ArcGIS内生数据格式的常用方法，并简要介绍其他类型的空间数据转换方法。掌握本章内容，可为后续各章的数据处理和空间分析提供便利。

3.1　ArcGIS的常用数据格式简介

3.1.1　Shapefile文件

Shapefile文件是美国环境系统研究所（ESRI）研发的GIS文件系统格式文件，是工业标准的矢量数据文件，它能够保存几何图形的位置及相关属性。一个Shape文件至少包括三个文件：一个主文件（*.shp）、一个索引文件（*.shx）和一个dBASE（*.dbf）表。

*.shp：存储地理数据的几何特征，包括坐标、长度以及面积等。

*.shx：空间数据索引文件，存储地理数据几何特征的索引。

*.dbf：存储属性数据的文件，用于存储地理数据的属性信息，有时候也称为表文件。

其他较为常见的文件如下：

*.prj：用于存储空间参考信息。

*.shp.xml：浏览Shapefile元数据后生成的xml元数据文件。

.sbn，.sbx：用于存储Shapefile的空间索引，它能加速空间数据的读取。这两个文

件一般是在对数据进行操作、浏览或连接后产生的，也可通过 ArcToolbox→Data Management Tools→Indexes→Add Spatial Index 工具生成。

值得注意的是，Shapefile 所包含的各个文件具有相同的前缀，并且存储在同一路径下。在 ArcCatalog 中查看 Shapefile 时，将仅能看到一个代表 Shapefile 的文件；但可使用 Windows 资源管理器查看所有与 Shapefile 相关联的文件。建议在 ArcCatalog 中管理（复制、删除、重命名）Shapefile。在 Windows 系统中复制 Shapefile，确保复制组成该 Shapefile 的所有具有相同前缀的文件。

作为第一代 GIS 数据模型，Shapefile 存在以下不足：

（1）数据冗余：对于交叉点或相连的线，交叉点要重复输入和存储；对于多边形要素，其公共边要重复输入和存储，从而产生数据冗余和分析处理不便的问题。

（2）复杂多边形：不能方便解决多边形中"岛""洞"之类的镶套问题。

（3）闭合性和重叠性：很难检查多边形的边界正确与否，即多边形的完整性，也很难检查重叠性和空白区。

（4）拓扑关系：多边形缺少邻域信息。

3.1.2 Coverage 数据

Coverage 数据是第二代 GIS 数据模型，它是一种具有拓扑结构的数据模型，通过弧段、多边形和节点等来描述空间数据，其中：

（1）弧段：是最基本的空间数据单元之一，每个弧段包含两个节点——起节点和终节点，起节点和终节点定义了弧段的方向，从而也定义了该弧段的左右多边形；在节点之间由零个或多个拐点，弧段的长度和形状由节点和拐点的坐标所决定。

（2）多边形：由一系列的相互连结的弧段组成，并通过其内部的唯一标识点来标识。标识点的标识码和该多边形属性表中的标识码相一致，由此建立的多边形空间信息和属性信息的关系。

（3）节点：定义为弧段的起点、终点或几条线的交点。节点具有拓扑特征，用于表示弧段是否相连。

与 Shapefile 相比，Coverage 在建立拓扑结构时需要额外的存储数据，但坐标数据的存储却没有数据冗余，公共边只存储一次，多边形中镶套多边形没有限制，多边形的邻接关系容易判别，易于开展空间分析。

3.1.3 Geodatabase

地理数据库（Geodatabase）是第三代 GIS 数据模型，它是一种面向对象的空间数据模型，建立在标准的关系数据库（RDBMS）基础之上，加入了空间数据管理的模式。

Geodatabase 有以下两种类型：

（1）文件地理数据库（*.gdb）——以文件夹形式存储的各种类型的 GIS 数据集的集合，单文件数据量上限为 1TB，不支持多用户并发编辑。

（2）个人地理数据库（*.mdb）——存储于 Microsoft Access 数据文件内，最大容量为 2GB，不支持多用户并发编辑。

在 Geodatabase 中，不仅可以存储类似 Shapefile 的简单要素类，还可以存储类似 Coverage 的要素集，并且支持一系列的行为规则对其空间信息和属性信息进行验证。其他可以存储的对象还包括表格、关联类、栅格、注记和尺寸等（见图 3-1）。

一般情况下，用户处理和分析空间数据所生成的结果存放于缺省的 Geodatabase 即 Default. gdb 中，用户手动修改存放路径的情形除外。该 Geodatabase 通常在系统登录用户的 Documents 目录下的 ArcGIS 文件夹中。

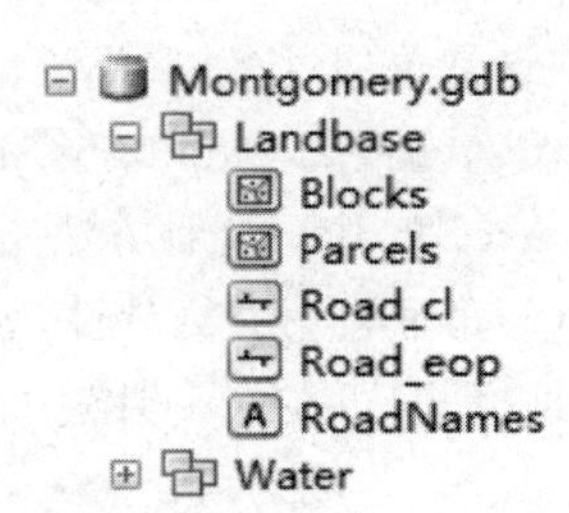

图 3-1 某文件地理数据库及构成要素

3.1.4 Grid 格式

ArcGIS 中的栅格数据包括多种不同格式，例如 JPEG、TIF、BMP、Grid 等。在 ArcMap Help 中的索引标题“rasters，formats”（栅格，格式）下，可以找到系统支持的栅格格式列表。大部分栅格数据除数据自身外，通常还具有描述文件信息的一个头文件，主要信息包括行列数量和坐标系。该信息可以储存在一个单独的文件中，或者作为二进制栅格数据的第一部分。

其中，Grid 格式是栅格数据的原生存储格式，通常包含两种类型：直整型和浮点型。直整型 Grid 多用于表示离散数据，浮点型 Grid 多用于表示连续数据。

3.2 CAD 数据转换为 ArcGIS 矢量数据

3.2.1 常用方法

CAD 数据转换为 ArcGIS 数据格式有多种方法，以下是较常用的六种：

（1）利用“Export Data”命令保存为 ArcGIS 数据格式。首先在 ArcMap 中加载 CAD 的 dwg 格式文件，在 Table of Contents（内容列表）窗口中右击所加载的 CAD 图层，使用弹出菜单中的“Export Data”（输出数据）命令保存为 ArcGIS 数据格式。这种方法的优点是简单快速，能保存完整的 CAD 数据信息，但对 CAD 数据要求较高，需要在 CAD 中将多线段闭合成面，否则会丢失没闭合的多边形。

（2）使用 ArcToolbox 中的 Data Management Tools（数据管理工具）→Features 工具箱中的工具如 Feature To Polygon（要素转多边形），完成数据间的格式转换。对于注记的转换，则采用 ArcToolbox 的 Conversion Tools（转换工具）→To Geodatabase（到地理数据库）→Import CAD Annotation（导入 CAD 注记）工具。这种方法相较于第一种，更加直接，但也要求多段线在容差范围内闭合成面。

（3）在湘源控规软件等二次开发的 CAD 软件中利用数据转换工具，输出为 GIS 数据。这种方法可更加自由选择需要导出的数据项，从而减少数据的冗余。

（4）可采用 ArcToolbox 中的 Data Interoperability（数据互操作）→Quick export（快速输出）或 Quick import（快速输入）工具。这种方法能批量处理数据，识别 CAD 数据能力较强，缺点是分层过多，造成数据冗余。

(5)借助 ArcCatalog 来完成数据的导入，在 CAD 中将未闭合的多线段进行闭合，再加载到 ArcGIS 中。这种方法工作量较大，且容易产生碎屑多边形，数据精度难以保证。

(6)可通过第三方软件，如 FME 等工具，先将 CAD 数据转换成 ArcGIS 便于识别操作的数据格式，再在 ArcGIS 中加载处理。使用这种方法需要精通第三方软件。

3.2.2 注意事项

(1)在数据转换过程中，无论使用何种方法都会出现一定程度的误差，可配合前处理和后处理以提高数据的精度。

(2)在数据转换之前，先在 CAD 里筛选出需要转换的部分，或者删掉多余的要素，如边界线、图例等，只留下需要转换的要素，可减少数据的冗余。

(3)CAD 数据转入 GIS 的 Polygon 要求在 CAD 中必须是闭合多段线，否则只能转成 Polyline。

(4)CAD 数据转成 gdb 格式，将无法保留原有 CAD 数据的属性信息。

(5)通过创建拓扑，可修正 CAD 数据转换后出现的碎屑多边形或多边形之间的空隙等错误。

3.2.3 转换方法示例

本章所使用的数据下载后请保存至 C:\ArcGIS\Ch03\source，具体为 CAD 数据“ex01.dwg”。通过本案例的练习，读者将了解和掌握 CAD 数据与 ArcGIS 数据格式的常用转换方式，并在转换过程中熟悉 ArcGIS 10.2 软件的基本操作，以及学会处理一些可能出现的错误。

本章将使用以下五种方法示例 CAD 数据的转换：

(1)直接加载；

(2)借助 ArcToolbox 的 Data Management Tools 完成数据转换；

(3)在湘源控规里完成 ArcGIS 数据的输出；

(4)借助 ArcToolbox 的 Data Interoperability 完成数据转换；

(5)借助 Catalog 完成数据转换。

1. 直接加载

(1)启动 ArcMap 并设置环境

启动 ArcMap，打开地图文档。在加载数据之前，使用菜单项“File”>>“map document properties”，在弹出的对话框中，勾选 *Store relative pathnames to data sources* 选项以便存储数据源的相对路径名。在勾选该选项后，一起移动地图文档和数据时，地图仍能正常显示。否则，移动数据或地图文档后，在图层名称前后出现“!”符号(见图 3-2(b))，此时需要修复数据源。

修复数据源的方法是：在显示红色感叹号的图层上鼠标右键，选择“Data”>>“Repair Data Source”命令，找到数据的存储位置，双击相应的文件后即可完成修复，如图 3-3 所示。

(2)加载 CAD 文件数据

①点击标准工具条中的 Add Data 按钮，或使用主菜单“File”>>“Add Data”(加载数

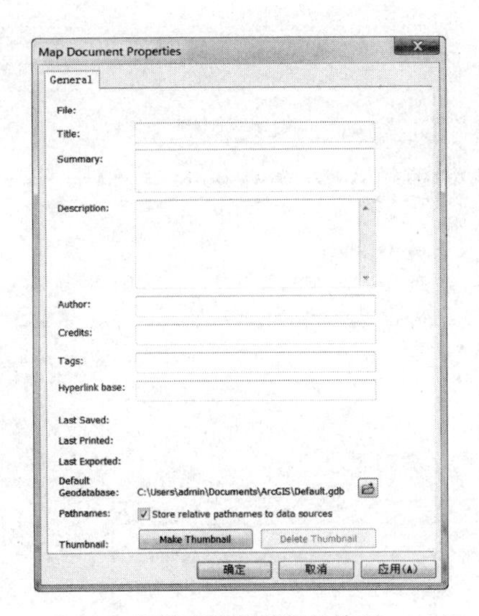

(a) 勾选存储相对路径选项

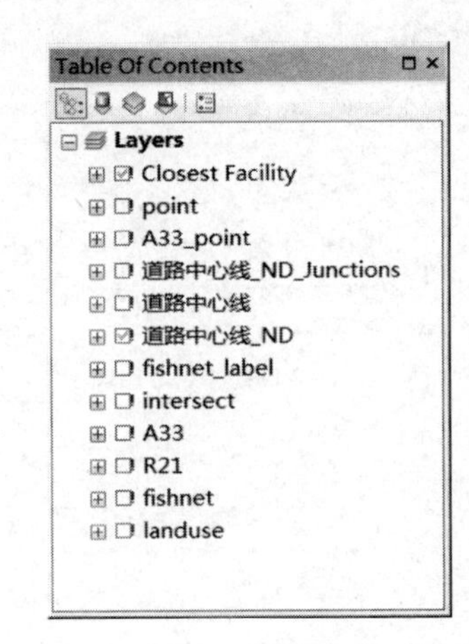

(b) 数据源路径缺失

图 3-2　设置存储路径为相对路径

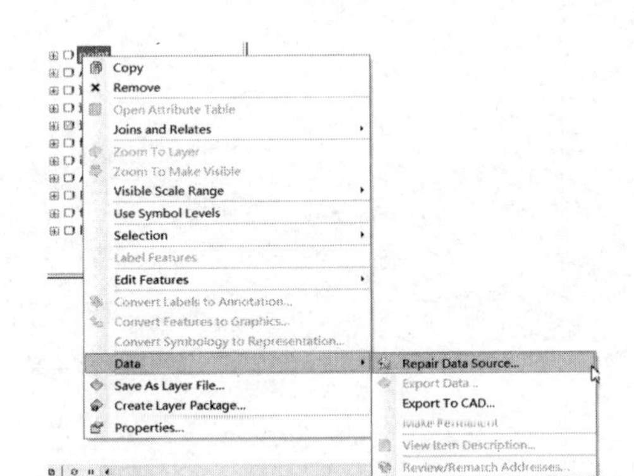

图 3-3　修复数据源

据)命令，出现加载数据源对话框，连接到存储原始数据的路径，找到该例子所用的原始数据，即 CAD 文件 ex01. dwg(见图 3-4(a))，双击该数据，出现 5 个要素：Annotation、Multipath、Point、Polygon、Polyline(见图 3-4(b))，分别表示注记、多面体、点、多边形、线五类要素。

②在本案例中，先选择 Polygon，再点击按钮"Add"，加载该项。当看到 ArcGIS 弹出以下消息时："没有空间参考，该层不能投影"，按"OK"键继续(关于空间参考系，在第 6 章中会详细介绍)，也即不为该数据指定空间参考。加载数据后的结果如图 3-5 所示。

③用户可根据需要加载一个或多个 CAD 要素，加载了 Polygon、Polyline 和 Annotation 要素后的结果如图 3-6 所示。

(3)数据转换

为了便于后续的编辑和分析，通常需要把加载进来的 CAD 数据转换为 ArcGIS 的内生格式(shape、coverage 和 geodatabase 的 feature class)，可能需要进行如下的操作：

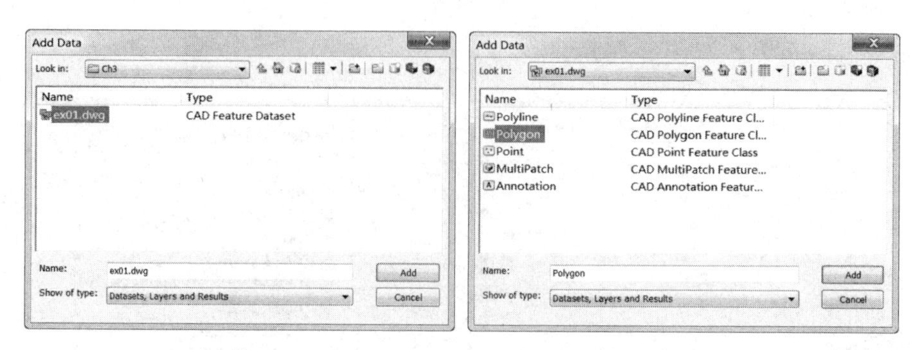

(a) CAD文件ex01.dwg　　(b) 各类要素

图 3-4　加载数据源对话框

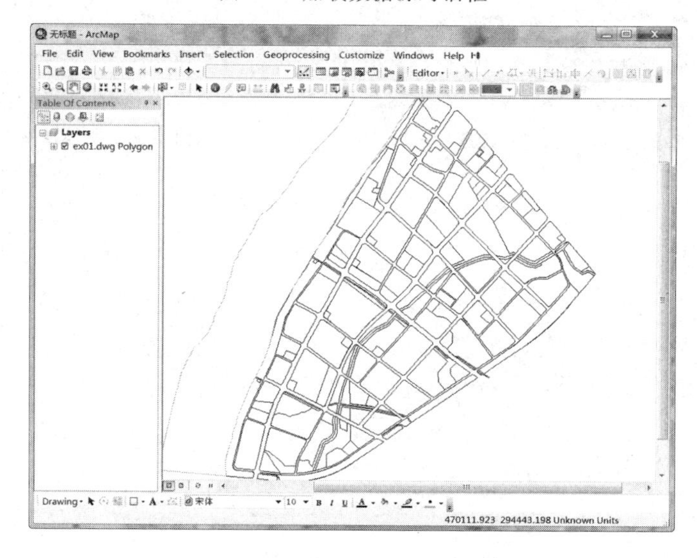

图 3-5　加载 Polygon 要素

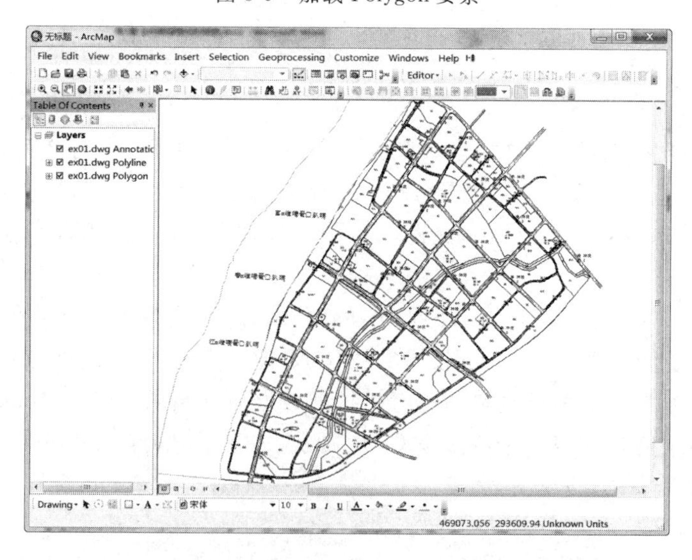

图 3-6　数据加载完成后的界面

(4)注记层转换

本例的 CAD 数据导入到 ArcGIS 中,有些字体是乱码的。如果遇到这种情况,就需要把注记转为地理数据库注记格式。如图 3-7 所示,在 TOC 窗口中用鼠标右键单击图层"ex01. dwg Annotation",在弹出的快捷键菜单中选择"Convert to Geodatabase Annotation"选项。

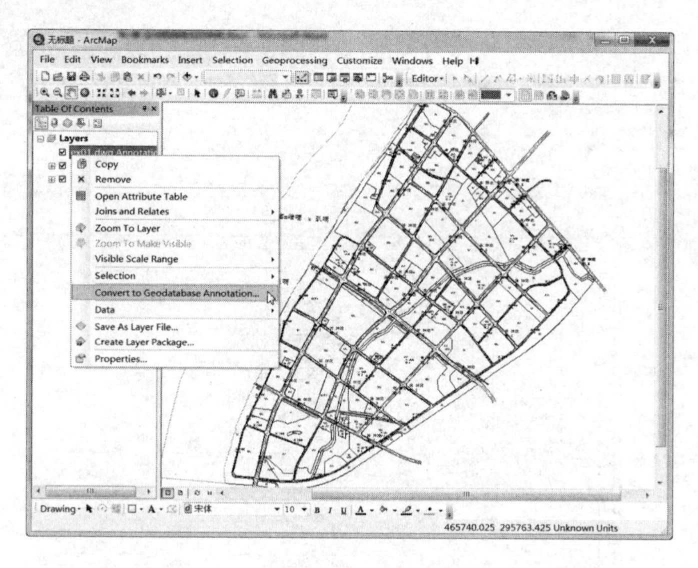

图 3-7　选择"Convert to Geodatabase Annotation"命令

打开导入'Import CAD Annotation'对话框(见图 3-8),对以下几项进行设置:

① 在 Import Features 下拉列表中选择要转换的数据 *ex01. dwg Annotation*。

② 接受 Output feature class 文本框中的默认输入内容,或点按右侧的重新指定输出数据的名称及存放位置。

③ Reference scale(参考比例尺):采用缺省值 10000。

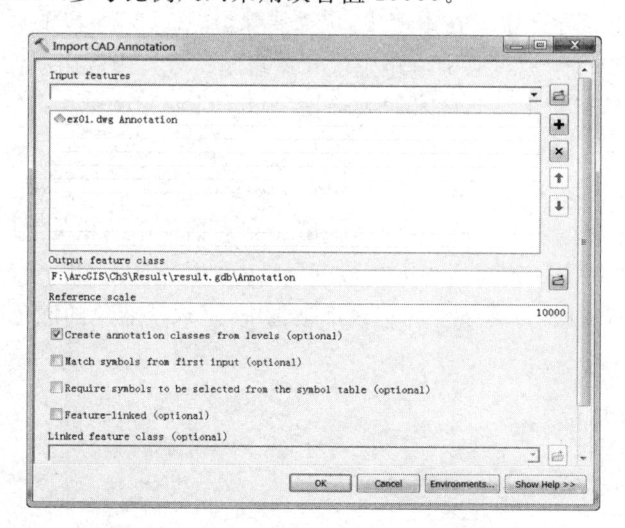

图 3-8　'Import CAD Annotation'对话框

鼠标右键单击 TOC 窗口中“ex01. dwg Annotation”图层，选择弹出菜单中的“Remove”命令，移除未能正确显示的 CAD 注记图层。

(5)道路层转换

①在 TOC 窗口中用鼠标右键单击图层“ex01. dwg Polyline”，选择“Open Attribute Table”命令，该图层的属性表被打开(见图 3-9)，该表中的“Layer”字段表明了 Polyline 的地物类型。

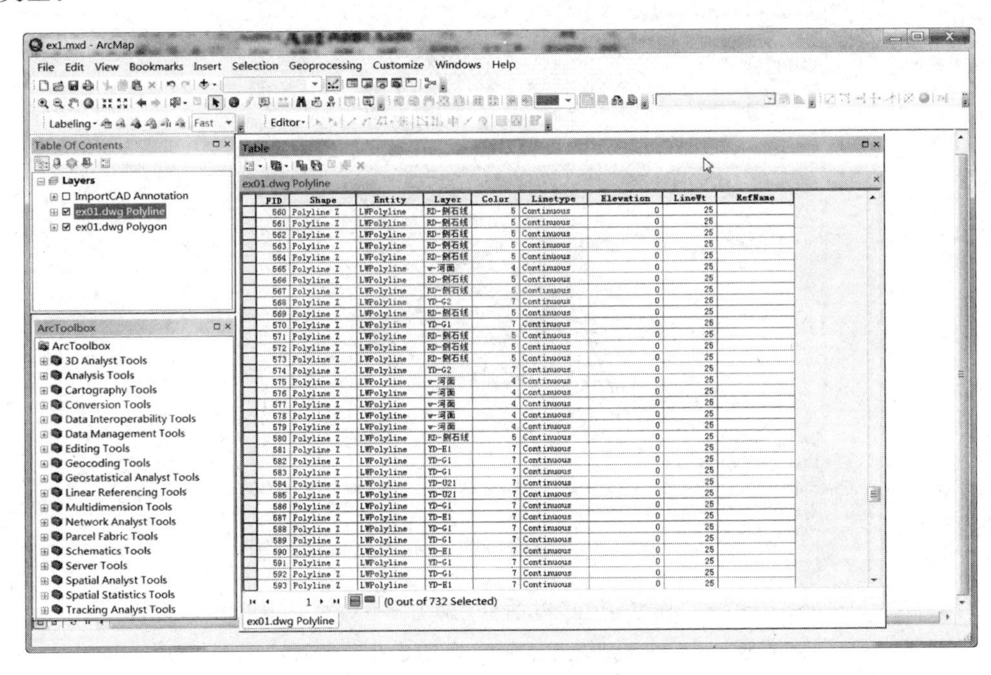

图 3-9 “ex01. dwg polyline”图层属性表

从以上属性表的“Layer”字段不难发现，河流(值为 w-河面)、地块边界(值为 YD-＊，如 YD-G)等无关要素也被导入了。在本例中，仅需要保留“Layer”字段的属性值为“RD-中线”或“RD-侧石线”的记录，分别对应了道路中线和道路侧石线。为选出属性值为“RD-中线”或“RD-侧石线”的记录，可使用该属性表的菜单项“Select by Attributes”(见图 3-10)，并在弹出的对话框中进行如下设置：

- Method：下拉列表中选择 *Create a new selection*，这是默认选项。
- 文本框内：用鼠标双击‘Select by Attributes’对话框中的相关字段名，在下方的文本框内输入①：“Layer”=‘RD-侧石线’OR“Layer”=‘RD-中线’(见图 3-11)。
- 点击“Apply”，所有符合条件的记录都被选中，呈现淡蓝色的底色(见图 3-12)。

① 双击‘Select by Attributes’对话框的字段列表中的某个字段，该字段将置入查询条件输入框中，通过点击“Get Unique Values”按钮，该字段的取值将被列出，通过双击任一取值同样可将其置入查询条件输入框中。

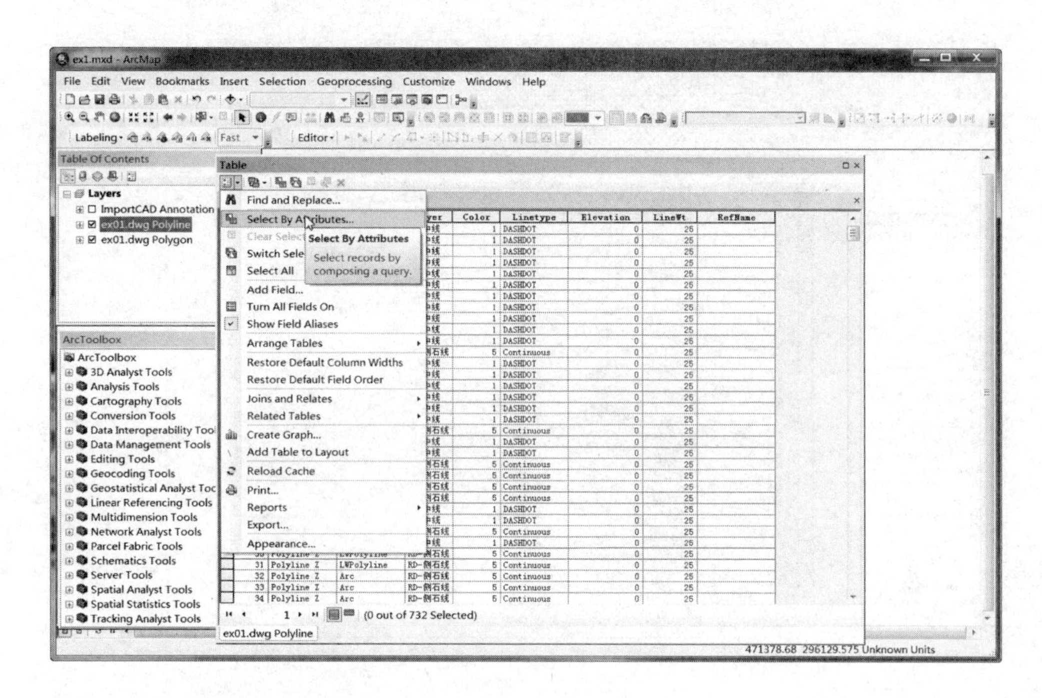

图 3-10　激活“Select by Attributes”命令

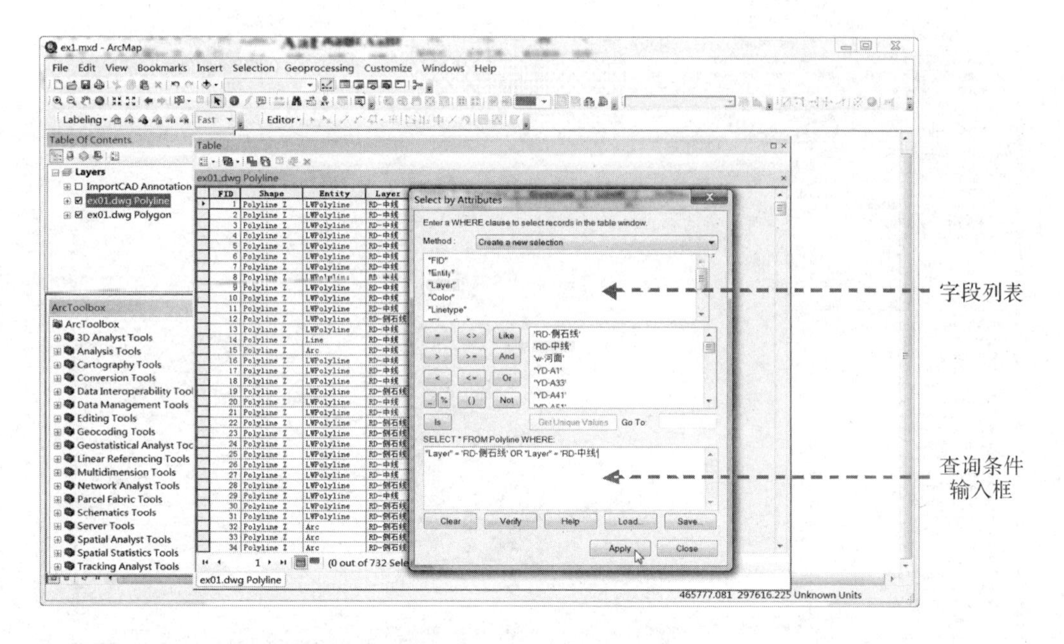

图 3-11　按属性查询对话框

同样，在地图窗口中，这些被选中的道路中线和侧石线处于亮显状态，呈淡蓝色。

②在 TOC 窗口中用鼠标右击图层“ex01. dwg Polyline”(见图 3-13)，选择菜单“Data”>>“Export Data”命令(见图 3-14)，在‘Export Data’对话框中，将输出的数据命名为“道路”(见图 3-15)，点击“OK”。

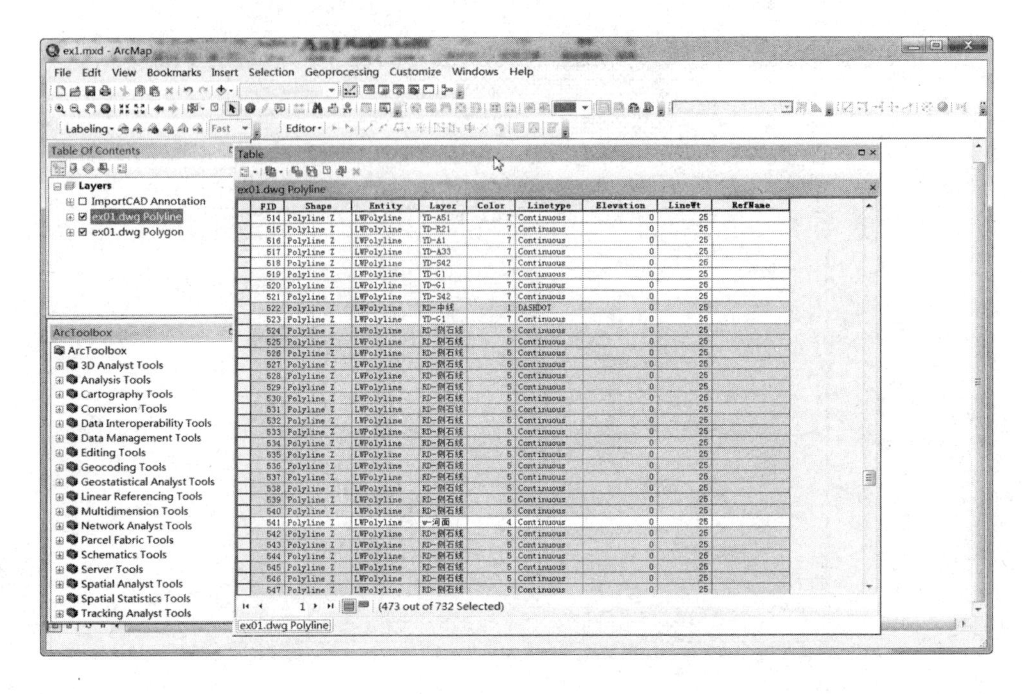

图 3-12　执行查询命令后的属性表

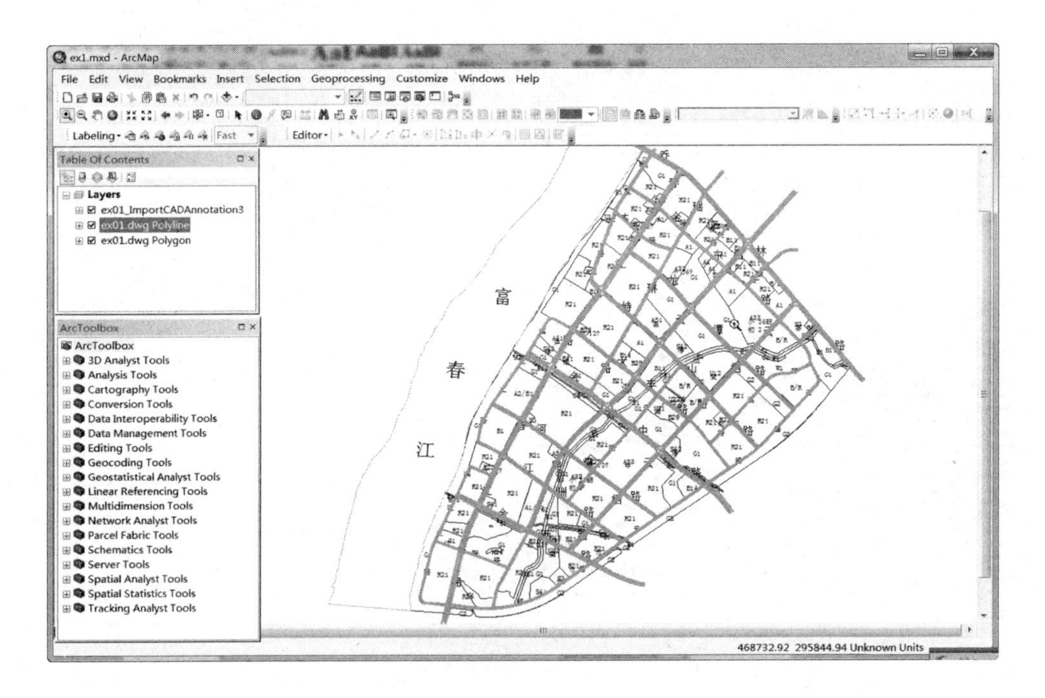

图 3-13　道路包含的要素被选中

③新生成的“道路.shp”将自动加载进来，在 TOC 窗口同步添加了道路图层(以添加的数据的前缀命名)；可进一步用鼠标右键单击“ex01.dwg Polyline”图层，在弹出菜单中选择“Remove”菜单项以便移除该图层。

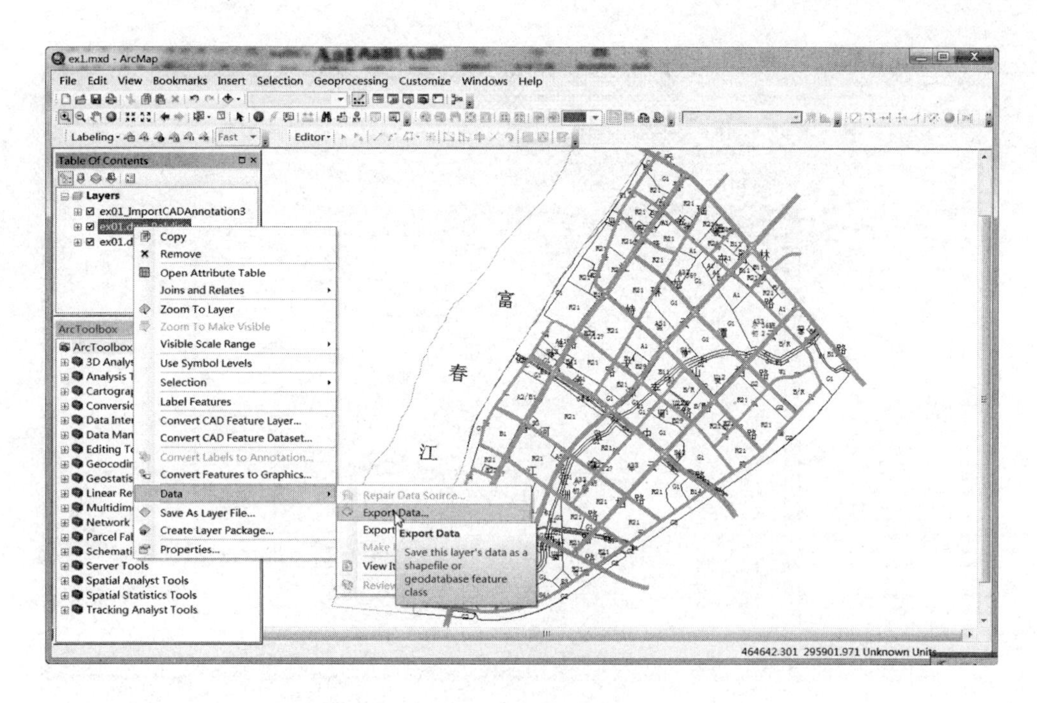

图 3-14　选择“data”＞＞“export data”命令

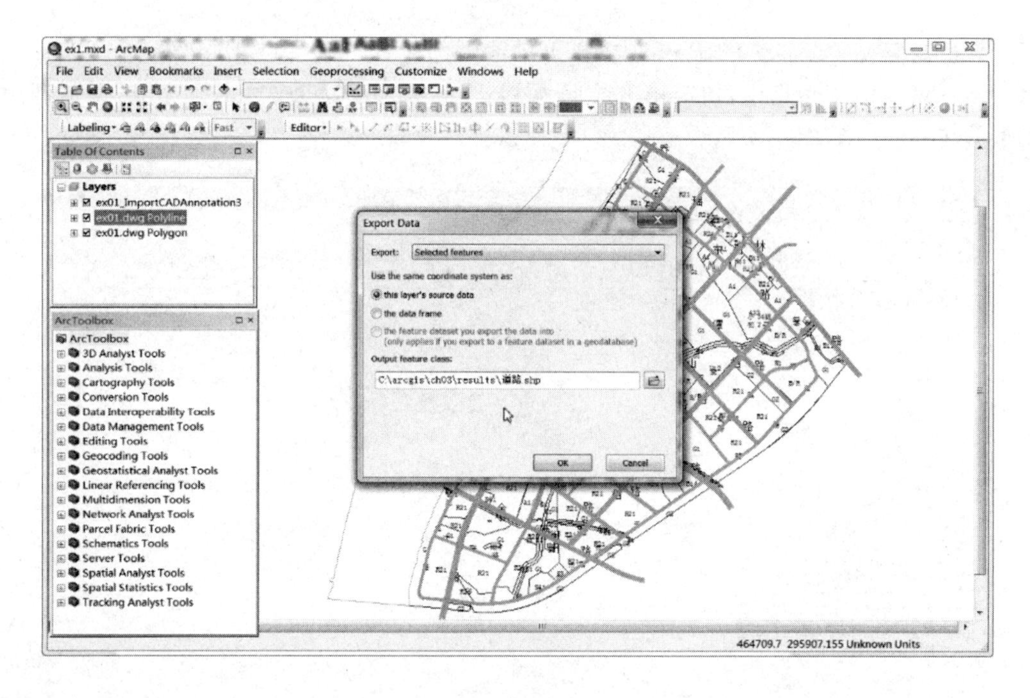

图 3-15　‘Export Data’对话框

④打开道路图层的属性要素表，可看到“layer”字段取值只有两种，即“RD-中线”和“RD-侧石线”(见图 3-16)。

(6)土地利用图层转换

与生成道路图层类似，先加载 CAD 文件的 Polygon 要素，添加完成后在 TOC 窗口用

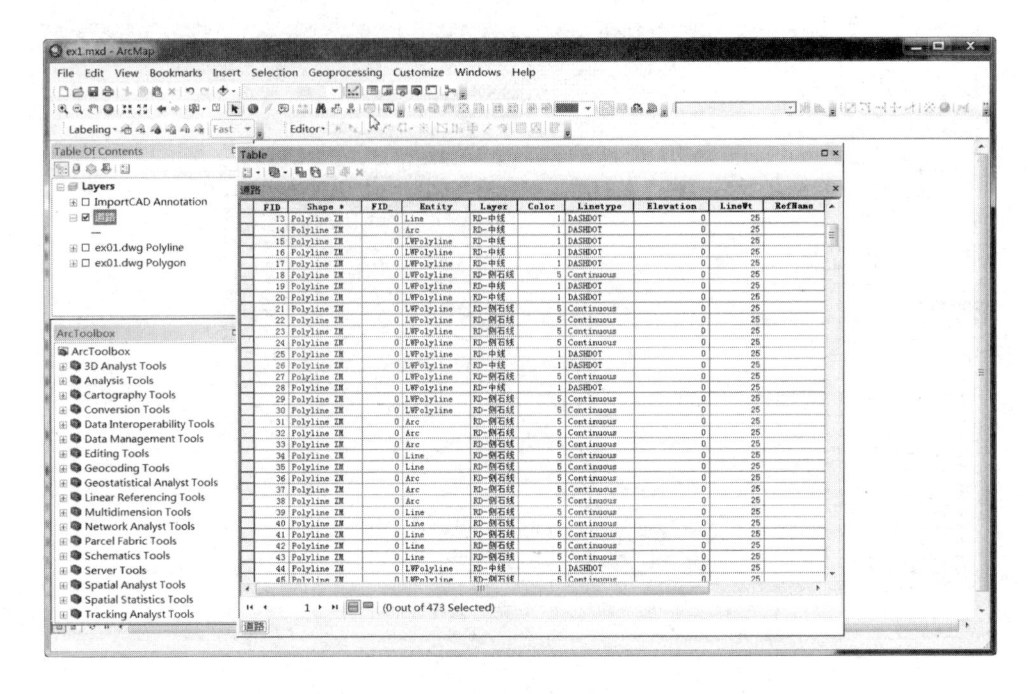

图 3-16 道路层属性表

鼠标右击图层“ex01. dwg Polygon”,在弹出菜单中选择“Data”>>“Export Data”菜单项,在‘Export Data’对话框中,指定输出数据为“土地利用. shp”,点击“OK”,完成“土地利用”图层的转换。如图 3-17 所示。

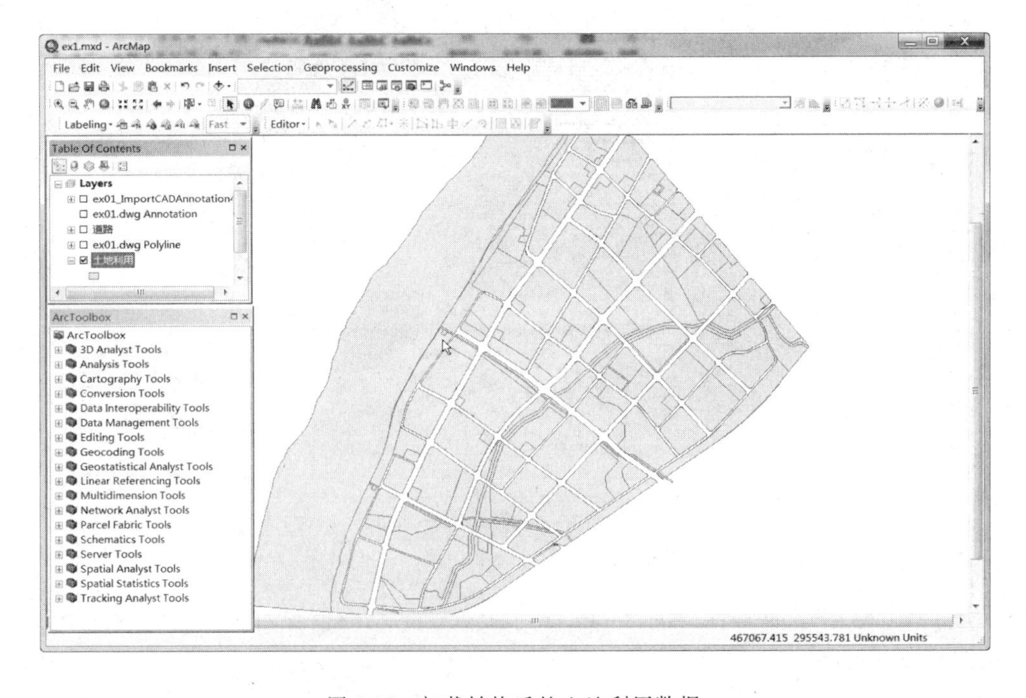

图 3-17 加载转换后的土地利用数据

2. 利用 Data Management Tools 完成数据转换

(1)启动 ArcMap

启动 ArcMap，使用“File”＞＞“Save As”菜单项，将地图文件命名为 ex2. mxd。

(2)转换 CAD 数据

①双击 TOC 窗口的“Layers”数据框架，在弹出的‘Data Frame Properties’对话框的 General 选项卡中，将 Units 区域中的 Map 和 Display 项均设置为 *Meters*，如图 3-18 所示。

② 在 ArcToolbox 中，选用 Data Management Tools→Features→Feature To Polygon 工具，在弹出‘Feature To Polygon’(要素转多边形)对话框时，进行如下设置：

- 点击 Input features 下方的，在弹出的‘Input Features’对话框中指定 *ex*01. *dwg* 中的 Polygon 要素为待转换的要素。
- 在 Output Feature Class 文本框中指定输出要素的路径，并将其命名为“土地利用. shp”。
- 在 XY tolerance(optional)(XY 容差，可选项)输入框中输入 0.3，并将右侧下拉列表中的 *Unknown* 切换为 *Meters*。经此设置后，在构建多边形时，距离小于 0.3 米的相邻点将被合并，即开口大小不超过 0.3 米的多段线自动闭合为多边形。容差不宜过大，过大的容差会影响空间数据的精度。

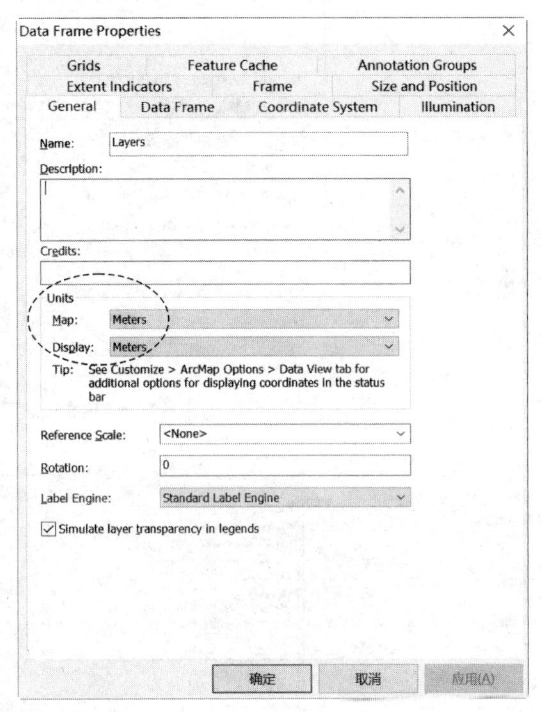

图 3-18 ‘Data Frame Properties’对话框

- Label Features (optional)输入框中输入 *C*:*arcgis**ch*03*source**ex*01. *dwg**Annotation*，以便将文本注记的相关信息写入待转换的多边形中。完成设置后的对话框如图 3-19 所示。
- 点击对话框底部的“Environment”(环境)按钮以弹出‘Environment Settings’对话框(见图 3-20)，在 Z Values 项的 Output as Z Value(Z 输出值)下拉框中选择 *Disabled*(失效)，即不保留 CAD 图元的 Z 坐标，其他选项默认，点击“OK”按钮，完成环境设置，结果如图 3-21 所示。
- 点击‘Feature to Polygon’对话框的“OK”按钮，完成要素到多边形的转换。

需要注意的是，只有当文本注记完全落在地块多边形内部时，文本注记信息才能写入多边形内部，记录上述信息的字段为“Text”。反之，当地块内部没有包含文本注记时，“Text”字段的属性值为空，狭长形的地块往往会出现这种情况。弥补的方法：一是转换前在 CAD 环境下将文本完全移动到地块内部，必要时可以缩放文本；二是使用 ArcMap 的 Editor 工具，手动添加属性值。

(3)对于 Polyline，可用 Data Management Tools→Features→Feature To Line 工具，将

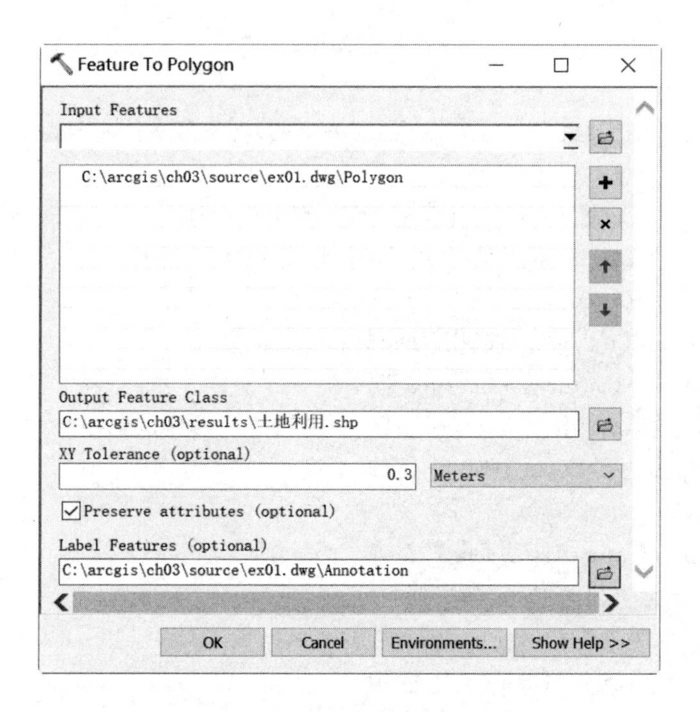

图 3-19 'Feature To Polygon'对话框

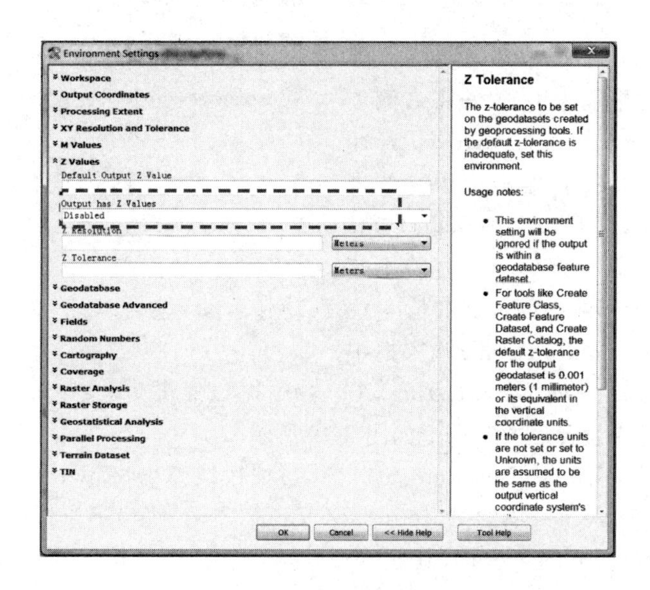

图 3-20 对 z 值进行设置

CAD 的线条转换为 Polyline，步骤与转换 Polygon 类似，不再赘述。

(4)考虑到注记的内容将加载到属性表中，需选择直接将其转为 Geodatabase 数据的方法，相应的工具为 Conversion Tools→To Geodatabase→Import CAD Annotation，具体的操作可参考 3.2.3 的相关内容。

(5)打开道路、土地利用、注记等图层，移除其他无关图层，对土地利用图层按地块的用地类型进行符号化显示(关于符号化的相关内容请参考第 4 章)，结果如图 3-22 所示。

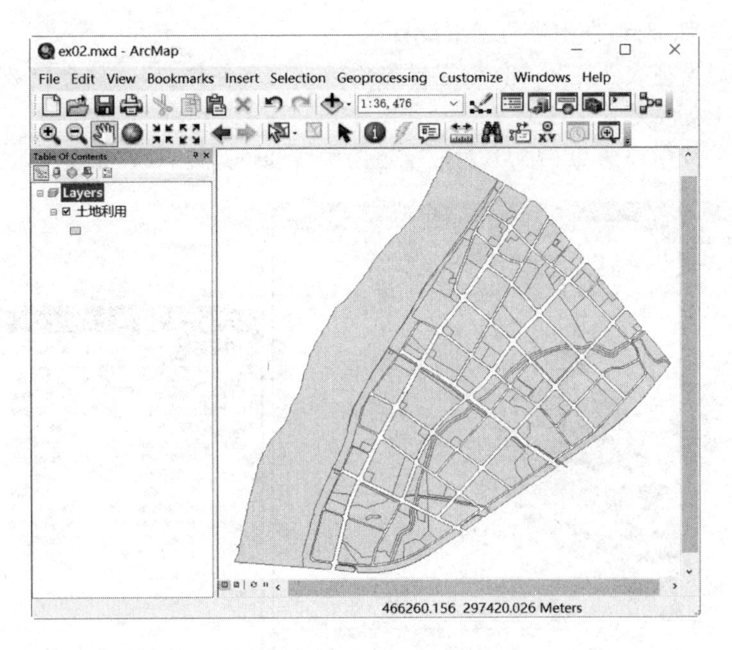

图 3-21　转换后的 landuse 被加载到地图窗口

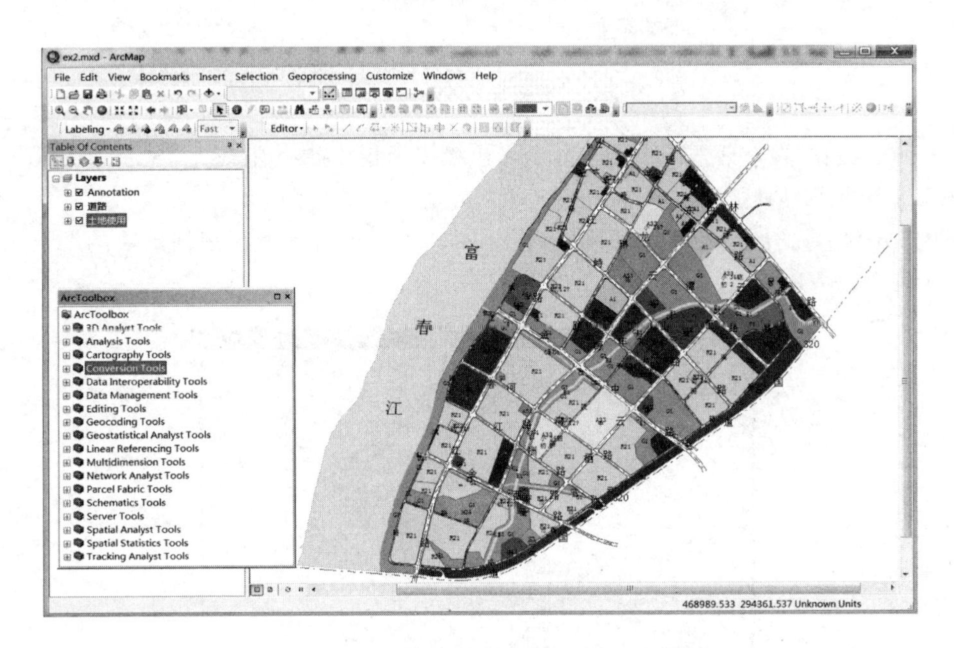

图 3-22　CAD 数据转换而来的 ArcGIS 数据

3. 通过湘源控规转换格式

湘源控规软件的“数据”菜单下的“GIS 输出”菜单项具有将 CAD 数据转换为 Shape 格式的功能。下面以线和多边形要素为例，介绍上述功能。

(1)输出道路要素

①在湘源控规中打开 CAD 数据“ex01”。

②在湘源控规菜单栏中选择“数据”>>“GIS_输出...”命令(见图 3-23)，在弹出的‘数

据导出 Shape 文件'对话框中进行如下设置：

· 点击“导出到文件夹”按钮，设定导出后数据的存储路径，本例导出数据保存在桌面的 data_XYKG 文件夹下。

· 在 ID 一列中勾选 22 和 23，对应了道路中线和道路侧石线（根据需要选择输出项）。

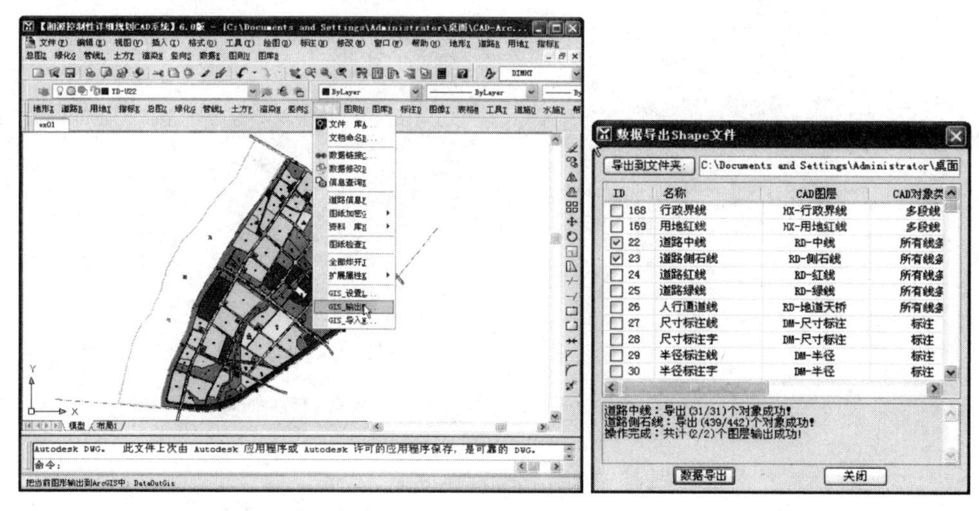

(a) GIS输出菜单　　(b) 数据导出示例

图 3-23　数据导出 Shape 文件界面

· 点击按钮，在对话框的下方将显示导出操作的相关提示信息。

(2)输出规划地块要素

①打开 CAD 的图层特性管理器（见图 3-24），用户可看到表征规划地块的图层——从 YD-A1 到 YD-W1。

图 3-24　图层特性管理器界面

②在 CAD 图形窗口中冻结除规划地块以外的所有图层，选择所有地块，输入快捷键 x，炸开所有的地块。

(3)使用“数据”>“GIS_输出...”菜单项，调出‘数据导出 shape 文件’对话框，选择需要导出的规划地块，设置存储路径(见图 3-25)，点击‘数据导出’按钮便可将 CAD 数据转换为 Shape 格式。

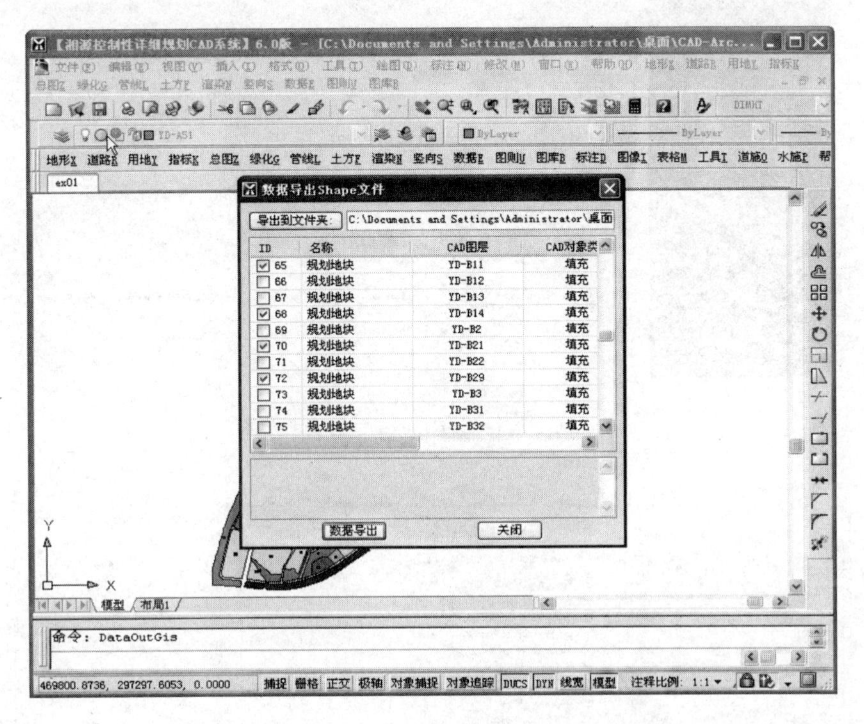

图 3-25　选择规划地块

4. 利用 Data Interoperability 工具完成数据转换

(1)安装 Data Interoperability 模块

如果要运用 Data Interoperability 模块下的 Quick export 或者 Quick import 命令，就必须事先安装 Data Interoperability 模块。

双击 ArcGIS 10.2 安装包里的 ESRI.exe，运行后的安装界面如图 3-26 所示，点击 ArcGIS Data Interoperability for Desktop 以安装 Data Interoperability 模块。

(2)加载 Data Interoperability 模块

安装完成后，需加载此模块以使用它。

单击主菜单的“Customize”>>“Extensions”，调出‘Extensions’对话框，在 *Data Interoperability* 项的前面打钩，加载 Data Interoperability 模块(见图 3-27)。

(3)快速输入数据

选择 Data Interoperability Tools→Quick Import 工具，调出‘Quick Import’对话框(见图 3-28)，进行如下设置。

· 指定输入数据源：通过点击 Input Dataset 输入框右侧的按钮，在弹出的‘Specify Data Source’对话框中点击 Dataset 输入框右侧的按钮，选择需要导入的源数据 *ex01.dwg*，

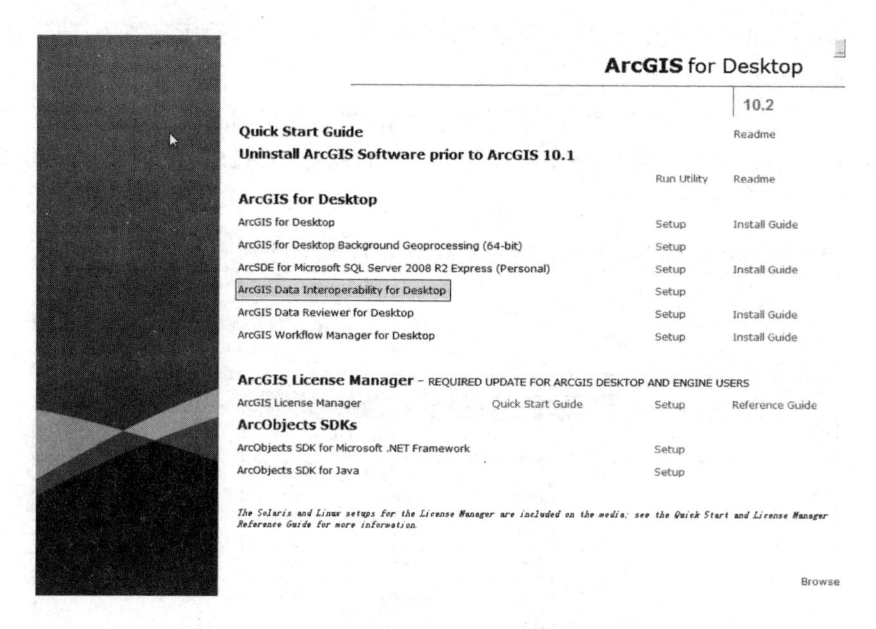

图 3-26　运行 ESRI. exe 后的安装界面

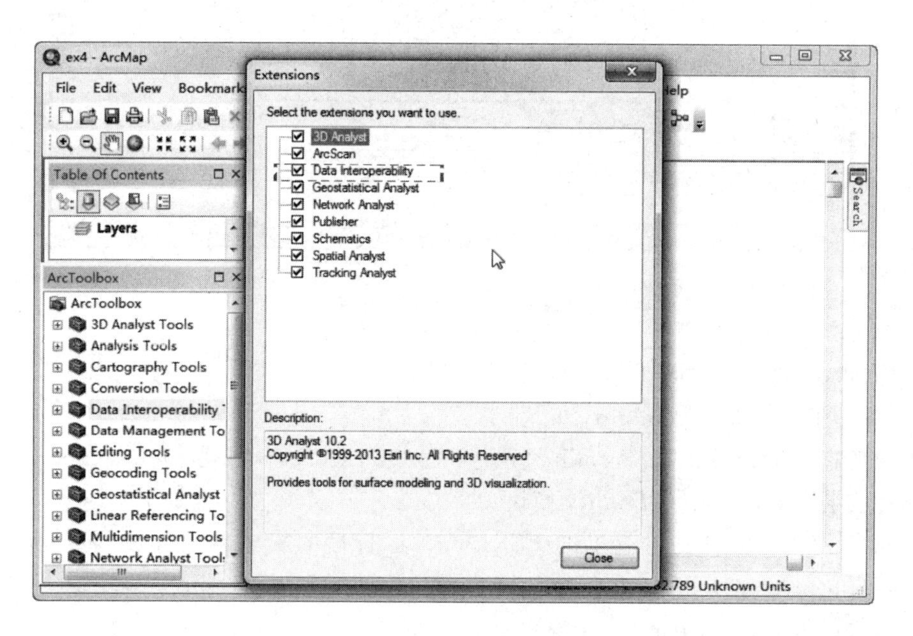

图 3-27　Extensions 选择框

在 Format 一栏会自动跳出 *Autodesk AutoCAD DWG/DXF*。经此设置后的'Specify Data Source'对话框如图 3-29 所示。点击"OK"按钮完成设置并回到'Quick Import'对话框。

- 在 Output Staging Geodatabase 项中选择存储路径，并命名为 *Ex*01(见图 3-30)。
- 设置环境参数：点击底部的"Environment"按钮，将'Environment Settings'对话框的 Z Values 参数的 Output as Z Value 项设置为 *Disabled*，其他项采用默认值。
- 点击"OK"完成数据的快速输入。

注：此处输出要素为 Staging Geodatabase，属于文件型地理数据库。通过 Data

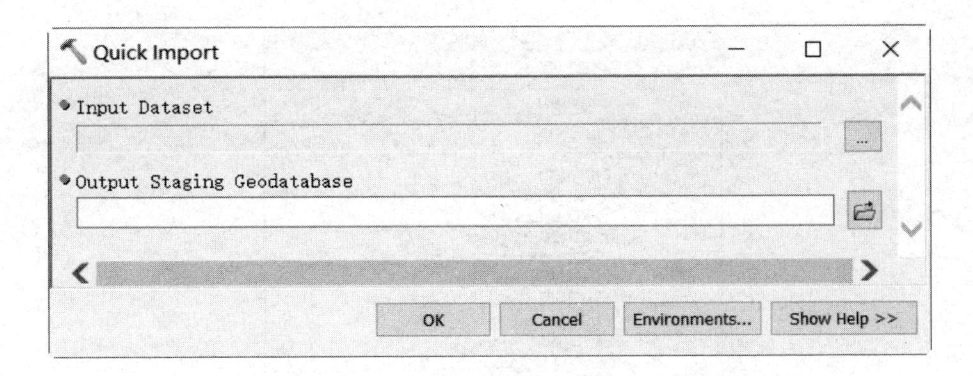

图 3-28　'Quick Import'对话框

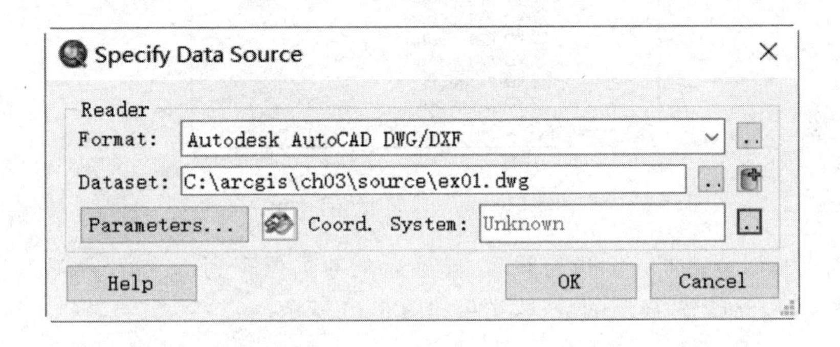

图 3-29　'Specify Data Source'对话框

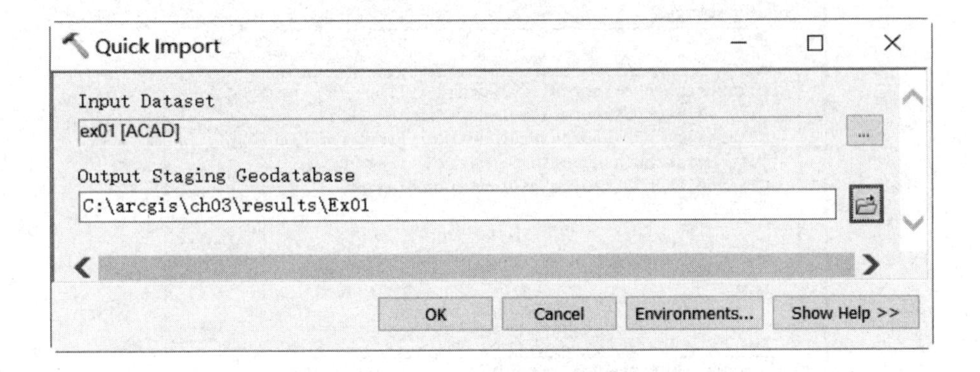

图 3-30　'Quick Import'对话框完成设置

Interoperability 的 Quick Import 工具导入的 CAD 数据，每一个 CAD 图层的注记、线、多边形要素均输出为地理数据库中的一个要素(图层)，图层的数量明显增多，后续使用时需要做适当的归并。图 3-31 列出了新生成的 Ex01.gdb 所包含的部分要素。

5. 利用 Catalog 实现数据转换

打开 Catalog，将鼠标定位到 ex01.dwg。如果在 Catalog 中无法访问 C:\ArcGIS\ch03\source 文件夹，用户可使用 Catalog 窗体中的"Connect To Folder"按钮，在弹出的'Connect To Folder'对话框中将此文件夹设置为 Catalog 可以连接的文件夹。右键单击 ex01.dwg，在右键菜单中选择"Export">>"To Shapefile"项，当弹出'Feature Class To

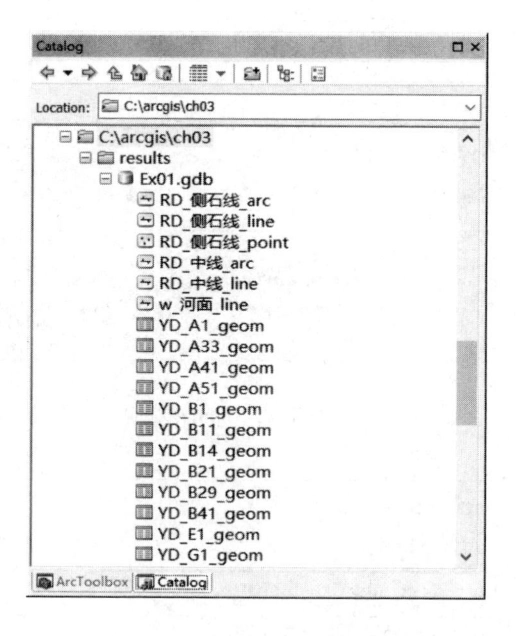

图 3-31 新生成的 Ex01. gdb

Shapefile'对话框时，按图 3-32 进行设置，转换后的数据保存到 *C*:*arcgis**ch*03*results**output* 文件夹下。加载转换后的数据，结果如图 3-33 所示。

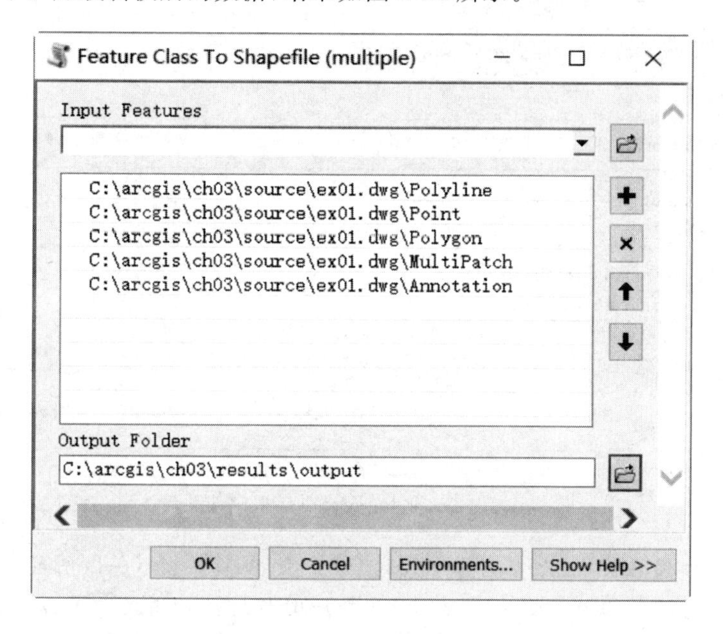

图 3-32 'Feature Class To Shapefile(multiple)'对话框

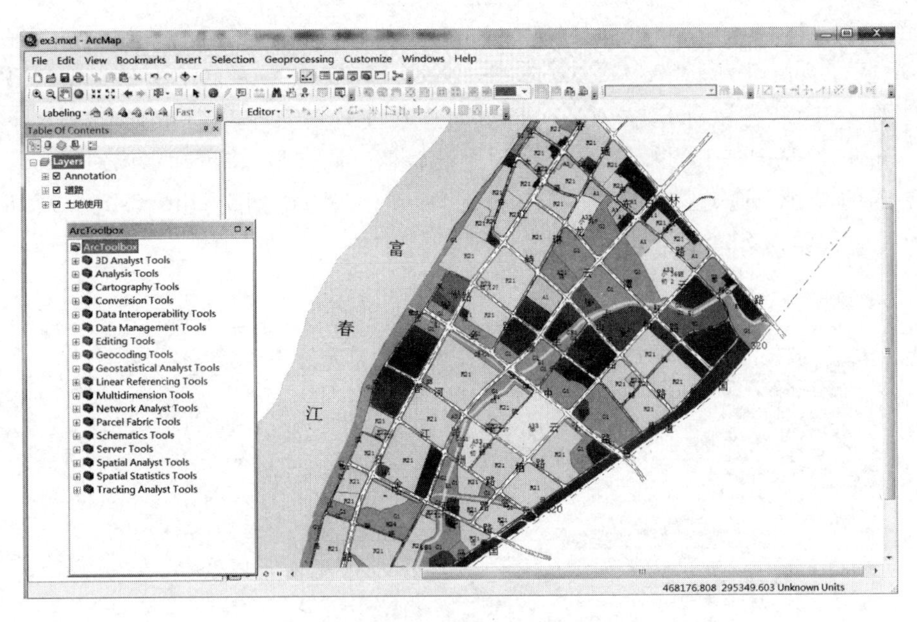

图 3-33　通过 ArcCatalog 完成转换

3.3　ArcGIS 矢量数据间的相互转换

ArcGIS 矢量数据间的转换包括不同矢量数据格式之间的转换，以及点线面要素之间的转换。由于这些转换相对比较简单，所以以下仅给出转换方法，具体的操作细节暂略。

ArcGIS 三种矢量数据格式（shape，coverage，geodatabase）之间的转换可利用 ArcToolbox 的 Conversion 工具集，使用其所包含的 To Coverage，To Geodatabase，To Shapefile 工具集，很容易实现矢量数据格式之间的转换（见图 3-34）。

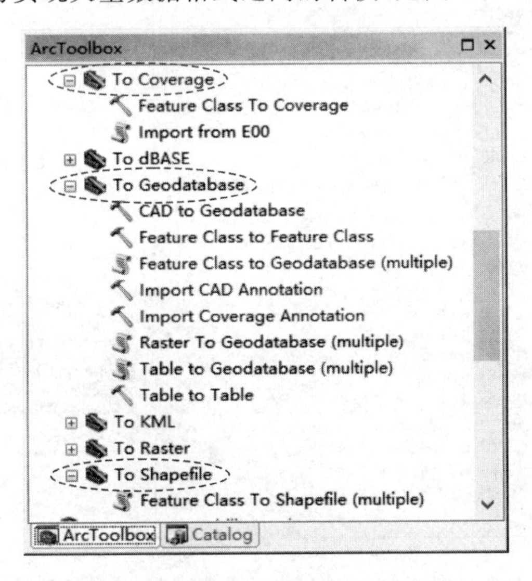

图 3-34　Conversion 工具集中的格式转换工具

Catalog也集成了多个格式转换工具。在Catalog中,将鼠标定位到Shape文件,通过右键菜单项“Export”＞＞“To Geodatabase (single)”实现Shape转Geodatabase(要素)的转换(见图3-35)。将鼠标定位到Geodatabase,通过右键菜单项“import”＞＞“Feature Class (single)”(见图3-36)也可以同样实现上述转换。同样地,将鼠标定位到Geodatabase中待转换的要素,通过右键菜单项“Export”＞＞“To Shapefile (single)”可实现Geodatabase要素向Shape格式的转换。

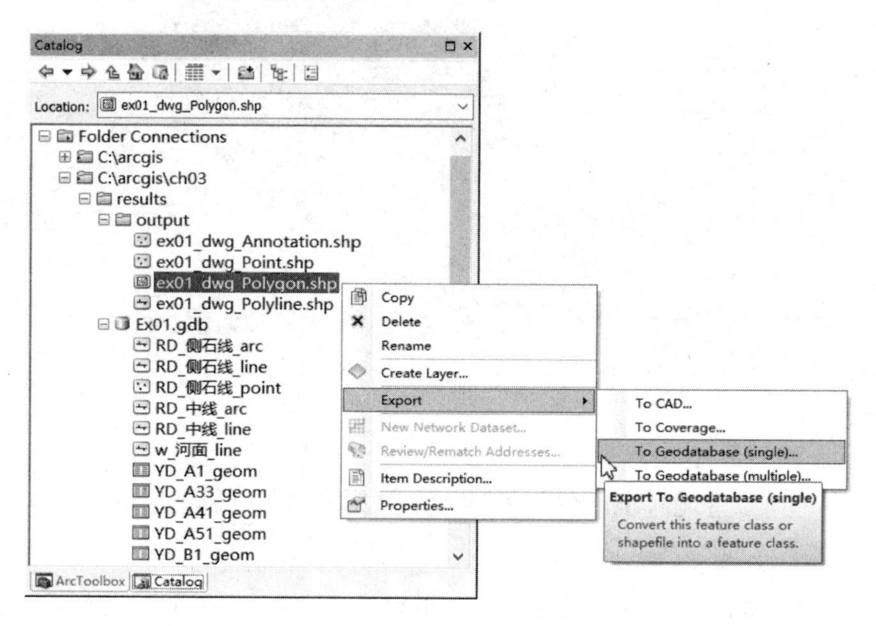

图3-35 通过Shape文件右键菜单实现Shape转Geodatabase

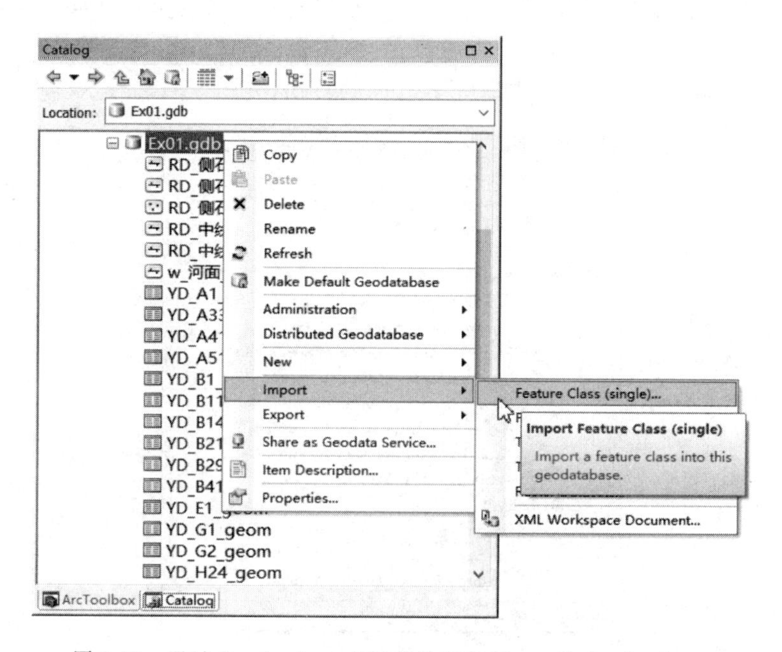

图3-36 通过Geodatabase右键菜单实现Shape转Geodatabase

矢量格式之间的转换还可以利用 Data Interoperability 的 Quick Import 和 Quick Export 工具。在 FME(Feature Manipulate Engine)的支持下,Quick Import 工具(前面已有介绍)可以读取几乎所有的空间数据格式,并将其转换为 Geodatabase。该工具可以读取 90 余种空间数据格式,用户可通过点击'Specify Data Source'对话框中 Reader 和 Format 项右侧的按钮,查阅可读取的格式(见图 3-37)。

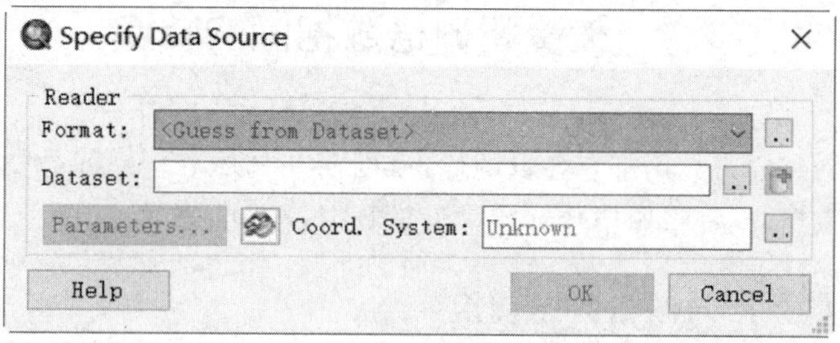

Specify Data Source

Reader
Format: <Guess from Dataset>
Dataset:
Parameters...　Coord. System: Unknown
Help　OK　Cancel

图 3-37　'Specify Data Source'对话框

同样地,利用 Quick Export 工具,用户可以将 shapefile,coverage,geodatabase 的 feature class 输出为 90 余种的空间数据格式,大致与图 3-38 FME Reader Gallery 中列出的格式相同。

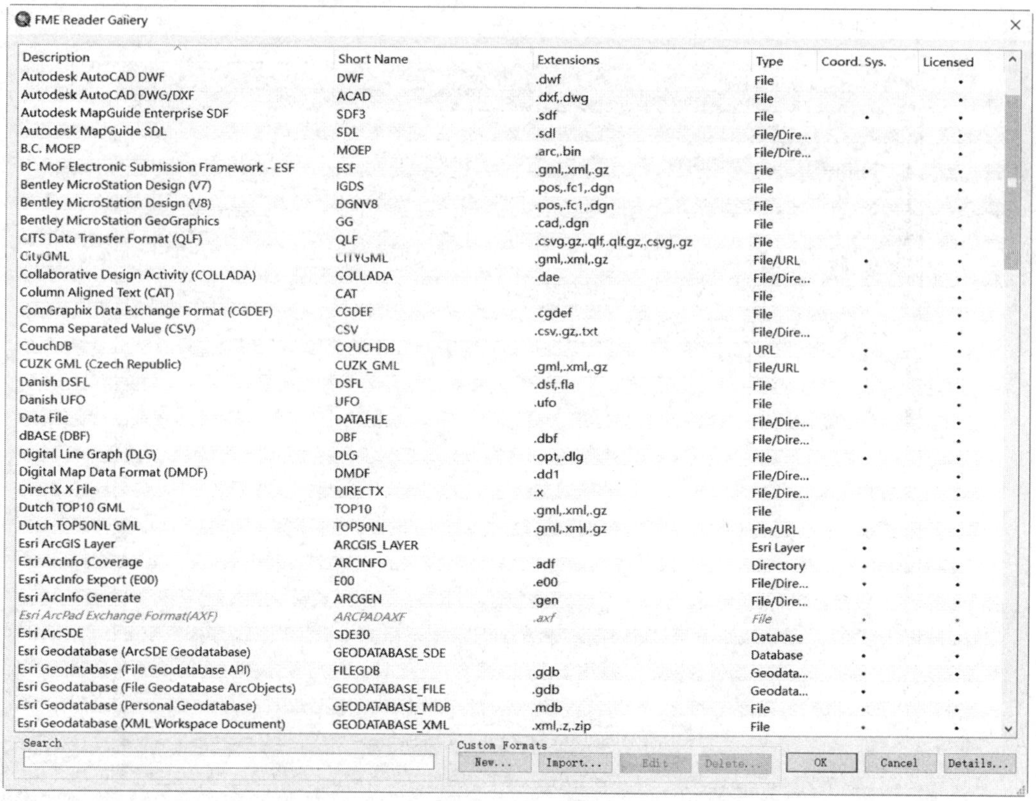

FME Reader Gallery

Description	Short Name	Extensions	Type	Coord. Sys.	Licensed
Autodesk AutoCAD DWF	DWF	.dwf	File		•
Autodesk AutoCAD DWG/DXF	ACAD	.dxf,.dwg	File		•
Autodesk MapGuide Enterprise SDF	SDF3	.sdf	File	•	•
Autodesk MapGuide SDL	SDL	.sdl	File/Dire...		•
B.C. MOEP	MOEP	.arc,.bin	File/Dire...		•
BC MoF Electronic Submission Framework - ESF	ESF	.gml,.xml,.gz	File	•	•
Bentley MicroStation Design (V7)	IGDS	.pos,.fc1,.dgn	File		•
Bentley MicroStation Design (V8)	DGNV8	.pos,.fc1,.dgn	File		•
Bentley MicroStation GeoGraphics	GG	.cad,.dgn	File		•
CITS Data Transfer Format (QLF)	QLF	.csvg.gz,.qlf,.qlf.gz,.csvg,.gz	File		•
CityGML	CITYGML	.gml,.xml,.gz	File/URL	•	•
Collaborative Design Activity (COLLADA)	COLLADA	.dae	File/Dire...		•
Column Aligned Text (CAT)	CAT		File		•
ComGraphix Data Exchange Format (CGDEF)	CGDEF	.cgdef	File		•
Comma Separated Value (CSV)	CSV	.csv,.gz,.txt	File/Dire...		•
CouchDB	COUCHDB		URL	•	•
CUZK GML (Czech Republic)	CUZK_GML	.gml,.xml,.gz	File/URL	•	•
Danish DSFL	DSFL	.dsf,.fla	File	•	•
Danish UFO	UFO	.ufo	File		•
Data File	DATAFILE		File/Dire...		•
dBASE (DBF)	DBF	.dbf	File/Dire...		•
Digital Line Graph (DLG)	DLG	.opt,.dlg	File	•	•
Digital Map Data Format (DMDF)	DMDF	.dd1	File/Dire...		•
DirectX X File	DIRECTX	.x	File/Dire...		•
Dutch TOP10 GML	TOP10	.gml,.xml,.gz	File		•
Dutch TOP50NL GML	TOP50NL	.gml,.xml,.gz	File/URL	•	•
Esri ArcGIS Layer	ARCGIS_LAYER		Esri Layer	•	•
Esri ArcInfo Coverage	ARCINFO	.adf	Directory	•	•
Esri ArcInfo Export (E00)	E00	.e00	File/Dire...	•	•
Esri ArcInfo Generate	ARCGEN	.gen	File/Dire...		•
Esri ArcPad Exchange Format(AXF)	*ARCPADAXF*	*.axf*	*File*	•	•
Esri ArcSDE	SDE30		Database	•	•
Esri Geodatabase (ArcSDE Geodatabase)	GEODATABASE_SDE		Database	•	•
Esri Geodatabase (File Geodatabase API)	FILEGDB	.gdb	Geodata...	•	•
Esri Geodatabase (File Geodatabase ArcObjects)	GEODATABASE_FILE	.gdb	Geodata...	•	•
Esri Geodatabase (Personal Geodatabase)	GEODATABASE_MDB	.mdb	File	•	•
Esri Geodatabase (XML Workspace Document)	GEODATABASE_XML	.xml,.z,.zip	File	•	•

Search　Custom Formats　New...　Import...　Edit　Delete...　OK　Cancel　Details...

图 3-38　Quick Import 工具可读取的空间数据格式(总共 90 余种)

矢量数据的转换还体现在点、线、面要素之间的转换，这类转换可利用 ArcToolbox 中的 Points To Line、Feature To Polygon、Polygon To Line、Feature To Point 等工具，实现诸如点转线、线转多边形、多边形转线、线或多边形转点等功能，这些工具的访问位置为 ArcToolbox→Data Management Tools→Features。

3.4 矢量和栅格数据间的转换

由于矢量数据和栅格数据都有各自的优点，因而在具体分析空间数据时往往需要将矢量数据转为栅格数据，或者将栅格数据转为矢量数据，特别是前者。

3.4.1 矢量数据向栅格数据转换

以下将示例如何将矢量数据转换为栅格数据。首先，加载前面 3.2.3 所生成的土地"土地利用. shp"，使用 ArcToolbox 的 Conversion Tools→To Raster→Feature To Raster 工具，在'Feature To Raster'对话框中的 Input features 选项中选择"土地利用"（见图 3-39），在 Field 选项中选择表示用地属性的"*Layer*"，在 Output raster 中输出路径，在 Output cell size(optional)中设定输出像元大小，本例中设定为 5，即 5 米，最后可根据用地类型进行符号化显示，结果如图 3-40 所示。

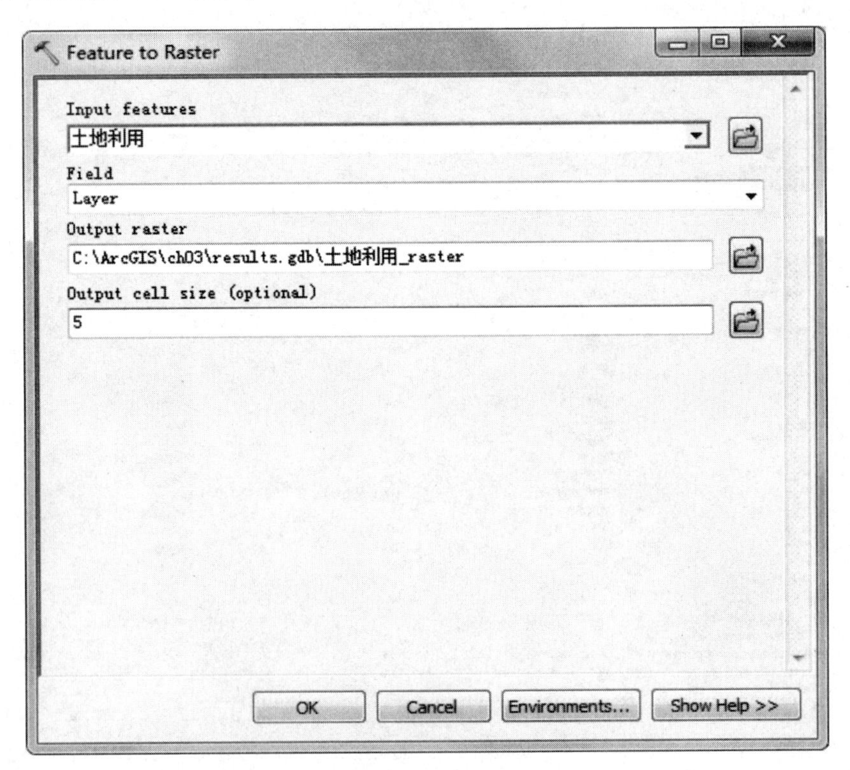

图 3-39 'Feature To Raster'对话框

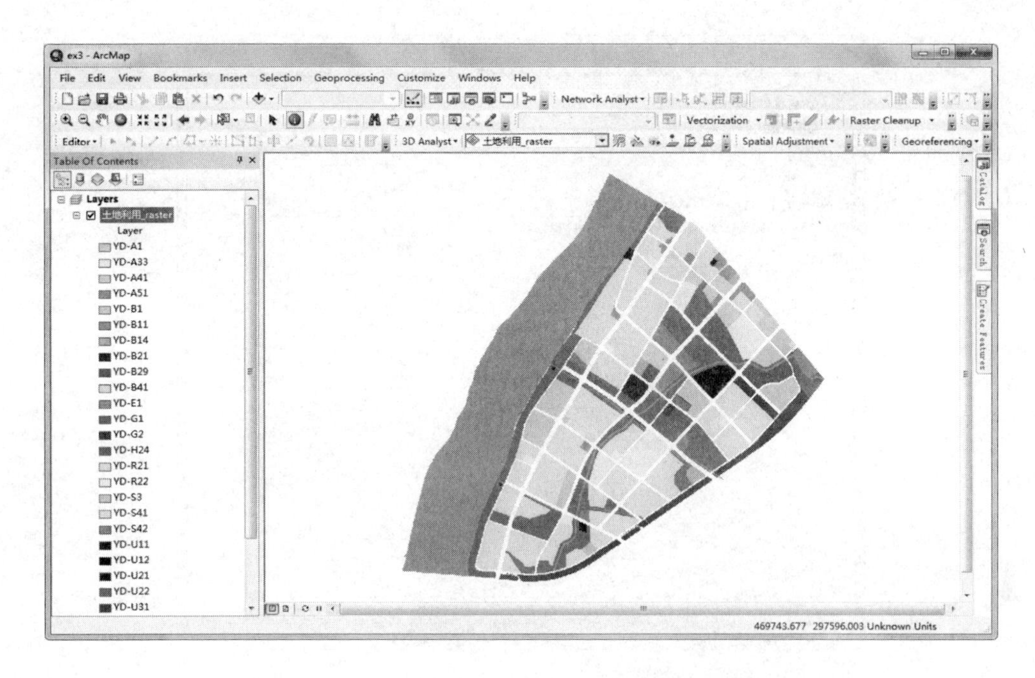

图 3-40　符号化显示的土地利用栅格数据

3.4.2　栅格数据向矢量数据转换

在 ArcToolbox 中有多个栅格转矢量的工具，包括 Raster To Point、Raster To Line、Raster To Polygon 等，用户可在 Conversion Tools 下的 From Raster 工具集中访问这些工具。本例简单介绍使用 ArcToolbox 的 Conversion Tools→From Raster→Raster To Polygon 工具，将上述生成的"土地利用_raster"转换为矢量数据。

在 Input raster 的下拉列表中选择"土地利用_*raster*"，注意输入栅格的像元可为任何大小，但必须是有效的整型栅格数据集。在 Field(optional)选项中选择表示用地属性的"*Layer*"(其可为整型或字符串型字段)。在 Output polygon features 中选择输出路径。Simplify polygons(optional)选项用于确定输出的面将平滑为简单的形状还是与输入栅格的像元边缘保持一致。默认设置为勾选，即表示面将平滑为简单的形状。若不勾选，则表示面的边将与输入栅格的像元边缘保持完全一致(见图 3-41)。本例将保持默认设置(见图 3-42)。

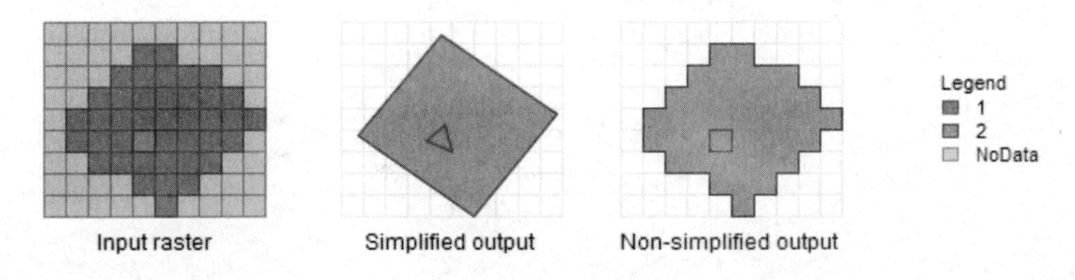

图 3-41　不同简化选项的输出结果

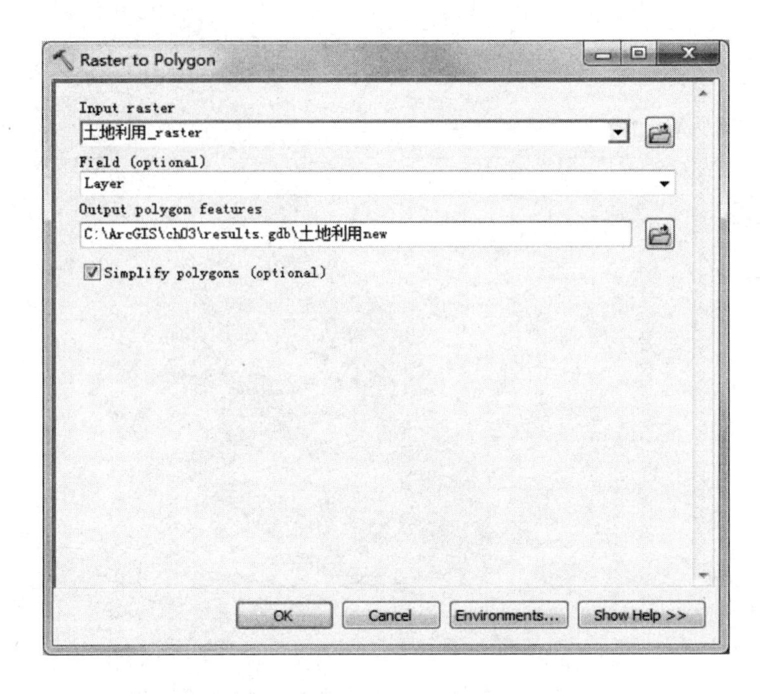

图 3-42 'Raster To Polygon'对话框

3.5 本章小结

本章在介绍常见 ArcGIS 数据格式的基础上，列举了常用的数据转换类型与方法，包括将 CAD 数据转换为 ArcGIS 矢量数据、ArcGIS 矢量数据间的相互转换、矢量和栅格数据间的相互转换等。通过示例，介绍了直接加载、使用 Data Management Tools、利用湘源控规软件、使用 Data Interoperability、利用 Catalog 等不同的方式实现对 CAD 数据的转换。ArcGIS 矢量数据间的相互转换主要利用 Conversion Tools 工具集、Catalog 中的转换选项以及 Data Interoperability 中的相关工具。此外，点、线、面不同要素数据之间的转换也可利用 Data Management Tools 工具集，而矢量和栅格数据间的转换主要利用 Conversion Tools 工具集中的相关工具。

第4章　空间数据的可视化

空间数据的可视化，是将存储于计算机中的空间数据转化为人肉眼可以识别的图形，使空间数据通过符号化展现在用户的面前。在ArcGIS中，空间数据的可视化表达主要包括数据符号化、地图注记和专题地图制作。本章将通过三个实例介绍城市专题图的制作过程，主要涉及以下知识点：①专题要素的符号化（点、线和面要素）；②专题要素注记生成；③地图布局设置；④添加图例、比例尺、指北针等制图元素；⑤不同格式及分辨率的地图输出。

4.1　要素的符号化

空间要素的符号化，就是把空间数据通过不同形状、尺寸、颜色的符号呈现在用户面前。无论是点状、线状还是面状要素，都可以根据要素的属性实现数据的符号化，如用面状来呈现区域，用线来呈现道路，用点来呈现地点。符号化的空间要素也即专题图中的地图符号，是专题图的核心内容，可直观地表达各类要素的空间位置和大小。

在ArcGIS中，常用的符号化方法有以下几种：

(1)Features/Single Symbol(单一要素)：图层的所有要素不再分类，用一种符号来显示，一般初次加载的图层默认以此方式来符号化。

(2)Categories(定性分类)：用图层数据的属性值来控制分类，相同属性值的要素用相同的符号来表示。

(3)Quantities(定量分类)：将图层数据的属性值按照不同的级别来分类显示，常用的有Graduated Colors(分级色彩)、Graduated Symbols(分级符号)、Proportional Symbols(比例符号)、Dot Density(点密度)，分别表示把某个字段属性值分为几个级别，并按级别分类显示颜色、符号等。

(4)Charts(统计图表)：常用的有Pie(饼状图)、Bar/Column(条状/柱状图)、Stacked(堆叠图)。

(5)Multiple Attributes(多个属性)：用多个属性来显示，这种方法不常用。

在本章后面的例子中，会详细介绍以上的符号化方法。

4.2　地图注记

地图注记用来辅助地图符号，说明各要素的名称、种类、性质和数量特征等。其主要作用是标识各种制图对象、指示制图对象的属性、说明地图符号的含义。ArcMap 常见的注记有以下三种：

(1)图形(Graphic)注记：简单，灵活，适用于一些少量、临时性的注记，输入后不能用于其他数据框架。

(2)属性标注(Label)：来自于图层要素属性表，属性表和注记自动保持一致，一旦字段的属性值被修改，地图上的注记也会随之改变。

(3)注记(Annotation)要素：独立的图层，需要单独输入，可单独编辑，适用于内容复杂，要求精细表达的地图。

4.3 城市专题地图制作

城市专题地图是着重表示城市中的一种或数种自然要素或社会经济现象的地图。与普通地图相比，专题地图只将某一种或几种相关联的城市要素特别完备而详尽地显示出来。一幅完整的城市专题图，包括地图数据的符号化，注记的标注，以及比例尺、指北针、图例等制图要素。本节将以社区人口规模分布图、犯罪案件分布图和城市土地利用图为例，介绍专题图制作的基本技能与要点。

4.3.1 社区人口密度图

本节将介绍如何利用社区人口数据制作人口密度图，读者可籍此熟悉面状要素的符号化、注记要素的生成、制图元素的添加和不同格式及分辨率的地图输出等知识点，同时为规划要素或规划分析数据的可视化打下基础。学习该例前请先下载源数据“community. shp”到”C:\ArcGIS\Ch04\source”。

1. 加载数据并设置初始环境

(1)启动 ArcMap，新建一个地图文档。

(2)单击标准工具条上的✦▾(Add Data)图标(见图 4-1)。

图 4-1 标准工具条

(3)定位到文件夹 C:\ArcGIS\Ch04\source，选择数据“community. shp”，点击“Add”按钮以加载该数据，“community”图层被添加到 TOC 窗口中，地图窗口则显示了社区分布情况(见图 4-2)。

(4)鼠标左键双击 TOC 窗口中的“Layers”数据框，打开‘Data Frame Properties’对话框，单击‘General’选项卡，进入该选项卡，在‘Units’选项组中，将 Map 项和 Display 都设置为 *Meters*，地图单位和显示单位都以米计，按“确定”完成数据框的设置，如图 4-3 所示。

2. 面数据符号化

在 ArcGIS 中，有三种方法可实现面数据符号化，分别为分类符号化、分级符号化、点密度。

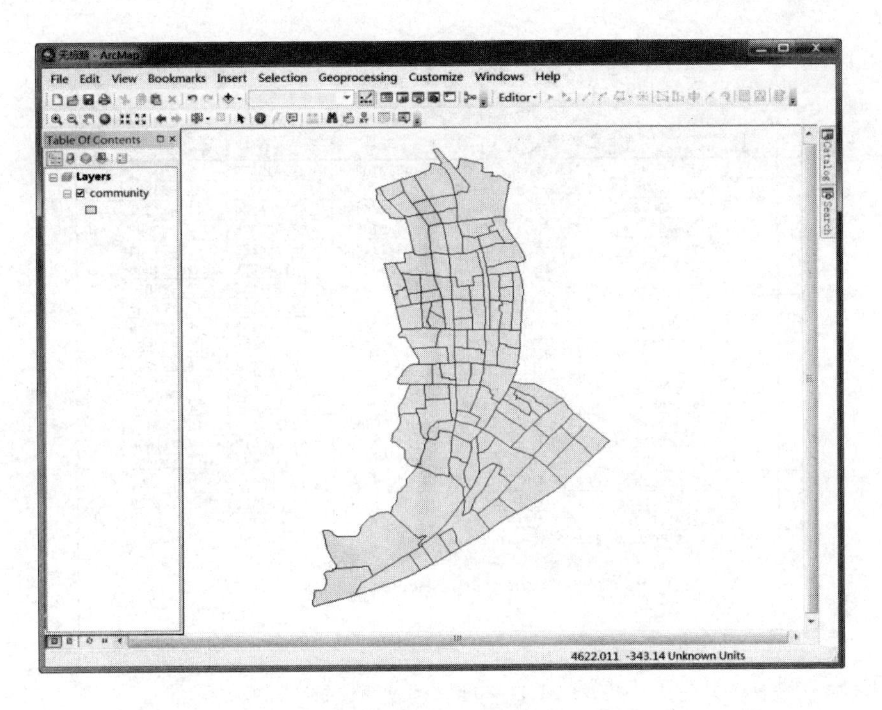

图 4-2　加载“community”图层后的界面

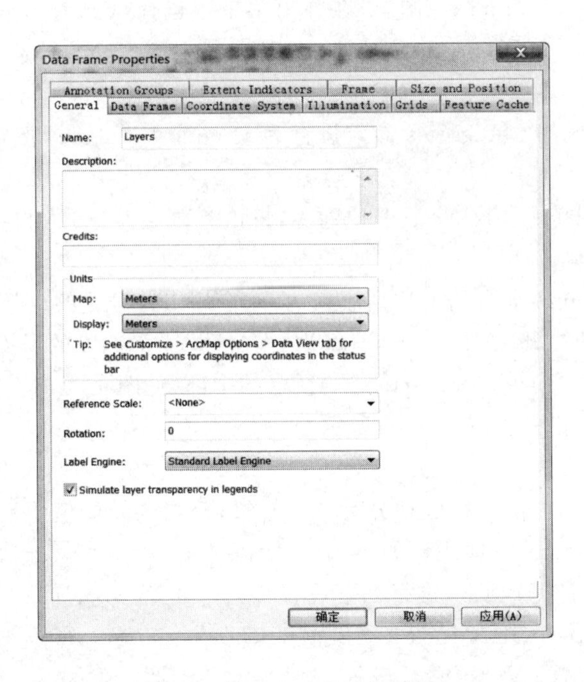

图 4-3　‘General 标签’对话框

(1)分类符号化

①鼠标右键单击 TOC 窗口中的“community”图层，在弹出的快捷菜单中选择‘Open Attribute Table’菜单项，打开“community”图层的属性表(见图 4-4)，浏览属性表的各个字段，为图层的符号化做准备。

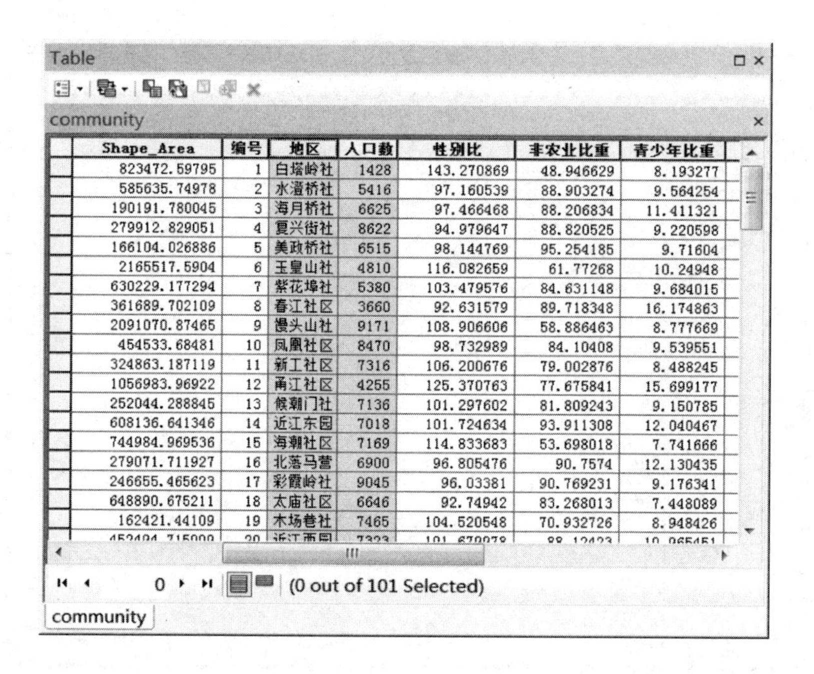

Shape_Area	编号	地区	人口数	性别比	非农业比重	青少年比重
823472.59795	1	白塔岭社	1428	143.270869	48.946629	8.193277
585635.74978	2	水澄桥社	5416	97.160539	88.903274	9.564254
190191.780045	3	海月桥社	6625	97.466468	88.206834	11.411321
279912.829051	4	复兴街社	8622	94.979647	88.820525	9.220598
166104.026886	5	美政桥社	6515	98.144769	95.254185	9.71604
2165517.5904	6	玉皇山社	4810	116.082659	61.77268	10.24948
630229.177294	7	紫花埠社	5380	103.479576	84.631148	9.684015
361689.702109	8	春江社区	3660	92.631579	89.718348	16.174863
2091070.87465	9	馒头山社	9171	108.906606	58.886463	8.777669
454533.68481	10	凤凰社区	8470	98.732989	84.10408	9.539551
324863.187119	11	新工社区	7316	106.200676	79.002876	8.488245
1056983.96922	12	甬江社区	4255	125.370763	77.675841	15.699177
252044.288845	13	候潮门社	7136	101.297602	81.809243	9.150785
608136.641346	14	近江东园	7018	101.724634	93.911308	12.040467
744984.969536	15	海潮社区	7169	114.833683	53.698018	7.741666
279071.711927	16	北落马营	6900	96.805476	90.7574	12.130435
246655.465623	17	彩霞岭社	9045	96.03381	90.769231	9.176341
648890.675211	18	太庙社区	6646	92.74942	83.268013	7.448089
162421.44109	19	木场巷社	7465	104.520548	70.932726	8.948426

图 4-4　community 属性表

②鼠标右键单击“community”图层，在弹出菜单中选择“Properties...”菜单项，或者双击鼠标左键，出现‘Layer Properties’对话框，点击其中的‘Symbology’选项卡，进行如下设置：

· 将“Show”区域的 Categories 参数设置为 Unique Values，即按每个值赋一个特定的颜色来符号化；

· 通过 Value Field 下方的字段下拉列表，将该参数设置为“人口数”字段，符号化将根据该字段展开；

· 点击 Color Ramp 下方的下拉列表，选择一个用来符号化的色带；

· 点击左下角的“Add All Values”，将为“人口数”这个字段的所有取值都配置一个颜色，配色方案将呈现在‘Layer Properties’对话框的中部(见图 4-5)。

· 点击“确定”按钮，结果如图 4-6 所示。

(2)分级符号化

按字段“人口数”的取值将社区划分为 6 个等级，分类区间的值手动设置为 3000，6000，9000，12000，15000，19000，具体操作如下：

①点击‘Symbology’选项卡，进行如下设置：

· 将“Show”区域的 Quantities 参数设置为 *Graduated Colors*；

· 将“Fields”区域的 Value 参数设置为“人口数”字段；

· 在 Color Ramp 右侧的下拉列表中选择一个渐变色，完成设置后的对话框，如图 4-7 所示。

· 在“Classification”区域，将 Classes 设置为 6，即将“人口数”字段的取值划分为 6 个等级。点击“Classify”按钮以打开‘Classification’对话框，将该对话框的 Classification Method 设置为 *Manual*，将右下方“Break Values”区域的输入框内的数字依次修改为 3000，

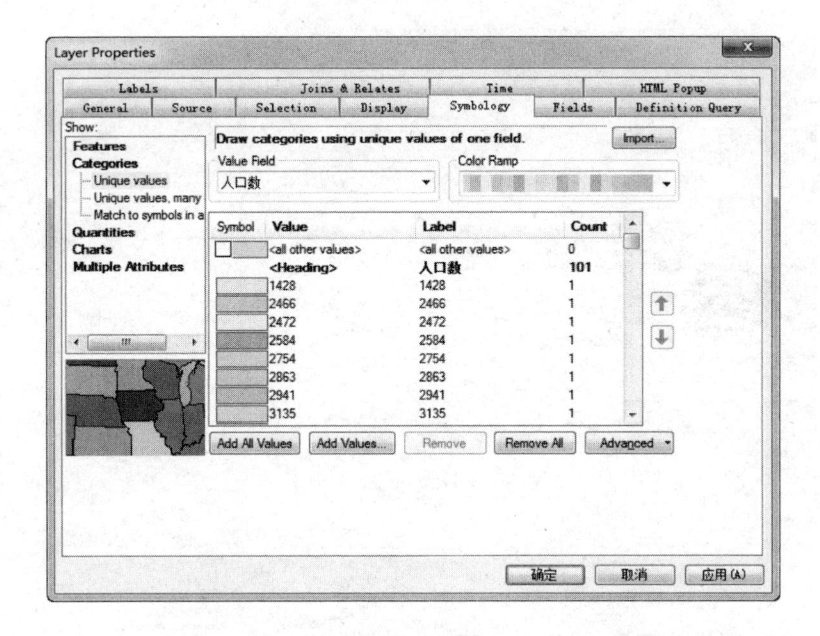

图 4-5　按 Unique Values 赋值的 Symbology 选项卡

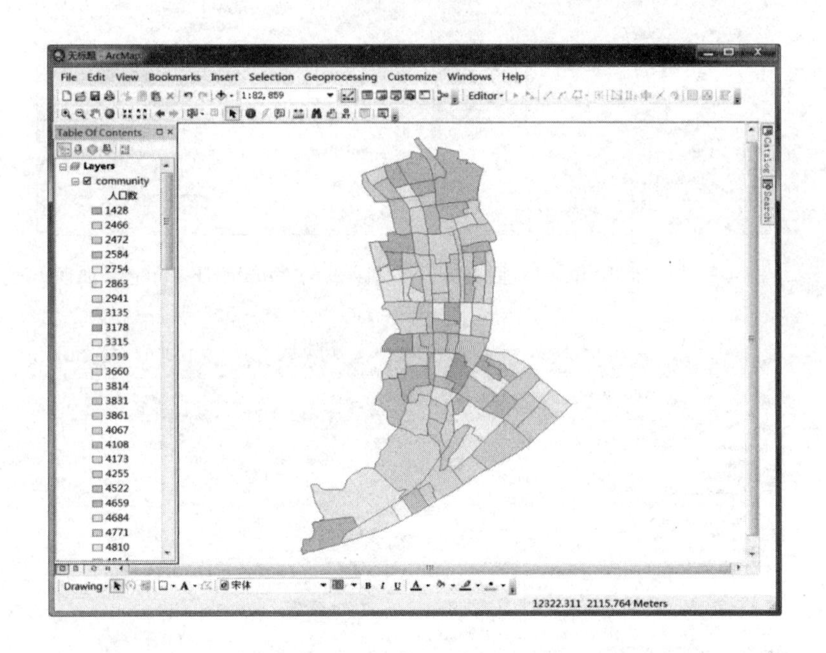

图 4-6　社区人口规模分布

6000,9000,12000,15000,19000(见图 4-8),点击“OK”按钮退出‘Classification’对话框并返回到‘Layer Properties’对话框的 Symbology 选项卡。

②单击用色方案列表的 Label 项,在弹出菜单中选择 *Formats Labels*,在打开的‘Number Format’对话框中改变标注的格式,将“Rounding”区域的 Number of decimal places 设置为 2(见图 4-9),也即人口字段取值显示小数点后两位,点击“OK”按钮完成设置(见图 4-10)。

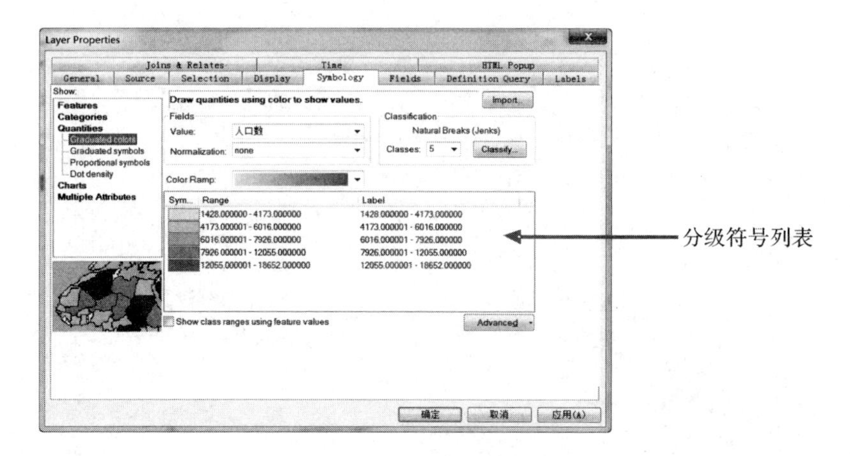

图 4-7 Symbology 选项卡

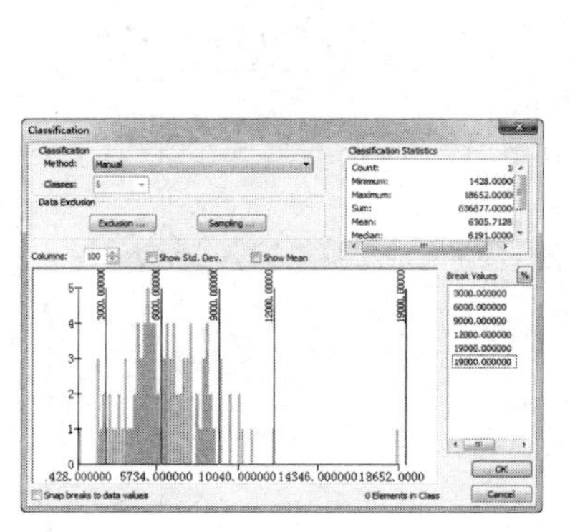

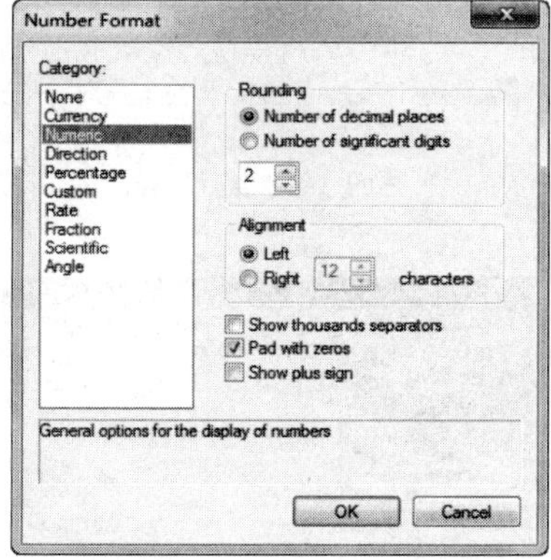

图 4-8 ‘Classification’对话框

图 4-9 ‘Number Format’对话框

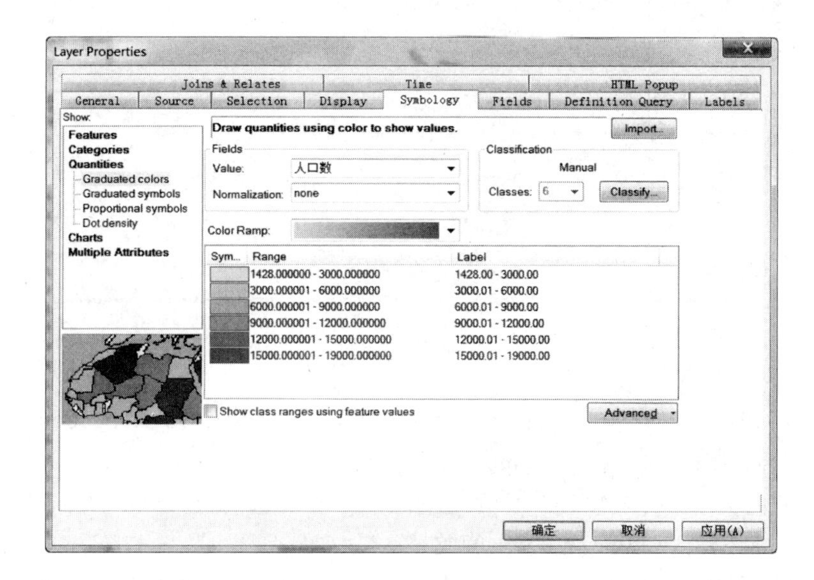

图 4-10 完成设置后的分级符号化

③点击“确定”按钮，关闭‘Layer Properties’对话框，地图窗口将显示如图 4-11 所示的人口规模分级图。

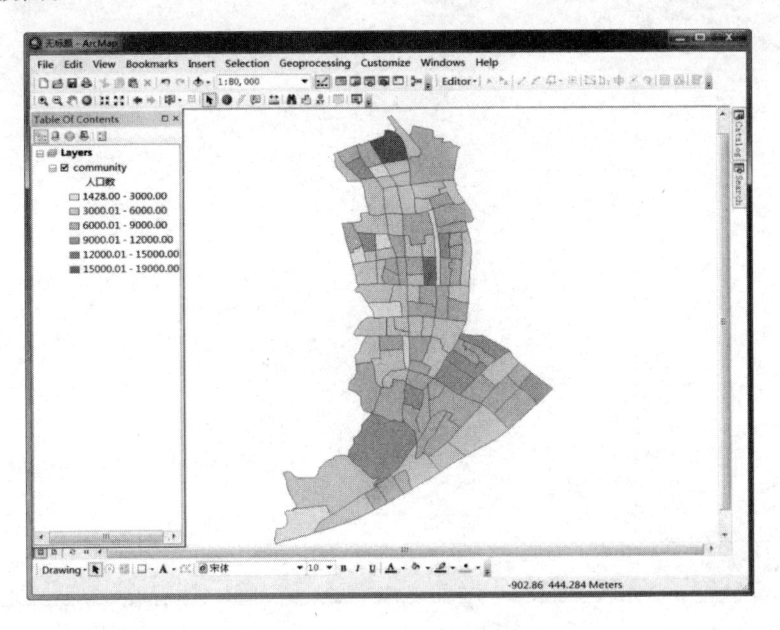

图 4-11　社区人口规模分级图

(3)点密度符号化

①将“Show”区域的 Quantities 参数设置为 *Dot Density*，在“Field Selection”区域下方的字段列表中双击字段名“人口数”，将 Dot Size(点的尺寸)设置为 2，Dot Value 设置为 2000，表示每个点代表 2000 人，选择右侧的色带以指定点的颜色，如图 4-12 所示。

②点击“确定”按钮，完成点密度的符号化，结果如图 4-13 所示。

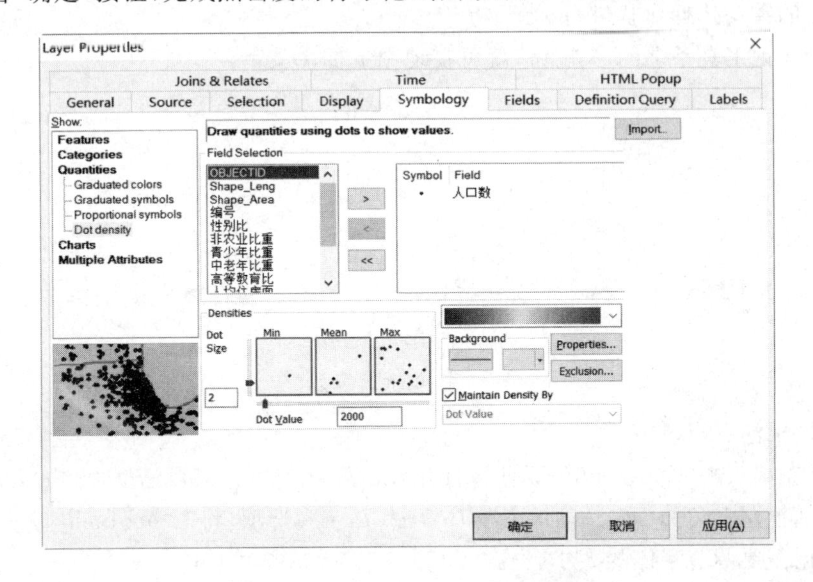

图 4-12　Symbology 标签对话框

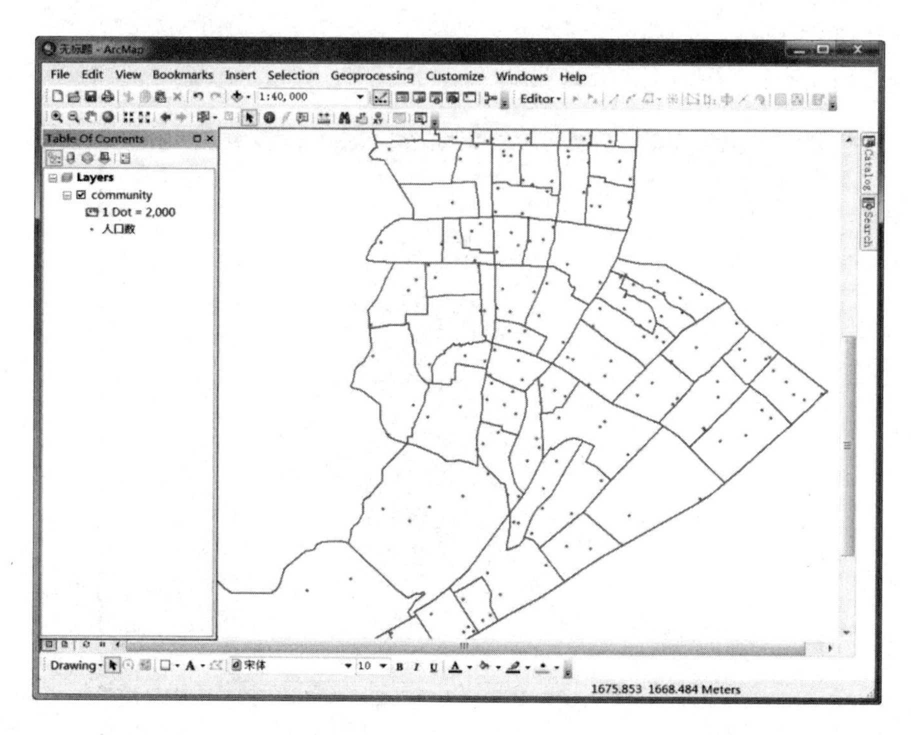

图 4-13　人口密度点密度

3. 地图标注

(1)图形注记

①点击“Customize” >> “Toolbars” >> “Draw”菜单项,加载如图 4-14(a)所示的注记工具条,用鼠标将其拖到合适的位置。

②用鼠标点击工具条上的图 4-14(b)高亮显示的位置,会出现图右边所示的选择框,可以根据自己的需要选择形状进行标记。

③点击注记工具条上的 A 按钮,就可在地图上标注文字。

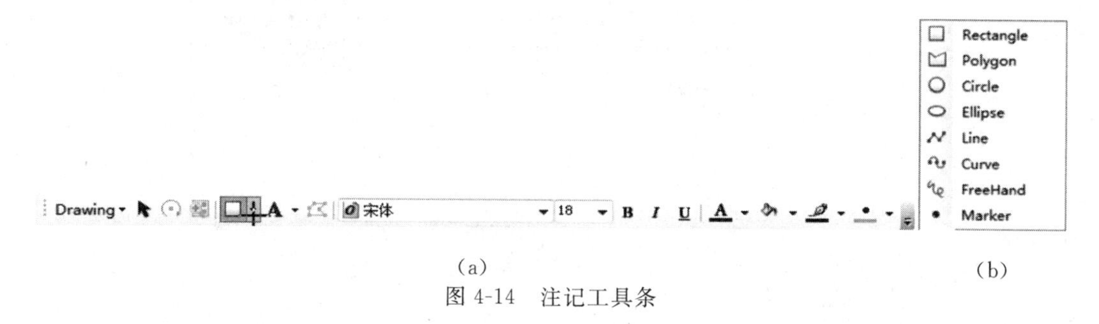

(a)　　(b)

图 4-14　注记工具条

(2)属性标注(Label)

①鼠标左键双击“Community”图层,打开‘Layer Properties’对话框,点击‘Labels’选项卡,勾选对话框左上角的 *Label Features In This Layer* 选项,将 Label Field 设置为“地区”字段,并根据需要调节字体的大小(见图 4-15)。

②点击“确定”按钮,关闭‘Layer Properties’对话框,地图窗口的多边形上面显示了社区名字(见图 4-16)。

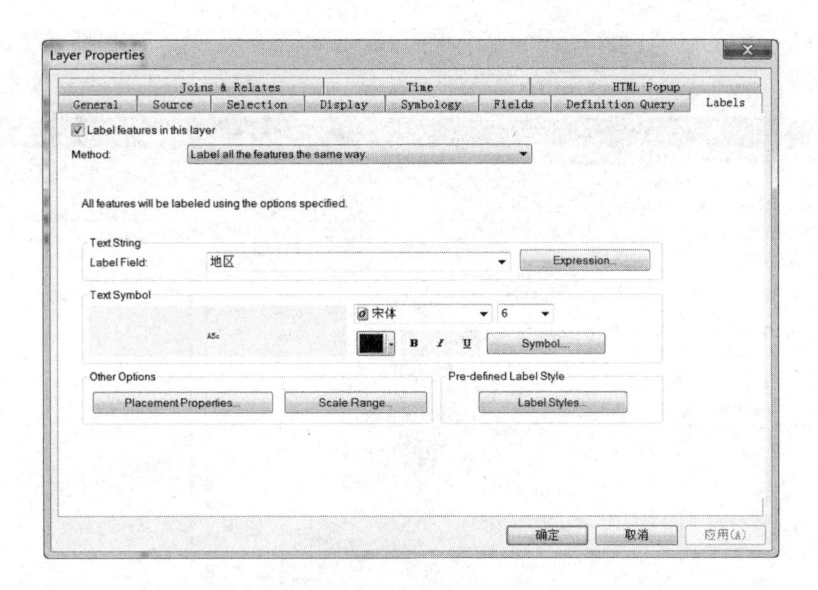

图 4-15　Labels 标签对话框

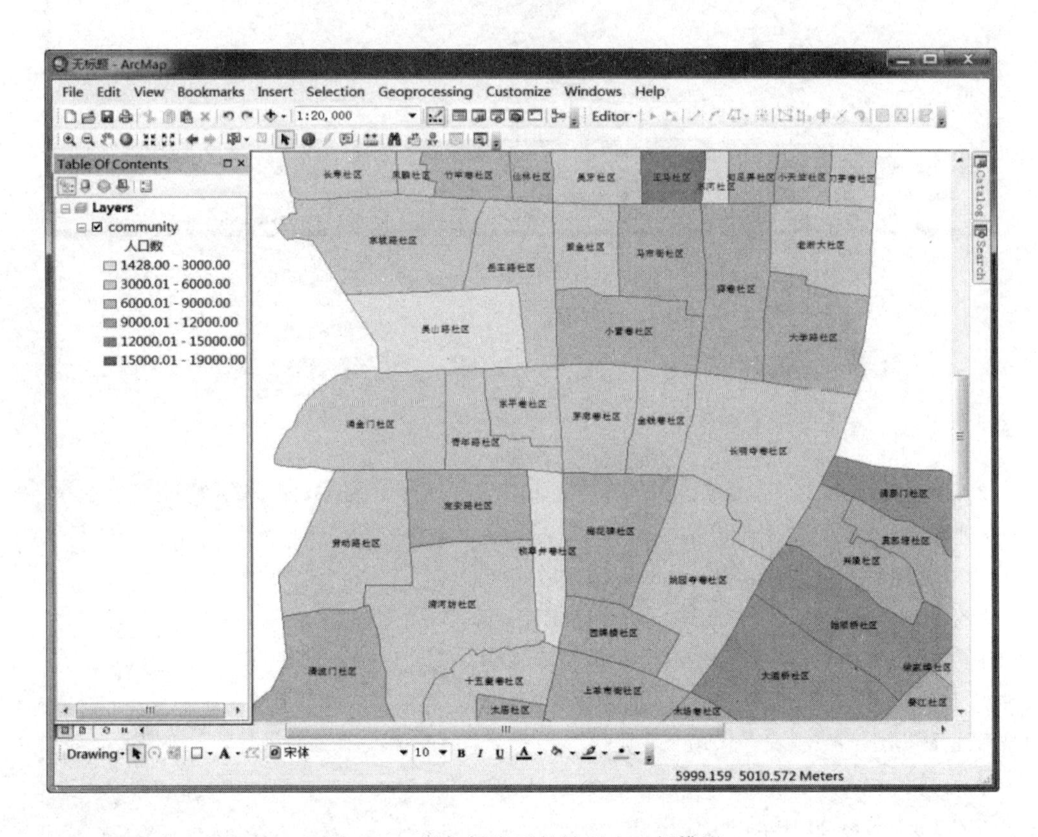

图 4-16　添加标注后的社区人口规模图

4. 布局设置

(1)图面尺寸设置

地图文档窗口包含数据视图和布局视图，在输出地图之前，要先进入布局视图。

①点击“View”＞＞“Layout View”菜单项，进入如图4-17所示的地图布局视图。可以用标准工具栏（见图4-18）上的平移、放大和缩小等工具来调整地图的大小和位置。

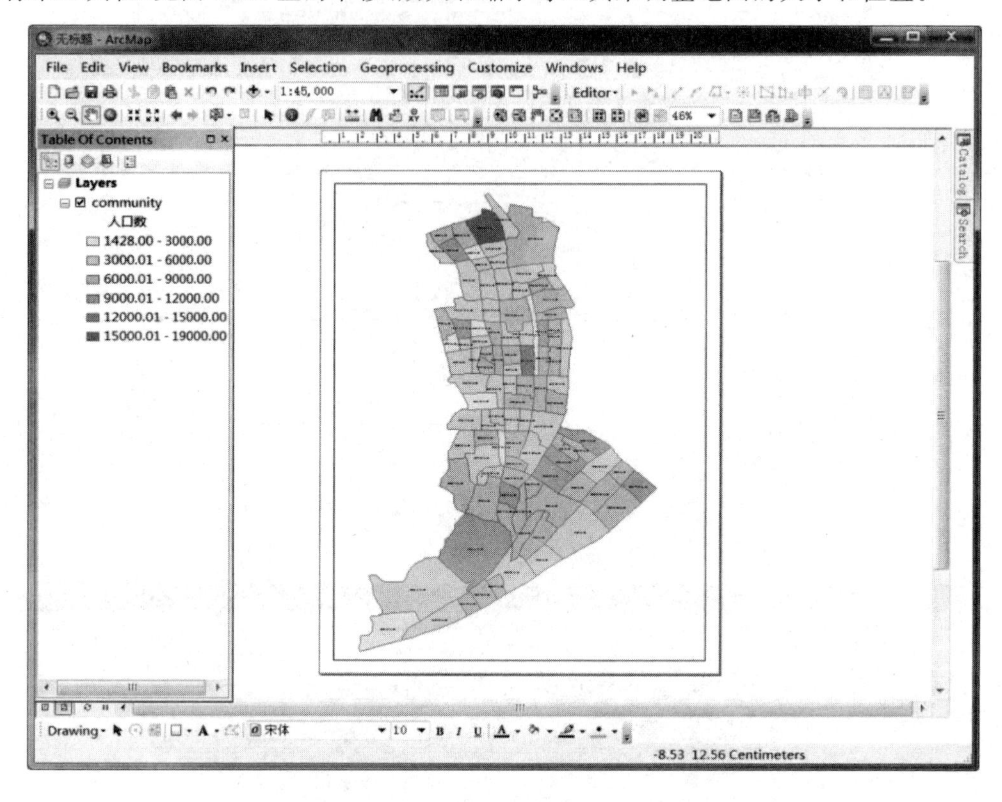

图4-17　进入布局视图

图4-18　基本工具条

②点击“File”＞＞“Page And Print Setup”菜单项，弹出‘Page and Print Setup’对话框（见图4-19），若对话框的Map Page Size选项组中勾选了*Use Printer Pager Setting*选项，则Page选项组中默认尺寸为所选打印机的标准尺寸。如果想独立于系统打印机，自行设置页面大小，则无须勾选*Use Printer Pager Setting*选项。

本例需勾选*Use Printer Pager Setting*选项，并将‘Paper’选项组中的size设置为A4，勾选*Scale Map Elements...*选项，表示地图元素在输出时根据图纸尺寸自动调整比例。

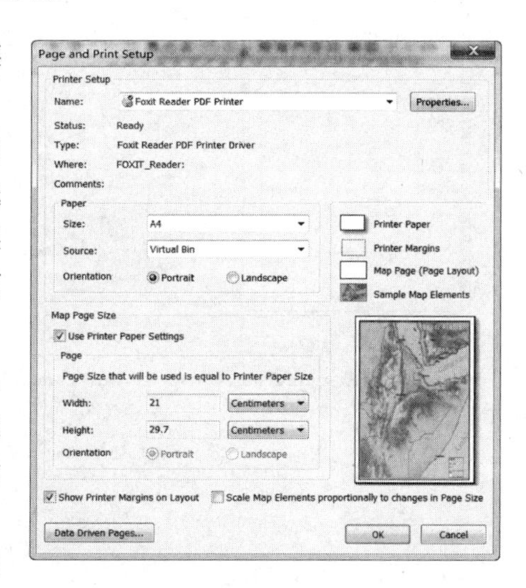

图4-19　‘Page and Print Setup’对话框

③除了上述方法设置页面尺寸外，还可以在布局工具栏（见图4-20）上选择更改布局来设置页

面尺寸。点击布局工具栏上的“Change Layout”图标，在打开的‘Select Template’对话框中用户可根据需要选择所需的模板，如图 4-21 所示。

图 4-20　布局工具栏

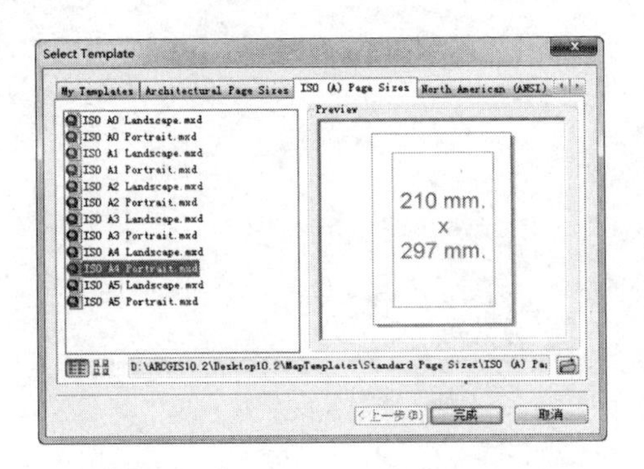

图 4-21　‘Select Template’对话框

④点击“OK”按钮完成图纸尺寸的设置。调整后的布局视图如图 4-22 所示。

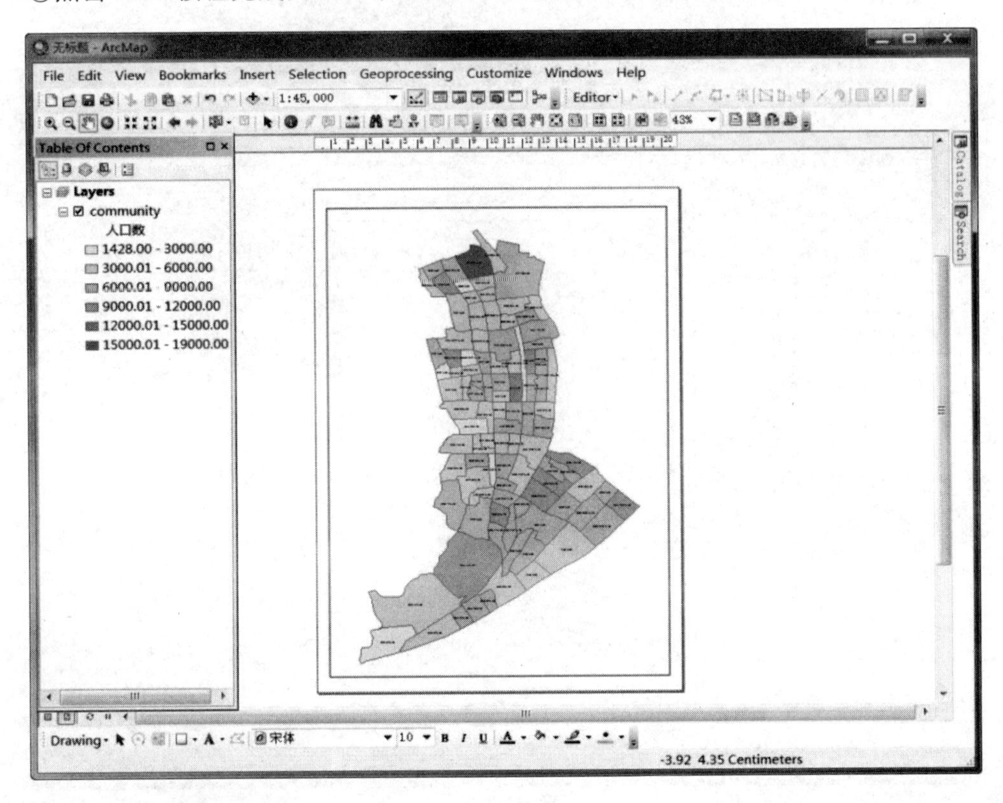

图 4-22　布局视图调整完成

（2）地图背景设置

双击“Layers”数据框架，打开‘Data Frame Properties’对话框，点击‘Frame’选项卡，将Drop Shadow设置为*Grey* 20%（灰色20%），Border和Background参数则采用默认值（见图4-23）。调整设置后的布局视图如图4-24所示。

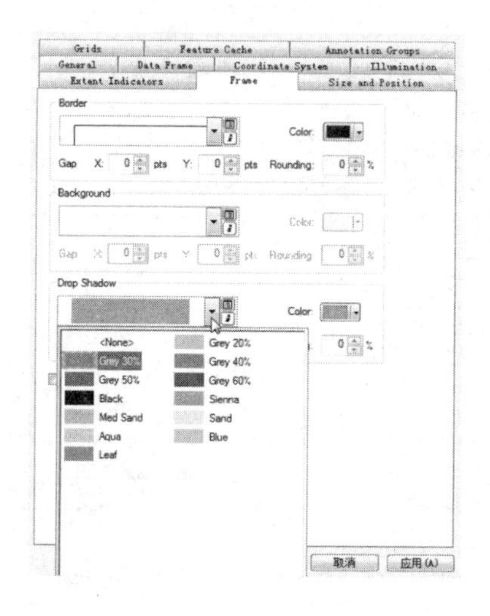

图4-23　地图的背景设置框

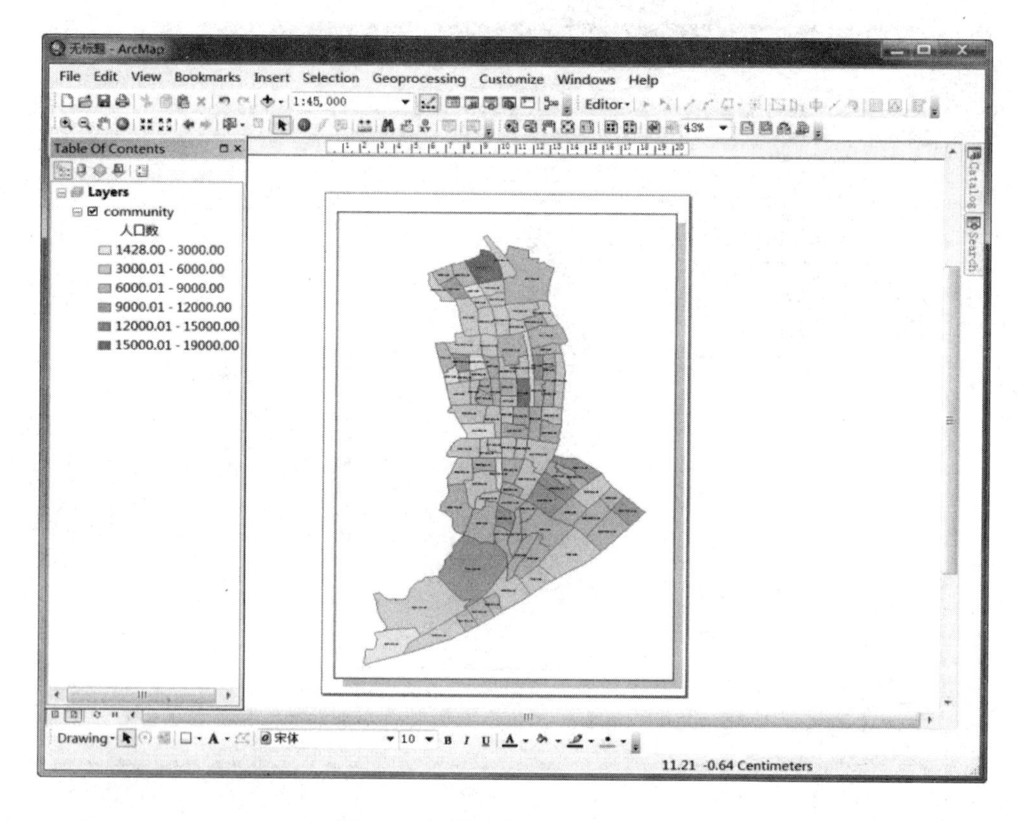

图4-24　调整完成的地图布局视图

5. 常用地图元素添加

(1)图例

在菜单条上选择“Insert”>>“Legend”命令，打开‘Legend Wizard’对话框，按下面步骤设置：

①选择 Map Layers 列表中的“community”图层，使用右向箭头按钮[>]将其添加到 legend Items 列表中，在 Set the number of columns in your legend 处输入 1，将图例的列数设置为 1 列（见图 4-25(a)）。

②点击“下一步”按钮，在 Legend Title 输入框中将 *Legend* 改为图例，必要时设置标题的颜色、字体、大小及对齐方式（见图 4-25(b)）。

③点击“下一步”按钮，为‘Legend Frame’选项组的 Border 项指定一个边框类型。（见图 4-25(c)）

④点击“下一步”按钮，在‘Patch’选项组中设置 Width 为 28、Height 为 14，即设置图例框的长和高分别为 28 和 14 个单位（见图 4-25(d)）。

⑤点击下一步，直至图例添加完成（见图 4-26），图例的大小可以利用基本工具条的放大缩小来调整。

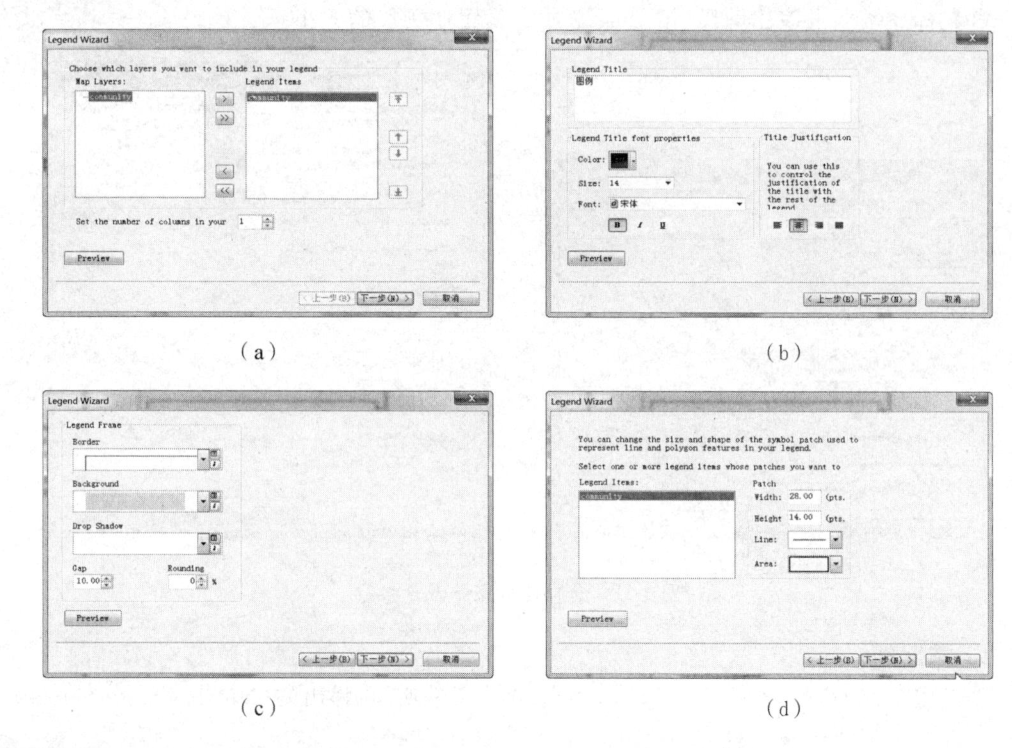

(a)　(b)

(c)　(d)

图 4-25　使用向导添加图例

⑥鼠标左键双击图例，打开‘Legend Properties’对话框，点击左下方的“Style”按钮，在弹出的‘Legend Item Selector’窗口中对图例做进一步的调整。

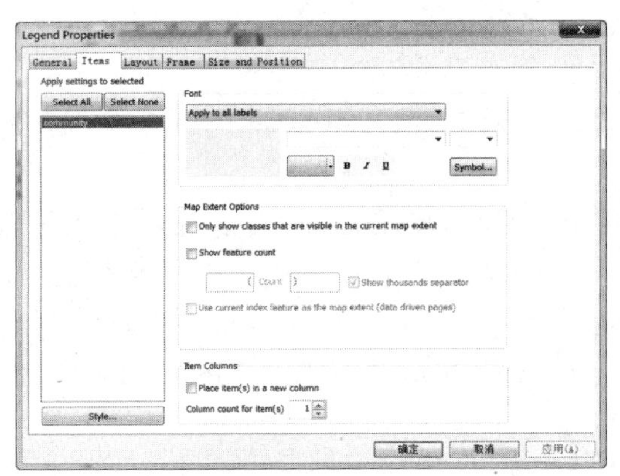

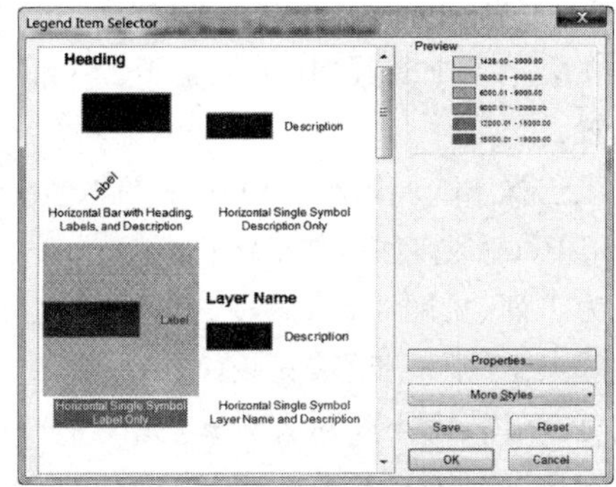

图 4-26　调整图例

(2)比例尺

①使用“Insert”＞＞“Scale Bar Selector”菜单项，在弹出的‘Scale Bar Selector’窗体中选择所需的比例尺样式，本例选择 Stepped Scale Line。

②鼠标左键双击该比例尺，按图 4-27 所示设置比例尺的大小。

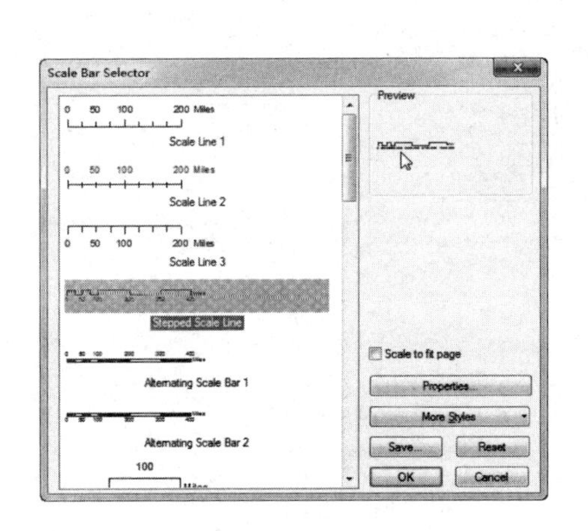

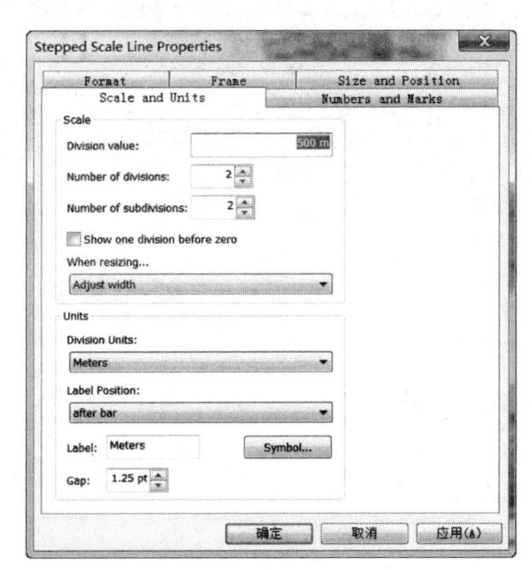

图 4-27　选择比例尺并设置参数

(3)指北针

①使用“Insert”＞＞“North Arrow Selector”菜单项，在弹出的‘North Arrow Selector’窗体中选择 *Esri North 3* 样式。

②关闭‘North Arrow Selector’窗体，返回布局窗口(见图 4-28)。若需调整指北针的样式，如大小和颜色等，可双击指北针，在弹出的‘North Arrow Properties’窗体中进行相应的设置(见图 4-29)。

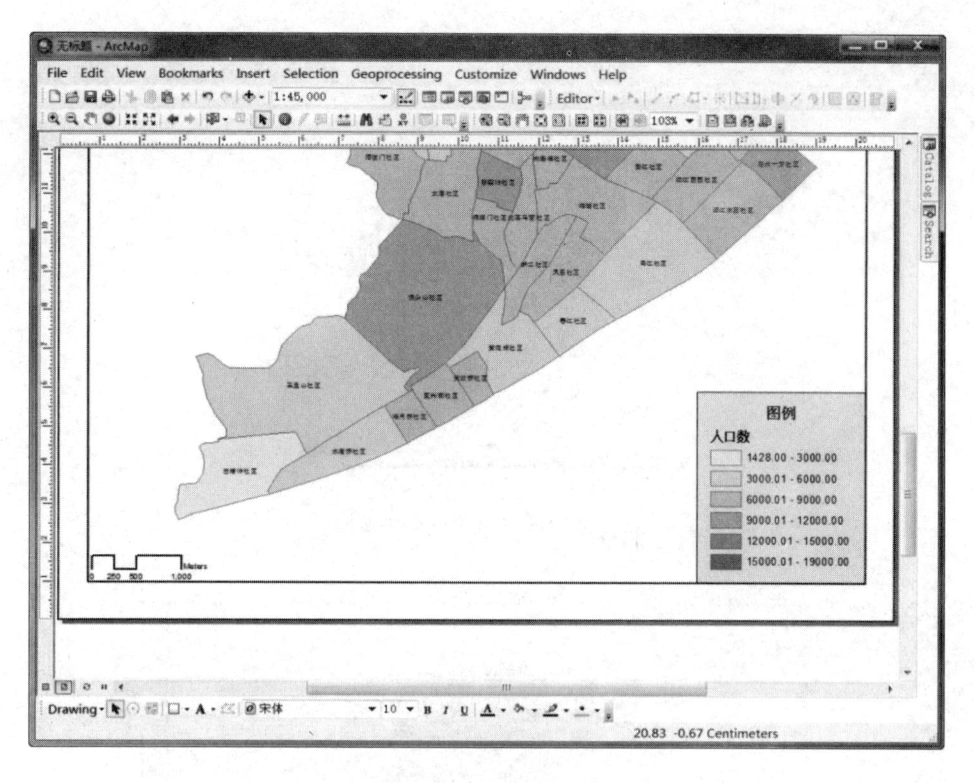

图 4-28　添加图例和比例尺的布局窗口

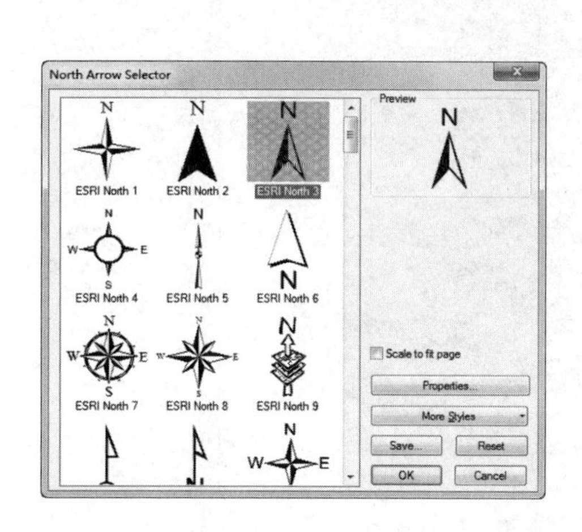

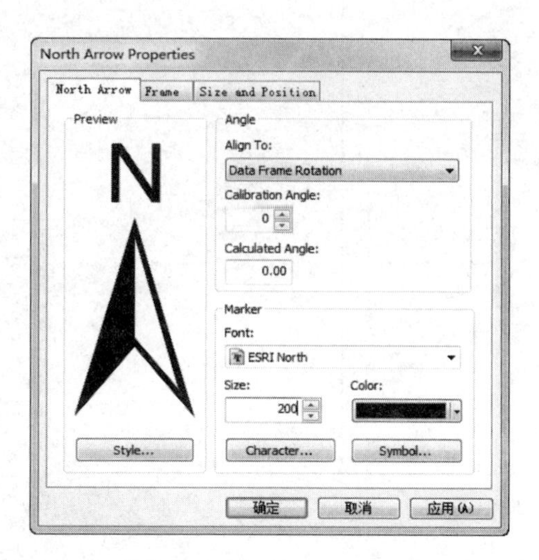

图 4-29　选择指北针并设置参数

(4)图名

使用“Insert”>>“Title”菜单项，添加本专题图的图名为：社区人口规模分布图。

6. 地图输出

选择菜单条“File”>>“Export Map”命令，在弹出的对话框(见图 4-30)中调整保存类型，本例选择 JPEG(＊. Jpg)，在下方的‘General’选项卡中设置 Resolution(分辨率)为 200DPI，并为输出文件命名，输出的 jpeg 图如图 4-31 所示。

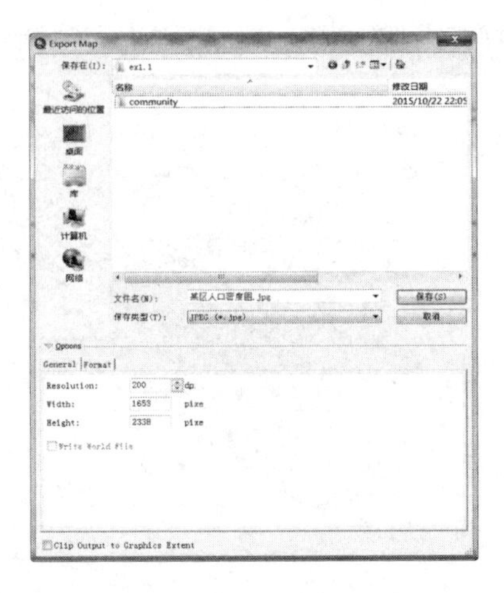

图 4-30 ‘Export Map’对话框

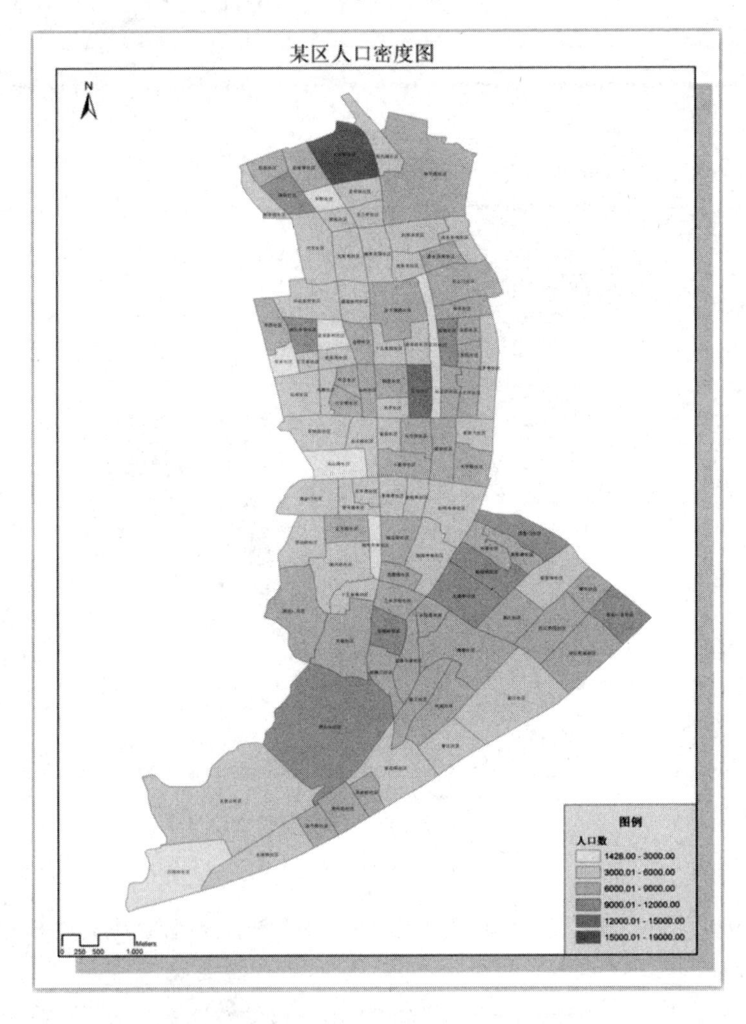

图 4-31 社区人口规模分布

4.3.2　犯罪点分布图制作

本节所使用的数据为某城市土地利用图“底图.shp”和犯罪案件点数据“点数据.shp”，请读者自行下载并保存至 C:\ArcGIS\Ch04\source 文件夹。通过练习，把赌博案和故意损毁财物案的发案地点以不同的符号显示在地图上，并制作犯罪点分布专题图，由此读者可熟悉点状要素的符号化和可视化。

1. 加载并整理数据

(1)启动 ArcMap，新建一个地图文档，点击标准工具栏上的“Add Data”按钮，加载“底图.shp”和“点数据.shp”。

(2)鼠标右键双击“Layers”，打开‘Data Frame Properties’对话框，选择‘General’选项卡，在‘Units’选项组中，将 Map 和 Display 项都设置为 *Decimal Degree*，即地图和显示单位均采用经纬度。

(3)数据被加载后，图层“点数据”都以点状形式显示在地图上(见图 4-32)。

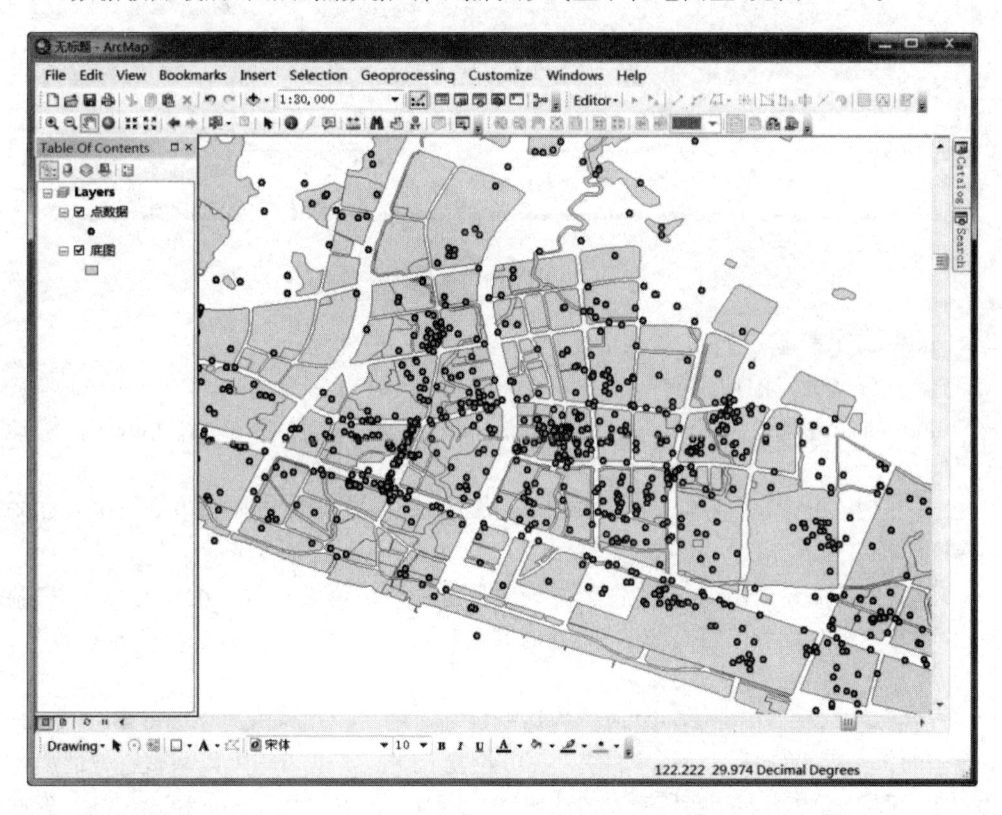

图 4-32　加载两个图层

(4)在 TOC 窗口用鼠标右键单击“点数据”图层，选择‘Open Attribute Table’菜单项打开该图层的属性表(见图 4-33)，不难发现，案件的类型存储在 CaseType 字段中。

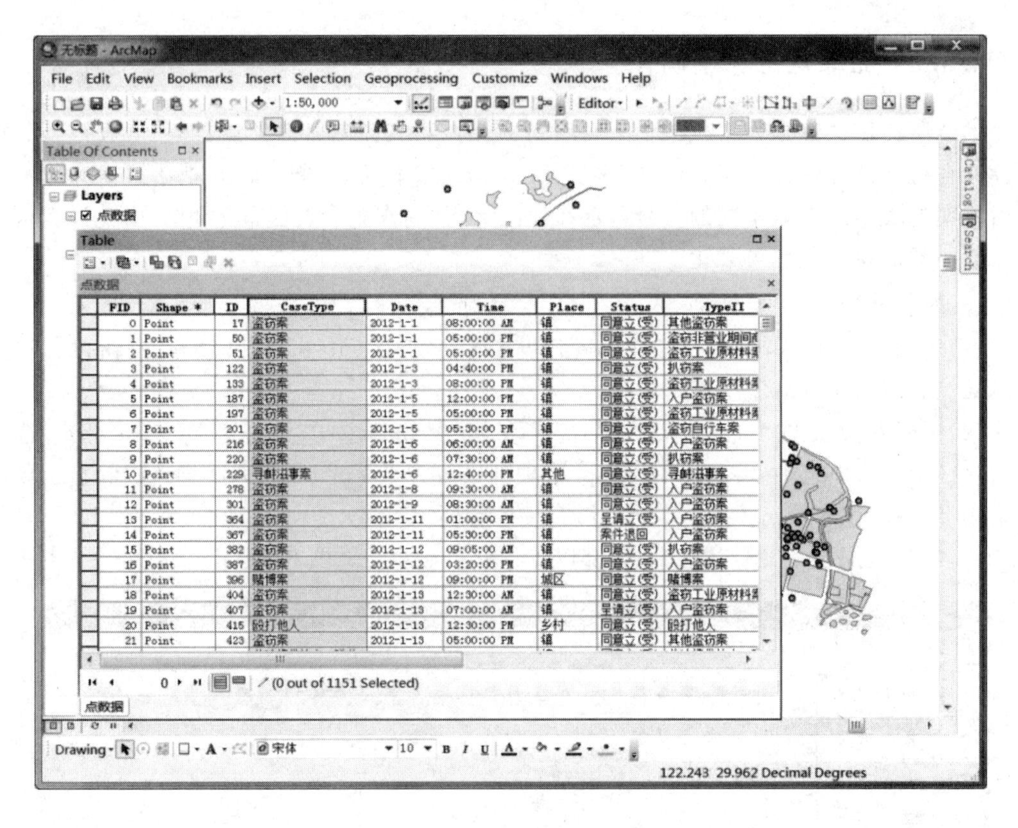

FID	Shape *	ID	CaseType	Date	Time	Place	Status	TypeII
0	Point	17	盗窃案	2012-1-1	08:00:00 AM	镇	同意立(受)	其他盗窃案
1	Point	50	盗窃案	2012-1-1	05:00:00 PM	镇	同意立(受)	盗窃非营业期间
2	Point	51	盗窃案	2012-1-1	05:00:00 PM	镇	同意立(受)	盗窃工业原材料
3	Point	122	盗窃案	2012-1-3	04:40:00 PM	镇	同意立(受)	扒窃案
4	Point	133	盗窃案	2012-1-3	08:00:00 PM	镇	同意立(受)	盗窃工业原材料
5	Point	187	盗窃案	2012-1-5	12:00:00 PM	镇	同意立(受)	入户盗窃案
6	Point	197	盗窃案	2012-1-5	05:00:00 PM	镇	同意立(受)	盗窃工业原材料
7	Point	201	盗窃案	2012-1-5	05:30:00 PM	镇	同意立(受)	盗窃自行车案
8	Point	216	盗窃案	2012-1-6	06:00:00 AM	镇	同意立(受)	入户盗窃案
9	Point	220	盗窃案	2012-1-6	07:30:00 AM	镇	同意立(受)	扒窃案
10	Point	229	寻衅滋事案	2012-1-6	12:40:00 PM	其他	同意立(受)	寻衅滋事案
11	Point	278	盗窃案	2012-1-8	09:30:00 AM	镇	同意立(受)	入户盗窃案
12	Point	301	盗窃案	2012-1-9	08:30:00 AM	镇	同意立(受)	入户盗窃案
13	Point	364	盗窃案	2012-1-11	01:00:00 PM	镇	呈请立(受)	入户盗窃案
14	Point	367	盗窃案	2012-1-11	05:30:00 PM	镇	案件退回	入户盗窃案
15	Point	382	盗窃案	2012-1-12	09:05:00 AM	镇	同意立(受)	扒窃案
16	Point	387	盗窃案	2012-1-12	03:20:00 PM	镇	同意立(受)	入户盗窃案
17	Point	396	赌博案	2012-1-12	09:00:00 PM	城区	同意立(受)	赌博案
18	Point	404	盗窃案	2012-1-13	12:30:00 AM	镇	同意立(受)	盗窃工业原材料
19	Point	407	盗窃案	2012-1-13	07:00:00 AM	镇	呈请立(受)	入户盗窃案
20	Point	415	殴打他人	2012-1-13	12:30:00 PM	乡村	同意立(受)	殴打他人
21	Point	423	盗窃案	2012-1-13	05:00:00 PM	镇	同意立(受)	其他盗窃案

图 4-33 点数据图层属性表

2. 点数据符号化

(1)双击“点数据”图层，在弹出的‘Layer Properties’对话框中点击‘Symbology’选项卡，在 Show 列表中选择 Categories 下的 Unique Values 项，设置 Value Field 项为 *Case Type* 字段。

(2)点击‘Symbology’选项卡中的“Add All Values”按钮，符号列表中显示了表征所有类型案件的符号。

(3)此案例仅需在地图上显示“赌博案”和“故意损毁财物案”，其他的点符号可以删除。选择除“赌博案”和“故意损毁财物案”之外的其他项，点击“Remove”按钮删除这些符号(见图 4-34)。

(4)鼠标左键双击符号列表中“故意损坏财物”所在的行，在弹出的‘Symbol Selector’对话框左侧的符号库中选择一种符号，按图 4-35 设置 Color 项和 Size 项以调整符号的颜色和尺寸。使用同样的方法，为“赌博案”选择合适的显示符号，并设置 Color 和 Size 项。返回到‘Symbology’选项卡，取消勾选 *All Other Values* 项(位于符号库首行)，确保其他类型案件不显示在地图窗口中。

(5)进一步添加图名、比例尺、指北针、图例等要素。具体操作参考本书 4.3.1，不再赘述。完成后的效果如图 4-36 所示。

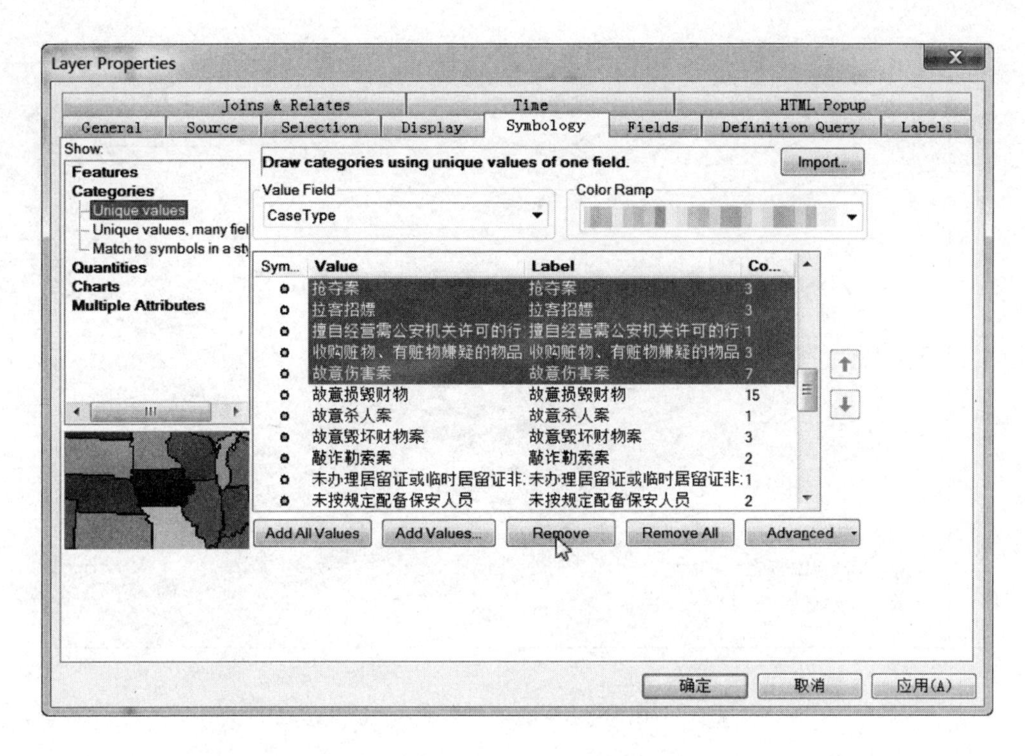

图 4-34　删除无须显示的符号

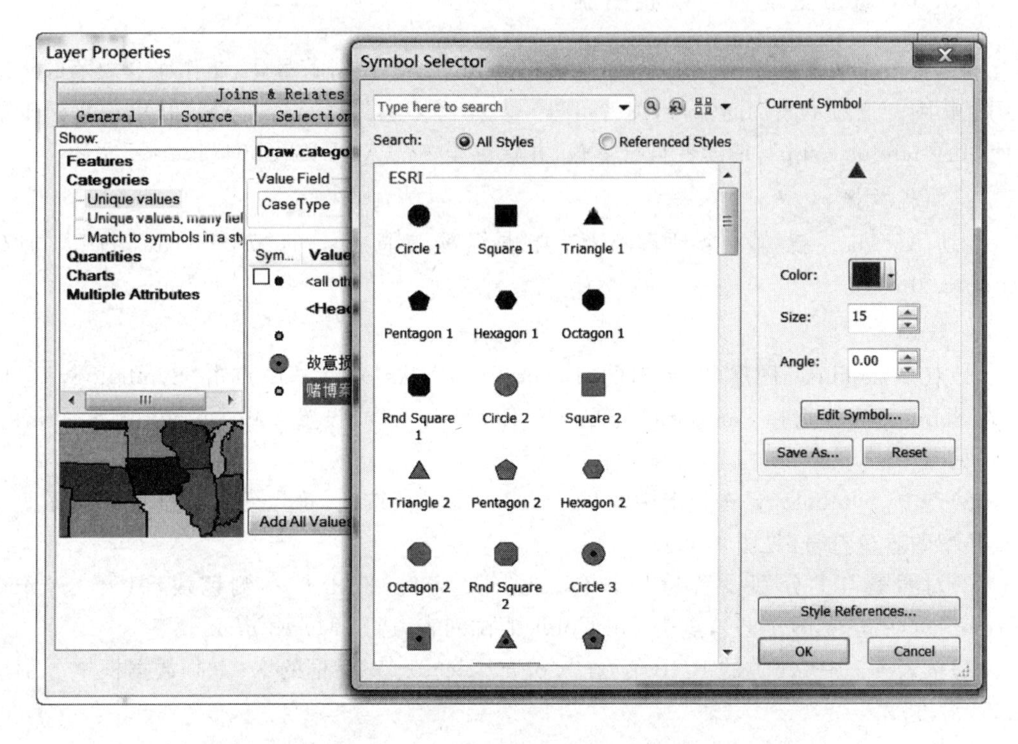

图 4-35　设置“赌博案”的显示符号

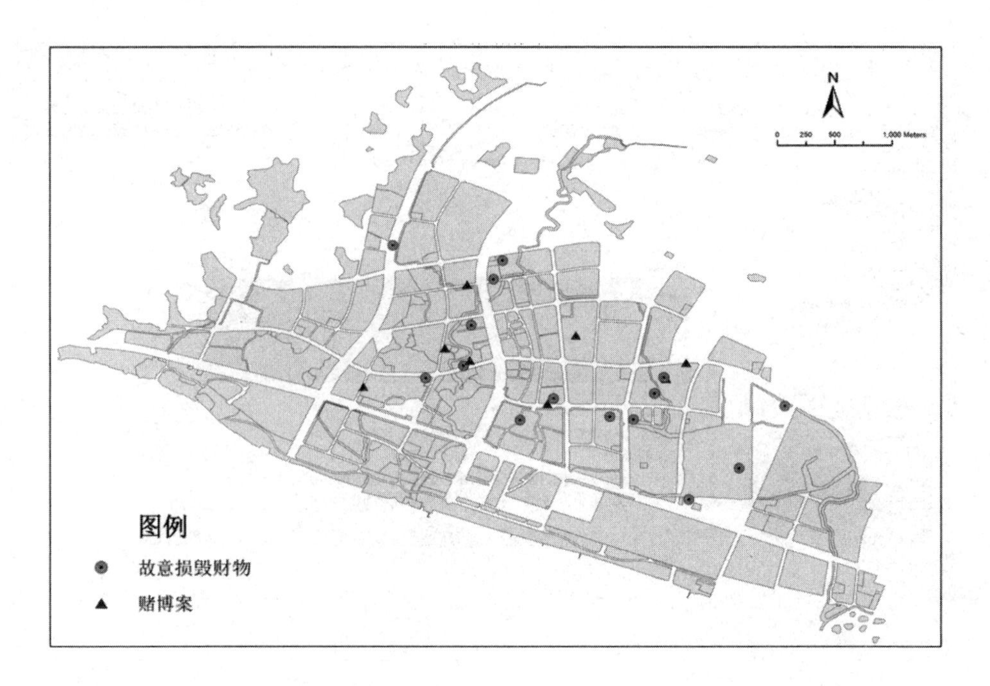

图 4-36　犯罪案件分布图

4.3.3　城市土地利用现状图制作

本节将根据城乡规划制图规范，对某城区的各个地块进行符号化，制作符合规范的土地利用现状图。通过本案例的学习，读者可进一步熟悉多边形要素的符号化和可视化。本节所使用的“landuse. shp”，请读者自行下载，并保存至“C:\ArcGIS\Ch04\source”文件夹。

1. 加载数据

启动 ArcMap，新建一个地图文档，点击标准工具栏上的“Add Data”按钮，加载“landuse. shp”。

2. 数据符号化

(1)双击“landuse”图层，在弹出的‘Layer Properties’对话框中点击‘Symbology’选项卡，在 Show 列表中选择 Categories 下的 Unique Values 项，设置 Value Field 项为 *Landuse* 字段(见图 4-37)。

(2)点击‘Symbology’选项卡中的“Add All Values”按钮，符号列表中显示了表征所有用地类型的着色符号(见图 4-38)。

(3)对照表 4-1 分别设置符号颜色。以 A1 为例，双击行左侧色块，打开‘Symbol Selector’对话框(见图 4-39)，点击 Fill Color 下拉列表，选择 *More Colors*。

(4)按表 4-1 中 A1 类的 RGB 值，在‘Color Selector’对话框的 R、G、B 数据框中分别填入 255、0、255。

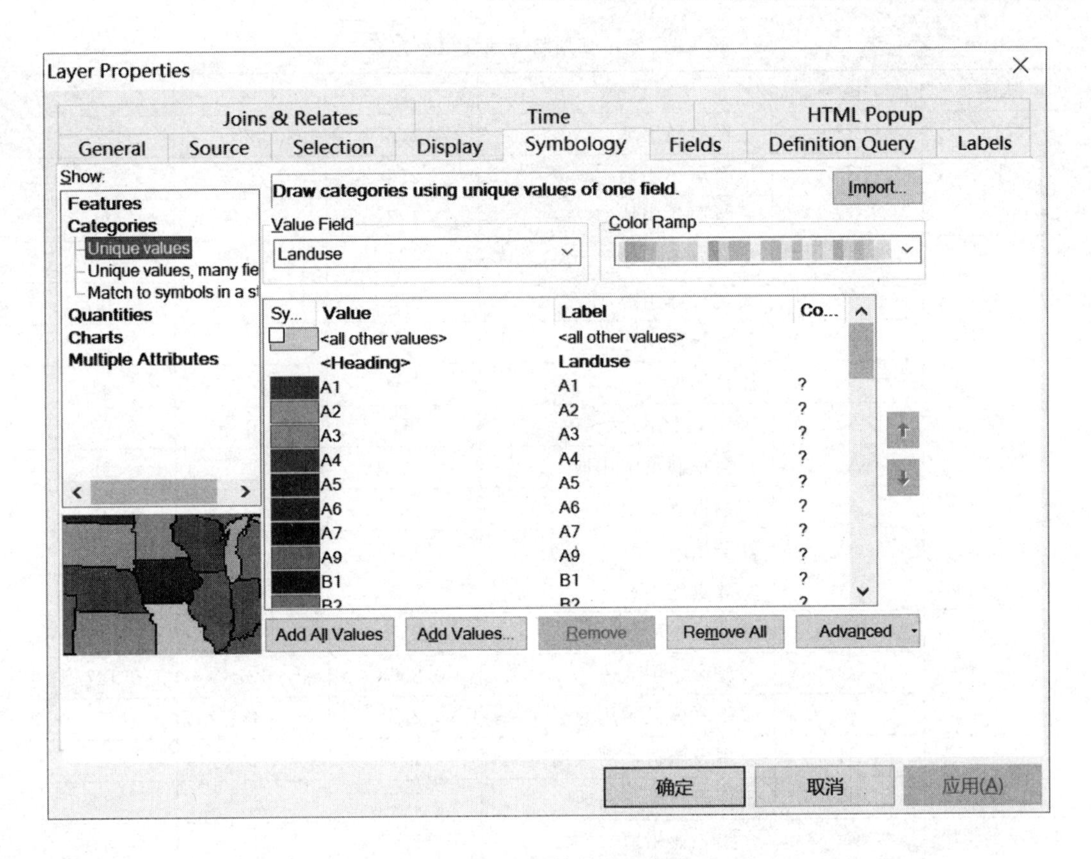

图 4-37　设置符号渲染方式

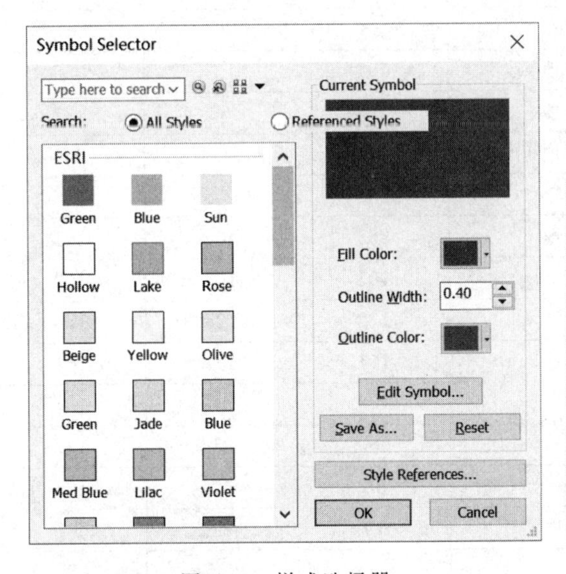

图 4-38　样式选择器

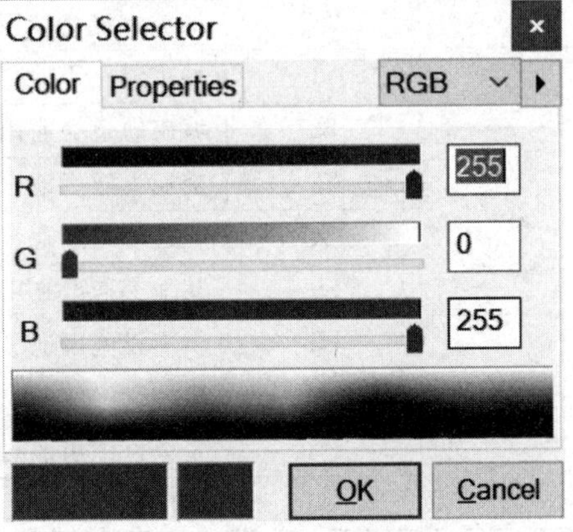

图 4-39　颜色选择数据框

表 4-1 城市规划制图地块用色方案

大类	中类	图例	R	G	B
R	R1	一类居住用地	255	223	127
	R2	二类居住用地	255	255	0
	R3	三类居住用地	127	127	0
A	A1	行政办公用地	255	0	255
	A2	文化设施用地	255	159	127
	A3	教育科研用地	255	127	255
	A4	体育用地	0	165	41
	A5	医疗卫生用地	255	0	63
	A6	社会福利设施用地	127	63	95
	A7	文物古迹用地	165	41	0
	A8	外事用地	127	0	63
	A9	宗教设施用地	255	127	0
B	B1	商业设施用地	255	0	0
	B2	商务设施用地	255	127	127
	B3	娱乐康体设施用地	255	63	0
	B4	公用设施营业网点用地	127	0	0
	B9	其他服务设施用地	127	63	63
M	M1	一类工业用地	165	124	82
	M2	二类工业用地	127	95	63
	M3	三类工业用地	38	28	19
W	W1	一类物流仓储用地	191	127	255
	W2	二类物流仓储用地	95	63	127
	W3	三类物流仓储用地	28	19	88
S	S1	城市道路用地	255	255	255
	S2	城市轨道交通用地	255	0	191
	S3	交通枢纽用地	102	102	102
	S4	交通场站用地	128	128	128
	S9	其他交通设施用地	101	101	101
U	U1	供应设施用地	0	95	127
	U2	环境设施用地	0	31	127
	U3	安全设施用地	38	57	126
	U9	其他公用设施用地	19	28	88
G	G1	公园绿地	0	255	0
	G2	防护绿地	0	127	0
	G3	广场用地	255	255	255

3. 地图布置及输出

(1)点击“View”＞＞“Layout View”菜单项,进入地图布局视图。

(2)点击“File”＞＞“Page And Print Setup”菜单项,勾选 *Use Printer Pager Setting* 选项,将‘Paper’选项组中的 size 设置为 *A*4。

(3)点击菜单条“Insert”＞＞“Legend”命令,插入 landuse 图层图例。双击新添加的图例,打开‘Legend Properties’图例属性对话框(见图 4-40),在 Items 选项卡界面的 Column count for items 项中,选择 3,将图例设置为分三栏显示,如图 4-40 所示。

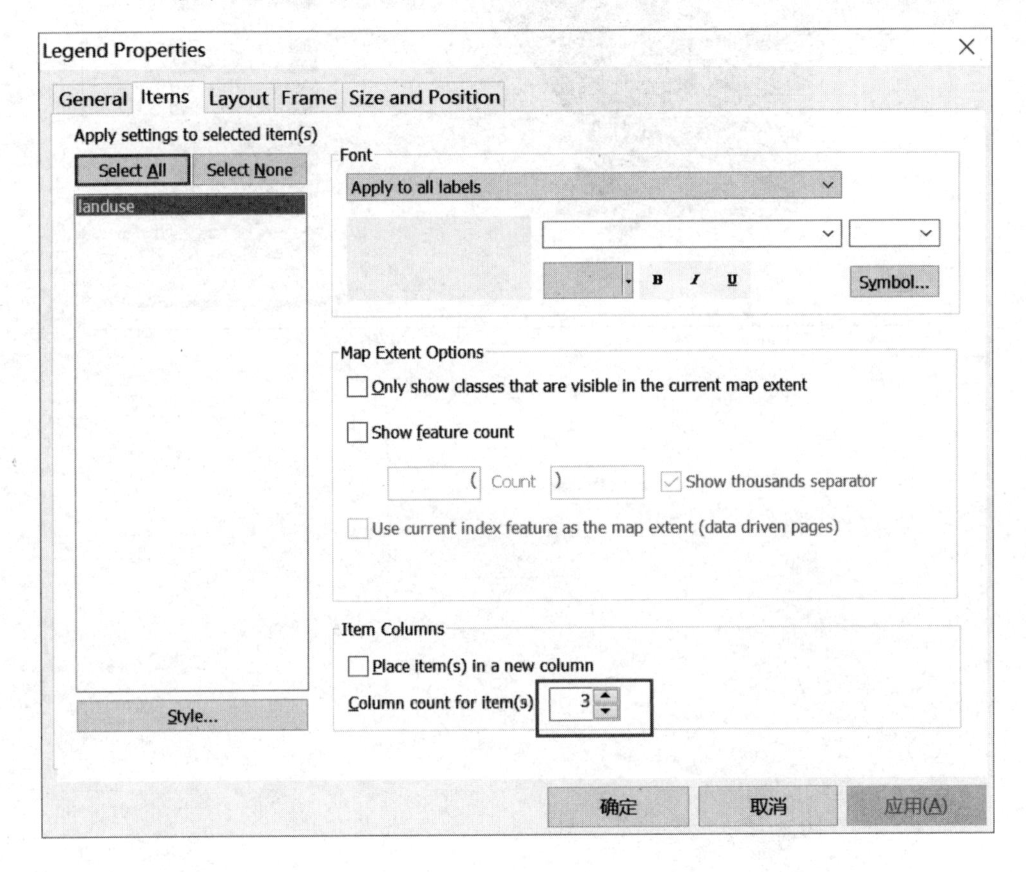

图 4-40　图例属性设置

(4)与本书 4.3.1 中常用地图元素添加步骤类似,添加指北针、图例、图名。

(5)选择菜单条“File”＞＞“Export Map”命令,调整保存类型,选择 JPEG(＊.jpg),在‘General’选项卡中设置 Resolution(分辨率)为 300DPI,生成土地利用现状图,如图 4-41 所示。

4.4　本章小结

本章介绍了在 ArcGIS 环境下进行地理空间数据可视化的相关操作,并以三个专题图的制作为例,详细介绍了要素符号化(可视化)的具体方法与过程,以及图例、注记等要素的制作,旨在让读者掌握制作专题图的相关知识点和技能。

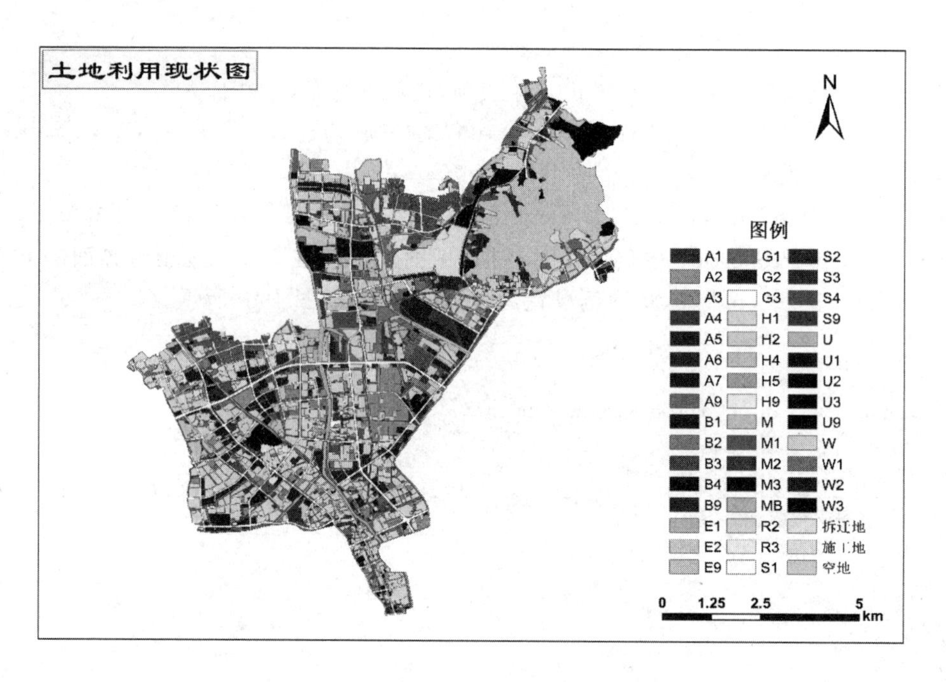
土地利用现状图
N
图例
A1
A2
A3
A4
A5
A6
A7
A9
B1
B2
B3
B4
B9
E1
E2
E9
G1
G2
G3
H1
H2
H4
H5
H9
M
M1
M2
M3
MB
R2
R3
S1
S2
S3
S4
S9
U
U1
U2
U3
U9
W
W1
W2
W3
拆迁地
施工地
空地
0 1.25 2.5 5
km

图 4-41　土地利用现状

第5章　空间数据编辑和管理

空间数据编辑和管理是地理信息系统的重要功能之一，它是后续空间分析工作赖以开展的前提条件。ArcMap 是 ArcGIS 用来进行空间数据输入与编辑的桌面应用系统。本章将利用 ArcMap 中的 Editor 工具条，介绍常用的空间数据编辑方法，包括几何图形创建和编辑，拓扑创建和编辑，属性表的常用操作，并通过两个案例加深对相关功能的认识。

5.1　几何图形创建和编辑

5.1.1　新建 Shapefile

在 ArcMap 中单击标准工具条的按钮打开 Catalog 窗口，展开目录树的 Folder Connections 文件夹，定位到 C:\ArcGIS\ch05 文件夹，在具体操作前请确保已创建该文件夹。若未发现此文件夹，鼠标右键单击 Folder Connections，通过弹出菜单的 Connect to Folder 选项添加该文件夹。右键单击 C:\ArcGIS\ch05，图 5-1 在右键菜单中选择“New”选项下的“Shapefile”项，在弹出的‘Create New Shapefile’对话框中为新要素命名(缺省的名字为 *New_Shapefile*)，将 Feature Type 选项卡设置为用户所需的类型，可选的类型包括：*Point*，*polyline*，*polygon*，*Multipoint*，*Multipatch*。如需为新建的 shape 文件指定坐标系，可点击图 5-2 的 Edit... 按钮，在弹出的‘Spatial Reference Properties’对话框中为其指定坐标系，按图 5-3 所示为新建的 Shape 文件指定 *CGCS2000_3_Degree_GK_CM_120E* 坐标系。坐标系的相关内容，可参阅第 6 章。

5.1.2　新建 Geodatabase 要素类(feature class)

Geodatabase 即地理数据库，是一种面向对象的空间数据模型。ArcGIS 10.2 中，Geodatabase 主要有以下三类：

(1)Personal Geodatabase(.mdb)：使用 Access 数据库为储存介质(可用 Access 在外部直接打开并读取数据)，容量为 2GB，仅仅支持 Windows 系统，只能单用户编辑和读取，不支持用户并发操作，不支持压缩。

(2)File Geodatabase(.gdb)：在文件系统中以文件夹的形式表现，用二进制方式存储，每个表容量为 1TB；支持多平台操作(Windows、Linux)，单用户编辑多用户读取；支持压缩。

(3)大型关系数据库 ArcSDE 形成的地理数据库：存储格式为 DBMS(DataBase Management System)；操作平台依赖于 DBMS，支持多用户编辑和读取；可存储、管理海量数据。

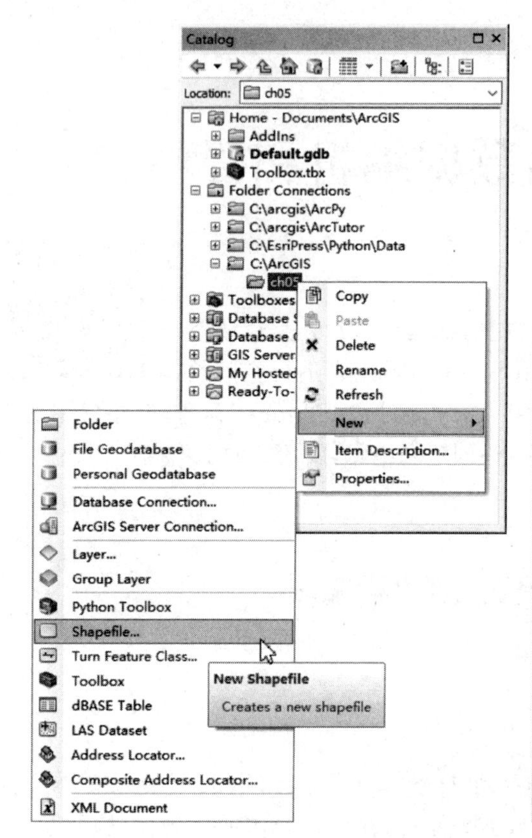

图 5-1　新建 Shapefile 操作方法

图 5-2　'Create New Shapefile'对话框

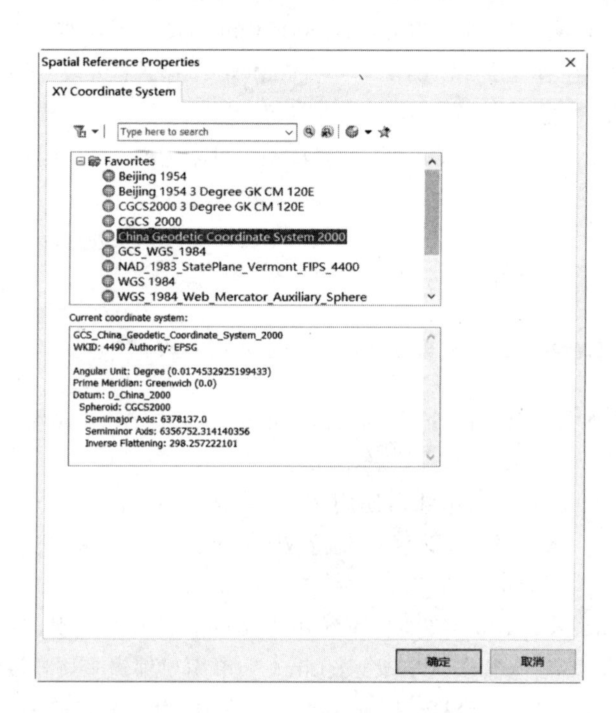

图 5-3　指定空间参考坐标系

对于个人用户，一般使用 Personal Geodatabase 和 File Geodatabase，鉴于后者比前者功能更强大一些，以下仅介绍后者。打开 Catalog 窗口，展开目录树的 Folder Connections 文件夹，定位到 *C*:*ArcGIS**ch05* 文件夹，右键单击该文件夹，按图 5-4 创建 File Geodatabase，并将其重命名为 MyGeodatabase. gdb(见图 5-5)。

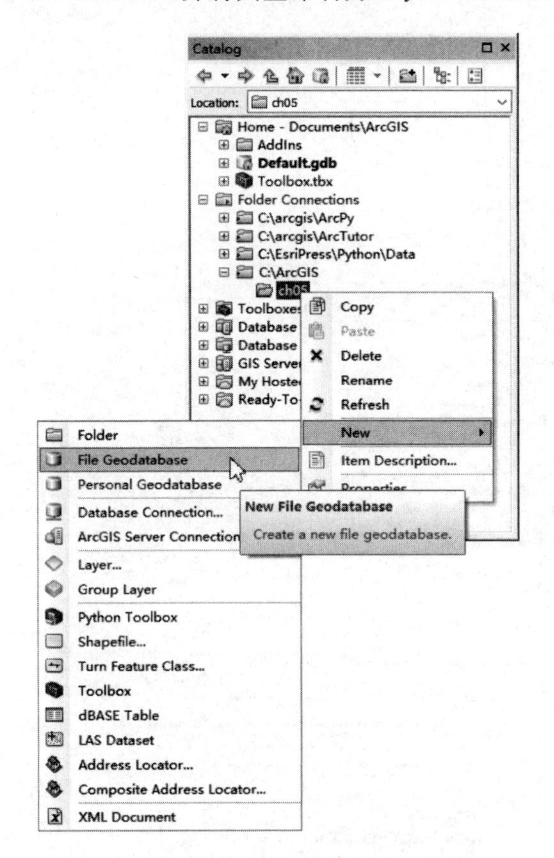

图 5-4　新建 Geodatabase 要素类操作方法

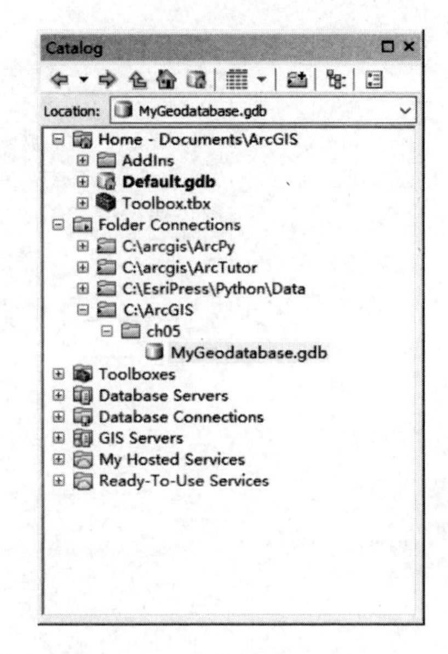

图 5-5　Catalog 窗口中的新建 Geodatabase 要素类

在 Geodatabase 中创建要素类有两种方式：① 直接在 Geodatabase 中创建；② 在 Geodatabase 的 Feature Dataset(要素集)中创建。对于后者，需要事先创建要素集。两种方式类似，以下仅介绍第一种方式，第二种方式请读者自行练习。具体步骤如下：

(1)按图 5-6 所示点击“Feature Class”项。

(2)在‘New Feature Class’对话框中为新建要素命名，并在 Type of features stored in this feature class 下拉列表中选择要素的类型如 Polygon Features(见图 5-7)，点击“确定”按钮。

(3)为新建要素指定坐标系(见图 5-8)，点击“确定”按钮。

(4)为新建要素设定 XY Tolerance(XY 容差)(见图 5-9)，距离小于该值的两个点被认为是同一个点，点击“确定”按钮。

(5)指定数据库存储设置，点击“确定”按钮。

(6)为新创建的要素添加必要的字段。在创建新要素向导的最后一个页面，在 Field Name 列中键入字段名，并在 Data Type 中设定字段类型，完成创建字符型字段“Landuse”，如图 5-10 所示。

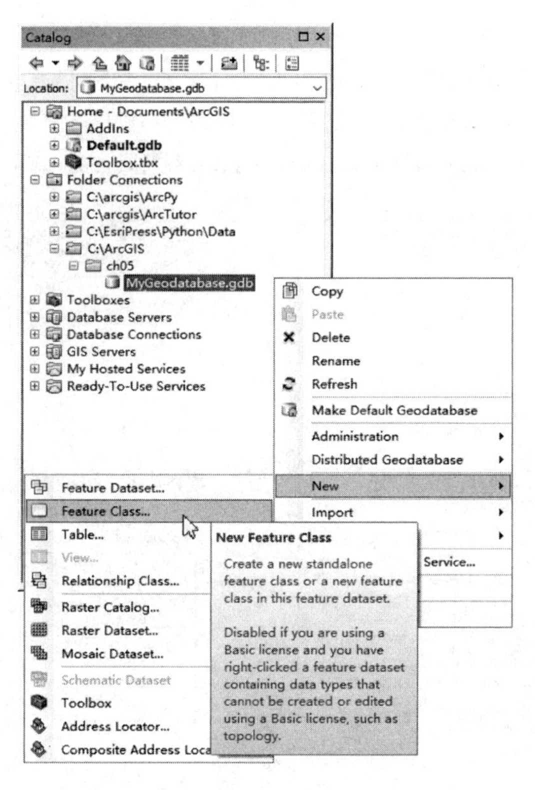

图 5-6 创建 Feature Class 操作方法

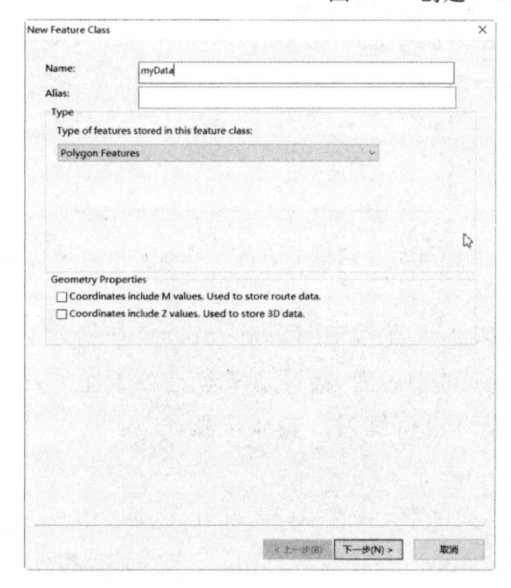

图 5-7 步骤 2 操作界面

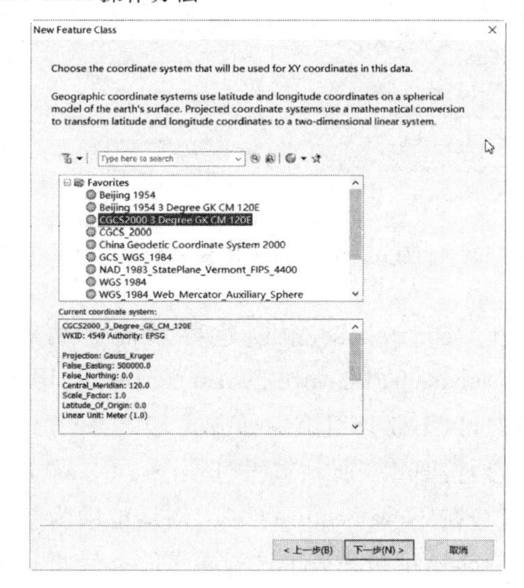

图 5-8 步骤 3 操作界面

5.1.3 创建点

(1)按前面文新建 Shapefile 的步骤创建一个点要素。

(2)单击 Editor 工具栏的 Start Editing 选项，进入编辑状态。如果 Editor 工具栏未出现在界面中，用户可在菜单栏或工具栏的空白处右击，在弹出菜单中勾选 Editor。

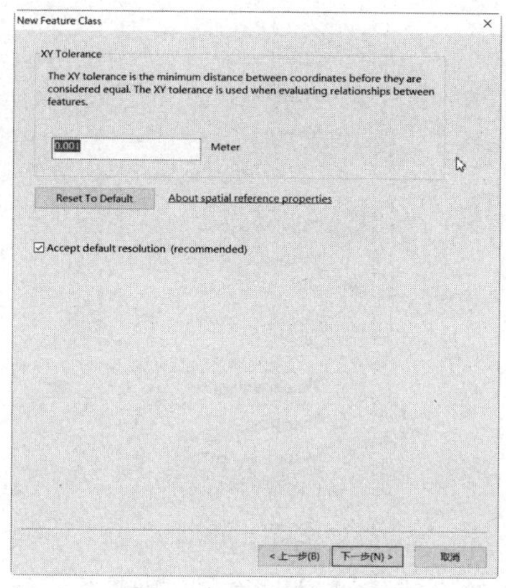

图 5-9　步骤 4 操作界面

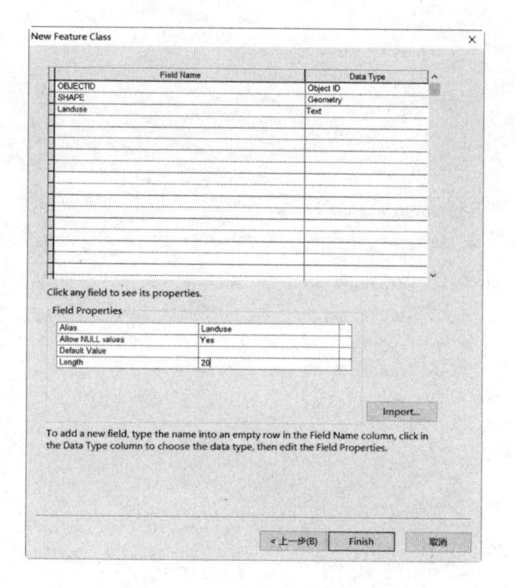

图 5-10　步骤 6 操作界面

(3)单击 Editor 工具栏的按钮,在打开的 Create Features(创建要素)窗口选中新建的 New_Shapefile(见图 5-11),在其下方的 Construction Tools(构造工具)窗口(见图 5-12)中单击 **Point** 工具,便可在 ArcMap 窗口中创建新的点要素。

(4)单击 Editor 工具栏的 Save Edits 选项以保存编辑

(5)单击 Editor 工具栏的 Stop Editing 选项,结束编辑状态。

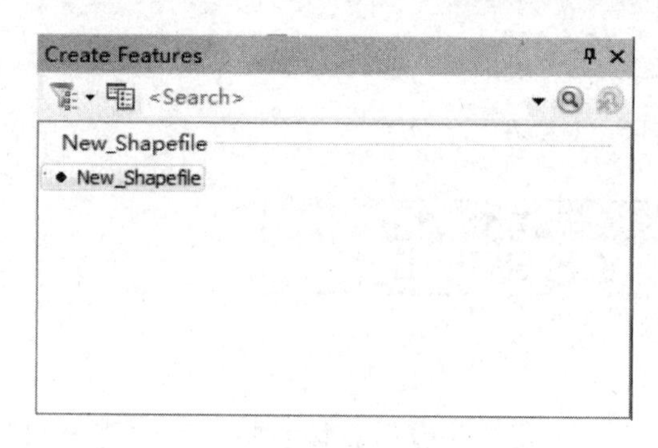

图 5-11　创建要素窗口

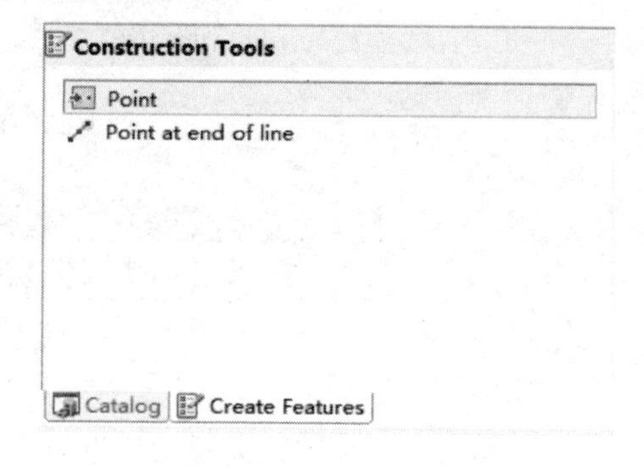

图 5-12　构造工具窗口

5.1.4　编辑点

在新建点要素后,用 Editor 工具栏中的工具选择需要操作的点,可执行诸如删除、移动、复制等编辑命令。

5.1.5　创建线

创建线与创建点的方式类似,不再赘述。具体的差异体现在构造工具(Construction Tools)窗口(见图 5-13)中的创建工具,这些工具包括:Line(线)、Rectangle(矩形)、Circle(圆)、Ellipse(椭圆)、Freehand(手绘)。用户可按需选择其中的一种工具来创建线。

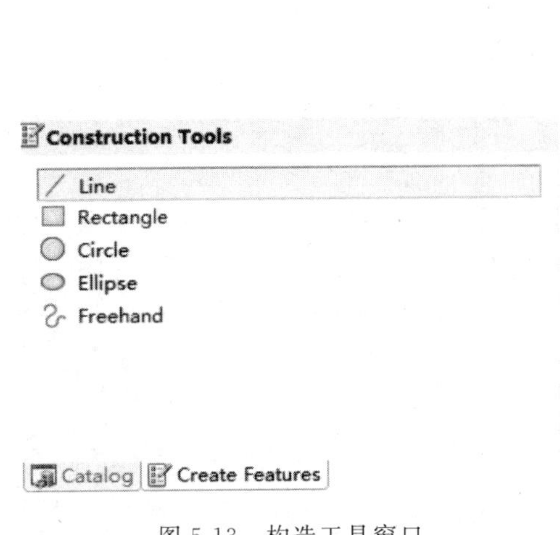

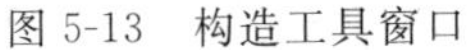

图 5-13　构造工具窗口

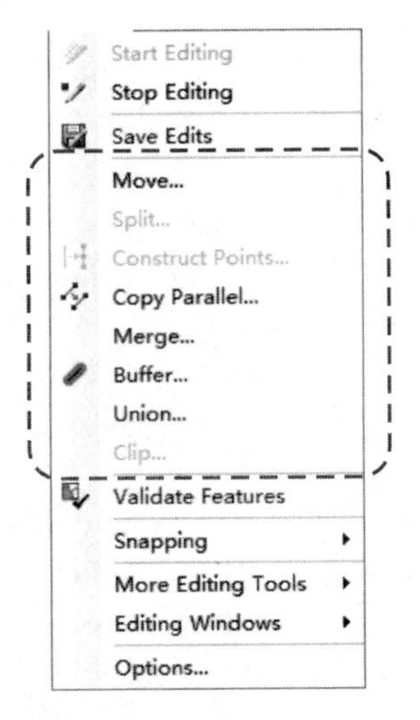

图 5-14　Editor 下拉菜单界面

5.1.6　编辑线

编辑线的工具可见诸 Editor 下拉菜单(见图 5-14)、Editor 工具条(见图 5-15)、Advanced Editing 工具条(见图 5-16),各工具可实现的功能如下:

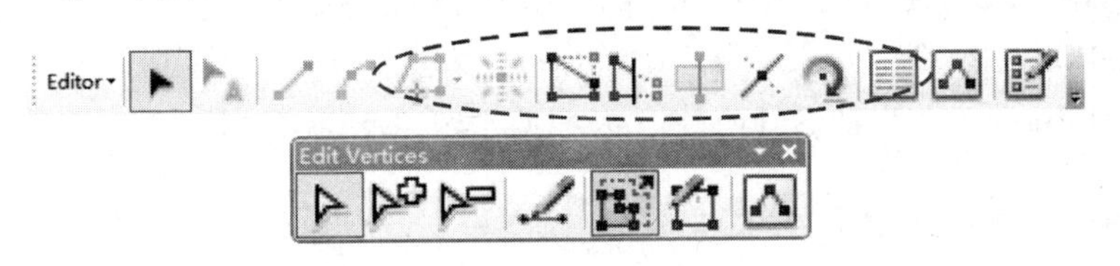

图 5-15　Editor 工具条

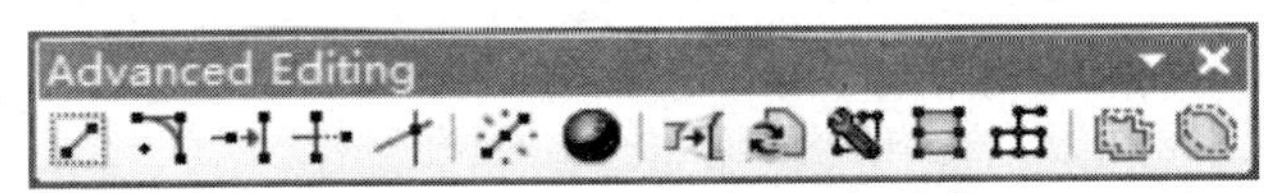

图 5-16　Advanced Editing 工具条

1. Editor 下拉菜单

Move(移动):以指定距离移动所选要素。x 值为正意味着向右移动要素,x 值为负则向左移动;y 值为正意味着向上移动要素,反之则向下移动。

Split(分割):可使用指定的距离值 Distance、总长度百分比 Percentage 或者始于要素起点或终点的测量值来分割所选的线要素。

Construct Points(构造点):沿所选线以固定间隔创建新的点要素。用户可创建指定数量的均匀分布的点,或者根据给定距离创建点。

Copy Parallel(平行复制):在距所选线偏移处创建新的线要素。

Merge(合并):将来自相同图层的两个或多个选定要素合并为一个要素。按 Shift 键可同时选中两个或多个要素。

Buffer(缓冲):在选定点、线或面要素的缓冲距离处创建新要素。

Union(联合):根据相同形状类型的两个或更多所选要素创建新要素。

2. Editor 工具条

利用该工具条上的工具可实现顶点编辑，线要素的旋转、分割、重塑等功能。

Reshape Feature Tool(整形要素工具)：从草图与要素的相交处开始，通过将现有线段替换为草图几何体来更改线或面要素的形状，原始要素的现有属性值将被保留。

Split Tool(分割工具)：在单击位置将选定的线要素分割为两个要素。单击时，指针必须在捕捉容差范围内。

Rotate Tool(旋转工具)：交互式或按角度测量值旋转所选要素。按 A 键根据值进行旋转。

3. Advanced Editing 工具条

单击“Editor”＞＞“More Editing Tools”＞＞“Advanced Editing”，将弹出高级编辑窗口(见图 5-16)，可实现对线要素的高级编辑。

Copy Features Tool(复制要素工具)：复制并粘贴所选要素。单击要粘贴要素副本的位置即可实现复制，或拖拽出一个矩形框，将按此矩形框缩放并粘贴要素。

Fillet Tool(内圆角工具)：创建连接两条线的正切曲线。右键单击或按 O 键以设置选项并指定圆角半径。

Extend Tool(延伸工具)：延伸一条线使其与另一条线相交。选择线延伸到的要素，然后单击被延伸的要素。

Trim Tool(修剪工具)：修剪与另一条线相交的线。选择作为切割线的要素，然后单击相交线段进行修剪。

Line Intersection(线相交)：分割相交处的线要素。相交点可以是已有交点，也可以是延长线的交点。按 O 键可设置选项，而按 TAB 键可在不同的交点间切换。

Smooth(平滑)：将要素的直角边和拐角平滑处理为贝塞尔曲线。

5.1.7　创建多边形

与创建点的方式类似，不再赘述。具体的差异体现在构造工具(Construction Tools)窗口(见图 5-17)中的创建工具，这些工具包括：Polygon(多边形)、Rectangle(矩形)、Circle(圆)、Ellipse(椭圆)、Freehand(手绘)、Auto Complete Polygon(自动完成多边形)和 Auto Complete Freehand(自动完成手绘多边形)。用户可按需选择其中的一种工具以创建线。

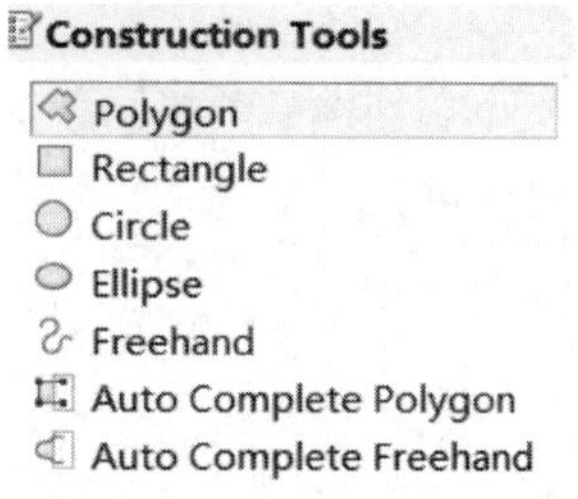

图 5-17　构造工具窗口

5.1.8　编辑多边形

编辑多边形的工具可见诸 Editor 下拉菜单、Editor 工具条和 Advanced Editing 工具条，所涉及的功能如下：

1. Editor 下拉菜单

通过 Editor 下拉菜单可实现诸如 Move(移动)、Split(分割)、Merge(合并)、Buffer(缓

冲)、Union(联合)等功能,对这些功能的解释见前面线编辑的相关内容。除此之外,还有一项针对多边形的操作——Clip(裁剪),该工具将裁剪所有接触或位于所选要素缓冲距离内的可编辑且可见面要素。

2. Editor 工具条

与线编辑类似,可利用该工具条上的 Edit Vertices(编辑顶点)、Reshape Feature Tool(整形要素工具)、Rotate Tool(旋转工具)等工具实现对多边形的编辑。除此之外,还有一项专门针对多边形的操作——Cut Polygons Tool(切分面工具),用户可通过绘制分割线来切分一个或多个选定的面。

3. Advanced Editing 工具条

Advanced Editing 工具条上的工具可实现下述功能:

Copy Features Tool(复制要素工具):同线要素的编辑。

Explode Multipart Feature(拆分多部件要素):将所选多部件要素拆分成单独的要素,并赋予相同的属性值。

Construct Geodetic(构造大地要素):创建带有测量值的线或面,此测量值顾及投影空间固有的变形以及地球的曲率。

Align To Shape(对齐至形状):将要素对齐到用户沿已有要素所追踪的一条路径。

Replace Geometry Tool(替换几何工具):在维持属性值的同时替换选定点、线或面的整个形状。

Construct Polygons(构造面):根据选定线或面要素的形状创建新的面。选定要素与输出要素不能来自相同的要素类。

Split Polygons(分割面):以选定的要素分割面。选定的要素不能来自待分割的要素类。

Generalize(概化):简化所选线或面要素的形状。简化的程度取决于最大的可接受的偏移量。

5.2 拓扑创建和编辑

5.2.1 拓扑的基本概念

拓扑学是研究图形在保持连续状态下变形时的那些不变的性质。无论图形怎么变化,其邻接、关联、包含等关系都不会改变,这些保持不变的关系称为拓扑关系,它能够更为全面地表征空间实体间的空间结构关系。基本的拓扑关系分为拓扑邻接关系、拓扑关联关系和拓扑包含关系。拓扑邻接关系存在于同类型元素之间,一般用来描述面域。拓扑关联关系存在于不同类型元素之间,一般用来描述结点与边、边与面的关系。拓扑包含关系用来说明面域与位于其内部的点、弧段和面域之间的关系,包含关系有同类的,也有不同类的。

ArcGIS 的 Coverage 格式以点、线、面相互关联的拓扑结构记录空间数据，其拓扑结构数据模型可以更有效地存储数据，它为高级地理分析提供了支撑。继 Coverage 之后，Esri 公司推出了 Geodatabase——一个全新的空间数据模型，实现了在同一的模型框架下对 GIS 通常所处理和表达的地理空间要素的统一表达。这些地理空间要素包括矢量、栅格、三维表面、网络、地址等。在 GeoDatabase 中，用户可创建关联规则。并创建、存储拓扑要素。

5.2.2 拓扑创建

用户可以在 ArcGIS Desktop 的 Catalog 中创建拓扑。GeoDatabase 的 Feature Dataset（要素数据集）可作为存放拓扑的容器，也即用户需在 GeoDatabase 的 Feature Dataset 中创建拓扑。创建拓扑的过程大致如下：①给拓扑命名，并设置 Cluster tolerance（容差）；②选择参与创建拓扑的要素类；③为参与创建拓扑的要素类设置等级，等级较低的要素类将首先被移动；④添加必要的拓扑规则。ArcGIS 中常见的拓扑规则如下：

1. 多边形 topology

(1)must not overlay：单要素类，多边形要素相互不能重叠。

(2)must not have gaps：单要素类，连续连接的多边形区域中间不能有空白区。

(3)contains point：多边形要素类的每个要素的边界以内必须包含点要素（图层）的一个点。

(4)boundary must be covered by：多边形要素的边界与线要素重叠。

(5)must be covered by feature class of：第一个多边形要素必须被第二个多边形要素完全覆盖。

(6)must be covered by：第一个多边形要素必须把第二个多边形完全覆盖。

(7)must not overlay with：两个多边形要素的多边形不能相互覆盖。

(8)must cover each other：两个多边形要素必须完全重叠。

(9)area boundary must be covered by boundary of：第一个多边形要素的各多边形必须为第二个多边形要素的一个或几个多边形完全覆盖。

(10)must be properly inside polygons：点要素必须全部在多边形内。

(11)must be covered by boundary of：点必须在多边形的边界上。

2. 线 topology

(1)must not have dangle：不能有悬挂节点。

(2)must not have pseudo-node：不能有伪节点。

(3)must not overlay：不能有线重合（不同要素间）。

(4)must not self overlay：一个要素不能自覆盖。

(5)must not intersect：不能有线交叉（不同要素间）。

(6)must not self intersect：不能有线自交叉。

(7)must not intersect or touch interior：不能有相交和重叠。

(8)must be single part：只能是单段线。

(9)must not covered with：两个线要素的线对象不能重叠。

(10)must be covered by feature class of：两个线要素的线对象完全重叠。

(11)endpoint must be covered by：线要素中的线对象的端点必须和点要素的部分（或

全部)点对象重合。

(12)must be covered by boundary of:线被多边形边界重叠。

(13)must be covered by endpoint of:点与线端点完全重合。

(14)point must be covered by line:点都在线上。

5.3 拓扑创建和编辑实例

本案例将介绍多边形要素拓扑创建,可视化并修正拓扑错误。读者可通过本例熟悉Geodatabase和要素数据集(Feature Dataset)的创建,掌握拓扑创建和拓扑错误修正的相关流程和工具。为便于学习,本案例所使用的数据districtBnrdy.shp,读者下载后请保存至C:\ArcGIS\Ch05\ topologyCreate&edit\Source文件夹。

5.3.1 创建地理数据库

在Ch05\topologyCreate&edit创建名为Result.gdb的地理数据库,具体步骤参见5.1.2。

5.3.2 创建数据集

右键单击Result.gdb,在右键弹出菜单中选择“New”>>“Feature Dataset”,新建一个名为*Topology*的Feature Dataset,将其坐标系设置为*CGCS2000_3_Degree_GK_CM_120E*。创建要素集的具体步骤请参阅5.1的相关内容。

5.3.3 引入要素

右键单击Topology数据集,在弹出菜单中选择“Import”>>“Feature Class (single)”(见图5-18),按图5-19所示设置对话框参数,导入districtBnrdy.shp。

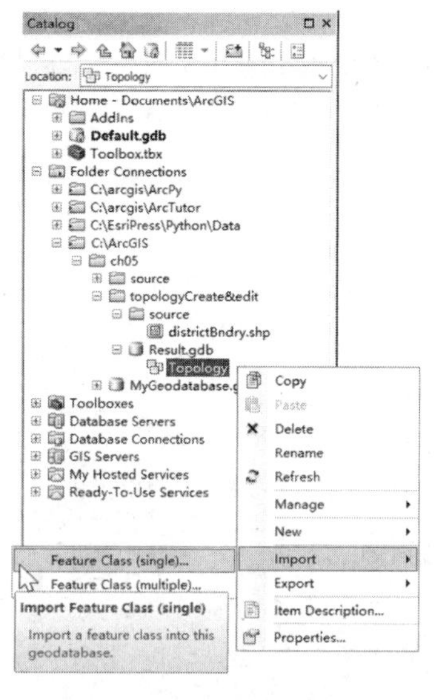

图5-18 引入要素操作方法

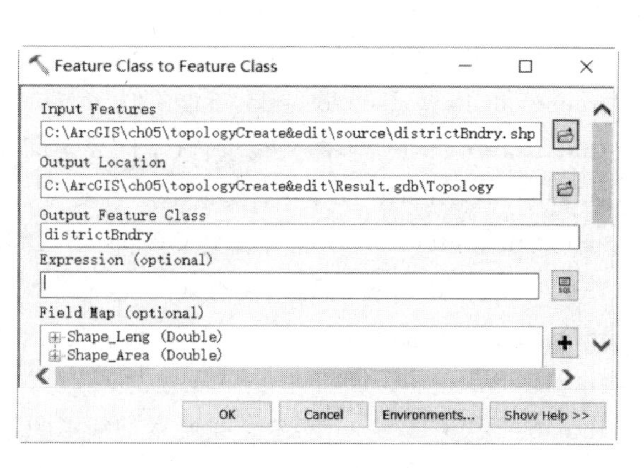

图5-19 要素导入窗口

5.3.4 创建拓扑要素

(1)右键单击所创建的 Topology 要素集,按图 5-20 所示创建拓扑。

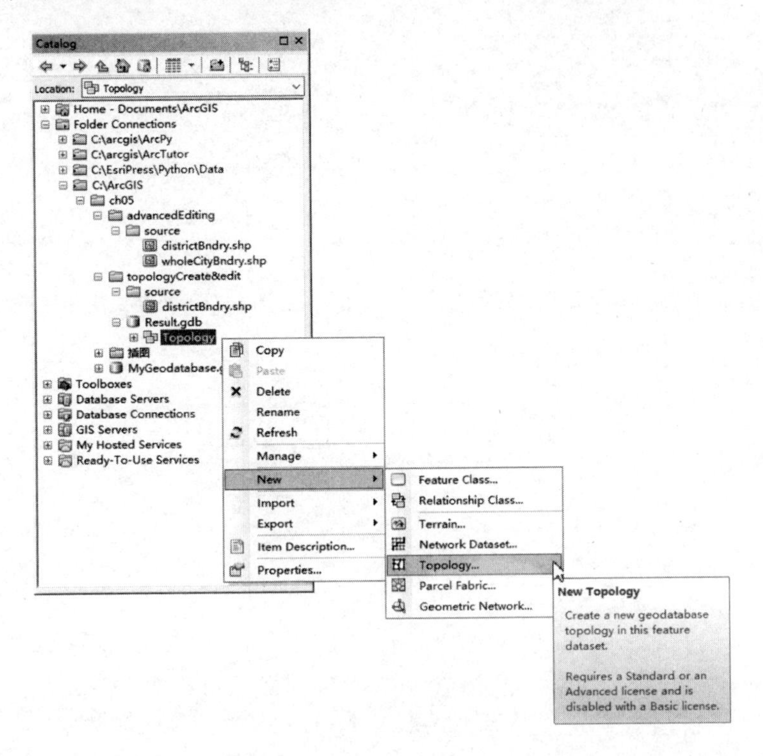

图 5-20　创建拓扑要素操作方法

(2)按新建拓扑的向导(见图 5-21),将新生成的拓扑命名为 districtBndry_Topology,将拓扑容差设置为 0.05 米

(3)选择参与到拓扑中的要素,勾选 distrctBndry 要素(见图 5-22)。

(4)采用缺省的等级设置。

(5)为拓扑指定规则,具体是添加两条规则——*Must Not Have Gaps* 和 *Must Not Overlap*,即多边形之间不能有空隙,也不能重叠(见图 5-23 和图 5-24)。

(6)单击“下一步”按钮,显示拓扑创建的所有参数(见图 5-24),单击“Finish”完成拓扑创建。

5.3.5 显示和修正拓扑错误

(1)加载新创建的拓扑要素 districtBndry_Topology,如图 5-25 所示,可见点错误、线错误和面错误。注:图中 5-25 的地图为模拟地图。

(2)使用 Editor 工具栏的 Start Editing 选项,进入编辑状态。

(3)加载 Topology 工具栏。

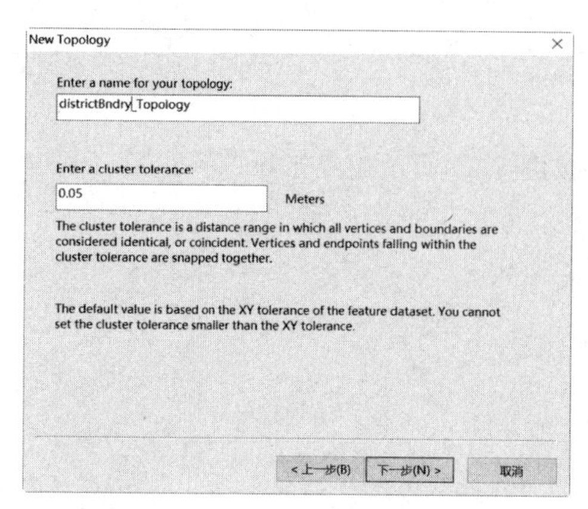

图 5-21　拓扑命名及容差设置界面

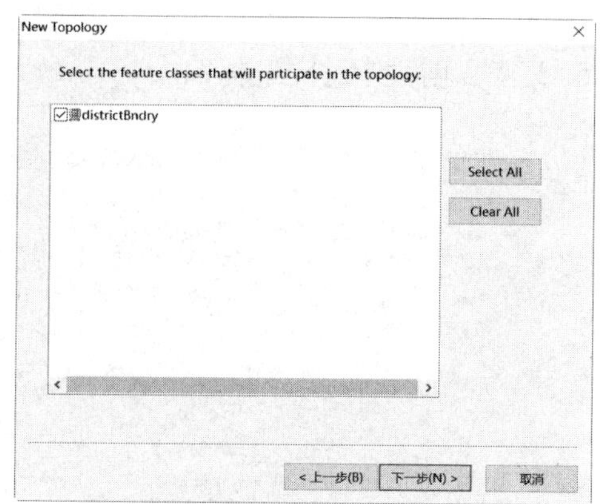

图 5-22　拓扑要素选择界面

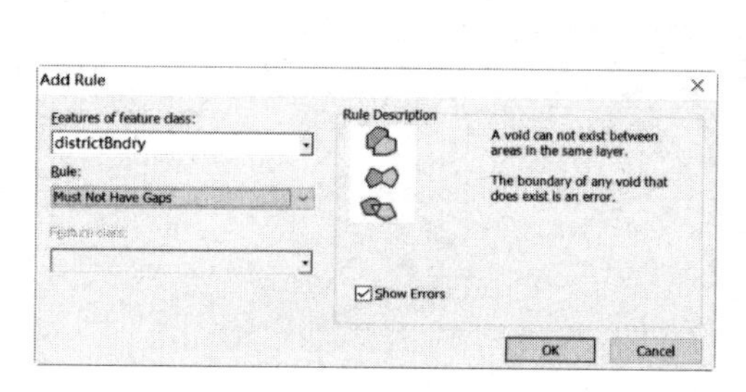

图 5-23　拓扑规则添加界面

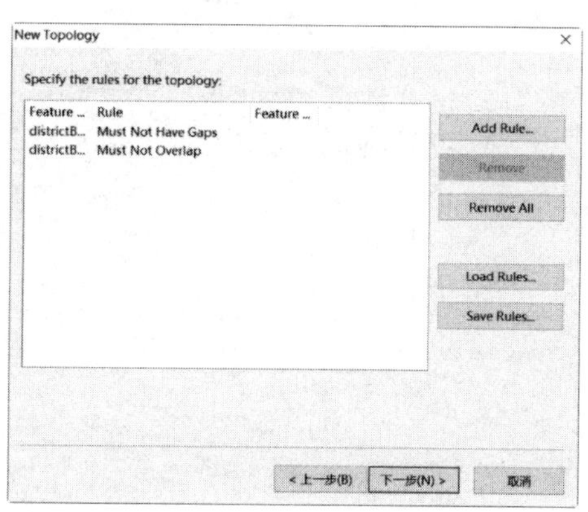

图 5-24　拓扑规则指定界面

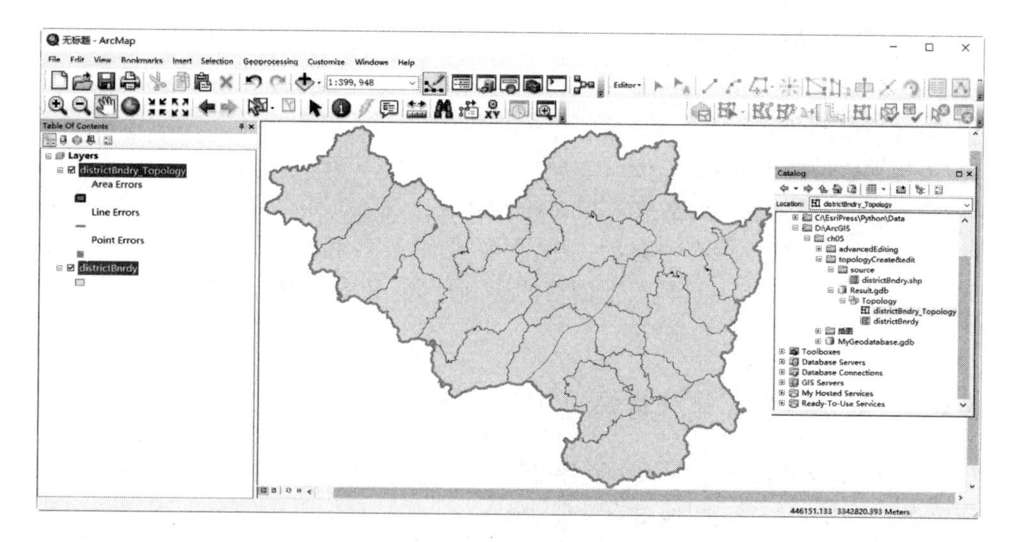

图 5-25　拓扑要素显示

(4)使用‘Error Inspector’查看拓扑错误。

单击“Topology”工具栏中的“Error Inspector”选项，在弹出的‘Error Inspector’窗

口中点击“Search Now”按钮，窗口中将列出可视范围内的拓扑错误，如图 5-26 所示。其中，Must Not Have Gaps 错误 6 条，Must Not Overlap 错误 4 条。第一条错误为线错误，点击该条错误，地图窗口中的拓扑错误颜色由红色转变为黑色。在‘Error Inspector’窗口中右键单击第一条错误，选择弹出菜单中的“Create Feature”选项，将创建一个包含所有多边形的外多边形。此条错误可不予处理。

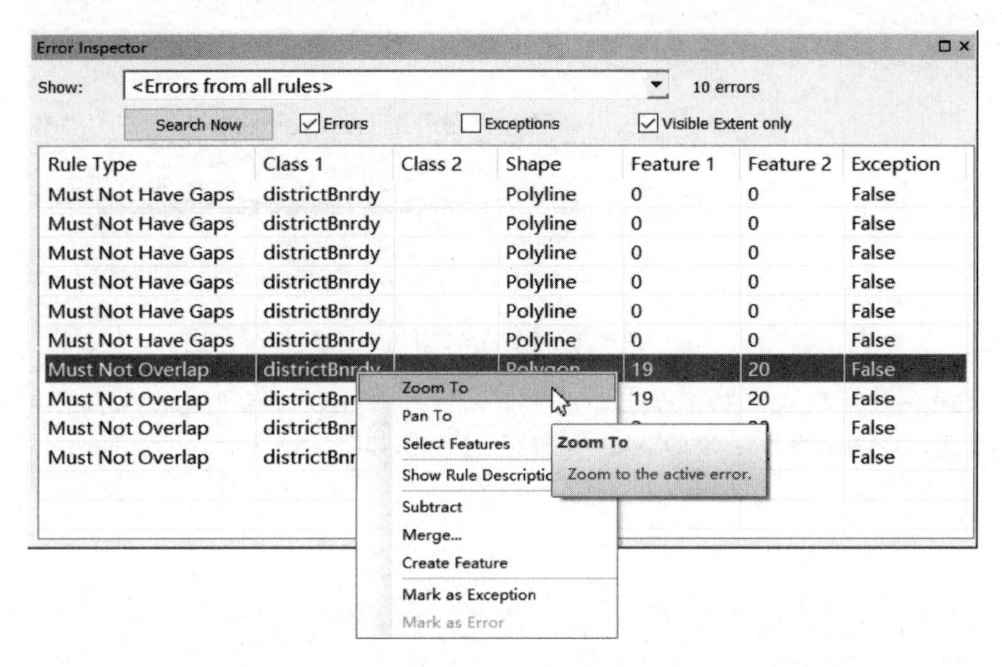

图 5-26　‘Error Inspector’窗口中的拓扑错误

(5)修正拓扑错误。设置 DistrictBndry 要素的 label 字段为 OBJECTID，并启用 Label Features 选项。选中‘Error Inspector’窗口中倒数第四条记录，鼠标右击该记录，选择“Zoom to”选项，地图窗口将缩放到该拓扑错误(见图 5-27)。在该条记录的右键弹出菜单中点按“Create Feature”选项，将创建一个 OBJECTID 为 25 的多边形，该错误记录被移除，

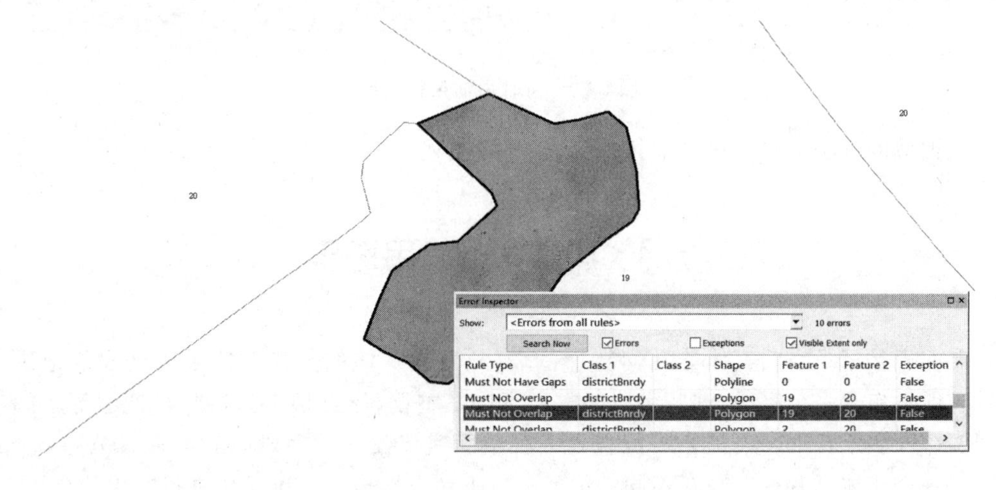

图 5-27　倒数第四条错误拓扑

列表中仅显示9条错误记录，此时的地图窗口如图5-28所示。

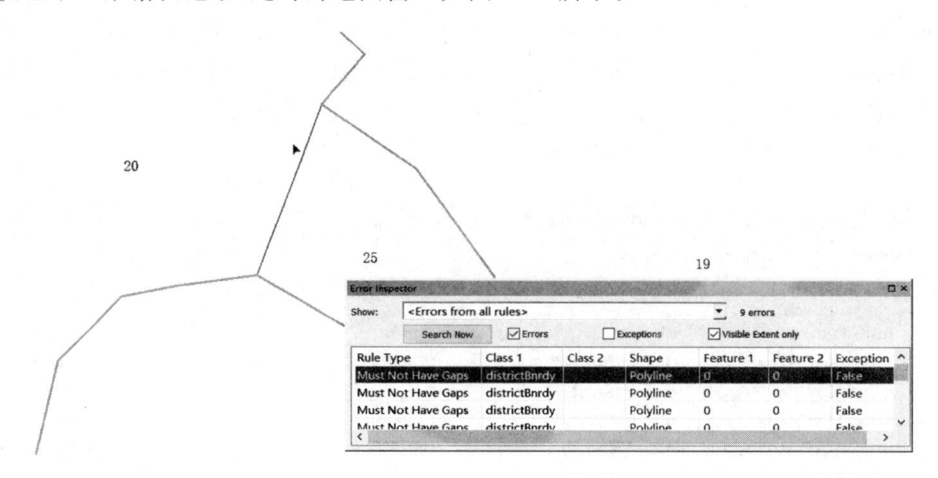

图5-28　修正后的拓扑图形

选中编号为20和25的多边形，单击“Editor”>>“Merge”，将新创建的多边形(编号为25，图5-28)合并入编号为20的多边形。修正后的图形如图5-29所示。

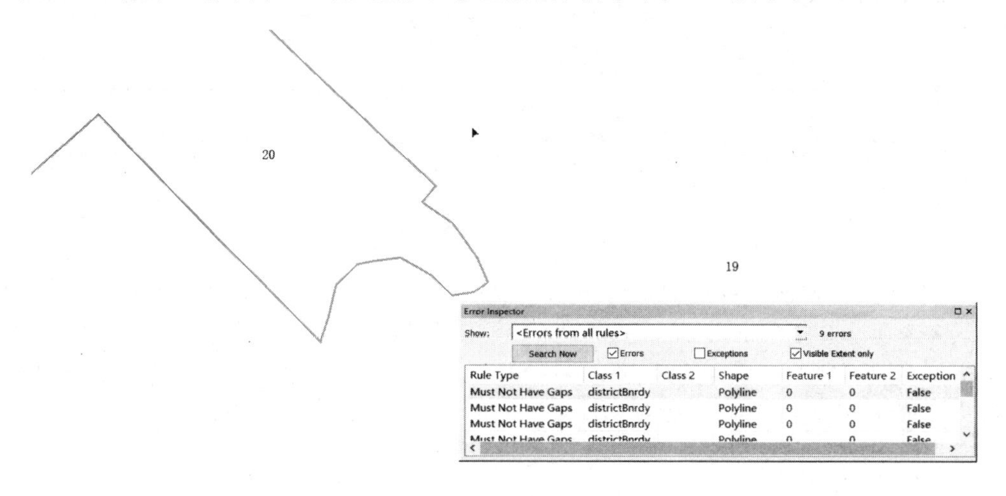

图5-29　融合后的拓扑图形

用类似的方法可以修正其他拓扑错误，不再赘述。

5.4　属性表的常用操作

属性表是记录空间实体非几何特征的表格，空间实体的数量对应了属性表的记录数。属性表通常包含多个字段，这些字段的类型可以是整型、浮点型、字符型、日期型等，可表达空间实体的多个特征。属性表一般包含表征空间实体编号的字段(如ObjectID、FeatureID等)，每一个实体具有一个与众不同的编号。以下对属性表的常用操作进行简单的介绍。

5.4.1　添加记录或修改属性值

在 TOC 窗口中用鼠标右键打开待编辑要素的属性表。单击标准工具条上的按钮以加载编辑工具条(见图 5-30)。在此工具条上选择“Editor”＞＞“Start Editing”命令,用户可执行添加记录、删除记录和修改属性值等操作。使用“Editor”＞＞“Save Edits”命令,可保存所做的编辑,而使用“Stop Editing”将停止编辑操作。

图 5-30　编辑工具条

5.4.2　添加字段

在属性表左上侧点击“Table Options”＞＞“Add Field”命令,打开‘Add Field’对话框(见图 5-31),键入字段的名称,设置字段的类型和属性。

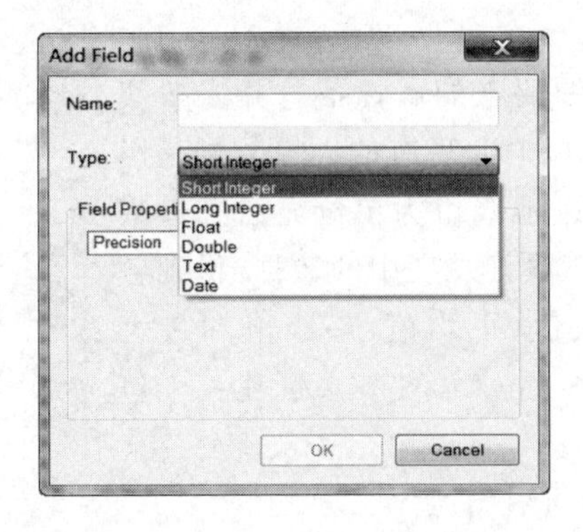

图 5-31　‘Add Field’对话框

ArcGIS 中,常用的字段类型有短整型(Short Integer)、长整型(Long Integer)、浮点型(Float)、双精度(Double)、文本(Text)、日期(Data)等六种。在添加字段时,首先应考虑需要存储的数据是整数还是小数。若仅需存储整数,可指定字段为短整型或长整型;若需存储小数,可指定字段为浮点型或双精度型。表 5-1 中列出了可以作为参考的字段类型及可能的精度值和范围值,读者可根据自己的需求,选择适当的字段类型。

表 5-1　ArcGIS 常用字段

字段类型	精度（字段长度）	可存储的范围	大小	应用范围
短整型	1～5	－32768 至 32768	2 字节	特定数值范围内不含小数值的数值
长整型	6～10	－2147483648 至 2147483647	4 字节	特定数值范围内不含小数值的数值

续表

字段类型	精度（字段长度）	可存储的范围	大小	应用范围
浮点型	1～6	-3.4×10^{38} 至 1.2×10^{38}	4字节	特定数值范围内不含小数值的数值
双精度型	7+	-2.2×10^{308} 至 1.8×10^{308}	8字节	特定数值范围内不含小数值的数值
文本	主要用于存储文本			
日期	可存储日期、时间或同时存储日期和时间			

5.4.3 字段计算

在属性表的字段上点击鼠标右键可弹出字段操作菜单，包含Summarize（汇总）、Field Calculator（字段计算器）、Calculate Geometry（计算几何）、Turn Field Off（关闭字段）等命令。

1. Summarize（汇总）

在某些情形下，关于地图要素的属性信息并未按我们所预期的方式组织在一起（例如，现有的人口数据是以县为单位的，而我们却希望以地级市为单位显示人口数据）。这时候就可以通过该工具汇总表中的数据，得到各种汇总统计数据（包括计数值、平均值、最小值和最大值）。在执行Summarize命令后，ArcMap会创建一个包含汇总统计数据的新表。

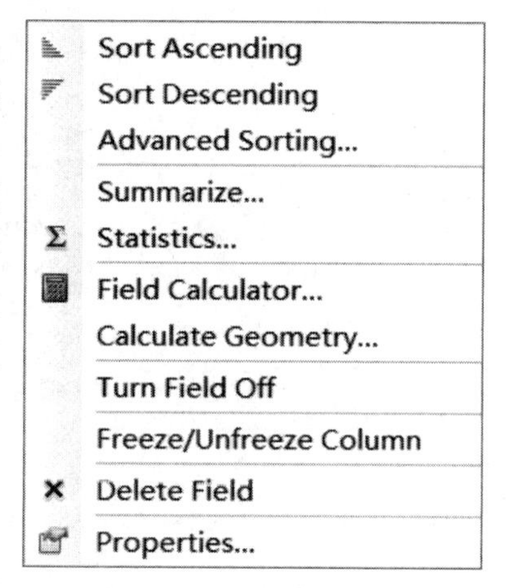

图5-32　字段计算命令

2. Field Calculator（字段计算器）

使用键盘输入值并不是编辑表中值的唯一方式。在某些情况下，为了设置字段值，可能要对单条记录甚至是所有记录执行数学计算。通过字段计算器可以对所有记录或选中记录执行简单计算和高级计算（见图5-32）。此外，还可以在属性表中的字段上计算面积、长度、周长和其他几何属性。

3. Calculate Geometry（计算几何）

使用该工具可计算面积、长度、周长和其他几何属性。特别地，当加载的图层采用的是经纬度坐标，此工具虚化且不可用。

其他的字段计算命令读者可以自行尝试，不再赘述。

5.4.4 属性查询

点击属性表左上角的“Table Options”，选择“Select By Attributes”命令，打开相应的对话框（见图5-33），在中间文本框内可以通过鼠标和键盘输入指定查询条件。

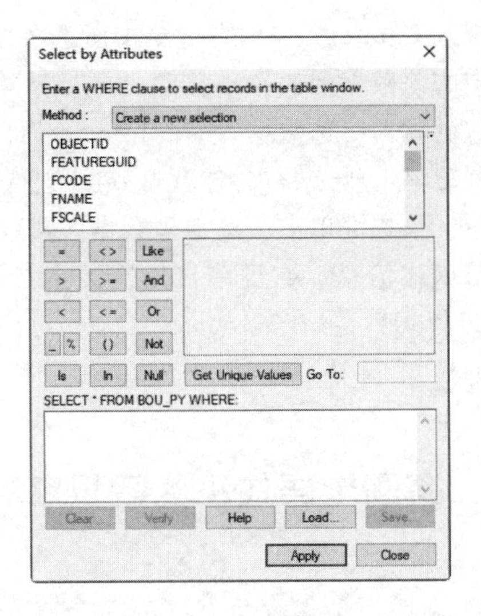

图 5-33 ‘属性查询’对话框

5.4.5 属性连接

属性连接有 Join 和 Relate 两种，其前提是这两个表必须要有对应的字段，字段名称可以不同，但数据类型和属性取值相同。

1. Join(连接)

单击图层属性表左上角的“Table Options”菜单的“Join And Relates”>>“Join”命令，将打开‘Join’对话框，用户可据此进行连接设置并实现属性连接。用 Join 连接的两个表之间的记录只能是“一对一”或“多对一”的关系，不能实现“一对多”的连接。当表 A 连接表 B 后，表 B 的字段及属性值将呈现在表 A 中。

2. Relate(关联)

如果两个属性表的字段对应关系为“一对多”的话，只能选择关联，相应的命令为“Table Options”菜单的“Join And Relates”>>“Relates”。当表 A 和表 B 关联之后，仍然显示两个独立的表，但选中表 A 的记录时，表 B 中对应的记录也同步选中。

5.4.6 Spatial Join(空间连接)

空间连接属于叠置分析，是根据空间关系将一个要素类的属性连接到另一个要素类的属性。目标要素和来自连接要素的被连接属性将写入输出要素类中。使用 ArcToolbox 中的 Analysis Tools→Overlay→Spatial Join 工具，可实现空间连接的功能。这种方法在后续案例中予以介绍。

5.5 空间数据管理

空间数据管理包括空间数据的删除、复制、更名，添加数据描述信息等。

(1)空间数据的删除。打开 Catalog 窗口,右键单击所选数据,选择“Delete”即可删除数据。删除数据后,图层列表中的该数据层被自动移除。

(2)空间数据的更名。右键单击所选数据,选择“Rename”即可为其重命名。

(3)空间数据的复制。右键单击所选数据,选择“Copy”进行复制,可将其复制到同一个或不同的地理数据库或数据集下;右键单击所选地理数据库或数据集,选择“Paste”即可。

(4)为空间数据添加数据描述信息。右键单击所选数据,选择“Item Description”打开项目描述窗口,点击 Edit 可进行编辑,可在 *Summary*、*Description*、*Credits*、*Use limitation*、*Scale Range* 等输入该数据的摘要、描述、制作者名单、使用限制、比例范围等描述内容。

5.6 案例1居住小区容积率测算

本案例所使用的模拟数据下载后请保存至 C:\ArcGIS\Ch5\source 文件夹,所涉的模拟数据包括“建筑.dwg”、“小区边界.dwg”、“建筑层数.dwg”。本案例将根据含有建筑基底轮廓、层数标注以及小区多边形的 CAD 文件,分小区统计出容积率。通过本案例的练习,读者将熟练掌握属性表的基本编辑和处理,以及空间要素的分区统计等基本技能。

在城乡规划领域,容积率是一个很重要的表征地块开发强度的指标。运用 ArcGIS,可先统计出每个小区的建筑总面积,再计算各小区的用地面积,进而可测算各个小区的容积率,所涉及的主要公式为:

(1)总建筑面积=建筑基底面积×层数

(2)容积率=总建筑面积/用地面积

5.6.1 建筑、建筑层数、小区边界数据的加载

1. 建筑基底面积计算

(1)启动 ArcMap,鼠标左键双击“Layer”,打开‘Data Frame Properties’对话框,选择 General 选项卡,在 Units 选项组中将 Map 和 Display 都设置为 *Meters*。

(2)点击标准工具条上“Add Data”按钮,选择添加 C:\ArcGIS\Ch5\source 路径下的“建筑.dwg”的 Polygon 对象(面要素)。

(3)鼠标右键点击图层“建筑.dwg Polygon”,选择“Data”>>“Export Data”命令,打开‘Export Data’对话框,选择输出的路径,命名输出数据名称为“建筑.shp”。

(4)用同样的方法添加并转换生成“小区边界”图层。

2. 层数数据加载(添加注记层)

(1)在地图文档的目录表处,点击标准工具条中“Add Data”按钮,或选用菜单“File”>>“Add Data”...命令,出现‘Add Data’对话框,选择添加“建筑.dwg”里的 Annotation 项数据(见图 5-34),即标有建筑层数的文本注记。

(2)右键点击新添加的图层“建筑.dwg annotation”,选择“Convert To Geodatabase Annotation”命令,打开‘Import CAD Annotation’对话框(见图 5-35),进行如下设置:

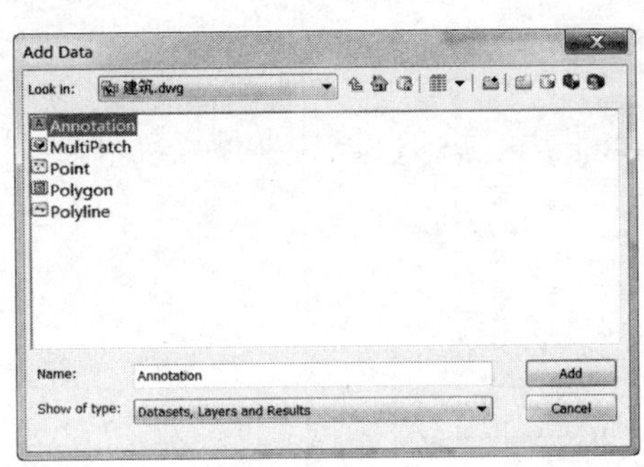

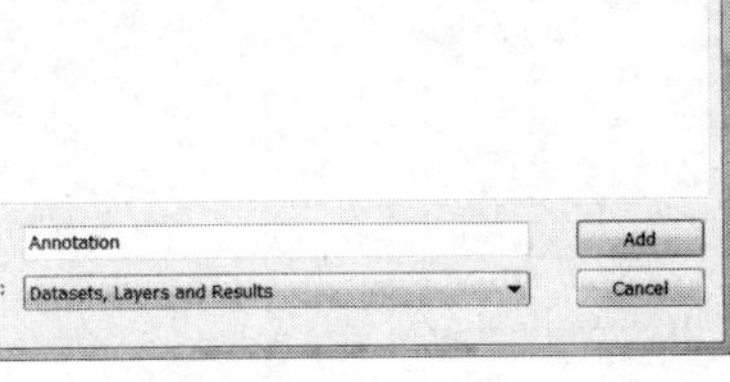

图 5-34　‘Add Data’对话框

图 5-35　‘Import CAD Annotation’对话框

① Impute Features：下拉选择图层：建筑. *dwg Annotation*；

② Output feature class：默认路径和输出图层名称；

③ Reference scale：键入 1000；

④ 其他均选择默认。

5.6.2　计算建筑基底面积和建筑面积

1. 建筑基底面积计算

(1)打开新生成数据层“建筑”的属性表，删除或关闭没用的字段。添加一个双精度字段“Area”，用来记录每个建筑物基底面积。

(2) 鼠标右键点击字段“Area”，选择“Calculate Geometry”命令，在‘Calculate Geometry’对话框中 Property 处(见图 5-36)，点击下拉列表选择 *Area*，可计算每个建筑的基底面积。

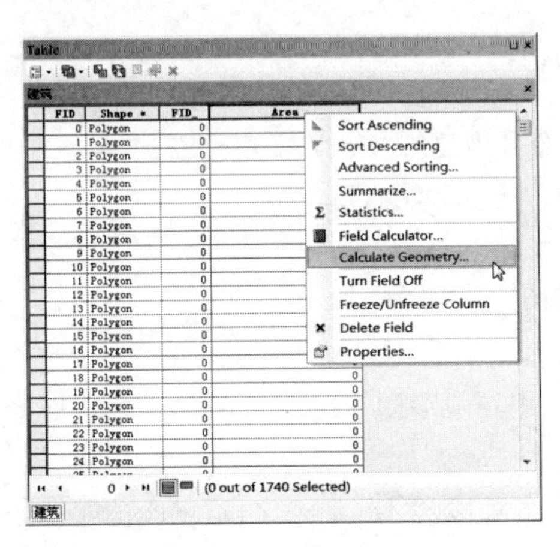

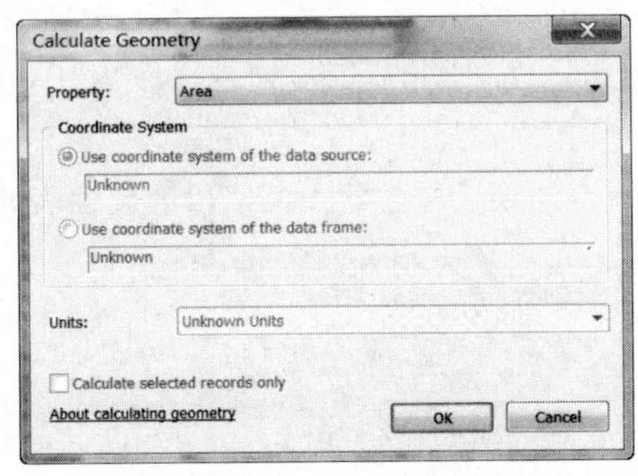

图 5-36　‘Calculate Geometry’对话框

(3)在“建筑”属性表中，字段“Area”表示每个建筑的基底面积，检查属性表，删掉面积为零的记录(见图 5-37)。

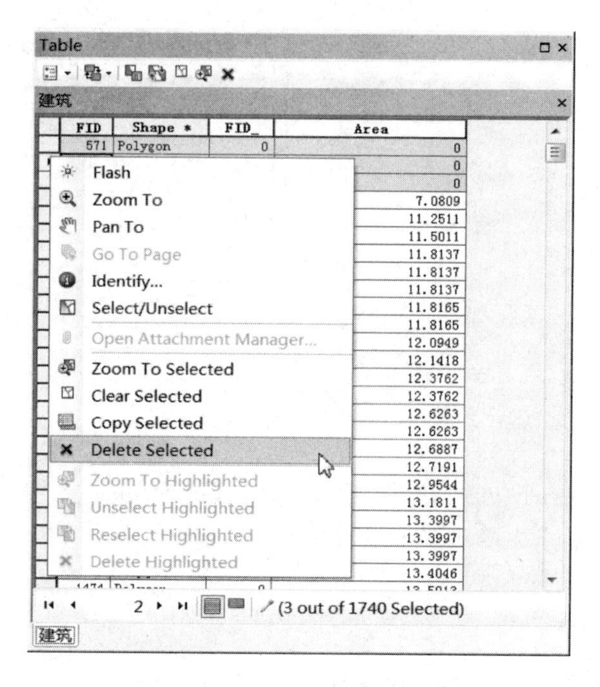

图 5-37 删除字段 Area 为零的记录

2. 建筑与层数数据层连接

要使数据层“建筑”的属性表中包含有“层数”数据层的信息，需要使两个数据层进行连接。检查两个数据层的属性表，发现并没有公共字段可以进行连接，但每个建筑的层数信息和建筑在位置上是关联的，所以此处使用本书 5.4.6 提及的空间连接方法。

点击 ArcToolbox 的 Analysis Tools→Overlay→Spatial Join 工具，打开‘Spatial Join’对话框，进行如下设置(见图 5-38)：

(1)Target Features：下拉选择“建筑”；

(2)Join Features：下拉选择 *Annotation*；

(3)Output Features Class：选择输出路径命名为建筑_*Spatialjoin. Shp*；

(4)Join Operation：下拉列表选择 *JOIN_ONE_TO_ONE*；

(5)其他项选择默认。

完成空间连接并隐藏无关字段的属性表如图 5-39 所示。

3. 计算基底面积和建筑面积

(1)打开图层“建筑_Spatial Join”的属性表，删掉或关闭不用的字段。字段 Text 表示建筑层数。

(2)单击左键选择“Add Field”命令，添加两个双精度(Double)字段，字段精度 8，小数位数为 4，分别命名为基底面积和建筑密度。

(3)右键点击字段“基底面积”，选择“Calculate Geometry”命令，在弹出的对话框的 Property 下拉列表中选择 *Area* 选项。

(4)同样地，右键点击字段“建筑面积”，选择“Field Calculator”命令(见图 5-40)，在弹出的字段计算器里面，按下图所示在文本框内输入：“[基底面积] * [Text]”(见图 5-41)。

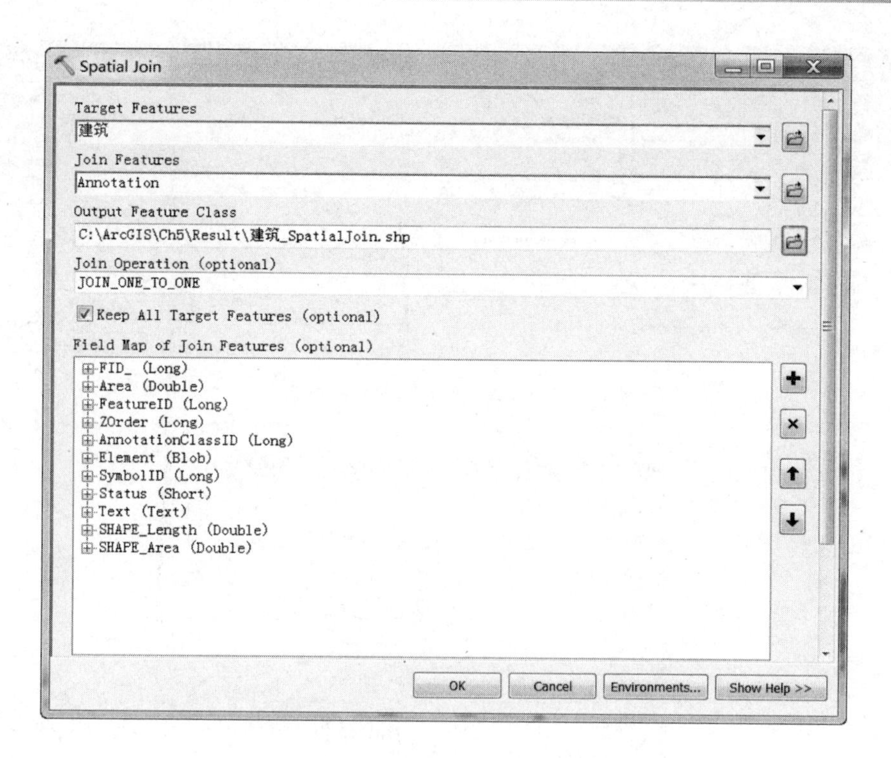

图 5-38　'Spatial Join'对话框

Table

建筑_SpatialJoin

FID	Shape *	Area	Text
0	Polygon	45.2154	2
1	Polygon	168.0983	5
2	Polygon	633.3974	3
3	Polygon	25.8307	2
4	Polygon	1085.5803	3
5	Polygon	106.323	3
6	Polygon	186.0644	6
7	Polygon	34.5558	5
8	Polygon	121.2228	3
9	Polygon	100.6478	2
10	Polygon	76.3591	3
11	Polygon	116.8744	2
12	Polygon	718.0102	6
13	Polygon	190.7063	6
14	Polygon	244.5397	4
15	Polygon	220.5373	4
16	Polygon	213.0444	2
17	Polygon	279.6838	4
18	Polygon	758.4184	4

1 (0 out of 1734 Selected)

建筑_SpatialJoin

图 5-39　隐藏若干字段后的建筑_SpatialJoin 属性表

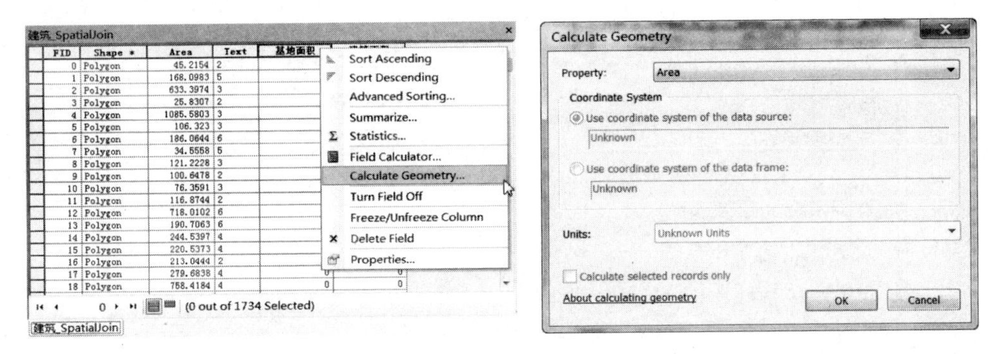

图 5-40 'Calculate Geometry'对话框

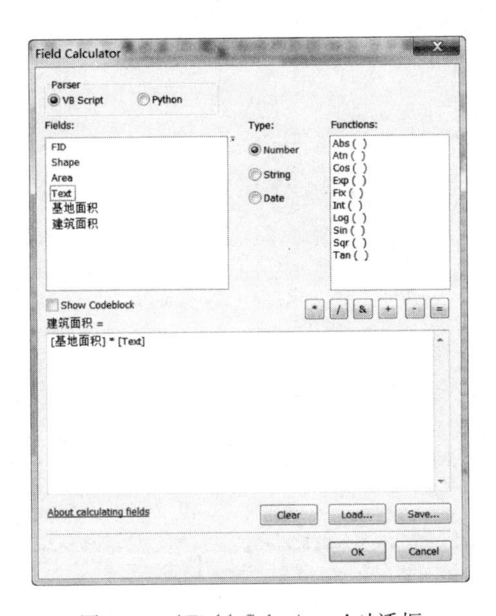

图 5-41 'Field Calculator'对话框

(5)完成上面两步操作后的属性表如图 5-42 所示。

Table

建筑_SpatialJoin

FID	Shape *	Area	Text	基地面积	建筑面积
0	Polygon	45.2154	2	45.2154	90.4308
1	Polygon	168.0983	5	168.0983	840.4915
2	Polygon	633.3974	3	633.3974	1900.1922
3	Polygon	25.8307	2	25.8307	51.6614
4	Polygon	1085.5803	3	1085.5803	3256.7409
5	Polygon	106.323	3	106.323	318.969
6	Polygon	186.0644	6	186.0644	1116.3864
7	Polygon	34.5558	5	34.5558	172.779
8	Polygon	121.2228	3	121.2228	363.6684
9	Polygon	100.6478	2	100.6478	201.2956
10	Polygon	76.3591	3	76.3591	229.0773
11	Polygon	116.8744	2	116.8744	233.7488
12	Polygon	718.0102	6	718.0102	4308.0612
13	Polygon	190.7063	6	190.7063	1144.2378
14	Polygon	244.5397	4	244.5397	978.1588
15	Polygon	220.5373	4	220.5373	882.1492
16	Polygon	213.0444	2	213.0444	426.0888
17	Polygon	279.6838	4	279.6838	1118.7352
18	Polygon	758.4184	4	758.4184	3033.6736

(0 out of 1734 Selected)

建筑_SpatialJoin

图 5-42 基底面积和建筑面积

5.6.3　统计各小区的总建筑面积

1. 叠加建筑和各小区数据层

为计算出每个小区的容积率，需要汇总统计每一个小区内各栋建筑的建筑面积和用地面积，其前提是建筑物数据层具有表征其所属小区的字段，以便于汇总统计。使用空间分析的 Intersect 工具，可标识出每栋建筑的小区编号。关于空间分析的相关知识，第 8 章将会详细介绍。

选用 ArcToolbox 的 Analysis Tools→Overly→Intersect 工具，调出'Intersect'对话框，进行如下设置(见图 5-43)：

(1)Input Features：下拉菜单选择小区边界和建筑_Spatial Join；

(2)Output Feature Class：选择保存路径并命名为建筑_DQH；

(3)Join Attributes：选择 *ALL*；

(4)点击 OK 按钮，完成建筑与所属小区的相交叠加。

2. 汇总每个小区的建筑总面积

打开图层"建筑_DQH"属性表，鼠标右键单击代表小区编号的字段"FID_小区边界"，选择"Summarize"命令，对调出的'Summarize'对话框进行如图 5-44 所示的设置，以便按各小区编号来汇总建筑面积。

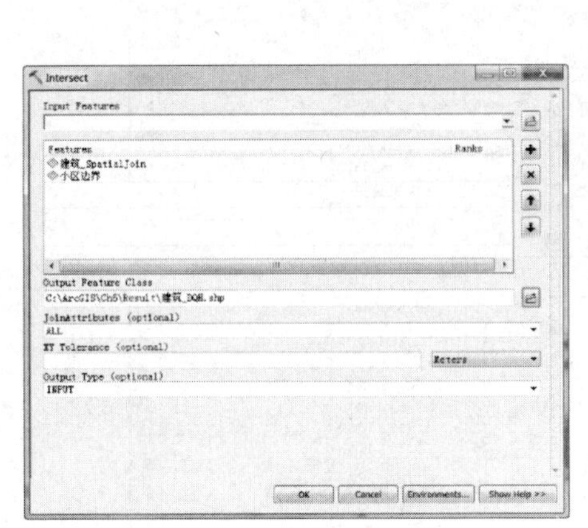

图 5-43　'Intersect'对话框

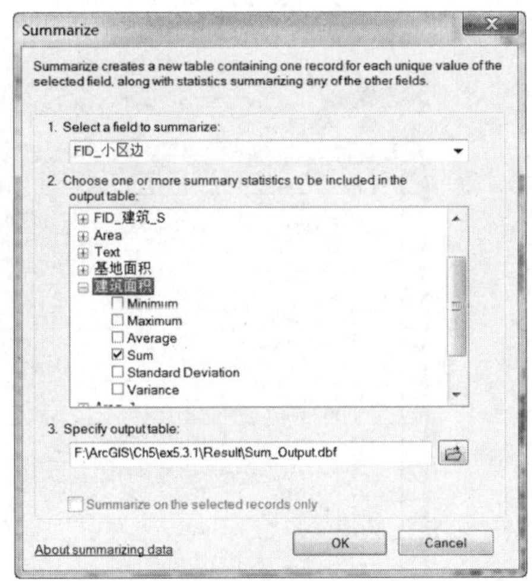

图 5-44　'Summarize'对话框

5.6.4　计算各小区容积率

(1)打开"小区边界"图层的属性表，同前面一样，添加"小区面积"和"容积率"两个双精度字段，用"Calculate Geometry"计算出各小区用地面积。

(2)鼠标右键点击"小区边界"图层，选择弹出菜单的"Join And Relates">>"Join"命令，调出图 5-45 所示的'Join Data'对话框，按该图所示选择相应的字段，点击"OK"键完成属性连接。

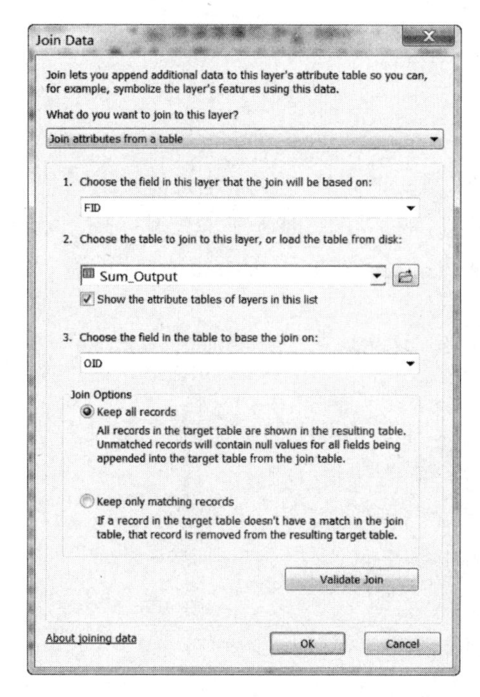

图 5-45 'Join Data'对话框

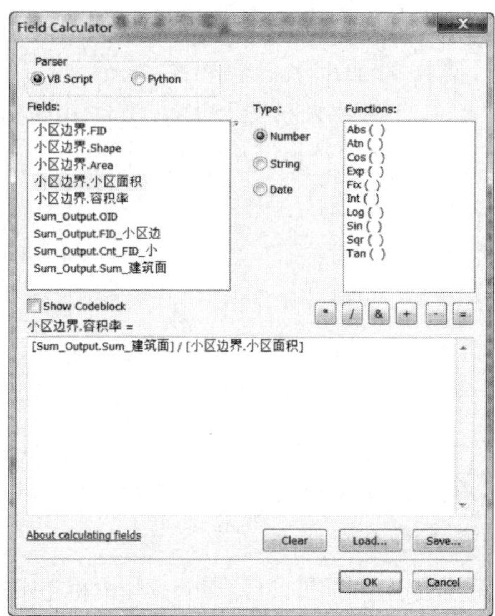

图 5-46 计算容积率

(3)打开字段计算器,按图 5-46 所示计算容积率,计算完成后的属性表如图 5-47 所示。

Table

小区边界

FID	Shape *	小区面积	容积率	OID	FID_小区	Sum_建筑面积
0	Polygon	37083.3658	1.2024	0	0	44590.008
1	Polygon	202013.0262	1.0638	1	1	214901.8194
2	Polygon	38958.2759	.4006	2	2	15606.3022
3	Polygon	255955.4917	.8234	3	3	210743.4636
4	Polygon	87071.7308	1.0924	4	4	95113.2366
5	Polygon	132370.3753	.6005	5	5	79491.9623
6	Polygon	92754.2562	.8336	6	6	77317.076
7	Polygon	43557.1677	1.1082	7	7	48271.9344
8	Polygon	58024.5393	1.1622	8	8	67433.4276
9	Polygon	71312.6215	1.4387	9	9	102596.6996
10	Polygon	60292.6435	1.1203	10	10	67548.6978
11	Polygon	626171.8617	.6850	11	11	428921.2669
12	Polygon	100031.6461	.6896	12	12	68978.0695
13	Polygon	102556.6787	1.1735	13	13	120352.3974
14	Polygon	44563.3593	1.1241	14	14	50093.6478
15	Polygon	151616.5952	.8184	15	15	124090.5289
16	Polygon	62189.1392	.5252	16	16	32663.0963
17	Polygon	42010.5024	1.4275	17	17	59967.976
18	Polygon	67375.4196	1.0636	18	18	71661.1855
19	Polygon	34096.139	1.2962	19	19	44196.1065
20	Polygon	26643.4256	1.4605	20	20	38911.4592
21	Polygon	45265.615	1.0666	21	21	48282.4945
22	Polygon	50062.0212	1.24	22	22	62076.5533
23	Polygon	41241.6231	.6371	23	23	26275.0298
24	Polygon	204990.7722	1.2161	24	24	249298.0264
25	Polygon	52150.3564	1.3675	25	25	71317.579

0 (0 out of 33 Selected)

小区边界

图 5-47 完成各小区容积率计算后的小区边界图层属性表

5.6.5 小区容积率的可视化表达

要素的可视化表达可参考第 4 章的相关内容,具体步骤不再赘述。在本案例中,把研究区域的小区容积率划分为 5 类,分类结果如图 5-48 所示。

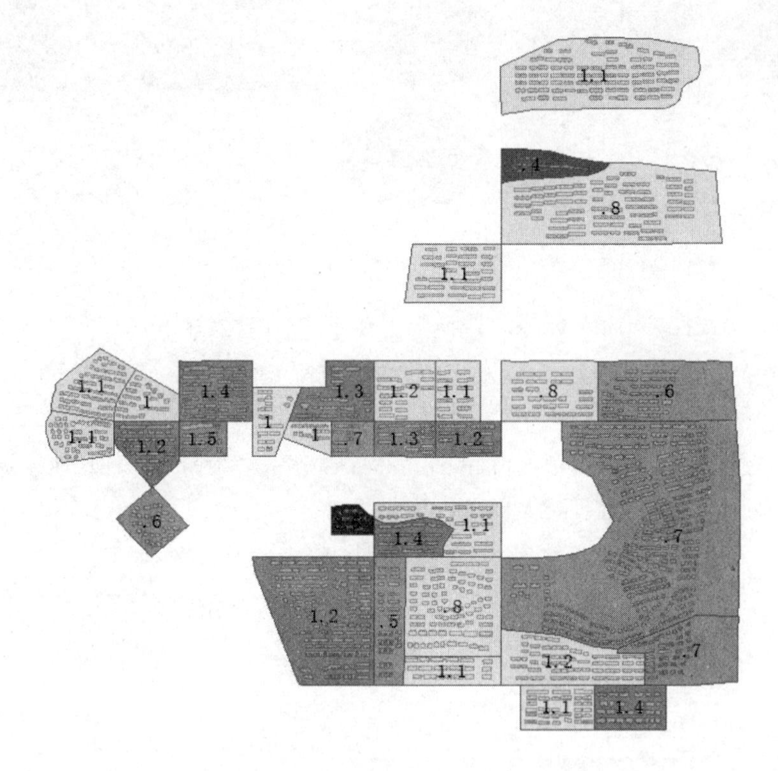

图 5-48　小区容积率可视化表达

5.7　案例 2 行政单元属性数据挂接

在处理和分析某个城市的空间数据时,用户可能会碰到以下类似的问题:

(1)某个市辖区镇街行政单元多边形要素 A(districtBndry. shp),具有表征镇街名称和社会经济统计指标的多个字段,并且这些字段均已经赋值,但其行政边界在数字化过程中误差较大。

(2)另有整个城市的镇街行政单元多边形要素 B(wholeCityBndry. shp),行政单元边界定位精确,但是属性信息较少。

(3)如何生成关于该市辖区的行政单元要素 C,使 C 不但具有精确的边界,还具有要素 A 的多项社会经济统计属性。

针对这类问题的解决思路是:将要素 A 转换为点要素,要素 A 所有字段会自动输出到点要素的属性表,通过包含关系并利用空间连接工具将点要素的属性写入要素 B,生成新的要素 C。该思路可用图 5-49 所示的模型来表达。关于如何利用 ArcGIS 的 Model Builder 构建模型,请参阅本书第 13 章的相关内容。

以下是具体的处理过程,请事先加载本章的练习数据 districtBndry. shp 和 wholeCityBndry. shp。

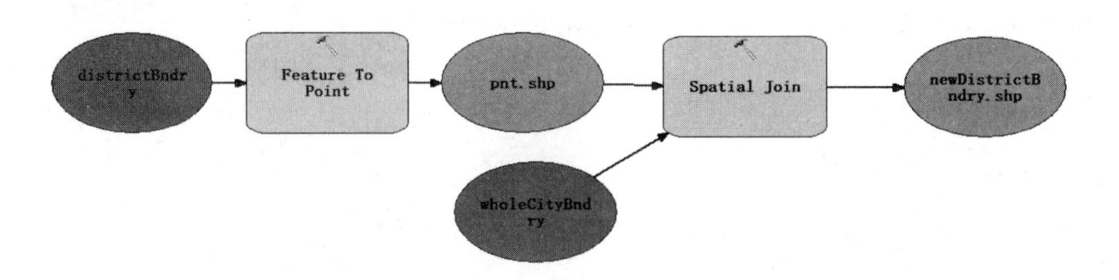

图 5-49　构建模型方法

(1)将要素 A(districtBndry.shp)转换为点要素 Pnt,步骤如下:

①单击 加载多边形要素 A(districtBndry.shp)和多边形要素 B(wholeCityBndry.shp)。

②单击"Geoprocessing"菜单的"Environment Settings"项,按图 5-50 所示设置 Current Workspace,为后面的数据处理指定默认的输出目录。

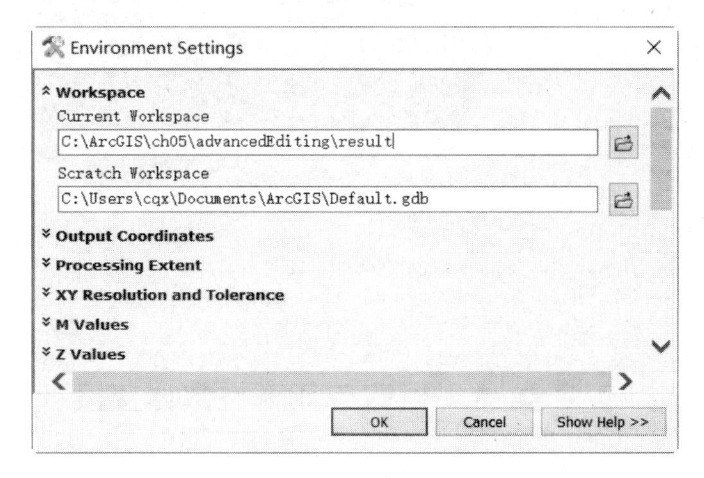

图 5-50　'Environment Settings'显示界面

③单击 打开 ArcToolbox,选择 Data Management Tools→Features→Feature To Point,打开要素转点窗口,如图 5-51 所示,在 Input Features 下拉框中选择 *districtBndry*,在 Output Feature Class 文本框中键入 *Pnt.shp*,由于在步骤(2)中设置了当前工作空间,系统自动会补全输出 Shape 文件的目录。

(2)执行空间连接,把满足包含关系的点要素的属性写到对应的多边形要素中,生成新的多边形要素 newDistrictBndry,步骤如下:

①打开 ArcToolbox,选择 Analysis Tools→Overlay→Spatial Join 工具,打开'Spatial Join'(空间连接)对话框。

②按图 5-52 设置窗口的参数:在 Target Feature 下拉列表中选择 *wholeCityBndry*,Join Features 下拉列表中选择点要素 *Pnt*,在 Output Feature Class 文本框中输入 *newDistrictBndry*,去掉勾选项 Keep All Target Features,在 Match Options 下拉列表中选择 *Contains* 选项。

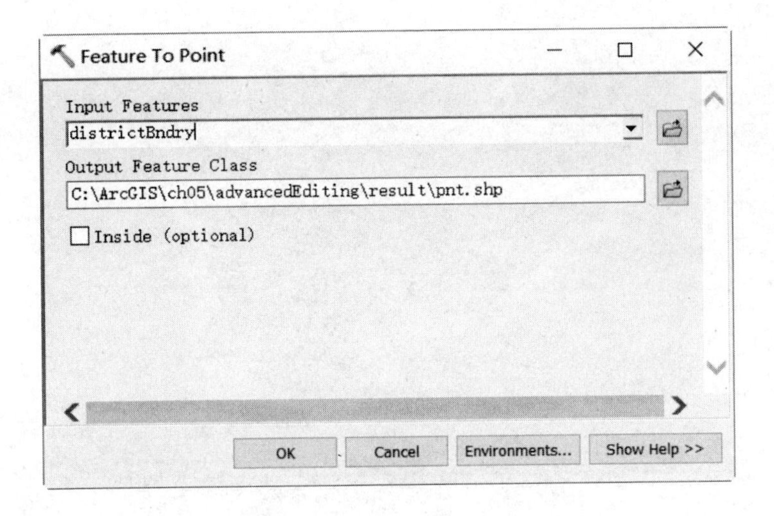

图 5-51　图形转点操作界面

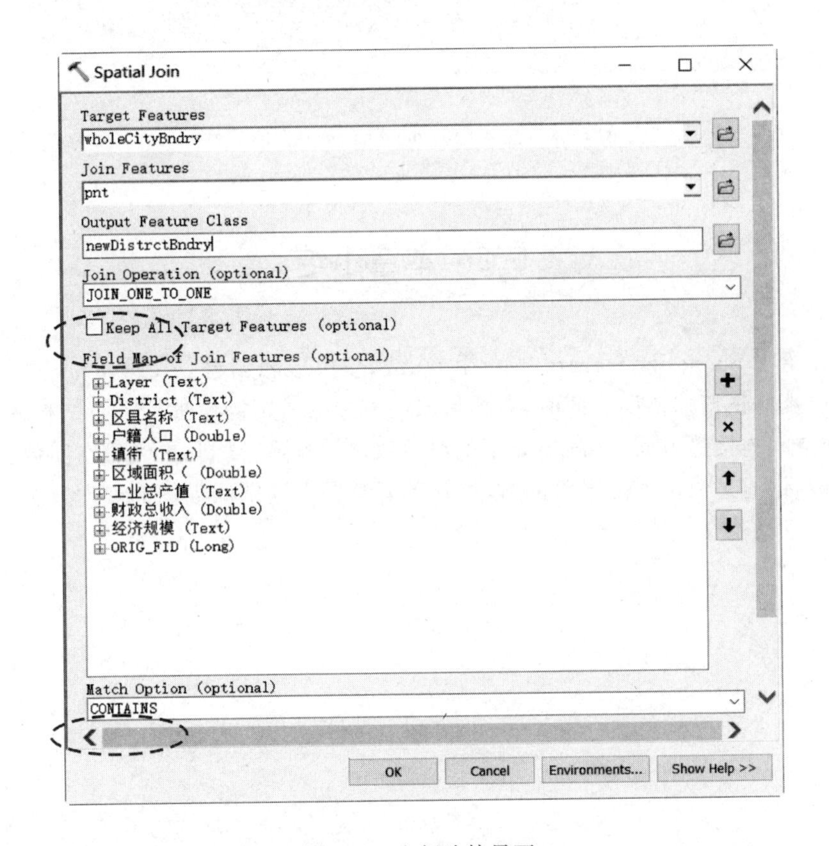

图 5-52　空间连接界面

(3)所生成的 newDistrictBnrdy 不仅具有精确的边界，并且具有多个社会经济统计属性。如图 5-53 所示。

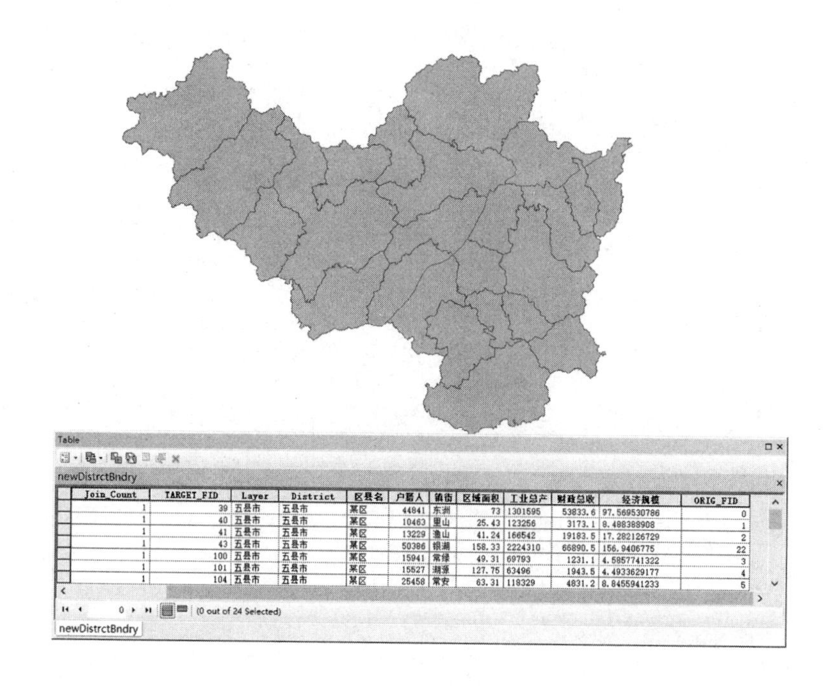

Join_Count	TARGET_FID	Layer	District	区县名	户籍人	镇街	区域面积	工业总产	财政总收	经济规模	ORIG_FID
1	39	五县市	五县市	某区	44841	东洲	73	1301595	53833.6	97.569530786	0
1	40	五县市	五县市	某区	10463	里山	25.43	123256	3173.1	8.488388908	1
1	41	五县市	五县市	某区	13229	渔山	41.24	166542	19183.5	17.282126729	2
1	43	五县市	五县市	某区	50386	银湖	158.33	2224310	66890.5	156.9406775	22
1	100	五县市	五县市	某区	15941	常绿	49.31	69793	1231.1	4.5857741322	3
1	101	五县市	五县市	某区	15527	湖源	127.75	63496	1943.5	4.4933629177	4
1	104	五县市	五县市	某区	25458	常安	63.31	118329	4831.2	8.8455941233	5

图 5-53　连接后的 newDistrictBnrdy 属性

5.8　本章小结

本章介绍了 Shapefile、feature class 和点、线、多边形的创建以及编辑方法，介绍了如何创建拓扑以及修正拓扑错误。同时，对图形属性表中的常用操作进行了归纳和总结，包括字段、属性和空间连接等方面，并简要介绍了空间数据的删除、复制、更名等空间数据管理的基本操作。最后，通过两个实际案例的教学，让读者掌握上述空间数据的处理方法。

第6章　投影变换

不同类型的空间数据加载到工作空间中，由于其坐标系的不同可能导致空间数据的不匹配，此时需要使用投影变换使数据的坐标系保持一致，以便使空间数据能准确地叠加，也便于后续的分析和处理。本章将介绍投影相关的基本概念，以及常用的地理坐标系和投影坐标系，并在此基础上介绍几个常见的坐标系转换案例。

6.1　基本概念

坐标系是描述地理要素空间位置的基础，常用坐标系包括地理坐标系和投影坐标系两类。由于地球形状不规则（近似椭球体），为便于描述要素的地理位置，需对地球的形状进行一定的规则化和近似表达，这将涉及大地水准面、参考椭球体、大地基准面等基本概念。地理坐标系主要以经纬度描述要素的空间位置，实际研究中，常需将其转换为平面坐标，即通过投影将其转换为投影坐标系。

（1）大地水准面：指平均海平面向大陆延伸所形成的一个连续的封闭曲面。大地水准面包围的球体称为大地球体（大地体），如图6-1所示。从大地水准面起算的陆地高度，称为绝对高度或海拔。

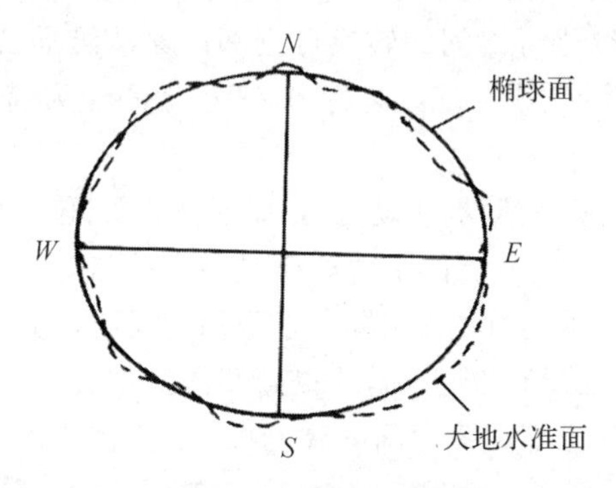

图6-1　大地水准面和椭球面示意图

（2）地球椭球体（拟地球椭球体、似地球椭球体）：近似的代表地球大小和形状的数学曲面，一般采用旋转椭球，其大小和形状常用长半径 a 和扁率 α 表示。1980年，中国国家大地坐标系采用国际大地测量学与地球物理学联合会第十六届大会推荐的1975年椭球参考值：$a=6378140$，$\alpha=1:298257$。

（3）参考椭球体：形状、大小一定，且经过定位、定向的地球椭球体称为参考椭球，是与某个区域如一个国家大地水准面最为密合的椭球面。

参考椭球面是测量计算的基准面，法线是测量计算的基准线。我国的大地原点，即椭球定位最佳拟合的参考点，位于陕西省泾阳县永乐镇。

(4)大地基准面(datum)：与所在国家(地区)的大地水准面最密合的一个椭球曲面，是人为确定的。椭球面和地球肯定不是完全贴合的，因而，即使用同一个椭球面，不同的地区由于关心的位置不同，需要最大限度地贴合的区域也不同，导致大地基准面也不同，如图 6-2所示。椭球体与大地基准面之间的关系是一对多的关系，同样的椭球体能定义不同的基准面，如苏联的 Pulkovo 1942、非洲索马里的 Afgooye 基准面都采用了 Krassovsky 椭球体，但它们的大地基准面是不同的。

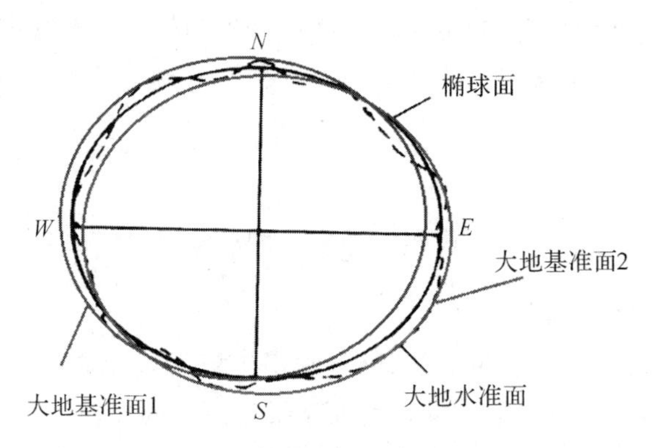

图 6-2 大地基准面示意

每个国家或地区均有各自的基准面，我们通常称谓的北京 54 坐标系(Beijing 1954)、西安 80 坐标系(Xian 1980)实际上指的是我国的两个大地基准面。我国参照苏联，从 1953 年起采用克拉索夫斯基(Krassovsky)椭球体建立了我国的北京 54 坐标系。1978 年，我国采用国际大地测量协会推荐的 1975 地球椭球体(IAG75)建立了新的大地坐标系——西安 80 坐标系。北京 54 与西安 80 坐标之间的转换可查阅国家测绘局公布的对照表。WGS 1984 基准面采用 WGS84 椭球体，它是一地心坐标系，即以地心作为椭球体中心，目前 GPS 测量数据多以 WGS 1984 为基准。

随着社会的进步，国民经济建设、国防建设和社会发展、科学研究等对国家大地坐标系提出了新的要求，迫切需要采用原点位于地球质量中心的坐标系统(以下简称地心坐标系)作为国家大地坐标系。采用地心坐标系，有利于采用现代空间技术对坐标系进行维护和快速更新，测定高精度大地控制点三维坐标，并提高测图工作效率。

2008 年 3 月，由国土资源部正式向国务院上报《关于中国采用 2000 国家大地坐标系的请示》，并于 2008 年 4 月获得国务院批准。自 2008 年 7 月 1 日起，中国全面启用 2000 国家大地坐标系(China Geodetic Coordinate System 2000，CGCS2000)。2019 年 5 月 28 日，自然资源部下发“关于全面开展国土空间规划工作的通知”(自然资发〔2019〕87 号)，明确提出，国土空间规划统一采用 2000 国家大地坐标系和 1985 国家高程基准作为空间定位基础。

2000 国家大地坐标系是全球地心坐标系在我国的具体体现，其原点为包括海洋和大气的整个地球的质量中心。Z 轴指向国际时间局(BIH)1984.0 定义的协议极地方向，X 轴指向 BIH1984.0 定义的零子午面与协议赤道的交点，Y 轴按右手坐标系确定。

CGCS2000定义的椭球体与WGS 1984采用的参考椭球非常接近,扁率差异所引起的椭球面上的纬度和高度误差最大为0.1mm。在城市应用中,这一误差可以忽略。因而,CGCS2000数据和WGS 1984数据无须投影变换即可很好地叠合,不会发生空间错位。

(5)地图投影:将地球球面坐标转化为平面坐标的过程便是投影。投影的必要条件是:①任何一种投影都必须基于一个椭球(地球椭球体);②将球面坐标转换为平面坐标的投影算法。

在投影变换过程中,用户通常会用到两个坐标系——地理坐标系和投影坐标系,其中:

①地理坐标系(Geographic coordinate system):以经纬度为地图的存储单位,用一个三维的球面来确定地物在地球上的位置,地面点的地理坐标由经度、纬度、高程构成。地理坐标系统与选择的地球椭球体和大地基准面有关。椭球体定义了地球的形状,而大地基准面确定了椭球体的中心。

②投影坐标系(Projection coordinate system):投影坐标系是根据某种映射关系,将地理坐标系统中由经纬度确定的三维球面坐标投影到二维的平面上所使用的坐标系统。由于投影坐标是将球面展绘在平面上,因此不可避免会产生长度、角度、面积等情况的变形。通常情况下投影转换都是在保证某种特性不变的情况下牺牲其他特性。根据变形的性质可分为等角投影、等面积投影等。定义投影是指按照空间数据原有的投影方式,为空间数据添加投影信息,而投影变换则是将空间数据从一种坐标系投影到另一种坐标系。

常用的投影包括:

(1)高斯-克吕格投影(Gauss-Kruger):即横轴等角切椭圆柱投影,是横轴墨卡托投影(Transverse Mercator,TM)的一个变种。我国基本比例尺地形图1∶5000,1∶10000,1∶25000,1∶50000,1∶100000,1∶250000,1∶500000都采用该投影。

(2)墨卡托投影(Mercator):即正轴等角圆柱投影,又称等角圆柱投影,应用于航海、航空图。

(3)通用墨卡托投影(Universal Transverse Mercator,UTM):横轴等角割圆柱投影,遥感和测绘界最流行的投影之一,用于比例为1∶100000的美国地形标准图幅,许多国家/地区使用基于现行官方地理坐标系的地方UTM带。

(4)兰勃特等角正轴割圆锥投影(Lambert Conformal Conic):常用于小比例尺地形图如1∶1000000地形图。

(5)阿尔伯斯正轴等面积割圆锥投影(Albers Equal-Area Conic):也称阿尔伯斯双标准纬线多圆锥投影(Albers Equal-Area Conic),应用于国家政区图或省域地图。

(6)Web Mercator投影:不是严格意义的墨卡托投影,被称为伪墨卡托投影,其英文全名为Popular Visualization Pseudo Mercator(PVPM),这个坐标系统是Google Map最先使用的。在投影过程中,将表示地球的参考椭球体按正球体处理。

6.2 ArcGIS坐标系简介

ArcGIS的坐标系包括平面定位坐标系(XY Coordinate System)和高程坐标系(Z Coordinate System),其中平面定位坐标系包括地理坐标系(Geographic Coordinate

System)和投影坐标系(Projected Coordinate System)。由于高程坐标系涉及的内容较少，本章主要介绍地理坐标系和投影坐标系。

6.2.1 ArcGIS 地理坐标系

在ArcGIS平台，地理坐标系按区域进行组织，每个区域包含多个国家的坐标系，如图6-3所示。每个国家为了便于开展大地测量工作，一般会选用适合本国的椭球体或大地基准面，相应地便有了该国的地理坐标系。

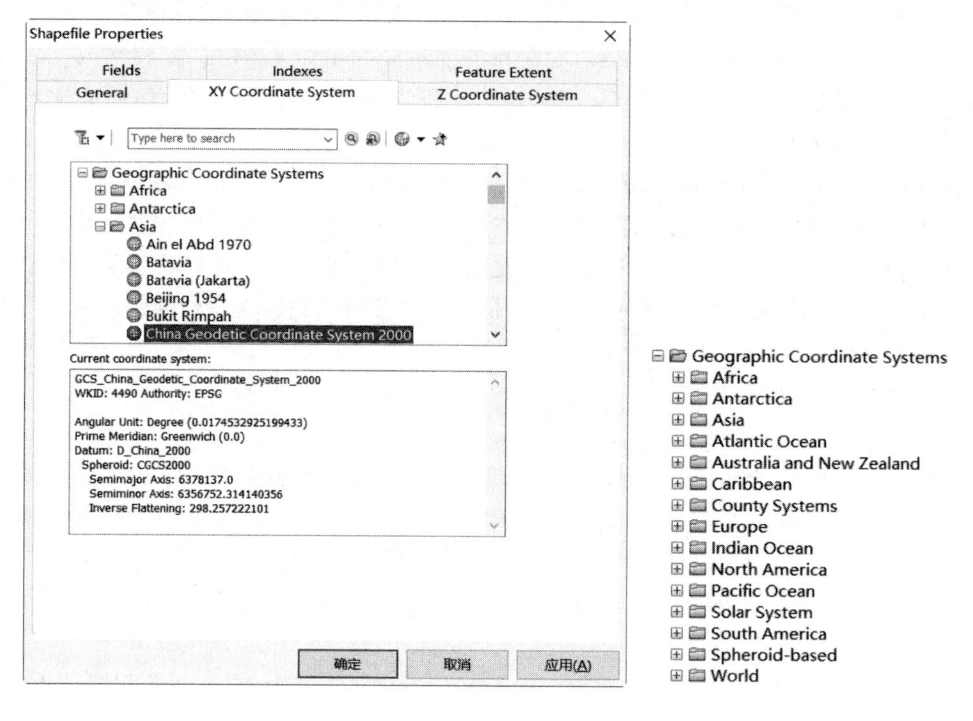

图6-3 ArcGIS地理坐标系

China Geodetic Coordinate System 2000(CGCS2000)是我们国家最新的地理坐标系，它的主要参数如表6-1所示。

表6-1 CGCS2000地理坐标系参数表

参数	参数解释
GCS_China_Geodetic_Coordinate_System_2000	地理坐标系的名称
WKID: 4490 Authority: EPSG	WKID是该坐标系的编号 “ESPG”是“European Petroleum Survey Group”的缩写，表示其由“欧洲石油调查组织”发布
Angular Unit: Degree (0.0174532925199433)	角度单位为度，0.0174532925199433这个数字等于“π/180”
Prime Meridian: Greenwich (0.0)	使用的本初子午线为0.0度经线，即格林尼治皇家天文台(Greenwich)所在位置的经线

续表

参数	参数解释
Datum：D_China_2000	使用的大地测量系统为“D_China_2000”
Spheroid：CGCS2000	使用的椭球体为 CGCS2000
Semimajor Axis：6378137.0	椭球体长半轴为 6378137.0 米
Semiminor Axis：6356752.314140356	椭球体短半轴为 6356752.314140356 米
Inverse Flattening：298.257222101	反扁率为 298.257222101，其计算公式为 Semimajor Axis/(Semimajor Axis-Semiminor Axis)

6.2.2　ArcGIS 投影坐标系

ArcGIS 的投影坐标系或者按不同区域尺度（可以是全球、洲、州、县等）来组织，或者按投影类型来组织，如 Gauss Kruger、UTM 等，如图 6-4 所示。

图 6-4　ArcGIS 投影坐标系

选中树状列表投影坐标系中的某个投影，其下方的 Current coordinate system 文本框中将列出该坐标系的各个参数，如图 6-5 所示。

不难发现，投影坐标系的参数包括两部分，前半部分定义了投影参数，后半部分定义了地理坐标系的参数。下面以 CGCS2000_3_Degree_GK_CM_105E 投影为例，对投影参数给出解释[1]：

CGCS2000_3_Degree_GK_CM_105E	投影坐标系的名称
WKID：4544 Authority：EPSG	投影坐标系的编号
Projection：Gauss_Kruger	投影名称
False_Easting：500000.0	向东偏移 500 千米[2]
False_Northing：0.0	无向北偏移
Central_Meridian：120.0	中央经线为 105°
Scale_Factor：1.0	比例因子为 1

[1] 地理坐标系的各个参数请参考 ArcGIS 地理坐标系的相关内容，不再赘述。

[2] 所有 X 坐标都东移 500 千米，也即 X 坐标值都加上 500000 米，以避免 X 坐标出现负值。

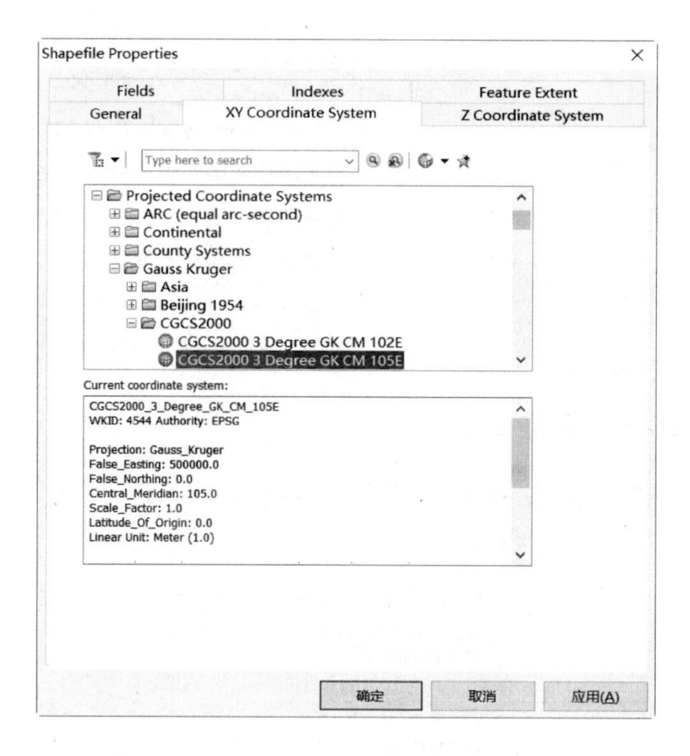

图 6-5　坐标系的各个参数

Latitude_Of_Origin：0.0　　　　原点的纬度为 0.0

Linear Unit：Meter (1.0)　　　　线性单位为米

投影坐标系按一定的规则命名，仍以 CGCS2000_3_Degree_GK_CM_105E 投影为例，CGCS2000 表征了其地理坐标系；3 Degree 表明是三度分带投影；GK 是 Gauss Kruger 的缩写，也即其投影为高斯-克里格投影；CM 是 Central Meridian 的缩写，指中央经线，而 CM_105E 即指中央经线为东经 105°。

值得注意的是，有些投影会在 X 坐标值前加上投影代号，如 CGCS2000_3_Degree_GK_Zone_35，其"false_easting"参数为 35500000.0，其中 35 为投影代号，而 CGCS2000_3_Degree_GK_CM_105E 的"false_easting"参数为 500000.0，尽管它们的中央经线都为东经 105°。

6.3　投影变换

在实际工作中，不同来源、不同坐标的数据一起参与分析时，投影变换不可或缺。在 ArcGIS 中，有面向栅格数据和矢量数据的两种类型投影变换，可分别通过 ArcToolbox 的 Data Management Tools→Projections and Transformations→Raster→Project Raster，以及 Data Management Tools→Projections and Transformations→Feature→Project 两个工具来进行投影变换。本章的案例将介绍矢量数据的投影变换，读者可自行练习栅格数据的投影变换，在投影变换中要注意以下两点：

(1)如果输入的要素类或数据集具有 unknown spatial reference(未知的空间参考[①]),可使用输入坐标系参数指定输入数据集的坐标系。这样,无须修改输入数据就可以指定数据的坐标系,也可以使用定义投影工具永久性地为该数据集指定一个坐标系。

(2)投影变换工具的地理变换参数是可选参数。当不需要地理变换或基准面变换时,参数中不会出现下拉列表,并且参数为空。当需要地理变换时,将会基于输入基准面和输出基准面生成一个下拉列表,并会选择一个默认变换。空间数据从 WGS84 坐标系投影变换到 CGCS2000 坐标系就不需要地理变换,因为两者的基准面可视为相同。但是,若从 WGS84 坐标系转换到西安 80 坐标系则需要指定地理变换参数。

6.3.1　为无空间参考的 POI 数据指定投影

本例将根据 Excel 格式的 POI 数据(bj. xls),生成点要素,并为其指定 WGS 1984 坐标系,具体操作前请将数据下载并拷贝到 C:\ ArcGIS\Ch06\Source 下。步骤如下。

1. 加载 POI 数据

点击,将文件夹定位到 C:\ArcGIS\Ch06\Source,双击 bj. xls,选择 BinjiangDistrict $表,单击“Add”按钮完成数据的加载。此表中含有多个字段,其中 locationx 和 locationy 记录了 POI 点的经度和纬度。加载后在 TOC 窗口可见到一个对应的图层,名为“BinjiangDistrict $”。

2. POI 可视化

鼠标右键单击“BinjiangDistrict $”图层,在弹出菜单中选择“Display XY Data”(显示 XY 数据)选项(见图 6-6),调出‘Display XY Data’对话框(见图 6-7)。

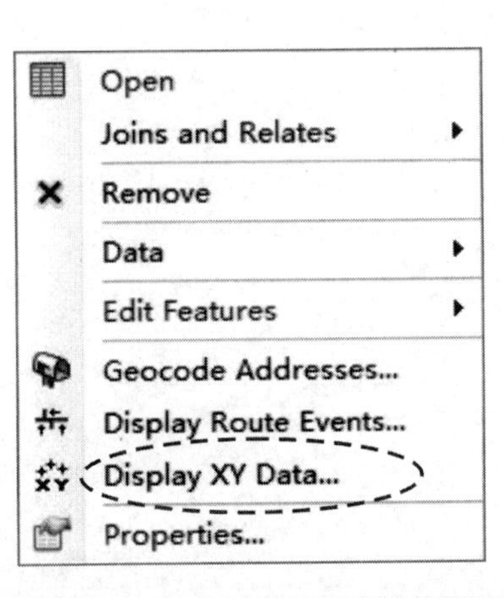

图 6-6　“BinjiangDistrict $”图层的右键弹出菜单

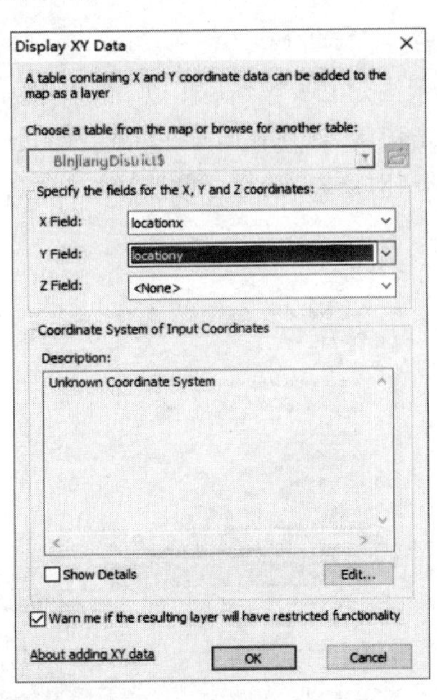

图 6-7　‘Display XY Data’对话框

① 空间参考是指为了能够正确地描述要素的位置和形状所引入的一个用于定义位置的框架。在 ArcGIS 中,空间参考包括包含地图投影和基准面的坐标系,以及分辨率与容差的设置如 *XY* 和 *Z* 分辨率、*XY* 和 *Z* 容差等。

将 X Field 选项设置为 *locationx*，代表了经度；将 Y Field 选项设置为 *locationy*，代表了纬度，单击“OK”按钮完成设置，此时地图窗口将显示如图 6-8 所示的结果。

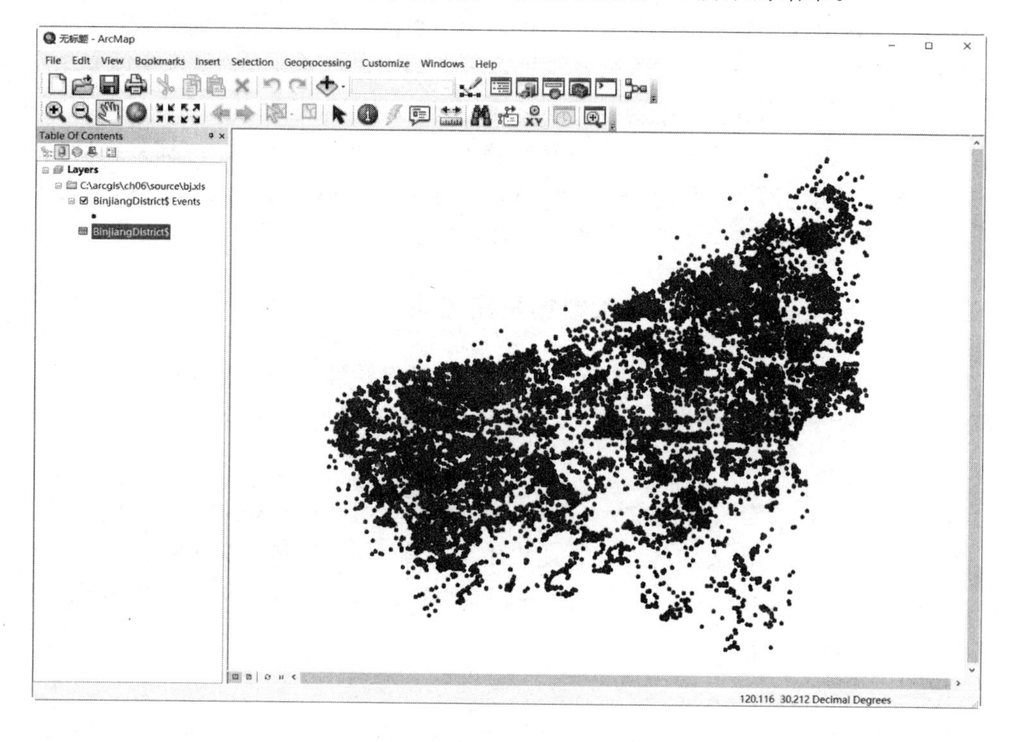

图 6-8 地图窗口显示 POI 点

3. 导出 POI 点

执行上步操作后 TOC 窗口中将生成一个名为“BinjiangDistrict $ Events”的图层，右键单击图层名，在弹出菜单中选择“Data”>>“Export Data”菜单项(见图 6-9)，调出‘Export Data’对话框，选择存储路径，并命名输出的 Shape 文件为“bj_poi”(见图 6-10)。

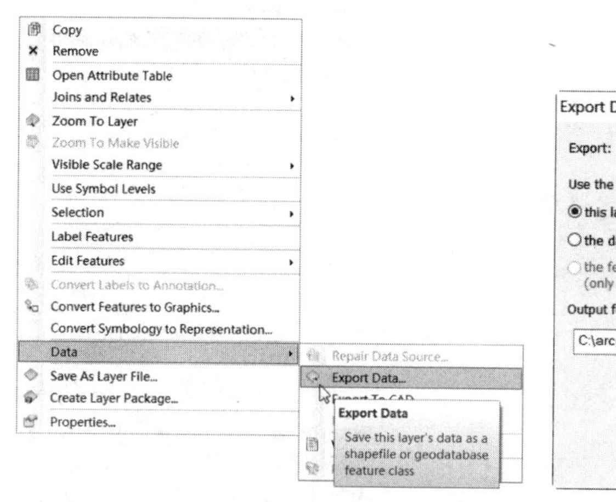

图 6-9 “BinjiangDistrict $ Events”图层的右键菜单

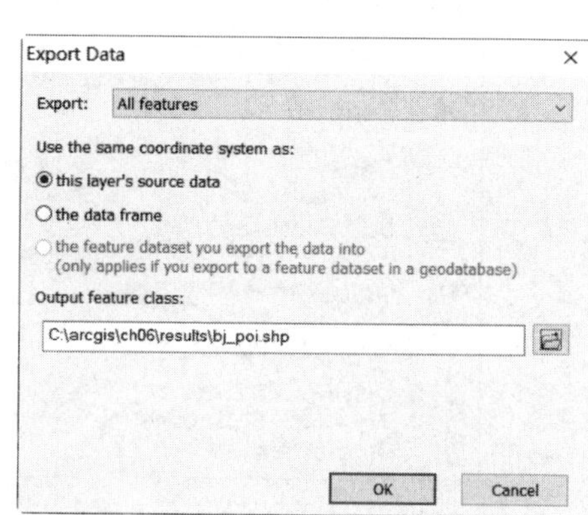

图 6-10 导出数据对话框

4. 指定坐标系

点击标准工具栏的按钮，启动 Catalog，在 Catalog 目录树中将鼠标定位到新生成的 bj_poi. shp，双击它以打开'Feature Class Properties'对话框，进一步点击 XY Coordinate System 选项卡，展开 *Geographic Coordinate Systems* 目录，定位到 *World* 子目录下的 *WGS* 1984 坐标系(见图 6-11)。或在右侧的搜索框中输入 WGS 1984，点击按钮也可定位到 WGS 1984 坐标系(见图 6-12)。单击"确定"按钮，便完成了 WGS 1984 坐标系的指定。

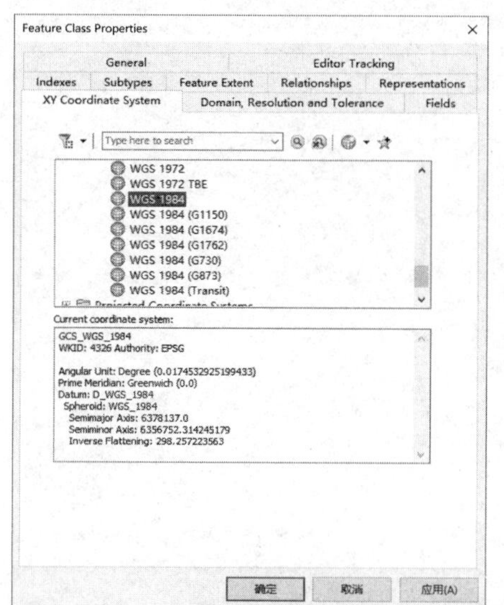

图 6-11　在坐标系目录树中指定坐标系

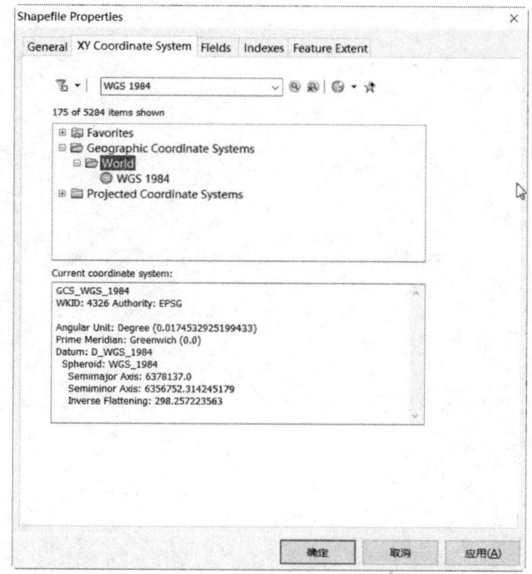

图 6-12　通过搜索指定坐标系

6.3.2　Beijing 1954 转 WGS 1984

加载该章的练习数据"G1. shp"(见图 6-13)，在 ArcToolbox 中选择 Project 工具，其访问的位置为 Data Management Tools→Projections and Transformations→Feature。读者也可以通过菜单项"Geoprocessing"＞＞"Search For Tools"来查找并访问工具，前提是读者已经记住工具的名称(见图 6-14)。

双击运行 Project 工具，在打开的'Project'对话框中，进行如下操作：

(1)将 Input Dataset Or Features Class(输入数据集或要素类)设置为"G1"图层(通过下拉列表选取)。

(2)将 Output Dataset Or Features Class(输出数据集或要素类)指定为 *C*:*ArcGIS**ch*06*results**G*1_*Project*01. *shp*。

(3) 单击 Output Coordinate System 框右侧的图标，打开'Spatial Reference Properties'对话框，点击 XY Coordinate System 选项卡，选择 *Geographic Coordinate System*→*world*→*WGS* 1984，单击"确定"按钮完成对输出要素坐标系的指定(见图 6-15)。

(4)在 Geographic Transformation (Optional)下拉菜单中选择方法 *Beijing*_1954_*To*_*WGS*1984_3，因为所在的区域为浙江省(见图 6-16 和表 6-2)，完成以上设置后的'Project'对话框如图 6-16 所示。

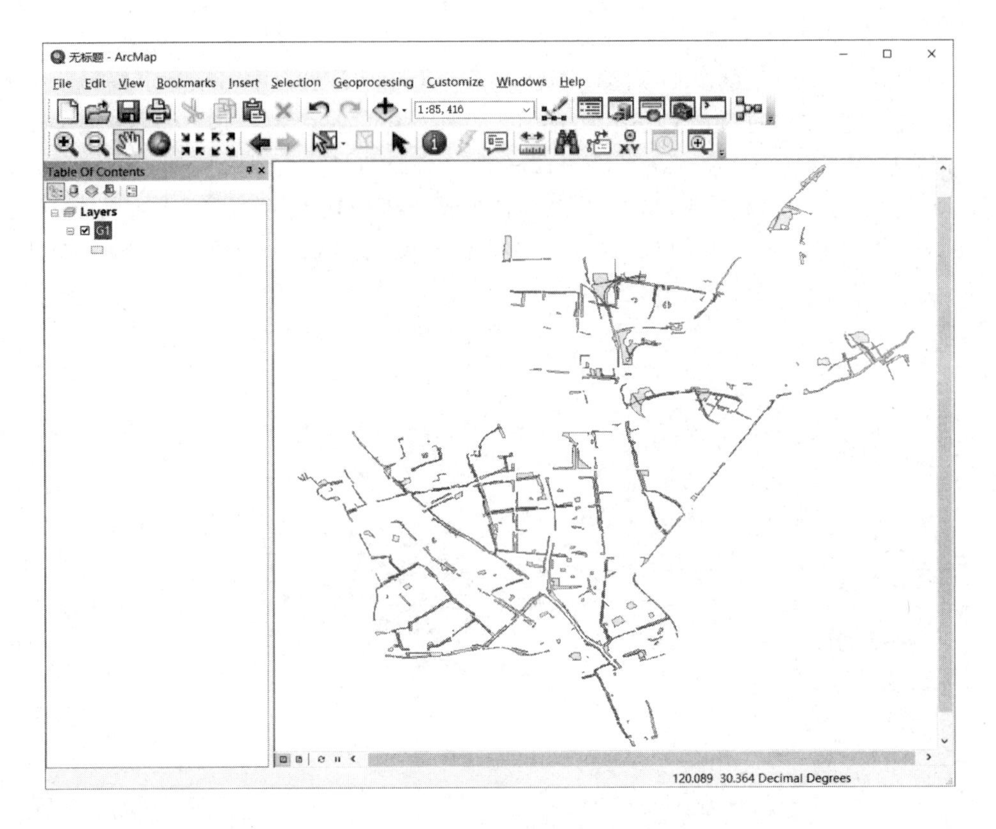

图 6-13　加载 G1 要素

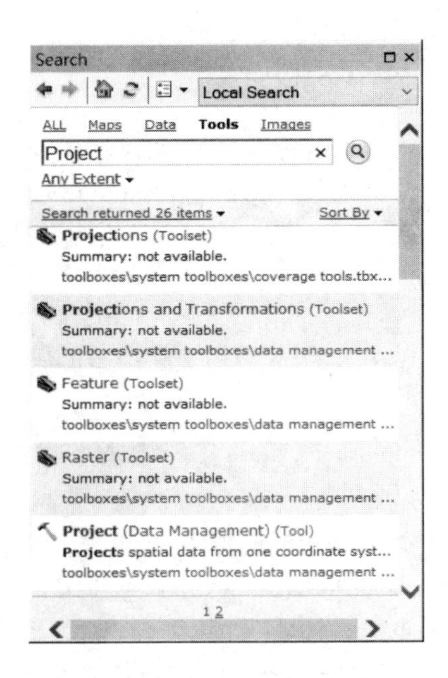

图 6-14　搜索查找工具

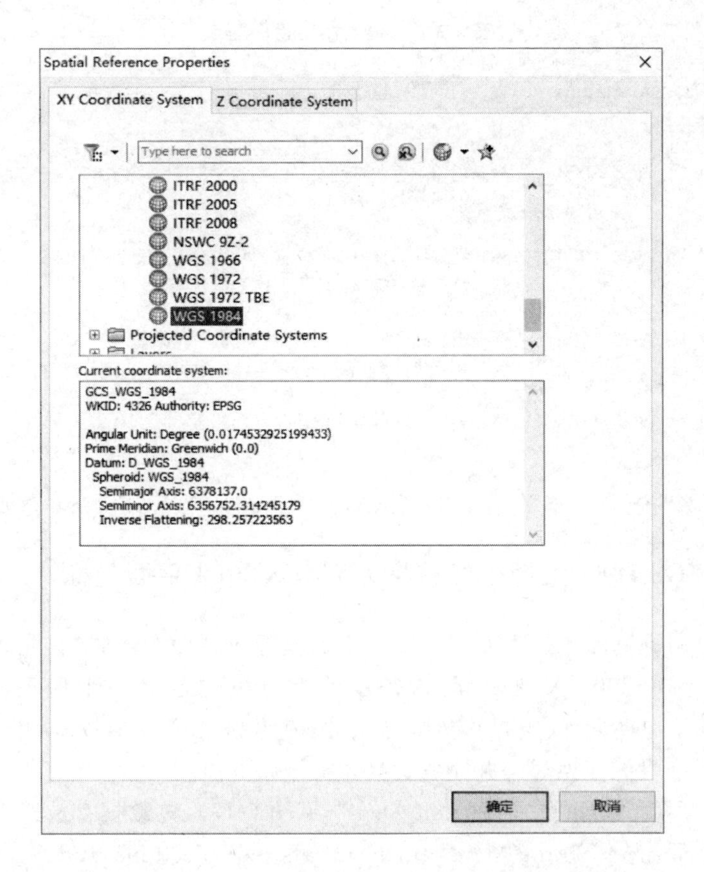

图 6-15　选择输出 WGS_1984 坐标系

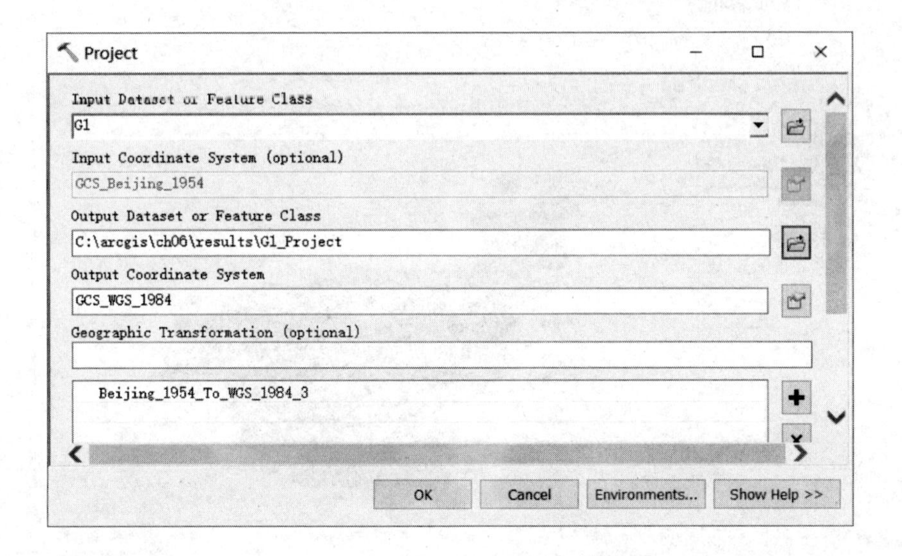

图 6-16　完成设置后的'Project'对话框

表 6-2　地理变换适用的区域

Geographic Transformation (optional)选项	省（自治区、直辖市）名
Beijing_1954_To_WGS_1984_1	内蒙古自治区，陕西省，山西省，宁夏回族自治区，甘肃省，四川省，重庆市
Beijing_1954_To_WGS_1984_2	黑龙江省，吉林省，辽宁省，北京市，天津市，河北省，河南省，山东省，江苏省，安徽省，上海市
Beijing_1954_To_WGS_1984_3	浙江省，福建省，江西省，湖北省，湖南省，广东省，广西壮族自治区，海南省，贵州省，云南省，香港和澳门特别行政区，台湾省
Beijing_1954_To_WGS_1984_4	青海省，新疆维吾尔自治区，西藏自治区

（5）点击“OK”按钮，完成数据层“G1”从 Beijing 1954 向 WGS 1984 坐标系的转换。

6.3.3　WGS 1984 大地坐标转换为 CGCS 2000 平面坐标

WGS 1984 大地坐标转换为 CGCS2000 平面坐标包括两个步骤：首先将 WGS 1984 大地坐标转换为 CGCS2000 大地坐标，这一步骤需要事先定义一个地理变换；其次是给 CGCS2000 坐标添加投影，假定投影方式为高斯-克里格 3 度分带投影，中央经线为 120°。这两个步骤通常在投影变换时一并完成。具体操作如下：

（1）加载本章模拟练习数据“YuelongDem”（见图 6-17），该数据存放于 Projection. gdb。在 ArcToolbox 下，选择 Data Management Tools→Projections and Transformations→Create Custom Geographic Transformation 工具，双击打开‘Create Custom Geographic Transformation’对话框。

图 6-17　加载“YuelongDem”数据

(2)在 Geographic Transformation Name 输入框中键入即将定义的地理变换的名称,如“WGS84_to_CGCS2k”,如图 6-18 所示。

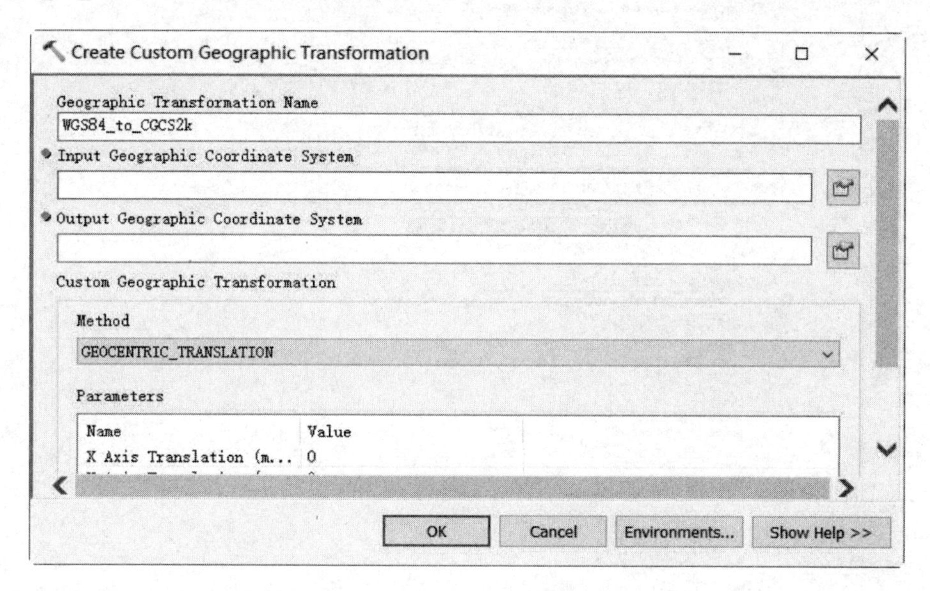

图 6-18　设置地理变换名称

(3)单击 Input Geographic Coordinate System 右侧的处,在打开的‘Spatial Reference Properties’对话框中点击 XY Coordinate System 选项卡,将鼠标定位到 *WGS 1984*(它位于 *Geographic Coordinate System* 目录下的 *World* 子目录),点击“确定”完成输入坐标系的指定。

(4)单击 Output Geographic Coordinate System 右侧的图标,在打开的‘Spatial Reference Properties’对话框中点击 XY Coordinate System 选项卡,将鼠标定位到 *CGCS2000_3_Degree_GK_CM_120E* 坐标系①,单击“确定”按钮完成输出数据的投影坐标系的指定,如图 6-19 所示。

(5)在‘Create Custom Geographic Transformation’对话框中单击 Method 项下方的下拉列表,选择 *GEOCENTRIC_TRANSLATION*,点击“OK”,完成自定义地理变换方式,如图 6-20 所示。

(6)在 ArcToolbox 中鼠标定位到 Data Management Tools→Projections and Transformations→Raster→Project Raster 工具,双击打开‘Project Raster’对话框。在 Input Raster 中选择 *YuelongDem*,Input Coordinate System(optional)显示此数据的坐标系为 GCS_WGS_1984,在 Output Raster Dataset 中选择输出路径。单击 Output Coordinate System 右侧的图标,打开‘Spatial Reference Properties’面板,在 XY Coordinate System 目录下选择 *Projected Coordinate System→Gauss_Kruger→CGCS2000→CGCS2000_3_Degree_GK_CM_120E*,单击“确定”。地理变换方式 Geographic Transformation(optional)选择上述定义的 *WGS84_to_CGCS2k*,点击“OK”完成投影变换,如图 6-21 所示。

---

① 读者可通过 Projected Coordinate System→Gauss_Kruger→CGCS2000 来访问它。

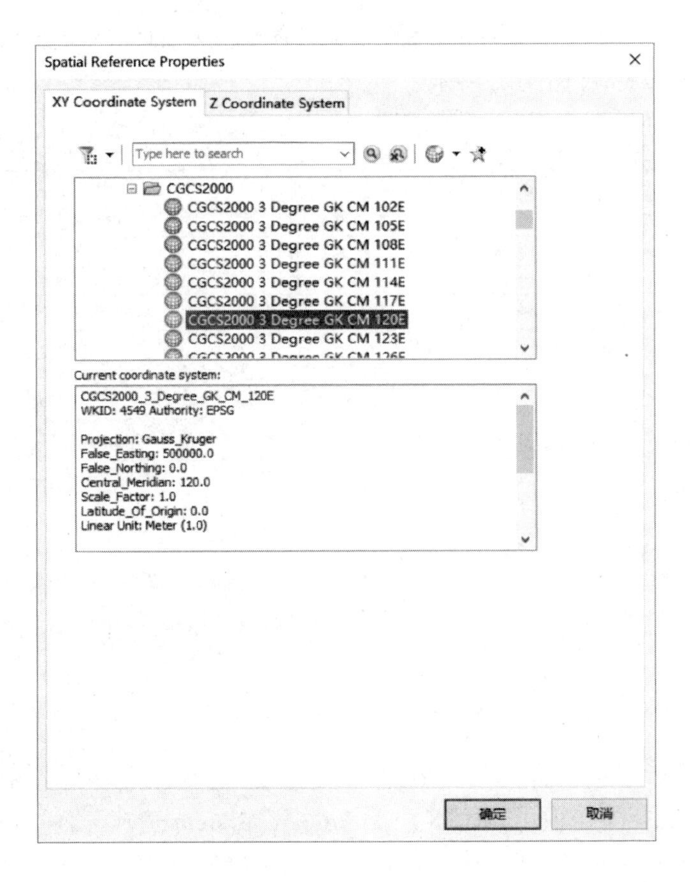

图 6-19　选择输出坐标系

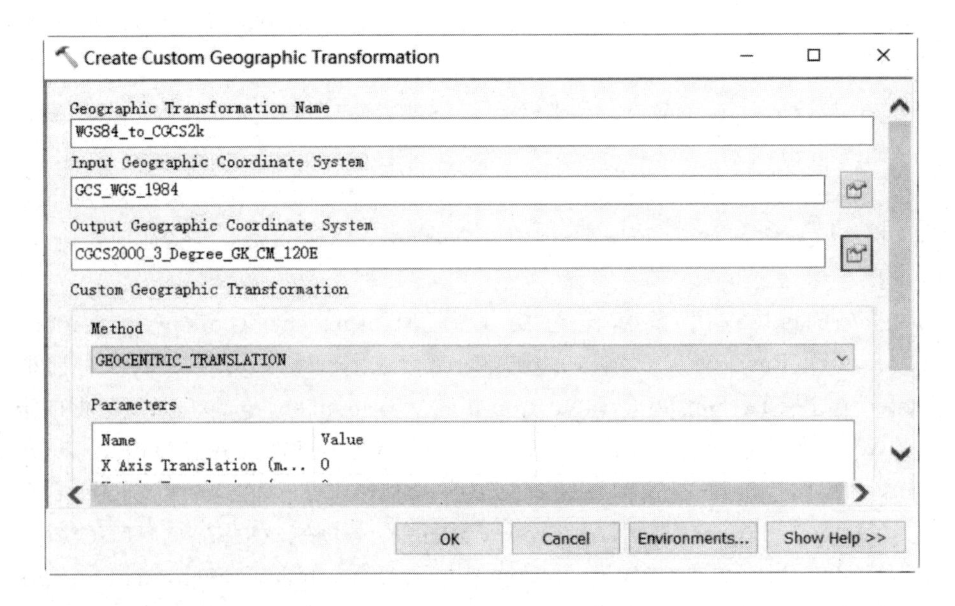

图 6-20　选择 Method 转换方式

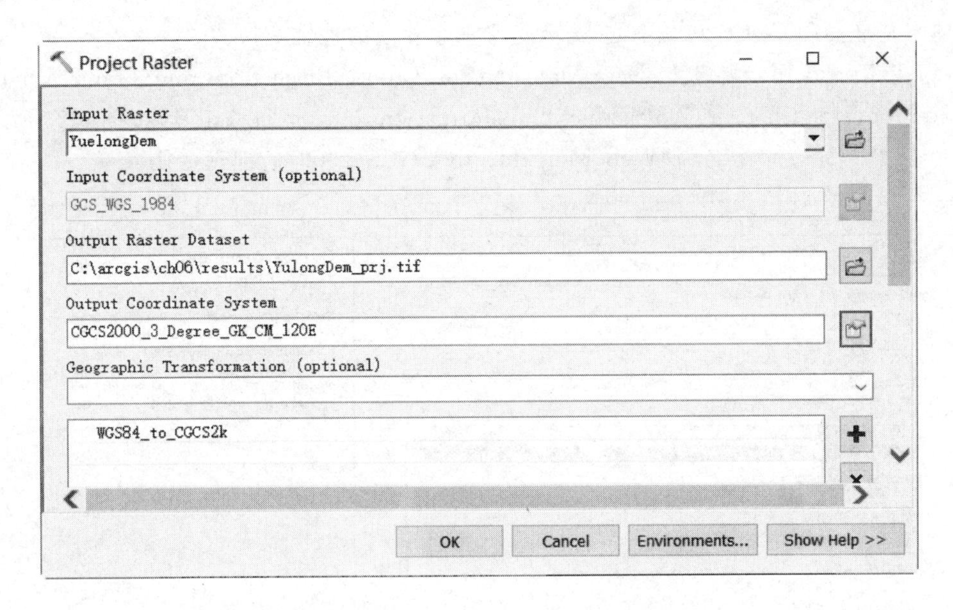

图 6-21 WGS 1984 坐标转换为 CGCS2000 平面直角坐标

6.3.4 Web Mercator 坐标转 CGCS2000 坐标

互联网地图如百度地图、Google 地图、搜狗地图等均采用 Web Mercator 投影，用户所采集到的上述地图数据在实际使用前通常需要进行投影变换，以便与其他空间数据进行叠合与分析。以下简要介绍具体的转换过程：

(1)加载本章练习所用的模拟影像数据“YuelongRS”(见图 6-22)，它存放于 Projection.gdb。双击 TOC 窗口中的“YulongRS”图层，点击 Source 选项卡，查看 Spatial Reference(空间参考)特性，发现该数据的投影为“WGS_1984_Web_Mercator_Auxiliary_Sphere”，它的

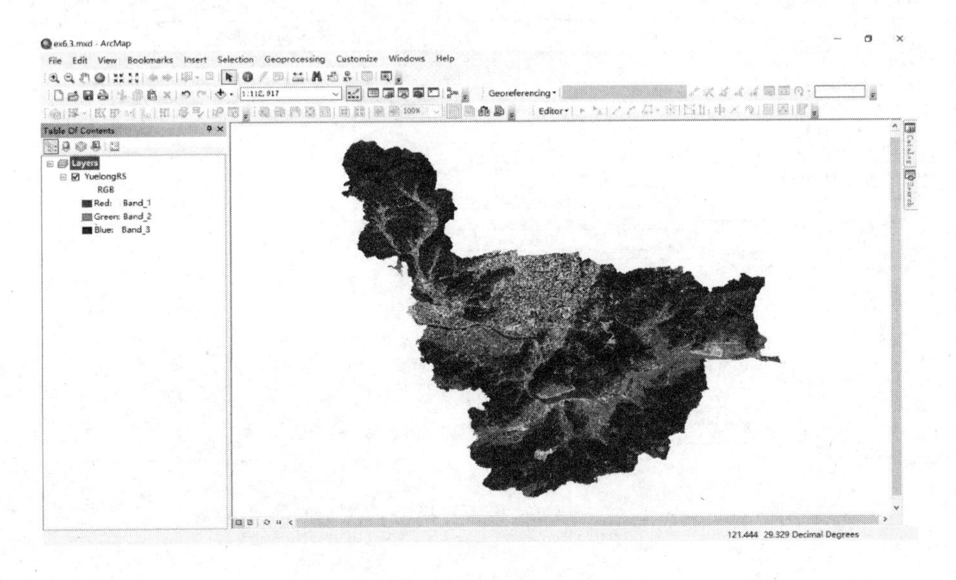

图 6-22 加载 YuelongRS 影像

椭球体与基准面和 CGCS2000 不同，需要定义一个相应的地理变换。

(2)在 ArcToolbox 中选择 Data Management Tools→Projections and Transformations→Raster→Create Custom Geographic Transformation 工具，运行该工具，按图 6-23 所示设置工具参数，自定义一个名为“Web_Mercator_to_CGCS_2000”的地理变换。

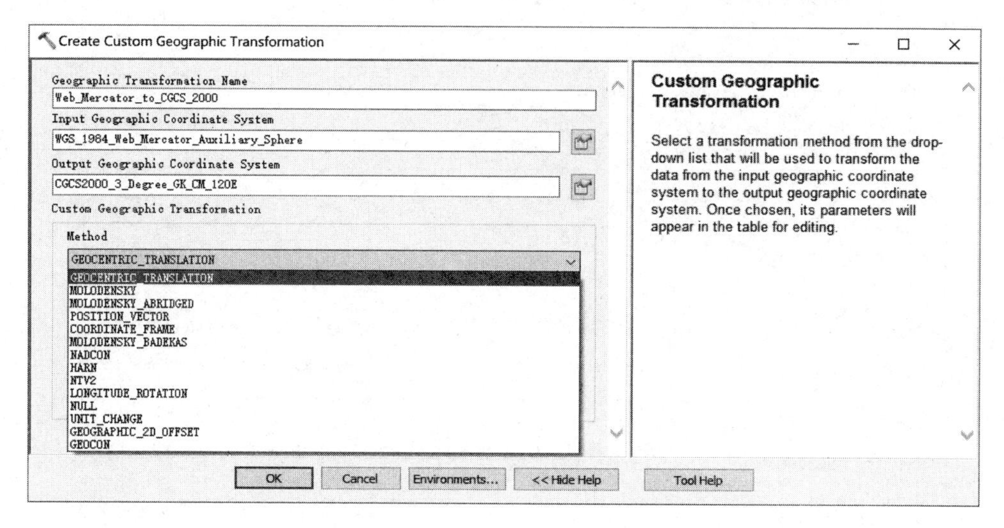

图 6-23　自定义地理变换 Web_Mercator_to_CGCS_2000

(3)选择 ArcToolbox 的 Data Management Tools→Projections and Transformations→Raster→Project Raster 工具(见图 6-24)，双击打开其对话框，设定 Output Raster Dataset 项为 *CGCS2000_3_Degree_GK_CM_120E*，将 Geographic Transformation (Optional)项设置为刚刚定义好的 *Web_Mercator_to_CGCS_2000*，点击“OK”按钮完成“YuelongRS”栅格数据的投影变换。

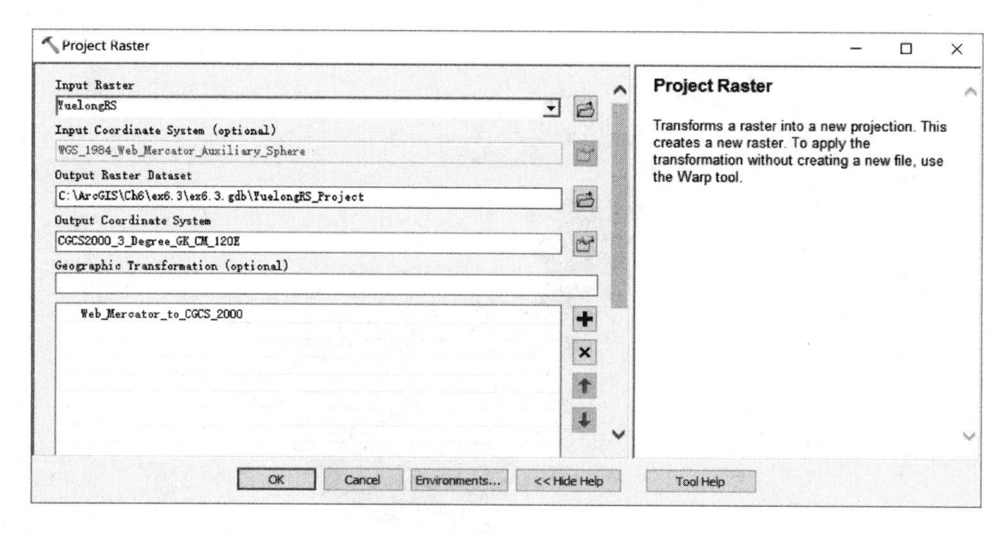

图 6-24　Web_Mercator 坐标系转换为 CGCS_2000 坐标系

6.4　本章小结

本章介绍了与投影相关的基本概念，包括大地水准面、地球椭球体、参考椭球体、大地基准面等，并介绍了地理坐标系和投影坐标系的定义以及常用的坐标系。我国最新的地理坐标系是 CGCS2000，今后的基础数据、成果制图等也将以其为标准。本章案例涉及为无空间参考的数据指定坐标系、自定义地理变换以及几种典型的坐标系转换等相关操作。完成本章案例的练习，读者可掌握坐标系转换和投影变换的相关方法。

第 7 章　地理配准和空间校正

由于地图数字化、遥感仪器观测过程中的几何畸变、实地测量时操作人员的失误等原因，空间数据难免会有一些误差，空间要素的形状、面积、平面定位都会有一定程度的偏差。因而，在具体开展空间分析和空间计算前，利用高精度或无偏差的数据作为参照，以此来校正那些有误差的空间数据，便很有必要。在 ArcGIS 中，栅格数据的纠偏或校正，主要使用 Georeferencing（地理配准）工具，而矢量数据的校正主要通过 Spatial Adjustment（空间校正）工具。本章将介绍地理配准和空间校正的相关概念，并用两个相关的案例介绍相应的操作过程。

7.1　地理配准

实际研究和工作中，常获取卫星影像等栅格数据作为研究的基础数据。由于传感器和拍摄角度等原因所引起的几何畸变，此类影像数据与实际地理位置可能存在一定的偏差。为便于整合其他空间数据，需将其与具有准确位置信息的数据进行对齐或配准。对于栅格数据，主要利用 Georeferencing 进行影像配准。

7.1.1　变换方式

地理配准主要通过多项式变换、“Adjust”（校正变换）、“Spline”（样条函数变换）、“Projective Transformation”（投影变换）等。其中多项式变换是最常用的变换方式，包括“Zero Order Polynomial（Only shift）”（零阶多项式变换（平移））、“1st Order Polynomial（Affine）”（一阶多项式变换（仿射））、“2nd Order Polynomial”（二阶多项式变换）、“3rd Order Polynomial”（三阶多项式变换），如图 7-1 所示。零阶多项式变换主要对栅格数据进行平移，一阶多项式变换主要对栅格数据进行拉伸、缩放和旋转变换，二阶多项式变换和三阶多项式变换则可弯曲栅格数据，如图 7-2 所示。其中零阶多项式变换至少需要 1 对控制点，一阶多项式变换至少需要 3 对控制点，二阶多项式变换至少需要 6 对控制点，三阶多项式变换至少需要 10 对控制点。

7.1.2　基本流程

在进行地理配准时，一般选取多个具有明显特征的点作为控制点（如道路河流交叉点等），并尽量使控制点均匀分布在需配准影像的范围内。

在 ArcGIS 中，地理配准通过使用“Georeferencing”工具条来实现，其操作流程如下：

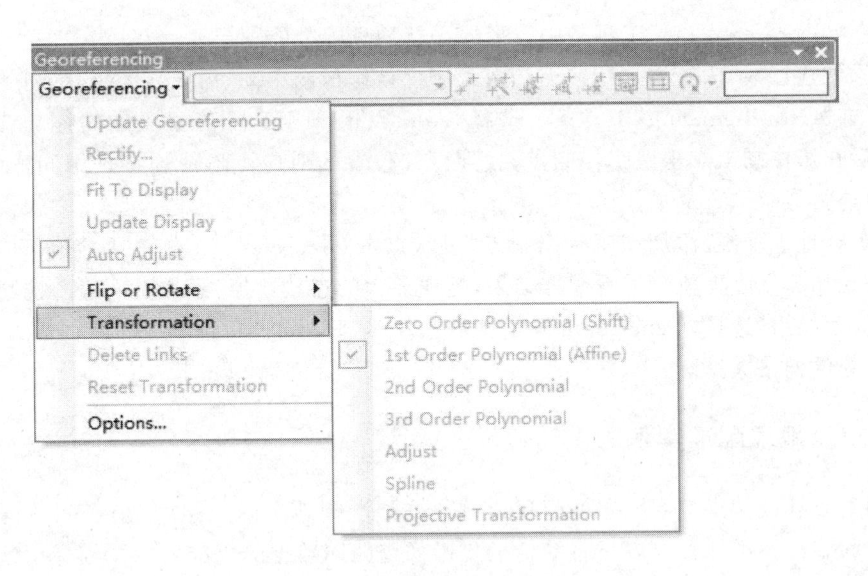

图 7-1　主要地理变换方式

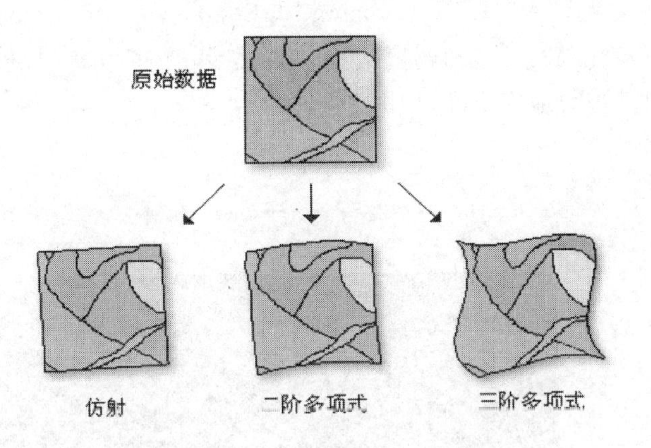

图 7-2　不同多项式变换方式示意图

(1)加载“Editor”和“Georeferencing”工具条(见图 7-3)。

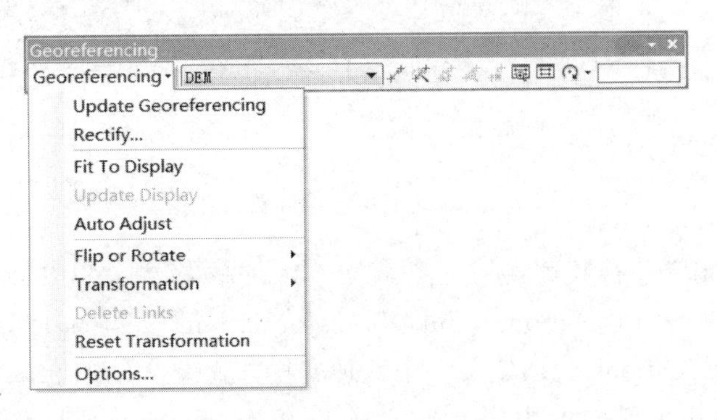

图 7-3　“Georeferencing”工具条

（2）在“Georeferencing”工具条中选择要进行地理配准的图层。

（3）添加连接线：为了添加控制点的过程中保持影像图不动，需要将“Auto Adjust”的勾选去掉。在“Georeferencing”工具条上选择“Add Control Point”工具添加连接。首先点击图标，然后在影像图上点击一个控制点，找到已知位置的对应点形成连接。用同样的方法，建立多对连接线。

（4）更新地理配准：添加完所有控制点之后，点击“Georeferencing”工具条中的“Update Georeferencing”完成更新。查看配准结果，把误差大的连接删掉，添加更准确的控制点。

（5）保存结果：选择“Georeferencing”工具条中的“Rectify”可以将配准完成的影像图另存为一个新的栅格数据。

7.1.3 地理配准案例

将网上下载或从供应商购置的卫星影像数据配准到地形图或路网，是空间数据处理人员经常会面临的一项任务。以下将结合卫星影像与路网数据的配准案例详细介绍地理配准的相关操作，所使用的数据请先拷贝至 C:\ArcGIS\Ch07\ex7.1 下，具体步骤如下。

1. 加载实验所需数据和“Georeferencing”工具条

（1）加载卫星影像“image. tif”和路网数据“roads. shp”，可以看到卫星影像数据与路网数据存在偏差，需对其进行地理配准，如图 7-4 所示。

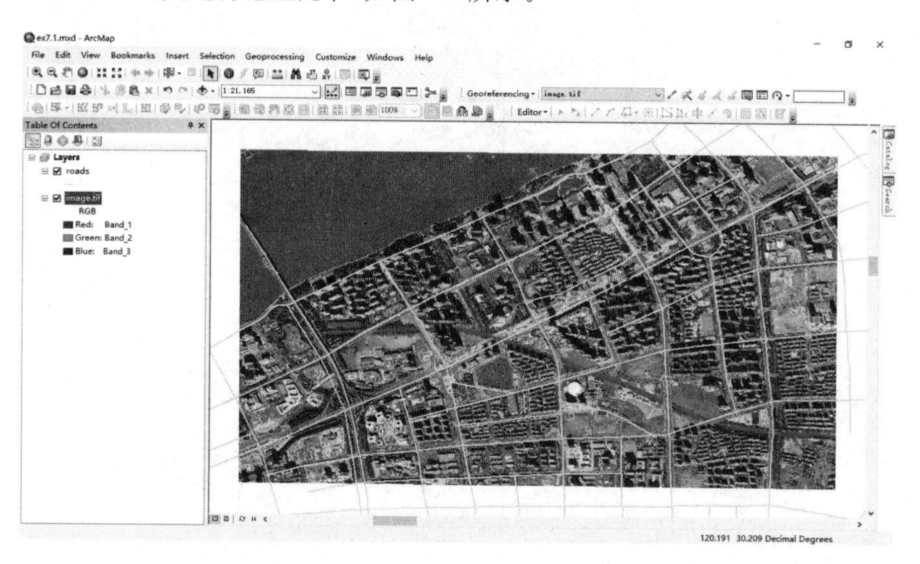

图 7-4 加载卫星影像和路网数据

（2）对“image. tif”进行投影变换，将 WGS_1984 转换为 CGCS_2000。先通过 Data Management Tools → Projections and Transformations → Raster → Create Custom Geographic Transformation 工具，定义一个地理变换方式为 WGS_1984_to_CGCS_2000，具体操作可参考本书 6. 3. 3 中的内容。再选择 Data Management Tools→Projections and Transformations→Raster→Project Raster 工具，双击打开‘Project Raster’对话框，选择输出坐标系为 CGCS2000_3_Degree_GK_CM_120E，设定 Cell Size 为 0. 6，生成“image_ project.tif”。如图 7-5 所示。

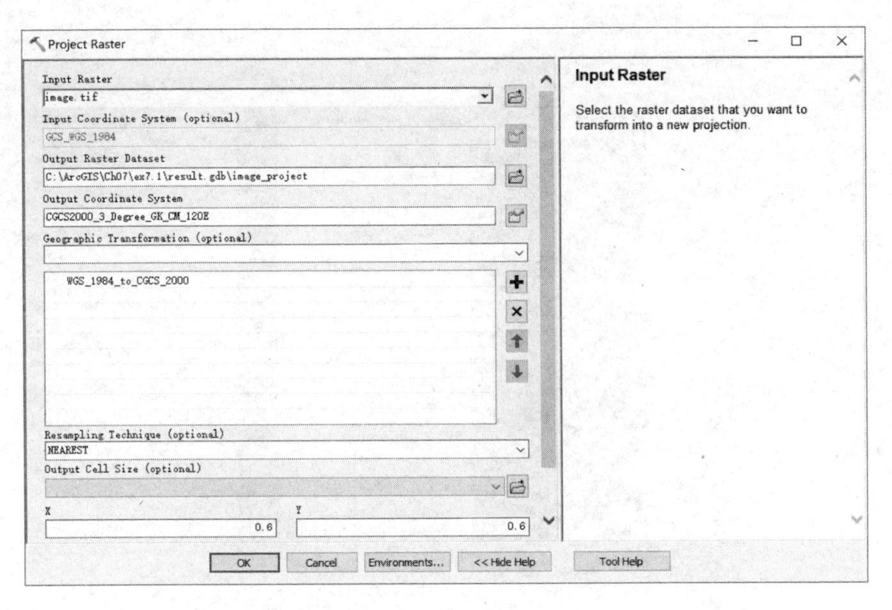

图 7-5　卫星影像进行投影变换

(3)对“roads”进行投影变换，将 WGS_1984 转换为 CGCS_2000。选择 Data Management Tools→Projections and Transformations→Feature→Project 工具，双击打开‘Project’对话框，选择输出坐标系为 CGCS2000_3_Degree_GK_CM_120E，生成“roads_project.shp”。如图 7-6 所示。

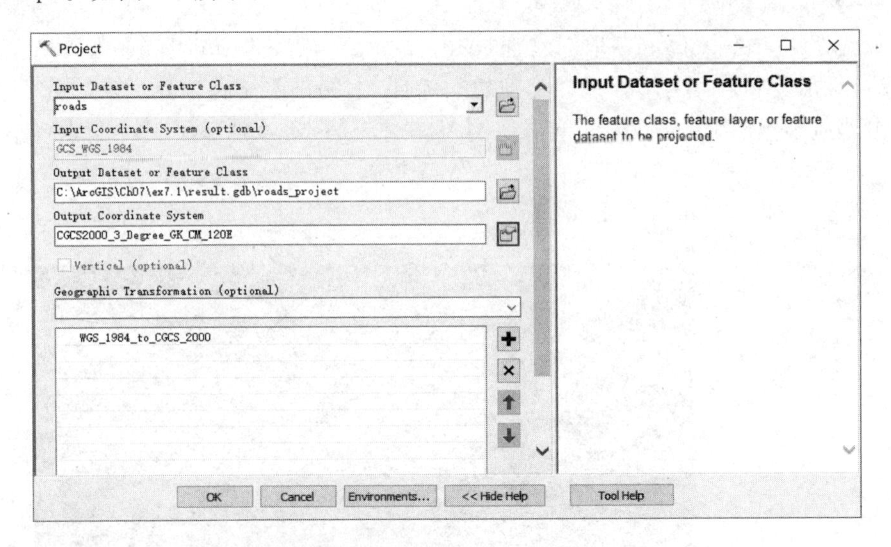

图 7-6　路网数据进行投影变换

(4)使用“Customize”>>“Toolbars”>>“Georeferencing”菜单命令，加载“Georeferencing”工具条(见图 7-7)，并选择需要进行配准的图层数据“image_project”(见图 7-8)。值得注意的是，如果无法选择需进行地理配准的图层，则可能是因为图层与数据框的坐标系不一致。

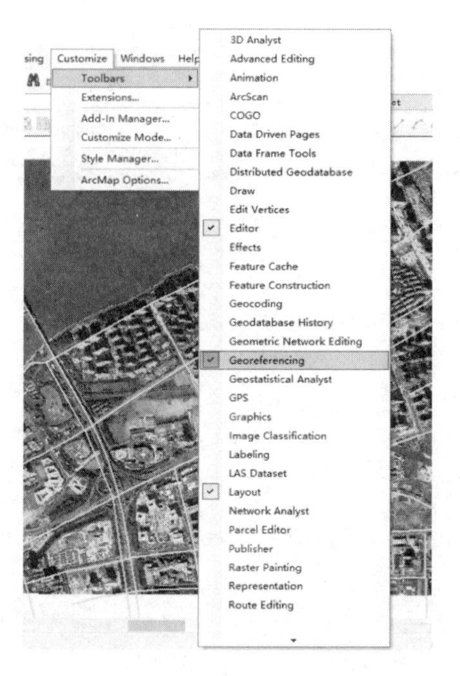

图 7-7 加载“Georeferencing”工具条

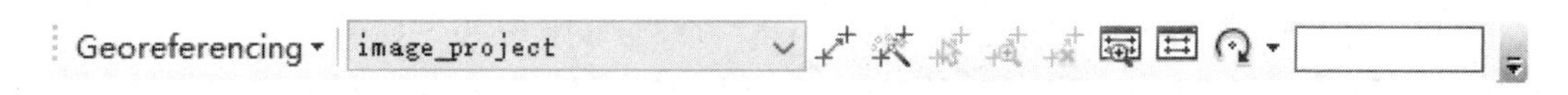

图 7-8 选择需进行地理配准的图层

2. 添加控制点，并进行初步配准

（1）点击“Georeferencing”，取消勾选“Auto Adjust”，点击“Add Control Point”工具（图标）可成对添加控制点。为增强地理配准的准确性，本案例将选择道路交叉点作为控制点。首先单击卫星影像图上的某点，再单击路网上相对应的点，添加第一对控制点（见图 7-9），

图 7-9 添加第一对控制点

绿色十字形表示需配准的、卫星影像上两条道路的交叉口,红色十字形表示交叉口的实际位置。

(2)用同样的操作继续添加控制点,本案例先添加 9 对控制点(见图 7-10),并尽量使其均匀分布于需进行配准的研究范围内。

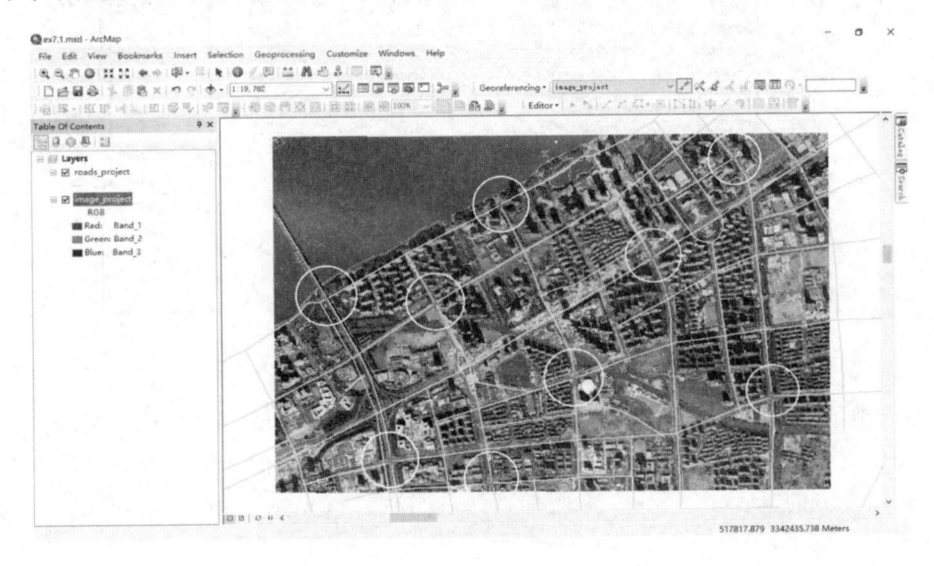

图 7-10　添加其他控制点

(3)在控制点添加结束后,点击“Georeferencing”>>“Transformation”>>“2nd Order Polynomial”,选择二阶多项式变换。再点击“Georeferencing”>>“Update Display”,更新显示初步的地理配准结果,如图 7-11 所示。

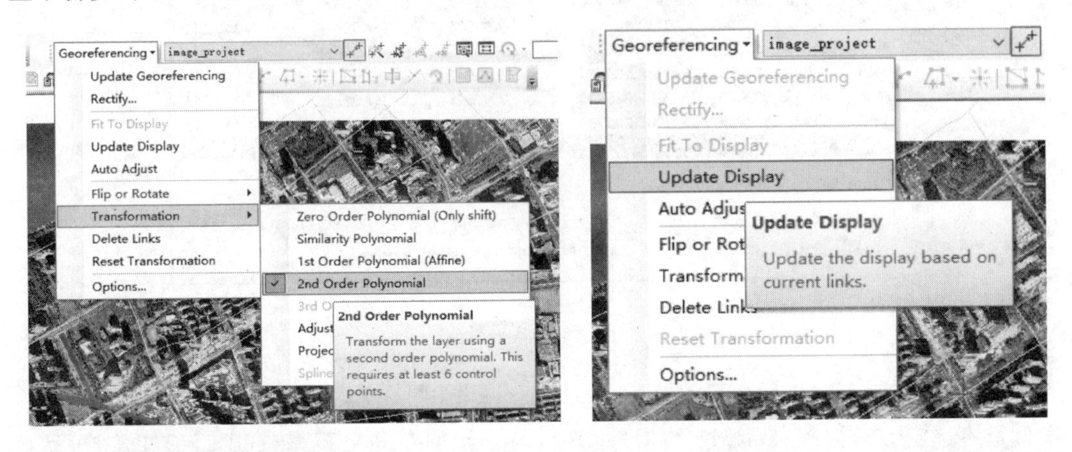

图 7-11　选择变换方式和更新显示初步地理配准结果

3. 查看配准结果误差,修改控制点,提高配准精度

(1)点击“Georeferencing”工具条中的“View Link Table”工具(▤图标),可查看地理配准后的误差(见图 7-12),包括整体的均方根误差(RMS)和每对控制点的残差。本案例的 RMS 约为 7.21m,配准的精度不太理想。

Link

Total RMS Error: Forward:7.20898

urce	X Map	Y Map	Residual_x	Residual_y	<Residual>
8941	518507.177300	3343510.624500	-2.05235	-0.396023	2.09021
6683	520289.433900	3343861.269700	-0.757955	2.66658	2.77221
6776	520564.195300	3341992.449700	-1.33727	2.95675	3.2451
5520	519058.005000	3342149.107700	-2.07928	-2.70449	3.41141
7148	517663.253200	3341510.894200	-3.40983	1.91628	3.9114
6404	518431.124800	3341338.530100	4.20987	-2.90444	5.11456
8656	517178.639800	3342789.506900	2.97845	-7.35525	7.93542
8465	519659.523400	3343085.000700	4.8042	-8.99565	10.1981
5780	518002.828500	3342744.719300	-2.35583	14.8162	15.0024

Auto Adjust　Transformation: 2nd Order Polynomial

Degrees Minutes Seconds　Forward Residual Unit : Unknown

图 7-12　查看地理配准误差

(2)选中某对控制点,并点击上方的"Zoom To Selected Link"(图标),可缩放至该控制点所在位置(见图 7-13)。结合实际配准情况,删除误差较大的控制点或继续增加新的控制点。点击上方的"Delete Link"(图标)可删除控制点(见图 7-14)。增加控制点的方式与前述操作一致。

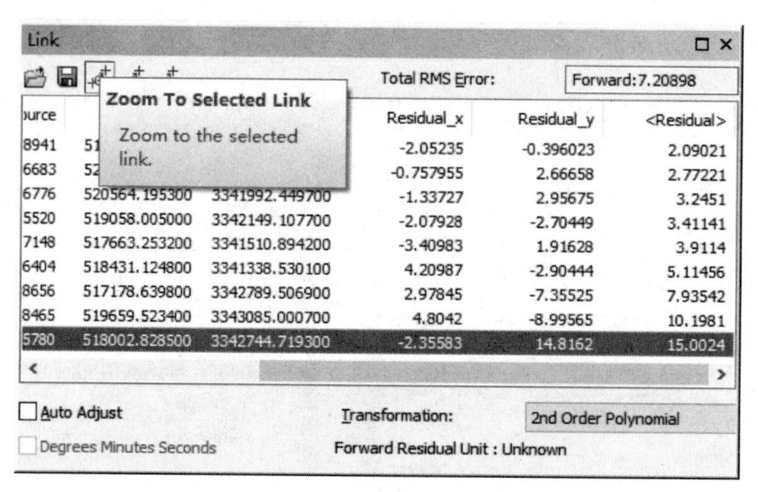

图 7-13　缩放至某对控制点

(3)调整控制点结束后,可点击上方的"Save"(图标),保存控制点(见图 7-15)。本案例最终选定 8 对控制点,RMS 约为 0.55m,与影像的空间分辨率(cell size)相仿,可认为此时的精度满足要求。

4. 保存地理配准后的卫星影像

(1)点击"Georeferencing">>"Rectify",可生成一个新的地理配准后的栅格数据(见图 7-16)。

(2)设置像元大小、重彩样方式、输出路径等,并点击"Save",保存配准后的数据(见图 7-17),地理配准后的卫星影像如图 7-18 所示。

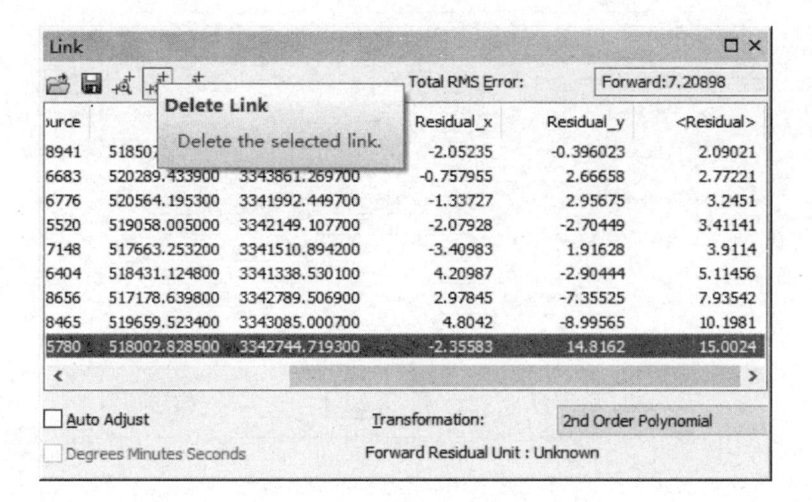

图 7-14　删除某对控制点

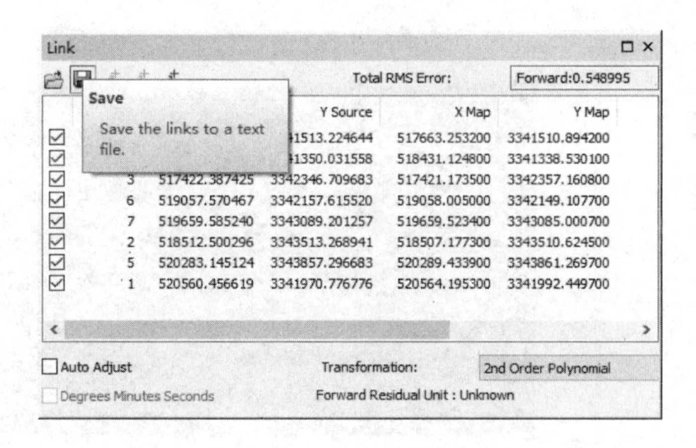

图 7-15　保存调整后的控制点

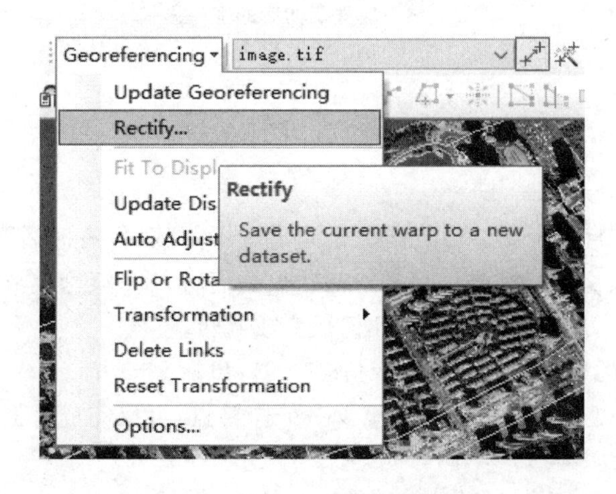

图 7-16　生成地理配准后的数据

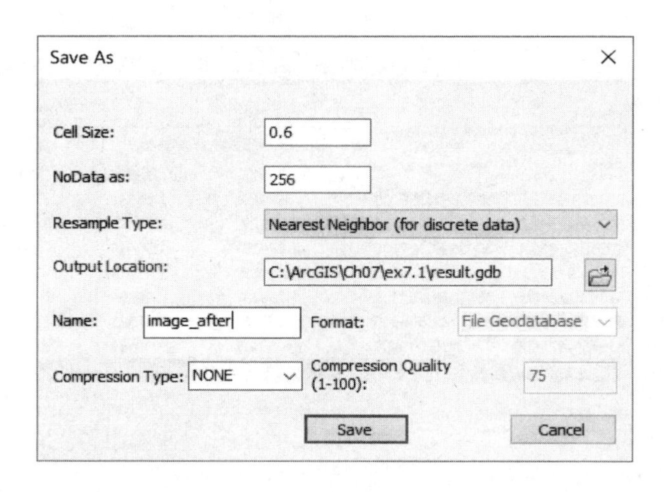

图 7-17　保存地理配准后的数据

图 7-18　地理配准后的卫星影像

7.2　空间校正

GIS 数据通常来自多个源。当数据源之间出现不一致时，有时需要执行额外的工作以将新数据集与其余数据进行整合。相对于基础数据而言，一些数据会在几何上发生变形或旋转。利用空间校正，用户可纠正上述几何形变或旋转。

ArcGIS 所使用的校正方法有五种（见图 7-19），包括：

（1）Affine（仿射变换）：此方法需要至少三个连接点，可以完成数据的平移、倾斜、缩放，适用于大多数变换。

（2）Projective（投影变换）：此方法基于复杂的变换，至少需要四个位移连接，可以对从航空相片中提取的数据进行变换。

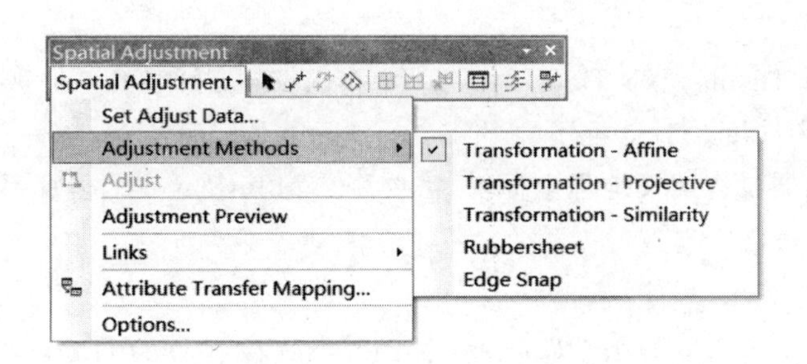

图7-19　"Spatial Adjustment"工具条

(3)Similarity(相似变换):可以实现数据的缩放、平移等转换,但不能产生任何倾斜,至少需要两个位移连接点。

(4)Rubbersheet(橡皮页变换):适用于两个或多个图层间的几何校正。

(5)Edge-Snap(边捕捉):用于创建两个相邻层边的位移连接。

7.2.1　案例描述

本案例利用城市犯罪案件点数据以及CAD数据,通过数据格式转换、投影变换和空间校正,在空间上配准犯罪案件点数据与用地数据,获得某城区建设用地范围内的犯罪案件,并按用地大类统计出发生在每一类用地上的不同类型犯罪案件的数量。

本案例所使用的基础数据建议存放于C:\ArcGIS\Ch07\ex7.2,具体包括:

(1)Case2012.xls:其中的工作表"1"记录了犯罪案件的类型、发生时间以及经度和纬度。

(2)用地.dwg:存储了建设用地图斑。

(3)城区范围.dwg:存储了城区的行政边界。

通过本案例的学习,掌握空间校正的相关知识和技能,同时回顾与复习数据格式转换、投影变换、Table表统计等相关知识点。

7.2.2　加载用地数据并设置初始化

(1)新建一个地图文档,点击"Add Data"加载包含经纬度的Excel表"CASE2012"和"用地.dwg","城区范围.dwg"的Polygon数据。

(2)鼠标左键双击"Layers",打开'Data Frame Properties'对话框,选择General标签,在Units框内,将Map和Display项均设置为*Decimal Degrees*。

(3)在TOC窗口中分别将加载的"用地.dwg Polygon"和"城区范围.dwg Polygon"图层导出为"landuse.shp"和"城区.shp"。

7.2.3　加载并导出犯罪案件点数据并指定投影

1. 以图层形式添加"CASE2012"Excel表

(1)加载"CASE2012.xls"的工作表"1",在TOC窗口中显示为"1$"图层。点击按钮,使TOC窗口中的图层"按源列出",使用右键弹出菜单"Display XY Data"项以显示各个犯罪点。

(2)在弹出的'Display XY Data'对话框中,将X Field和Y Field项分别设置为Lon和Lat,对应了经度和纬度。对话框下方的Descriptions处显示*Unknown Coordinate System*(未知),说明此数据没有定义地理坐标系,需要用户为其指定一个坐标系,本案例地理坐标系将使用WGS 1984。

2. 为"'1$'"定义投影

(1)点击'Display XY Data'对话框(见图7-20)右下角的"Edit"按钮,打开'Spatial Reference Properties'对话框(见图7-21)。

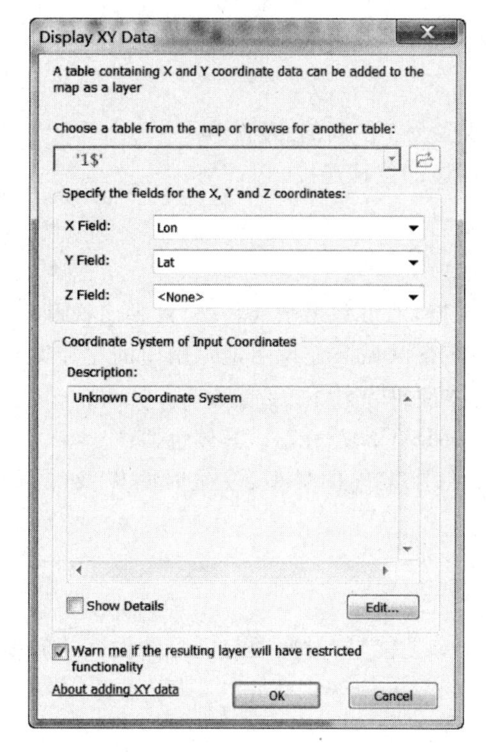

图7-20 'Display XY Data'对话框

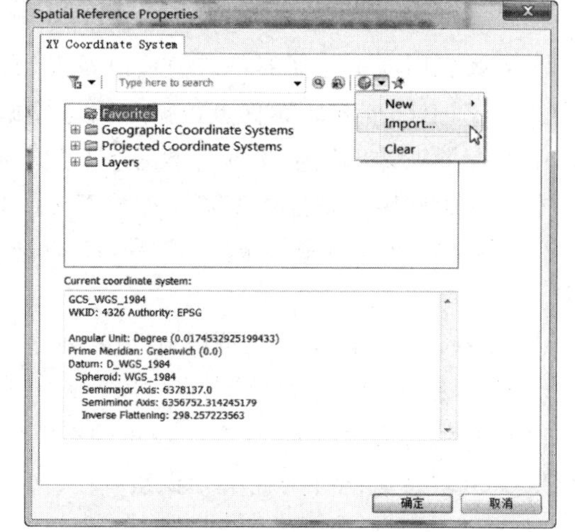

图7-21 'Spatial Reference Properties'对话框

(2)将鼠标定位到Geographic Coordinate System树状列表中的*WGS 1984*坐标,右键单击后选择弹出菜单的Add To Favorite项,将其添加到Favorites列表以方便后续的使用(见图7-22)。按同样的方法将*Beijing_1954_3_Degree_GK_CM_123E*坐标系添加到Favorites列表中。

(3)将鼠标定位到Favorites列表下的*WGS 1984*坐标系,点击"确定"按钮完成地理坐标系的指定(见图7-23)。完成上述操作步骤后,TOC窗口将新增一个名为"'1$' Events"的图层。

3. 生成"case"图层

(1)在TOC窗口中用右键单击"'1$' Events"图层,选择弹出菜单中的"Data">>"Export Data"菜单项,将该图层输出为"case.shp"。

(2)新生成的case.shp将添加到地图窗口中,与此同时TOC的窗口将新增"case"图层。

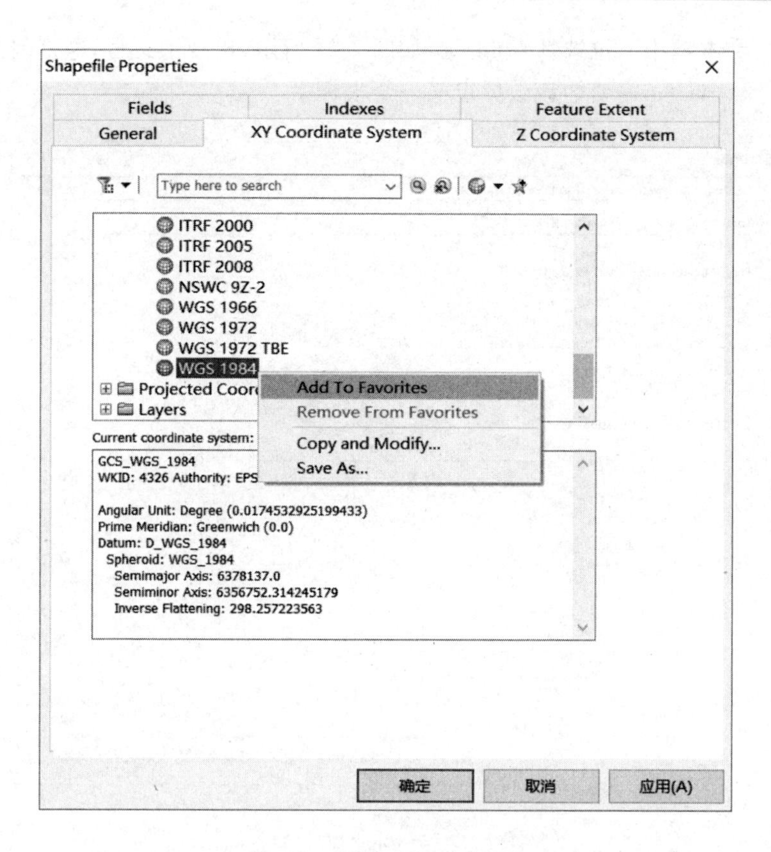

图 7-22　浏览坐标系对话框

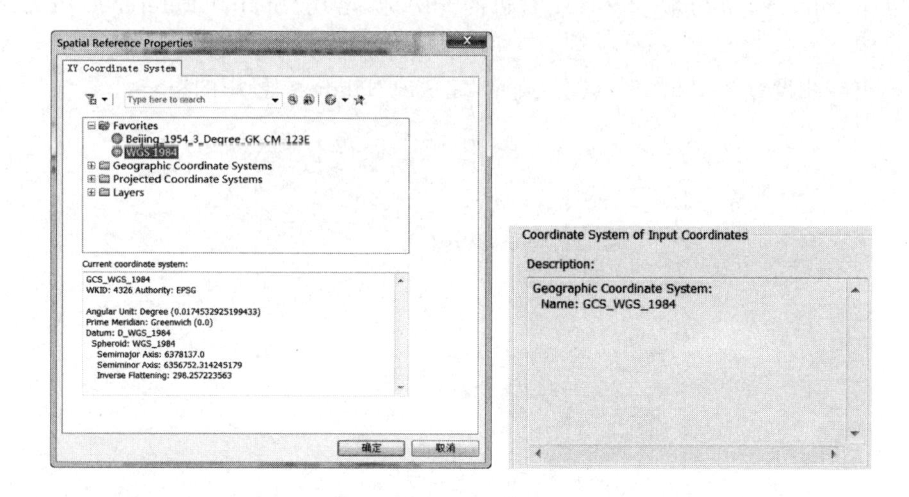

图 7-23　定义坐标系为 WGS_1984

7.2.4　“landuse”和“城区”的投影变换

（1）在 ArcToolbox 下，选择 Data Management Tools → Projections and Transformations→Feature→Project 工具，打开‘Project’对话框。在 Input Dataset or

Features Class 文本框中下拉选择 *landuse*，如图 7-24 所示，出现了叉号，这是因为“landuse”数据层没有定义坐标系，需要为该数据定义一个坐标系。

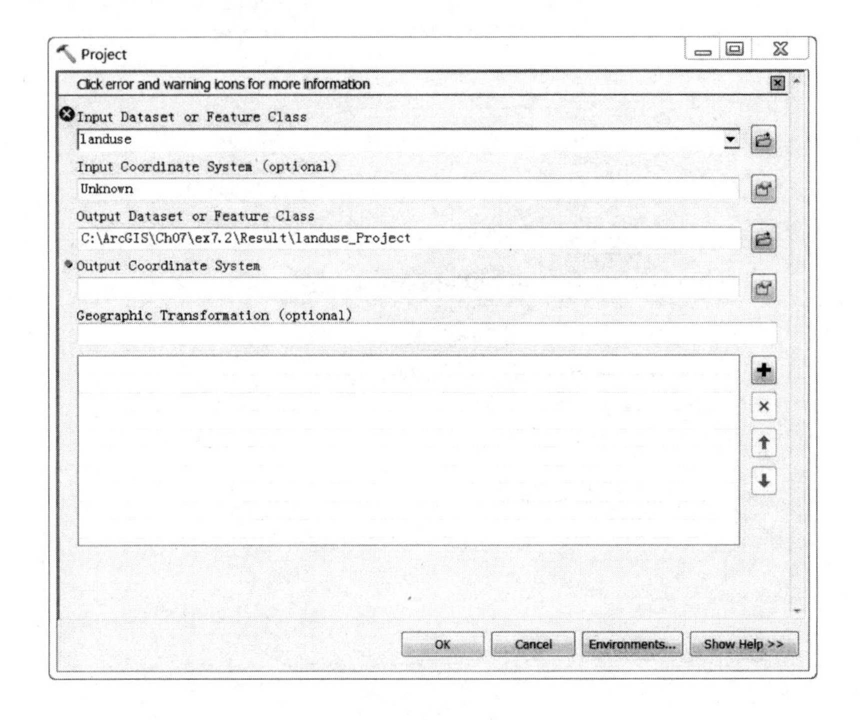

图 7-24 ‘Project’对话框

（2）点击 Input Coordinate System 右边的图标，出现‘Spatial Reference Properties’对话框（见图 7-25），选择 Favorites 列表下的 *Beijing_1954_3_Degree_GK_CM_123E* 坐标系，将中央经线设置为 122.18°，点击“确定”完成对“landuse”投影的指定。

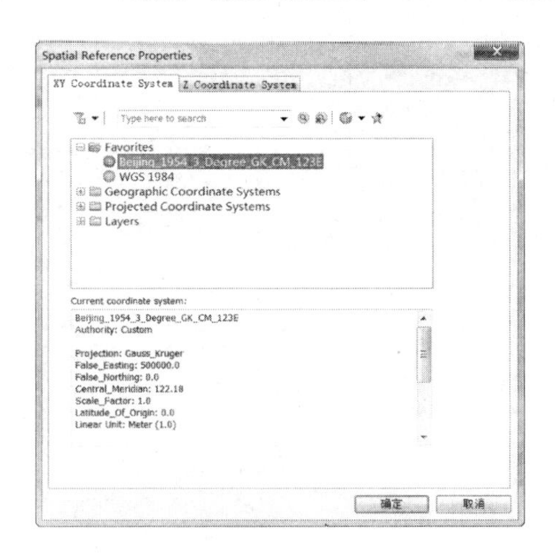

图 7-25 ‘Spatial Reference Properties’对话框

（3）在 Output Dataset or Features Class 处选择投影变换数据的保存路径，名称为 landuse_Project。

(4)单击 Output Coordinate System 右侧的图标，定义输出数据的坐标系为 *GCS_WGS_1984*。

(5)在 Geographic Transformation (Optional)下拉列表中选择 *Beijing_1954_To_WGS_1984_1* 选项。

(6)点击“OK”按钮“landuse. shp”投影变换为“landuse_project. shp”，如图 7-26 所示。

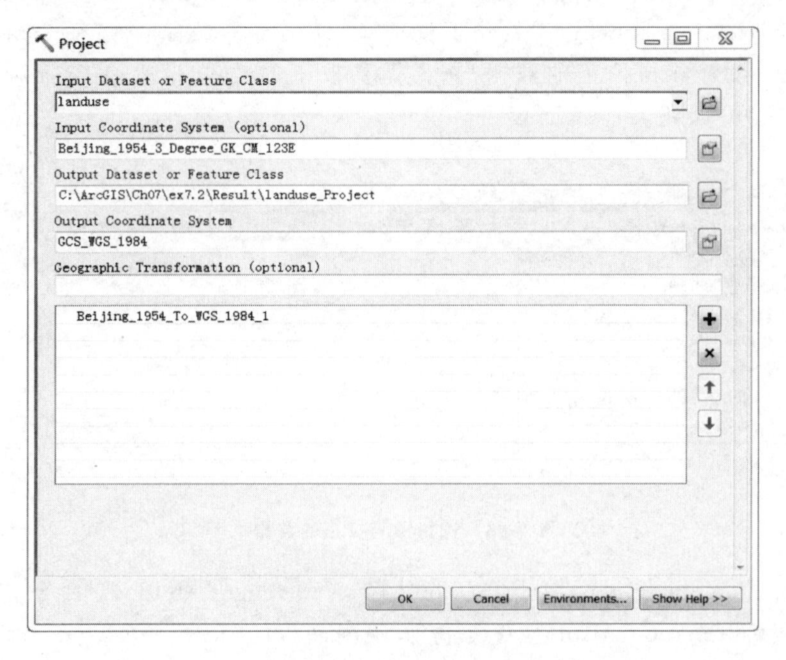

图 7-26　‘Project’对话框

(7)利用同样的方法，将“城区. shp”投影变换为“城区_Project. shp”。

(8)加载新生成的“case. shp”和“用地_Project. shp”及“城区_Project. shp”，不难发现上述空间数据的错位问题，如图 7-27 所示。为此，需要进行空间校正。

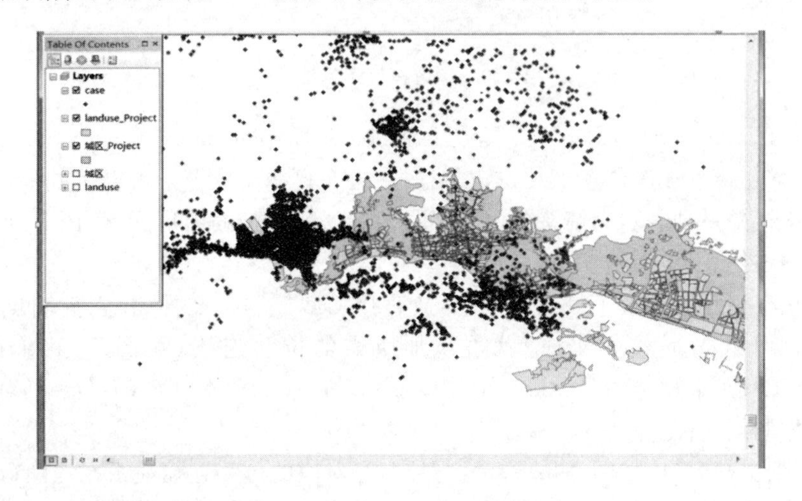

图 7-27　图层之间存在空间差错

7.2.5 "landuse"和"城区范围"的空间校正

(1)在主菜单的"Customize">>"Toolbars"下,加载"Spatial Adjustment"工具条,"Editor"前面已经加载。

(2)点击"Editor"下拉菜单选择"Start Editing"命令。

(3)在"Spatial Adjustment"工具条下拉选择"Set Adjust Data..."命令,打开图7-28(b)的对话框,设置参与校正的数据,选择需要校正的数据 *landuse_Project* 和城区_*Project*,点击"OK"按钮。

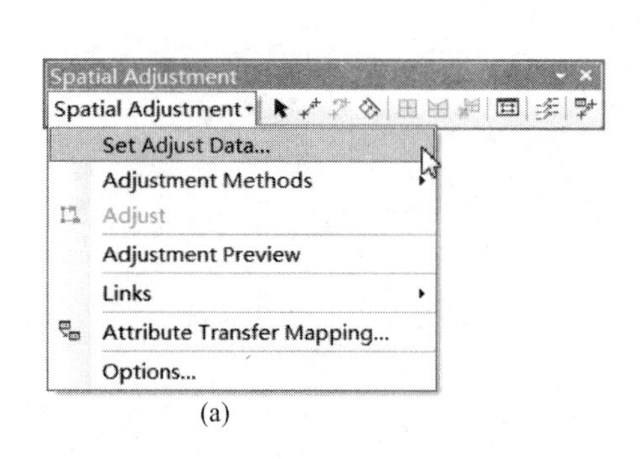

(a)

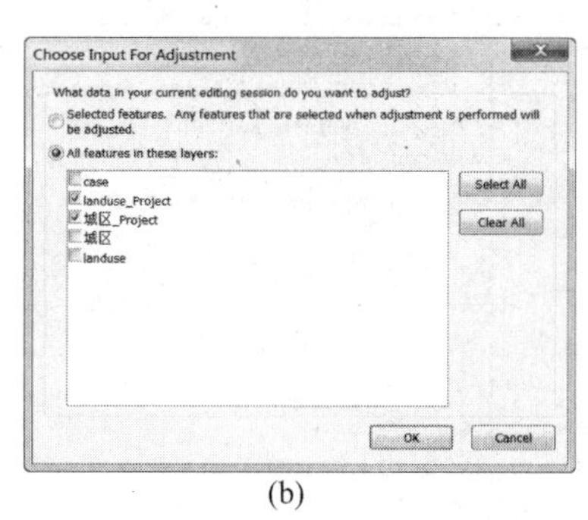

(b)

图7-28 选择参与校正的数据

(4)在"Spatial Adjustment"工具条下拉选择"Adjustment Methods"命令,选择空间校正方法为"Transformation-Affine"(变换-仿射,见图7-29)。

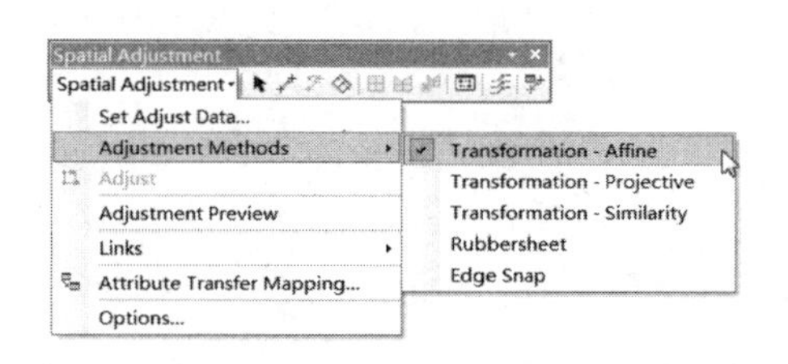

图7-29 选择校正方法

(5)点击"Spatial Adjustment"工具条上的"New Displacement Link Tool"工具(图标)可创建位移连接。在源位置上单击添加连接,再在目标位置上单击以完成位移连接的创建。创建的连接是一种表示为箭头(从原位置指向目标位置)的图形元素,图7-30示例了这样的一个位移连接。

本次校正事先已经准备了校正控制点,故直接加载控制点文件(校正控制点.txt,读者在学习该案例时请先下载该文件)就可添加所需的位移连接(见图7-31)。在"Spatial Adjustment"工具条下拉选择"Links">>"Open Links File",在调出的'Open'对话框选择已有的校正控制点文件。

(6)返回到文档窗口,如图7-32所示,与控制点对应的位移连接显示在地图窗口中。

(7)在"Spatial Adjustment"工具条上点击图标,查看连接表(见图7-33)。图中表的左下方列出了RMS Error(残差),值越小越好,不同的比例尺下,允许的残差会有所差异。

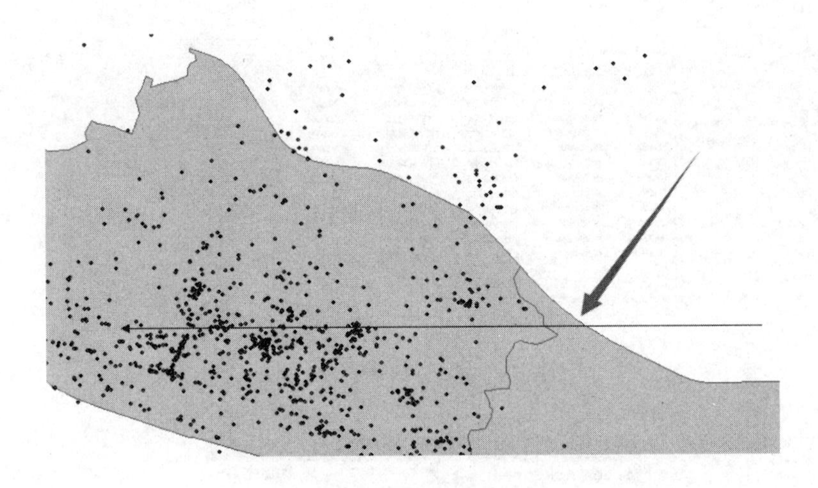

图 7-30　位移连接示意图

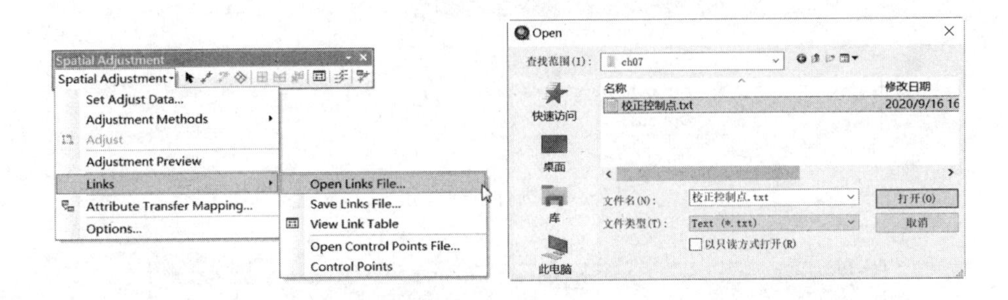

图 7-31　加载控制点

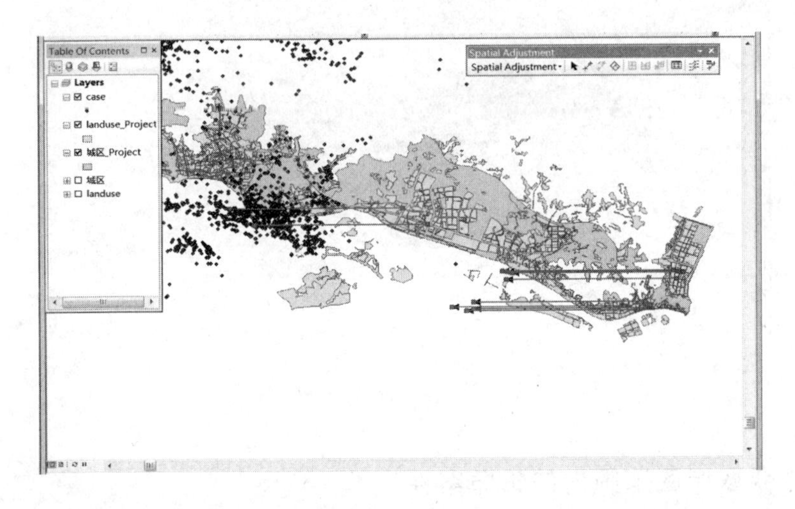

图 7-32　控制点被加载

1∶1000比例尺的图纸，残差最好能小于0.2。当残差较大时，可删除 Link Table 里 Residual Error 较大的若干连接(link)，以减小残差并进而提高空间校正的精度。

(8)点击“Adjust”命令执行数据空间校正(见图 7-34)，空间校正的完成结果如图 7-35 所示。

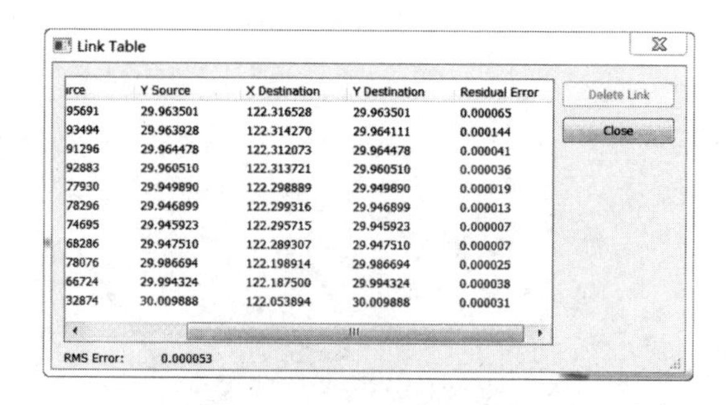

图 7-33　查看连接表并执行

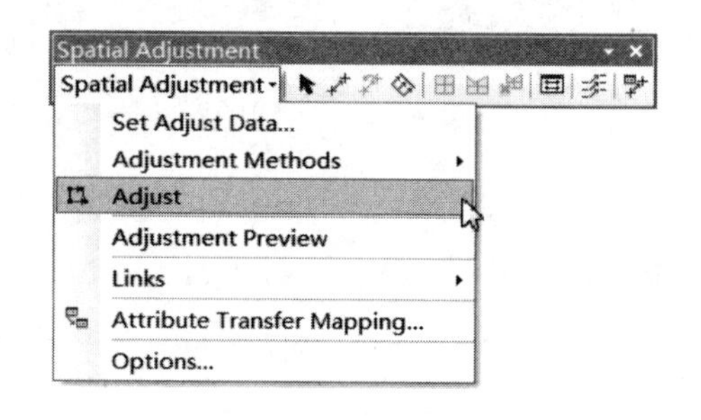

图 7-34　执行空间校正

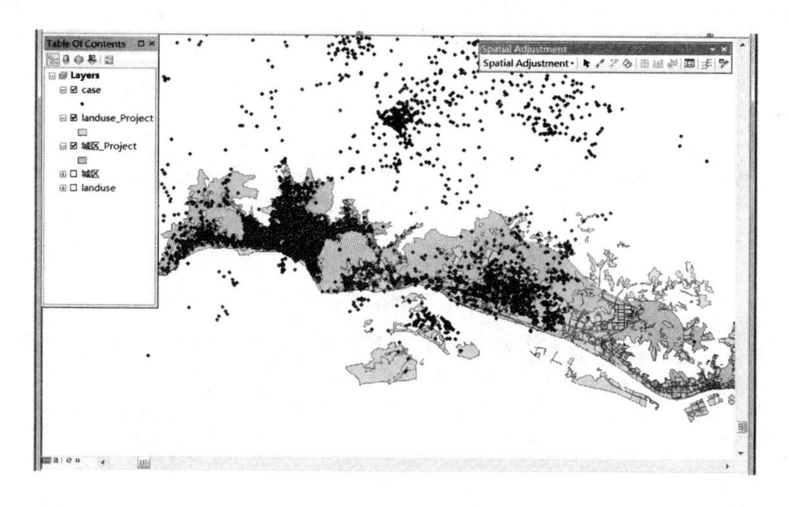

图 7-35　数据校正完成

7.2.6　获取城区范围内的犯罪案件

如图 7-35 所示，“case”图层表示市域范围内的犯罪案件，需要提取城区内的犯罪案件点。

(1)在 ArcToolbox 中，选用 Analysis Tools→Overly→Intersect 工具，调出‘Intersect’对话框，进行如图 7-36 所示的设置。

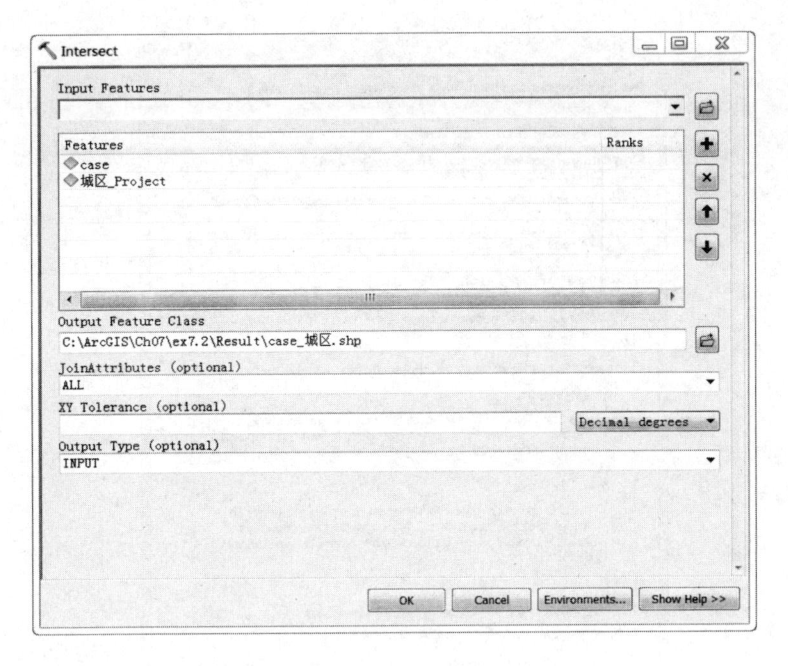

图 7-36　‘Intersect’对话框

(2)点击“OK”按钮，在 TOC 窗口中加载图层“case_城区”，如图 7-37 所示。

图 7-37　城区范围内的犯罪案件

7.2.7　城区建设用地上的犯罪案件

(1)鼠标右键点击图层“case_城区”，选择“Join And Relates”＞＞“Join”命令，调出图 7-38所示的‘Join Data’对话框，进行如此设置。

(2)打开“Join_Output”的属性表，字段“Layer”一栏包括“RIVER”，打开‘按属性选择’对话框，在文本框内输入“Layer_1”=‘RIVER’以选择所有发生在河流或水面上的犯罪案件。点击 Editor 工具菜单的 Start Editing 选项以启动编辑，点击 Delete 键以删除这些被选中的记录，如图 7-39 所示。

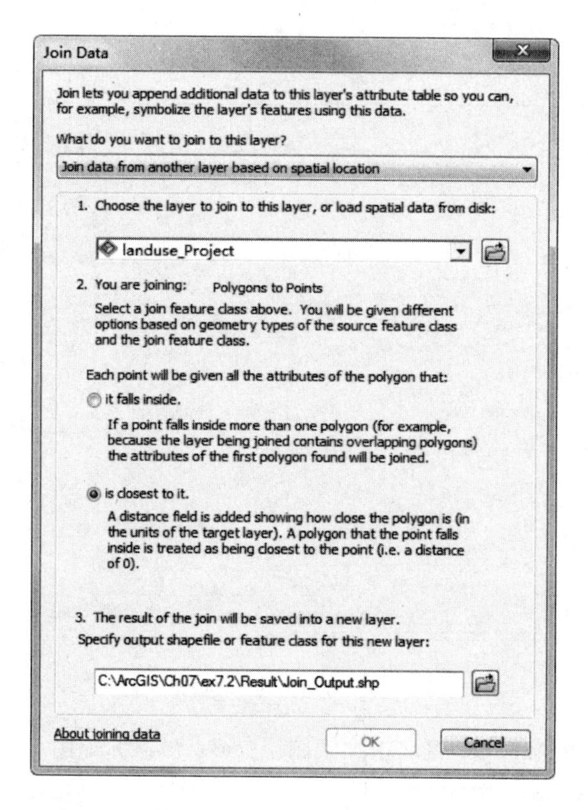

图 7-38 'Join Data'对话框

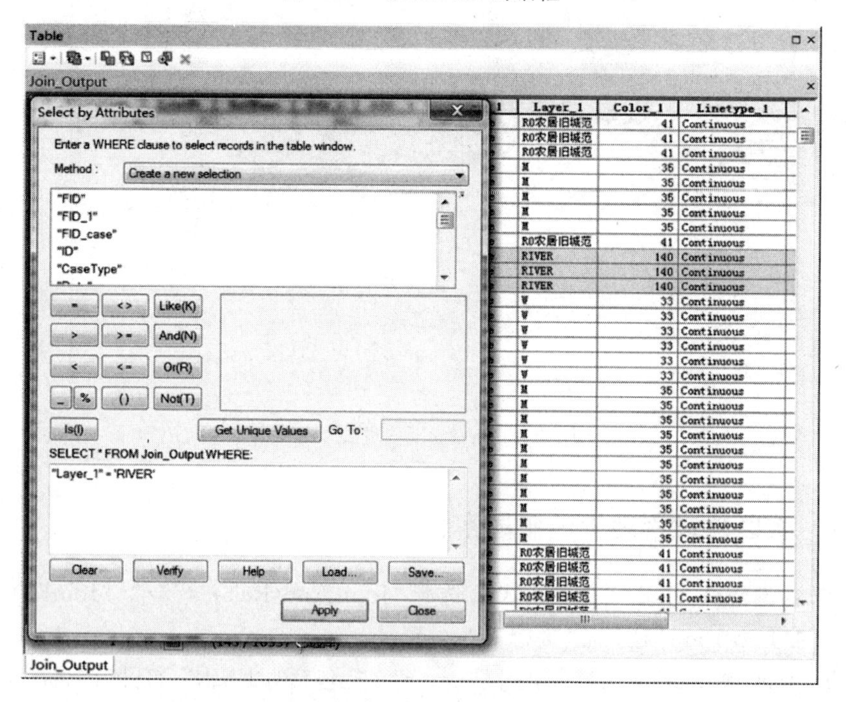

图 7-39 选择并删除分布在河流用地上的点数据

7.2.8　区 1 的犯罪案件数量统计

按用地大类统计发生在每一类用地上的不同类型犯罪案件的数量，具体操作过程如下：

（1）打开图层，如图 7-40 所示“Join_Output”的属性表，选择区号（字段 FID_城区）为 0 的数据项（区 1 对应的区号为 0），在图层上右键选择“Data”＞＞“Export Data”命令，并命名输出数据为“case_区 1”，并将该数据加载到 TOC 窗口中。

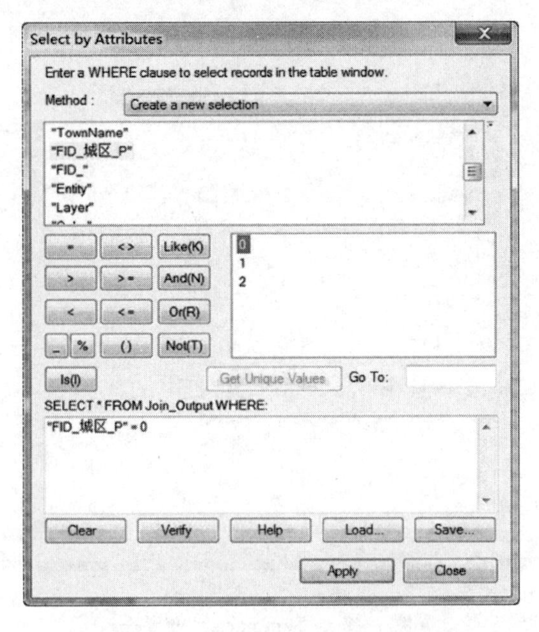

图 7-40　‘Select by Attributes’对话框

（2）打开图层“case_区 1”的属性表，添加一个字段“landuse”。

（3）打开字段计算器（见图 7-41），在文本框内输入 Landuse=Left([Layer], 1)，表示截取 Layer 字段的首字母，并将该首字母赋值给 Landuse 字段，表征了用地大类。

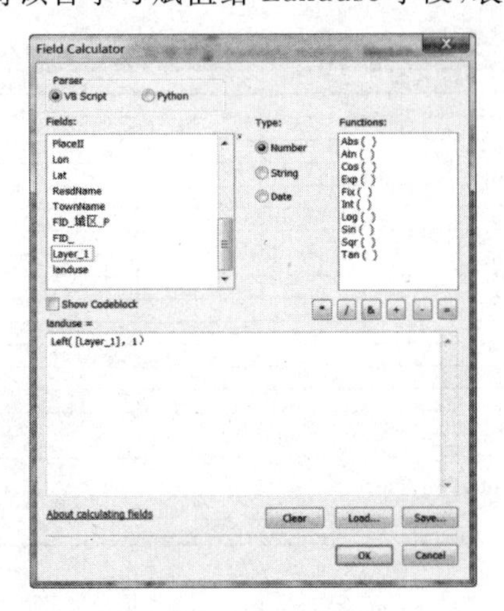

图 7-41　字段计算器

(4)右键表示社区编号的字段“Case Type”,选择“Summarize”命令,在调出的‘Summarize’对话框进行如图7-42所示的设置,即按用地大类统计出发生在每一类用地上的不同类型犯罪案件的数量。

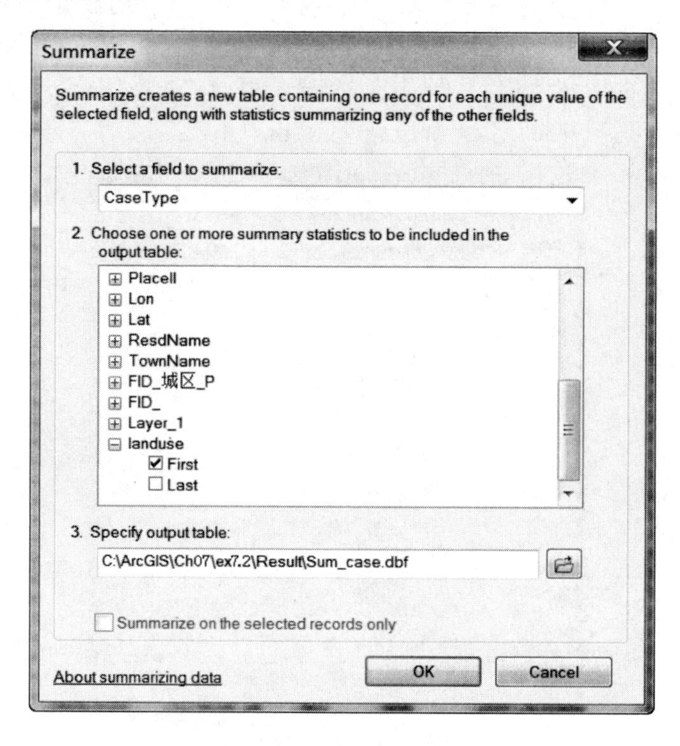

图7-42 ‘Summarize’设置框

(5)打开表“Sum_case”,如图7-43显示了区1每一大类用地上发生的不同类型的案件数量,用Excel分类汇总得到图7-44所示的汇总表。

Table

Sum_犯罪案件dbf

OID	CaseType	Count_CaseType	First_Landuse
76	引诱、容留、介绍卖淫	2	C
78	诈骗案	539	C
82	阻碍执行职务	22	C
84	组织卖淫案	1	C
66	窝藏、转移、代销赃物	4	D
4	传播淫秽物品案	1	G
36	破坏生产经营案	1	G
51	收购生产性废旧金属未如实登记	4	G
19	诽谤案	1	M
24	拐卖妇女、儿童案	9	M
42	侵犯隐私	3	M
67	侮辱案	4	M
1	绑架案	1	R
5	传播淫秽信息	2	R
12	放火案	1	R
13	非法持有毒品案	6	R

0 (0 out of 85 Selected)

Sum_犯罪案件dbf

图7-43 Sum_case表

	1	威胁人身安全
	1	为赌博提供条件
	1	伪造、变造公文、证件、印章案
	1	伪证案
	1	猥亵
	1	未按规定建立从业人员名簿、营业日志
	1	侮辱案
	1	吸毒案
	1	向他人提供毒品
	1	信用卡诈骗案
	1	寻衅滋事案
	1	掩饰、隐瞒犯罪所得、犯罪所得收益案
	1	引诱、容留、介绍卖淫
	1	诈骗案
	1	阻碍执行职务
C(52)	1	组织卖淫案
M(4)	1	非法拘禁案
	1	诽谤案
	1	拐卖妇女、儿童案
	1	侵犯隐私
U(1)	1	强迫交易案
G(5)	1	传播淫秽物品案
	1	盗窃、损毁公共设施
	1	破坏生产经营案
	1	收购生产性废旧金属未如实登记
	1	窝藏、转移、代销赃物
T(1)	1	阻碍安全机关、公安机关执行职务案

图 7-44　区 1 建设用地上犯罪案件统计

7.3　本章小结

空间数据的纠偏或校正是空间数据处理人员经常会面临的一项工作，它对于提高空间数据的精度具有重要的意义。本章主要介绍了面向栅格数据的地理配准，以及面向矢量数据的空间校正。通过本章的学习，读者可了解地理配准和空间校正的相关概念，掌握校正和配准的流程，掌握如何添加控制点，如何选用合适的配准或校正方法，如何提高配准或校止精度等知识点。

第 8 章　矢量数据的空间分析

广义而言，空间分析包括空间查询、邻近分析、叠置分析、网络分析、地统计等，不同的空间分析工具所使用的基础数据会有明显的差异，有些工具是面向矢量数据的，有些则是面向栅格数据的，读者在使用前应注意个中差异。本章将介绍矢量数据的空间分析及相关工具，栅格数据的空间分析将安排在下一章。鉴于空间查询在前面已有涉及，网络分析将在后面专章介绍，本章仅涉及在城乡规划领域应用较多的邻近分析和叠置分析两部分内容。

8.1　邻近分析

邻近分析可确定一个或多个要素类中或两个要素类间的要素邻近性，包括识别彼此间最接近的要素，计算各要素之间的距离等。邻近分析工具包括两类：基于要素的工具或基于栅格的工具。本节将主要介绍基于要素的工具，在 ArcGIS 中，其相关工具位于 Proximity 工具集中（见图 8-1），包括 Buffer、Create Thiessen Polygons 等 7 个工具。

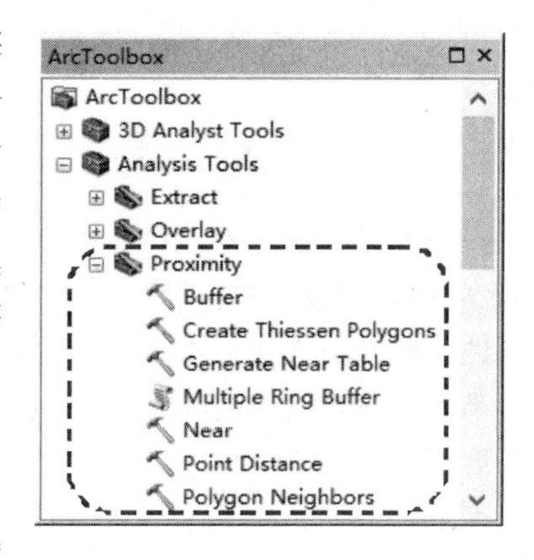

图 8-1　Proximity 工具集

8.1.1　Buffer（缓冲区）

Buffer 工具可在输入要素周围某一指定距离内创建缓冲区多边形。

在 ArcToolbox 中，选择 Analysis Tools→Proximity→Buffer 工具以打开'Buffer'对话框（见图 8-2），其中在 Input Features 项选择要创建缓冲区的要素，在 Output Feature Class 项设置输出路径。

在 Distance[value or field]项指定创建缓冲区的距离，若选中 Linear unit，则表示其用线性距离的某个值来指定，同时可指定单位；若选中 Field，则表示用输入要素的某个字段（包含用来对每个要素进行缓冲的距离）来指定。该字段的值可以是数字，也可以是数字加上有效的线性单位。如果字段值是一个数字，则默认使用"输入要素"空间参考的线性单位（如果该"输入要素"使用平面直角坐标，该值以 meters 为单位）。

在 Side Type(optional)项可选择在输入要素的哪一侧进行缓冲。默认为 *FULL*，表示线要素将在其两侧生成缓冲区，对于面要素将在面周围生成缓冲区，且其包含并叠加输入要素的区域，对于点要素将在点周围生成缓冲区。*LEFT* 表示对于线要素，将在线的拓扑左

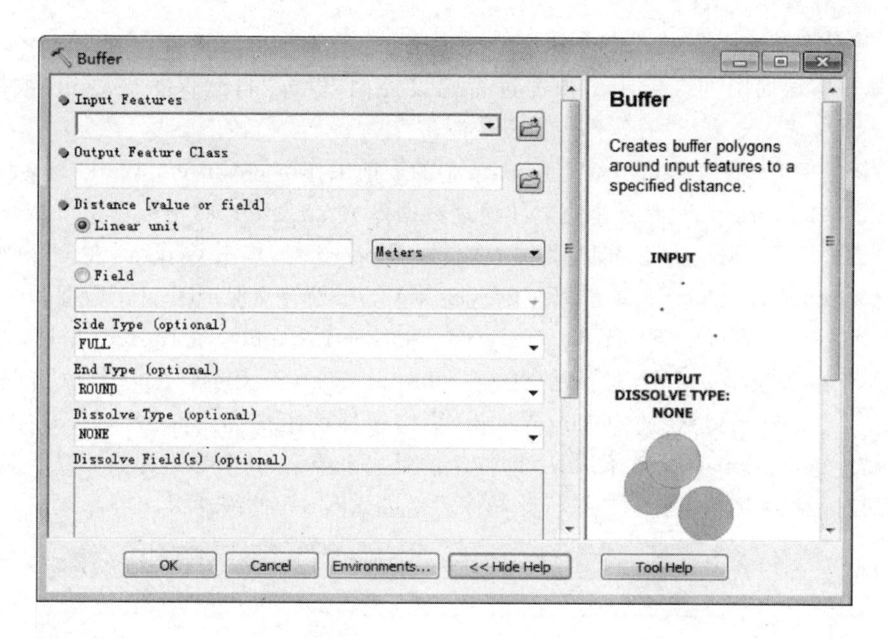

图 8-2　'Buffer'对话框

侧生成缓冲区，此选项对于面要素无效。*RIGHT* 表示的含义与 *LEFT* 类似。*OUTSIDE_ONLY* 表示对于面要素，仅在输入面的外部生成缓冲区（面内部的区域将在输出缓冲区中被擦除），此选项对于线要素无效。

End Type(optional)项可设置线输入要素末端的缓冲区形状，此参数对于面输入要素无效。默认设置为 *ROUND*，表示缓冲区的末端为圆形，即半圆形。*FLAT* 表示缓冲区的末端很平整或为方形，且在输入线要素的端点处终止。

在 Dissolve Type(optional)处指定执行哪种融合操作以移除缓冲区重叠。默认设置为 *NONE*，表示不考虑重叠，均保持每个要素的独立缓冲区；*ALL* 表示将所有缓冲区融合为单个要素，移除所有重叠（见图 8-3）；*LIST* 表示融合共享所列字段（传递自输入要素）属性值的所有缓冲区，可在 Dissolve Field(s)(optional)中进行选择。

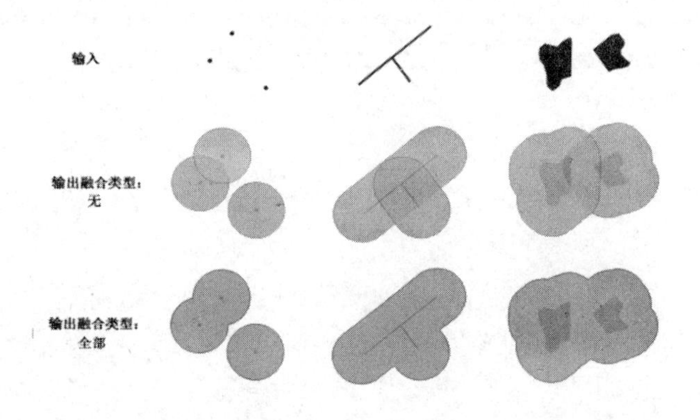

图 8-3　缓冲区示意图

本节将简单介绍 Buffer 工具的应用实例，包括确定自然保护区建设控制带、确定拆迁范围、根据绿地等级创建缓冲区、划定一级水源保护地等。

1. 确定自然保护区建设控制带

自然保护区周围的一定距离内需进行建设控制，根据“自然保护区.shp”数据，利用 Buffer 工具生成 300 米缓冲区，作为建设控制带。

(1)新建一个地图文档，设置 Workspace 中的当前工作空间 Current Workspace 和临时工作空间 Scratch Workspace 为新建的文件地理数据库 *result.gdb*。右击数据框“Layers”，点击“Properties”，打开数据框属性对话框‘Data Frame Properties’，点击 General，在 Units 框内，设置地图 Map 和显示 Display 的单位都为 *Meters*(米)。加载“自然保护区.shp”数据。

(2)在 ArcToolbox 下，选择 Analysis Tools→Proximity→Buffer 工具，在 Input Features 下拉列表中选择自然保护区，在 Output Feature Class 处指定输出路径。在 Distance[value or field]处选中 Linear unit，指定缓冲区距离为 300 *Meters*。在融合类型 Dissolve Type(optional)中选择 *ALL*，即输出的是一个要素，其余参数保持默认设置。完成设置后的对话框如图 8-4 所示。执行此操作后生成如图 8-5 的缓冲区。

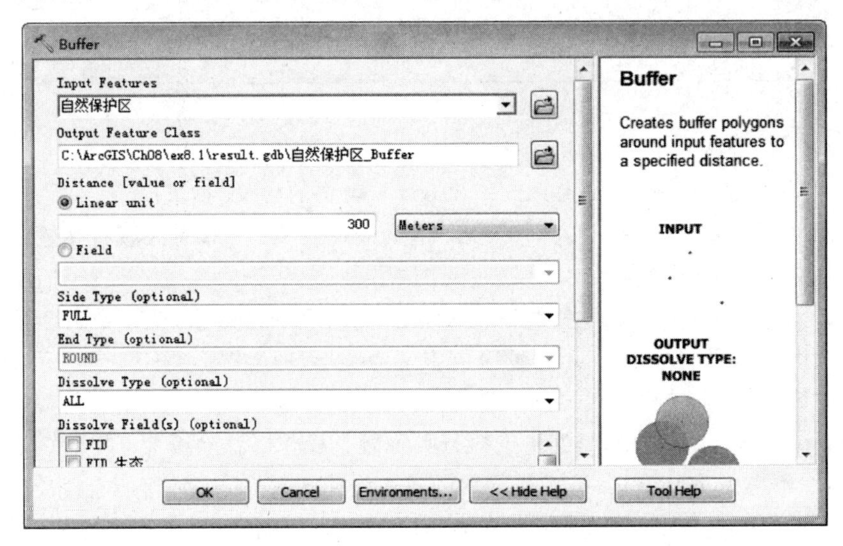

图 8-4 ‘Buffer’对话框

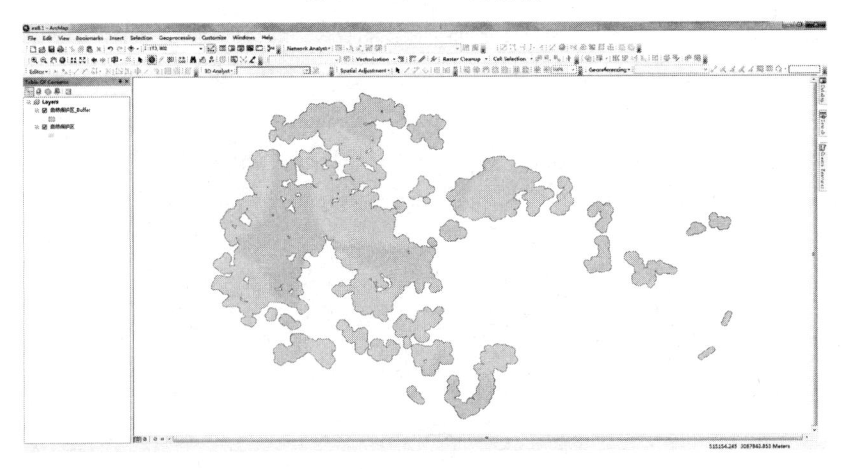

图 8-5 生成“自然保护区_Buffer”

2．确定拆迁范围

道路周围一定距离内禁止建设，因此需对周围的居民建筑进行拆迁。利用 Buffer 工具可确定拆迁范围。

(1)新建一个数据框，并设置单位为米，加载“roads. shp”、“blds. shp”、“bndrys. shp”数据。

(2)选中如图 8-6 所示的道路，利用 Analysis Tools→Proximity→Buffer 工具生成拓宽的道路，在 Distance[value or field]处选中 Linear unit，指定缓冲区距离为 18 *Meters*(道路原宽度为 20m，将拓宽 16m)，在 End Type(optional)处选择 *FLAT*(见图 8-7)。

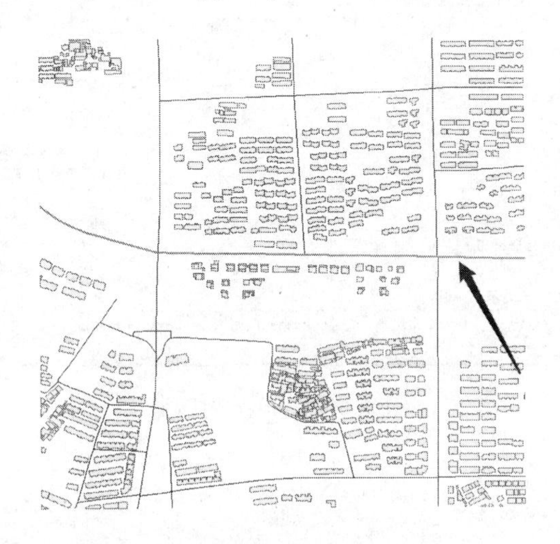

图 8-6　选中要拓宽的道路

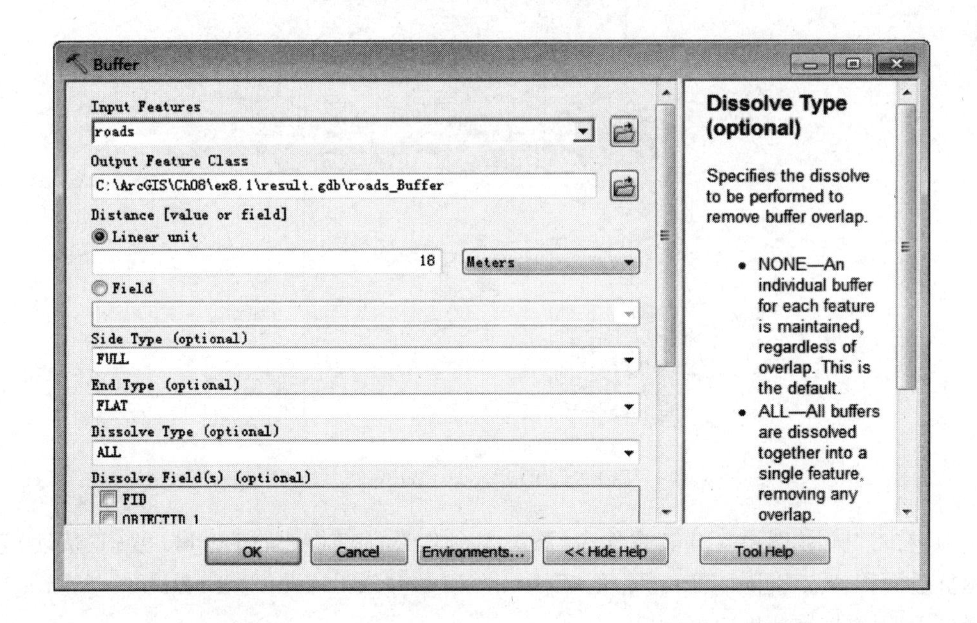

图 8-7　‘Buffer’对话框

(3)对拓宽后的道路“roads_Buffer”再次进行缓冲区分析，同样利用 Analysis Tools→

Proximity→Buffer 工具，在 Distance[value or field]处选中 Linear unit，指定缓冲区距离为 30 *Meters*（道路两边控制 30m），表示控制范围为 30m，其余保持默认设置（见图 8-8），生成图 8-9 所示缓冲区。

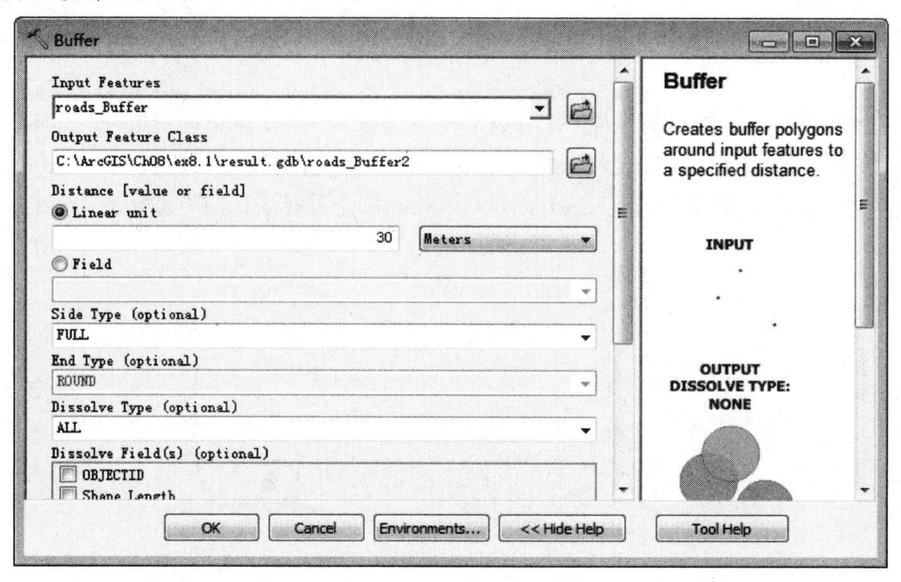

图 8-8　‘Buffer’对话框

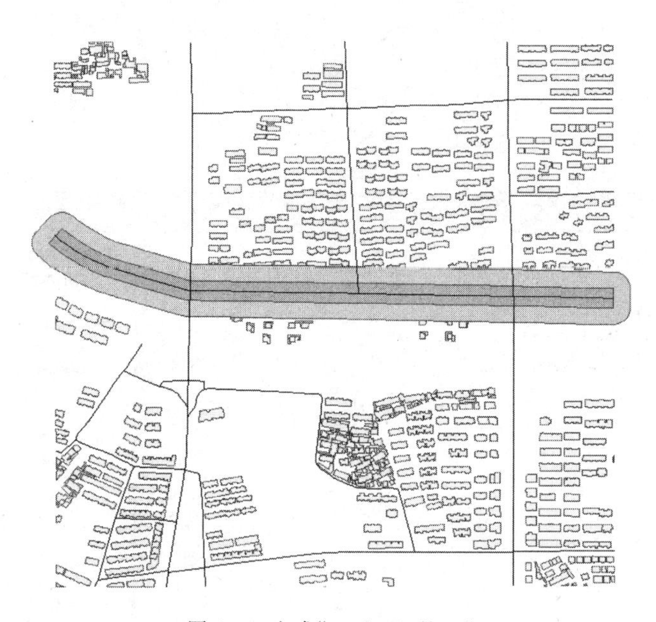

图 8-9　生成“roads_Buffer2”

（4）右击“blds”图层打开其属性表，添加一个名为“cqArea”的 Double 型（双精度）字段表示拆迁面积。点击上方菜单项中的“Selection”＞＞“Selection By Location”（见图 8-10），选择位于 30m 控制范围内的建筑。

在 Select by Location 对话框的 Selection method 中选择 *select features from*，Target layer(s)选择 *blds*，Source layer 选择 *roads_Buffer2*，Spatial selection method for target

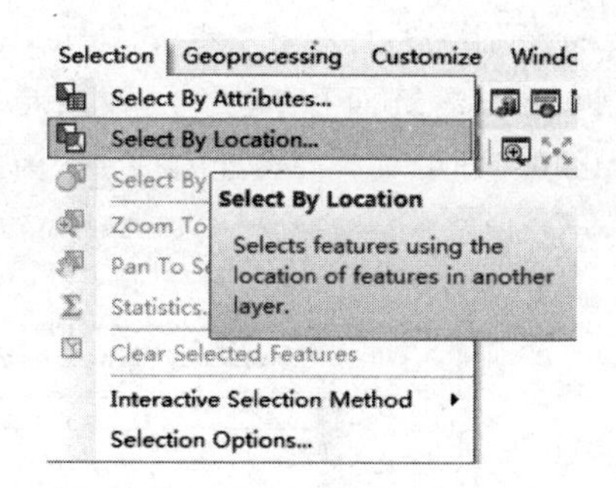

图 8-10　"Selection"菜单项

layer feature(s)选择 *intersect the source layer feature*(见图 8-11),即选择与源数据道路缓冲区有相交部分的建筑要素,结果如图 8-12 所示。

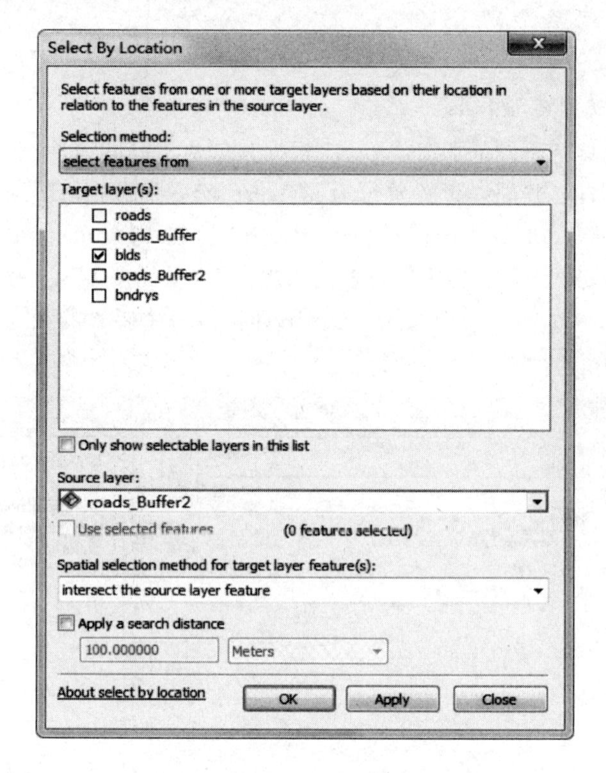

图 8-11　'Selection By Location'对话框

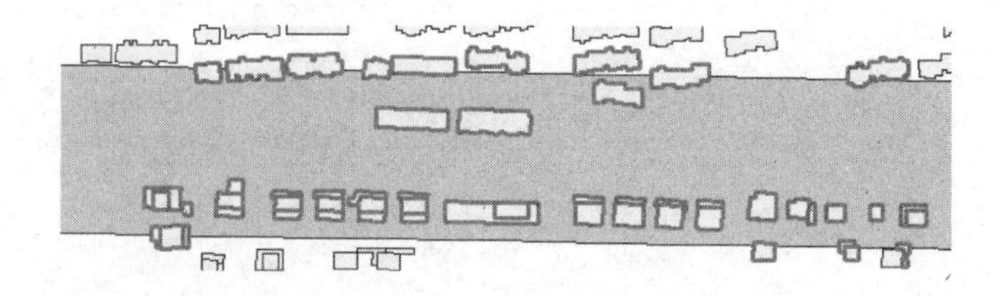

图 8-12　选中与 30m 控制范围相交的建筑

(5)选中要素后,在"cqArea"字段上右击,点击"Field Calculator",利用表达式[FlrNum] * [Area]计算待拆迁的建筑面积(建筑层数乘单层面积)。计算完毕后,在"cqArea"字段上右击,点击"Statistics"即可查看待拆迁的总面积为26048.27m²(见图8-13)。

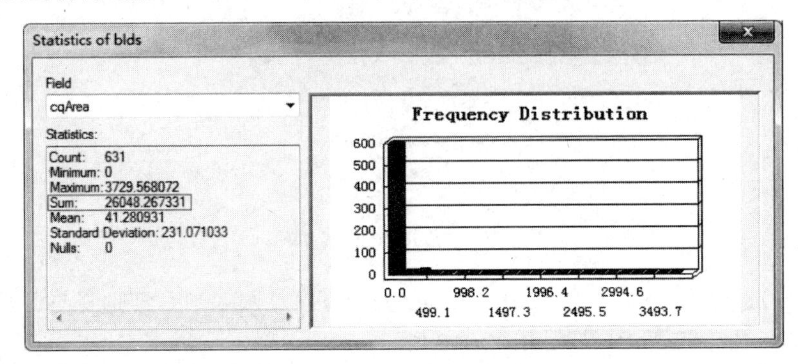

图8-13 查看拆迁总面积

3. 根据绿地等级创建缓冲区

不同等级的绿地具有不同的服务半径,应根据其创建不同的缓冲区。

(1)新建一个数据框,并同样设置单位为*Meters*(米)。加载"parks.shp"数据。

(2)选择Analysis Tools→Proximity→Buffer工具,在Distance[value or field]处选中Field,并指定根据"服务半径"字段的数值来创建缓冲区(见图8-14)。为展现不同距离的缓冲区,在Dissolve Type(optional)中选择*NONE*,即保持每个要素的独立缓冲区。所生成的缓冲区如图8-15所示。

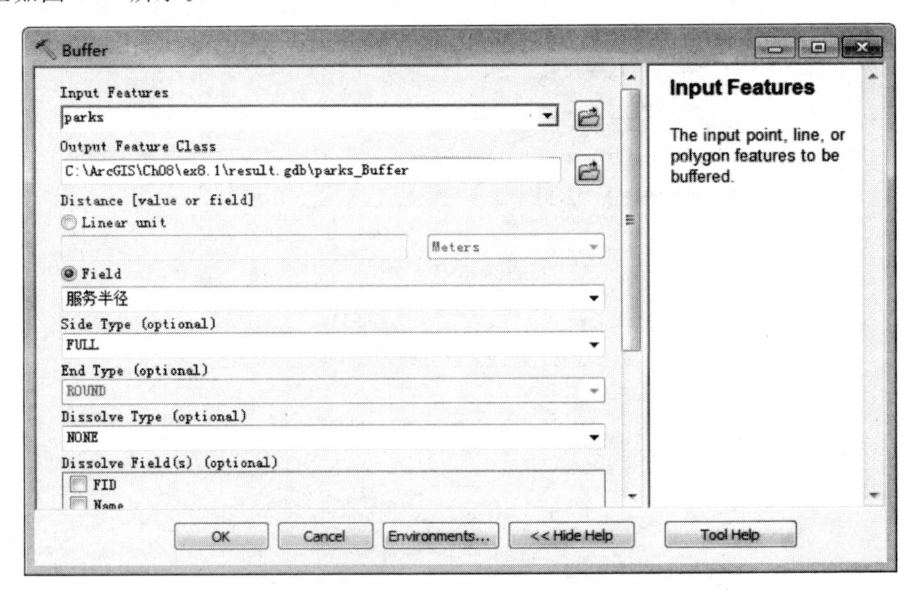

图8-14 'Buffer'对话框

4. 划定一级水源保护地

水库周围一定距离内将作为一级水源保护地,根据"水库水面.shp"创建200m缓冲区,局部结果如图8-16所示(其中深色的为水库水面,浅色的为生成的缓冲区结果)。

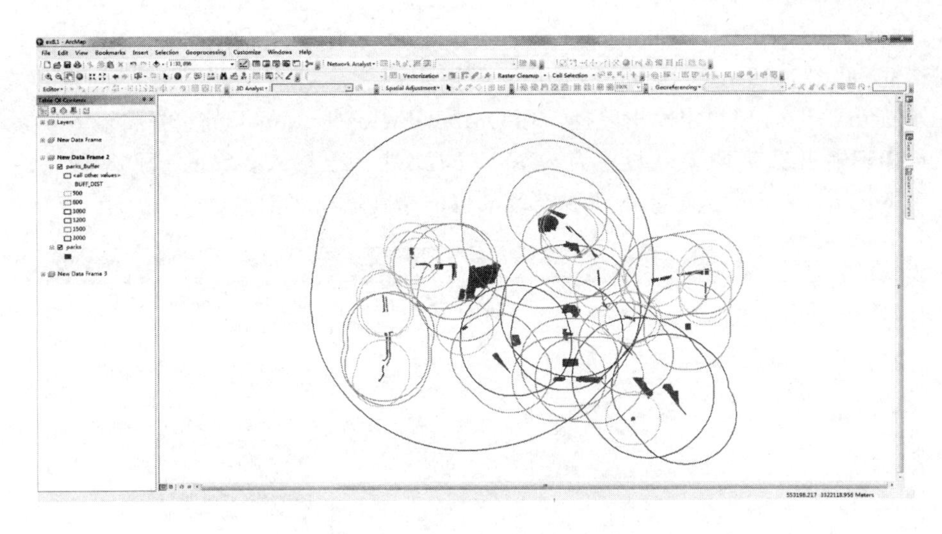

图 8-15　生成“parks_Buffer”

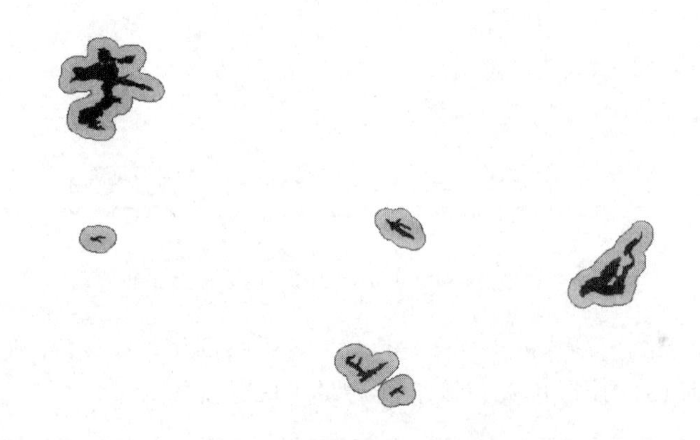

图 8-16　生成“水库水面_Buffer”

8.1.2　Create Thiessen Polygons(创建泰森多边形)

可利用 Create Thiessen Polygons 工具根据点要素创建泰森多边形,每个泰森多边形只包含一个点输入要素(见图 8-17)。泰森多边形中的任何位置距其关联点的距离都比到任何其他点输入要素的距离近。

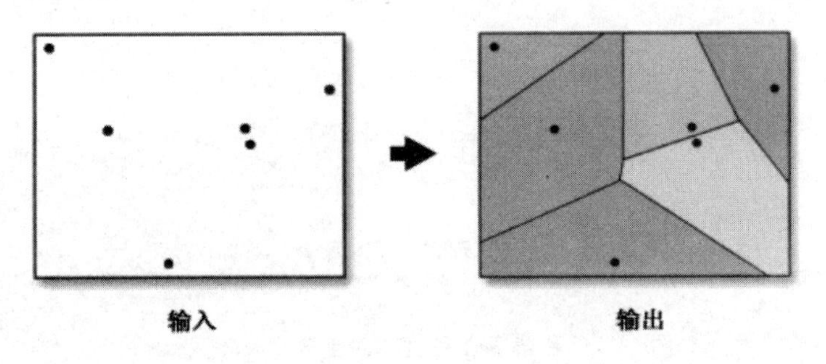

图 8-17　创建泰森多边形示意图

在 ArcToolbox 中选择 Analysis Tools→Proximity→Create Thiessen Polygons 工具打开其对话框(见图 8-18),在 Input Features 项指定创建泰森多边形所依赖的点要素,在 Output Feature Class 项指定输出路径。在 Output Fields(optional)处选择将输入要素的哪些字段传递到输出要素类,默认设置为 *ONLY_FID*,表示仅输入要素的 FID 字段将传递到输出要素类;*ALL* 表示输入要素的所有字段都将传递到输出要素类。

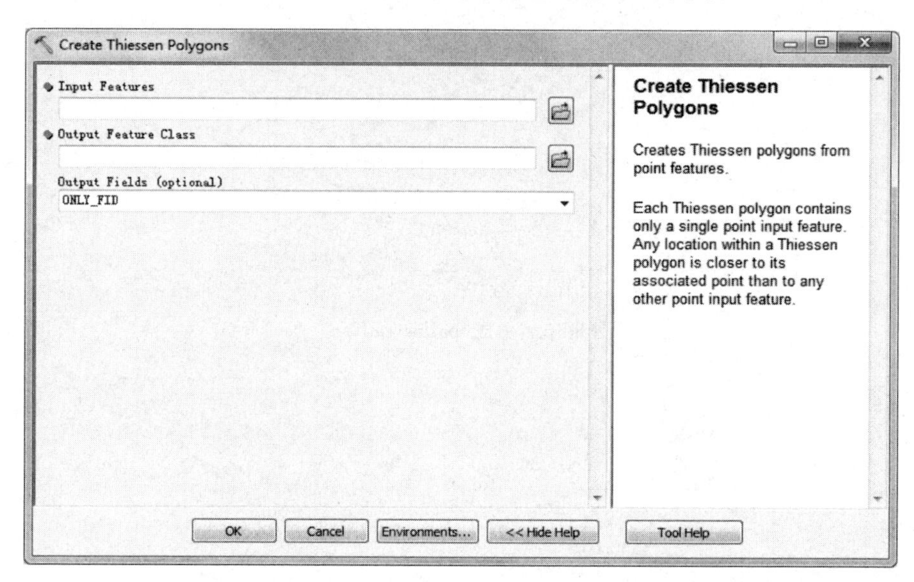

图 8-18 'Create Thiessen Polygons'对话框

接下来将简单介绍利用 Create Thiessen Polygons 工具创建每个学校的服务区(见图 8-19),即创建的泰森多边形内的任意位置与该学校的距离最近。

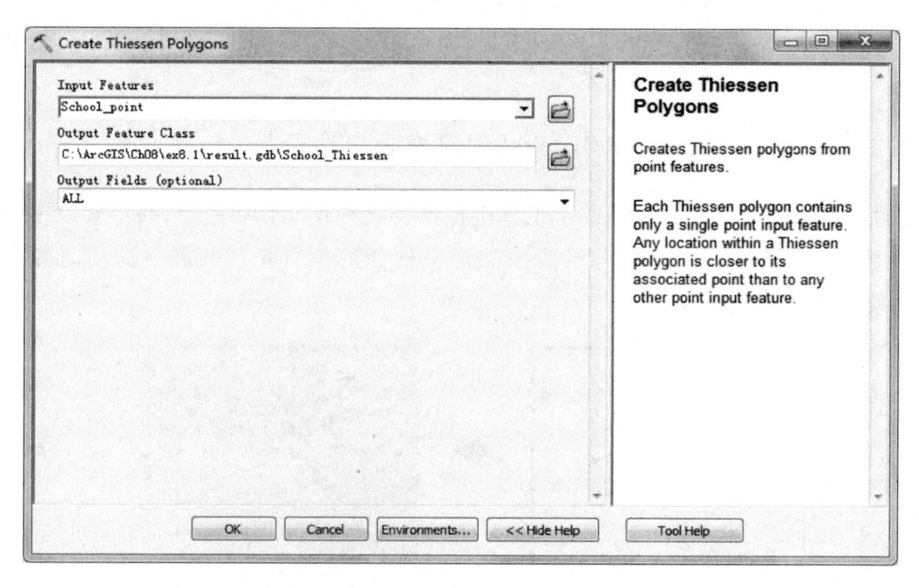

图 8-19 利用泰森多边形创建学校服务区

新建一个数据框，加载“School_point. shp”数据，利用 Analysis Tools→Proximity→Create Thiessen Polygons 工具创建学校点的泰森多边形（见图 8-20）。在 Output Fields (optional)处选择 *ALL*，使“School_Thiessen”图层按照“学校名”字段属性显示，即可查看每个学校对应的服务区范围。

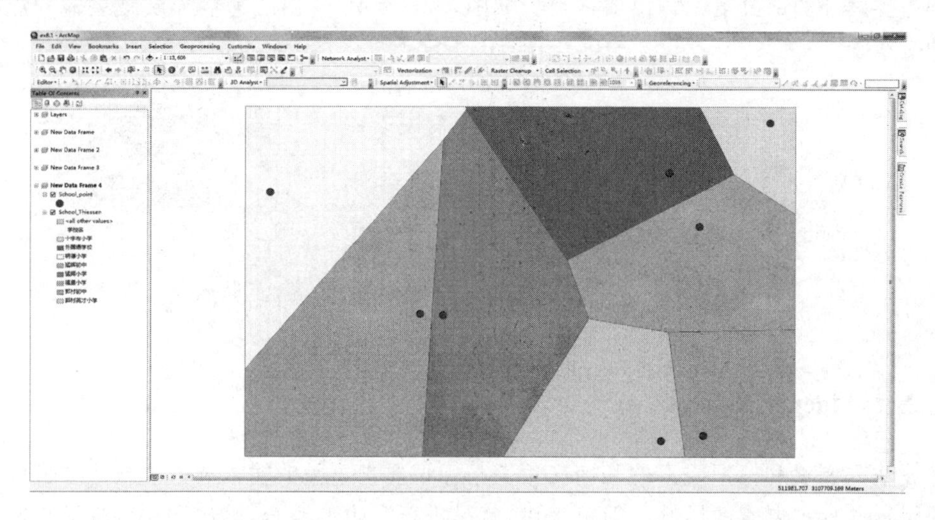

图 8-20　生成的泰森多边形

8.2　叠置分析

在 ArcGIS 中，数据的空间分析是很重要的一部分。本节介绍的叠置分析，是城乡规划领域应用最广的矢量数据空间分析方法之一。

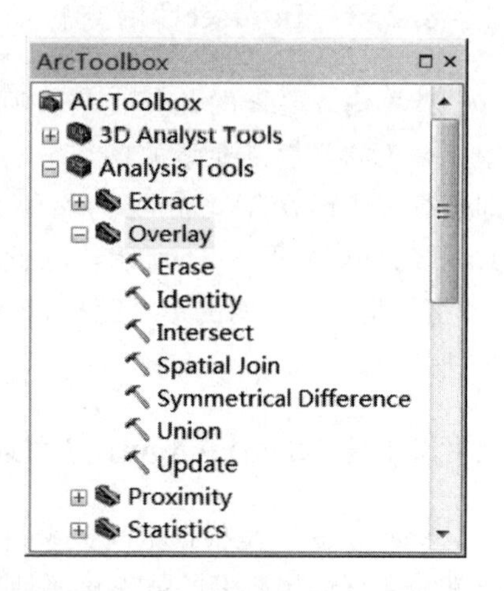

图 8-21　叠置分析工具条

叠置分析是将各个数据层面进行叠加并产生一个新的数据层，新的数据层综合了原来各个数据层要素具有的属性。叠置分析在生成新的空间关系的同时，还将输入数据层的属性连接起来产生了新的属性关系。另外，叠置分析要求数据层必须是基于相同坐标系统的相同区域，在叠置分析时需要确定叠加层面之间的基准面是否相同。

在 ArcToolbox 中，Analysis Tools 工具箱下的 Overlay 工具集包含 7 个工具：Erase（擦除）、Identity（标识）、Intersect（相交）、Spatial Join（空间连接）、Symmetrical Difference（交集取反）、Union（联合）、Update（更新）。如图 8-21 所示。

8.2.1 Erase(擦除)

通过将输入要素与擦除要素的多边形相叠加来创建要素类。只将输入要素处于擦除要素外部边界之外的部分复制输出要素类。如图8-22所示，输出层为输入层减去输入层与擦除层的交集。

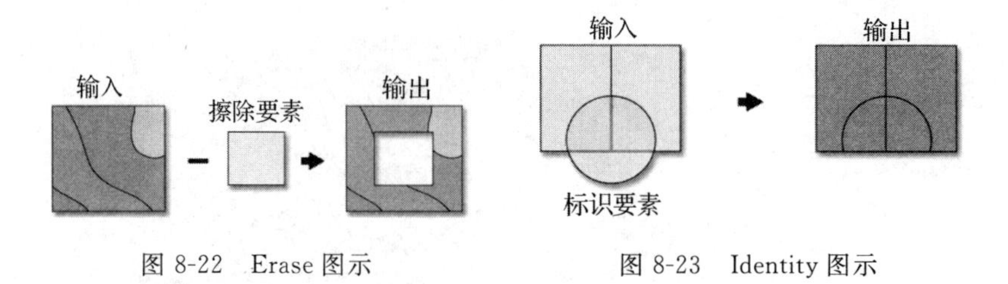

图8-22 Erase图示

图8-23 Identity图示

8.2.2 Identity(标识)

计算输入要素和标识要素的几何交集。与标识要素重叠的输入要素或输入要素的一部分将获得这些标识要素的属性。简单来讲，就是进行多边形叠合，输出图层为保留以其中一输入图层为控制边界之内的所有多边形。如图8-23所示，输入要素为浅蓝色矩形，标识要素为黄色的圆形，进行标识叠加后的输出要素为绿色的矩形，可见，此操作是以淡蓝色矩形为控制边界，删除了边界以外的要素，保留其边界以内的要素，同时对边界以内的要素进行了联合操作。

8.2.3 Intersect(相交)

计算输入要素的几何交集。所有图层和/或要素类中相叠置的要素或要素的各部分将被写入输出要素类，即进行多边形叠合，输出层为保留原来两个输入图层的共同多边形，如图8-24所示。在此处要注意到X,Y容差，指的是坐标之间的最小距离，小于该距离的坐标将合并到一起。

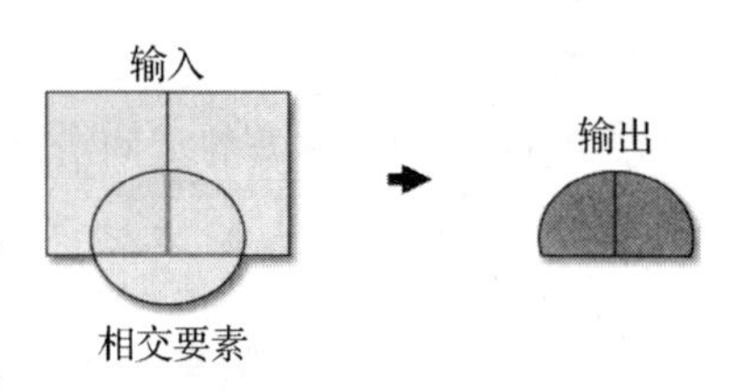

图8-24 Intersect图示

8.2.4 Spatial Join(空间连接)

Spatial Join是根据空间关系将一个要素类的属性连接到另一个要素类的属性。目标要素和来自连接要素的被连接属性写入输出要素类。

8.2.5 Symmetrical Difference(交集取反)

输入要素和更新要素中不叠置的要素或要素的各部分将被写入输出要素类，得到两个要素类中的不相交的部分，同时得到的输出要素类将同时拥有两个要素类的所有属性。如图8-25所示。

8.2.6 Union(联合)

该工具将计算输入要素的几何并集。将所有要素及其属性都写入输出要素类。把两个要素类的区域联合起来,输出的要素类中不仅包含了两个要素类的所有要素,而且拥有了两个要素类的所有属性。如图 8-26 所示。

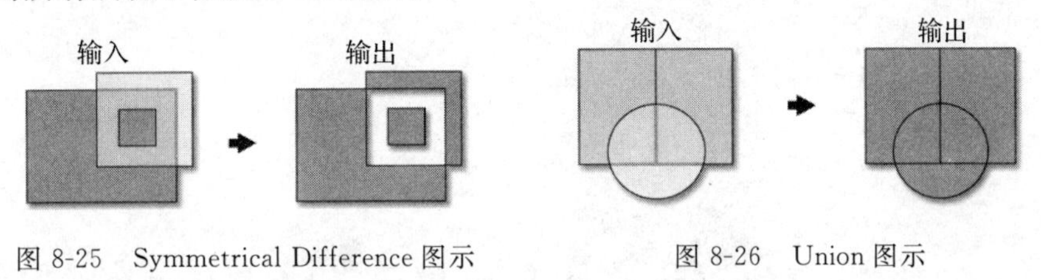

图 8-25　Symmetrical Difference 图示　　　　图 8-26　Union 图示

8.2.7 Update(更新)

该工具将计算输入要素和更新要素的几何交集。输入要素的属性和几何根据输出要素类中的更新要素来进行更新。

注:由于原数据层本身存在的误差或者数字化操作中出现的误差,使得在不同图层上的同一线性或面状要素不能精确地重合,导致在叠置过程中会出现大量的狭小多边形。这时需要准确合理利用容差率尽量减少误差。

8.3 案例 S 市总规实施评估

城市总规实施评估在城市规划过程中起着非常重要的作用,通过实施评估可以全面有效检测和监督既定规划的实施过程和结果,并形成相关信息的反馈机制,从而为规划决策提供客观的依据、引导规划管理机制进入良性循环。本案例的评估方法是基丁规划实施前后的一致性的评价。通过对比规划现状和规划用地,评价总体规划实施情况。

8.3.1 案例描述

本案例要求评估 S 市开发区规划实施后建设用地的变化情况是否符合规划,具体要求如下:

(1)通过前后两期土地利用现状图(总规现状图 2005 年和评估现状图 2012),检测规划实施后新增和变更的建设用地情况;

(2)结合远期规划图(中心城区远期规划图 2020),进一步核查建设用地的变化情况是否符合规划。并按类别列出违规用地的面积。

通过该案例的学习,了解并掌握支撑规划实施评价的相关技术手段。

8.3.2 评估范围与基础数据

1. 评估范围

本案例中,要求评估 2012 年某市开发区总规实施情况,其评估范围为整个开发区。

2. 基础数据

在CAD上分别提取开发区范围内的“城市总规现状图(2005)”,“城市建设用地现状图(2012)”和“中心城区远期规划图(2020)”,简便起见,分别命名为:规划现状2005.dwg,评估现状2012.dwg和远期规划2020.dwg,作为接下来ArcGIS分析的基础数据,如图8-27至图8-29所示。

图8-27　规划现状2005图

图8-28　评估现状2012图

图8-29　远期规划2020图

8.3.3　2005 至 2012 年新增建设用地分析

1. 确定各时期建设用地的用地性质

(1)启动 ArcMap,新建一个地图文档,点击工具条上“Add Data”按钮,分别添加规划现状 2005,评估现状 2012 和远期规划 2020。因为分析的对象是用地图斑,所以在此处只添加各个 dwg 文件中的 Polygon 要素,如图 8-30 所示。

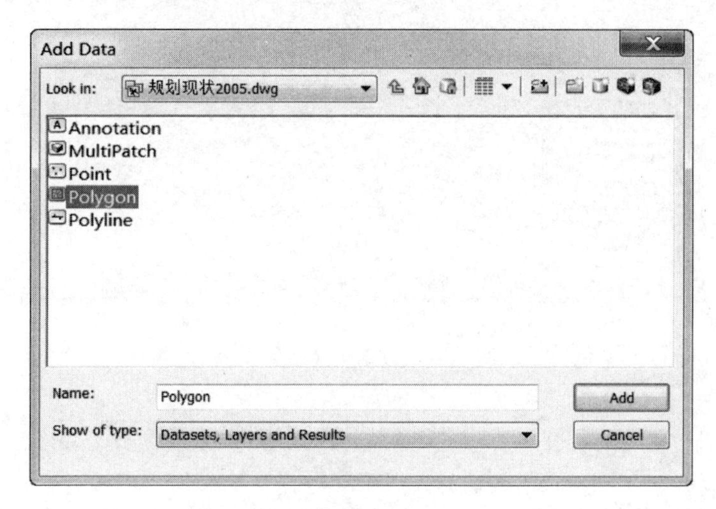

图 8-30　添加数据对话框

(2)鼠标右键双击“Layers”,打开‘Data Frame Properties’设置框,单击 General 选项卡,将 Units 选项组的 Map 和 Display 项都设置为 *Meters*,即整个地图的单位都以米来记,按“确定”完成数据框架设置。

(3)在 TOC 窗口中通过右键菜单将新添加的图层输出为 2005. shp(表示规划现状 2005)、2012. shp(表示评估现状 2012)和 2020. shp(表示远期规划 2020)。

(4)建设用地数据转换结果如图 8-31 所示。

(5)打开图层“2005”,“2012”,“2020”的属性表可发现用地性质都用字段“Layer”表示,为了在叠加分析时不产生混淆,可考虑给字段“Layer”重命名,但是 Table 表中的字段无法重命名,故通过新建一个字段,应用 Field Calculator(字段计算器),把“Layer”的属性值赋值给新字段(见图 8-32),最后删掉“Layer”字段。

2. 叠加分析规划现状与评估现状图

叠加分析后得到的用地图斑如果具有以下特征:2005 年的总规现状图上为非建设用地,在 2012 年的评估现状图上为建设用地,则该用地为新增建设用地(见图 8-33)。具体步骤如下:

(1)在 ArcToolbox 中选用 Analysis Tools→Overlay→Identity 工具,打开‘Identity’对话框,按图 8-34 所示进行设置:

① Impute Features 下拉列表中选择 2012 作为输入要素;

② Identity Features 下拉列表中选择 2005 作为标识要素;

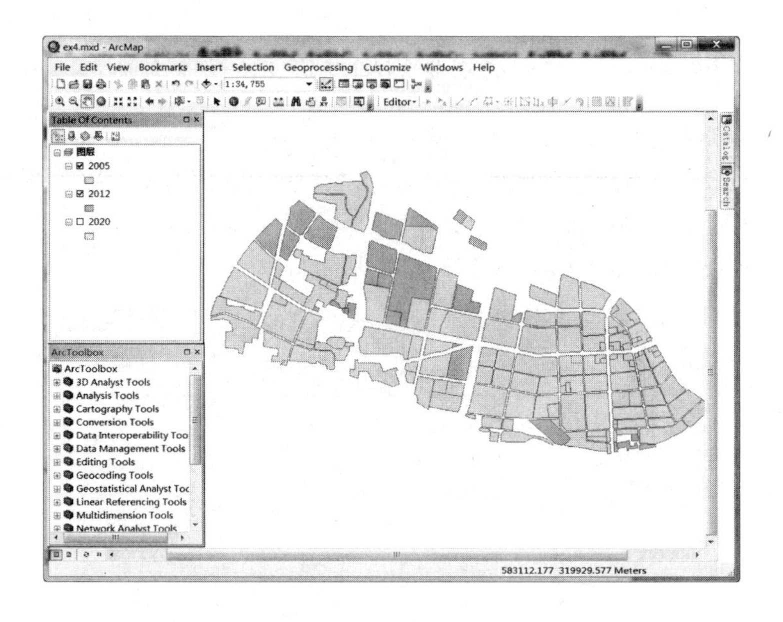

图 8-31　数据转换结果显示

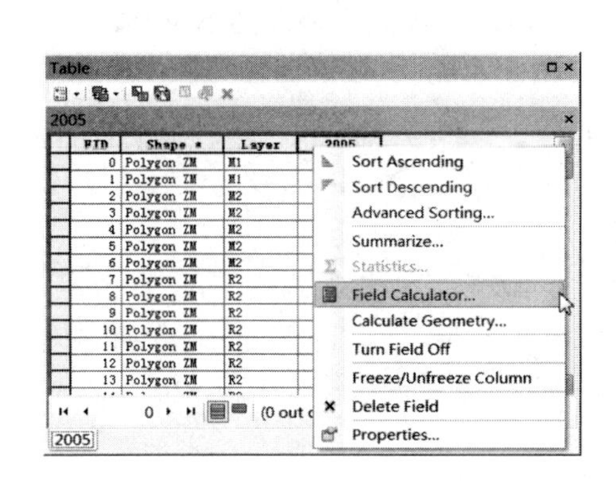

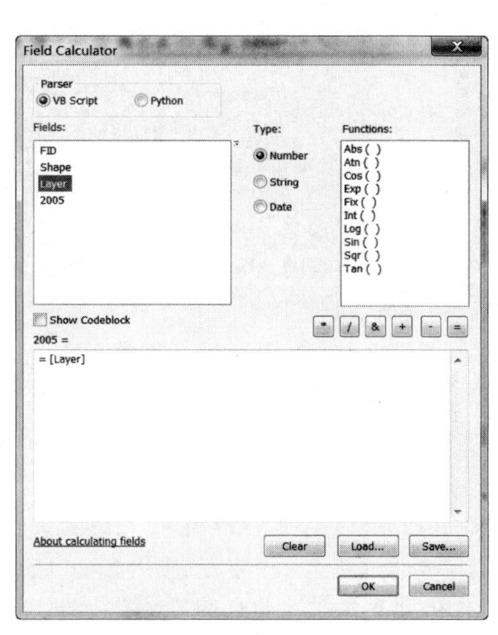

图 8-32　字段计算器

③ Join Attributes 下拉列表中选择默认为 *ALL*，表示输出要素属性表由 2012 属性和 2005 属性组合而成；

④ XY tolerance 项设置为 0.5 米，也即距离小于 0.5 米的两个点视为重合。

(2)打开图层“2012_Identity”属性表，在属性表内，字段“2005”为 2005 年总规现状图的建设用地性质。有一些数据项是空着的，表示这些数据项在 2005 年是非建设用地，但在 2012 年是建设用地，选中这些记录即选中了新增的建设用地(见图 8-35)。

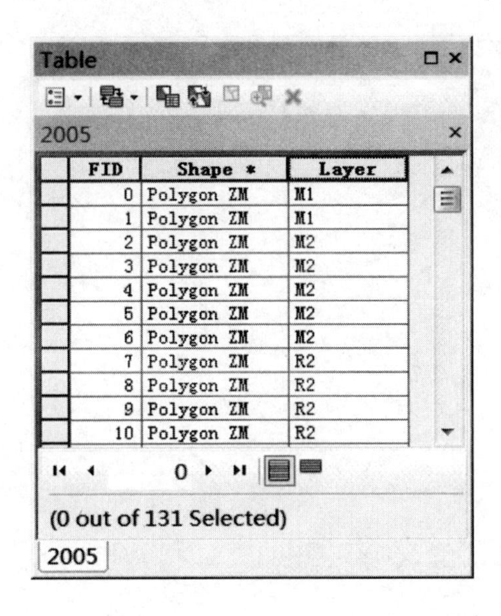

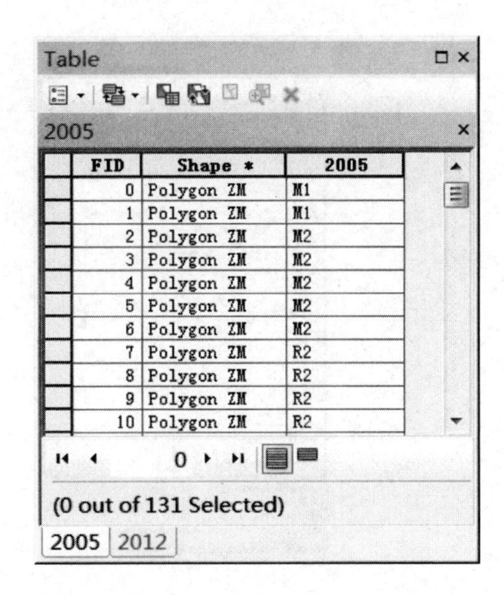

图 8-33 添加新字段 2005 表示用地性质

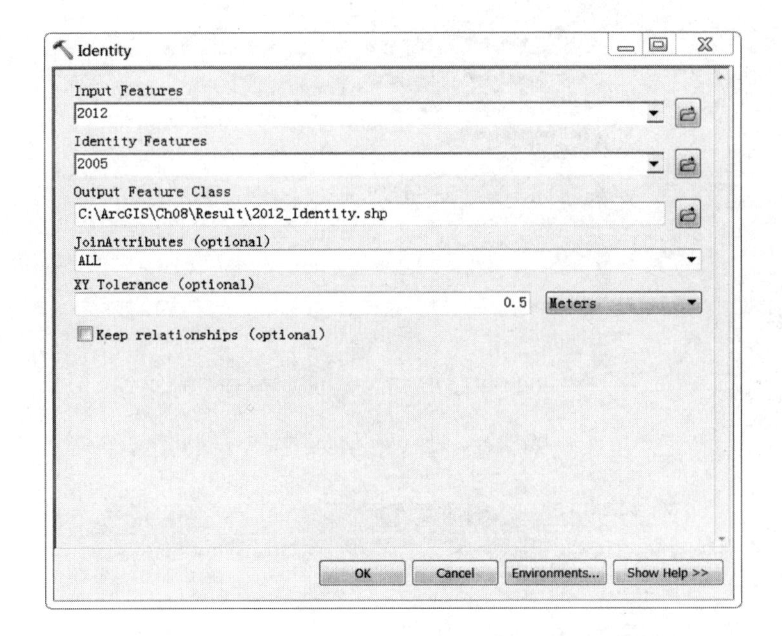

图 8-34 ‘Identity’对话框

3. 提取 2005 至 2010 年的新增建设用地

(1)在新增建设用地被选中的情况下，鼠标右键单击图层“2012_Identity”，选择“Data”>>“Export Data”命令，打开‘Export Data’对话框(见图 8-36)，输出数据命名为“XZ.shp”。

(2)双击“XZ”图层，按用地性质可视化建设用地(见图 8-37)，并将用地代码标注在建设用地上，结果如图 8-38 所示。

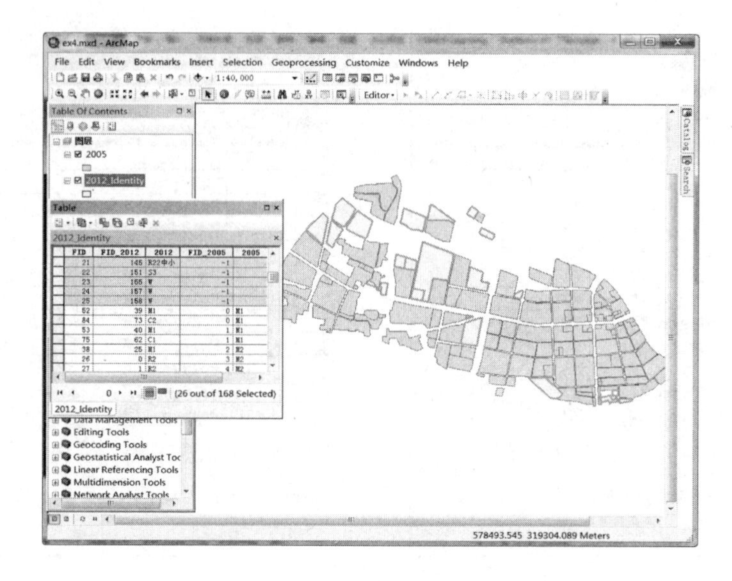

图 8-35　选中新增建设用地

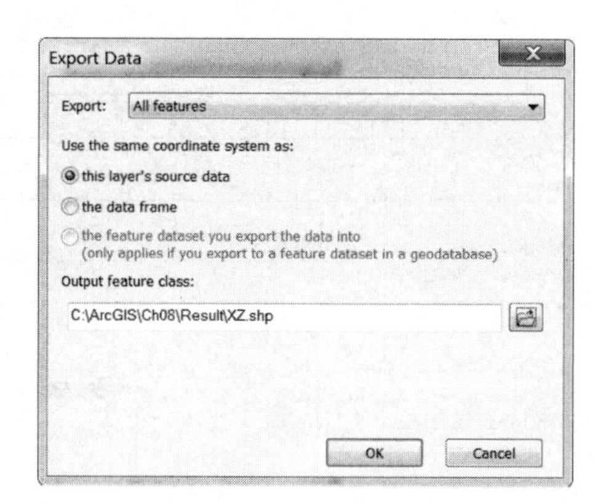

图 8-36　‘Export Data’对话框

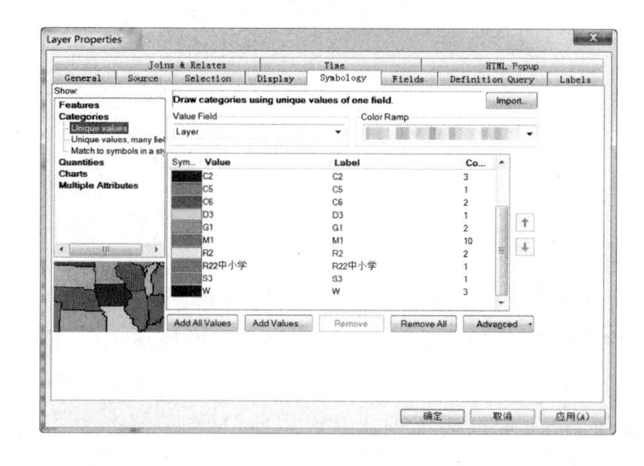

图 8-37　Symbology 标签对话框

图 8-38 标注有代码的用地为新增建设用地

4. 新增建设用地面积统计

为了更直观地观察各类新增建设用地的面积,可使用汇总统计工具达成上述目标。具体过程如下:

(1)打开图层“XZ”的属性表,添加一个字段“Area”,运用几何计算计算每块新增用地的面积。

(2)在 ArcToolbox 下,选用 Analysis Tools→Statistics→Summary Statistics 工具,打开分类汇总对话框,在 Statistics Field 下拉列表中选择 *Area* 字段,设置其 Statistic Type 为 *SUM*,在 case field(案例分组字段)下拉列表中选择 2012,点击“OK”按钮(见图 8-39),汇总统计结果将输出为“XZ_Statistic. dbf”。

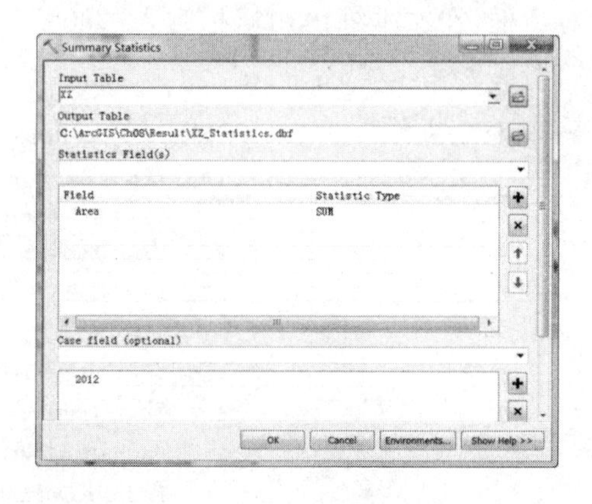

图 8-39 ‘Summary Statistics’对话框

(3)加载“XZ_Statistics. dbf”,打开后的 Table 表如图 8-40 所示。

5. 分析结果

从以上分析与统计结果不难发现:

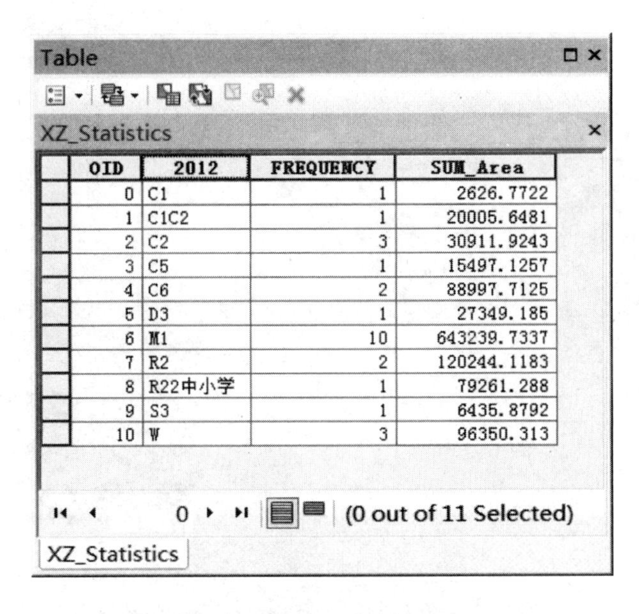

Table

XZ_Statistics

OID	2012	FREQUENCY	SUM_Area
0	C1	1	2626.7722
1	C1C2	1	20005.6481
2	C2	3	30911.9243
3	C5	1	15497.1257
4	C6	2	88997.7125
5	D3	1	27349.185
6	M1	10	643239.7337
7	R2	2	120244.1183
8	R22中小学	1	79261.288
9	S3	1	6435.8792
10	W	3	96350.313

(0 out of 11 Selected)

XZ_Statistics

图 8-40 新增建设用地分类别统计

(1)从 2005 年规划现状到 2012 年现状,新增用地最多的为公共设施用地和一类工业用地。

(2)新增建设用地主要集中在西北部,东南部用地扩展相对较少。

8.3.4 2005 至 2012 年建设用地变更情况分析

再次打开图层“2012_Identity”属性表,在属性表内,如果字段“2005”和字段“2012”是一致的,则表示用地性质没有发生变化;反之,则意味着建设用地发生变更。

1. 变更用地提取

(1)打开按属性选择对话框,在文本框内用鼠标键入“2005”=“2012”(见图 8-41)。然后运用反转选择,则变更的用地被全部选中。

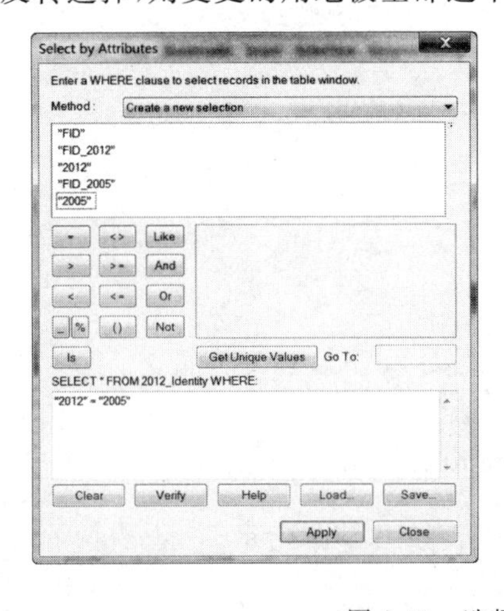

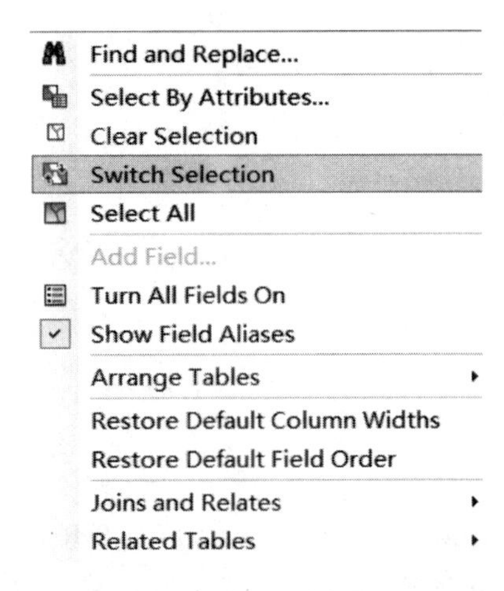

图 8-41 选择建设用地变更用地

(2)同提取新增建设用地一样,输出选择的数据,即变更的建设用地,并命名为"BG",选择加载到 TOC 图层列表中。

(3)整理新生成的图层"BG",显示如图 8-42 所示。

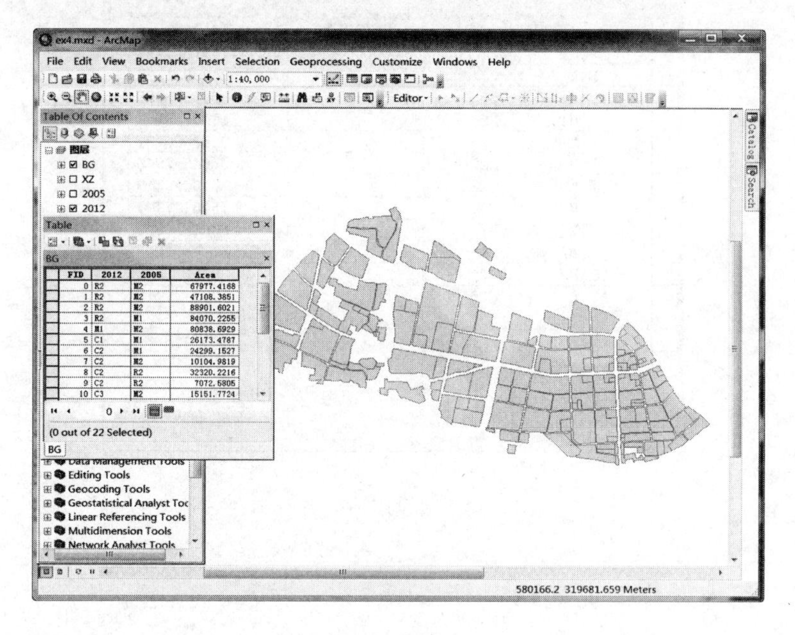

图 8-42　城市建设用地变更情况

2. 变更建设用地统计

同新增建设用地面积统计一样,运用 Summary Statistics 工具(见图 8-43),统计出各类用地更新情况及对应的面积,如图 8-44 所示。

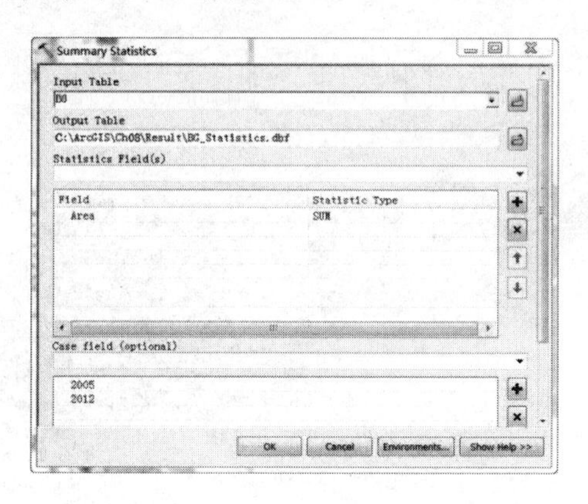

图 8-43　'Summary Statistics'对话框

3. 变更用地情况分析

根据以上分析,可以得出以下结论:

(1)从 2005 到 2012 年,用地变更主要体现为工业用地变更为公共设施用地和居住用地,其次是居住用地变更为商业用地。

(2)从空间分布看,用地更新主要集中在东部。

Table

BG_Statistics

OID	2005	2012	FREQUENCY	SUM_Area
0	M1	C1	1	26173.4787
1	M1	C2	1	24299.1527
2	M1	C5	1	36416.3655
3	M1	E6	1	19801.2707
4	M1	R2	4	226363.737
5	M1	R22中小	1	56645.2946
6	M2	C2	1	10104.9819
7	M2	C3	1	15151.7724
8	M2	M1	1	80838.6929
9	M2	R2	4	260371.0032
10	R2	C2	2	39392.8021
11	R2	C2未批	1	7541.7416
12	R2	S3	1	13436.0164
13	R2	W	2	76074.8881

1 (0 out of 14 Selected)

BG_Statistics

图 8-44　建设用地变更情况

8.3.5　用地变化情况显示

将新增建设用地显示(符号化)为浅灰色用地,变更用地显示为黑色,添加必要的图例、比例尺、指北针等要素,完成设置的效果如图 8-45 所示。

图 8-45　用地变化情况

8.3.6　不符合规划的用地情况分析

对比 2020 年的远期用地规划图不难发现,评估现状图的部分地块用地性质不符合规划。前面的操作已经提取了新增建设用地和变更建设用地,只需要叠合远期规划图,就可以分析出不符合远期规划的用地。

1. 新增建设用地中不符合规划的用地

(1)叠加新增用地和远期规划:使用 Identity 工具(见图 8-46),在 Input Features 下拉列表中选择 *XZ* 图层,在 Identity Features 下拉列表中选择 2020 图层,将 XY Tolerance 项设置为 0.5 米,生成图层“XZ_Identity”。

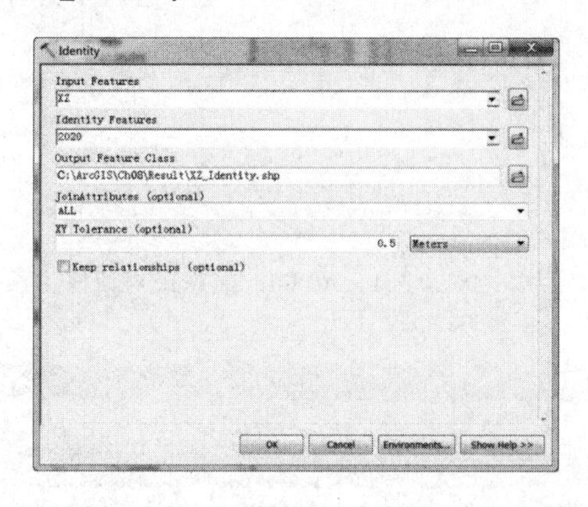

图 8-46　‘Identity’对话框

(2)打开新生成的图层“XZ_Identity”属性表,按属性选择新增建设用地和远期规划用地性质不同的记录,输出这些记录为“违规_XZ.shp”。

(3)打开图层“违规_XZ”属性表(见图 8-47),添加一个字段为“Area_违规”,计算出每块不符合规划用途的用地面积。观察属性表,按变化类别列出这些违规用地的面积。

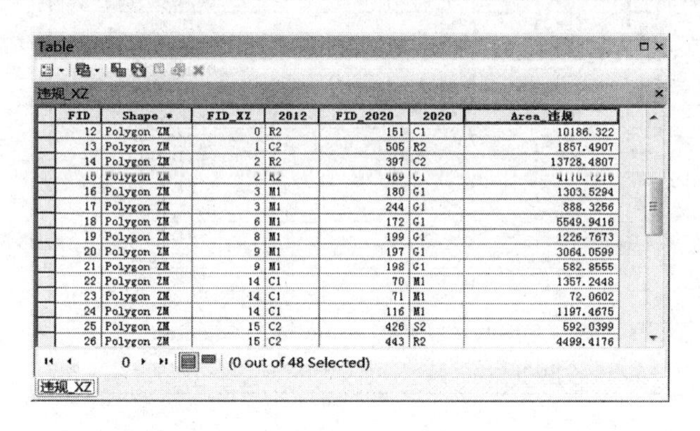

Table

违规_XZ

FID	Shape *	FID_XZ	2012	FID_2020	2020	Area_违规
12	Polygon ZM	0	R2	151	C1	10186.322
13	Polygon ZM	1	C2	505	R2	1857.4907
14	Polygon ZM	2	R2	397	C2	13728.4807
15	Polygon ZM	2	R2	469	G1	4170.7216
16	Polygon ZM	3	M1	180	G1	1303.5294
17	Polygon ZM	3	M1	244	G1	888.3256
18	Polygon ZM	6	M1	172	G1	5549.9416
19	Polygon ZM	8	M1	199	G1	1226.7673
20	Polygon ZM	9	M1	197	G1	3064.0599
21	Polygon ZM	9	M1	198	G1	582.8555
22	Polygon ZM	14	C1	70	M1	1357.2448
23	Polygon ZM	14	C1	71	M1	72.0602
24	Polygon ZM	14	C1	116	M1	1197.4675
25	Polygon ZM	15	C2	426	S2	592.0399
26	Polygon ZM	15	C2	443	R2	4499.4176

0 (0 out of 48 Selected)

违规_XZ

图 8-47　“违规_XZ”属性表

(4)在 ArcToolbox 下,选用菜单 Analysis Tools→statistics→Tabulate Intersection 工具(见图 8-48)。

(5)打开新生成的表格,按照用地类型(用地性质)汇总用地变化(字段“2010”为空的数据项表示在 2020 年远期规划中是道路用地),结果如图 8-49 所示。

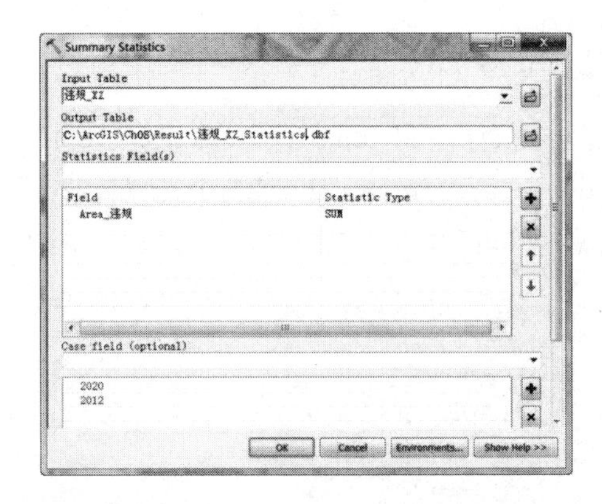

图 8-48 ‘Tabulate Intersection’对话框

Table

违规_XZ_Statistics

OID	2020	2012	FREQUENCY	SUM_Area_
0		C2	1	651.2951
1		C5	1	16.9396
2		C6	1	2868.7873
3		M1	4	2017.272
4		R22中小	1	1280.6135
5		W	3	10346.9691
6	C1	R2	1	10186.322
7	C2	C1C2	2	20005.6483
8	C2	R2	2	16992.4867
9	G1	C2	3	1421.9506
10	G1	C5	1	2024.0151
11	G1	M1	6	12615.4793
12	G1	R2	1	4170.7216
13	G1	W	4	12788.6851
14	M1	C1	3	2626.7725
15	M1	C5	2	13456.1714
16	M1	D3	1	27349.185
17	M1	W	2	60112.081
18	R2	C2	4	8797.5629
19	R2	S3	1	6435.8792
20	R2	W	2	13101.4784
21	R22中小	C6	1	27996.1606
22	S2	C2	1	592.0399

1 (0 out of 23 Selected)

违规_XZ_Statistics

图 8-49 新增建设用地中违规用地的面积汇总

2. 变更的建设用地中不符合规划的用地

操作过程同上，不再赘述，具体的汇总结果如图 8-50 所示。与此同时，新增建设用地中的违规用地用浅灰色表示，建设用地中的违规用地用黑色进行可视化，结果如图 8-51 所示。

2012 年现状建设用地不符合规划的情况主要表现为：

(1)侵占绿地和居住用地的情况比较严重；

(2)违规建设用地主要分布在东部。

Table

违规_BG_Statistics1

OID	2020	2012	FREQUENCY	SUM_Area_
0		E6	1	3753.952
1		M1	1	197.8248
2		R2	5	14765.35
3		W	1	7419.1138
4	C1	C2	1	3420.5027
5	C2	C2未批	1	796.6401
6	C2	C3	1	5217.9126
7	C2	R2	10	81064.0097
8	C3	R2	4	21205.6985
9	G1	C1	1	2848.932
10	G1	C2	1	708.0116
11	G1	C2未批	1	1686.4661
12	G1	C3	1	2284.5147
13	G1	C5	2	3518.8135
14	G1	R2	16	43573.2531
15	G1	W	1	9762.6683
16	G2	C2	1	115.7905
17	M1	R2	2	105832.7419
18	R2	C1	1	23324.5492
19	R2	C2	4	58064.5782
20	R2	C2未批	1	5058.4303
21	R2	C3	1	7648.8304
22	R2	S3	1	13434.4156
23	R2	W	2	58891.9008
24	R22中小	E6	1	16047.32
25	S2	C2	1	745.768
26	S2	R2	1	11133.0424
27	S3	R2	1	1518.7478
28	U9	C2	1	771.1495

1 (0 out of 29 Selected)

违规_BG_Statistics1

图 8-50　变更的建设用地中的违规用地面积汇总

图 8-51　违规用地情况

8.4 本章小结

本章着重介绍了面向矢量数据的邻近分析，包括缓冲区分析和创建泰森多边形，以及七种叠置分析工具。以总规实施评价为案例，介绍了如何提取新增用地、变更用地和不符合规划的用地，以及相应的汇总统计手段。通过该案例的学习，读者可以较好地掌握各类叠置分析和汇总统计分析方法。

第 9 章　栅格数据的空间分析

与矢量数据相比，栅格数据具有计算机操作和处理简单、高效等优点，因而基于栅格数据的空间分析成为 ArcGIS 空间分析的重要组成部分。事实上，ArcGIS 的空间分析扩展模块对应的工具集 Spatial Analyst Tools 所包含的处理工具均是面向栅格数据的，具体的工具包括区域分析、叠加分析、地图代数、密度分析等，如图 9-1 所示。空间分析工具集所包括的工具数量较多，本章将基于两个案例择要介绍。本书未涉及的空间分析工具，请读者通过在线帮助或参阅其他同类教材自主学习。

图 9-1　Spatial Analyst Tools 分析模块

9.1　相关的基本操作

在对栅格数据进行分析前，首先需进行一些准备工作，主要包括启用相关的扩展模块和激活工具条。此外，也可先设置分析环境，包括对工作空间、处理范围、坐标系等进行设置。

与栅格数据相关的基本操作种类较多，比如矢量转换为栅格数据、表面分析、重分类、欧氏距离、成本距离、欧式分配、成本分配、分区统计、逐像元计算、波段计算等，接下来将在本节中对其进行详细介绍。

9.1.1 分析前的准备工作

1. 启用扩展模块

ArcGIS 拥有一套扩展模块，为核心产品提供扩展功能，使得用户可以实现高级分析功能，如三维分析模块和空间分析模块等。要使用已注册或已授权的扩展模块，必须将其启用。要启用扩展模块，可以从 ArcMap、ArcCatalog、ArcGlobe 或 ArcScene（随 ArcGIS 3D Analyst 扩展模块提供的应用程序）的菜单条的“Customize”（自定义）中选择选项“Extensions”（扩展模块），勾选需要的扩展模块前面的复选框，如图 9-2 所示。

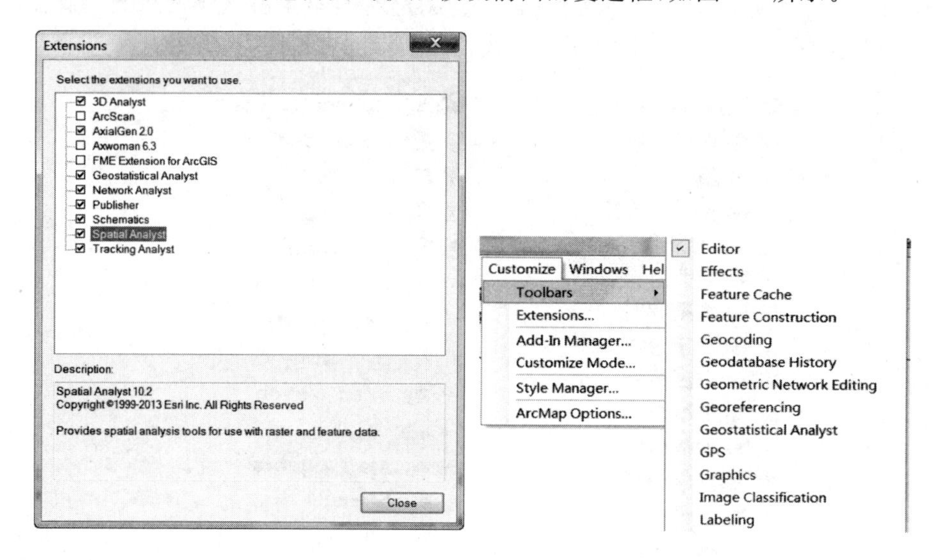

图 9-2　启用扩展模块和激活工具条

2. 激活工具条

启用扩展模块并不会使扩展模块的用户界面自动出现，而只是启用扩展模块所提供的所有控件。如果扩展模块的控件位于工具条（如 ArcGIS Spatial Analyst 扩展模块工具条）上，还将需要显示相应的工具条，方法是：在菜单条中，从“Customize”中选择“Toolbars”（工具条），工具条中包含了一系列可供选择的工具。

9.1.2 设置分析环境

在 ArcGIS 的分析中，对于一些特殊模型或特殊要求的计算，需要对输出数据进行设置，包括对工作空间、处理范围等进行调整。更改环境设置通常是执行地理处理任务的先决条件。例如，当前工作空间环境设置和临时工作空间环境设置，可通过它们为输入和输出设置工作空间。又如，范围环境设置可用于将分析范围限制为一个特定的地理区域，而输出坐标系环境设置用于为新数据定义坐标系（地图投影）。

在 ArcGIS 中，环境设置有四个级别，分别为：

(1)应用程序级别设置。一般该级别的设置是默认的，设置完后，可以在执行时应用到任意工具。设置方法为：在主菜单选择“Geoprocessing”＞＞“Environment”，打开‘Environment Settings’对话框，展开需要设置的项目并进行设置。

(2)工具级别设置。应用于工具的单次使用，比如打开 ArcToolbox 某个分析工具时，在对话框底下会有一个“Environment”按钮，点击该按钮进行该工具的环境设置，单个工具的环境设置会覆盖应用程序级别的设置。

(3)模型级别的设置。可以设置地理处理环境以便模型中的所有流程使用这些环境。设置整个模型的环境方法有以下两种：①在模型属性的环境设置部分中设置环境；②使用模型变量设置环境。该级别的设置会覆盖上面两种设置。这种设置可进一步参考第 13 章的相关内容。

(4)模型流程级别设置。可以设置地理处理环境以便模型中的某一流程使用这些环境设置。

9.1.3　矢量转栅格

在 ArcToolbox 下，Conversion Tools→To Raster→Feature to Raster 工具可将矢量数据转换为栅格数据。其对话框如图 9-3 所示，输入需要转换的矢量要素、作为栅格值的字段，并指定输出路径和输出栅格数据的像元大小。具体的操作过程将在本章的案例中详细介绍。

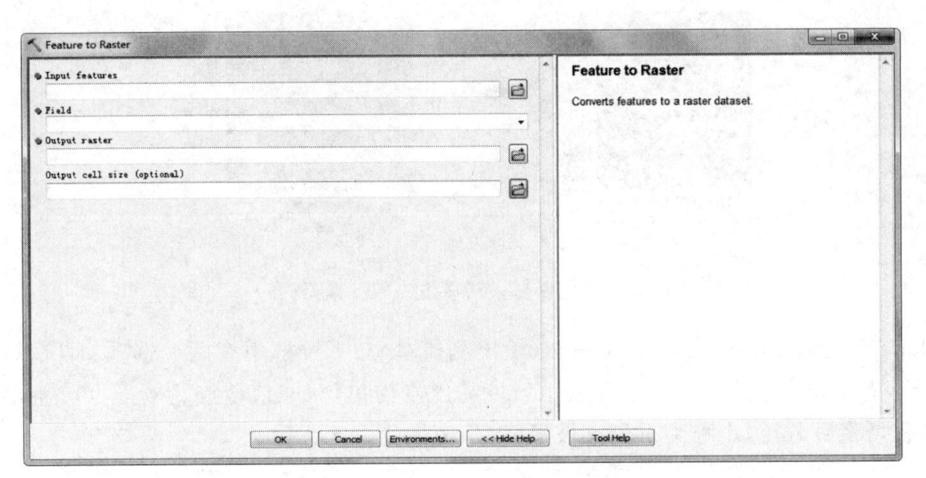

图 9-3　‘Feature to Raster’对话框

9.1.4　表面分析

空间分析模块中的 Surface(表面分析)工具集，包含等值线 Slope(坡度)、Aspect(坡向)等十余个工具(见表 9-1)，可实现生成坡度、坡向、等值线等派生数据的功能。以下介绍常用的几个工具，包括 slope，aspect，hillshade，contour 等。

表 9-1　表面分析工具简介

工　具	描　述
坡向	坡向用于识别从每个像元到其相邻像元方向上值的变化率最大的下坡方向
等值线	根据栅格表面创建等值线(等高线)的线要素类
等值线序列	根据栅格表面创建所选等值线值的要素类
含障碍的等值线	根据栅格表面创建等值线。如果包含障碍要素,则允许在障碍两侧独立生成等值线
曲率	计算栅格表面的曲率,包括剖面曲率和平面曲率
填挖方	计算两表面间体积的变化,通常用于执行填挖操作
山体阴影	通过考虑光照源的角度和阴影,根据表面栅格创建地貌晕渲
视点分析	识别从各栅格表面位置进行观察时可见的观察点
坡度	判断栅格表面的各像元中的坡度(梯度或 z 值的最大变化率)
视域	确定对一组观察点要素可见的栅格表面位置
可见性	确定对一组观察点要素可见的栅格表面位置,或识别从各栅格表面位置进行观察时可见的观察点

1. Slope(坡度)

坡度工具可派生栅格表面各像元的坡度。坡度工具最常用于高程数据,如图 9-4 所示,左图为输入高程栅格,右图为派生的坡度栅格,具有较陡坡度的栅格显示为红色。

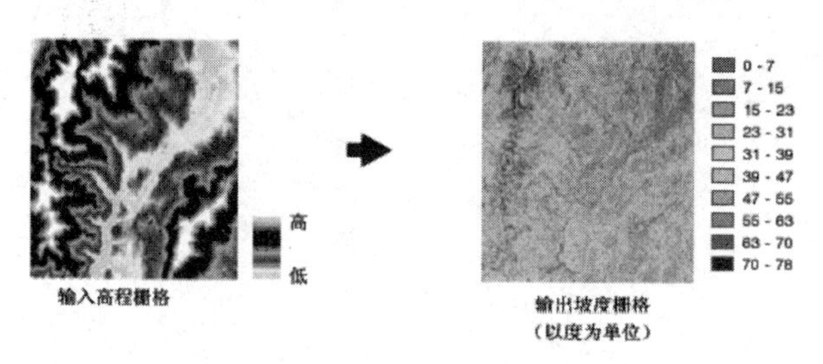

图 9-4　高程栅格(左)派生为坡度栅格(右)

Slope 工具的 Output measurement(输出测量单位)下拉框中有两个选项:*DEGREE* 和 *PERCENT_RISE*(见图 9-5),前者表示坡度将以度为单位,取值范围为 0 至 90°,后者表示输出高程增量百分比,也称为百分比坡度,取值范围为 0 至无穷大。

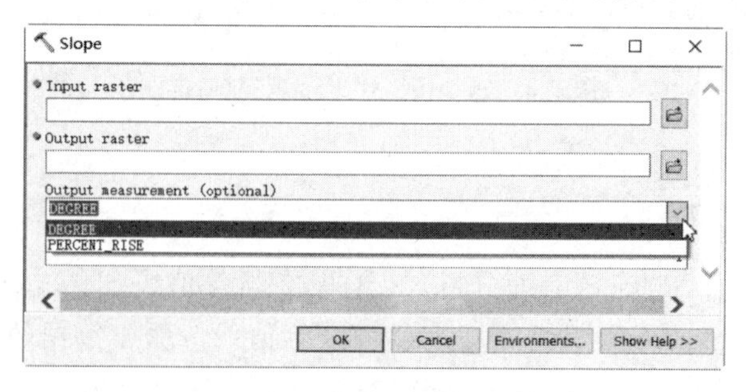

图 9-5　'Slope'对话框

在 ArcGIS 软件平台中，DEGREE 坡度的计算公式如下：

$$slope\_degrees = ATAN\left(\sqrt{([dz/dx]2+[dz/dy]2)}\right)\times 180/\pi$$

对于如特定的中心像元 e(见图 9-6)：

$$[dz/dx] = ((c+2f+i)-(a+2d+g)\ /\ (8\times x\_cellsize)$$

$$[dz/dy] = ((g+2h+i)-(a+2b+c))\ /\ (8\times y\_cellsize)$$

其中，x_cellsize 和 y_cellsize 分别为水平方向和垂直方向的栅格大小。

a	b	c
d	e	f
g	h	i

图 9-6　特定中心像元 e 示意图

2. Aspect(坡向)

用户可在 Surface 工具集中访问该工具。坡向可以被视为坡度方向。ArcGIS 默认是按照顺时针方向进行测量，角度范围介于 0(正北)到 360°(仍是正北)之间。不具有下坡方向的平坦区域将赋值为−1。图 9-7 显示的是输入高程栅格(左图)以及由此派生的坡向栅格(右图)。

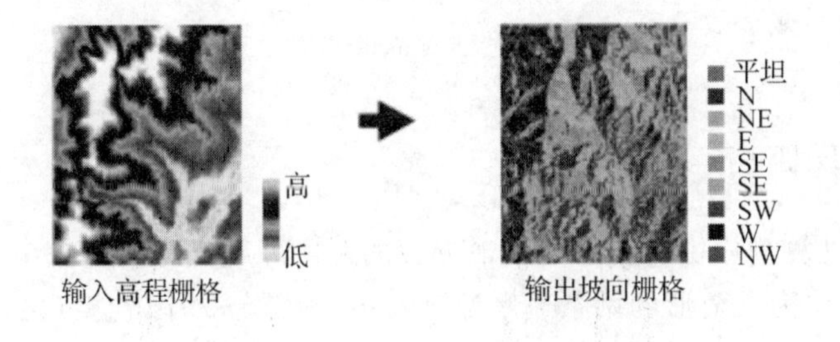

图 9-7　派生坡向栅格示意图

3. 等值线

等值线是在表示连续现象(如高程、温度、降雨量、污染程度或大气压力)的栅格数据集中连接等值位置的线。等值线的分布可显示整个表面的变化情况。值的变化量越小，线的间距就越大。值上升或下降得越快，线的间距就越小。常见的有地形图上的等高线、气温图上的等温线。

9.1.5　重分类

通过栅格重分类操作可以将连续栅格数据转换为离散栅格数据[①]，对数据用新的等级

① 离散栅格数据，也称为专题数据、类别数据和不连续数据。

体系分类。在 ArcGIS 中,对数据进行重分类是为了完成以下几种操作:

(1)用新值替换原栅格值;

(2)将某些值归为一组;

(3)将值重分类为常用等级;

(4)将特定值设置为 NoData。

ArcToolbox 重分类工具的访问位置为 3D Analyst Tools→Raster Reclass→Reclassify(重分类)或 Spatial Analysis Tools→Reclass→Reclassify,该工具的对话框如图 9-8 所示,具体的操作过程在本章的案例中会详细介绍。

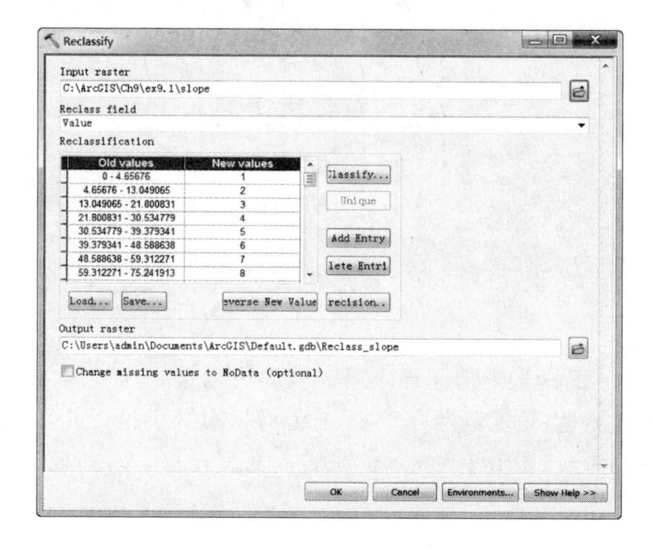

图 9-8 'Reclassify'对话框

9.1.6 欧氏距离

欧氏距离可计算栅格中每个像元到最近源的距离。欧氏距离算法中,对于每个像元,用 x_max 和 y_max 作为三角形的两条边来计算斜边,确定与每个源像元之间的距离(见图 9-9 和图 9-10)。

欧氏距离工具的访问位置为 Spatial Analysis Tools→Distance→Euclidean Distance(欧氏距离),其参数包括输入源要素或栅格、输出路径,可选参数包括设定最大距离、输出像元大小和输出欧氏方向栅格(见图 9-11)。

9.1.7 成本距离

成本距离工具可计算每个像元到成本面上最近源的最小累积成本距离,是指以成本单位表示的距离,而不是以地理单位表示的距离。成本距离的算法应用图论中使用的结点/连接线像元制图表达。在结点/连接线制图表达中,各像元的中心被视为结点,并且各结点通过多条连接线与其相邻结点连接。相邻两结点间的行程成本取决于这两个结点的空间方向。像元的连接方式也会影响行程成本。

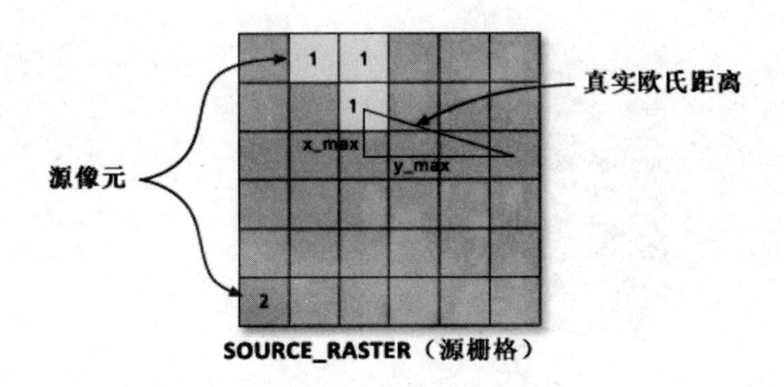

图 9-9　欧式距离算法示意图

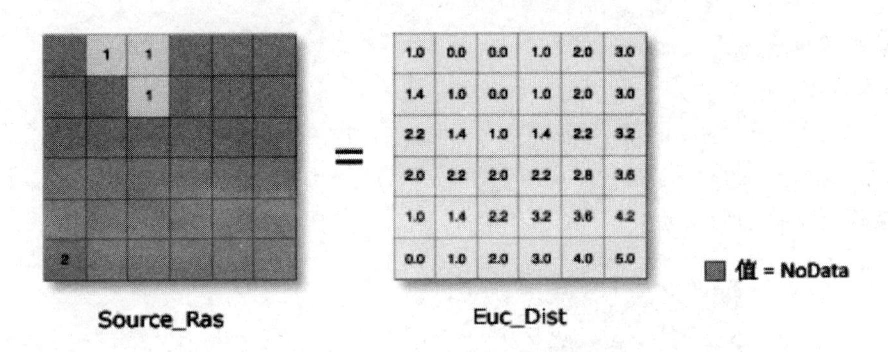

图 9-10　欧氏距离计算示意图

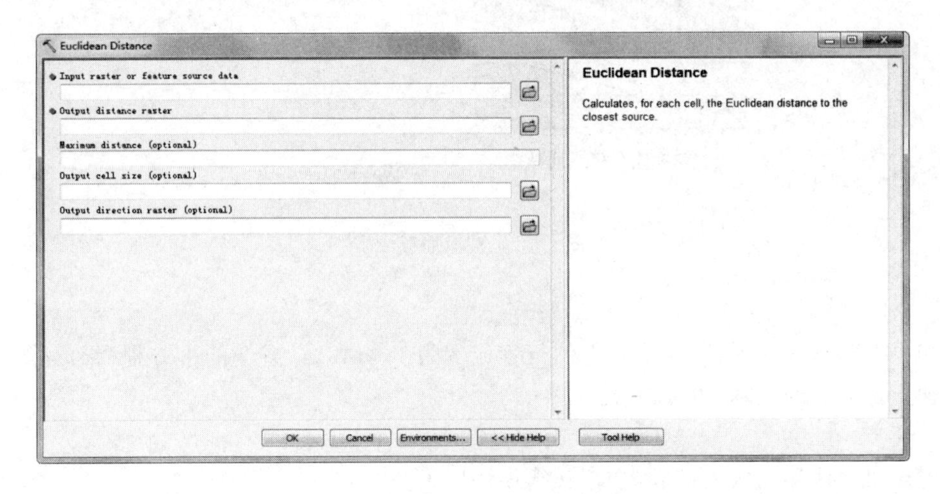

图 9-11　'Euclidean Distance'对话框

1. 相邻结点成本

从一个像元移动到四个与其直接连接的近邻之一时，跨越连接线移动到相邻结点的成本可按下式计算：

$$a1=(cost1+cost2)/2$$

其中，cost1 为像元 1 的成本；cost2 为像元 2 的成本；a1 为从像元 1 到像元 2 连接线的总成本。图 9-12 示例了起始点到终点的成本。

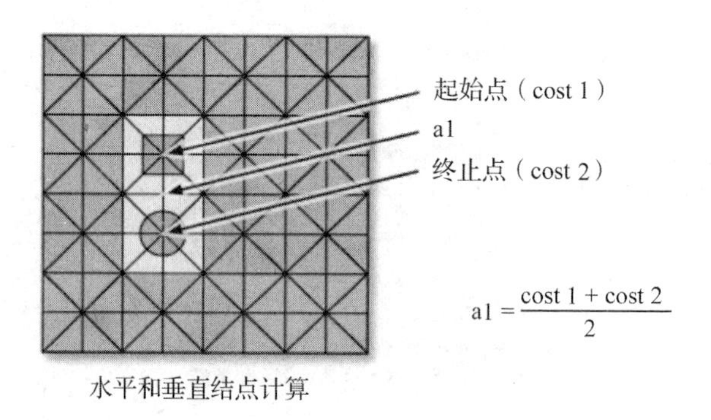

图 9-12　相邻结点成本

2. 累积垂直成本

累积垂直成本由以下公式确定：

$$accum\_cost = a1 + a2 = a1 + (cost2 + cost3)/2$$

其中，cost2 为像元 2 的成本；cost3 为像元 3 的成本；a2 为从像元 2 移动到 3 的成本；accum_cost 为从像元 1 移动到像元 3 的累积成本。图 9-13 示例 3 累积成本。

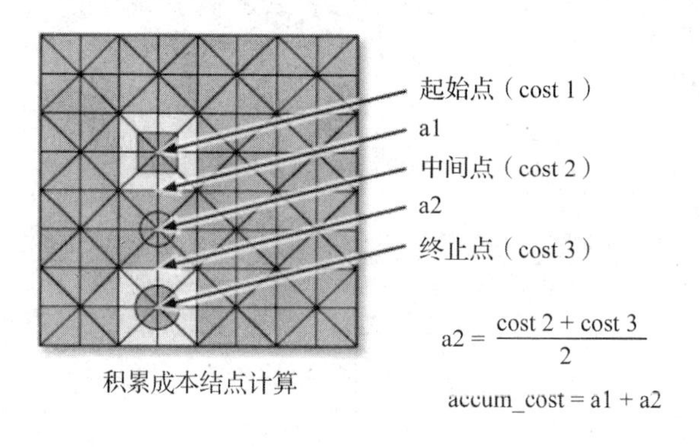

图 9-13　累积垂直成本

3. 对角结点成本

如果沿对角线移动，则连接线上的行程成本为 1.414214（或 2 的平方根）乘以像元 1 的成本加上像元 2 的成本，再除以 2：

$$a1 = 1.414214 \times (cost3 + cost2)/2$$

确定对角线移动的累积成本时，必须使用以下公式：

$$accum\_cost = a1 + 1.414214(cost2 + cost3)/2$$

ArcToolbox 的成本距离工具的访问位置为 Spatial Analysis Tools→Distance→Cost Distance（成本距离）（见图 9-14 至图 9-16）。该工具的参数包括：输入源要素或栅格、成本栅格数据、输出路径，可选参数包括最大距离、回溯链接方向输出。需要注意的是，成本栅格的值不能为负值或 0。具体的操作过程在本章的案例中会详细介绍。

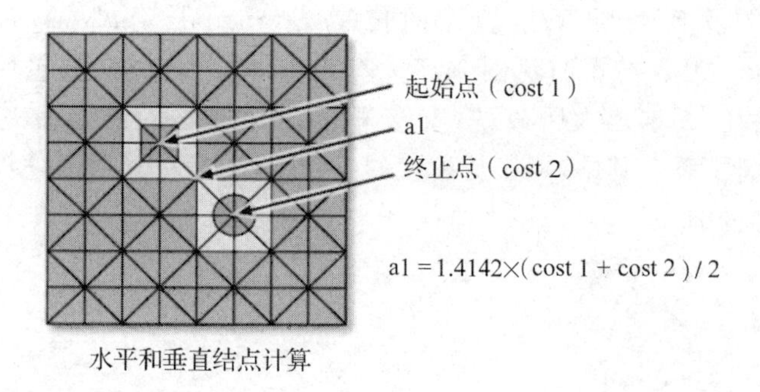

图 9-14　对角结点成本

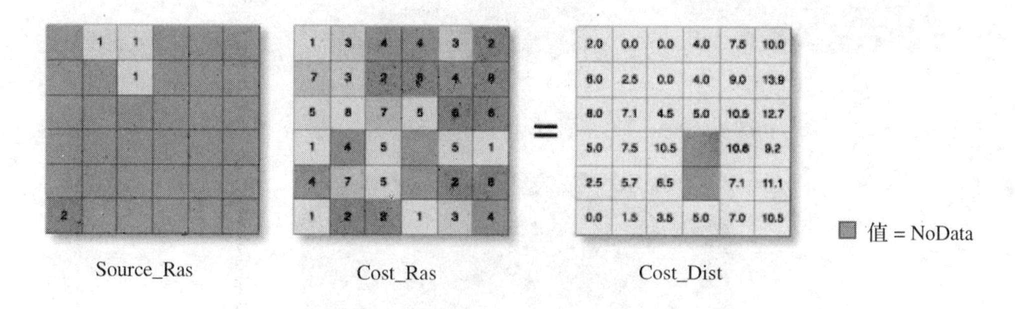

图 9-15　成本距离计算

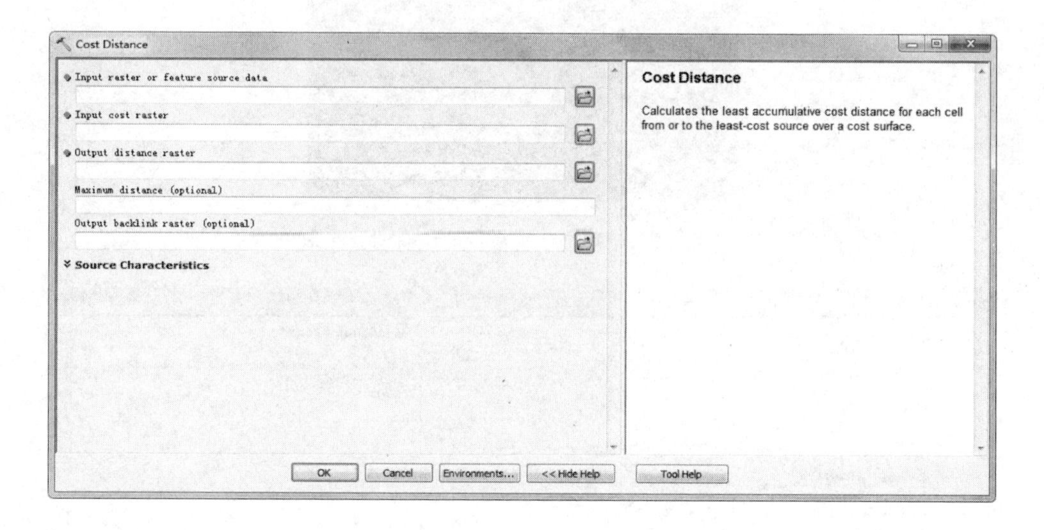

图 9-16　'Cost Distance'对话框

9.1.8　欧氏分配

欧氏分配基于欧氏距离计算每个像元的最近源，其输出栅格中的每个像元的赋值都是距其最近源的值（见图 9-17）。如图 9-18 所示，显示的就是距离每个位置最近的城镇的分配地图。

ArcToolbox的欧氏分配工具的访问位置为Spatial Analysis Tools→Distance→Euclidean Allocation(欧氏分配)(见图9-19),该工具需要指定的参数包括:输入源要素或栅格、源字段、输出路径,设定最大距离、输入值栅格、输出栅格的像元大小、输出欧式距离栅格、输出欧式分配栅格等。其中,用于分配值的源数据的字段必须为整型。具体的操作过程在本章的案例中会详细介绍。

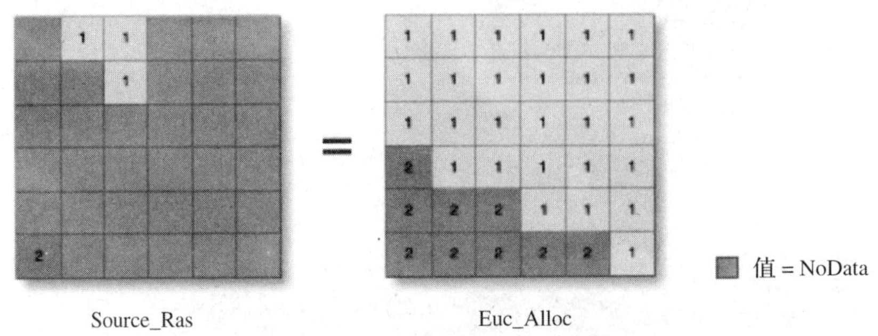

图9-17 欧式距离分配示意图

图9-18 显示距每个位置最近的城镇的分配地图

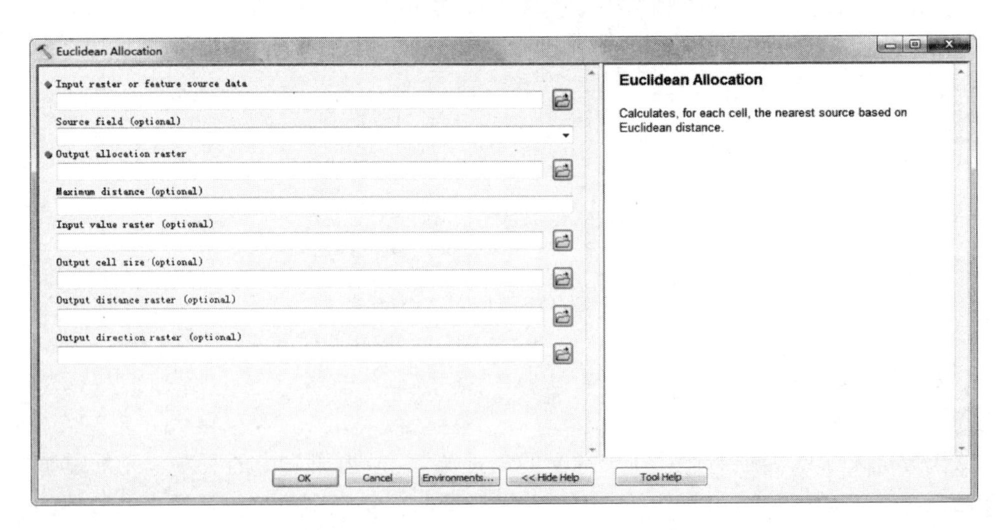

图9-19 'Eulidean Allocation'对话框

9.1.9　成本分配

成本分配是根据成本面上的最小累积成本计算每个像元的最近源，它与欧氏分配类似，不同之处在于欧式分配根据欧氏距离计算每个像元的最近源，但成本分配根据累积成本计算最近源。成本距离分配示意图如图 9-20 所示。

成本分配工具位于 Spatial Analysis Tools→Distance→Cost Allocation(成本分配)，可打开成本分配对话框(见图 9-21)，选择输入源要素或栅格、要赋予的源字段、输入成本栅格，并指定输出路径，也可设定最大距离、输入值栅格、输出成本距离栅格、输出成本回溯链接栅格等。其中，用于分配值的源数据的字段也同样必须为整型。具体的操作过程在本章的案例中会详细介绍。

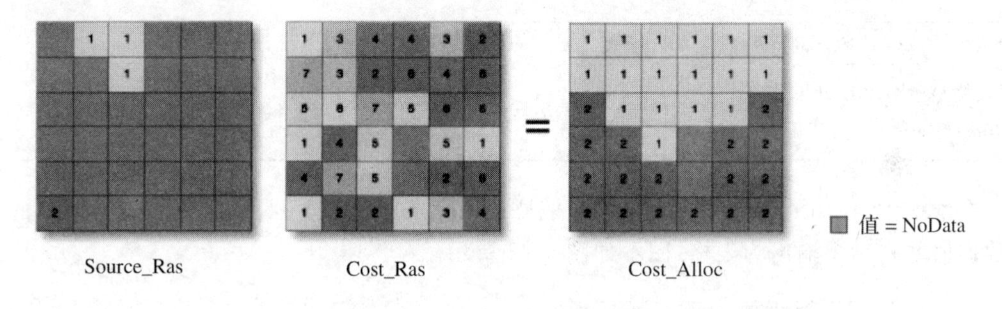

图 9-20　成本距离分配示意图

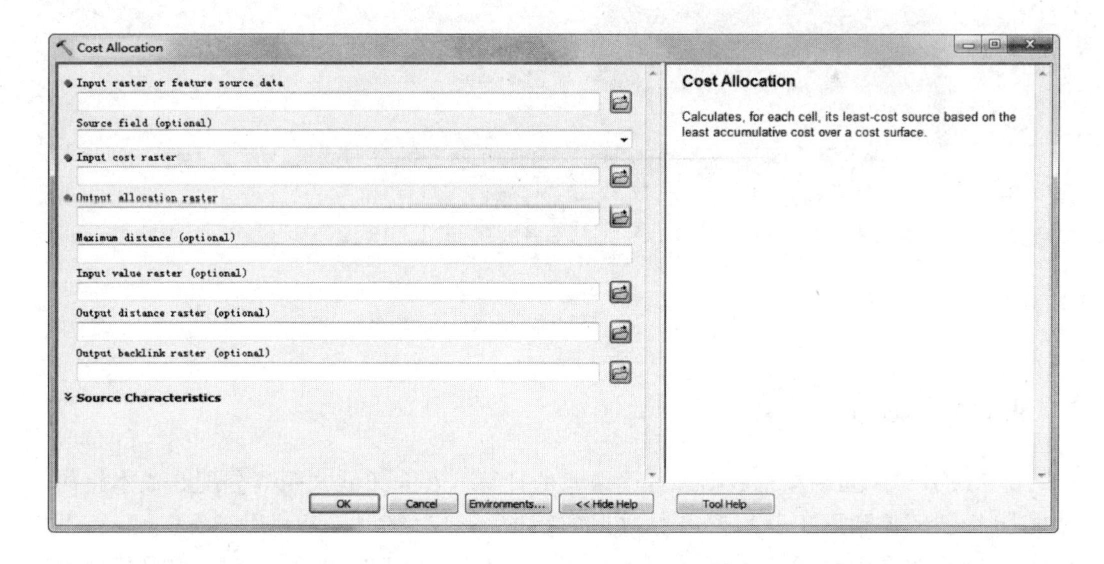

图 9-21　‘Cost Allocation’对话框

9.1.10　分区统计

Spatial Analysis Tools 工具集包含 Zonal(区域分析)工具，对这一工具简要的描述如表 9-2所示。

表 9-2　区域分析工具集简介

工　具	描　述
面积制表(Tabulate Area)	计算两个数据集之间交叉制表的区域并输出表
区域填充(Zonal Fill)	使用权重栅格数据沿区域边界的最小像元值填充区域
分区几何统计(Zonal Geometry)	为数据集中的各个区域计算指定的几何测量值(面积、周长、厚度或者椭圆的特征值)
以表格显示分区几何统计(Zonal Geometry as Table)	为数据集中的各个区域计算几何测量值(面积、周长、厚度和椭圆的特征值)并以表的形式来显示结果
区域直方图(Zonal Histogram)	创建显示各唯一区域值输入中的像元值频数分布的表和直方图
分区统计(Zonal Statistics)	计算另一个数据集的区域内栅格数据值的统计信息
以表格显示分区统计(Zonal Statistics as Table)	汇总另一个数据集区域内的栅格数据值并将结果报告到表

在本章中,使用的统计分析工具是以表格显示分区统计,汇总另一个数据集区域内的栅格数据值并将结果输出为表格,图示如图 9-22 所示。

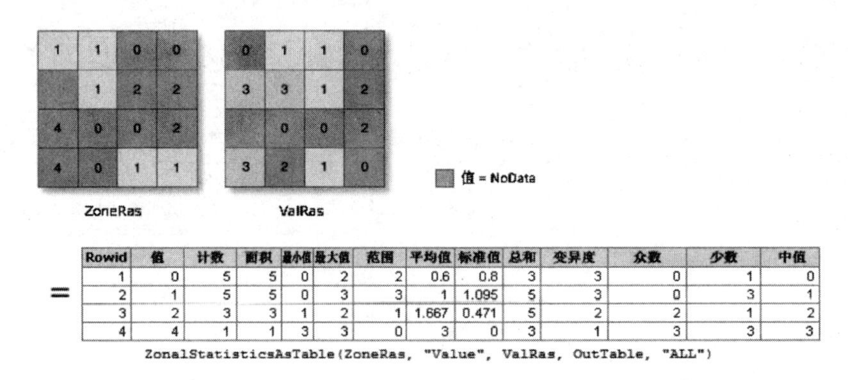

Rowid	值	计数	面积	最小值	最大值	范围	平均值	标准值	总和	变异度	众数	少数	中值
1	0	5	5	0	2	2	0.6	0.8	3	3	0	1	0
2	1	5	5	0	3	3	1	1.095	5	3	0	3	1
3	2	3	3	1	2	1	1.667	0.471	5	2	2	1	2
4	4	1	1	3	3	0	3	0	3	1	3	3	3

图 9-22　以表格显示分区统计示意图

9.1.11　逐像元计算

在 ArcGIS 中,可对栅格数据进行逐像元的计算。在介绍欧式距离分配和成本距离分配攻击时,已经提到用于分配值的源数据的字段必须为整型。可利用 ArcToolbox 下的 Spatial Analyst Tools→Math→Trigonometric→Int(整型)工具(见图 9-23),对栅格数据的值进行取整。此外,Trigonometric 工具箱还包括许多其他工具,如 Abs(取绝对值)、Float(取浮点型)、Exp(计算以 e 为底的箱指数)等,读者可根据实际需求自行选用。

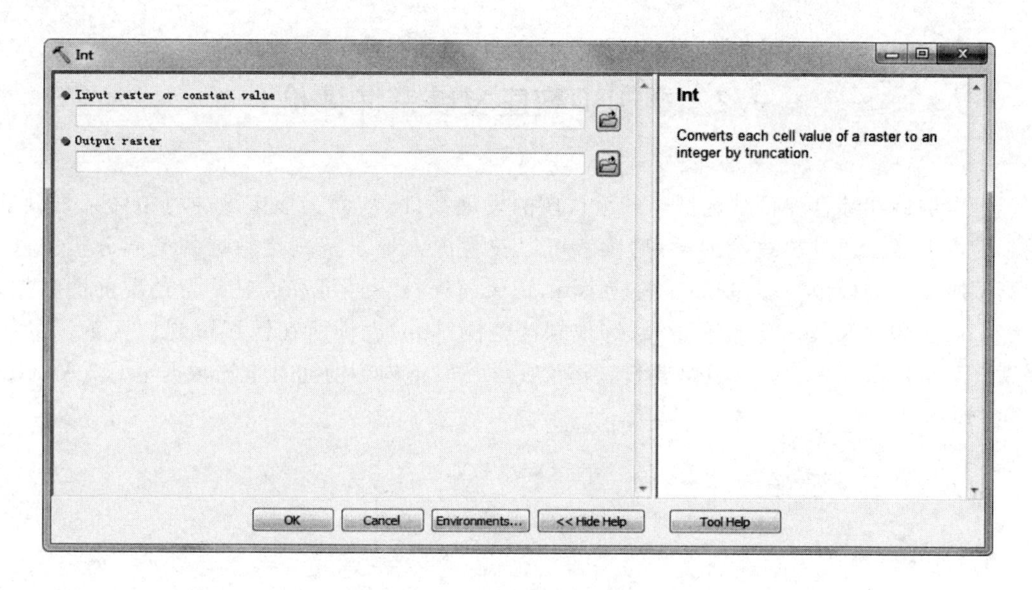

图 9-23 'Int'对话框

9.1.12 波段计算

在 ArcGIS 中,可利用 Spatial Analyst Tools→Map Algebra→Raster Calculator(栅格计算器)工具对栅格数据进行波段计算(见图 9-24),包括简单的四则运算,也可进行条件运算以及其他数学运算等。如上述提到的取整操作,也可利用栅格计算器工具中 Math 分类下的 Int 表达式实现。

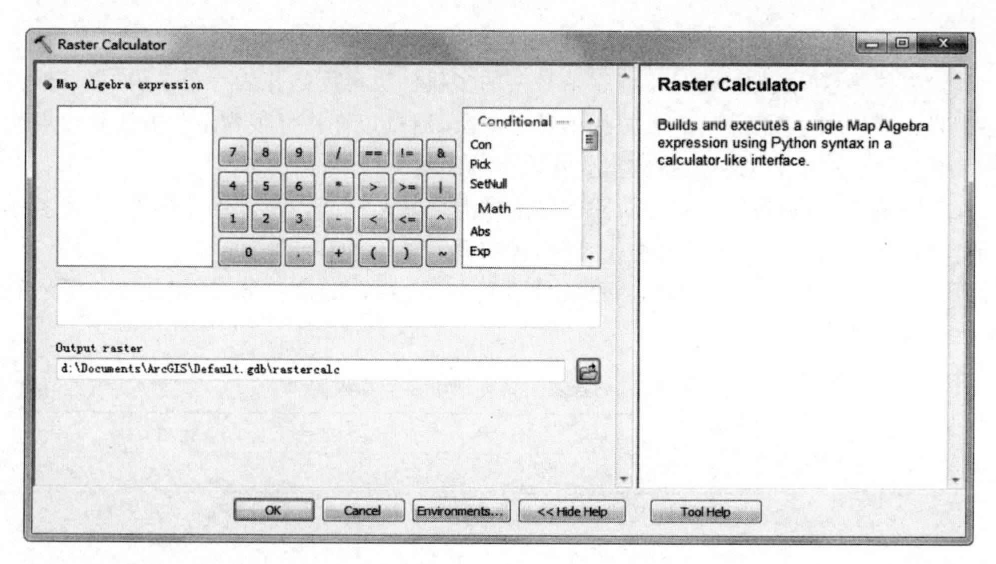

图 9-24 'Raster Calculator'对话框

9.2 案例1村庄发展条件评价

本案例旨在综合评价某区域内各个村庄的发展条件，从而为该区域的村镇体系规划的编制提供支撑。通过本案例的学习，读者可以较为深入地了解栅格数据的空间分析方法。本案例所使用的模拟数据包括：①村庄.shp，记录村庄社会经济和设施配置情况的面数据；②dgx.shp，包含高程信息的等高线；③规划区范围.shp，表征所在镇城镇规划区范围的线要素；④road.shp，区域内的道路要素。建议在学习以下内容前拷贝上述数据至C:\ArcGIS\Ch09\ex9.1。

9.2.1 案例介绍

1. 村庄概况

研究区域为杜桥镇，下辖123个行政村，各行政村的平均人口规模为1593人。其中，人口规模最大的村为东葛村，人口规模为3924人；人口规模最小的村为小溪村，仅有443人。从空间分布看，村庄多集中于镇域的平原地带，山区的村庄数量相对较少。

2. 评价因子的选择和评价方法的确定

(1)评价因子的选择

从经济、社会和环境的总体协调角度出发，选择能充分反映村镇发展综合条件且带有共性的村镇发展影响因素作为评价因子，具体包括：交通条件因子、人均收入因子、人口规模因子、人口密度因子、社会公共设施因子、用地条件因子。

(2)评价方法

评价方法为层次分析法，是指将一个复杂的多目标决策问题作为一个系统，将目标分解为多个目标或准则，进而分解为多指标的若干层次，通过定性指标模糊量化方法算出层次单排序和总排序，以作为多指标、多方案优化决策的系统方法。

在该案例中，村镇发展条件评价除了考虑主要的6个因子所反映的差异外，也要考虑各个因子对村镇发展的综合作用的大小，即指标权重。评价计算步骤为：

第一步：经过对6个评价指标的重要性进行权衡，结合专家打分，确定表9-3所示的村庄发展条件评价因子及权重。

表9-3 村庄发展条件评价因子及权重

评价因子		权重(%)
交通条件		20
人均收入		15
人口规模		10
人口密度		10
社会公共设施		25
用地条件	高程	8
	坡度	12

第二步：将各因子分为六级，分值依次为 5、4、3、2、1、0；

第三步：计算各村镇综合分值，即各因子分值与权重值乘积后的总和；

第四步：确定综合分值的分级标准。

9.2.2　加载分析模块并设置分析环境

1. 激活 Spatial Analyst Tools 模块并加载数据

(1)启动 ArcMap，新建一个地图文档，点击工具条上 AddData 按钮，加载本案例所用到的源数据“村庄. shp”，“road. shp”，“dgx. shp”，打开各图层的属性表，了解各字段所表征的含义。图 9-25 显示了村庄面状数据。

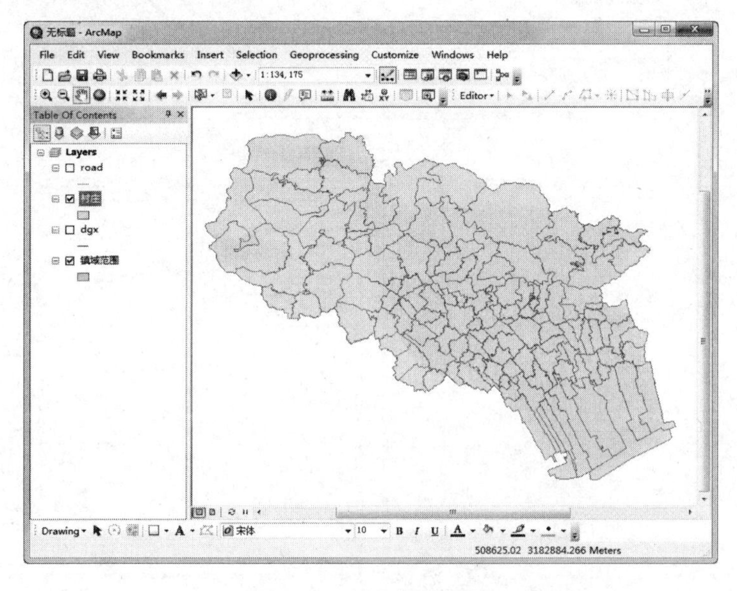

图 9-25　村庄数据加载

(2)鼠标右键双击 Layers，打开‘DataFrameProperties’对话框，选择 General 标签，在 Units 框内，将 Map 和 Display 都改为 Meters，按“确定”完成数据框架设置。

(3)单击菜单选择 Customize→extensions 命令，选择加载模块 Spatial Analyst 和 3D Analysis Tools 模块。

2. 设置分析环境

设置整个应用程序的分析环境，方便每次输出数据的时候，不再重复设定如工作路径、像元大小、分析范围等，也在应用特定的分析工具时不需要单独进行设置。

(1)设置工作路径

在 ArcMap 主菜单选择 Geoprocessing→Environment 命令，在 Workspace 一栏下修改工作路径，将 Current Space 和 Scratch Space 参数都设置为 C:\ArcGIS\Ch09\ex9. 1\Result。如图 9-26 所示。

(2)设置分析区域

展开 Processing Extent 项，将 Extent 参数设置为“Same as Layer 村庄”，以便使分析范围与“村庄”图层一致(见图 9-27)。如果要设置局部分析区域，展开‘Environment Settings’

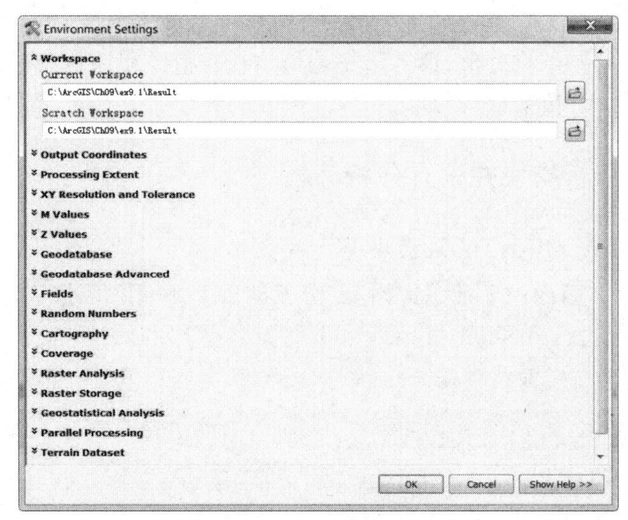

图 9-26　设置工作路径

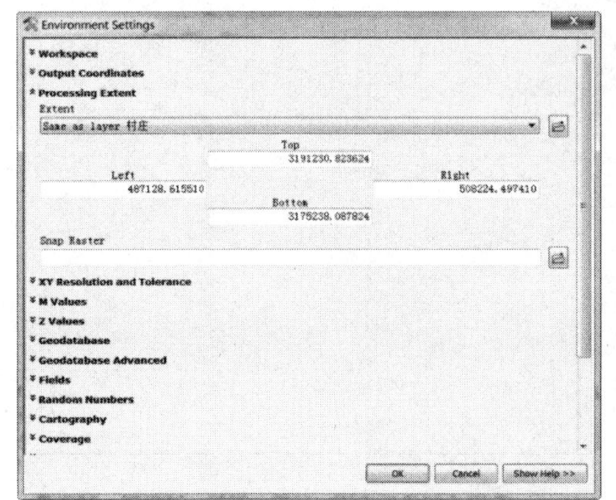

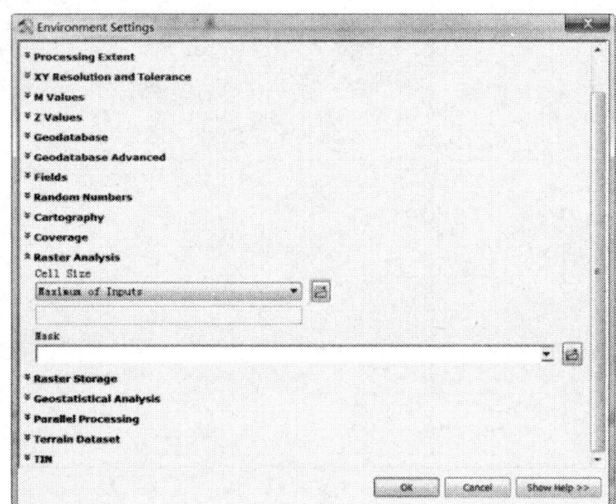

图 9-27　设置分析区域

对话框的 Raster Analyst 项，将 Mask 参数设置为已创建的掩膜栅格数据，后续的空间分析将仅在掩膜区域展开。

(3)设置像元大小

Raster Analyst 项的 Cell Size 参数可设置栅格数据的像元大小。选择合适的像元大小，对空间分析非常重要，如果像元过小则产生大量的数据冗余，过大则会降低空间精度。此案例输出栅格的像元大小均设置为 20，便于后续的空间分析。

用户可根据自己的需要对 Environment Setting 设置框中的其他项进行设置。

9.2.3　确定评价区域

本案例的评价对象为村庄，完全位于或大部分区域位于城镇规划区范围内的村庄不参与评价，为此需要把这些村庄剔除。

1. 选择出不参与评价的区域

在 ArcMap 中加载村庄要素(村庄.shp)、规划区边界(规划区范围.shp)，利用 工具，并按 Shift 键，选择位于规划区范围内的村庄，或大部分范围位于规划区内的村庄。这些村庄包括：上墩头村，半洋村，酒店村，东际村，楼下村，西堑村，卢家村，上四份村，汾东村，横楼村，洪家村，富沈村，松中村，下八年村，富洋村，后地村，良种村，蟾洋村，穿山村，杜南村，杜前村，前王村，横路村，湖田村，杜西村，西外村，杜东村，杜北村，娄下村，塘岸村等。

2. 生成不参与评价的区域

鼠标右键单击“村庄”图层，选择弹出菜单的 Data→Export Data 命令，输出上述被选中的村庄，命名为城镇区，并将其加载到当前的工作空间中。打开编辑器，对“城镇区”开始编辑，运行 Editor→Start Editing→Merge 命令，把不参与评价的村庄合并为一个区域，以下评价忽略此区域。图 9-28 中所显示的带斜线的填充区域即为合并后的城镇压

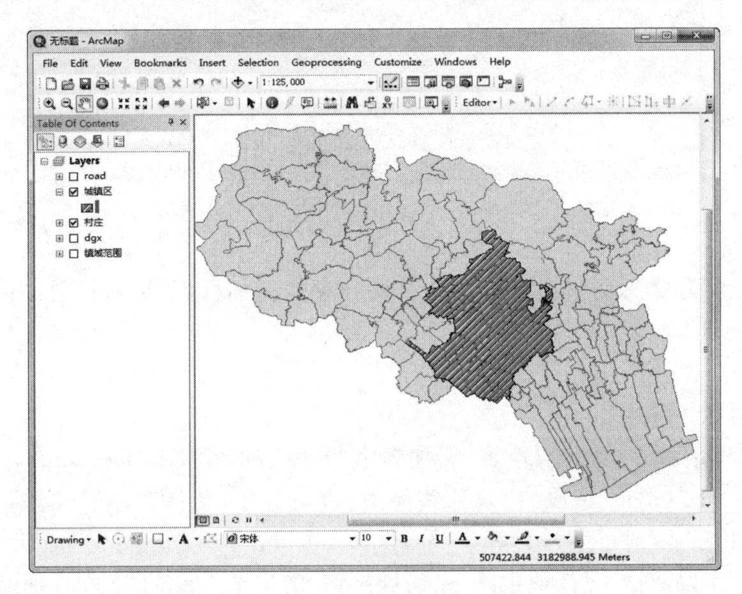

图 9-28　城镇区图层生成

3. 确定评价区域

需要确定评价区域的范围，就需要在整个区域上裁剪掉刚生成的城镇区，在 ArcToolbox 下，选用 Analysis Tools→Overly→Erase 工具，裁剪形成的图层命名为评价区。

9.2.4　村庄发展条件单因素评价分级

根据实际情况，对影响村庄发展的各单因子分别进行评价并分级。

1. 交通通达度评价

(1)现状分析

①交通通达度是评价村庄对外交流能力及测算村庄发展潜力的重要指标，表示镇域内各村庄与相邻城镇的联系以及各村庄之间联系通道是否便捷。

②在分析区域内，主要有 1 条主要对外交通干道，为 75 省道；4 条县道；以及一般公路(见图 9-29)。

③按照以下方式计算村庄通达度：按疏港大道、省道、县道(镇域主路)、一般公路(镇域

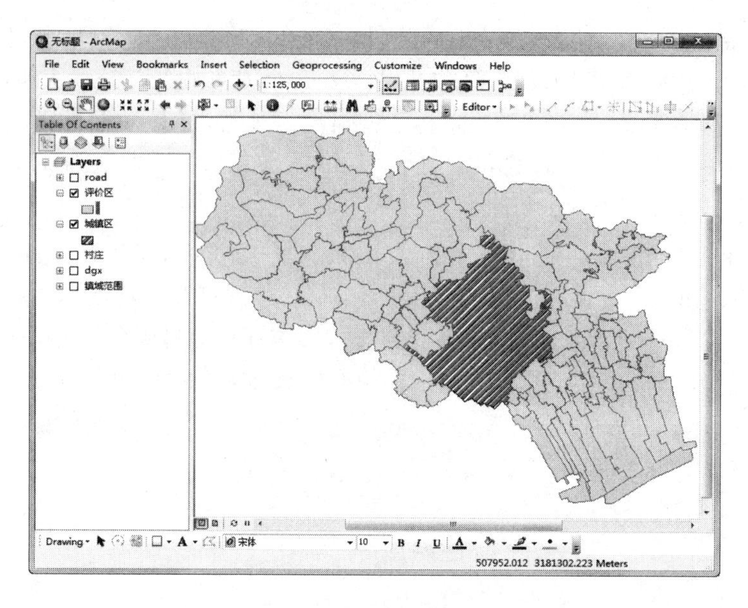

图 9-29　评价区域确定

次路)的权重分别为 3,3,2,1,对村庄内的公路长度进行加权汇总,对汇总结果分等级获得村庄的通达度(1～5)。

(2)统计公路长度

①按公路类型赋权重

加载 road. shp,并打开其属性表,添加名为“权重”的短整形(short integer)字段;将属性表的各条记录按“Layer”字段(记录公路类型)进行排序;选择“layer”字段取值为’省道’和’疏港大道’的记录,通过字段计算工具(Field calculator)给“权重”字段赋值为 3。类似地,选择“layer”字段取值为‘镇域主路’、‘镇域次路’的记录,给权重字段分别赋值为 2 和 1。操作完成后的属性表如图 9-30 所示。

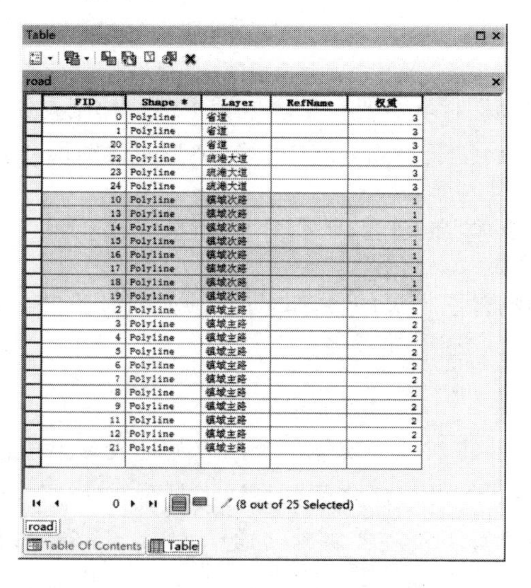
Table
road

FID	Shape *	Layer	RefName	权重
0	Polyline	省道		3
1	Polyline	省道		3
20	Polyline	省道		3
22	Polyline	疏港大道		3
23	Polyline	疏港大道		3
24	Polyline	疏港大道		3
10	Polyline	镇域次路		1
13	Polyline	镇域次路		1
14	Polyline	镇域次路		1
15	Polyline	镇域次路		1
16	Polyline	镇域次路		1
17	Polyline	镇域次路		1
18	Polyline	镇域次路		1
19	Polyline	镇域次路		1
2	Polyline	镇域主路		2
3	Polyline	镇域主路		2
4	Polyline	镇域主路		2
5	Polyline	镇域主路		2
6	Polyline	镇域主路		2
7	Polyline	镇域主路		2
8	Polyline	镇域主路		2
9	Polyline	镇域主路		2
11	Polyline	镇域主路		2
12	Polyline	镇域主路		2
21	Polyline	镇域主路		2

0 (8 out of 25 Selected)
road
Table Of Contents | Table

图 9-30　添加字段并赋值

②公路与评价区要素的叠置分析

利用 ArcToolbox→Analysis Tools→Overlay→Intersect 工具进行相交的叠置分析，调出'Intersect'对话框(见图 9-31)，InputFeatures 项设置为 road 和评价区两个要素，如图 9-31 所示，输出 road_intersect 要素。

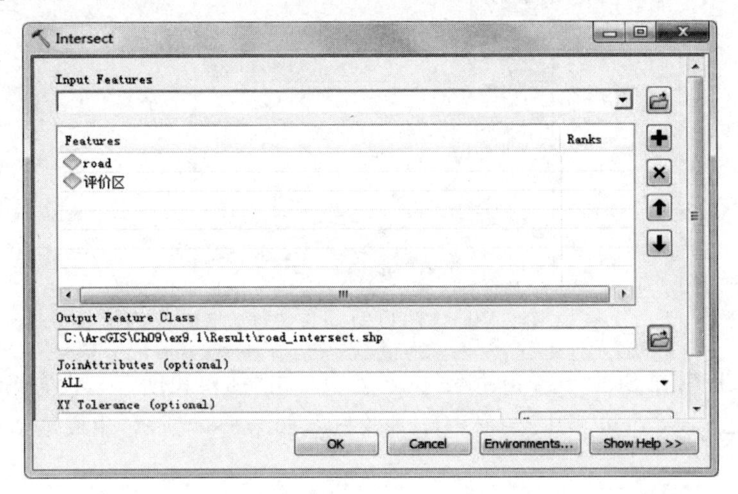

图 9-31　'Intersect'对话框

③得出加权道路长度

打开 road_intersect 要素的属性表，双击"FID_评价区"字段(该字段记录了村庄的编号)以便按照村庄编号对属性表中的各条记录进行排序，添加名为"长度"和"加权长度"的两个字段，字段类型均为 Double 型。

右键单击"长度"字段，在弹出菜单中选择 Calculate Geometry 选项，进一步在弹出的'Calculate Geometry'对话框(见图 9-32)中设置 Property 参数值为 Length，得到公路在各村的长度；右键单击属性表中的 Length 字段，在弹出菜单中选择 Properties 选项，进一步设置弹出对话框的 Numeric 参数右侧的按钮，将字段取值设置为 2 位小数。

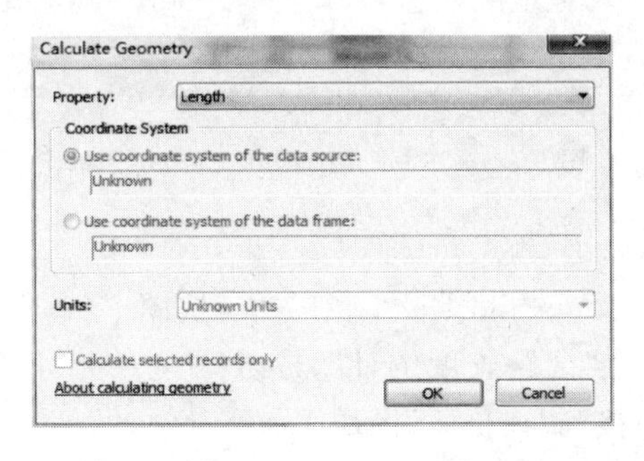

图 9-32　'Calculate Geometry'对话框

右键单击'加权长度'字段，选择 Field Calculator，按加权长度＝[权重]×[长度](见图 9-33)，也即"加权长度"字段值等于"权重"字段值乘以"长度"字段值。

④得出村庄加权道路长度统计值

打开 ArcToolbox→Analysis Tools→Statistics→Summary Statistics，将 Input table 项

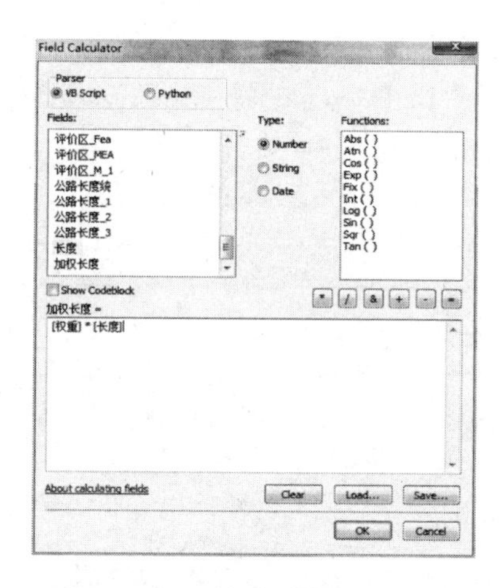

图 9-33　‘Field Calculator’对话框

设置为“公路长度”，在 Statistics Field 下拉列表中单击“加权长度”项，设置 Statistics Type 参数为 SUM，在 Case field 项中选择“FID_评价区”，如图 9-34 所示，生成每个村的累加加权公路长度。

图 9-34　‘Summary Statistics’对话框

⑤将结果连接到评价区

右键单击评价区，选择 Joins and Relates→Join，按图 9-35 所示设置参数，其中，参数 1 设置为“FID”，参数 2 设置为“公路长度统计”，参数 3 设置为“FID_评价区”列。经此操作后，公路长度统计结果就连接到“评价区”图层了。

(3)数据要素转栅格

根据村庄所穿越道路的加权长度值，把评价区要素转换为栅格数据格式，以便于后续的空间分析。其他评价因子也采用同样的处理方式。

在 ArcToolbox 中，选用 Conversion Tools→To Raster→Feature To Raster 工具，按图 9-36进行设置，生成的栅格图层命名为“公路长度”。由于环境设置在前面已经完成，此处选择默认即可。效果如图 9-37 所示。在此操作前，事先在 Catalog 中创建一个名为

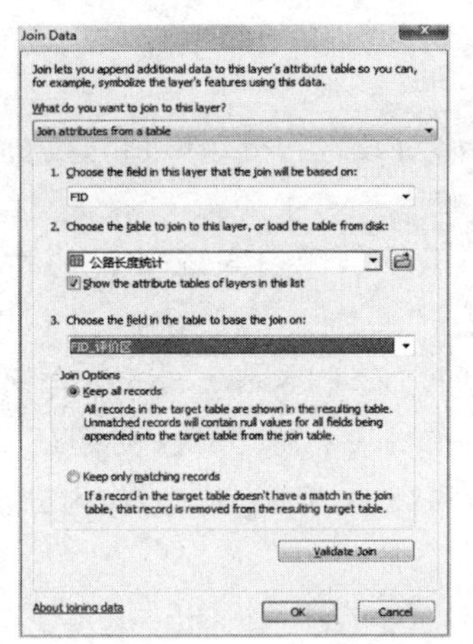

Table

评价区

FID	Shape *	CNAME	AREA	SUM_加权长度	SCHOOL	HOSPITAL	COINCOME	FARMLAND	INDOUTPUT	P_IN
0	Polygon	广模村	1289842	3093.380124	0	0	38	469	727	9474
1	Polygon	保家村	986277	4843.085178	0	1	33	685	1714	9166
2	Polygon	草垣村	1990910	1185.400722	0	0	45	1394	3424	9323
3	Polygon	杜下溇村	1879247	5526.979909	0	1	41	497	2626	10019
4	Polygon	塘下村	528913	479.824998	0	0	46	741	4608	9302
5	Polygon	土城村	3984469	4136.263699	0	1	98	1834	1123	9738
6	Polygon	勤俭湖村	335494	719.172217	0	0	37	320	1779	9082
7	Polygon	戴家村	2780608	3115.24124	0	1	70	1226	2000	9497
8	Polygon	东墓村	1492806	239.962765	0	1	46	1522	3028	9280
9	Polygon	桂利村	647069	2488.689142	1	0	137	562	8336	10409
10	Polygon	新湖村	3074015	3810.860733	1	0	39	1064	2130	8841
11	Polygon	樟船沿村	2487677	2394.107253	0	1	168	1408	1905	10774
12	Polygon	小金门村	314040	733.795176	0	0	9	580	550	8490
13	Polygon	小田村	2821031	4340.199186	1	2	65	1341	5936	8742
14	Polygon	西岸村	849672	2724.657528	0	0	58	1176	7724	9630
15	Polygon	邵家村	470973	693.56345	0	0	11	433	1600	10013
16	Polygon	炮台村	603053	600.451421	0	0	61	1013	586	9466
17	Polygon	胡家里村	769187	775.267987	0	1	37	1347	160	8358
18	Polygon	大兴地村	920465	3773.811384	0	1	67	1041	3116	9348
19	Polygon	横峡村	749046	1980.143857	0	1	71	1293	1485	9653
20	Polygon	九华村	846008	3373.414258	0	0	39	834	820	8721
21	Polygon	东横村	446840	199.680536	0	1	26	381	992	9141
22	Polygon	河东村	1089712	1467.210712	0	0	87	1008	3081	9654
23	Polygon	前进村	863988	1117.442405	0	0	63	1207	1155	8854
24	Polygon	汇头村	700296	<Null>	0	1	106	625	800	9356
25	Polygon	独木盆村	689701	610.9825	0	1	40	398	595	9384
26	Polygon	新港村	477932	2866.218655	0	1	45	415	710	8444
27	Polygon	盖香畈村	641100	1241.533753	0	0	21	586	0	8146
28	Polygon	湖头村	837295	1035.776016	0	0	28	747	6163	10461
29	Polygon	横山村	602755	<Null>	0	1	45	632	320	8771

(0 out of 93 Selected)

公路长度统计　评价区

Table Of Contents　Table

图 9-35　属性连接

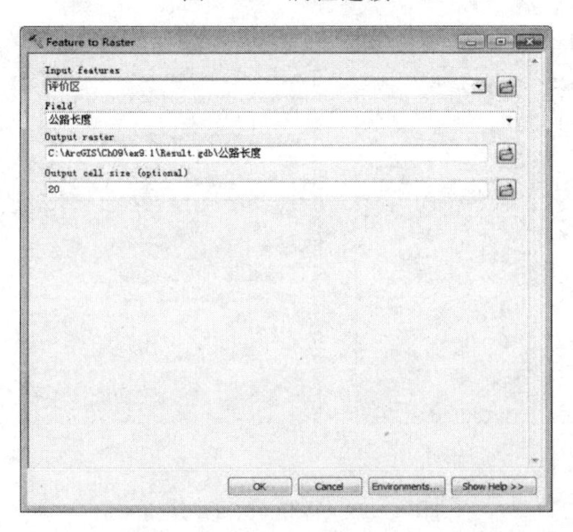

图 9-36　'Feature to Raster'对话框

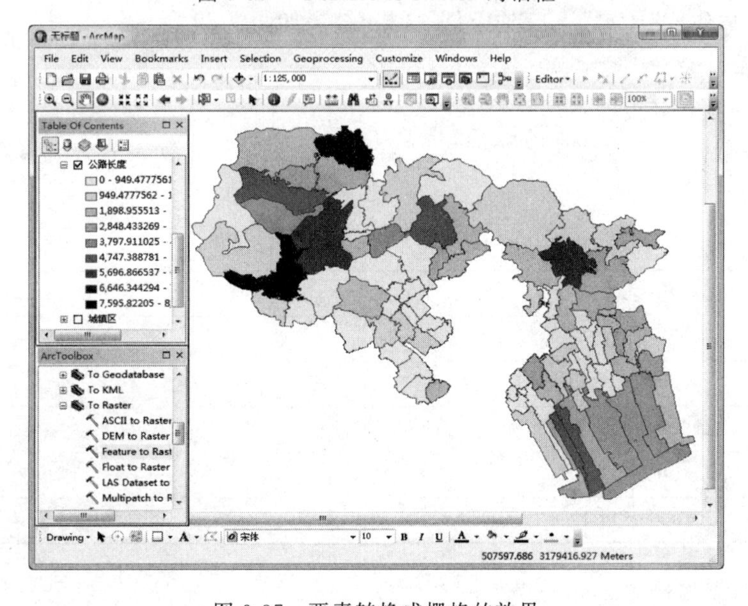

图 9-37　要素转换成栅格的效果

Result.gdb 的地理数据库,用于存放栅格数据。

(4)栅格数据重分类

新生成的“公路长度”栅格是浮点型的栅格,为简化计算,对其进行分级赋值,这就需要对栅格数据进行 Reclassify(重分类)。

①在 ArcToolbox 下,选用 Spatial Analysis Tools→Reclass→Reclassify 工具,在‘Reclassify’对话框上,选择需要重分类的栅格图层“公路长度”。

②点击界面的“Classify”按钮,调出‘Classification’对话框,在 Classification 组合框中,鼠标左键点击 Method 右侧的分类方式下拉列表,选择“Manual”(手动)方式;设置 Classes 参数值为 5,即分为 5 类;在 Break Values 输入框中输入 200,1500,3000,4500,作为分类的中断值(见图 9-38(1))。

③点击“OK”返回到‘Reclassify’对话框上,按图 9-38(2)所示在 Reclassification 下方的分类表的 New Values 列中,分别键入 1～5。

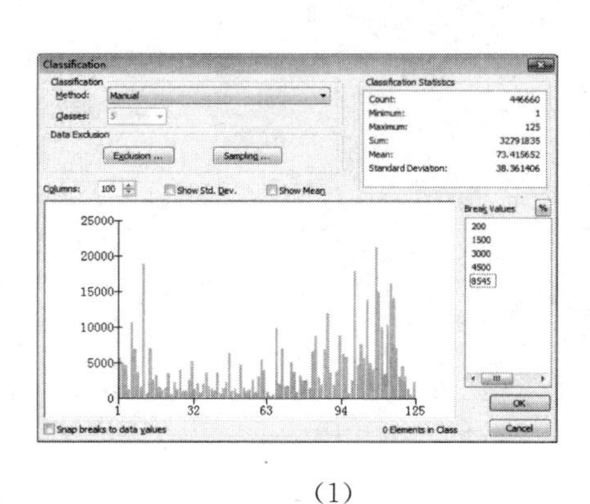

(1)

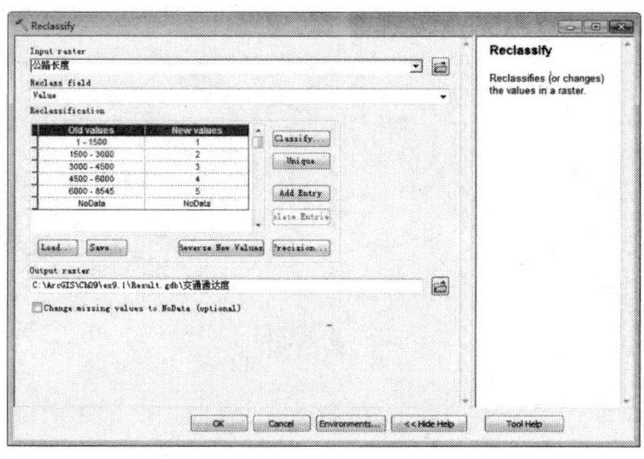

(2)

图 9-38 栅格数据重分类

④重分类后生成“Reclass 交通条件”栅格,结果如图 9-39 所示。

2. 经济条件评价

(1)按人均收入分级

村庄经济条件主要以农民人均收入来衡量。按人均经济收入分为 5 个级别,如表 9-4 所示。

表 9-4 经济条件的评价标准

人均收入 /元	分 值
超过 10000	5
9500～10000	4
9000～9500	3
8000～9000	2
8000 及以下	1

(2)矢量数据栅格化

同交通条件的栅格化操作步骤一样,根据表征人均收入的“_PerIncome”字段栅格化

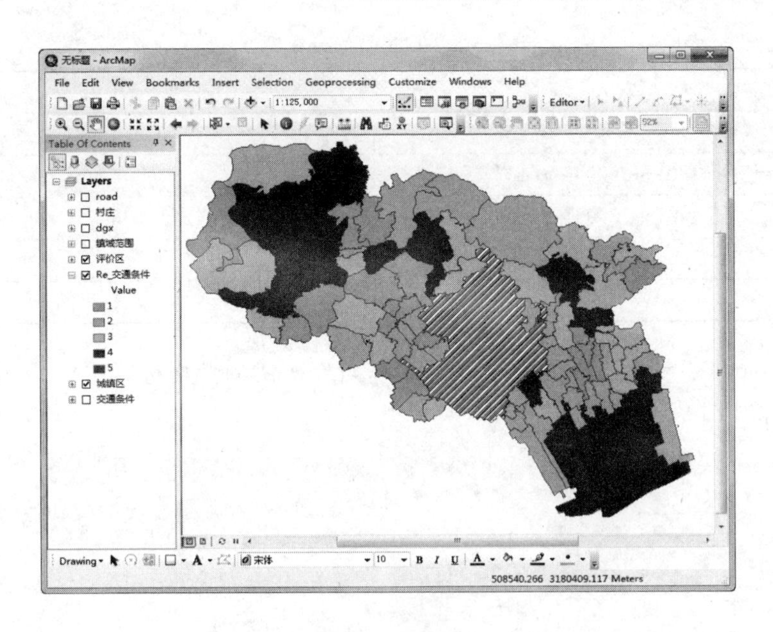

图 9-39　交通条件

“评价区”要素，生成“人均收入”栅格。

(3)栅格数据重分类

按照表 9-4 的分级标准进行重分类，生成“经济条件”栅格，结果如图 9-40 所示。

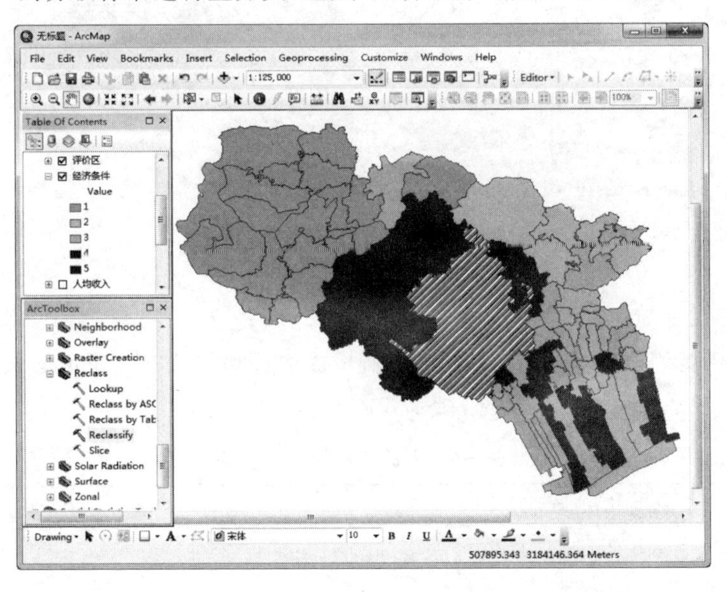

图 9-40　经济条件分析

3. 人口集聚特征评价

评价区内的村庄按现状人口规模可划分为五个等级，具体划分标准如表 9-5 所示。

表 9-5　人口集聚的分级标准

人口数/人	分　值
大于 2500	5
1801～2500	4
1401～1800	3
1001～1400	2
1000 及以下	1

依据“_Pop2k8”字段栅格化“评价区”要素，对新生成的栅格进行重分类，生成“人口集聚”栅格，结果如图 9-41 所示。

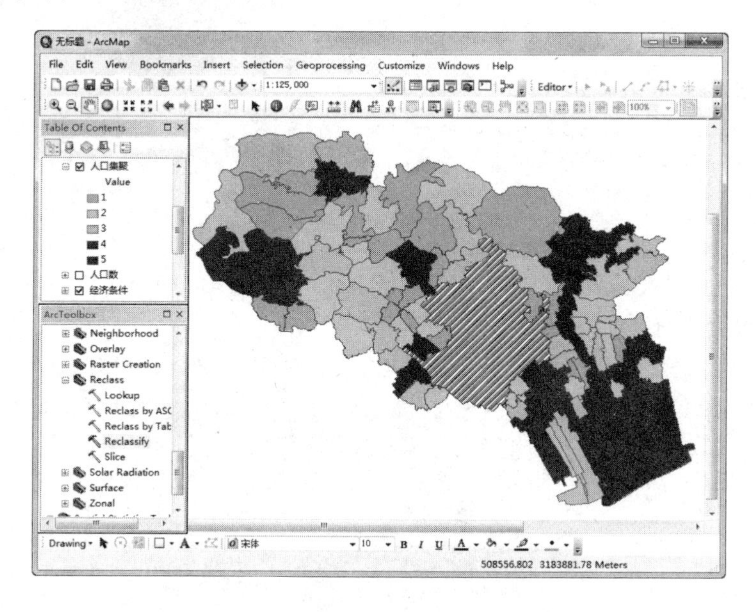

图 9-41　人口集聚特征分析

4. 人口密度评价

根据人口密度栅格化“评价区”要素，对新生成的栅格按表 9-6 所示的人口密度分级标准进行重分类，生成“人口密度”栅格，结果如图 9-42 所示。

表 9-6　人口密度的分级标准

人口密度/(人/km^2)	分　值
大于 2500	5
1500.01～2500	4
1000.01～1500	3
500.01～1000	2
500 及以下	1

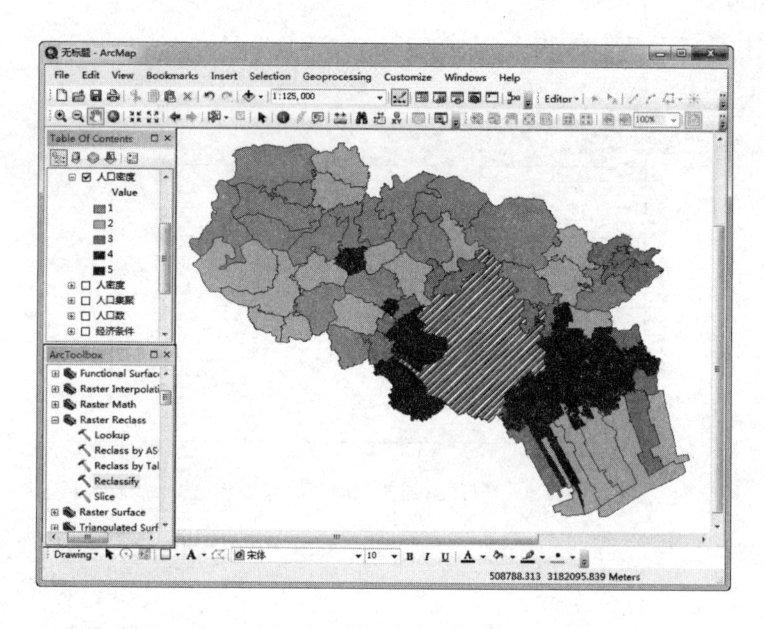

图 9-42　人口密度分析

5. 社会公共设施现状评价

(1)现状分析

社会公共设施现状评价主要分为教育设施和医疗设施评价。该评价区域包含 3 所初中,8 所小学;卫生服务站或卫生院 13 所,卫生室 26 所。

(2)按公共设施分级标准

把社会公共设施分为 5 个等级,每个等级按表 9-7 进行赋值。

表 9-7　公共设施评价标准

公共设施	分　值
没有任何公共设施赋值	0
拥有中学或小学,卫生服务站(卫生院)或卫生室中的一项	2
同时拥有中学、小学、卫生服务站(卫生院)、卫生室其中的任意两项	3
同时拥有中学、小学、卫生服务站(卫生院)、卫生室其中的任意三项	4
同时拥有中学、小学、卫生服务站(卫生院)、卫生室	5

(3)统计公共设施

①打开“评价区”图层的属性表,字段“Highschool”表示中学,“Primschool”表示小学;“WSFWZorWSY”表示卫生服务站或卫生院,“WSS”表示卫生室。字段值为 1 表示该村拥有该项公共设施,为 0 表示无该项设施。

②为属性表添加三个字段:学校、卫生设施、公共设施。

③利用字段计算器为添加的新字段赋值:

学校=“_Highschool”+“_Primschool”

卫生设施=“WSFWZorWSY”+“WSS”

公共设施=“学校”+“卫生设施”

完成字段计算后的属性表如图 9-43 所示。

Table

评价区

_PrimSch	_HighSch	学校	WSFWZorWSY	WSS	卫生设施	公共设施
0	0	0	0	0	0	0
0	0	0	0	1	1	1
0	0	0	0	0	0	0
0	1	1	1	0	1	2
0	0	0	0	0	0	0
0	0	0	0	1	1	1
0	0	0	0	0	0	0
0	0	0	0	1	1	1
0	0	0	0	1	1	1
1	0	1	0	0	0	1
1	0	1	0	0	0	1
0	0	0	0	1	1	1
0	0	0	0	0	0	0
1	0	1	1	1	2	3
0	0	0	1	0	1	1

(0 out of 93 Selected)

评价区

图 9-43　社会公共设施现状属性表

④根据“公共设施”字段栅格化“评价区域”图层，生成“社会公共设施”栅格，结果如图 9-44 所示。

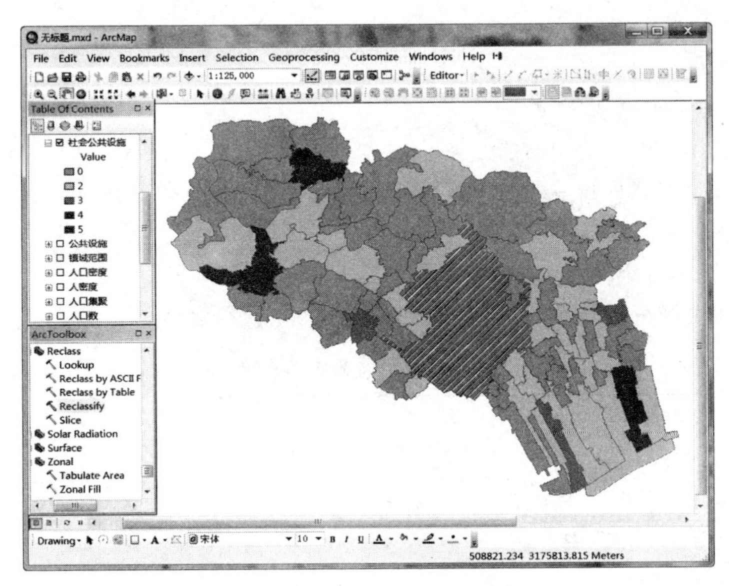

图 9-44　社会服务设施分析图

6. 地形适宜性评价

地形适宜性主要通过地形高程与坡度因子来反映，其中高程因子的权重是 0.4，坡度因子的权重是 0.6。

(1)地形高程因子分析

①加载源数据“镇域范围.shp”，加载等高线要素“dgx.shp”。

②裁剪生成镇域范围内的高程。

在 ArcToolbox 中，选用 Analysis Tools→Extract→Clip 命令，调出 Clip 对话框，按图 9-45 进行设置：在 Input Features 下拉列表中选择“dgx”，在 Clip Features 下拉列表中选择“镇域范围”，在 Output Feature Class 一栏中输入“C:\ArcGIS\Ch09\ex9.1\Result.gdb\dgx_clip”。

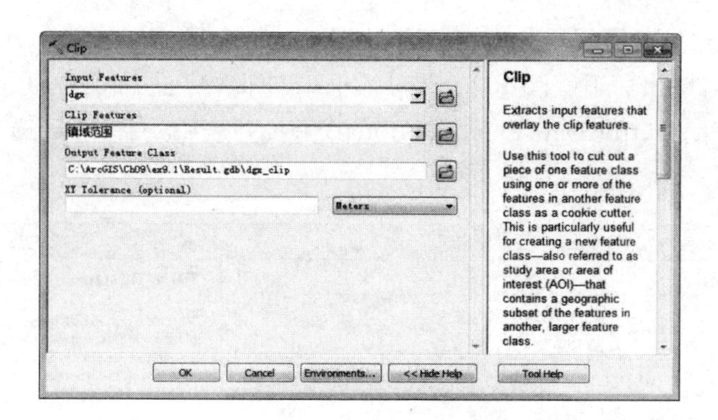

图 9-45　Clip 对话框

③由等高线生成 TIN。在 ArcToolbox 中，选用 3dAnalysisTools→DataManagement→Tin→CreateTIN 工具，调出'CreateTIN'对话框，按图 9-46 进行设置，在 Input Feature Class (Optional) 下拉列表中选择"dgx_Clip"图层。在下方的表单中，设置 Height Field 值为 Elevation，此字段记录了高程；设置 SP Type 值为 Mass_Point。点击"OK"键，完成 TIN 的创建，结果如图 9-47 所示。

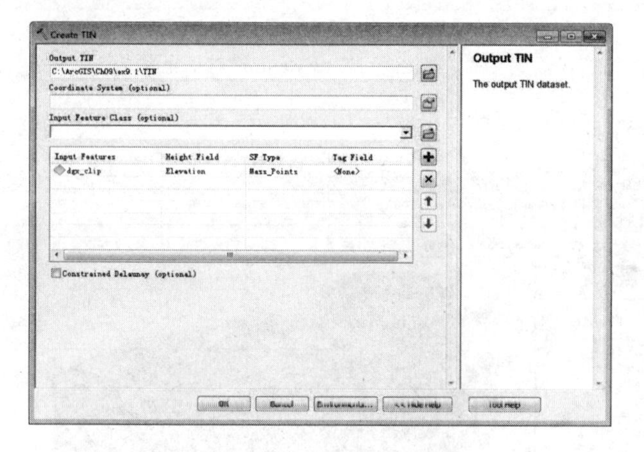

图 9-46　CreateTIN 对话框

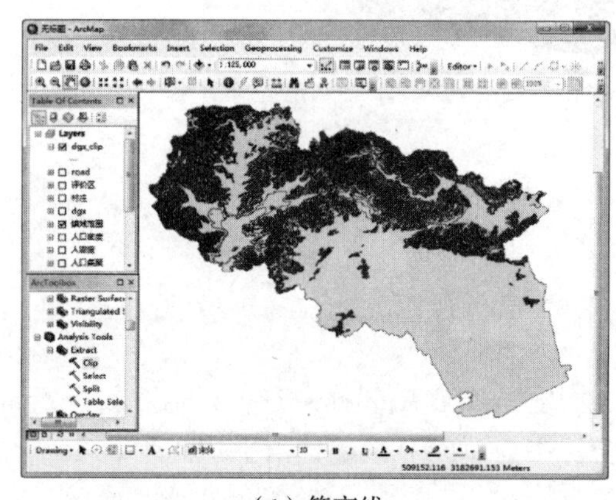

（1）等高线

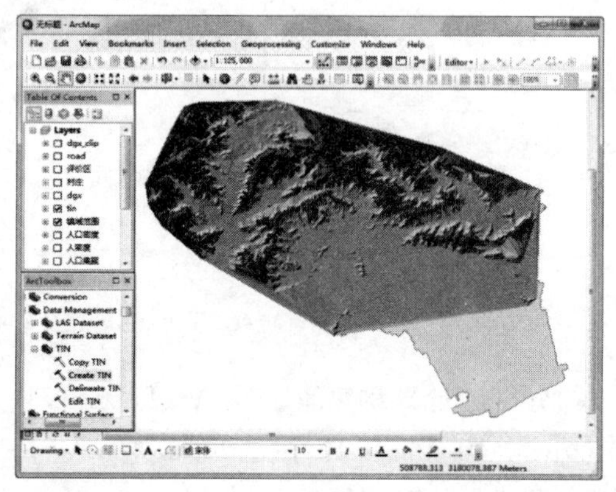

（2）TIN

图 9-47　评价范围内的等高线生成 TIN

④TIN 转栅格。在 ArcToolbox 中，选用 3DAnalysisTools→Conversion→FromTin→TinToRaster 工具，调出'TIN To Raster'对话框，按图 9-48 进行设置：InputTIN 下拉列表中选择刚创建的 tin；OutputDataType (optional)下拉列表中选择 INT 选项，即输出的为整形栅格。

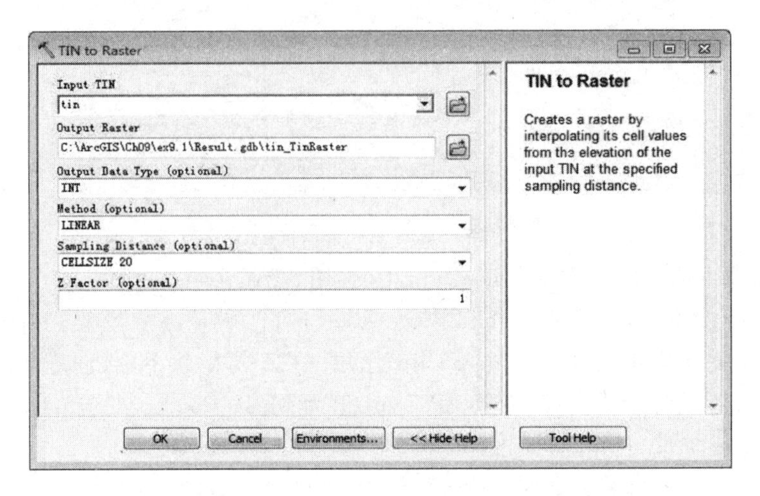

图 9-48 'TIN to Raster'对话框

生成的高程栅格如图 9-49 所示。

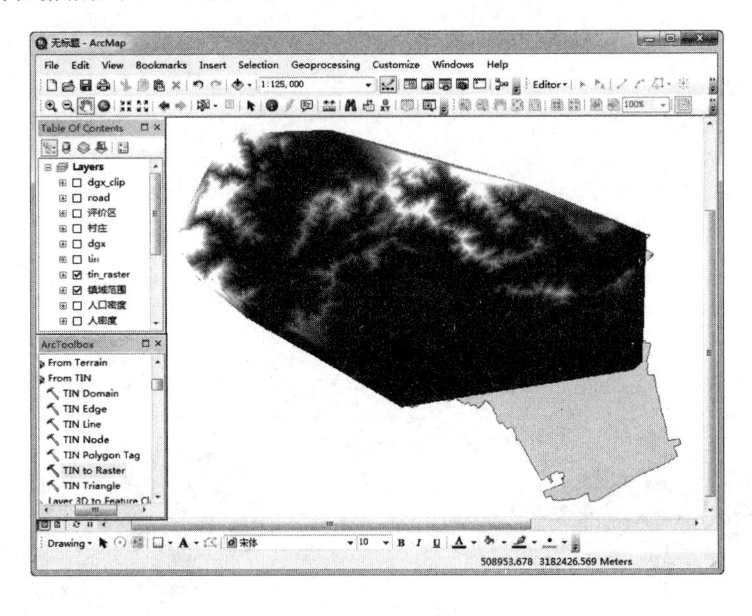

图 9-49 TIN 转换生成栅格格式

⑤分区统计平均高程。在 ArcToolbox 中，选用 Spatial Analysis Tools→ Zonal→Zonal Statistics as Table 工具，按图 9-50 进行设置，以村庄为单元分区统计出平均高程。

⑥生成平均高程图

根据村庄的 ID 号，将新生成的"Zonalst_高程"连接(Join)到"评价区域"图层，根据平均高程可视化评价区域，进一步标注村名，添加图例、比例尺、指北针等制图元素，结果如

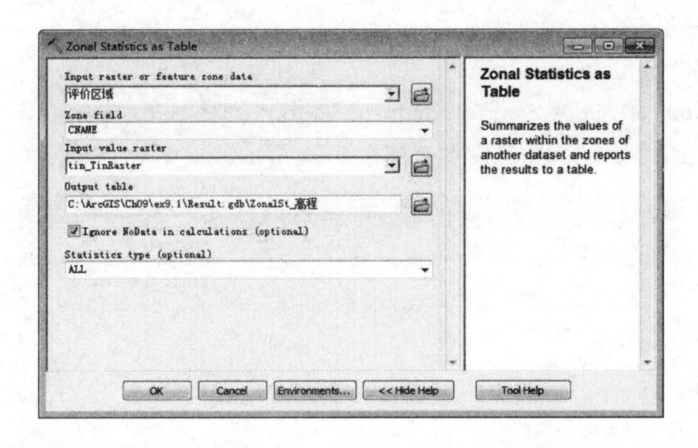

图 9-50　'Zonal Statistics as Table'对话框

图 9-51所示。基于平均高程栅格化"评价区域"图层,并按表 9-8 对平均高程栅格进行重分类,生成"平均高程"栅格。

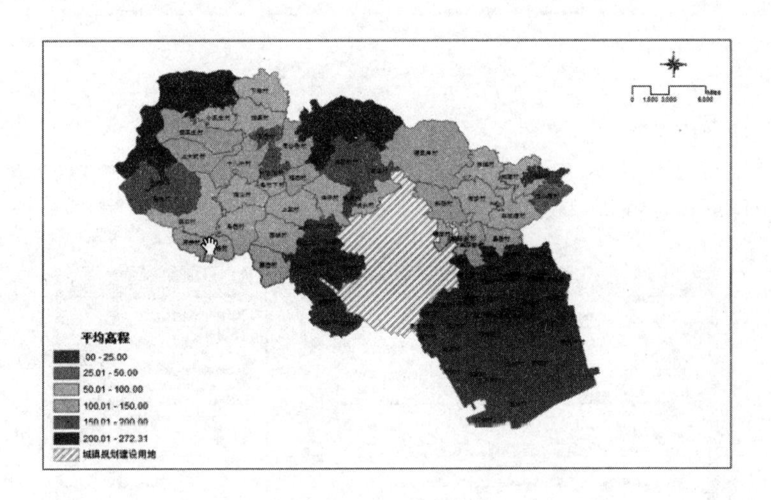

图 9-51　平均高程

表 9-8　高程、分级标准

高程/m	平均坡度	分值
0～25		5
25.0150		4
50.01～100		3
100.01～150		2
150.01～200		1
＞200.01		0

(2)坡度因子分析

①高程栅格生成坡度

在 ArcToolbox 中,选用 Spatial Analysis Tools→Surface→Slope 工具,根据“镇域范围_Tin_Raster”图层生成坡度,相应的设置如图 9-52 所示。

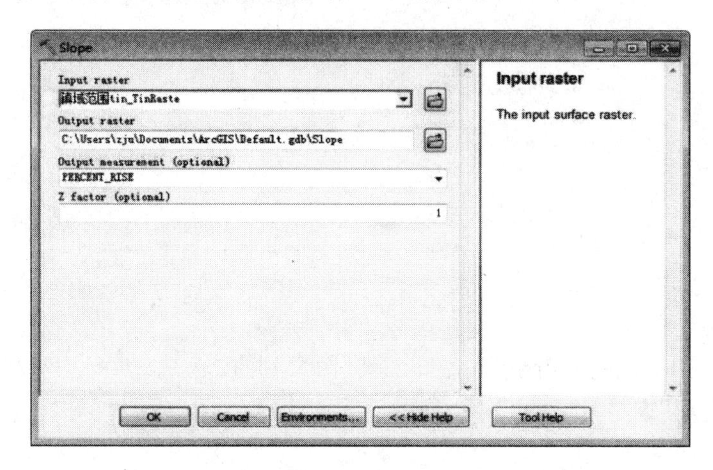

图 9-52 ‘Slope’对话框

②分区统计平均坡度

同计算平均高程类似,选用 Zonal Statistics As Table 工具,按图 9-53 所示进行设置,统计出每个村庄的平均坡度。

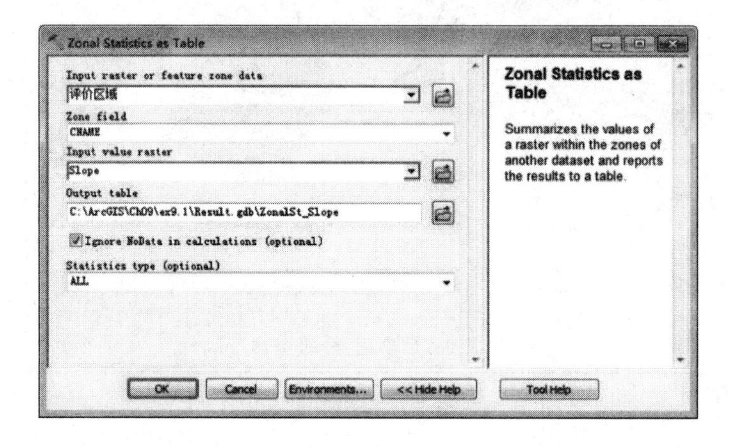

图 9-53 ‘ZonalStatisticsAsTable’对话框

③生成平均坡度分析图

以村庄 ID 为公共字段,将新生成的“Zonalst_slope”表连接(Join)到“评价区”图层,根据平均坡度可视化“评价区域”图层,进一步标注村名,添加图例、比例尺、指北针等制图元素,结果如图 9-54 所示。基于平均坡度栅格化“评价区域”图层,并按表 9-8 对平均坡度栅格进行重分类,生成“平均坡度”栅格。

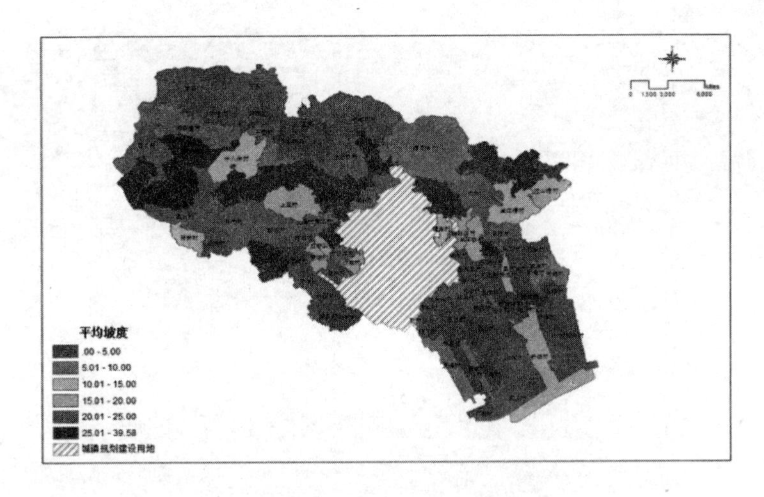

图 9-54 平均坡度分析图

9.2.5 计算村庄综合分值

1. 栅格计算器计算总分值

在完成各个单因子评价的基础上，进一步对各个因子的栅格数据按照各自的权重进行叠加运算，得到综合评价图。

在 ArcToolbox 中，选用 Spatial Analyst Tools→Map Algebra→Raster Calculator 工具，调出'Raster Calculator'对话框，其左侧图层选择框内是可供计算的栅格图层，在中间的文本框内，输入以下表达式(见图 9-55)：

“交通条件” × 0.2+“经济条件” × 0.15+“人口集聚”×0.1+“人口密度”×0.1+“社会公共设施”×0.25+(“平均高程”×0.4+“平均坡度”×0.6)×0.2

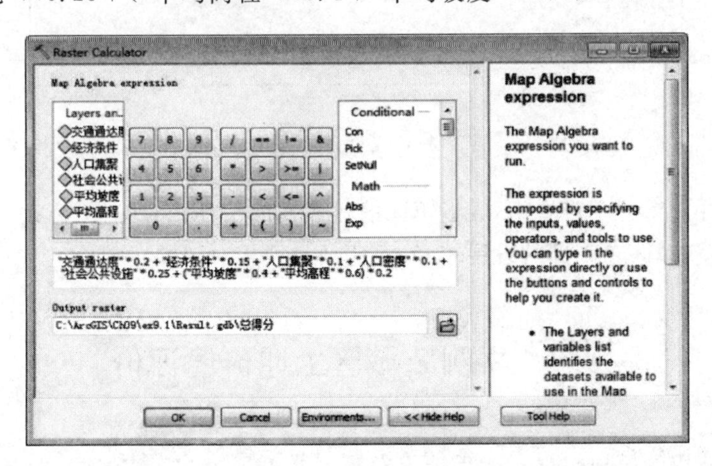

图 9-55 计算村庄综合得分

2. 生成评价结果图

对上一步操作生成的图层“总得分”，采用“NaturalBreak”分组方式，分为 5 个等级来显示(见图 9-56)，生成评价结果，如图 9-57 所示。

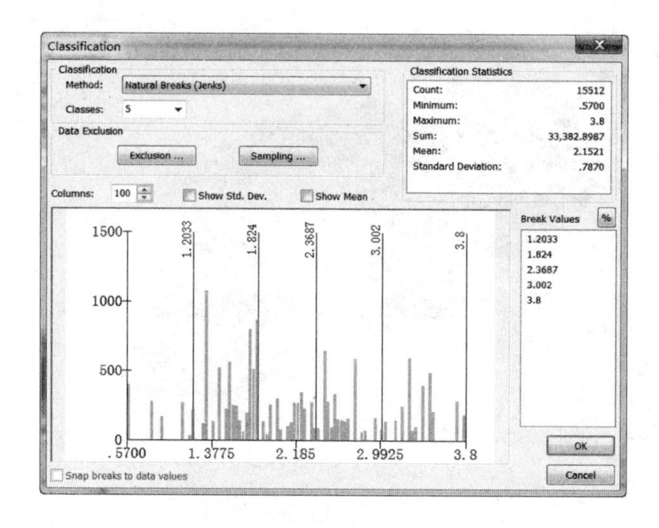

图 9-56 分组方式

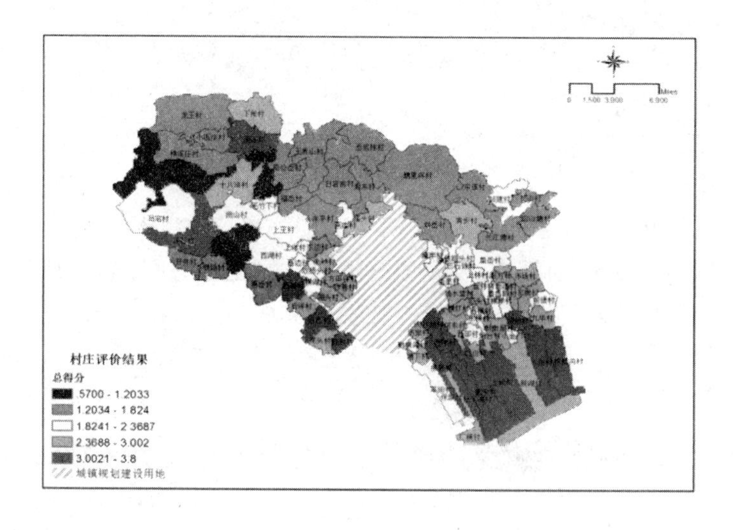

图 9-57 村庄发展条件评价总得分

根据发展评价得分不难看出，靠近镇区的村庄发展条件相对较好，离镇区较远的村庄发展条件相对较差；镇区东南部的发展较好，西北部发展相对较差。

9.3 案例2 城区土地价值评价

本案例所使用的模拟数据下载后请保存至 C:\ArcGIS\Ch09\ex9.2，具体的模拟数据如下：

(1)栅格数据，包括卫星底图“image”。

(2)矢量数据，包括评价区域边界“boundary”、路网“road”、桥隧入口“tunnel”、地铁站入口“metro”、商业中心“commercial”、滨河公园和中央公园“park”。

本案例将从交通区位条件、商业繁华度和环境景观因素三个方面评价城区土地价值，再结合三个因素进行综合评价。通过本案例的学习，读者将掌握栅格数据的基本操作，包括成本距离、欧式分配、栅格计算器等。

9.3.1　案例介绍

评价城市某区域范围内土地价值，这里做了简化处理，仅考虑三个因素（附权重）：一是交通区位条件（权重 50%），考虑两个因素，一个因素是离通往主城的桥隧入口处距离的远近，另一因素是到地铁站的距离，要求采用道路成本距离；二是商业繁华度（权重 30%），按照到区域内商业中心道路通行成本进行评价；三是环境景观因素（权重 20%），以离开滨河公园和中央公园道路距离衡量。

要求按 5 米栅格单元评价，每一因素都按从最不利(0)到最有利(9)进行 10 级标度。

9.3.2　加载分析模块并设置分析环境

1. *激活 Spatial Analyst Tools 模块并加载数据*

(1)新建一个地图文档，点击“Customize”＞＞“Extensions”，勾选 *Spatial Analyst* 以激活 Spatial Analyst Tools 模块。双击数据框“Layers”，打开数据框属性对话框‘Data Frame Properties’，点击 General，在 Units 框内，设置地图 Map 和显示 Display 的单位都为 *Meters*。如图 9-58 所示。

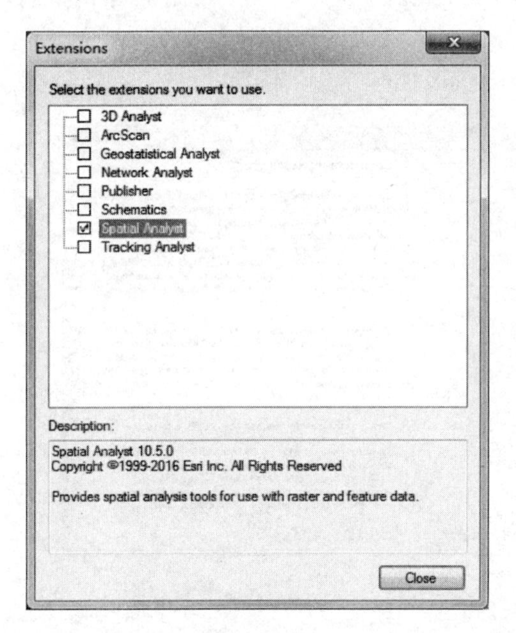

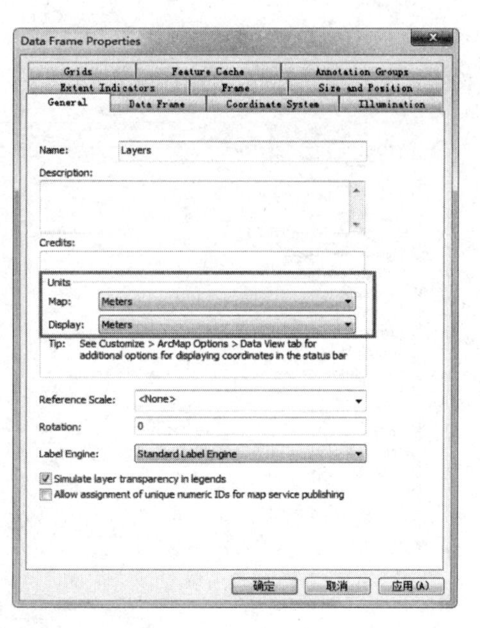

图 9-58　设置扩展选项和数据框属性

(2)加载实验所需数据“boundary”、“commercial”、“metro”、“park”、“road”、“tunnel”和卫星影像“image”(见图 9-59)。查看各数据属性可发现，卫星影像的坐标系为 WGS_1984，其余矢量数据的坐标系为 CGCS2000_3_Degree_GK_CM_120E。因此先选择 ArcToolbox

中的Data Management Tools→Projections and Transformations→Raster→Project Raster工具，对“image”进行投影变换，具体操作可参考本书6.3.3中的内容，并将变换后的“image_Project”加载到数据框中。

图9-59 加载实验所需的各个数据

2. 设置分析环境

(1)设置工作空间(见图9-60)，点击“Geoprocessing”>>“Environments”，设置Workspace中的当前工作空间Current Workspace和临时工作空间Scratch Workspace为新建的文件地理数据库*result.gdb*。

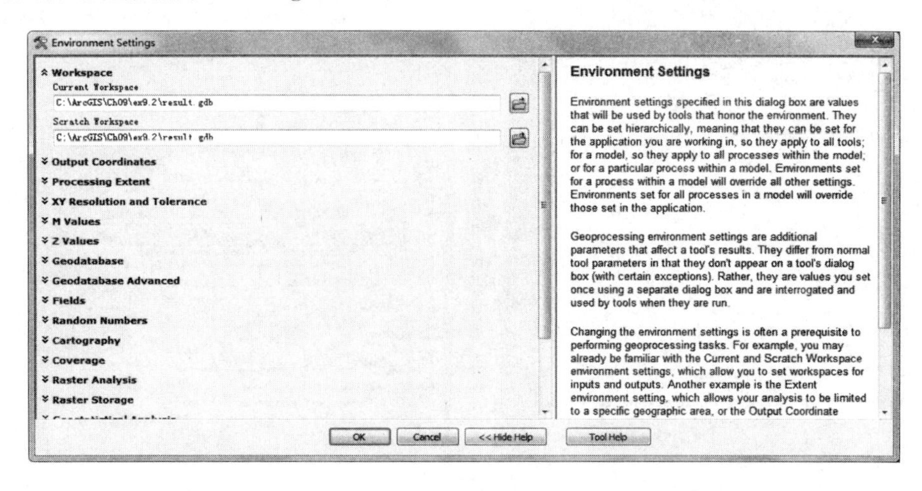

图9-60 设置工作路径

(2)设置分析区域和像元大小(见图9-61和图9-62)，设置Processing Extent的处理范围为*Same as layer boundary*，即与“boundary”的范围一致，并设置Raster Analysis中的栅格大小(Cell Size)为5。此外，也可在Mask处选择掩膜数据，设置只在所选择的区域进行空间分析。

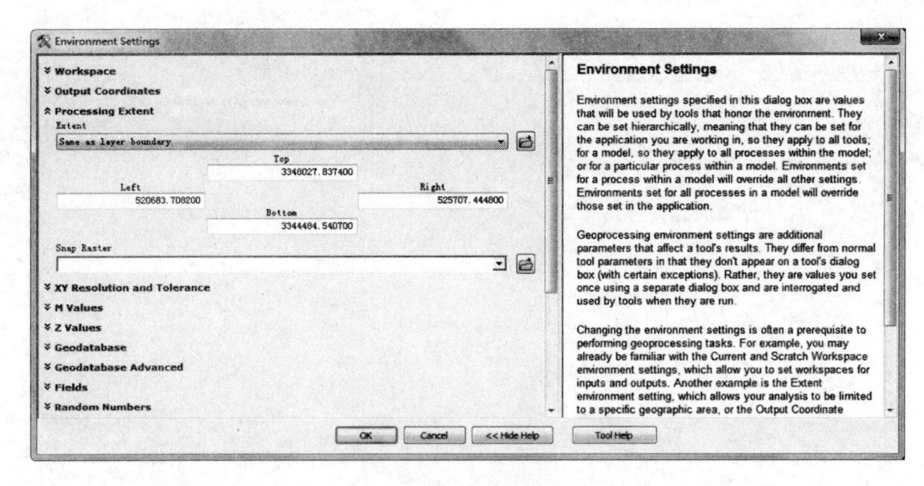

图 9-61　设置分析区域

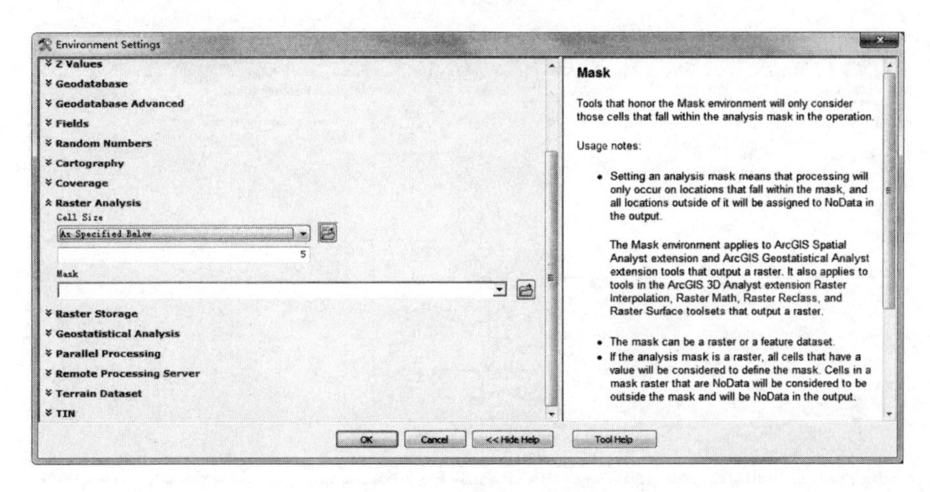

图 9-62　设置像元大小

9.3.3　交通区位条件评价

交通区位评价考虑两个因素，包括到桥隧入口的成本和地铁口的成本。先分别计算评价区域内各个栅格至桥隧入口和地铁口的成本，再将其相加，最后对其重分类。到桥隧入口的距离成本包括：①每个栅格到道路的通行成本；②道路上到桥隧入口的通行成本。到地铁入口的距离成本的计算方式与其相类似。新建一个数据框，命名为“trans”，并同样设置单位为米。

1. 评价区域至桥隧入口的通行成本

（1）右击 TOC 窗口中的“road”图层，打开其属性表，添加一个字段“value”，并赋值为 1。本案例假设不同道路的通行成本相同，都为 1 个单位。选择 Conversion Tools→To Raster→Feature to Raster，将“road”转换为栅格数据（见图 9-63）。并利用 Data Management Tools→Features→Feature To Polygon 将“boundary”线要素转换为面要素“boundary_FeatureToPolygon”（见图 9-64），类似地添加字段并赋值，假设每个栅格的通行成本为 1 个单位，再利用 Conversion Tools→To Raster→Feature to Raster 生成评价区域栅格数据“site”（见图 9-65）。

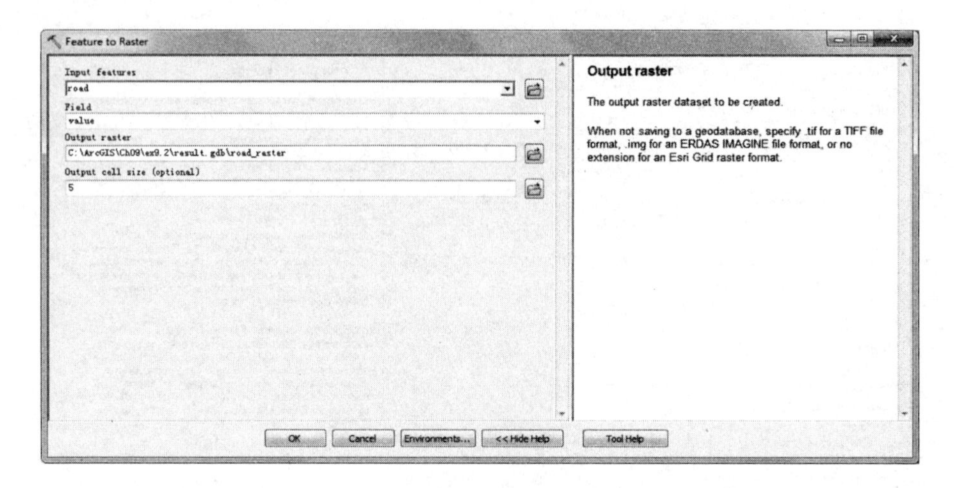

图 9-63 “road”线要素转栅格

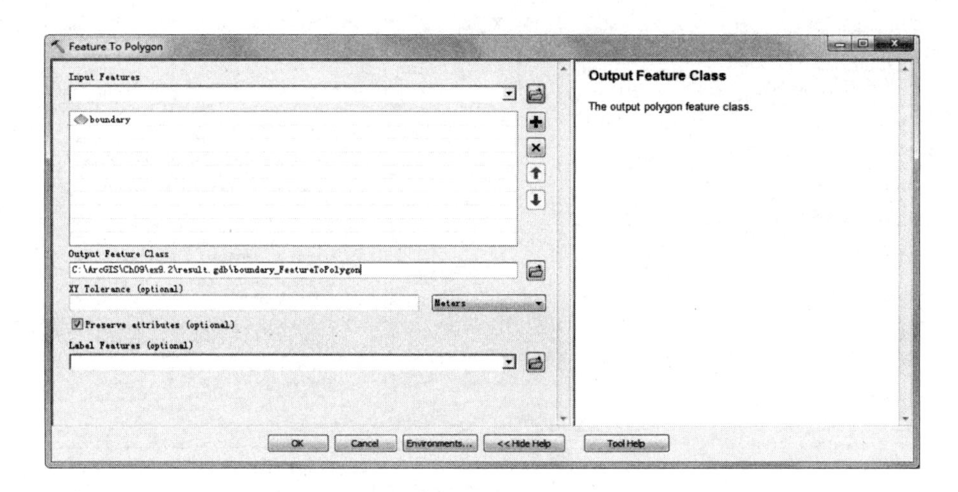

图 9-64 “boundary”线要素转换为面要素“boundary_FeatureToPolygon”

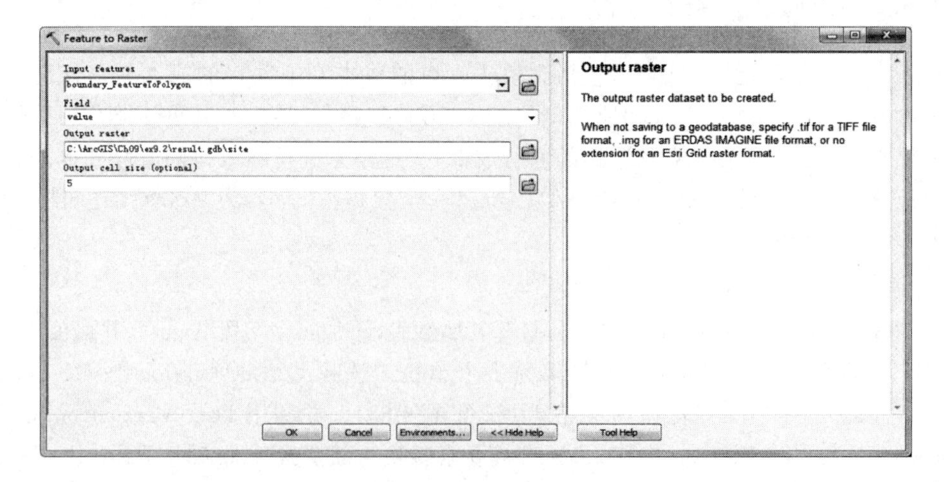

图 9-65 “boundary_FeatureToPolygon”面要素转栅格

(2)计算区域内各点至桥隧入口的道路成本距离。选择 Spatial Analysis Tools→Distance→Cost Distance 工具，Input raster or feature source data(栅格数据或要素数据源)设置为 *tunnel*，Input cost raster(成本栅格)设置为 *road_raster*，并指定输出路径，生成"CostDis_tunnel"栅格。如图 9-66 所示。

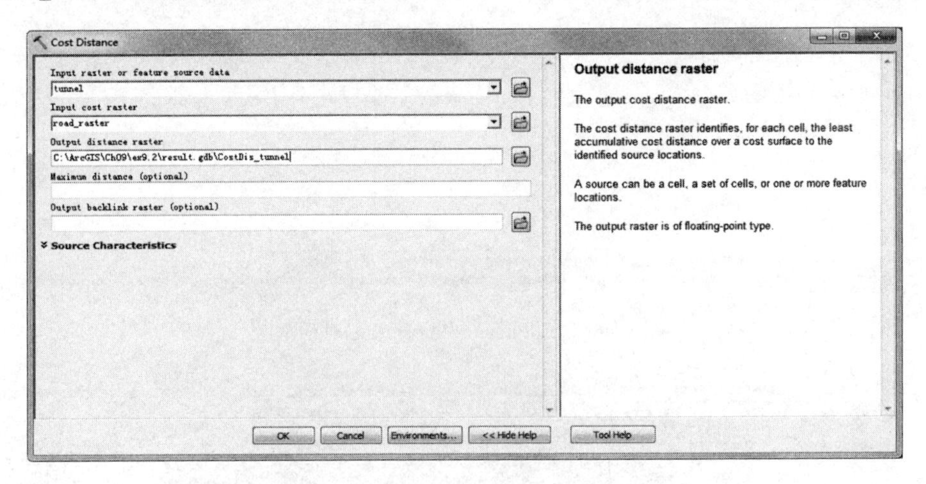

图 9-66　计算到桥隧入口的成本距离

(3)CostDis_tunnel 的每个栅格的值是指到桥隧入口的道路通行距离(即通行成本)，还需将这一道路通行成本分配给区域内的其他栅格，使栅格值等于距离最近的道路距离栅格值。由于被分配的栅格值应该是整数型，因此先选择 Spatial Analyst Tools→Map Algebra→Raster Calculator 对"CostDis_tunnel"进行取整，生成"int_tunnel"(也可使用 Spatial Analyst Tools→Math→ Trigonometric→Int 工具进行取整)。如图 9-67 所示。

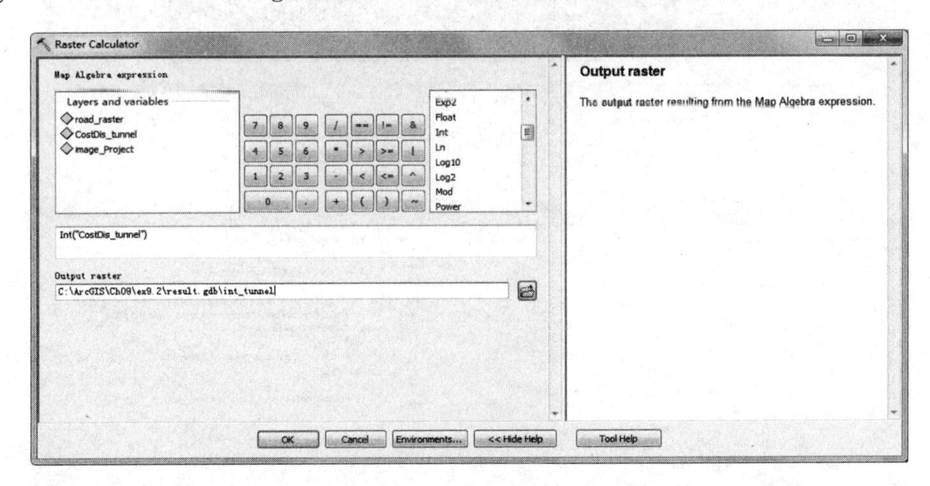

图 9-67　利用 Raster Calculator 取整

(4)选择 Spatial Analysis Tools→Distance→Euclidean Allocation 工具(见图 9-68)，利用欧氏分配得到结果"EucAllo_tunnel"(见图 9-69)，到桥隧入口的道路通行成本被分配至每个栅格。

(5)计算评价区域内各个栅格至道路的通行成本距离(见图 9-70)。选择 Spatial

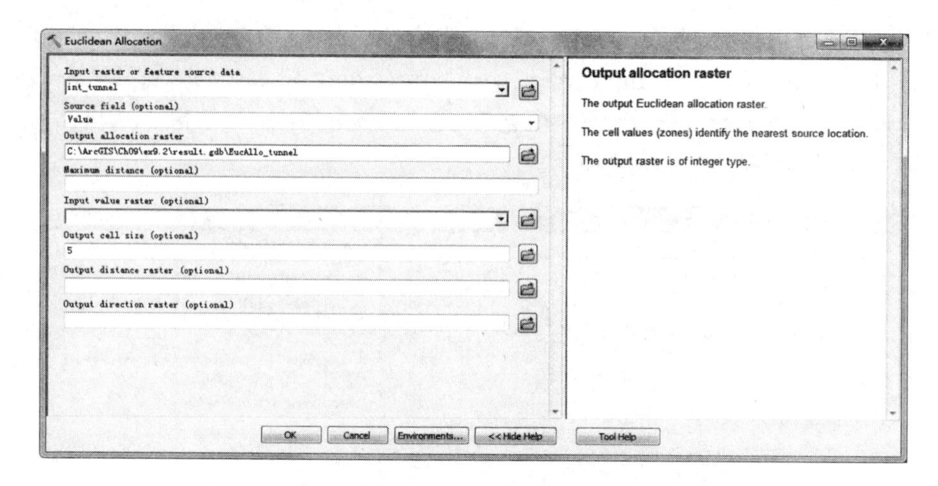

图 9-68 'Euclidean Allocation'对话框

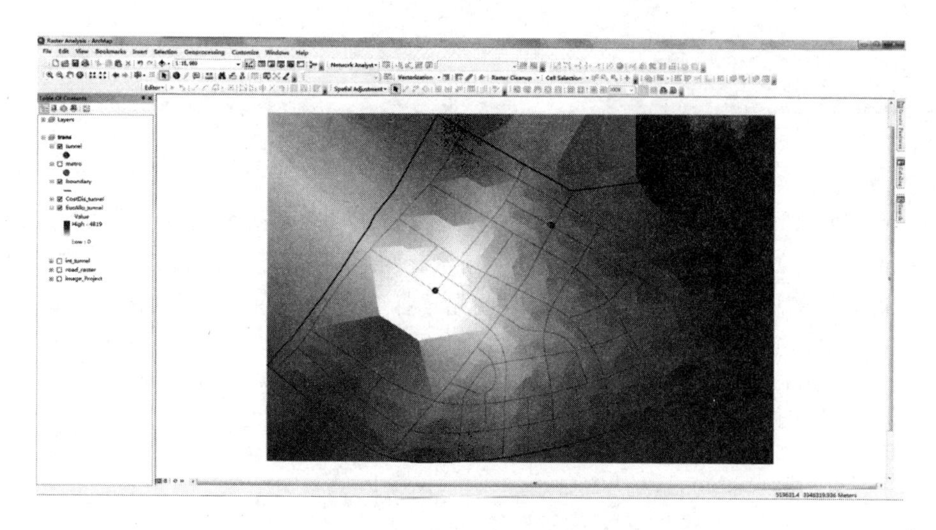

图 9-69 生成"EucAllo_tunnel"

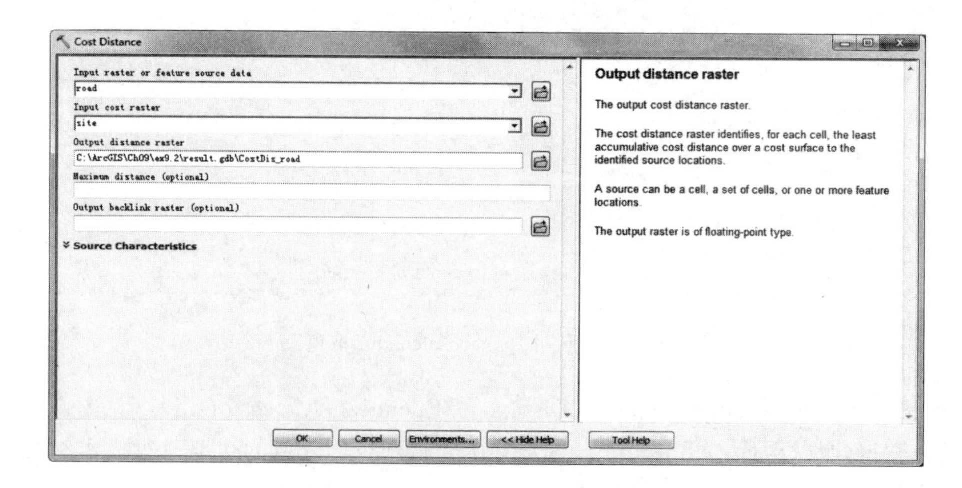

图 9-70 各个栅格至道路的通行成本距离

Analysis Tools→Distance→Cost Distance 工具，生成“CostDis_road”(见图 9-71)。

图 9-71　生成“CostDis_road”

(6)计算每个栅格至桥隧入口的总成本，选择 Spatial Analyst Tools→Map Algebra→Raster Calculator 工具(见图 9-72)，生成“cost_tunnel”(见图 9-73)。

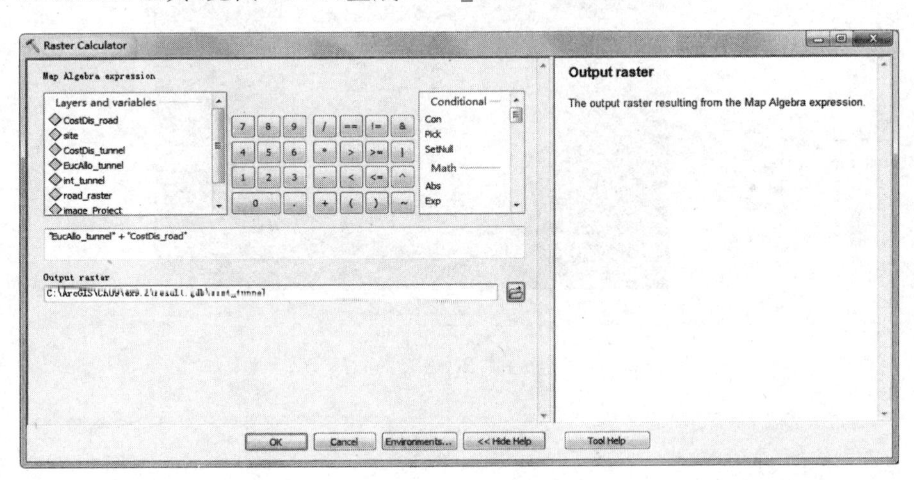

图 9-72　利用 Raster Calculator 生成“cost_tunnel”

2. 评价区域至地铁站入口的通行成本

(1)计算每个栅格至地铁站入口的总成本，其操作过程与计算至桥隧入口的总成本类似。先计算道路通行成本距离，利用 Spatial Analysis Tools→Distance→Cost Distance 工具生成“CostDis_metro”，再利用 Spatial Analyst Tools→Map Algebra→Raster Calculator 对“CostDis_metro”进行取整，生成“int_metro”，最后选择 Spatial Analysis Tools→Distance→Euclidean Allocation 工具，利用欧氏分配得到结果“EucAllo_metro”(见图 9-74)。

(2)利用 Spatial Analyst Tools→Map Algebra→Raster Calculator 工具叠加每个栅格至道路的通行成本“CostDis_road”，生成“cost_metro(见图 9-75)”。

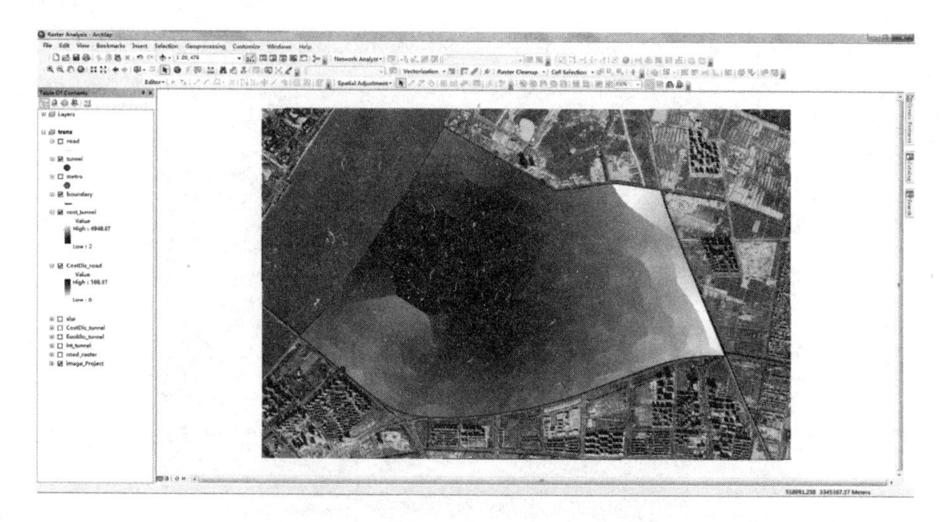

图 9-73　生成的“cost_tunnel”图层

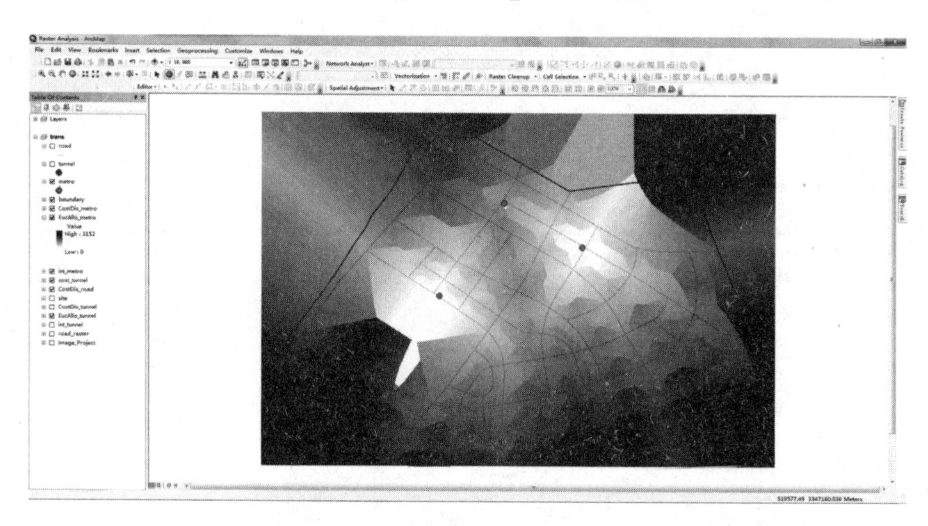

图 9-74　生成的“EucAllo_metro”图层

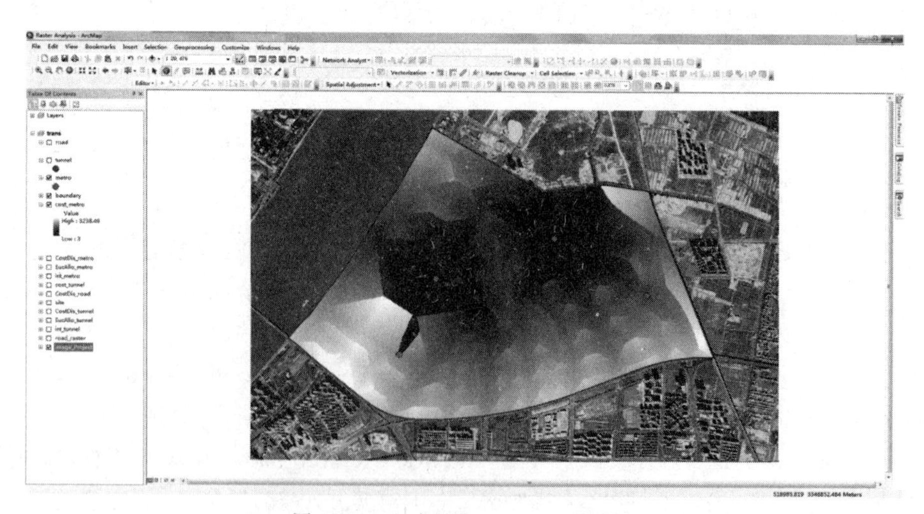

图 9-75　生成的“cost_metro”图层

3. 总体的交通区位条件

(1)选择 Spatial Analyst Tools→Map Algebra→Raster Calculator 工具,叠加每个栅格至桥隧入口和地铁口的总成本,得到“trans”(见图 9-76)。

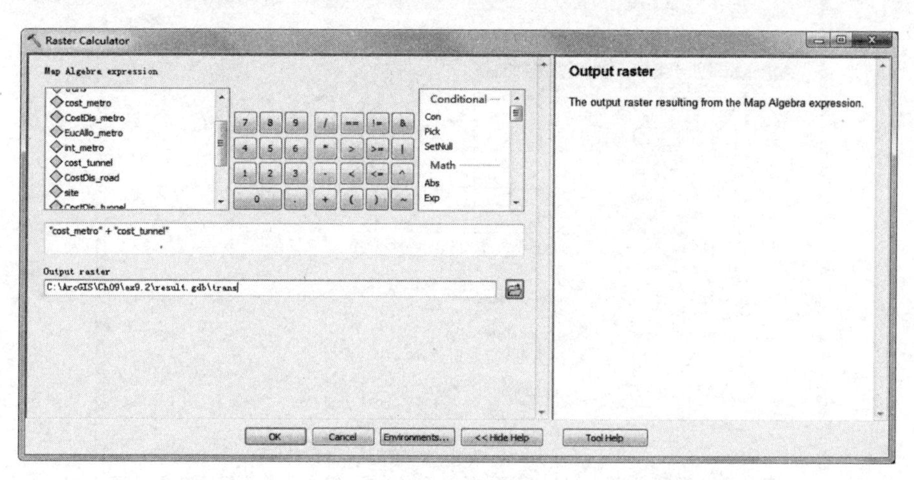

图 9-76　叠加“cost_tunnel”和“cost_metro”得到“trans”

(2)利用 Spatial Analysis Tools→Reclass→Reclassify 工具对其进行重分类。点击“Classify”,打开‘Classification’对话框(见图 9-77),利用自然间断分级法 *Natural Breaks* (*Jenks*)将其分为 10 类(见图 9-78),并重新赋值为 0～9(成本越小,越有利,级别越高)。交通区位条件评价结果如图 9-79 所示。

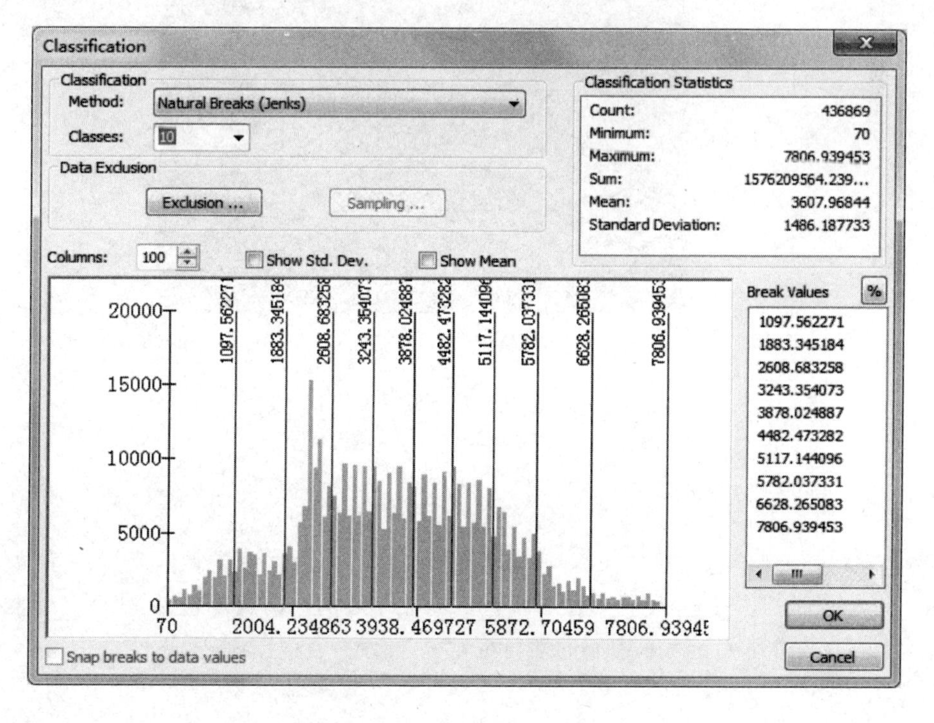

图 9-77　‘Classification’对话框

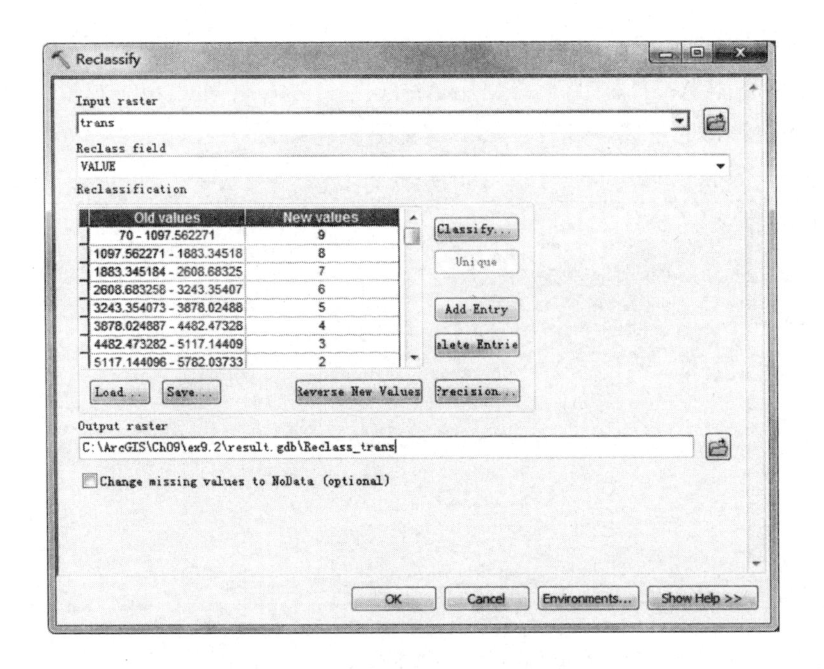

图 9-78　重分类为 10 类

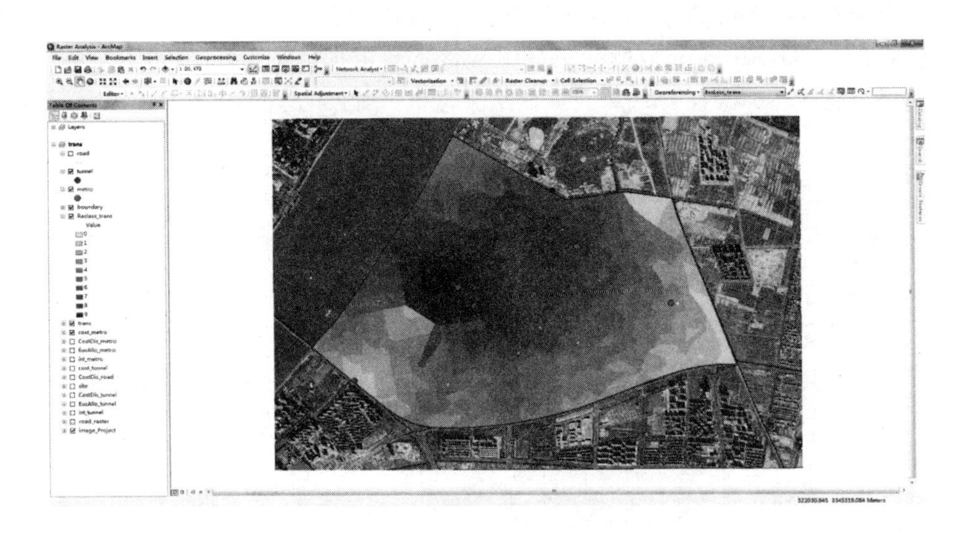

图 9-79　交通区位条件评价结果

9.3.4　商业繁华度评价

商业繁华度的评价总体操作流程与交通区位条件的评价过程类似。新建一个数据框，命名为“commercial”，并同样设置单位为米。到商业中心的距离成本包括：①每个栅格到道路的通行成本；②道路上到商业中心的通行成本。

(1)先计算至商业中心的道路通行成本距离,利用 Spatial Analysis Tools→Distance→Cost Distance 工具生成“CostDis_comm”再利用 Spatial Analyst Tools→Map Algebra→Raster Calculator 对“CostDis_comm”进行取整,生成“int_comm”,最后选择 Spatial Analysis Tools→Distance→Euclidean Allocation 工具,利用欧式分配得到结果“EucAllo_comm”(见图 9-80)。

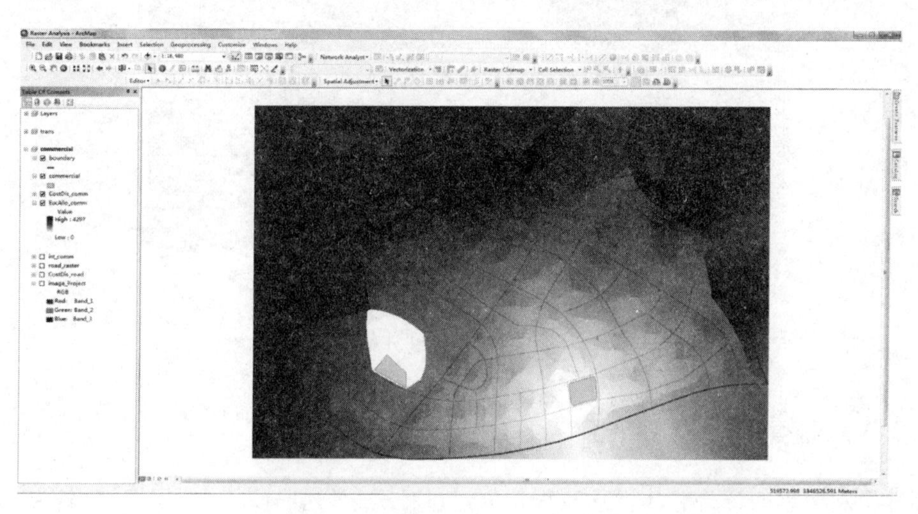

图 9-80　生成的“EucAllo_comm”图层

(2)利用 Spatial Analyst Tools→Map Algebra→Raster Calculator 工具叠加每个栅格至道路的成本距离“CostDis_road”,生成“cost_comm”(见图 9-81)。

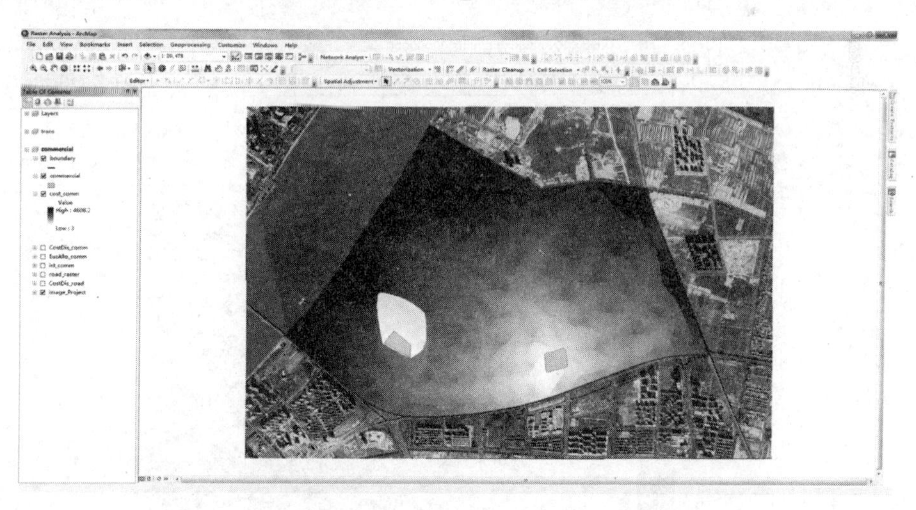

图 9-81　生成的“cost_comm”图层

(3)利用 Spatial Analysis Tools→Reclass→Reclassify 工具对“cost_comm”进行重分类,利用自然间断分级法 *Natural Breaks(Jenks)*将其分为 10 类,并重新赋值为 0～9,生成“Reclass_comm”(见图 9-82)。

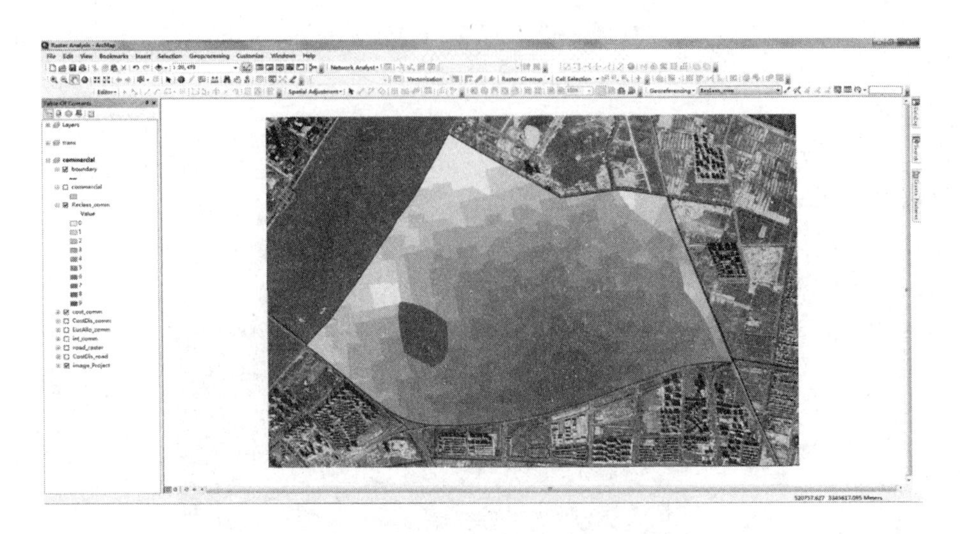

图 9-82 商业繁华度评价结果

9.3.5 环境景观因素评价

环境景观因素的评价总体操作流程与上述过程类似。新建一个数据框，命名为"park"，并同样设置单位为米。到商业中心的距离成本包括：①每个栅格到道路的通行成本；②道路上到公园的通行成本。

（1）先计算至公园的道路通行成本距离，利用 Spatial Analysis Tools→Distance→Cost Distance 工具生成"CostDis_park"，再利用 Spatial Analyst Tools→Map Algebra→Raster Calculator 对"CostDis_park"进行取整，生成"int_park"，最后选择 Spatial Analysis Tools→Distance→Euclidean Allocation 工具，利用欧式分配得到结果"EucAllo_park"（见图 9-83）。

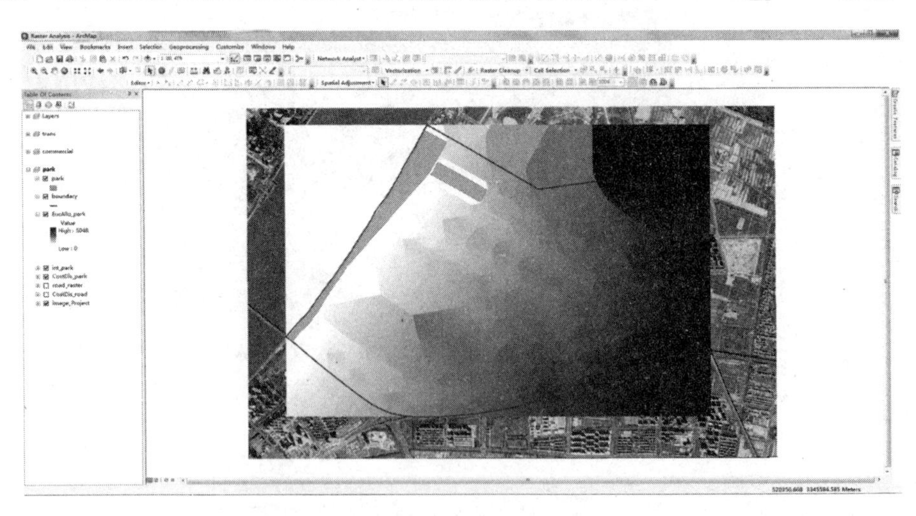

图 9-83 生成的"EucAllo_park"图层

（2）利用 Spatial Analyst Tools→Map Algebra→Raster Calculator 工具叠加每个栅格至道路的成本距离"CostDis_road"，生成"cost_park"（见图 9-84）。

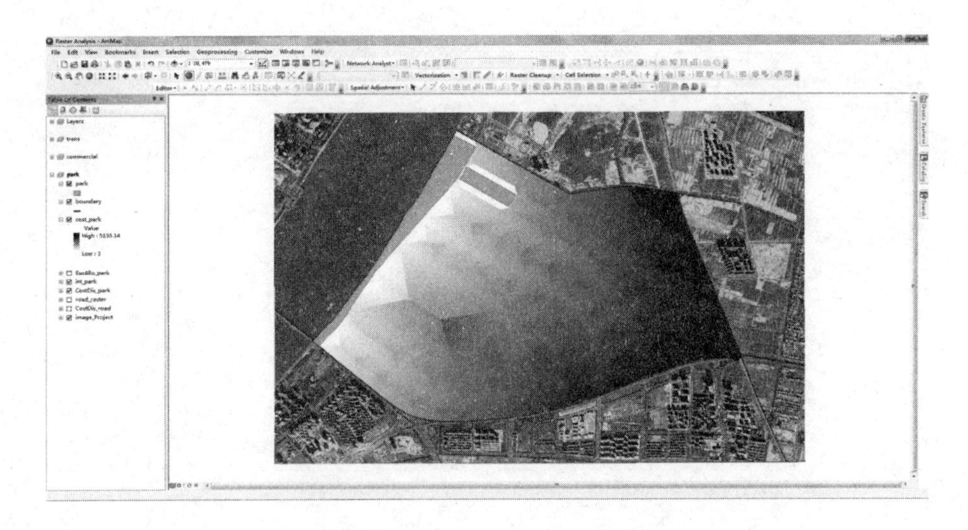

图 9-84　生成的“cost_park”图层

(3)利用 Spatial Analysis Tools→Reclass→Reclassify 工具对“cost_park”进行重分类，利用自然间断分级法 *Natural Breaks*(*Jenks*)将其分为 10 类，并重新赋值为 0～9，生成“Reclass_park”。环境景观因素评价结果如图 9-85 所示。

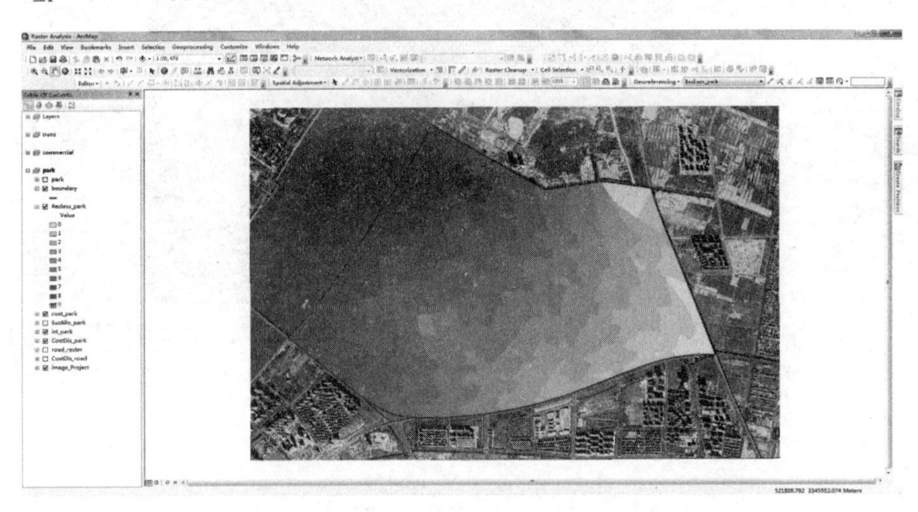

图 9-85　环境景观因素评价结果

9.3.6　总体评价结果

对上述三个因素的评价结果进行总体评价，其中交通区位条件权重为 50%，商业繁华度权重为 30%，环境景观因素权重为 20%。新建一个数据框，命名为“result”，并同样设置单位为米。利用 Spatial Analyst Tools→Map Algebra→Raster Calculator 工具(见图 9-86)，生成最后的评价结果“result”(见图 9-87)。

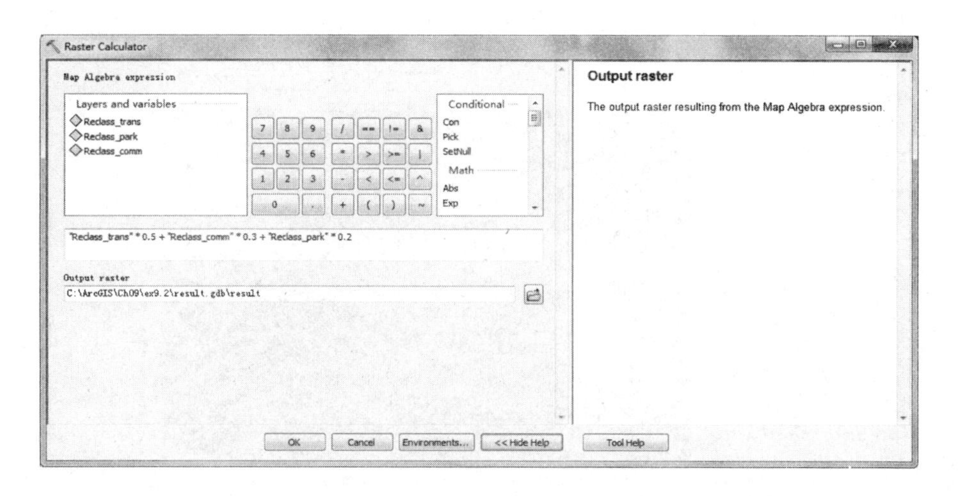

图 9-86 'Raster Calculator'对话框

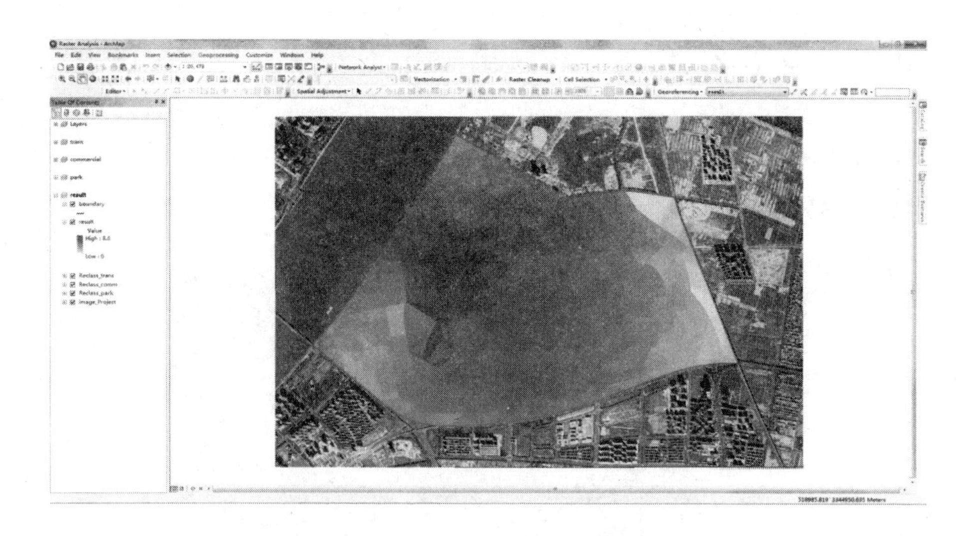

图 9-87 最终评价结果"result"

9.4 本章小结

基于栅格数据的空间分析是 ArcGIS 空间分析的核心内容之一。本章围绕 ArcGIS 的空间分析扩展模块对应的 Spatial Analyst Tools 进行讲解。首先介绍了面向栅格数据的典型空间分析工具,其次选用两个典型案例——村庄发展条件评价和城区土地价值评价,详细介绍这些工具的具体应用。通过学习这两个案例,读者可以熟练地掌握栅格数据空间分析的基本技能。

第10章　三维分析

ArcGIS 3D Analyst 是专门用于三维可视化和分析的扩展模块，提供了一系列用于在三维环境中创建、显示和分析 GIS 数据的工具，其中包括 ArcGlobal 和 ArcScene 应用程序，还包括 terrain 数据管理和地理处理工具。ArcGIS 3D Analyst 地理处理工具可以创建并修改不规则三角网（TIN）、栅格和 terrain 表面，并从这些对象中提取信息和要素。3D Analyst Tools 包括的工具集如图 10-1 所示。本章案例将介绍其中部分常用工具的使用方法。本书未涉及的三维分析工具，请读者通过在线帮助或参阅其他同类教材自主学习。

图 10-1　3D Analyst Tools 主要工具集

10.1　三维分析概要

三维分析涉及数字高程模型（DEM）、不规则三角网（TIN）等基础概念。本节将简要介绍常用概念和 3D Analyst 工具箱里的各工具集，其相关工具的使用需获得 3D Analyst 工具箱许可，即需要勾选扩展模块中的 3D Analyst 模块选项。

10.1.1　相关概念简述

1. 数字高程模型（DEM）

数字高程模型（Digital Elevation Model，DEM），是用一组有序数值阵列形式表示地面高程的一种实体地面模型，是数字地形模型（Digital Terrain Model，DTM）的一个分支，其他各种地形特征值均可由此派生。DEM 是地理信息系统的基础数据，可用于坡度、坡面分析，视线、视域分析，土方计算等。

DEM有三种主要的表示模型:规则格网模型、等高线模型和不规则三角网。

2. 不规则三角网(TIN)

不规则三角网也称为“曲面数据结构”,是根据区域的有限个点集将区域划分为相等的三角面网络,数字高程模型由连续的三角面组成,三角面的形状和大小取决于不规则分布的测点的密度和位置。相对于规则格网模型和等高线模型,不规则三角网既减少了规则格网带来的数据冗余,同时在计算(如坡度)效率方面又优于纯粹基于等高线的方法。不规则三角网能随地形起伏变化的复杂性而改变采样点的密度和决定采样点的位置,因而它能够避免地形起伏平坦时的数据冗余,又能按地形特征点如山脊、山谷线、地形变化线等表现数字高程特征。

10.1.2 三维分析工具集简介

3D Analyst 工具箱提供可在表面模型和三维矢量数据上实现各种分析、数据管理和数据转换操作的地理处理工具的集合。通过 3D Analyst 工具可创建和分析以栅格、terrain、不规则三角网(TIN)和 LAS 数据集格式表示的表面数据。

1. 3D要素工具集

3D要素工具集提供了一组评估几何属性和三维要素间的关系的工具,包括添加z值信息、3D缓冲、3D差异、封闭多面体、根据属性实现要素转3D、3D内部、3D相交、3D线与多面体相交、是否为闭合、3D邻近、3D联合等工具。

2. 3D Analyst 转换工具集

3D Analyst 转换工具集提供了多种工具以实现各种数据类型的转换,包含将要素类、文件、LAS数据集、栅格、TIN和terrain转换为其他数据格式的工具。其中较为常用的是栅格、Terrain、TIN转出,栅格数据转换成多点、TIN等;Terrain转换成点、栅格、TIN等;TIN可转换为栅格等。

3. 3D Analyst 数据管理工具集

3D Analyst 数据管理工具集提供一组用于terrain、TIN和LAS数据集上进行操作的地理处理工具,包括LAS数据集工具集、Terrain数据集工具集和TIN工具集。

4. 功能性表面工具集

功能性表面工具集提供一组使用要素和各种表面类型执行分析操作的地理处理工具,可评估来自栅格、terrain和TIN表面的高程信息,包括添加表面信息、插值Shape、3D线与表面相交、堆栈剖面、表面体积、表面长度、表面点等工具。

5. 栅格插值工具集

栅格插值工具集提供多种插值工具,可从给定的示例点集生成连续的栅格表面,包括符合真实地表的表面模型。插值方法可分为确定性插值方法和地统计方法。确定性插值方法将根据周围测量值和用于确定所生成表面平滑度的指定数学公式将值指定给位置,包括反距离权重法(Inverse Distance Weighting, IDW)、自然邻域法、趋势面法和样条函数法。地统计方法以包含自相关(测量点之间的统计关系)的统计模型为基,包括克里金法。

6. 栅格计算工具集

栅格计算工具集包括一系列在栅格数据集上执行数学运算的要素工具,可对一个或多个输入栅格应用数学函数。除了可执行加法(加)、减法(减)、乘法(乘)和除法(除)之外,还可对单个栅格进行浮点型和整型之间的转换。

7. 栅格重分类工具集

栅格重分类工具集提供了多种可对输入像元值进行重分类或将其更改为替代值的方法,包括对单个值、值的范围、间隔进行重分类的工具。

8. 栅格表面工具集

栅格表面工具集提供可确定栅格表面属性(如等值线、坡度、坡向、山体阴影和差异计算)的分析工具,其可量化及可视化数字高程模型表示的是地貌。

9. 三角表面工具集

三角表面工具集提供可确定TIN、terrain和LAS数据集的表面属性(如等值线、坡度、坡向、山体阴影、差异计算、体积计算和异常值检测)的分析工具。

10. 可见性工具集

可见性工具集提供允许使用不同类型的观察点要素、障碍源(包括表面和适合于表示建筑等结构的多面体)和3D要素执行可见性分析(从构造阴影模型和视线到生成视域和天际线)的工具。

10.1.3 TIN数据的相关基本操作

1. 创建TIN

在ArcGIS中,可以通过矢量数据、栅格数据、Terrain数据集来创建TIN。

(1)由矢量数据创建

用户可以由包含高程信息的要素(如点、线和面)来创建TIN表面。使用点作为高程数据的点位置。使用具有高度信息的线来强化自然要素,例如,湖泊、河流、山脊和山谷。创建的工具为:在ArcToolbox下,选用3D Analysis Tools→Data Management→TIN→Create TIN(创建TIN)工具,其对话框'Create TIN'如图10-2所示。

(2)由栅格数据创建

可以将栅格表面转换为TIN,以便在地表建模中使用,或者用于简化地表模型以进行显示。转换为不规则三角网(TIN)的过程中,用户还可以通过添加一些未表现在原始栅格中的要素(例如河流和道路)进一步改善地表模型。所用的工具为ArcToolbox下的3D Analysis Tools→Conversion→From Raster→Raster To TIN(栅格转TIN)工具来完成。

(3)由Terrain数据集创建

处理多分辨率Terrain数据集时,用户可能需要将Terrain数据集的一部分转换为TIN表面,以特定的金字塔等级来处理这一小部分感兴趣区域。可以使用ArcToolbox下的3D Analysis Tools→Conversion→From Terrain→Terrain to TIN(Terrain转TIN)工具进行转换。

2. TIN的编辑及转出

可以使用位于ArcToolbox中的Edit TIN工具对已有的TIN进行编辑,在编辑之前,要先加载"TIN Editing"工具条进行编辑。

使用ArcToolbox中的工具可以将TIN中的信息提取出需要的几何信息。

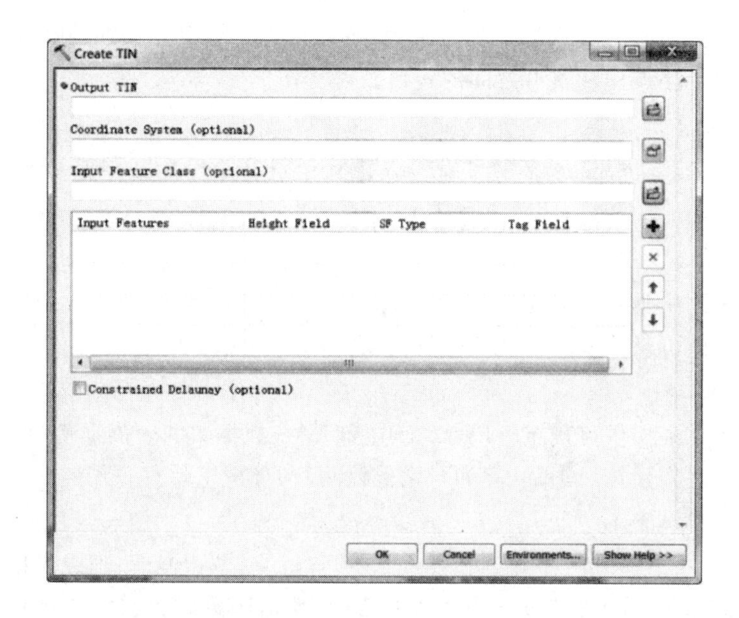

图 10-2 ‘Create TIN’对话框

注：TIN的单位是米等长度单位，而不是度分秒。在处理TIN时，应使用投影坐标系。否则Delaunay三角测量无效。

10.2 案例1 构建数字高程模型

本案例所使用的模拟数据下载后请保存至C:\ArcGIS\Ch10\ex10.2，具体包括等高线数据“dgx.shp”、研究范围数据“镇域范围.shp”和“村庄.shp”等。本案例将利用等高线创建数字高程模型，包括创建TIN、构造规则格网、计算分区平均坡度以及简单的山影分析。通过本案例的练习，读者可掌握创建TIN、计算坡度、分区统计、山影分析等相关工具。

10.2.1 加载分析模块并设置分析环境

(1)新建一个地图文档，点击“Customize”>>“Extensions”，勾选*3D Analyst*和*Spatial Analyst*以激活3D Analyst Tools和Spatial Analyst Tools模块(见图10-3)。右击数据框“Layers”，点击“Properties”，打开数据框属性对话框‘Data Frame Properties’，点击General，在Units框内，设置地图Map和显示Display的单位都为*Meters*。

(2)设置工作空间，点“Geoprocessing”>>“Environments”，设置Workspace中的当前工作空间Current Workspace和临时工作空间Scratch Workspace为新建的文件地理数据库*result.gdb*(见图10-4)。

(3)加载实验所需的数据，并初步熟悉各数据的属性。先利用Data Management Tools→Projection and Transformations→Define Projection工具为实验所需数据定义投影坐标系为CGCS2000_3_Degree_GK_CM_123E。

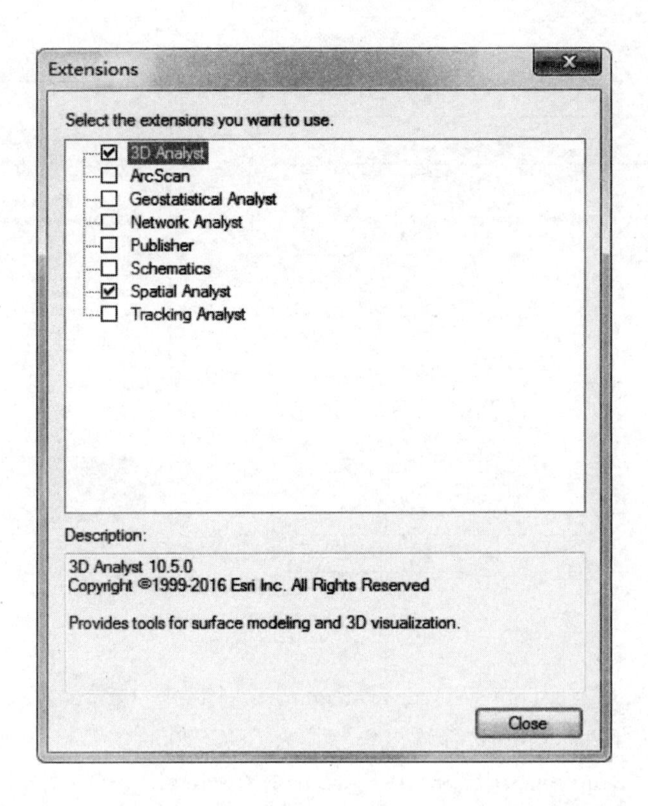

图 10-3　激活 3D Analyst Tools 和 Spatial Analyst Tools 模块

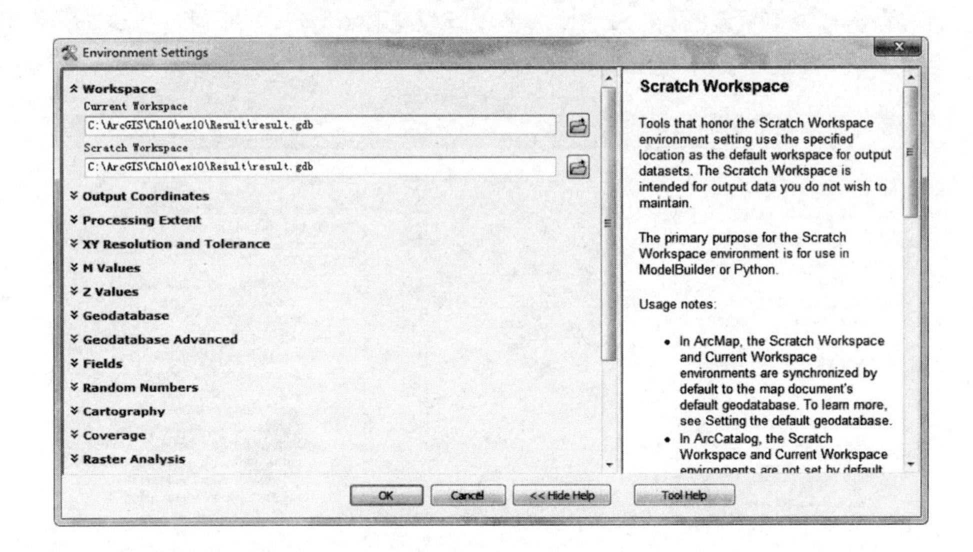

图 10-4　设置工作路径

10.2.2　构建镇域范围 TIN 模型

(1)利用 Analysis Tools→Extract→Clip 工具裁剪生成镇域范围内的等高线。Input Features 中选择 dgx(见图 10-5),Clip Features 选择镇域范围。

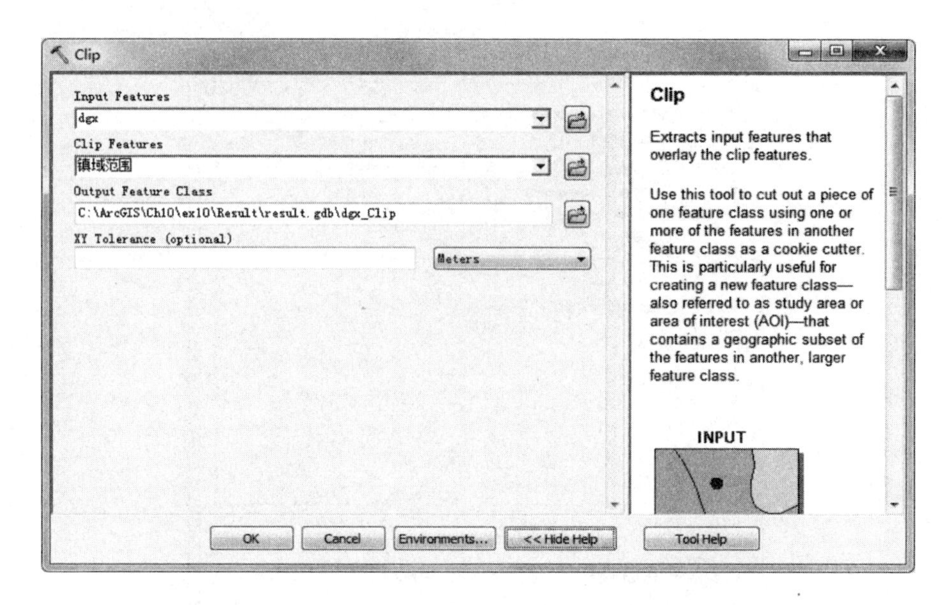

图 10-5 'Clip'对话框

(2)选择 3D Analysis Tools→Data Management→TIN→Create TIN 工具,利用等高线构建镇域范围内的 TIN 模型。选择输出坐标系为 *CGCS2000_3_Degree_GK_CM_123E*;在 Input Feature Class(optional)中选择 *dgx_Clip*,并在 Height Field 字段下拉选择表示高程的字段 *Elevation*,在 SF Type 字段下拉选择 *Mass_Point*,用于构成以 TIN 数据结点形式存储的高程值;再选择镇域范围,在 SF Type 字段下拉选择 *Soft_Clip*(通过指定 *Hard_Clip* 或 *Soft_Clip*,面要素可表示插值边界)(见图 10-6),生成的 TIN 模型如图 10-7 所示。

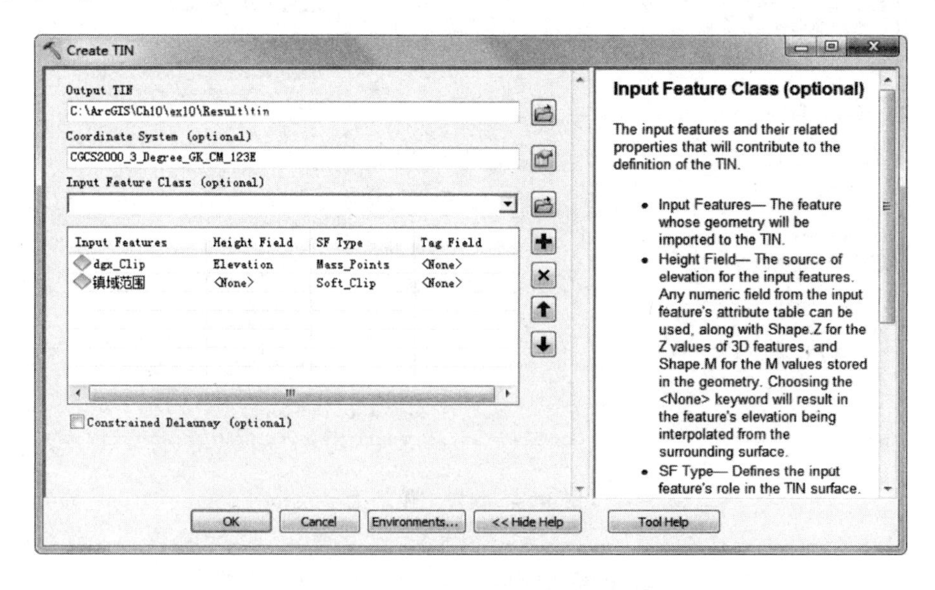

图 10-6 'Create TIN'对话框

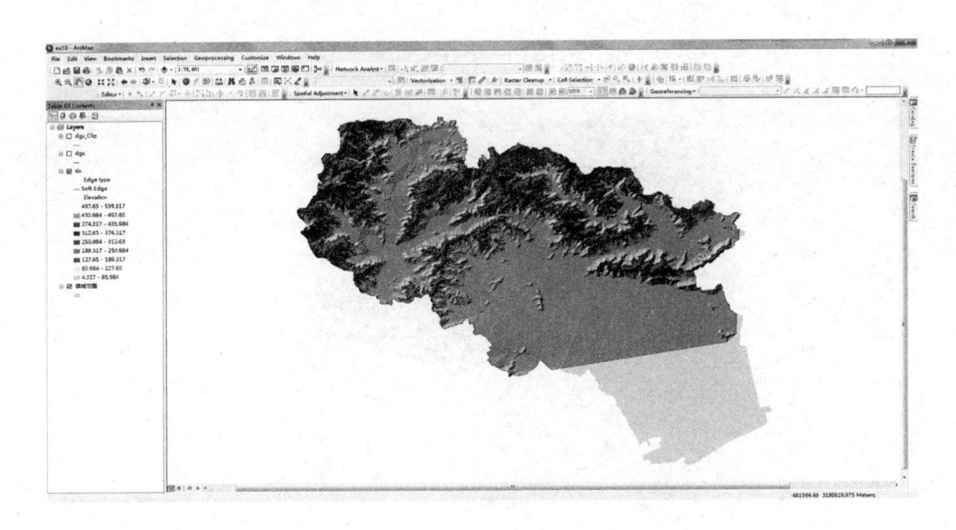

图 10-7　生成的“tin”

10.2.3　生成规则格网

利用 3D Analyst Tools→Conversion→From TIN→TIN to Raster(TIN 转栅格)工具将“tin”转换为栅格数据,生成规则格网。选择输出数据类型 Output Data Type(optional)为 *INT*,采样距离 Sampling Distance(optional)为 *CELLSIZE* 20(本案例设置栅格数据像元大小为 20),如图 10-8 所示。生成的栅格数据如图 10-9 所示。

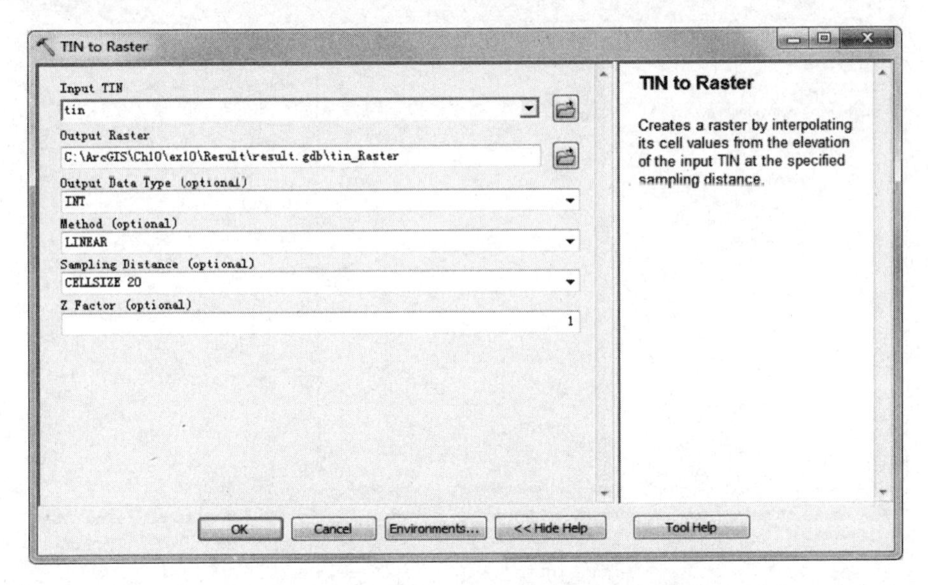

图 10-8　‘TIN to Raster’对话框

图 10-9　生成“tin_raster”

10.2.4　计算坡度和分区统计平均坡度

(1)利用 3D Analyst Tools→Raster Surface→Slope(坡度)工具计算镇域范围内的坡度。在输出单位 Output measurement(optional)中选择 *PERCENT_RISE*(见图 10-10),即以百分比表示坡度。坡度计算如图 10-11 所示。

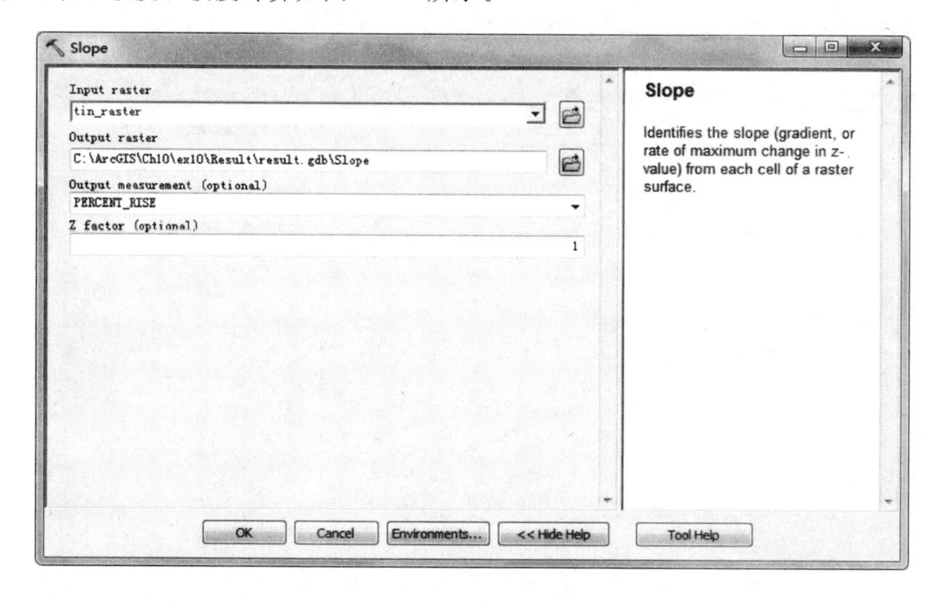

图 10-10　‘Slope’对话框

(2)利用 Spatial Analyst Tools→Zonal→Zonal Statistics as Table(以表格显示分区统计)工具分区统计平均坡度。在输入栅格或要素区域数据 Input raster or feature zone data 中选择村庄(本案例中将统计各个村庄的平均坡度),区域字段 Zone field 选择 *FID*,在统计类型 Statistics type(optional)中选择 *MEAN*,即统计平均值(见图 10-12)。

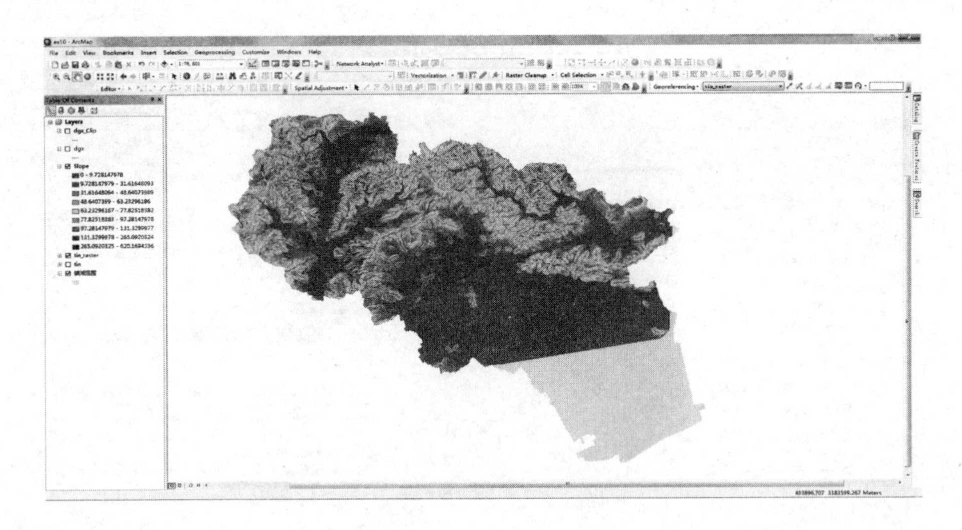

图 10-11　生成“Slope”

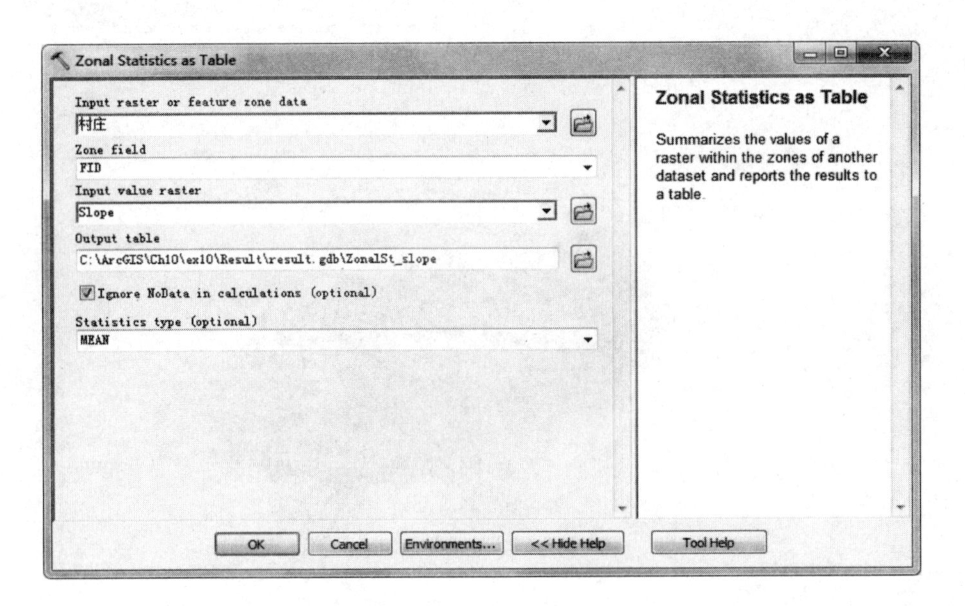

图 10-12　‘Zonal Statistics as Table’对话框

(3)将上述生成的“ZonalSt_slope”表格按属性连接到“村庄”。在“村庄”图层上右击，点击“Join and Relates”＞＞“Join”，打开‘Join Data’对话框。默认为 *Join attributes from a table*，即按属性进行连接，选择“村庄”图层的 *FID* 字段，待连接的图层数据为 *ZonalSt_slope*，其被连接的字段为 *FID*(见图 10-13)。最后再进行分级显示，可较为直观地展示各村庄的平均坡度相对大小，如图 10-14 所示。

10.2.5　山影分析

选择 3D Analyst Tools→Raster Surface→Hillshade(山体阴影)工具进行山影分析，输入栅格 Input raster 选择上述生成的 *tin_raster*；光源的方位角 Azimuth 由 0 到 360°之间的

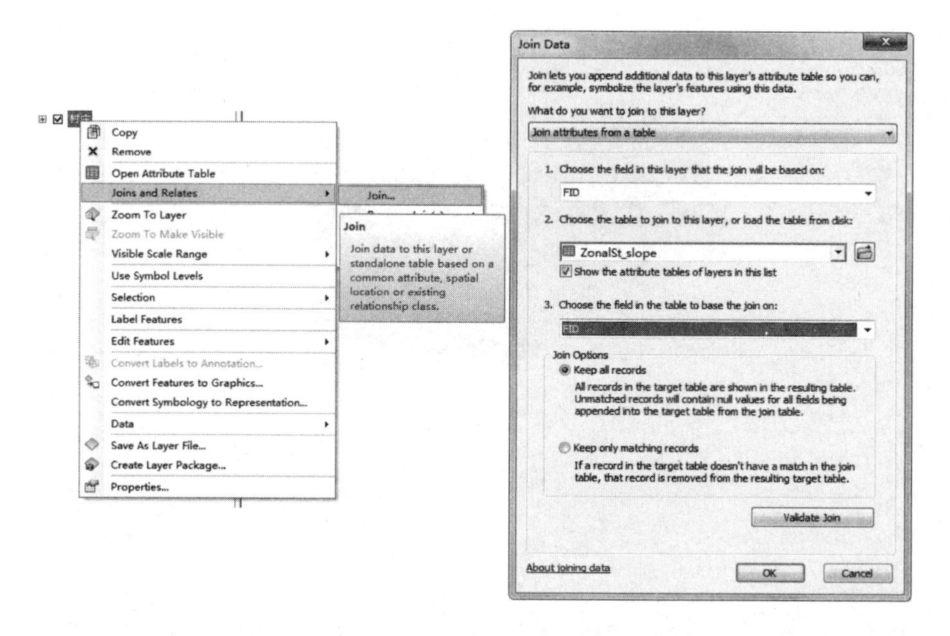

图 10-13　点击“Join”打开‘Join Data’对话框

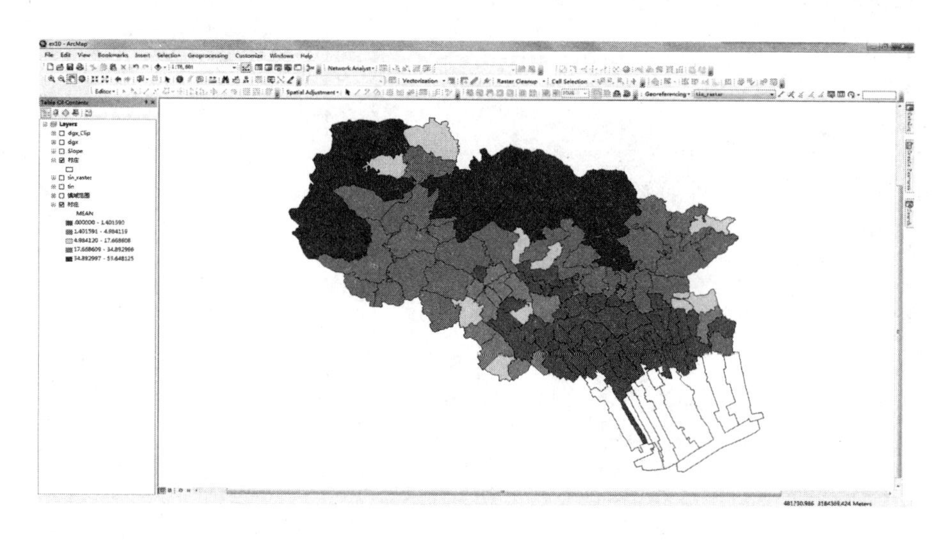

图 10-14　连接后分区显示各个区域的平均坡度

正度数表示，以北为基准方向按顺时针进行测量，默认值为 315°；光源高度角 Altitude 由正度数表示，0°代表地平线，90°代表头顶正上方，默认值为 45°(见图 10-15)。Model_shadows (optional)选项可选择要生成的地貌晕染类型，默认为 *NO_SHADOWS*，输出栅格只考虑本地光照入射角度而不考虑阴影的影响，*SHADOWS* 则会同时考虑两者的影响。输出栅格中，0 表示最暗区域，255 表示最亮区域。山影分析的结果如图 10-16 所示。

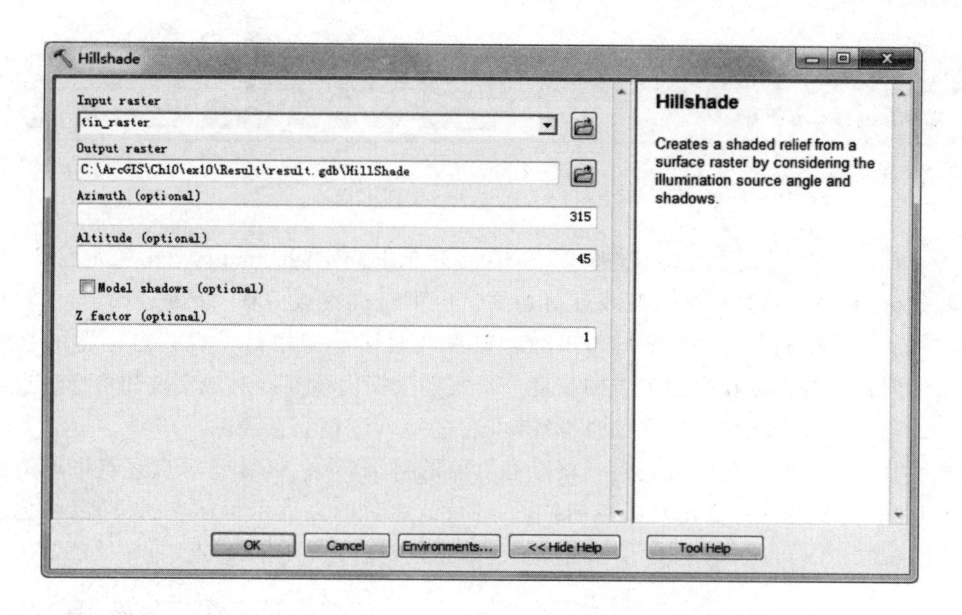

图 10-15　'Hillshade'对话框

图 10-16　生成"HillShade"

10.3　案例 2 视线分析和视域分析

10.3.1　视线分析

打开 10.2 所使用的地图文档，点击上方的"Customize">>"Toolbars3D Analyst"，打开"3D Analyst"工具条。

通过创建视线以进行视线分析。点击"3D Analyst"工具条（见图 10-17）中的图标

图 10-17 “3D Analyst”工具条

“Create Line of Sight”图标以创建视线。先在表面单击选定观察点，再单击选定目标点，绘制所要分析的视线，将直接显示视线分析结果。也可对观察点偏移 Observer offset 和目标偏移 Target offset 进行设置（见图 10-18）。观察点偏移是指相对于观察点位置的视线高度。目标偏移是目标点在表面上方的高度。本案例根据山顶高度对观察点和目标点进行高度设置。通过这种方式创建的是临时视线，可通过 Delete 键直接删除。

视线分析结果的红色区域是对观察点有阻碍的区域，绿色区域是对观察点可见的区域（见图 10-19）。黑色的点表示观察点的位置，红色或绿色的点表示目标点的位置（红色表示目标点对观察点不可见，绿色表示可见），蓝色的点是两者之间的障碍点。

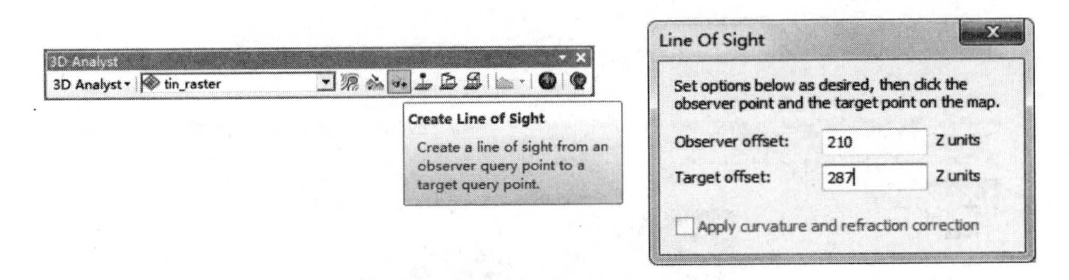

图 10-18 创建视线

图 10-19 视线分析结果

10.3.2 视域分析

1. 根据观察点进行视域分析

(1)创建矢量点要素作为观察点。在“Catalog”中的result.gdb上右击,点击“New”>>“Feature Class”,打开‘New Feature Class’对话框(见图10-20),新建一个点要素,在选择要素类型时选择*Point Features*,并设置名称、坐标系、容差等。点击“Editor”进行编辑,选定观察点的位置并绘制。

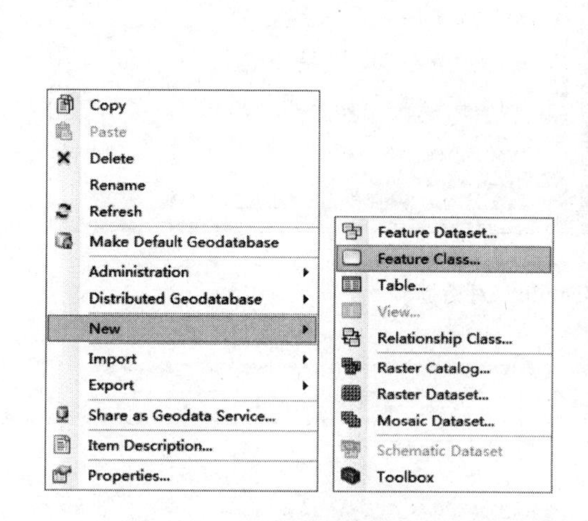

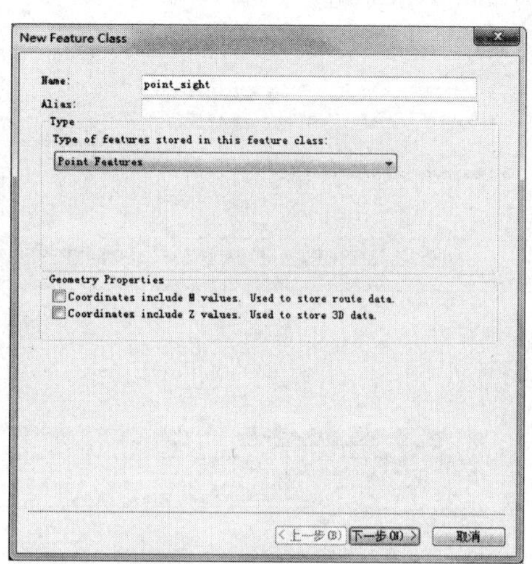

图10-20 新建要素并打开‘New Feature Class’对话框

(2)选择3D Analyst Tools→Visibility→Visibility(可见性)工具进行视域分析。在Input raster处选择输入的表面栅格*tin_raster*,在Input point or polyine observer features处选择观察点或观察折线要素,本案例中选择上述创建的观察点要素。选择可见性分析类型Analysis type(optional)为*OBSERVERS*,输出将精确识别从各栅格表面位置进行观察时可见的观察点,默认的*FREQUENCY*输出将记录输入表面栅格中每个像元位置对于输入观测位置(如点或观察折线要素的折点)可见的次数。在Observer parameters中也可进行一系列参数的设置,本案例中设置Observer elevation(optional)为9.5,该值用于定义观察点或折点的表面高程;设置Observer offset(optional)为1.75,该值表示要添加到观察点高程的垂直距离(以表面栅格的单位)(见图10-21)。视域分析结果如图10-22所示。

2. 根据道路进行视域分析

(1)加载“road”,并同样定义其投影为CGCS2000_3_Degree_GK_CM_123E。利用3D Analyst Tools→Functional Surface→Interpolate Shape(插值Shape)工具将“road”转换为三维要素“road_3d”(见图10-23)。

(2)在“road_3d”图层上右击,按属性选择“layer”为“省道”的要素,使其进入选择集(也可单独导出),再利用3D Analyst Tools→Visibility→Viewshed(视域)工具进行视域分析(也可利用3D Analyst Tools→Visibility→Visibility工具)如图10-24所示。其结果不仅可显示分析区域的可见性,而且每个栅格值还表示沿路径其可被观察到的次数(打开其属性

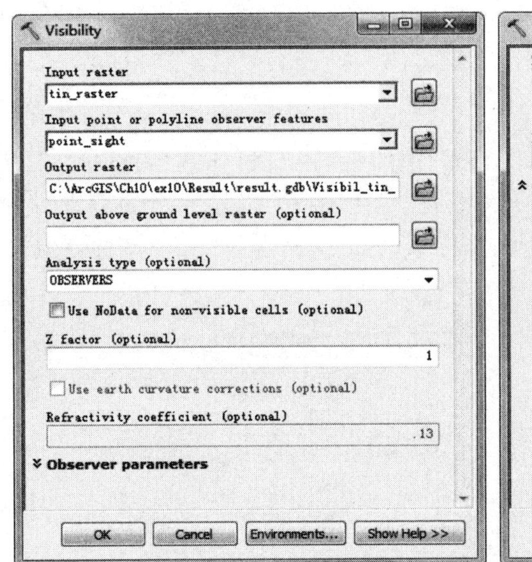

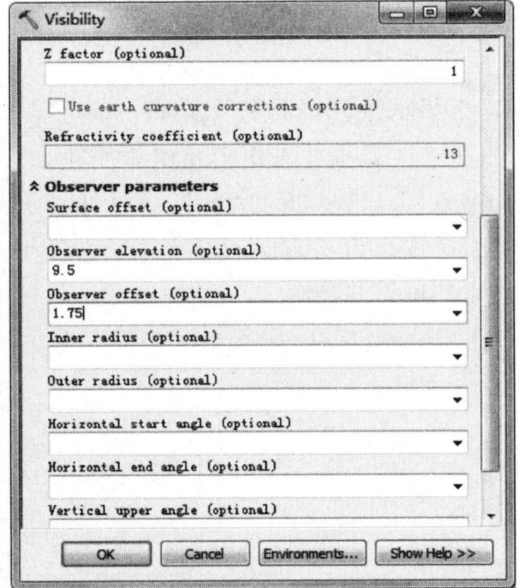

图 10-21 ‘Visibility’对话框

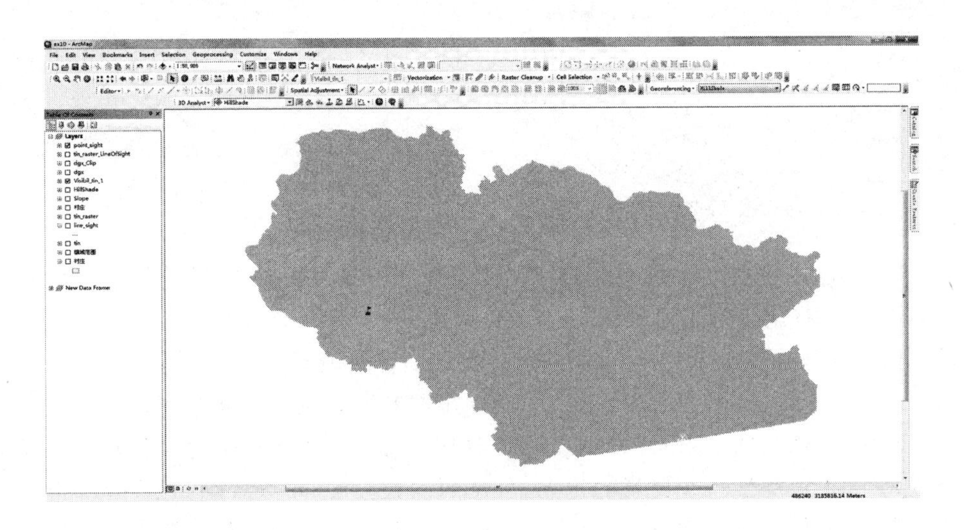

图 10-22 视域分析结果

表，“value”字段表示被观察到的次数，“count”字段表征取该值的栅格个数）。根据直路进行视域分析的结果如图 10-25 所示。

10.4 案例 3 三维可视化

本案例所使用的模拟数据下载后请保存至 C:\ArcGIS\Ch10\ex10.4，具体包括卫星影像“YuelongRS”和 DEM 数据“YuelongDEM”。本案例将介绍卫星影像和数字高程模型叠合以实现三维可视化，并制作简单的动画。通过本案例的练习，读者可了解并掌握

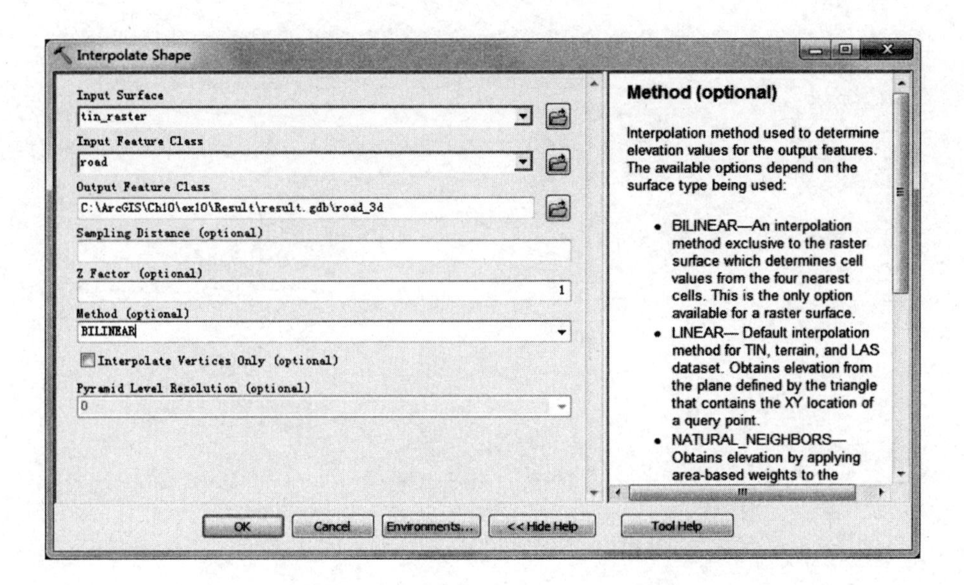

图 10-23　'Interpolate Shape'对话框

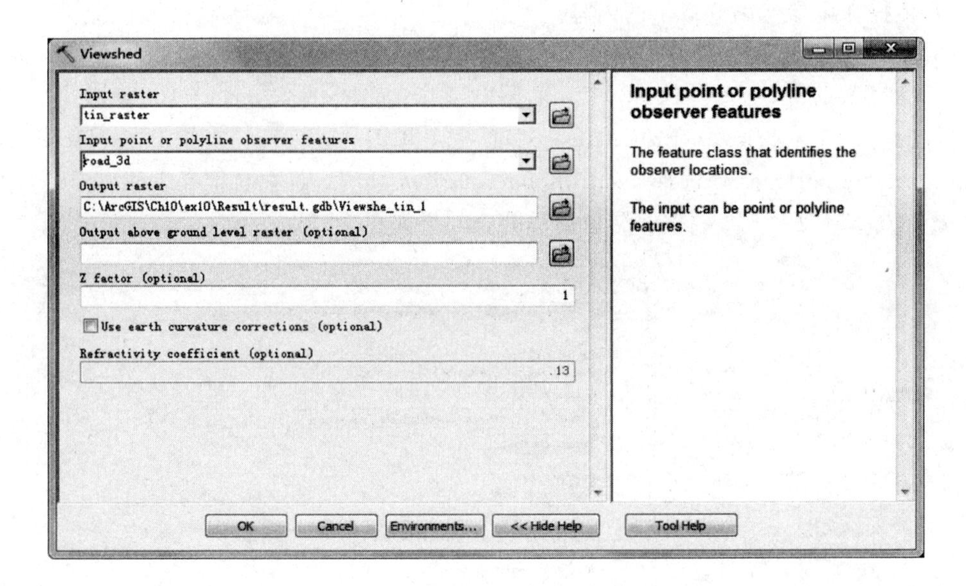

图 10-24　'Viewshed'对话框

ArcScene 的基本操作,包括创建三维场景和动画制作。

10.4.1　影像高程叠合

(1)新建一个地图文档,也可利用原有的地图文档,新建一个数据框。加载实验所需的数据"YuelongRS"、"YuelongDEM"。查看图层属性可发现其坐标系分别为 WGS_1984_Web_Mercator_Auxiliary_Sphere 和 GCS_WGS_1984,因此需先对其进行投影变换。

(2)利用 ArcToolbox 中的 Data Management Tools→Projections and Transformations→Feature→Project 和 Data Management Tools→Projections and Transformations→Raster

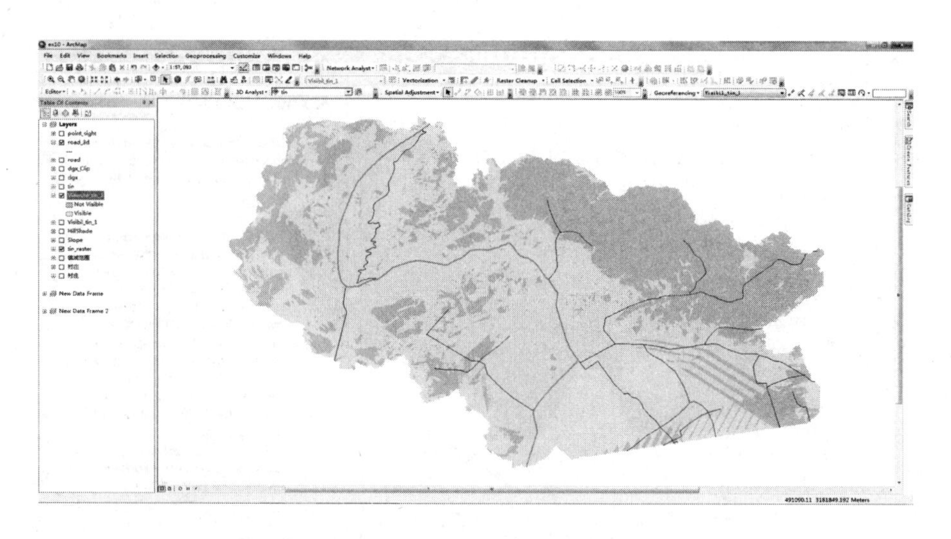

图 10-25　生成“Viewshe_tin_1”

→Project Raster 工具进行投影变换，将其转换为 CGCS2000_3_Degree_GK_CM_120E 坐标系，具体操作可参考第 6 章中的内容。

(3)启动 ArcScene，新建一个场景文档。加载投影变换后的数据“YuelongRS_Project”、“YuelongDEM_Project”。右击“YuelongRS_Project”图层数据，点击“Properties”，打开‘Layer Properties’对话框(见图 10-26)。点击 Base Heights，在 Elevation from surfaces 处选择 *Floating on a custom surface*(在自定义表面上浮动)，并选择 *YuelongDEM_Project* 数据。影像高程叠合效果如图 10-27 所示。

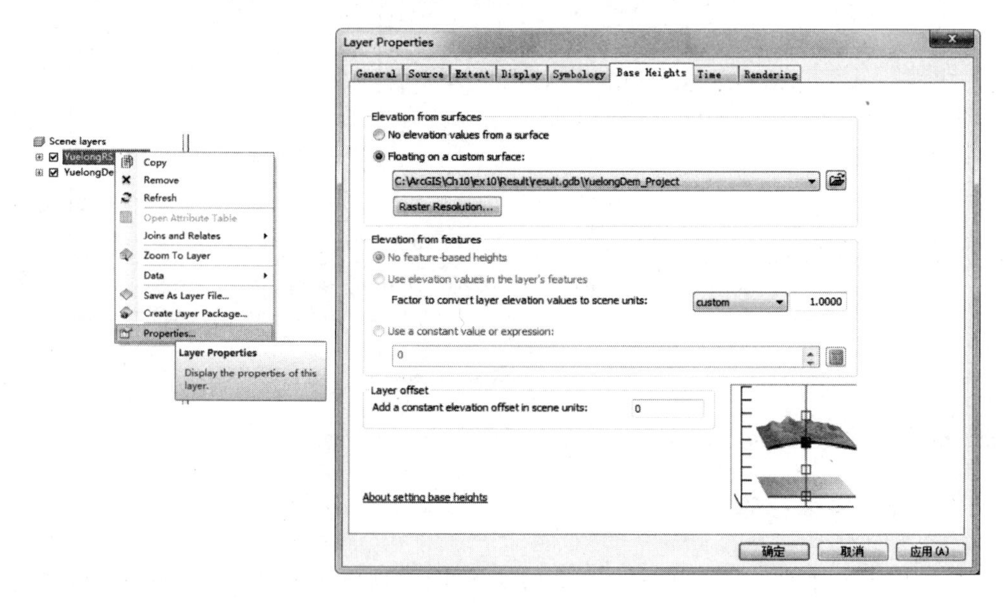

图 10-26　打开‘Layer Properties’对话框

(4)点击 Raster Resolution 可设置基表面的分辨率。将一个栅格叠加到另一个栅格表面上时，将对基表面重采样为 256 行乘以 256 列，以提高性能，可自定义设置像元大小或行

图 10-27　影像高程叠合效果

数和列数。本案例中将根据“YuelongRS”和“YuelongDEM”数据的栅格大小设置其像元大小，约为 13。

另外，也可对 Factor to convert layer elevation values to scene units（用于将图层转换为场景单位的系数）进行自定义设置（见图 10-28），默认为 1，其值越大，则高度被夸大的程度越大，即可更加明显地表现地形的起伏。

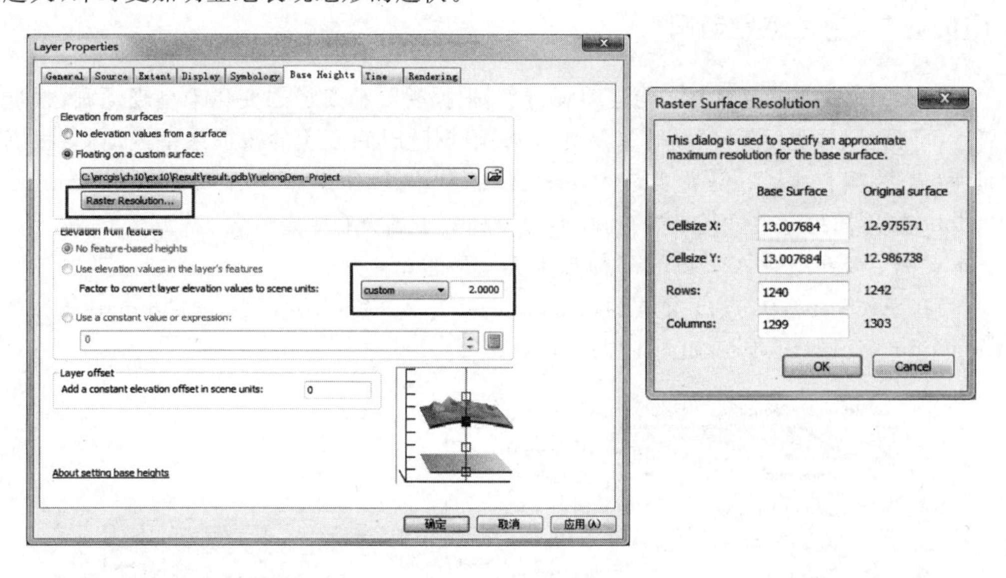

图 10-28　Raster Resolution 和 Factor to convert layer elevation values to scene units 设置

(5)观察到显示效果中清晰度仍然不佳，可在‘Layer Properties’对话框中点击 Rendering（见图 10-29），将 Quality enhancement for raster images 调至 *High*，可增加清晰度，用户可根据实际需求自行设置。

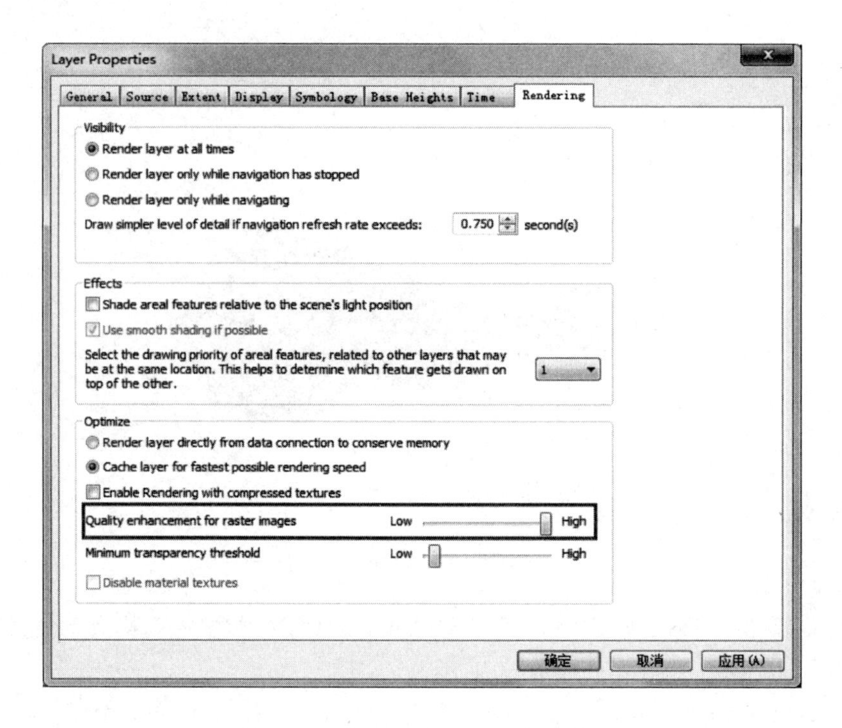

图 10-29　'Layer Properties'对话框

10.4.2　创建浏览动画

在 ArcGIS 中可用多种方式构建动画,包括根据视图和路径的变化来呈现动画;根据图层属性(可见性、透明度等)的变化来呈现动画;根据随时间变化的数据来呈现动画;根据场景属性(背景颜色、太阳位置、表面 terrain)的变化创建动画。在 ArcMap、ArcScene、ArcGlobe 的不同程序中,可创建的动画类型及相关工具会有一定差异。

本案例主要介绍在 ArcScene 中简单生成动画的几种方式。

(1)在 ArcScene 中,点击上方的"Customize">>"Toolbars">>"Animation",打开"Animation"(动画)工具条,如图 10-30 所示。

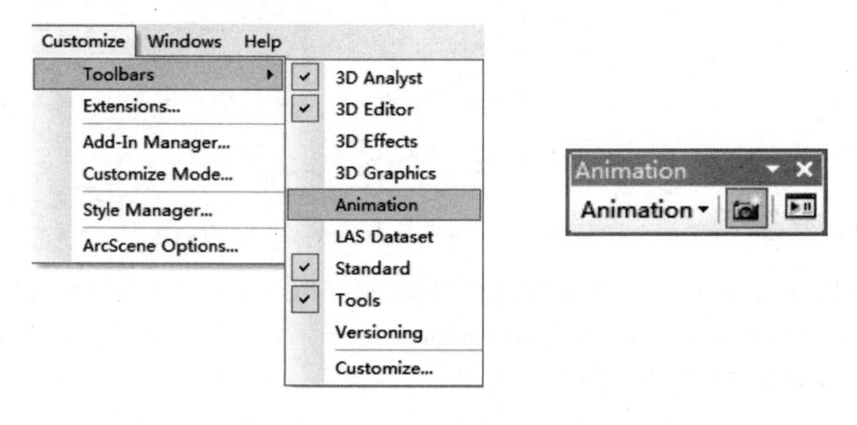

图 10-30　打开"Animation"工具条

(2)通过照相机捕获视图生成动画。上方工具栏中的图标是基础的导航工具，单击鼠标左右键并向上、向下、向左或向右进行拖动可旋转视图、进行放大和缩小。当选定合适的视图角度后，可点击“Animation”工具条上的图标捕获视图。用类似的方法选择多个视图并进行捕获以创建关键帧。在视图捕获结束后，可点击“Animation”下拉列表下的“Animation Manager”以打开动画管理器，必要时可编辑每个关键帧的属性(见图 10-31)。另外，点击下拉列表中的“Clear Animation”可清除动画。点击图标，可打开‘Animation Controls’对话框，可进行视频的录制、播放、暂停和停止。最终可点击“Animation”下拉列表下的“Export Animation”导出动画视频，并对其质量等进行设置。

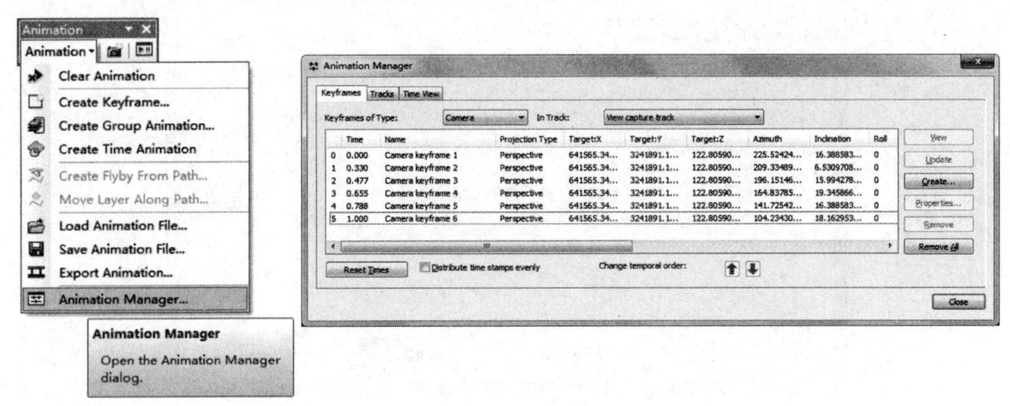

图 10-31　打开‘Animation Manager’对话框

(3)通过飞行工具创建照相机轨迹。点击图标，打开‘Animation Controls’对话框，点击图标开始录制，然后再点击图标开始导航，结束导航后，点击■图标可创建存储着导航顺序的照相机轨迹或地图视图轨迹。对于飞行工具，单击鼠标左键可向前移动，单击右键可向后移动，在任一方向上连续单击可提高速度，按 Esc 键停止在任一方向上的移动。在两次单击之间，可通过按上箭头或下箭头键来提高或降低速度，飞行时按住 Shift 键可保持高程不变。关于飞行工具的其他操作，读者可自行探索或查阅其帮助文档。对关键帧属性进行设置和视频导出的方法与前面的第二种方式中相同。

10.5　案例 4 地块和道路填挖方计算

本案例所使用的模拟数据下载后请保存至 C:\ArcGIS\Ch10\ex10.5，具体包括 CAD 数据“土方计算.dwg”。本案例将根据 CAD 文件生成计算所需的数据，并进行填挖方计算。通过本案例，读者可了解填挖方计算的基本步骤，掌握数字高程模型建立和填挖方计算的相关工具使用。

10.5.1　加载基础数据提取各类要素

(1)可新建一个地图文档，也可在上述练习的地图文档中新建一个数据框，并设置其单位为米，指定其投影坐标系为 CGCS2000_3_Degree_GK_CM_120E。

(2)展开“土方计算.dwg”,加载 Polygon 到地图文档中,在“土方计算.dwg Polygon”图层上右击打开属性表,并点击根据属性选择,根据“Layer”属性分别选中地块范围、计算范围并导出为矢量数据至数据库。注意选择坐标系与数据框相同(即为数据指定同一个坐标系),如图 10-32 所示。

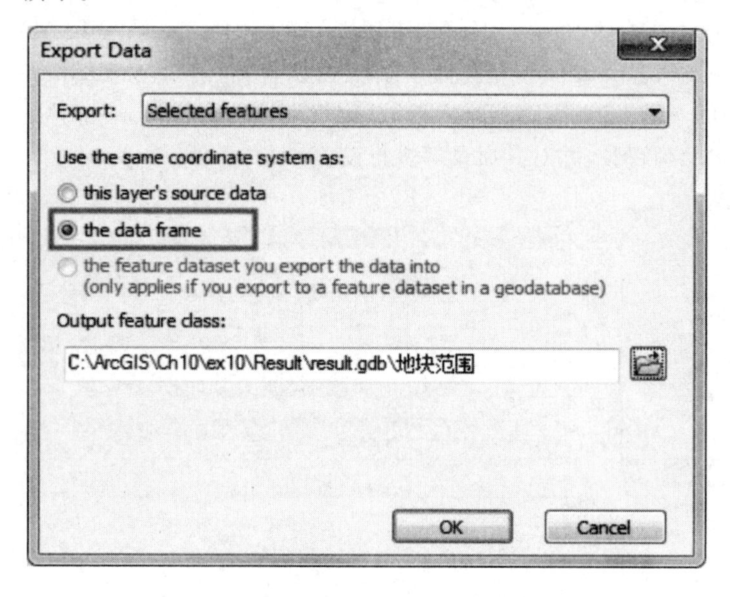

图 10-32　‘Export Data’对话框

(3)利用类似的方法加载“土方计算.dwg Annotation”,打开其属性表,分别选中地块控制标高和道路控制标高的注记,利用 Data Management Tools→Features→Feature to Point 工具,分别导出为“地块控制标高”和“道路控制标高”点要素,并在环境设置中指定坐标系为 CGCS2000_3_Degree_GK_CM_120E(见图 10-33 和图 10-34)。类似地,选中“Layer”属性为“地貌”的注记导出为“高程”点数据。

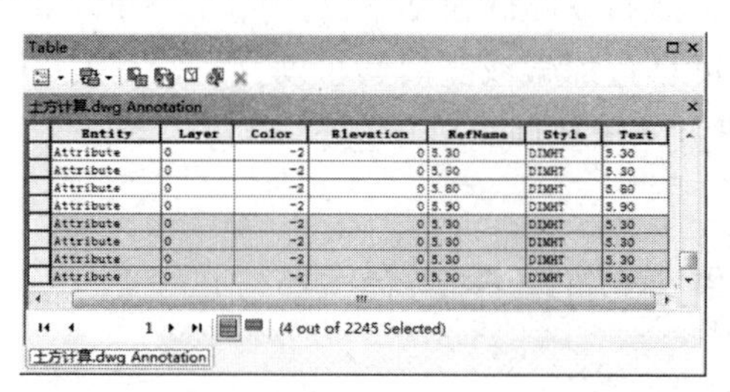

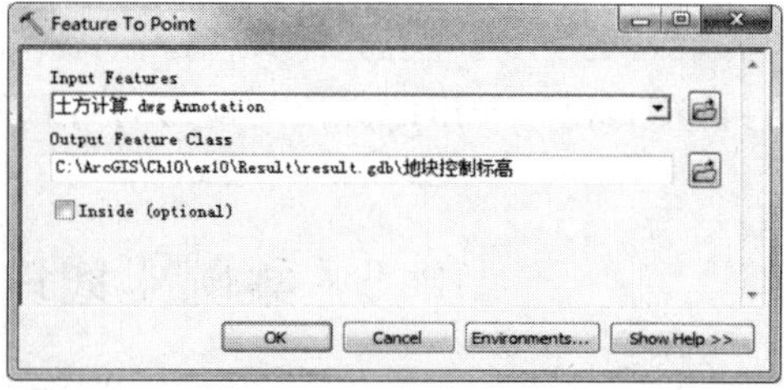

图 10-33　生成“地块控制标高”点要素

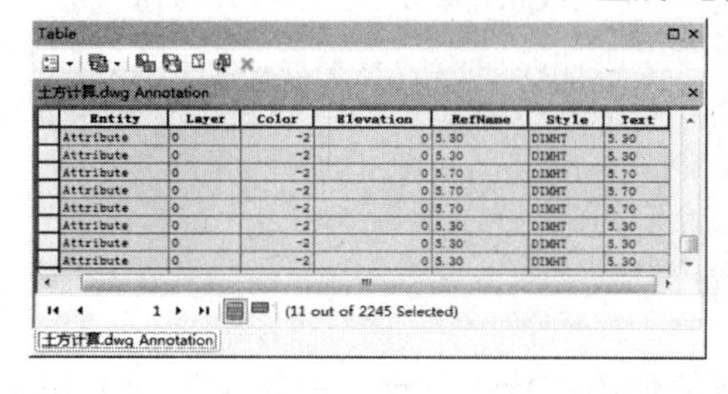

图 10-34　生成“道路控制标高”点要素

10.5.2　根据原始高程点生成现状数字高程模型

(1)利用 3D Analysis Tools→Data Management→TIN→Create TIN 工具根据现状高程数据创建 TIN,值得注意的是,“高程”数据的“Elevation”字段值均为 0,高程信息存储于属性为 String(字符型)的“Text”字段中。可先利用字段计算器将“Text”字段的值赋予“Elevation”字段,在生成 TIN 时,Height Field 选择“Elevation”字段(见图 10-35),生成“tin_present”(见图 10-36)。

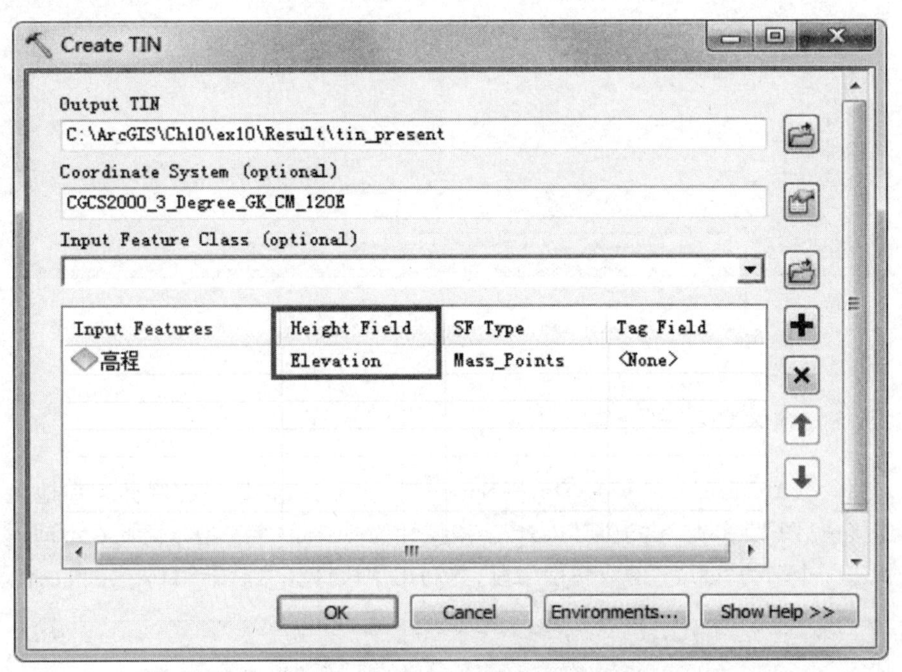

图 10-35　‘Create TIN’对话框

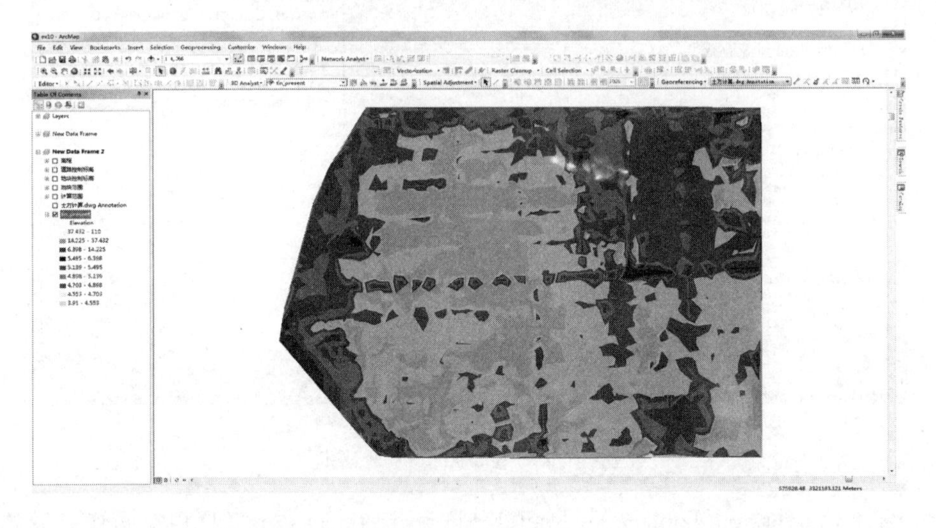

图 10-36　生成“tin_present”

(2)利用 3D Analyst Tools→Conversion→From TIN→TIN to Raster(TIN 转栅格)工具将 TIN 转换为栅格数据，设置输出栅格数据的像元大小为 5(见图 10-37)。

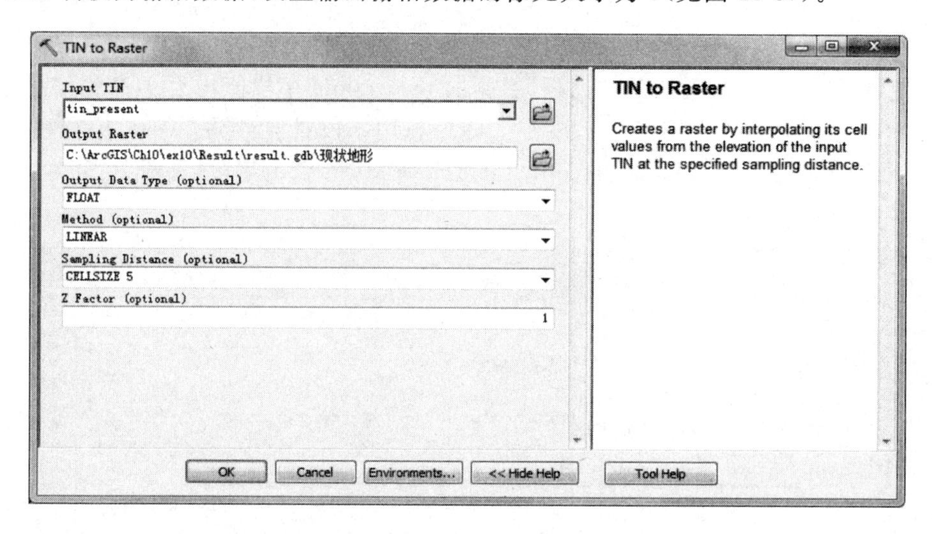

图 10-37 ‘TIN to Raster’对话框

10.5.3 地块填挖方计算

(1)选择 Analysis Tools→Overlay→Spatial Join 工具，将地块控制标高和地块范围进行空间连接(见图 10-38)。由于原“Text”字段属性为 String(字符型)，因此在空间连接后的数据中新建一个名为“value”的双精度字段，并利用字段计算器赋予“Text”字段的值。

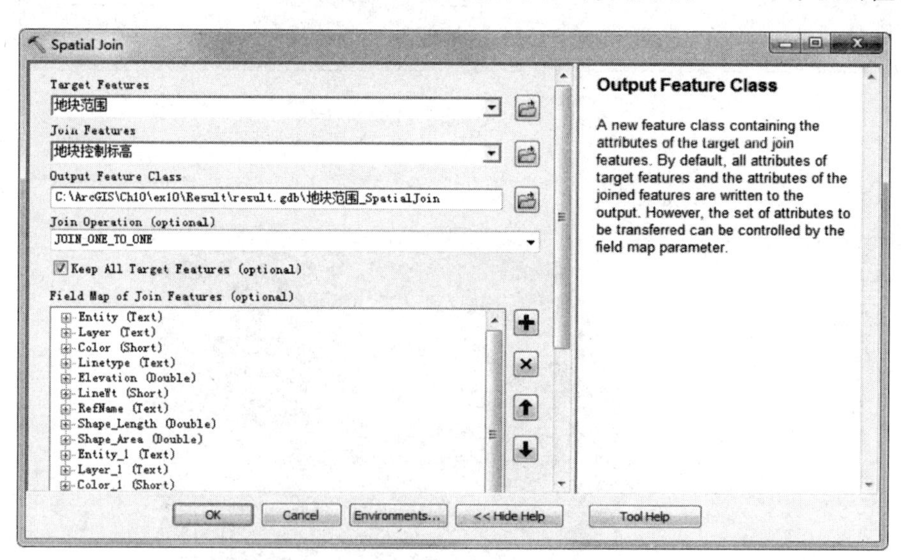

图 10-38 ‘Spatial Join’对话框

(2)选择 Conversion Tools→To Raster→Feature to Raster 工具将空间连接后的地块范围转换为栅格数据，同样设置像元大小为 5。并同时在环境设置的处理范围中选择捕捉栅格为现状地形(见图 10-39 和图 10-40)。

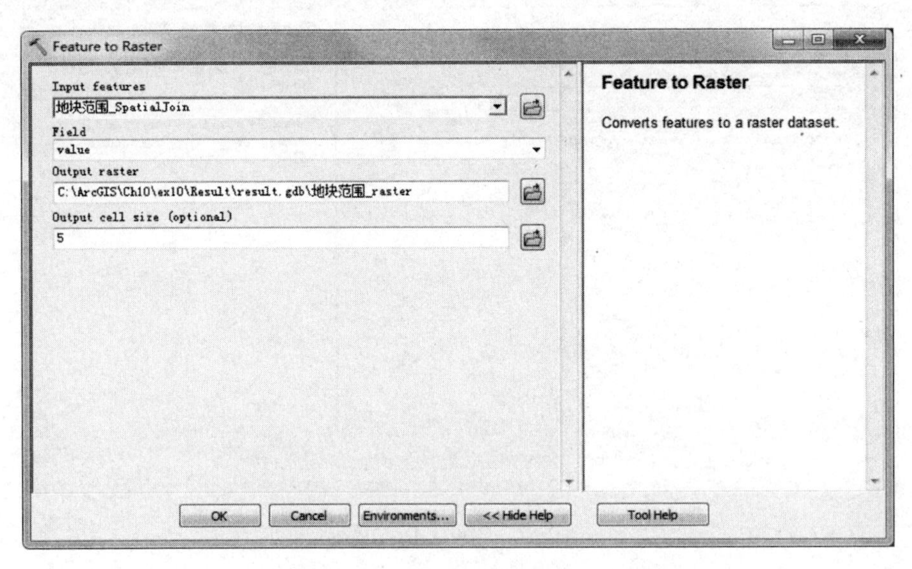

图 10-39　'Feature to Raster'对话框

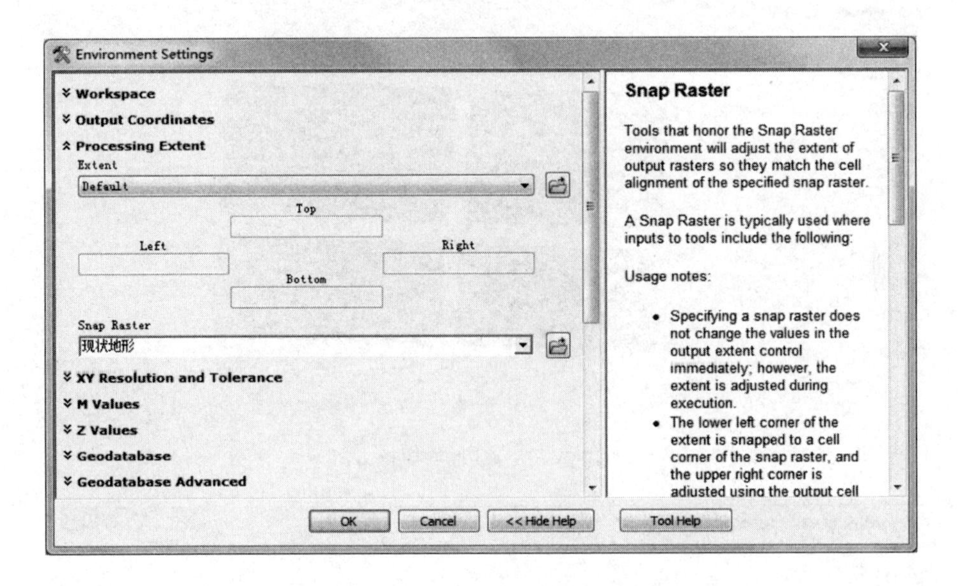

图 10-40　'Environment Settings'对话框

(3)利用 3D Analysis Tools→Raster Surface→Cut Fill(填挖方)工具进行地块填挖方的计算,在 Input before raster surface 中选择现状地形,在 Input after raster surface 中选择地块范围_raster(见图 10-41)。生成的"地块填挖方"数据中,红色的 Net Gain 表示填方,灰色的 Unchanged 表示不变,蓝色的 Net Loss 表示挖方(见图 10-42)。

(4)右击"地块填挖方"图层,打开属性表,在"VOLUME"字段上右击,点击"Statistics",即可查看地块填挖方的总计数值,本案例中其约为－148622.69m^3,表示总共需要填方 148622.69m^3(见图 10-43)。

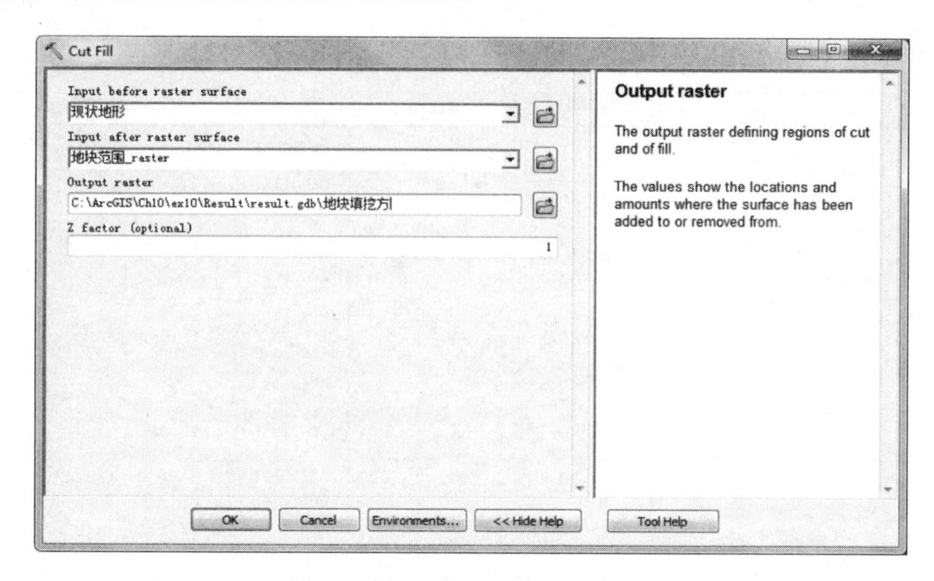

图 10-41 'Cut Fill'对话框

图 10-42 生成"地块填挖方"

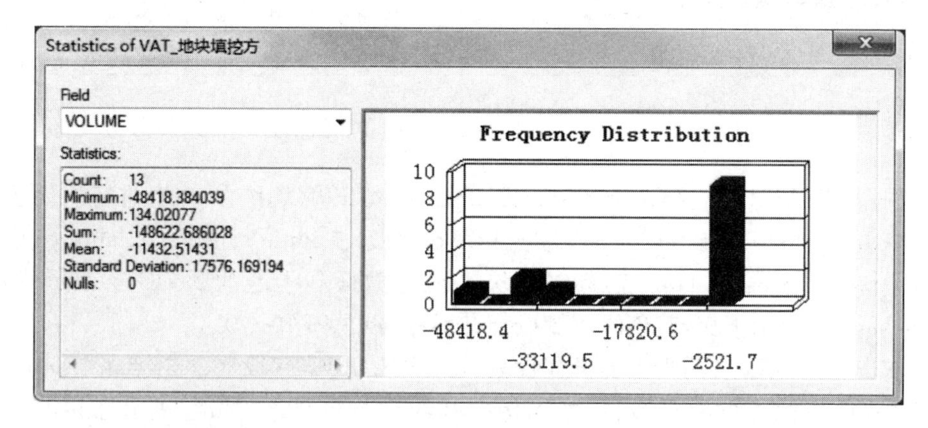

图 10-43 地块填挖方统计

10.5.4　道路填挖方计算

(1)利用 Analysis Tools→Overlay→Symmetrical Difference 工具提取道路范围(见图 10-44)。

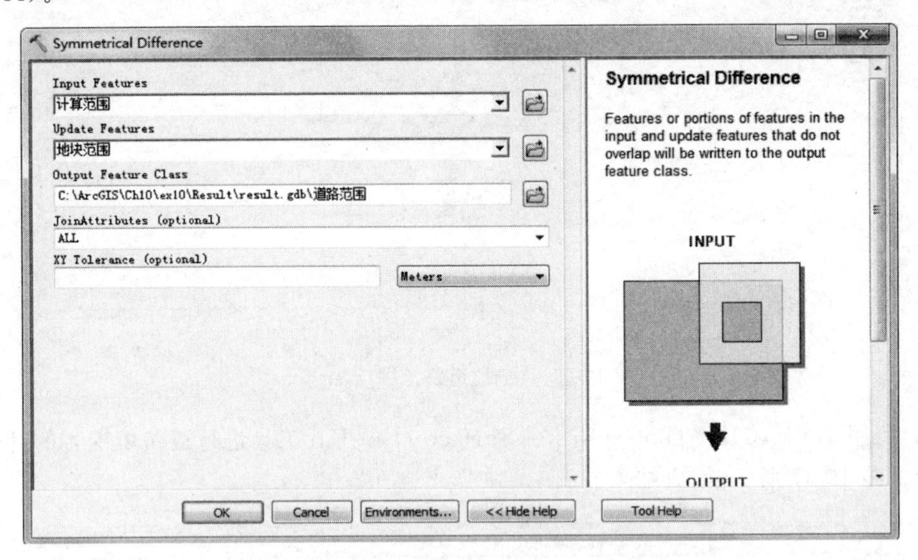

图 10-44　'Symmetrical Difference'对话框

(2)在"道路控制标高"图层上右击,打开属性表,同样新建一个名为"value"的双精度型字段,并用字段计算器赋予"Text"字段的值。再利用 3D Analysis Tools→Raster Interpolation→IDW(反距离权重法)工具对道路控制标高进行反距离权重插值,并注意在环境设置的输出坐标系中选择与现状地形相同;处理范围中选择捕捉栅格为现状地形;栅格分析中的掩膜为道路范围(见图 10-45),生成结果如图 10-46 所示。

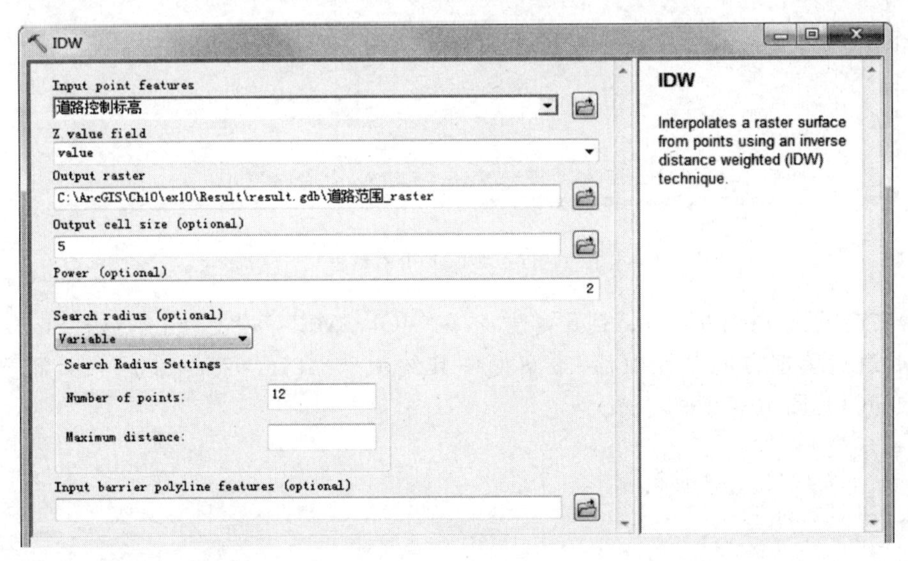

图 10-45　'IDW'对话框

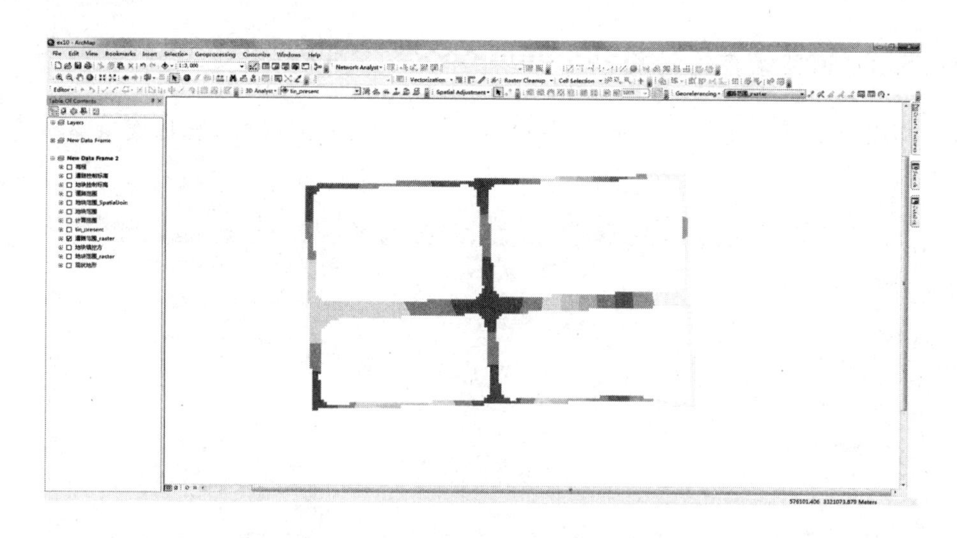

图 10-46　生成“道路范围_raster”

(3)利用 3D Analysis Tools→Raster Surface→Cut Fill 工具进行道路填挖方的计算，具体设置如图 10-47 所示，生成结果如图 10-48 所示。

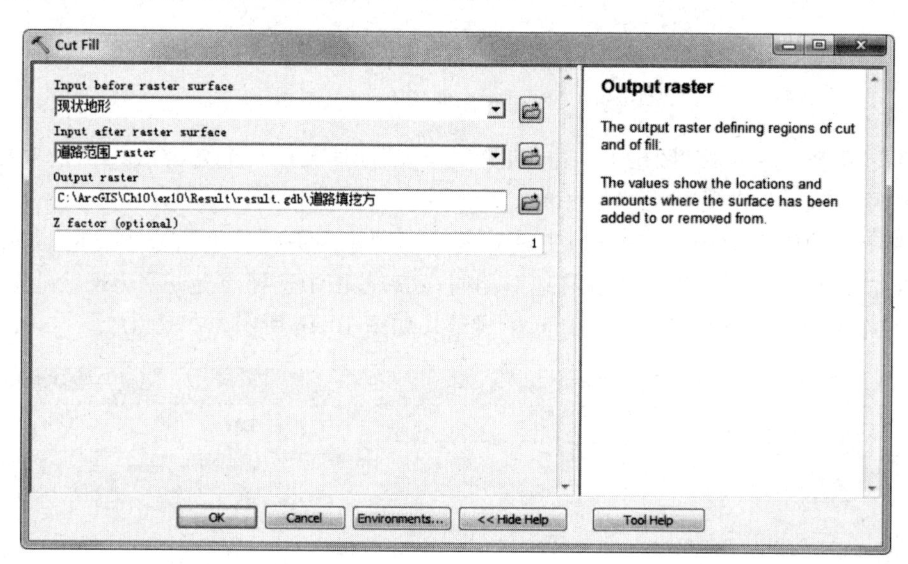

图 10-47　‘Cut Fill’对话框

(4)右击“道路填挖方”图层，打开属性表，在“VOLUME”字段上右击，点击“Statistics”，即可查看道路填挖方的总计数值，本案例中其约为－34276.92m^3，表示总共需要填方 34276.92m^3(见图 10-49)。

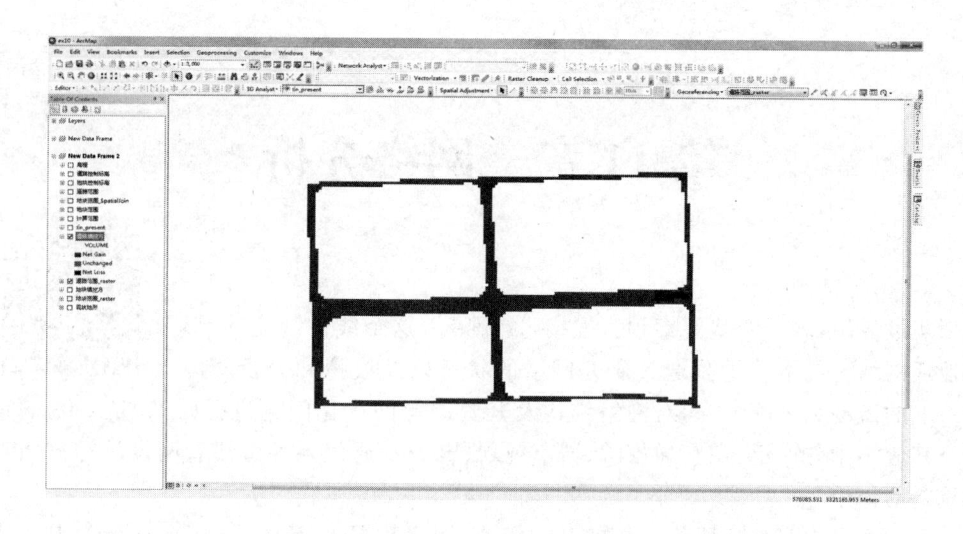

图 10-48　生成“道路填挖方”

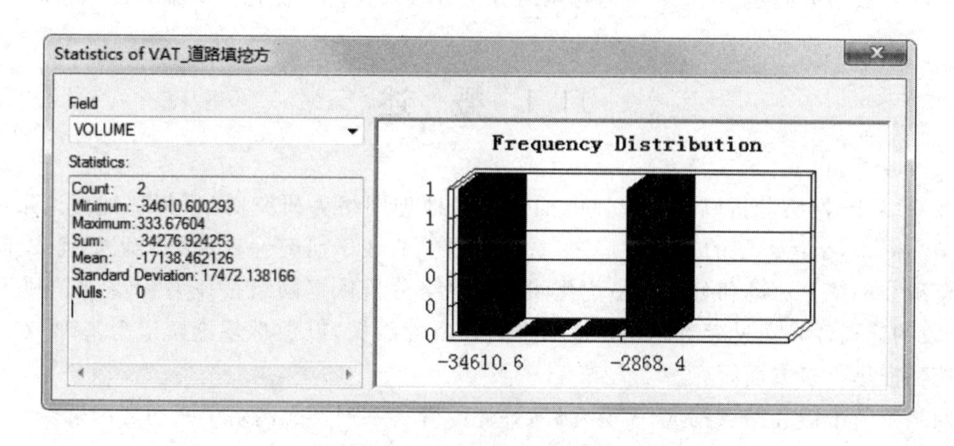

图 10-49　道路填挖方统计

10.6　本章小结

三维分析是 ArcGIS 的一个重要模块，能为三维可视化、三维分析以及表面生成提供高级分析功能，可以用它来创建动态三维模型和交互式地图，从而更好地实现地理数据的可视化和分析处理。本章主要以案例的形式介绍了 ArcGIS 中三维分析工具集“3D Analyst”中的创建数字高程模型(DEM)、创建不规则格网(TIN)、创建视线(Create Line of Sight)、视域分析和填挖方计算等功能，以及如何利用三维分析工具实现三维可视化、创建动画等高级应用。通过本章的学习，读者可了解三维分析的基本概念，掌握三维分析的基本技能及典型应用。

第11章 网络分析

现实世界中,若干线状要素相互连接,资源沿着这个线性网流动,形成了地理网络。网络分析是通过研究网络的状态以及模拟和分析资源在网络上的流动和分配情况,对网络结构及其资源等的优化问题进行研究,是GIS的重要功能。其应用十分广泛,在交通旅游、城市规划、电力及通信各种管线管网设计等方面都发挥着重要的作用。

本章的主要内容包括网络分析的基本概念、网络数据集(Network Datasets)、基于实际案例的网络数据集创建,以及如何运行网络分析方法来评价与优化公共服务设施布局。

11.1 概 述

在GIS中,网络分析以现实世界中抽象出的地理网络为研究对象,其基础理论来源于运筹学和图论,是运筹学的基本模型之一,其根本目的在于研究一项网络工程如何安排,以实现资源在网络上流动和分配的最优化问题。网络分析依据网络拓扑关系(结点与弧段拓扑、弧段的连通性),通过考察网络元素的空间及属性数据,以数学理论模型为基础,对网络的性能特征进行多方面研究。

网络由若干链和结点构成,带有环路,并伴随着一系列支配网络中流动之约束条件的线网图形,表示诸多对象及其相互联系。其基础数据是点与线组成的网络数据。对于我们周围的公路、街道、供水管线、输电线路等这些构成现代社会经济基础的现实地理网络,如何来描述、记录、再现、分析、应用它们的首要问题,就是怎样来表示现实中这些形形色色、复杂多样的地理网络。地理网络是一种特定的网络,即把现实世界中的网络对象抽象成网络、结点、边之间的关系,形成几何上由边连成的网络图,边的端点、交点是该网络的结点。地理网络可用来描述地理要素(资源)的流动情况。典型的地理网络包括交通网络、水网、市政设施网络等,如图11-1所示。

按用户是否可以定于网络流向,地理网络可分为定向网络和非定向网络两种类型,如图11-2所示。

若网络中流动的资源自身不能决定流向(如水流、电流),并且流向总是由源(source)至汇(sink),这类网络称为定向网络。设施网络(Utility Network)就是一类典型的定向网络,网络中流动的物质必须按照预先定义好的规则前进,运行路径也都是事先定义好的,路径可以调整,但是不能被流本身修改,但是可经由网络工程师修改网络规则,调节结点的开启状态来改变网络的流动方向。在ArcGIS中,设施网络是通过几何网络(Geometric Network)模拟的。

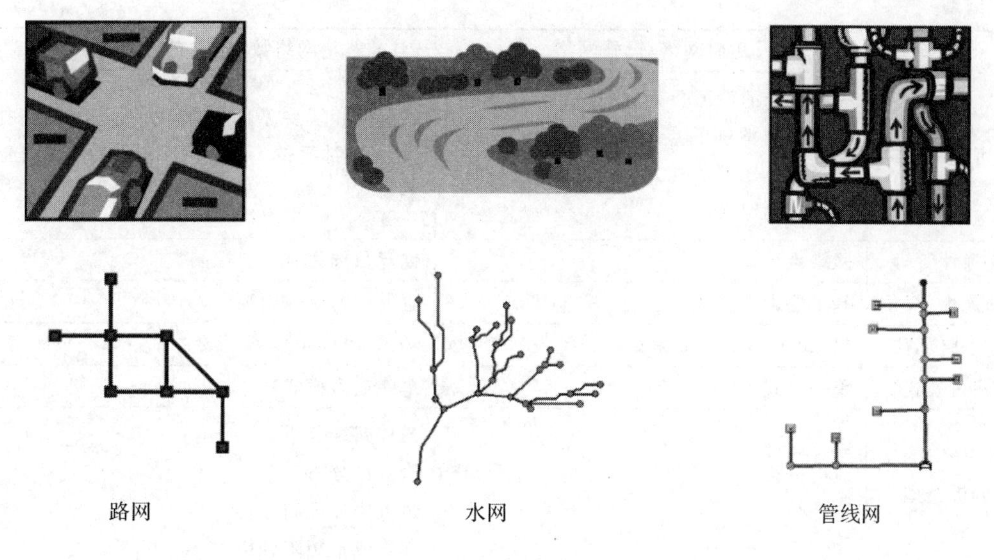

图 11-1　现实中的地理网络及其抽象

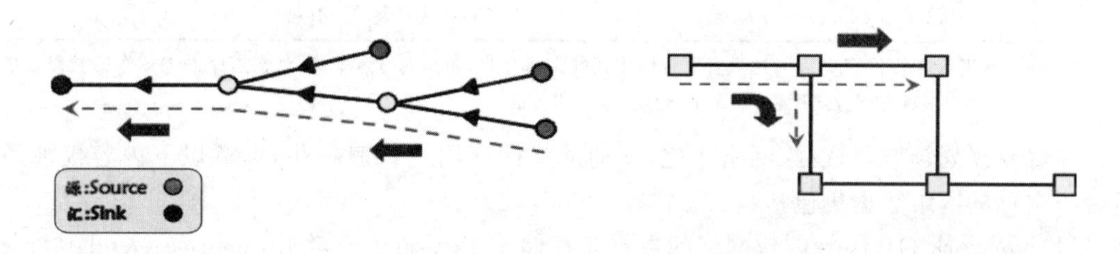

图 11-2　定向网络(左)和非定向网络(右)

如果网络的流向不完全由系统控制,网络中流动的资源可以决定流向,如交通流,这类网络成为非定向网络。交通网络是 种典型的非定向网络,用户可以自由定义在网络中前进的方向、速度及终点。例如,一个卡车司机可以决定在哪条道路上开始行进,在什么地方停止,采用什么方向,并且还可以给网络设置限定性规则,例如是单行线还是禁行。在 ArcGIS 中,交通网络是通过网络数据集创建的。而网络数据集由矢量要素组合得到,能够用来表现复杂场景,包括多模式交通网络,同样也可以包含多个网络属性以模拟网络限制条件和层次结构。

在 ArcGIS 中,网络类型包含几何网络和网络数据集两种,其区别如表 11-1 所示。

表 11-1　几何网络与网络数据集的区别

类别	几何网络/设施网络	网络数据集/交通网络
对应地理网络	定向网络	非定向网络
组成元素	边线和交汇点	边线、交汇点和转弯
数据源	仅 GeoDatabase 要素类	GeoDatabase 要素类, shapefiles, 或 StreetMap 数据

续表

类别	几何网络/设施网络	网络数据集/交通网络
可否编辑	一种特殊的特征要素类(Features),由一系列不同类别的点要素和线要素(可以度量并能图形表达)组成的,可进行图形与属性的编辑	点要素和线要素的集合,是“记录”其拓扑关系而创建的,不能编辑网络中的图形要素
连通性管理	网络系统管理	创建数据集时用户控制
网络属性(权重)	基于要素类属性	更灵活的属性模型
存储位置	仅 GeoDatabase 要素集	GeoDatabase 要素集或文件夹
网络模式	单一模式	单一或多模式*
分析类型	流向分析 追踪分析	最佳路径分析 服务区分析 最近服务设施分析 起止成本矩阵分析
对应模块	设施网络分析模块 (Utility Networ kAnalyst)	网络分析模块 (Network Analyst)

* 多模式:大多数情况下,旅行者和通勤者通常使用几种交通方式,如在人行道上步行、在道路网上驾车行驶以及搭乘地铁。货物也会以多种交通方式运输,如火车、轮船、卡车和飞机。

在城乡规划领域,与设施网络相比,交通网络的使用更普遍一些,本章以下内容仅涉及后者。常见的网络数据集包括:

(1)Network Dataset:创建网络的数据源存储于 Personal 或者 Enterprise Geodatabase 中,因为其中可以存储很多数据源,可构建 Multimodal Network。

(2)Shapefile-based Network Dataset:基于 Polyline Shapefile 文件创建,也可以添加 Shapefile Turn Feature Class,这种 Network Dataset 不能支持多种 Edge 类型,也不能用于创建 Multimodal Networks。

利用网络数据集进行网络分析,可解决以下问题:

(1)计算点与点之间的最佳距离:时间最短或者距离最短,最佳路径能够绕开事先设置的障碍物;

(2)可进行多点的物流派送,能够按照规定时间规划送货路径,也能够自由调整各点的顺序,也会绕开障碍物;

(3)寻找最近的一个或者多个设施点;

(4)确定一个或者多个设施点的服务区,如绘制 3、6、9 分钟的服务区;

(5)绘制起点—终点距离矩阵。

11.2 网络数据集

ArcGIS 网络分析所使用的(交通)网络存储在网络数据集中,它由一系列元素参与网络的要素构成,是一种高级的连通性模型,它可以模拟复杂的场景,如多模的交通网络,也可以对复杂的网络属性(各种限制、网络等级)进行处理。

11.2.1　网络组成

网络数据集由物理网络和逻辑网络两部分组成。物理网络用于构建网络并生成网络元素:边线(edges)、交汇点(junctions)和转弯(turns);逻辑网络由一系列属性表组成,用来模拟网络的连通性,定义网络元素的关系。

11.2.2　物理要素

物理要素,即构造网络数据集的数据,包括边线、交汇点、转弯三类。其中,边线数据(Edge)为线数据,被定义为双向的;交汇点为点数据,可以连接任意多条边线;转弯数据(Turn)由线数据或描述边界转向关系的 turn 表生成。

11.2.3　连通性

网络数据集的连通性有三种定义方法,可在参与网络的要素类中进行定义,图 11-3 示例了利用 Roads 和 Intersections 要素创建一个名为 StreetNET 的网络数据集,而图 11-4 则示例了利用要素子类(subtype)来定义网络数据集。除此之外,用户还可以使用高程字段来定义连通性。当出现高架路或地下通道时,合理地定义网络的连通性显得尤为重要,它可以避免出现从高架桥直接驶向地面道路的危险情况。

图 11-3　在要素类中定义连通性

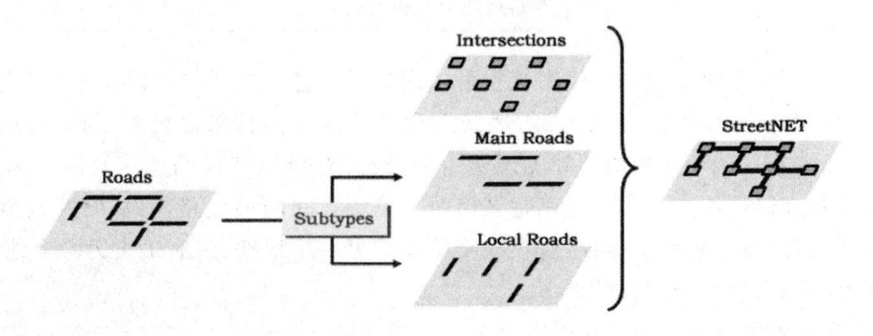

图 11-4　在要素类子类中定义连通性

1. 连通组

连通组是对点或线要素的逻辑分组,用来定义哪些网络元素是连通的。默认情况下参与的网络要素处于同一个连通组(见图 11-5),也可以在一个网络数据集中定义多个组,用来进行高级网络建模。图 11-5 示例了一个由公交线路、公交站、步行道和轨道站点组成的多连通组网络。

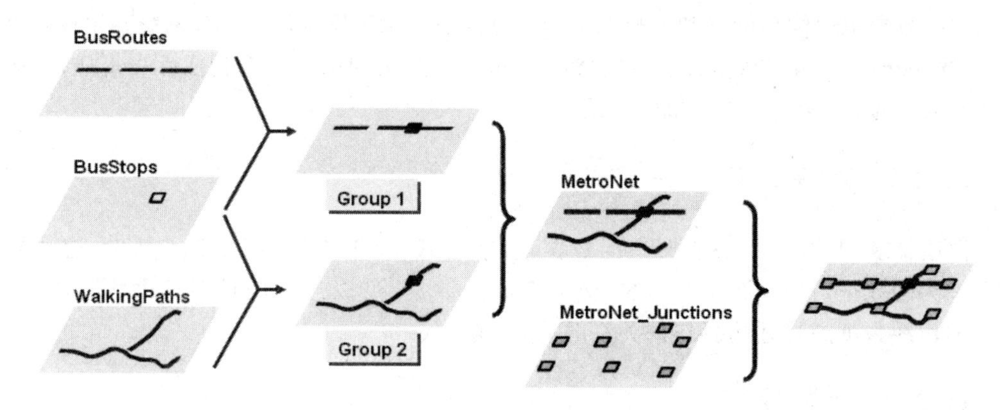

图 11-5 连通组示意图

2. 连通策略

连通策略用来定义一个或多个连通组内网络元素之间的连通方式。每条边(源)只能被分配到一个连通性组中,每个交汇点(源)可被分配到一个或多个连通性组中。网络元素的连接方式取决于元素所在的连通组。例如,对于创建自两个不同要素类的两条边,如果它们处在相同连通组中,则可以进行连接。如果处在不同连通组中,除非用同时参与了这两个连通组的交汇点连接这两条边,否则这两条边不连通(见表 11-2)。

表 11-2 连通策略

线要素(边线)	端点连通	边线只能在端点处与其他边线或交汇点连通
	任意节点连通	一条边线可以与其他边线或交汇点的任意节点处连通
点要素(交汇点)	依边线连通	根据边线元素的连通性策略决定交汇点与边线的连通性
	交点处连通	交汇点与边线的连通策略为任意节点处连通; 忽略边线的连通策略

连通组可用于构建多模式运输系统模型。用户可为各个连通组选择需相互连接的网络元素。以地铁和街道多模式网络为例,地铁线和地铁入口全部被分配到了同一连通组中。与此同时,地铁入口还处在街道所处的连通组中,通过它可以连接两个连通组。例如,路径求解程序可能会以下述方式为行人确定城市两个位置之间的最佳路径:从出发地 A 所在的街道步行到地铁入口,然后乘地铁,再在换乘站换乘另一趟地铁,最后走出另一个地铁入口,然后再在另一街道步行到达目的地 B。

(1)边线连通性(ConnectivityPolicies)

①端点连通(End points)

如图 11-6 所示,两个线要素在交点处并没有打断,所以不连通,这种情形称为端点连通。

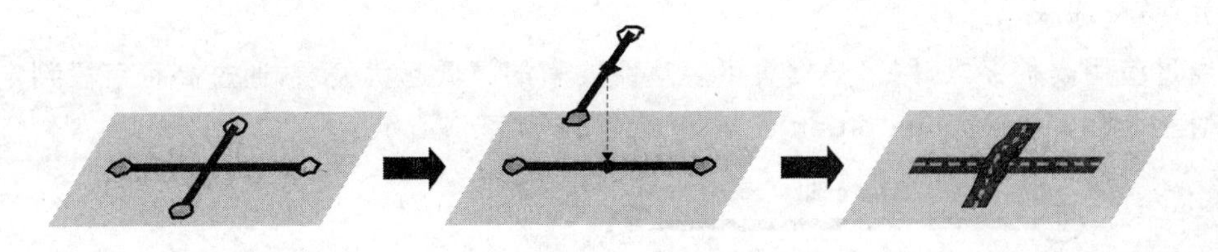

图 11-6　端点连通示意图

②任意节点(Anyvertexes)

两条相交边线在添加交汇点(junction),两者可以连通,这种情形下的连通策略称为任意节点的边线连通策略(见图 11-7)。

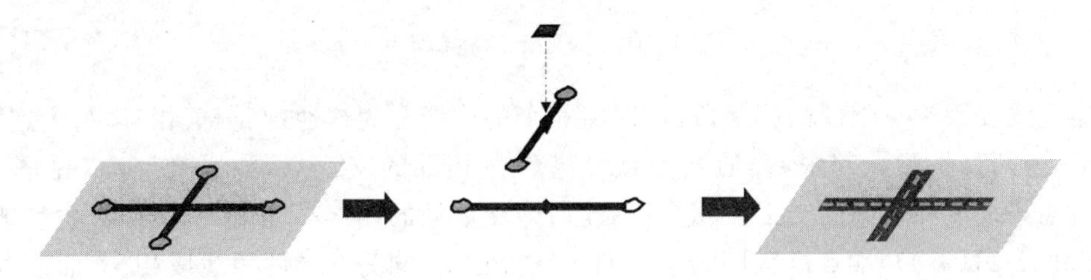

图 11-7　任意节点连通示意图

(2)交汇点连通性

①依据边线规则(Honor):由边线决定是否连通。如图 11-8 所示,边线连通组的连通策略为端点连接,与边线端点重合的点可连通到边线,其他落在边线上的重合点不能连接到边线上。

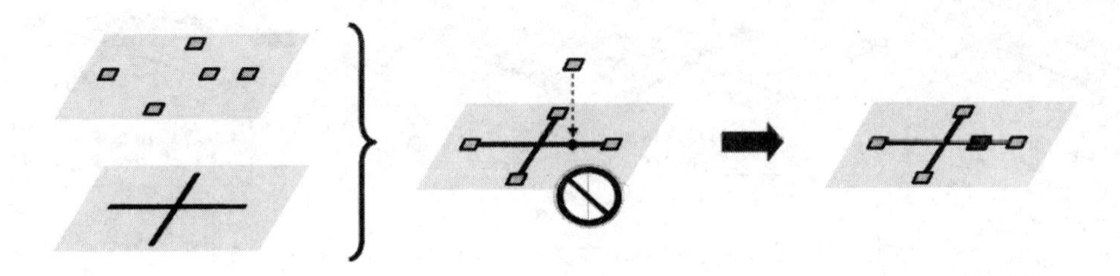

图 11-8　重合点要素未连通到边线

②交点处连通(Override):凡是与边线相交的点都可以连通到边线上,如图 11-9 所示。

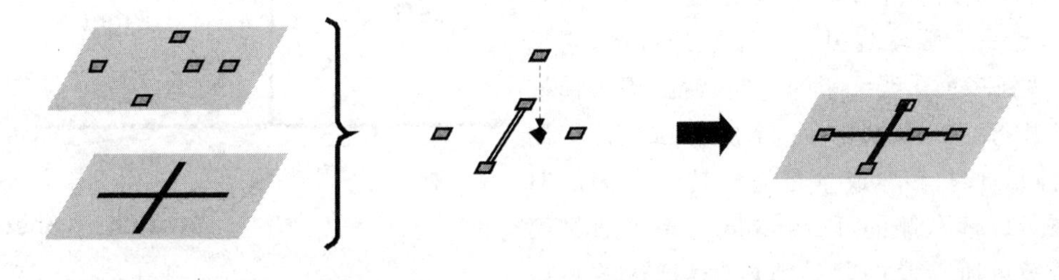

图 11-9　交点处连通示意图

3. 高程字段

通过应用高程字段，网络数据集可表达线要素的高低起伏关系，通过高程字段判定边线的连通性，通常命名为 z-elevation 或 z-levels，如图 11-10 所示。

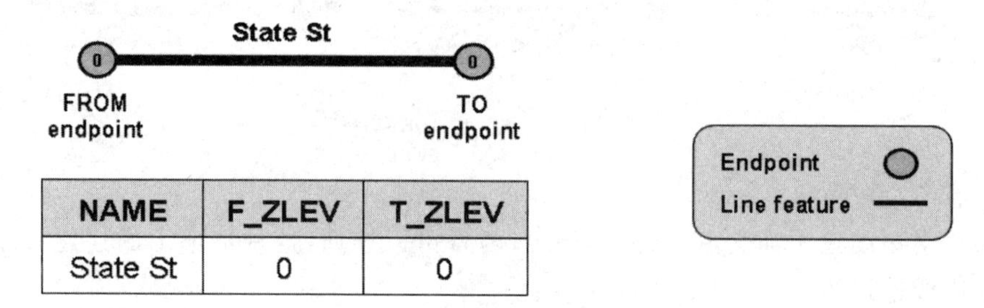

NAME	F_ZLEV	T_ZLEV
State St	0	0

图 11-10 线要素的高程字段

通过线要素端点上的高程字段，可以将相交的边线分为连通（高程值相等）与不连通（高程值不等）两种类型。其中，连通即为存在高程值相等的交汇点，如平交路口（见图 11-11（左）），四条线段在相同的交汇点相交；不连通即交汇处的端点高程值不等，如天桥和地下通道（见图 11-11（右）），端点高程同为 1 的两条线段相交，同为 0 的两条线段相交，而这两组线段之间并不相交。

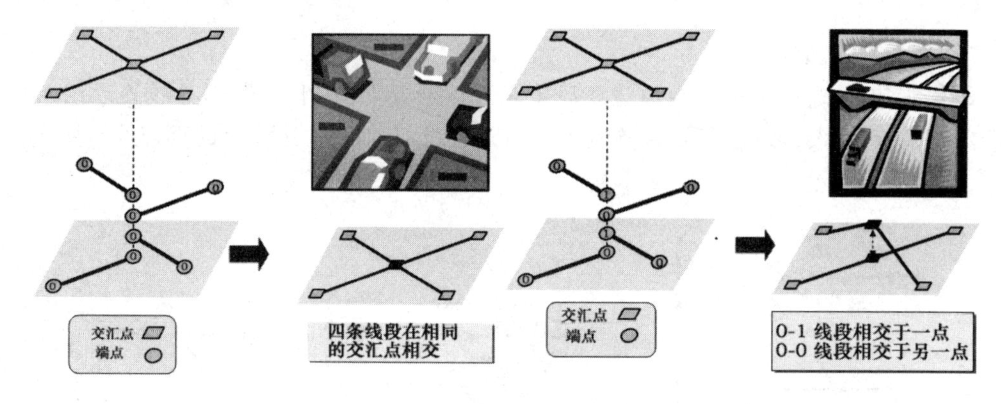

图 11-11 线要素高程字段定义连通性（左：连通；右：不连通）

11.2.4 转弯

转弯是网络中基于线要素创建的特殊要素类，是一个弧段到另一个弧段的过渡，它描述了两到多个边线元素的转向特征，用于模拟网络中流动资源的通行成本或者限制（见图 11-12）；转弯成本是完成转弯所需的时间，图 11-13 右侧的 Turntable 记录了通过第 20 号节点所涉及的起始弧段号、抵达的弧段号、时间开销等信息。

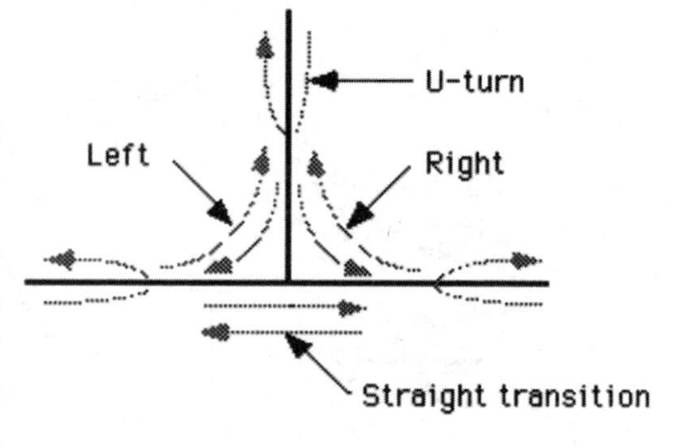

图 11-12 转弯示意图

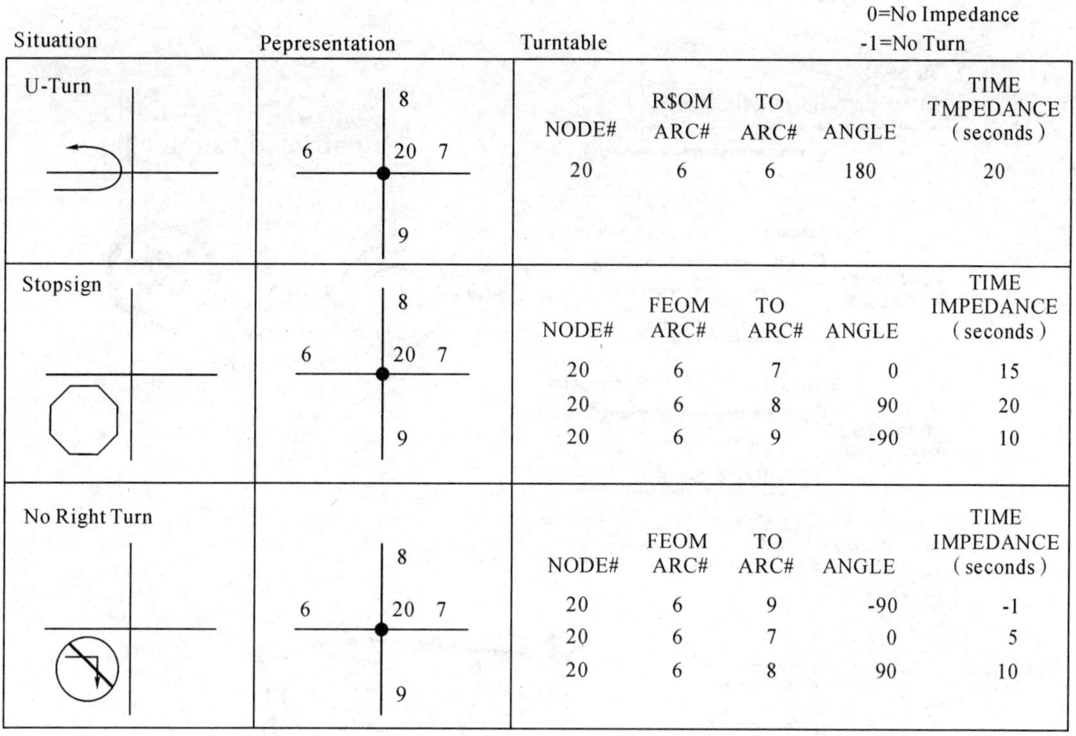

0=No Impedance
-1=No Turn

Situation	Pepresentation	Turntable				
U-Turn	8 6 20 7 9	NODE#	R$OM ARC#	TO ARC#	ANGLE	TIME TMPEDANCE (seconds)
		20	6	6	180	20
Stopsign	8 6 20 7 9	NODE#	FEOM ARC#	TO ARC#	ANGLE	TIME IMPEDANCE (seconds)
		20	6	7	0	15
		20	6	8	90	20
		20	6	9	-90	10
No Right Turn	8 6 20 7 9	NODE#	FEOM ARC#	TO ARC#	ANGLE	TIME IMPEDANCE (seconds)
		20	6	9	-90	-1
		20	6	7	0	5
		20	6	8	90	10

图 11-13　转弯成本

11.2.5　网络数据集属性(Attributes)

用户可以通过设置网络数据集的属性如要素流动时的阻抗值、单行路来控制要素的流动速度和流向，每个属性包含名称(Name)、用途(Usage)、单位(Units)、数据类型(Datatype)等信息。网络数据集的四个主要属性为成本、限制、等级和描述符。

1. 成本(Cost)

成本属性为穿过网络元素时累积的某种属性值，如行车时间、步行时间、距离等，用户可通过设置该属性的相关字段来确定成本。

2. 限制(Restriction)

限制属性用布尔表达式 Restricted(true)或者 Traversable(false)表示，单行道或封禁的街道可以用字段标示在网络属性表中。字段值可显示单行道的交通方向，如 FT 表示允许从弧段的始节点到终节点，TF 表示允许从弧段的终节点到始节点，而 N 表示在任何方向都不能通行，如图 11-14 所示。

3. 等级(Hierarchy)

等级属性通过整型值对边线元素进行等级划分，默认支持三个等级：RoadType：1＝highway，2＝majorroad，3＝localstreet，图 11-15 显示了三个等级。

4. 描述符(Descriptor)

描述符属性用于描述网络元素的整体特征。如车道数、材质等属性信息(见图 11-16)。

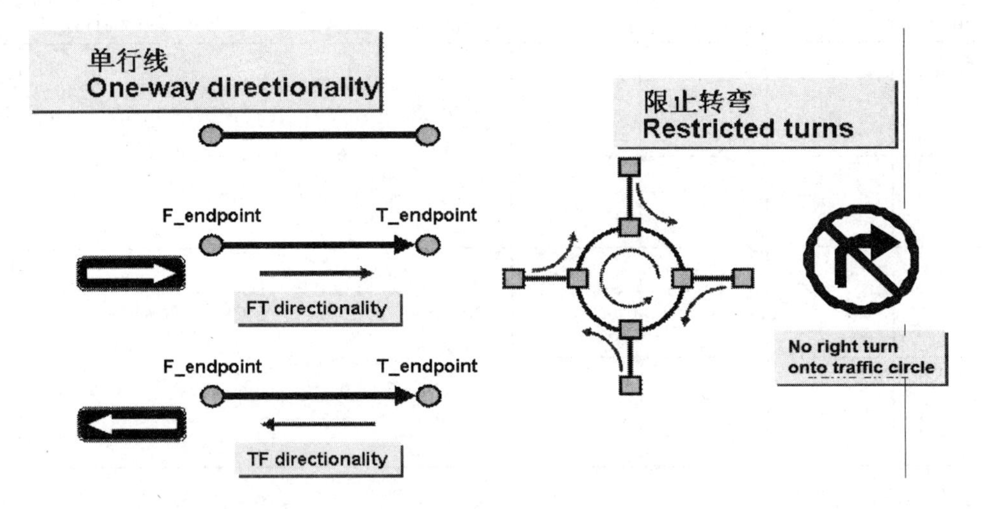

图 11-14　几种限制属性

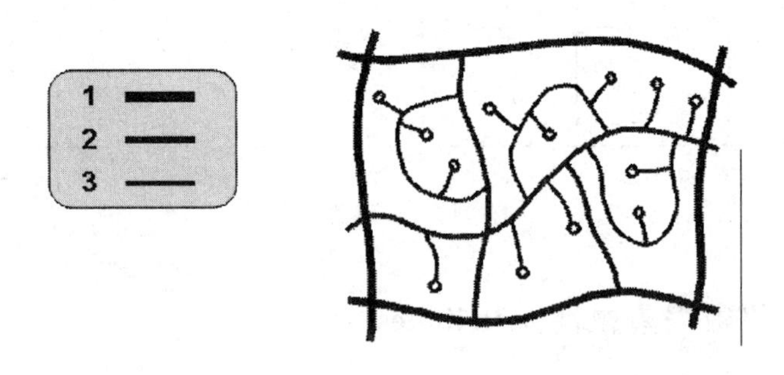

图 11-15　三个等级属性

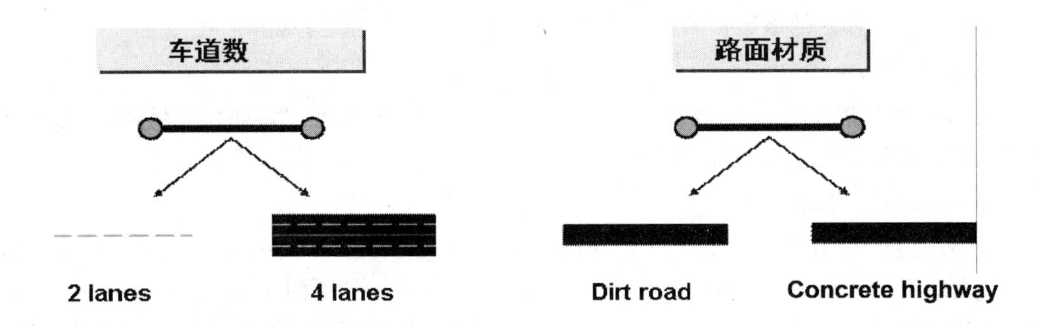

图 11-16　描述符属性示意图(左:车道数;右:路面材质)

11.3　案例 基础教育设施布局评价与优化

11.3.1　基础数据准备

1. 研究区概况

研究区为某县南部新城，属于县城未来发展拓展片区，区域总面积为 13.30 平方公里。

2. 基础数据准备

基础数据包括覆盖研究区的控制性详细规划的土地使用规划图（内含各地块控制指标）、包含地块出入口位置的控规图则，以及道路数据—中心线和红线宽度等。为便于分析，可为所有分析数据指定统一的投影坐标系。

(1)居住地块

利用湘源控规的 GIS 输出工具，将新城控规 CAD 图中的各地块多边形转换成 Shape 文件（ArcGIS 的内生文件格式之一），在图形数据输出的同时将地块控制指标（包括容积率、建筑密度、建筑限高、绿地率等）同步写入 Shape 文件。在 ArcMap 中加载该 Shape 文件，生成“Landuse”图层，打开其属性表，点击表格选项中的“按属性选择”工具，选出用地性质为 R/B、R21 的记录，在左侧的图层列表中右击“Landuse”图层名称，将选中的记录导出，生成“LiveArea”图层（见图 11-17）。根据各居住地块所容纳的人口数（采用控规所提供的人口数），结合小学生千人指标，算出每个居住地块容纳的人口数。

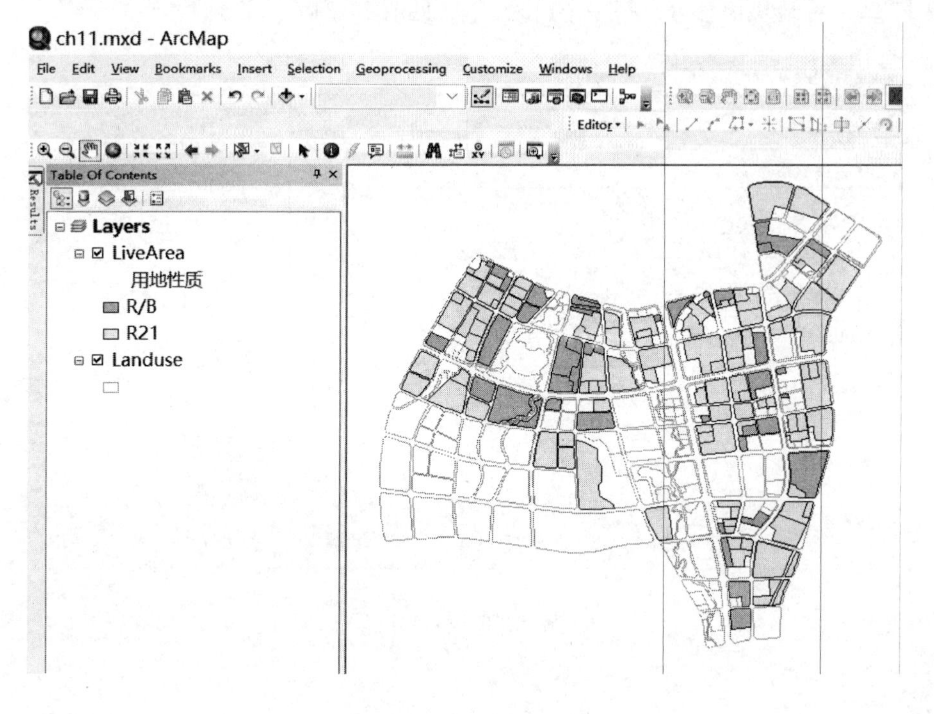

图 11-17　生成居住地块

将各地块小学生、初中生数量进行可视化表达，双击“LiveArea”图层名称，打开属性设置选项卡，在“Symbology”>>“Quantities”中设置按照小(中)学生数分级渲染，结果如图11-18和图11-19所示。

图 11-18　居住地块小学生数分级显示　　　　图 11-19　居住地块中学生数分级显示

(2)居住地块出入口

根据控规图则在CAD中绘制各地块的出入口点(为方便读者练习，出入口点CAD文件已事先绘制好，直接使用即可)，并在ArcGIS中将其转换为点要素shape文件。

使用 Toolboxes→Analysis Tools→Overlay→Identity 工具，进行空间叠置分析(见图11-20)，将地块信息写入每一个出入口中(见图11-21)。

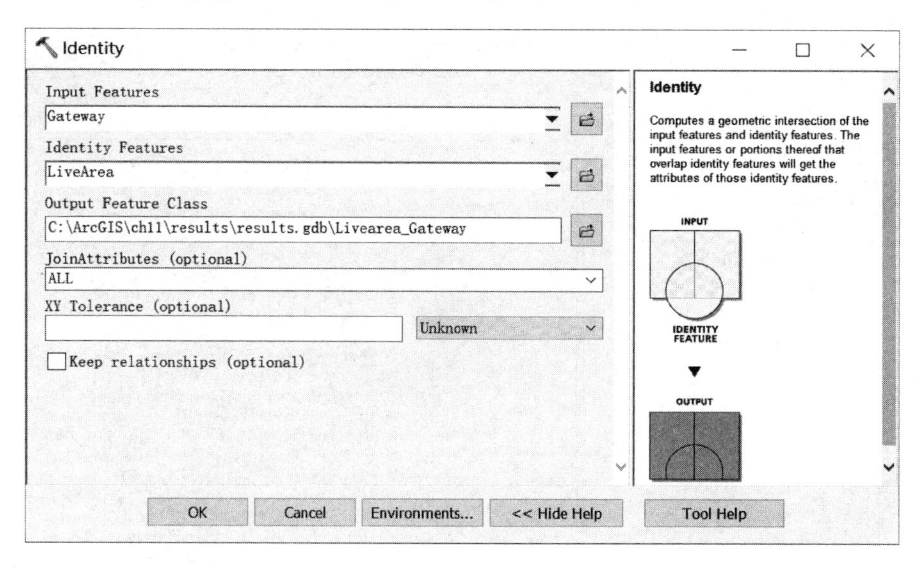

图 11-20　叠置分析

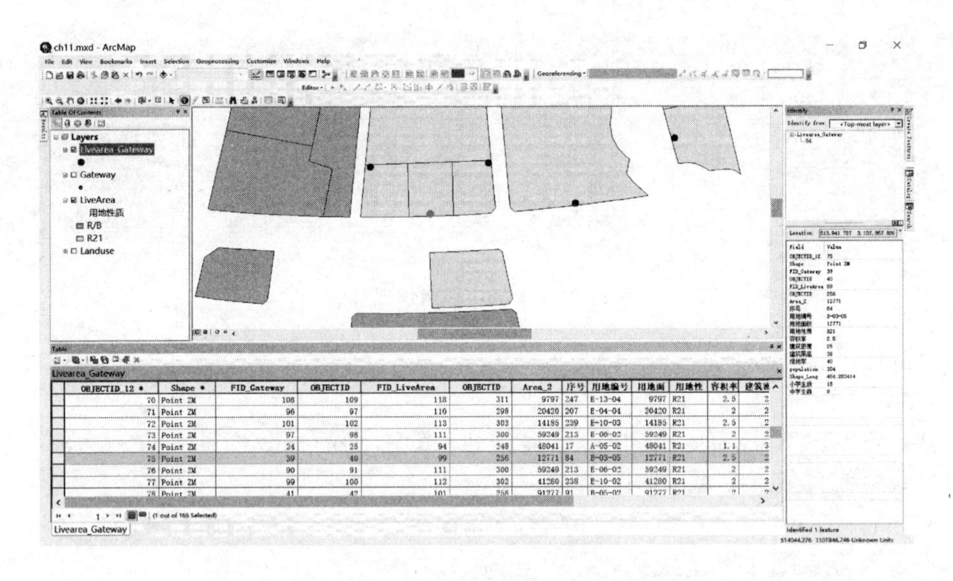

图 11-21　叠置分析得到带有居住地块信息的出入口

(3)学校用地及出入口

与居住地块出入口的操作方法类似，建立学校用地图层与学校出入口图层(见图 11-22)，并通过空间叠置工具将学校用地面积、学校名称、班级数、招生人数等属性写入每一个学校出入口点中(见图 11-23)。非基础教育设施——私立和民办学校以及高中被排除在案例研究之外。

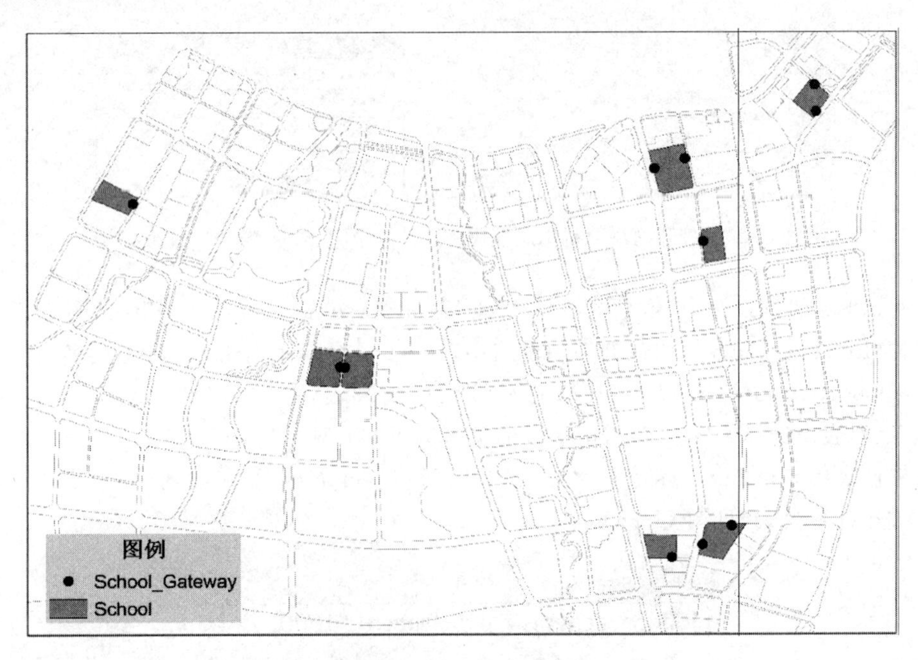

图 11-22　学校用地图层及其出入口图层

School Gateway

FID	Shape *	OBJECTID	FID_1	OBJECTID_1	序号	用地编号	用地面	用地性	容积率	建筑密	建筑限	绿地率	Shape_Area	学校名	班级数	招生人
0	Point ZM	7	0	23	258	F-01-09	23865	A33	.900000	20	24	30	23865.166191	十字布	24	1080
1	Point ZM	8	0	23	258	F-01-09	23865	A33	.900000	20	24	30	23865.166191	十字布	24	1080
2	Point ZM	12	1	27	123	C-07-01	32677	A33	.800000	25	15	30	32679.482597	猛辉小	36	1620
3	Point ZM	11	2	44	118	C-04-02	35482	A33	.910000	21.64	18	25	35481.927241	猛辉初	36	1800
4	Point ZM	3	3	144	345	H-01-04	22646	A33	.900000	20	24	30	22645.837695	郭村英	24	1080
5	Point ZM	1	4	148	351	H-02-01	35913	A33	.900000	20	24	30	35917.363958	郭村初	36	1800
6	Point ZM	2	4	148	351	H-02-01	35913	A33	.900000	20	24	30	35917.363958	郭村初	36	1800
7	Point ZM	4	5	179	219	E-08-05	50591	A33	1.3	30	20	30	50591.120909	外国语	60	2820
8	Point ZM	5	5	179	219	E-08-05	50591	A33	1.3	30	20	30	50591.120909	外国语	60	2820
9	Point ZM	6	6	269	233	E-09-07	22929	A33	.900000	20	24	30	22929.107408	福星小	36	1620
10	Point ZM	13	7	396		A-03-04	0	A33	.800000	25	15	30	25966.511237	明德小	36	1620

图 11-23　学校用地图层属性表

(4)道路网络构建

①准备工作

启用 ArcGIS Network Analyst 扩展模块：单击"Customize">>"Extensions"(见图 11-24)，勾选 Network Analyst。

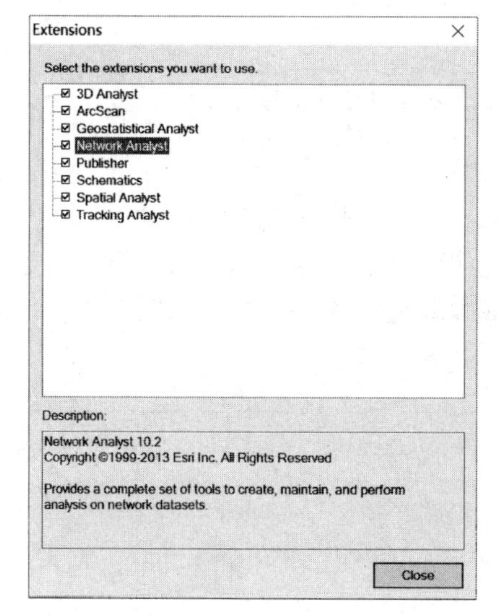

图 11-24　打开网络分析扩展模块

图 11-25　链接文件夹

在 Catalog 的目录树中，定位到 C:\ArcGIS\ch11\source\source. gdb(见图 11-25)，拖拽其中的"Road"要素，将其加载到地图窗口中，在 TOC 窗口中右击 Road 图层名，选择弹出菜单的"OpenAttributeTable"菜单项，打开该图层属性表，添加名为"minutes"的字段，在 Type 下拉列表中选择 *Float*，即指定字段的类型为 Float 型。

在属性表中右击 minutes 字段名称，选择"FieldCalculator"菜单项，打开字段计算器，输入所需时长计算公式(见图 11-26)。

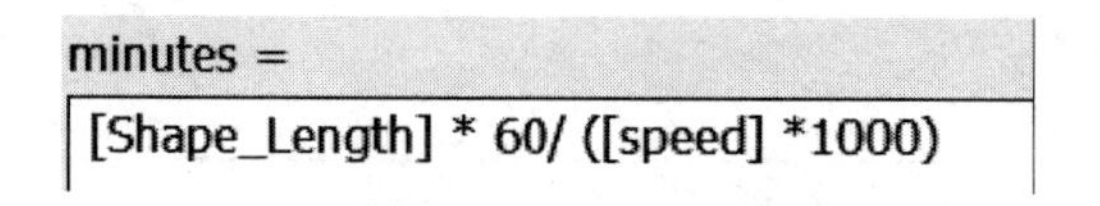

图 11-26　Minutes 字段计算公式

单击"开始">>"所有程序">>"ArcGIS">>"ArcCatalog 10. 2"启动 ArcCatalog。

②定义拓扑规则

点击标准工具栏的按钮以启动 catalog，在 catalog 目录树中定位到 C:\ArcGIS\ch11\results，在该文件夹内新建 FileGeodatabase，命名为“RoadTopo. gdb”，右键单击“RoadTopo. gdb”，在弹出菜单中选择“New”>>“Feature Dataset”子菜单项，新建要素数据集，命名为“Road”，设置其坐标系与 C:\ArcGIS\ch11\source\source. gdb 中“Road”数据集保持一致。用右键单击新创建的“Road”数据集名称，点击“Import”>“Feature class (single)”菜单项，导入要进行拓扑分析的道路数据，命名为“Roads”（见图 11-27）。

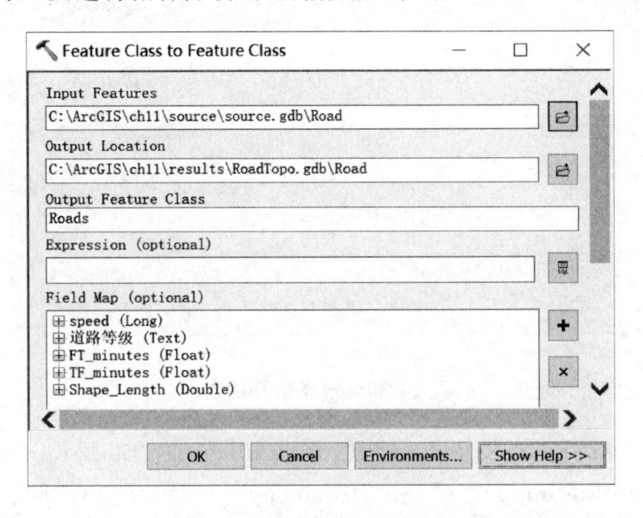

图 11-27 在要素数据集中导入要素

右键单击“Road”数据集名称，选用“New”>>“Topology”子菜单项目以创建拓扑，命名为“Road_Topology”（见图 11-28），点击下一步，勾选参与拓扑的道路要素（见图 11-29）。

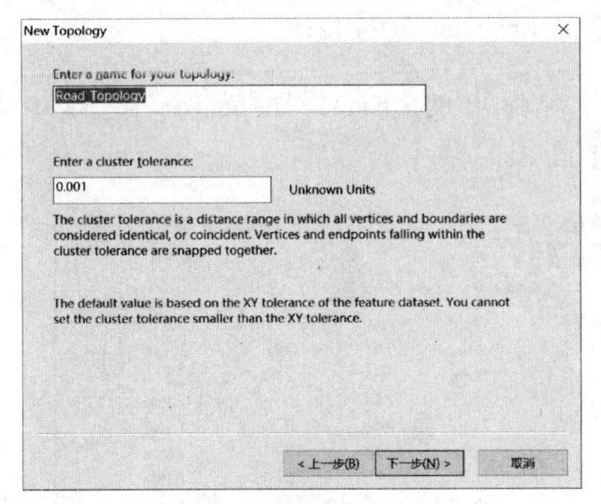

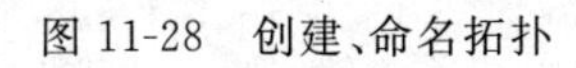
图 11-28 创建、命名拓扑

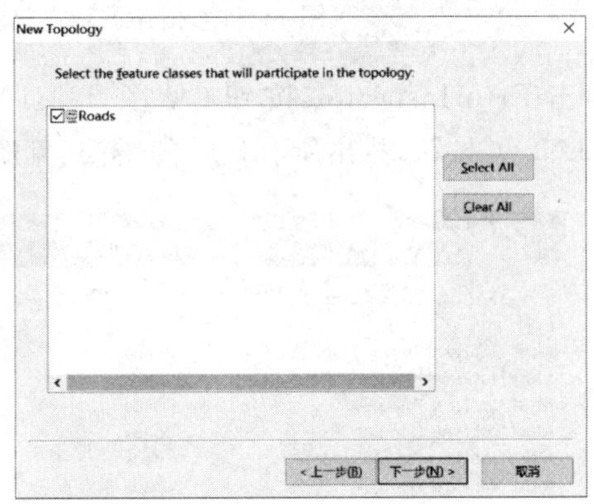

图 11-29 选择参与拓扑的要素

点击下一步，点击窗口中的“AddRule”按钮，添加拓扑处理规则。利用拓扑规则修正道路拓扑错误所采用的拓扑规则主要有以下三条：不能有悬挂点（Must Not Have Dangles）、不能有伪结点（Must Not Have PseudoNodes）、不能相交或内部接触（Must Not Intersect or Touch Interior），以满足网络数据集的构建要求，如图 11-30 所示。需要指出的是，本案例区域的规划道路没有上跨或下穿的情形。如果有上述情形,拓扑规则应排除不能相交这条规则。

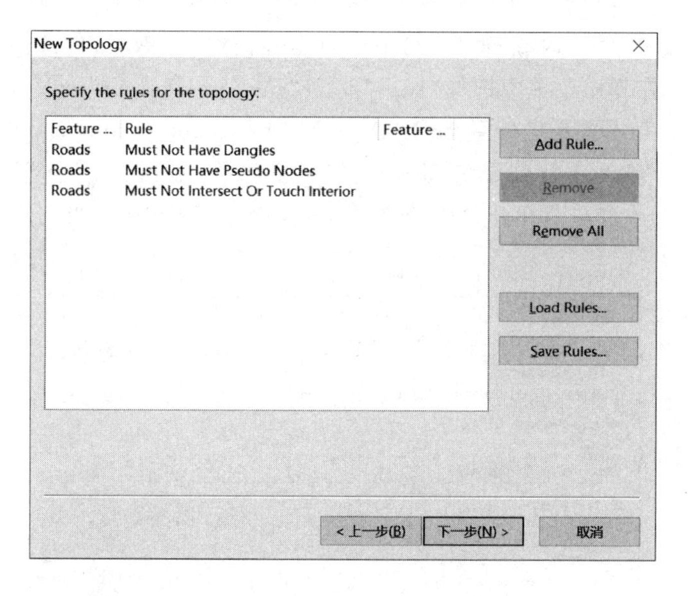

图 11-30　定义拓扑规则

在 ArcMap 中加载“Road_Topology”,点击“Editor”>>“Start Editing”以启动编辑,点击 Editor 工具“More Editing Tools”>>“Topology”子菜单项以打开拓扑编辑工具栏(见图 11-31)。

图 11-31　拓扑编辑工具栏及 Error Inspector 按钮

点击 ErrorInspector 按钮(见图 11-31),在弹出的“Error Inspector”窗体中点击“SearchNow”按钮,找出所有拓扑的错误(见图 11-32)。

Error Inspector

Show: <Errors from all rules>　11 errors

Search Now　☑ Errors　☐ Exceptions　☑ Visible Extent only

Rule Type	Class 1	Class 2	Shape	Feature 1	Feature 2	Exception
Must Not Have Pseudo Nodes	Roads		Point	193	243	False
Must Not Have Pseudo Nodes	Roads		Point	194	242	False
Must Not Have Dangles	Roads		Point	243	0	False
Must Not Have Dangles	Roads		Point	242	0	False
Must Not Have Pseudo Nodes	Roads		Point	238	239	False
Must Not Have Dangles	Roads		Point	22	0	False
Must Not Have Pseudo Nodes	Roads		Point	244	245	False
Must Not Have Pseudo Nodes	Roads		Point	240	241	False
Must Not Have Pseudo Nodes	Roads		Point	229	230	False
Must Not Have Pseudo Nodes	Roads		Point	233	234	False
Must Not Have Pseudo Nodes	Roads		Point	231	232	False

图 11-32　拓扑查错列表显示错误

③修正拓扑错误

根据错误信息，逐一修正拓扑错误。对于长度较短且包含悬结点的道路，一般可直接删除。选中该含有悬结点的支路（见图 11-33），右键菜单中选择“Delete”可删除该支路。

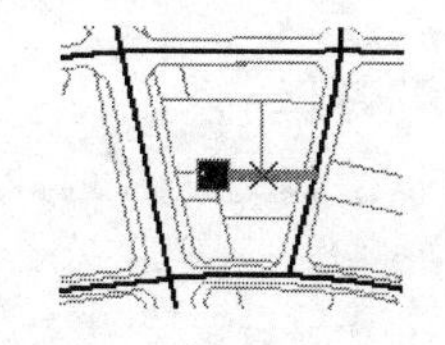

图 11-33　修正悬结点错误

对于伪结点两端的道路，采用合并两端道路的修正方法。同时选中两端的道路线段，在 Editor 按钮右侧的下拉箭头列表中选择“Merge”进行合并（见图 11-34）。

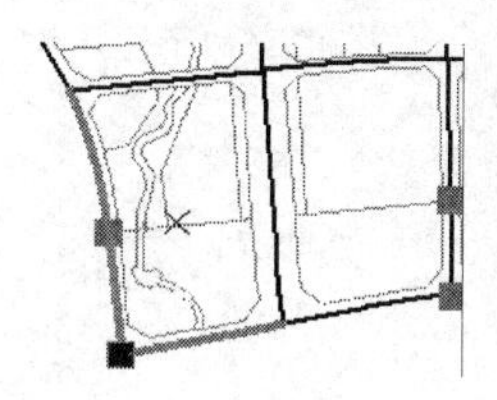

Roads

OBJECTID *	Shape *	speed	道路等级	FT_minutes	TF_minutes	Shape_Length
193	Polyline Z	50	主干路	.316661	.316661	263.884392
243	Polyline Z	50	主干路	.530575	.530575	444.316072

Rule Type	Class 1	Class 2	Shape	Feature 1	Feature 2	Exception
Must Not Have Pseudo Nodes	Roads		Point	193	243	False

图 11-34　修正伪结点错误

④创建网络数据集

在 Catalog 窗口中将鼠标定位到“Road”数据集，使用右键弹出菜单项“New”>>“NetworkDataset”，创建网络数据集，命名为“Road_ND”（见图 11-35）。点击“下一步”，勾选参与拓扑的道路要素。

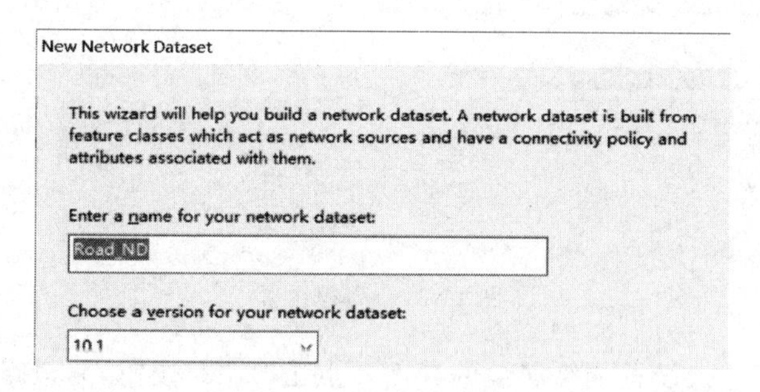

图 11-35　创建网络数据集

单击“下一步”，选择“Roads”要素类并将其作为网络数据集的源（见图 11-36）。

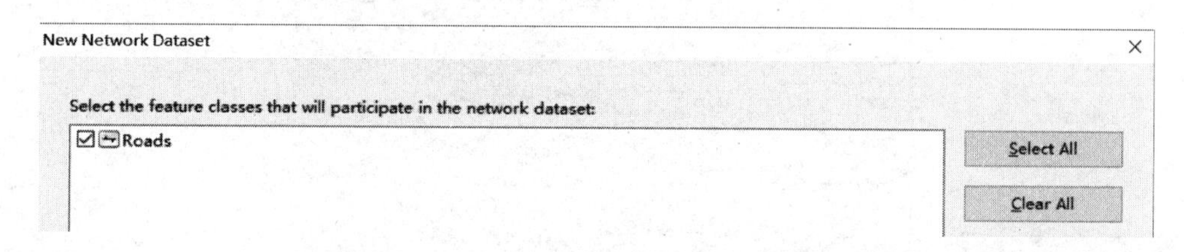

图 11-36　选择网络数据集的源

单击“下一步”，选择“No”，不构建转弯模型（见图 11-37）。

单击“下一步”，单击“Connectivity”按钮，打开“连通性”对话框，为该网络设置连通性模型。对于该 Roads 要素类，所有道路在端点处相互连接，因此将 Roads 的连通性策略设置为端点（见图 11-38）。

图 11-37　不构建转弯模型

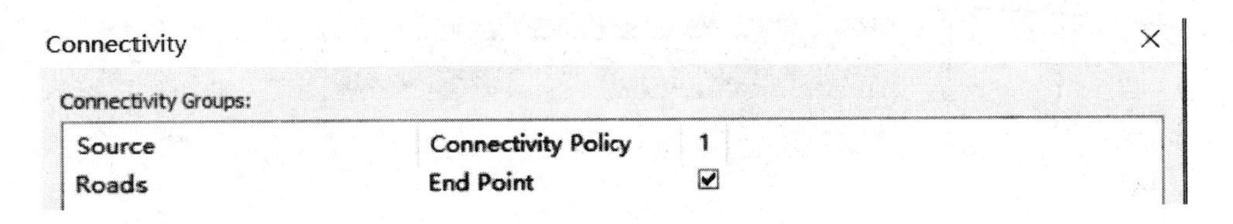

图 11-38　设置连通性

点击“OK”，点击“下一步”，此数据不含高程字段，因此选择“None”选项，如图 11-39 所示。

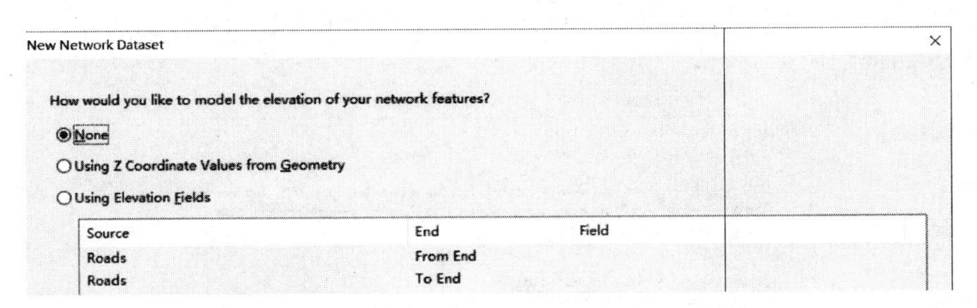

图 11-39　高程设置

单击“下一步”，进入设置网络属性的界面。点击“Add”按钮，为道路网络数据集增加通行距离属性，设置如图 11-40 所示。

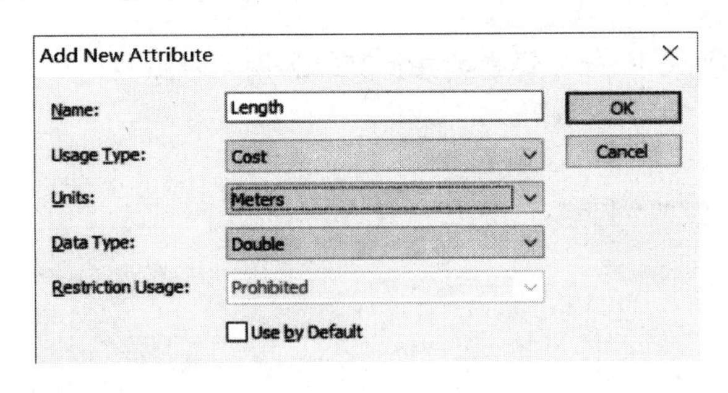

图 11-40　通行距离属性设置

点击“OK”，回到属性设置界面，新的属性 Length 被添加到属性列表中，双击新建的“Length”属性，打开赋值器，将包含路段长度的字段“Shape_Length”指定给新属性（见图 11-41）。

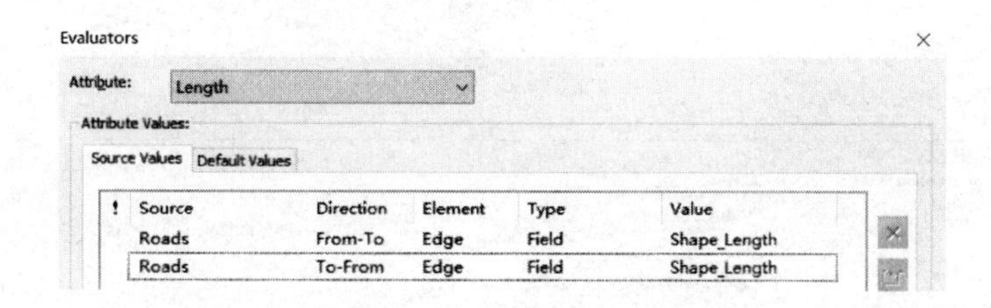

图 11-41　为新属性赋值

点击“OK”，回到属性设置界面(见图 11-42)。中间带 D 的蓝色圆圈表示该属性在新分析中被默认启用。

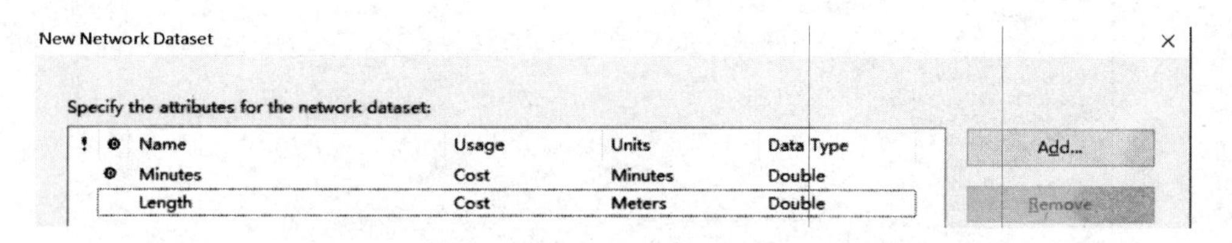

图 11-42　网络属性设置界面

单击“下一步”，返回新建网络数据集向导，单击“下一步”，进入方向设置，选择“No”(见图 11-43)。

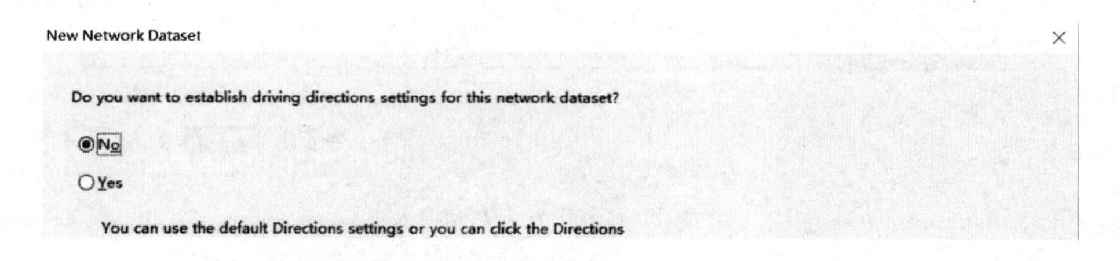

图 11-43　方向设置

单击“下一步”，显示的是所有设置的汇总信息(见图 11-44)。

点击“Finish”，将启动进度条(见图 11-45)，显示 Network Analyst 正在创建网络数据集的进程。

创建网络后，系统将询问您是否要构建它(见图 11-46)。构建过程会确定哪些网络元素是互相连接的，并填充网络数据集属性。单击“Yes”，将启动“NewNetworkDataset”进度条，直至构建过程结束。

新的网络数据集“Road_ND”及系统交汇点要素类“Road_ND_Junctions”已添加到 ArcCatalog 中(见图 11-47)，经过以上操作获得包含通行距离和通行时间双重属性的车行道路网络数据集。

使用同样的方法建立步行道路网络数据集。把景观道路的 CAD 文件导入并转换为 shape 格式，利用拓扑规则修正拓扑错误。以 5km/h 的步行速度计算各路段的步行通行时间，记为“minutes”字段，通过字段计算将该字段的值都乘以 0.6，也即为景观道路设置 0.6 的舒适度影响系数。建立空间网络数据集(New Network Dataset)，得到包含通行距离和通

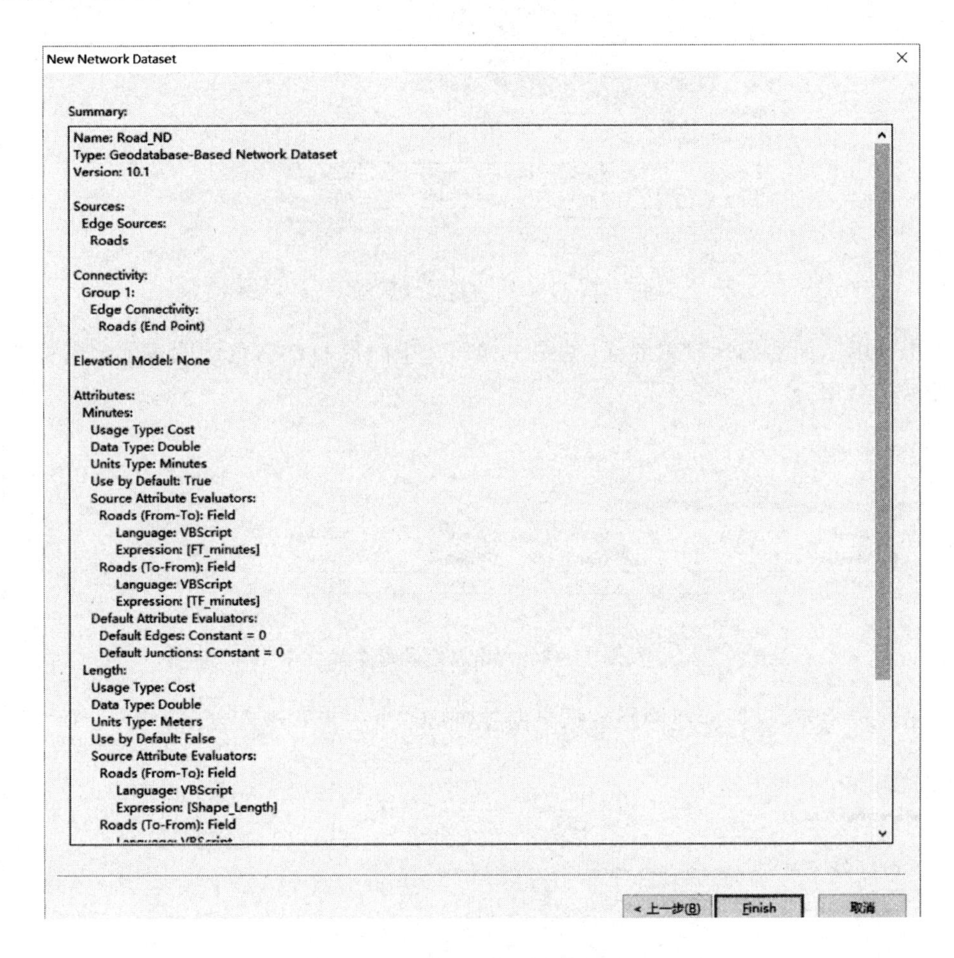

图 11-44　设置汇总信息

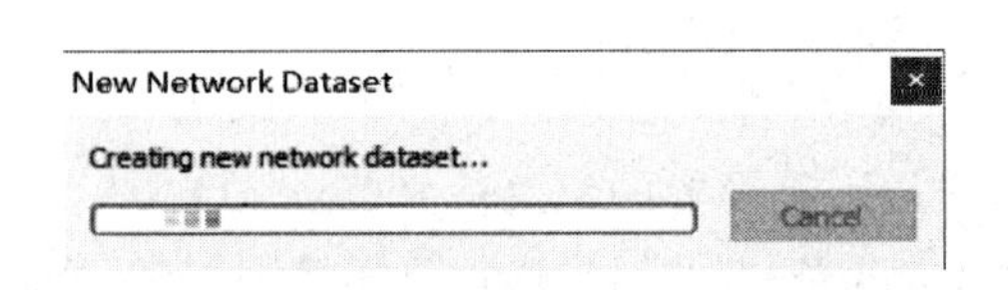

图 11-45　新建网络数据集进度条

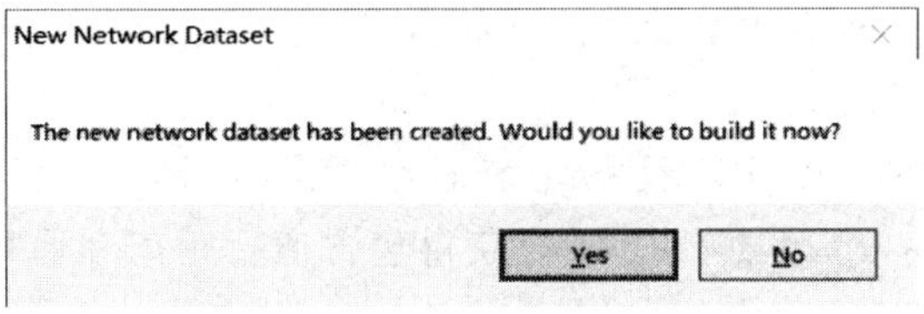

New Network Dataset

The new network dataset has been created. Would you like to build it now?

Yes　No

图 11-46　是否构建对话框

行时间双重属性的步行道路网络数据集(见图 11-48)。

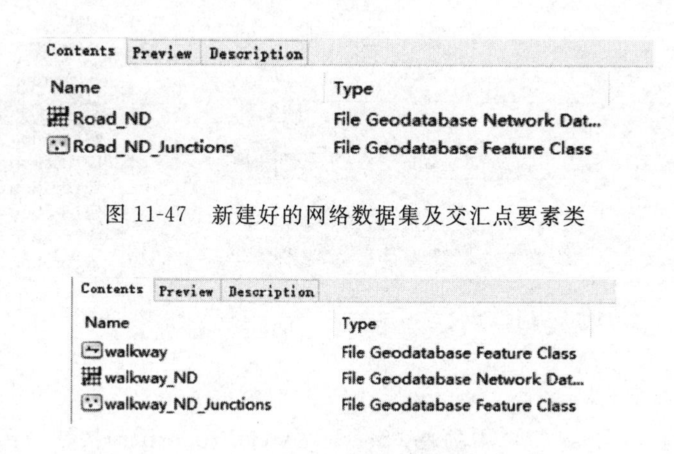

图 11-47　新建好的网络数据集及交汇点要素类

图 11-48　步行道路网络数据集

11.3.2　基础教育服务(小学)覆盖度分析

空间服务覆盖度是评价设施空间布局的重要内容之一。以下从基础教育设施(公立小学)覆盖周边居住区人口及居住区地域范围等方面来考察教育设施布点的合理性。小学服务覆盖范围分别按基于直线距离和道路网络距离两种方法来测度,以提高分析评价的科学性。

以规划所设置的 6 所小学为服务设施,按服务半径为 500 或 1000 米,分析每一个小学的服务范围。以下以半径 500 米的服务半径为例,介绍根据路径生成服务区范围以及根据直线距离生成服务区的相关操作步骤。

1. 根据路径生成服务区范围

(1)创建服务区分析图层

加载 Road 网络数据集“Road_ND”,在 Network Analyst 工具条上(见图 11-49),单击“Network Analyst”的“NewServiceArea”菜单项以新建服务区。

图 11-49　网络分析工具条

(2)添加设施点

运行 ArcToolbox 的 Data Management Tools→Feature→Feature To Point 工具,InputFeature 下拉列表中选择 *Primary* 图层,将小学面状要素转为点要素(见图 11-50)。

点击 NetworkAnlyst 工具条上的按钮,以开启网络分析窗口。从 TOC 窗口中将新生成的 Primary_point 点要素图层拖放到 Network Analyst 窗口的 Facilities 图层中(见图 11-51),读者也可以使用 Facilities 图层的右键弹出菜单中的“LoadLocations”项以添加分析所需的设施点。

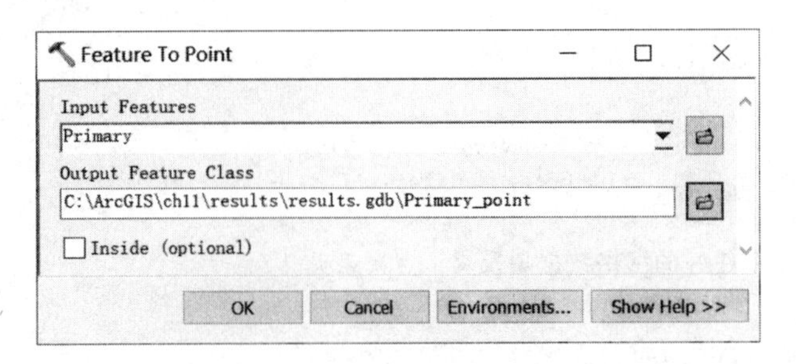

图 11-50　创建学校点图层

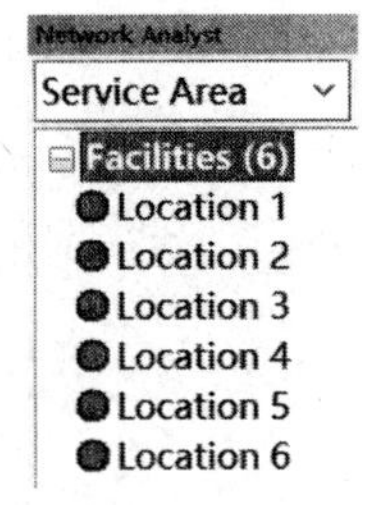

图 11-51　添加设施点

(3)设置分析参数

单击 Network Analyst 窗口中的 (Service Area Properties)按钮,打开'图层属性'对话框,单击 Analysis Setting(分析设置)选项卡。将 Impedance 阻抗设置为 *Length* (*Meters*),在 DefaultBreaks 文本框中输入 500, 1000,勾选 IgnoreInvalidLocations(忽略无效的位置)(见图 11-52)。在'Accumulation'选项卡中,勾选 *Length* 项。

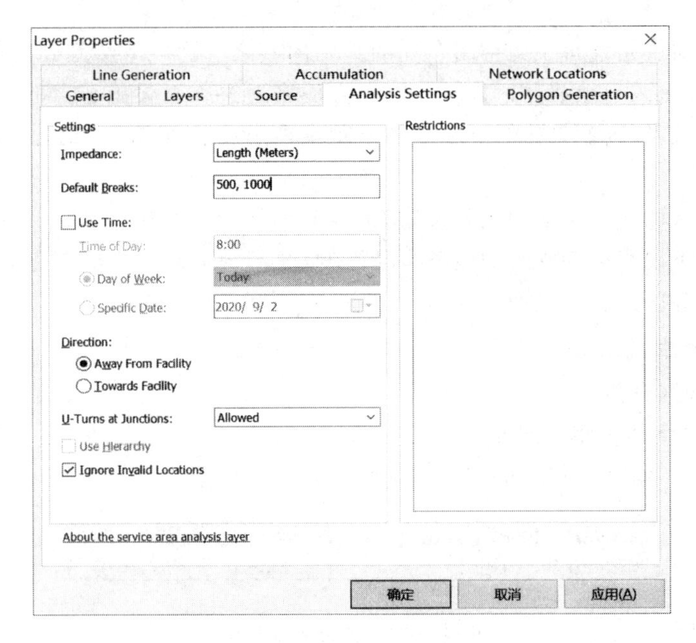

图 11-52　'Layer Properties'对话框

单击'PolygonGeneration'选项卡,面类型中选择 *Detailed*。多个设施点选项中选择 *Mergebybreakvalue*(见图 11-53)。

(4)运行计算服务区

点击"确定"。在 Network Analyst 工具条上,单击"求解"按钮求解。服务区面即会出现在地图和 Network Analyst 窗口中(见图 11-54)。这些面是半透明的,更改为随着中断值的增大,服务区面由亮变暗,而不是由暗变亮。

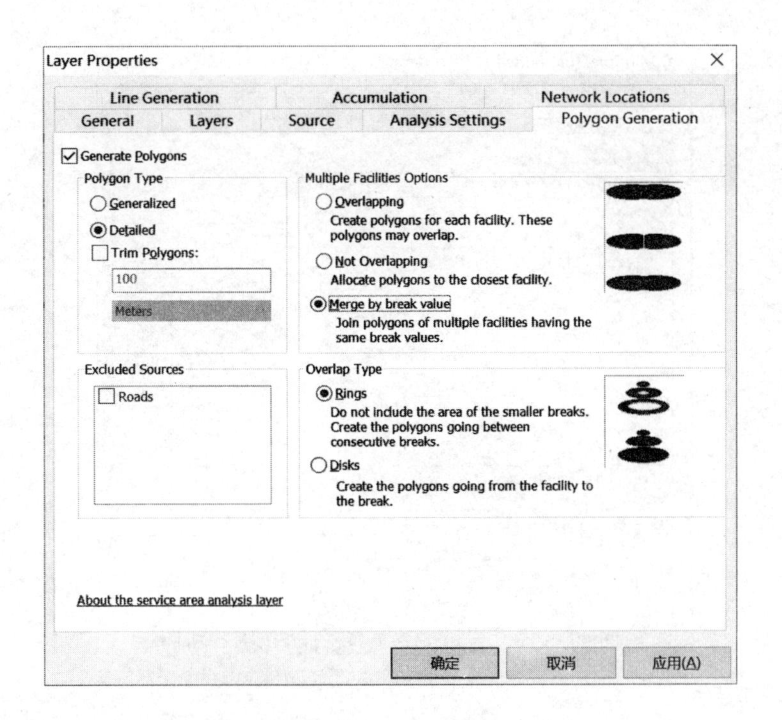

图 11-53　设置面生成

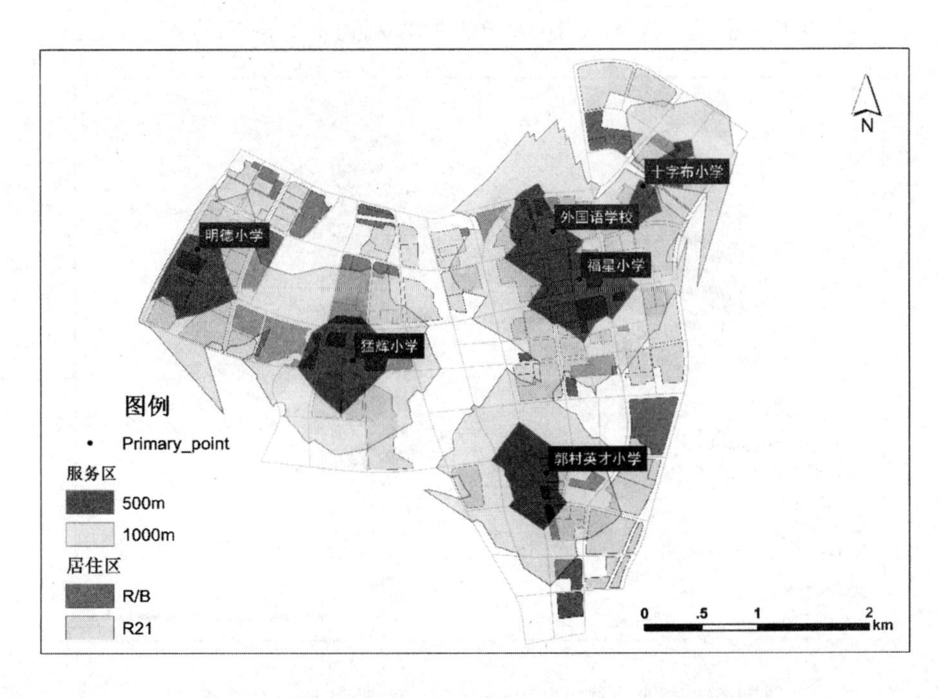

图 11-54　根据路径距离计算得到的 500 和 1000 米服务区

2. 根据直线距离生成服务区范围

打开 System Toolboxes→AnalysisTools→Proximity→Multiple Ring Buffer，打开多环缓冲区工具，输入学校点，设置缓冲距离 500 与 100 米，如图 11-55 所示。

图 11-55　多环缓冲区设置

点击"OK",生成半径为500米及1000米的两层缓冲区,如图11-56所示。

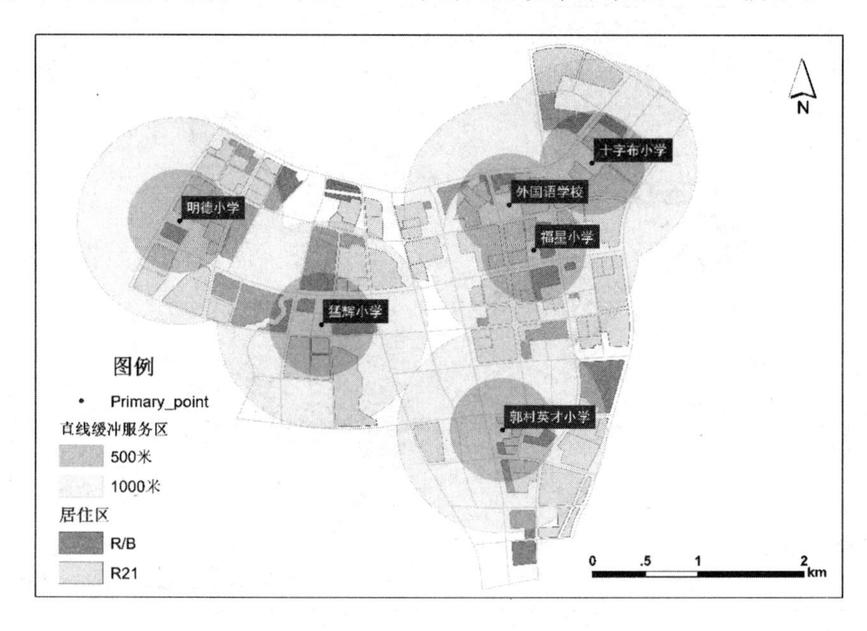

图 11-56　根据直线距离计算得到的500米和1000米服务区

叠加两种计算方法得到的服务区图层(见图11-57),不规则多边形为根据路径长度计算的服务区,而圆形服务区是根据直线距离计算得到的。通过对比可发现,前者范围明显小于后者。从分析结果来看,研究区域内,出行距离在1000米以上的居住小区较多,小学空间覆盖情况较差。

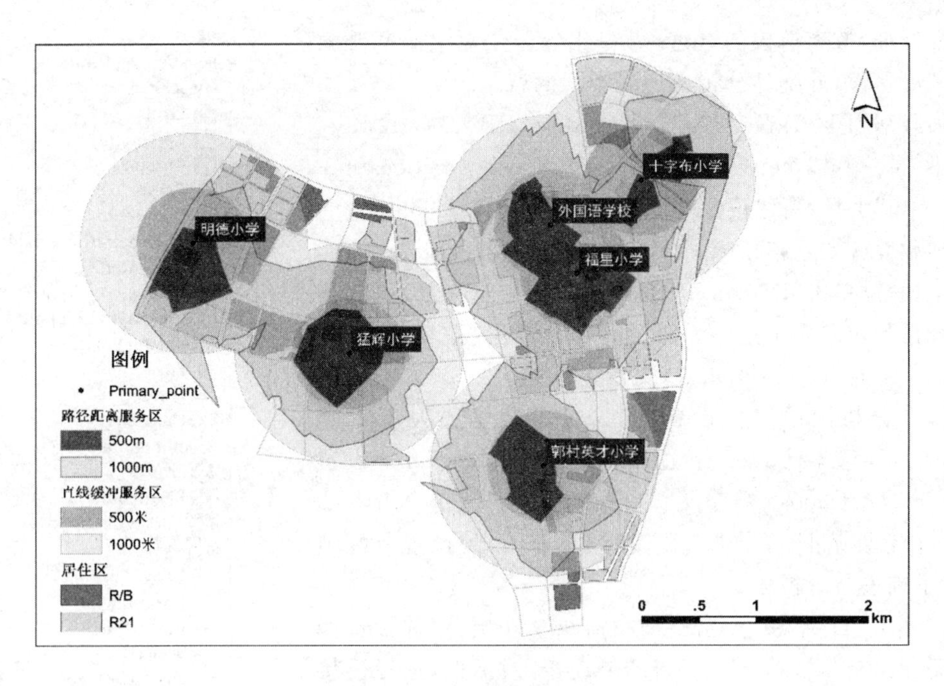

图 11-57　小学空间覆盖情况图

以网络距离(实际出行距离)来衡量,进一步计算学校服务区所覆盖的居住用地占全部居住用地的比重①,以及所涉及的居住人口占总居住人口的比重,具体统计结果如表 11-3 所示。

表 11-3　小学空间覆盖情况统计表

服务半径	0～500 米	比例	500～1000 米	比例	>1000 米	比例	总计
居住用地/公顷	243.69	20.54%	457.01	38.53%	485.80	40.93%	1186.50
居住人口/万人	5.80	20.31%	10.88	38.16%	11.86	41.52%	28.54

如表 11-3 所示,到学校的出行距离超过 1000 米的居住用地占比超过 40%;出行距离超过 500 米的居住用地占比接近 80%,500 米内的占比仅为 20%左右。类似的,超过 40%的居住人口离学校的距离超过 1000 米,接近 80%的居住人口离学校的距离超过 500 米,仅有 20%的居住人口离学校的距离小于或等于 500 米。总体而言,小学服务空间覆盖度并不理想。

11.3.3　基础教育服务可达性分析

在前述教育设施空间服务覆盖度分析的基础上,以下利用 ArcGIS 中的 Location-Allocation 工具进一步研究基础教育服务的可达性,为后续基础教育设施布点优化提供数据支撑。

针对居住用地,利用 Location-Allocation 工具对学区进行初步划分,根据不同的服务范

① 出入口位置在学校服务范围内的居住地块均计入。

围要求标准，按离学校的远近，可视化各居住地块的基础教育服务可达性，并统计分析各地块学生的就学距离。

加载居住区“LiveArea”、“Gateway_RB”、“Gateway_R21”图层，单击 Network Analyst 菜单的“NewLocation-Allocation”工具，新建位置分配分析图层(见图 11-58)。

加载设施要素点 Primary_point。在 Network Analyst 窗口中，右键单击“DemandPoints(0)”，然后选择加载位置，从加载自下拉列表中选择 Gateway_RB 图层，重复该步骤，添加 Gateway_R21 为请求点(见图 11-59)。

打开分析图层属性设置窗口，将阻抗设置为 *Length (Meters)*，勾选累计 Length 选项，Advanced Setting 中设置 Facilities To Choose 数量为 6，点击“确定”。在 Network Analyst 工具条上，单击“求解”按钮求解，得到位置分配结果，接下来进行可视化。

在图层目录中右击“LiveArea”图层名称，选择“JoinandRelates”＞＞“Join”，打开‘连接’对话框，选择连接 Location-Alocation 图层中的 *Lines* 图层，设置如图 11-60 所示。

点击“OK”，生成包含就学距离的居住用地新图层“Join

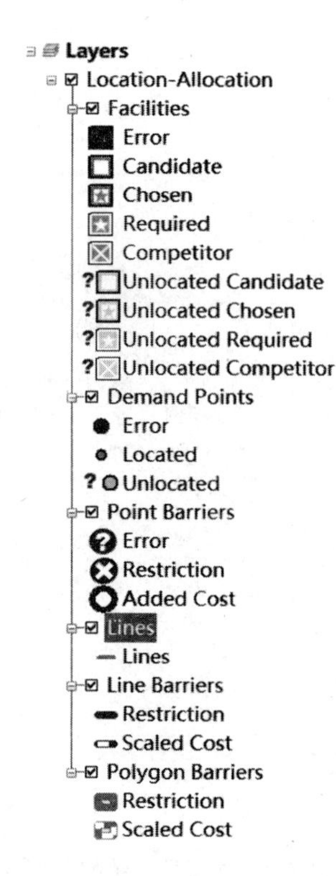

图 11-58 位置分配分析图层

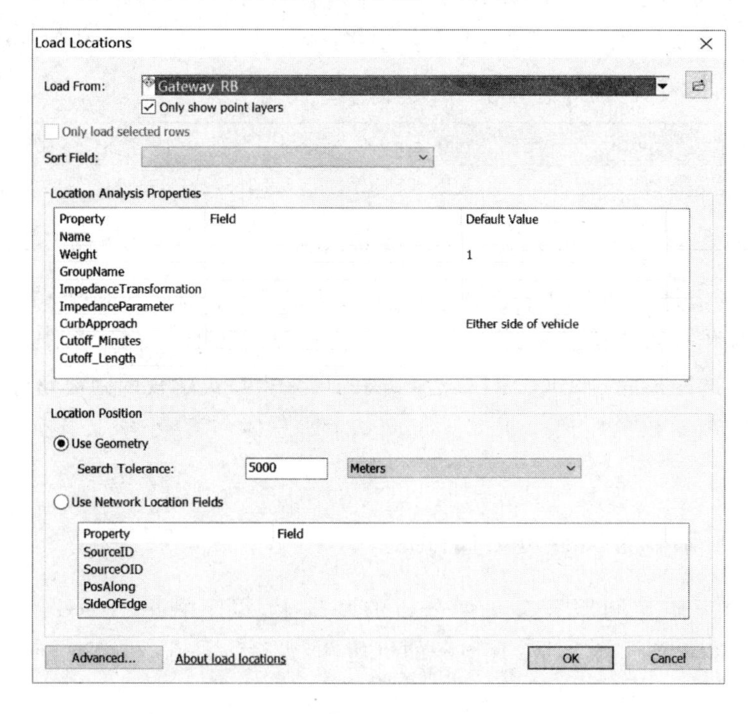

图 11-59 添加请求点

_AreaDistance”，双击图层名称更改渲染方式为“Quantities”＞＞“Graduted colors”，字段选

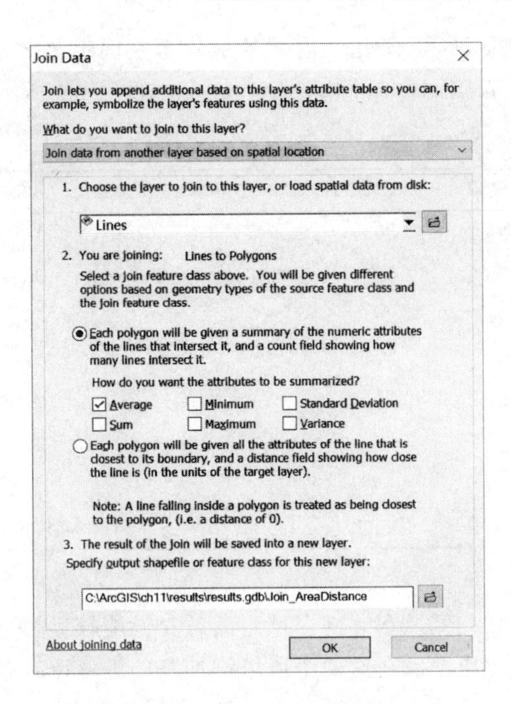

图 11-60　空间连接

择为 *Avg_Total_Length*，按就学距离的远近，将居住用地分为六级：<250 米，250～500 米，500～750 米，750～1000 米，1000～1250 米，>1250 米，结果如图 11-61 所示。

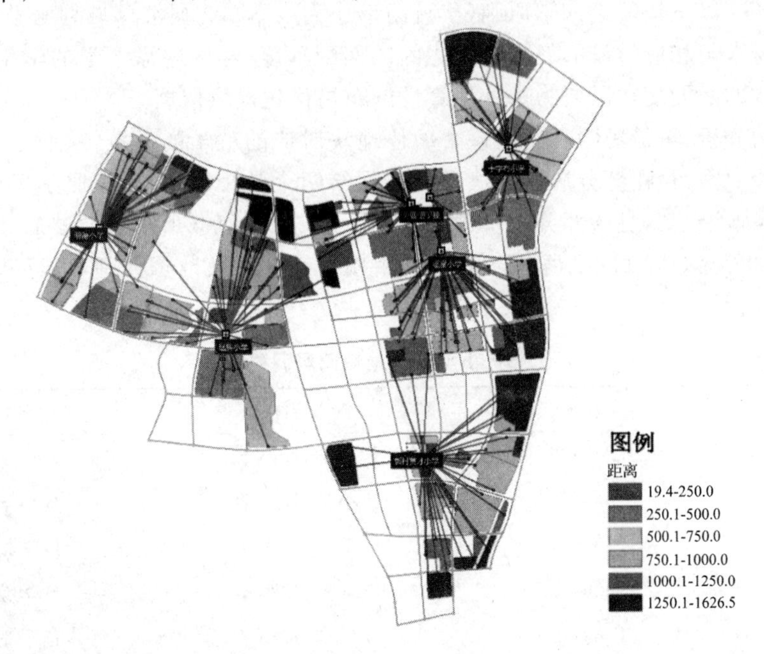

图 11-61　小学学区居住地距离分级图

距离学校较远的地块主要集中在研究区中轴北侧、东侧以及东北角。由分级学生数统计表可以看出离学校 500 至 1000 米的学生数最多，占比 43.7%；其次是距离超过 1250 米的学生，占比 18.1%。整体而言，研究区内部各地块至空间上最邻近学校的出行距离较为均匀，250 米以内比较少，750～1000 米内学生数较多，如表 11-4 所示。

表 11-4　小学学区居住地学生人数分级统计

编号	学校名称	＜250	250～500	500～750	750～1000	1250	1250～	总计
1	A 小学	65	303	547	0	128	216	1259
2	B 小学	28	441	106	793	384	183	35
3	C 小学	44	91	87	461	250	507	1440
4	D 学校	163	376	65	75	127	12	918
5	E 小学	34	167	258	247	80	334	1120
6	F 小学	97	0	396	448	261	86	1288
7	总计	431	1378	1459	2024	1230	1438	7960
8	占比	5.4%	17.3%	18.3%	25.4%	15.5%	18.1%	100.0%

* 距离为网络距离

综上，规划地块的中轴北侧及东北部区域距离教育设施较远，为保障教育设施服务的空间公平性，调整布点方案时应考虑在这两个区域增加基础教育设施布点。

11.3.4　基于出行距离的学区划分

为体现基础教育公平原则，基础教育服务设施在空间布局上应相对均衡，尽可能方便大多数学生的就学。以下按就近入学原则(出行距离作为成本)，为研究区域划分学区，并计算学区内的入学需求与相应学校的教育供给之间的匹配程度(学区内需上学的学生数和学校能接收的学生数的匹配度)，以便为基础教育设施布局优化提供依据。

根据前文的分析，按最短距离确定每个居住地块对应的就学的学校，从而划分出学区。由于出入口设置原因，存在部分居住地块同时分配给两个学校的情形，按照学区的完整性、便利性，及“无飞地”原则，对这部分地块进行人工干预，如表 11-5 所示。调整后整个研究区的小学学区划分情况如图 11-62 所示。而后利用属性表链接及数据处理，进行基于出行距离的小学供需分析。

表 11-5　小学学区地块归属调整

编号	用地编号	涉及学校	归属学校
1	A-12-02	F 小学;B 小学	F 小学
2	A-17-02	F 小学;B 小学	B 小学
3	E-03-04	D 学校;E 小学	D 学校
4	E-09-02	D 学校;E 小学	D 学校
5	E-09-03	D 学校;E 小学	E 小学
6	E-09-10	D 学校;E 小学	E 小学
7	G-01-04	E 小学;C 小学	C 小学

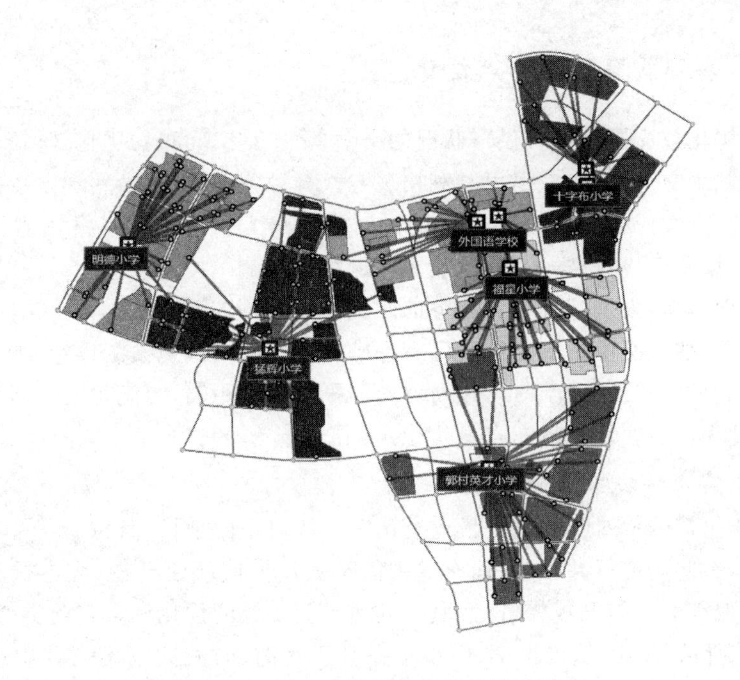

图 11-62　基于出行距离的小学学区划分

表 11-6 所示，最远平均出行距离为 C 小学的 1109 米，有 3 所学校供需比大于 1，最大为 1.8。所有小学平均出行距离为 852 米，以小学生步速 2 公里/时计算，平均用时 25.6 分钟，在出行舒适时间范围内，就各居住用地平均出行距离而言，小学空间布局较为合理。

表 11-6　小学学校供需分析

编号	学校	人数	平均出行距离	需求班级数	供给班级数	供需比
1	A 小学	1259	772	28	24	0.9
2	B 小学	1935	798	43	36	0.8
3	C 小学	1440	1109	32	24	0.8
4	D 学校	918	640	20	36	1.8
5	E 小学	1120	943	25	36	1.4
6	F 小学	1288	847	29	36	1.2
7	平均值	1327	852	29	32	1.1

* 出行距离受出行方式（车行/步行）的影响十分小，表格数据可以代表所有出行方式的距离。

* 出行距离为网络距离，按各居住地块人数进行加权处理（$D=\sum_{i=1}^{n} d_i p_i$，其中 d_i 为第 i 个居住区至小学的距离，p_i 为第 i 个居住区学生数占比）。

某县按每班 45 人计算出各小学需开设的班级数，并与规划的班级数进行比较，则所有小学平均需求班级数为 29 个，供给数为 32 个，供需比为 1.1。其中 A 小学、B 小学、C 小学供给不足，生源分配压力较大，供给不足量为 4～8 个班级。D 学校、E 小学及 F 小学供给过剩，过剩量为 7～16 个班级。规划地块南部及东北角学校布点偏少而人口相对较多；中部及西侧情况相反，布点较为密集为人口相对较少，D 学校和 E 小学有较大的服务重叠区域。从供需角度而言，小学的布局及规模设置有待完善。

11.3.5 基础教育设施布点优化

学校布点优化首先要满足其供需状况的平衡，其次是空间布局优化，学校布点要尽可能靠近需求点以减少交通出行，应尽可能利用现有教育设施，从而减少新建学校的数量以降低成本。学校布点方案应在满足上述条件的同时实现最大可达性。本案例假设最大可达性为：使用者到达设施供应点（学校）的平均距离最小化。

具体优化思路是：根据基础教育服务的匹配程度、平均出行距离，提出增加或缩减教育设施的有关设想（如有必要），提出调整已有基础教育设施用地规模的设想（如有必要），计算调整后的基础教育服务的匹配程度，以及就学的平均出行距离，当满足前文所提出的学校布点条件时，即视为已经实现学校布点的优化。

1. 基于供需分析的学校规模调整

首先，基于供需分析对学校的规模进行调整。针对不同学校，其供需水平和可达性水平的差异也较大，有些需要拆并学校，而有些则需扩大规模或新建学校，应进行分类讨论。下面仅对供需比偏小的学校的规模进行调整，其他类型学校的优化调整与此类似，不再赘述。

如表 11-7 所示，A 小学、B 小学、C 小学在基于距离、时间的学区划分中都承担了较大的吸纳生源压力，出现了“供不应求”的现象，应考虑在原有基础上进行扩容，适当增加用地面积。由于小学班级数需为 6 的倍数，按照现有需求进行计算，A 小学应供给 30 个班级（＋6）、B 小学考虑增加至 42 个班级（＋6）、C 小学考虑增加至 36 个班级（＋12）。根据《江西省某县县城总体规划》（2011—2030）数据，规划按每班 45 人，生均用地面积 15 平方米控制小学用地面积，因此 A 小学与 B 小学均应增加 4050 平方米用地，C 小学应增加 8100 平方米用地。调整后 A 小学占地面积为由 2.39 公顷变为 2.8 公顷，B 小学由 3.27 公顷增加至 3.68 公顷，C 小学由 2.26 公顷增加至 2.67 公顷。

表 11-7 不同成本下学校供需匹配度比较

编号	学校	供给班级数	距离—需求	距离—供需比
1	A 小学	24	28	0.9
2	B 小学	36	43	0.8
3	C 小学	24	32	0.8
4	D 学校	36	20	1.8
5	E 小学	36	25	1.4
6	F 小学	36	29	1.2
7	平均值	32	29	1.1
编号	学校	供给班级数	距离—需求	距离—供需比
1	A 初中	36	32	1.1
2	B 初中	36	18	2.0
3	D 学校	24	29	0.8
4	平均值	32	26	1.2

D 学校出现了较为严重的供需失衡，其初中部应增加班级、小学部应减少班级。小学部

减少至 24 个(－12)班级,初中部增加至 30 个班级(＋6),总面积调整为 4.62 公顷,符合现状规划,无须进行用地调整。

B 初中供需比过高,可考虑缩减规模,由 36 个班级调整为 30 个班级(－6),按每班 50 人,生均用地面积 20 平方米控制初中用地面积,B 初中占地面积由 3.59 调整为 3 公顷。

其余学校基本可以达到供需平衡,在此不做调整。调整结果见表 11-8。

表 11-8　基于供需分析的学校规模调整

编号	学校	原供给班级数	现供给班级数	班级变化	原占地面积	用地变化	现占地面积
1	A 小学	24	30	6	2.39	0.405	2.795
2	B 小学	36	42	6	3.27	0.405	3.675
3	C 小学	24	36	12	2.26	0.81	3.07
4	D 学校	36	24	－12	5.06	－0.81	5.06
5	E 小学	36	36	0	2.29	0	2.29
6	F 小学	36	36	0	2.6	0	2.6
7	总和	192	204	12	17.87	0.81	19.49
编号	学校	原供给班级数	现供给班级数	班级变化	原占地面积	用地变化	现占地面积
1	A 初中	36	36	0	3.55	0	3.55
2	B 初中	36	30	－6	3.59	－0.6	2.99
3	D 学校	24	30	6	5.06	0.6	5.06
4	总和	96	96	0	12.2	0	11.6

2. 基于位置—分配模型的学校布点优化

以削减碳排放、最小化基础教育设施数量为目标调整学校布局,首先根据位置分配模型计算出研究区所需配置的教育设施数量,而后应用最大化覆盖模型,分别计算设施个数为 3、4、5、6 个的选址情况,在分析计算结果上进行比选,以期确定最优的配置方案。

(1)最小化设施点数分析

以初中教育设施布局为例,在已建立道路网络系统的基础上,新建位置分配分析,加载设施点 125 个,原有的 3 个初中作为 3 个设施点,再加上自行设定的 122 个候选点(根据用地兼容性原则选取能兼容中小学用地的地块,在其靠近道路一侧选取候选点),设施点类型均设置为候选(Candidate);需求点为各居住地块的出入口,共 239 个,如图 11-63 所示。

打开网络分析属性面板,将阻抗设置为距离,在“高级设置”中将问题类型设置为最小化设施点数,将阻抗中断设置为 1500,意味着设施最大服务范围是 1500 米网路距离(见图 11-64)。而后进行位置分配求解。结果如图 11-65 所示。

由计算结果可知,模型自动选择了 6 个教育设施点,与原规划相比系统多设置了 3 所学校,所有需求点都得到了分配,覆盖度 100%。就学校布局而言,“新”A 初中与原规划相符,“新”B 初中与原规划位置相近,说明这 2 所初中布点较为合理。为了实现较大覆盖,东北部新增了 2 所初中,西北部也增加了 1 所初中。6 个教育设施点实现了教育服务的全覆盖,但这很可能造成一定程度的资源浪费。为进一步探求最为合理的学校设施数与覆盖度,继续利用最大化覆盖模型进行研究分析。

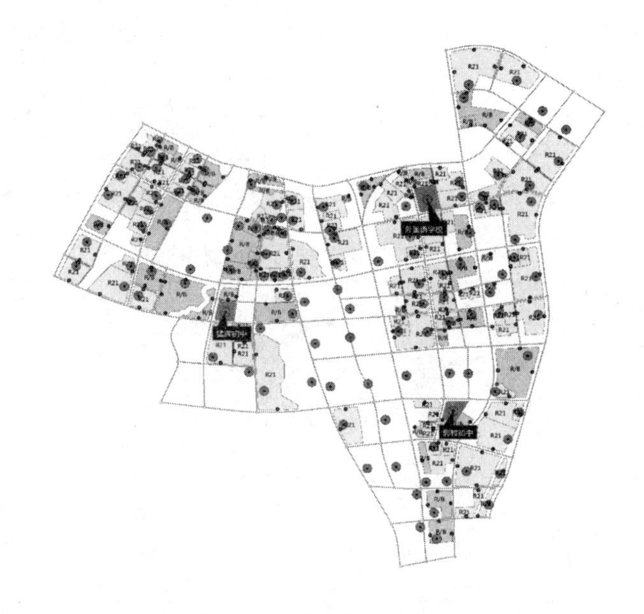

图 11-63　候选设施点布局图

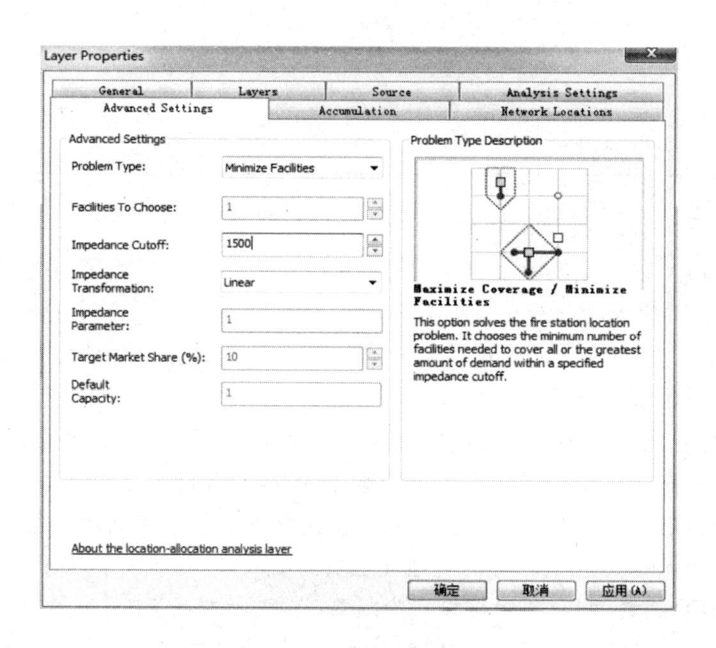

图 11-64　最小化设施数参数设置

（2）最大化覆盖范围模型

具体步骤与上述类似，但在“高级设置”中将问题类型设置为最大化覆盖范围（见图 11-66），并更改设施点数，可得到相应数量设施点情景下的位置分配结果。图 11-67 至图 11-69 分别列出了 3、4、5 个设施点的位置分配结果。

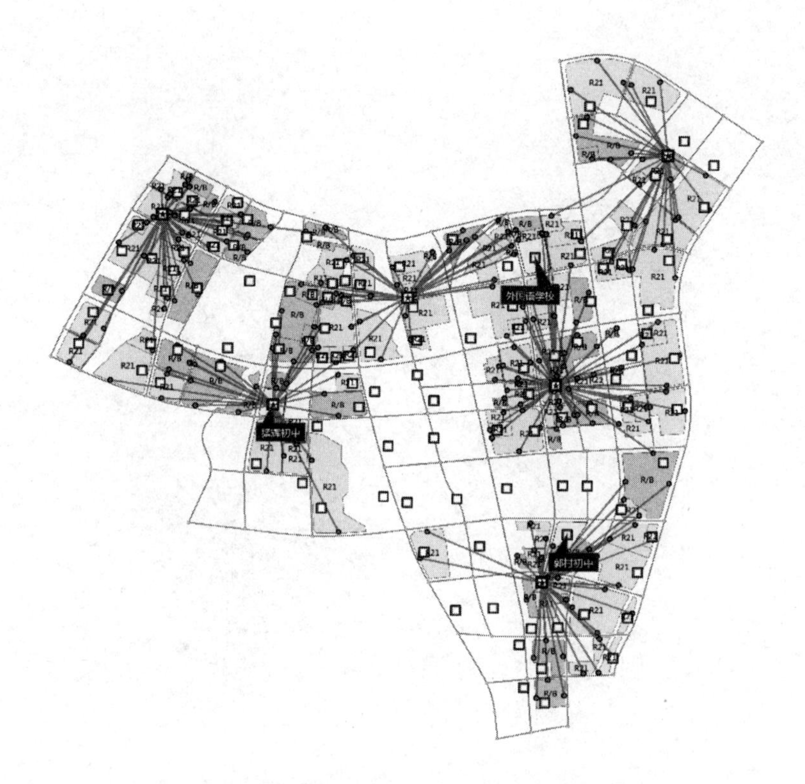

图 11-65　基于最小化设施数的位置分配结果

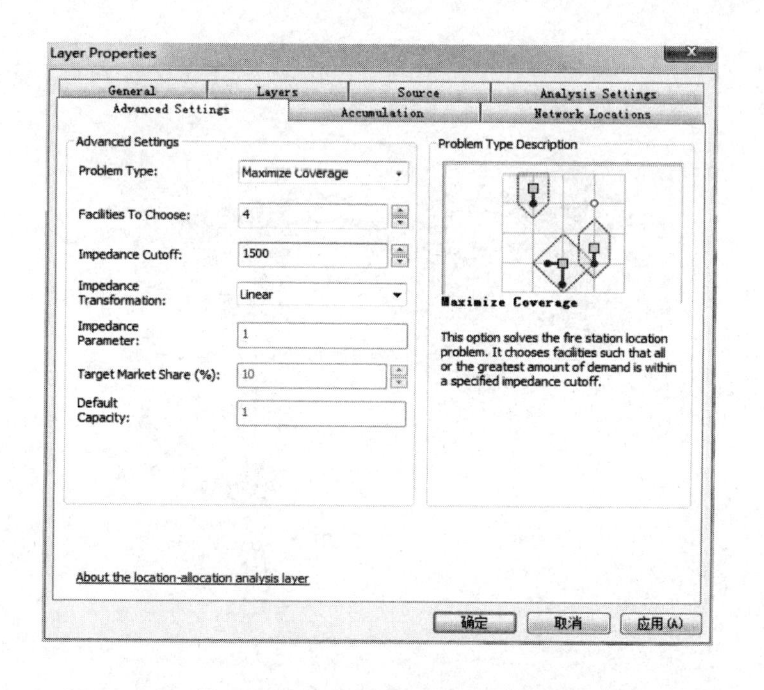

图 11-66　最大化覆盖范围参数设置

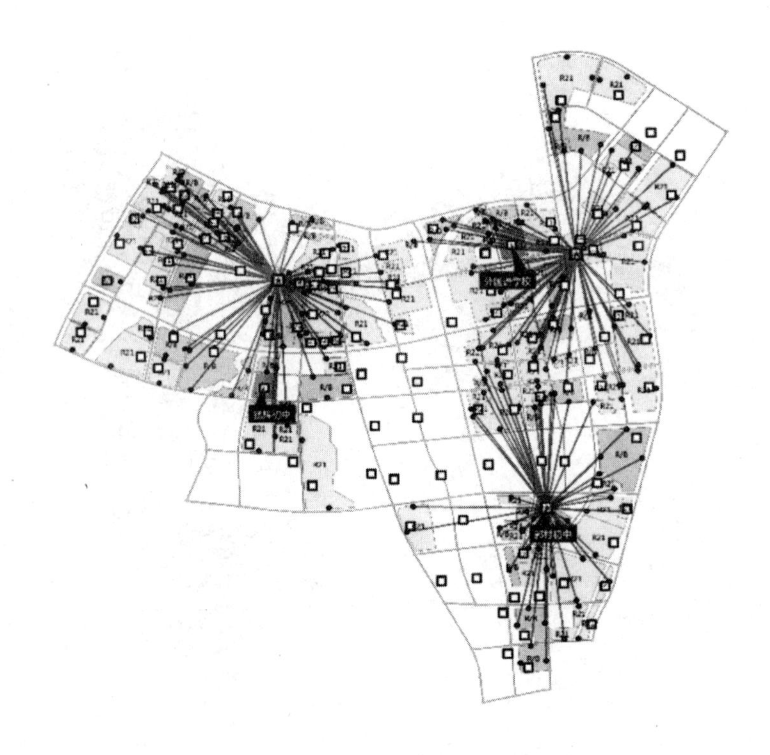

图 11-67　3 所初中的位置分配结果

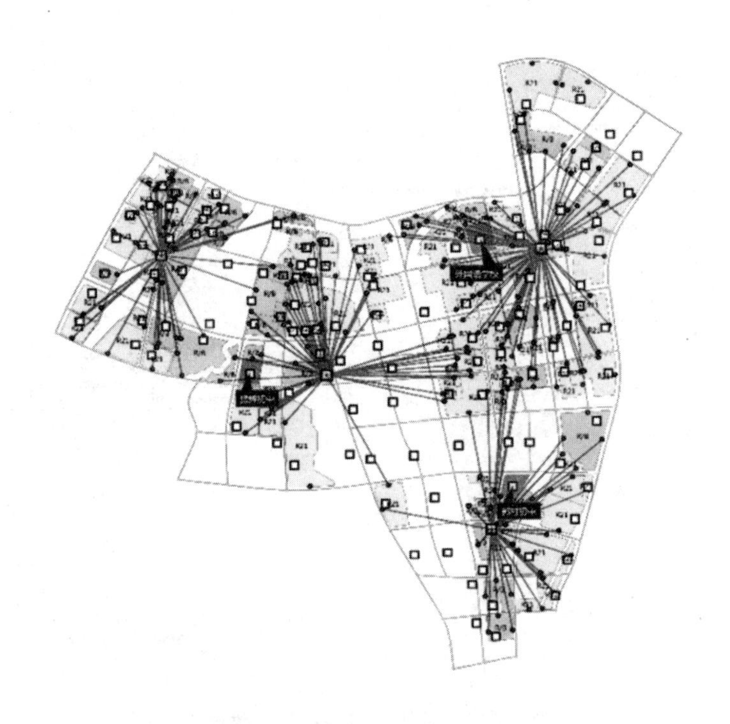

图 11-68　4 所初中的位置分配结果

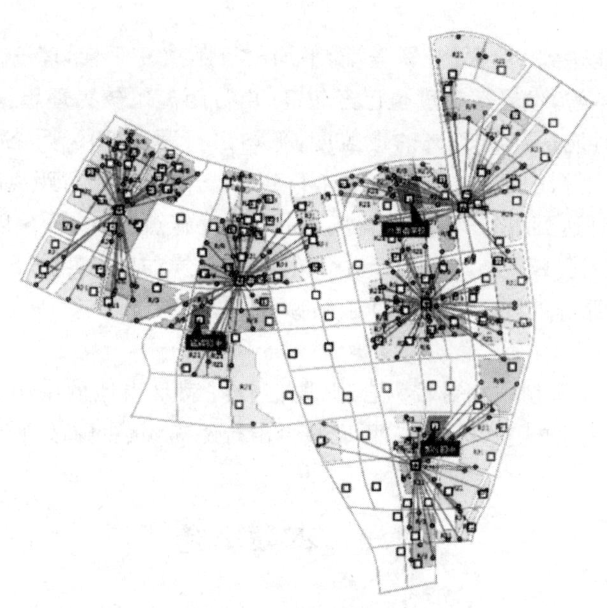

图 11-69　5 所初中的位置分配结果

最大化覆盖范围下的位置分配结果汇总(服务距离 1500 米)如表 11-9 所示。

表 11-9　最大化覆盖范围下的位置分配结果汇总(服务距离 1500 米)

初中个数	编号	1500 米服务范围内的居住地块出入口数	总距离	平均出行距离	服务范围外的居住地块出入口数	覆盖比例①
3	1	82	82508	977	25	89.5%
	2	77	73691			
	3	55	52802			
4	1	57	44825	901	8	96.7%
	2	53	53031			
	3	77	73548			
	4	44	36723			
5	1	51	37304	725	5	97.9%
	2	46	34497			
	3	48	40872			
	4	52	29600			
	5	37	27321			
6	1	43	24814	690	0	100.0%
	2	34	24309			
	3	29	24324			
	4	62	39932			
	5	37	27321			
	6	34	24171			

① 覆盖比例为 1500 米服务范围内的居住地块出入口数占所有出入口的比重

布局3个初中能达到89.5%的覆盖度,平均出行距离977米,理论上没有达到1500米范围内的服务全域覆盖,但是覆盖度也已经较高,出行距离也较为理想。

布局4所初中时能达到96.7%的覆盖度,平均出行距离901米,各学校负担的需求点数较为平均,相较3个初中的布局,覆盖度有了明显提升,平均出行距离减少了75米。

布局5所初中时达到97.9%的覆盖度,与4个设施点相比,覆盖度的提升幅度有限。但平均出行距离减少了175米。与5所初中相比,在同样的服务距离下(1500米),6所初中的教育服务覆盖了所有的需求点,但对于缩减平均出行距离、提高覆盖度等方面的作用不大。

综上所述,设置4所初中相对较为合理:既能较好满足当地的中小学入学需求,实现教育服务较大程度的空间覆盖,并在较大程度减少出行距离,减少财政资源浪费。

11.4 本章小结

网络分析是GIS空间分析的重要功能,包括两类网络:一类为道路(交通)网络,一类为实体网络,如河流、排水管道、电力网络等。本章主要涉及道路网络分析,以某县南部新城基础教育设施的布局为案例,介绍了服务区域分析、可达性分析,并在此基础上研究了该县的基础教育设施布点情况,提出了相应的布点优化方案。通过学习本章的内容,读者可了解网络分析的基本概念,掌握如何创建网络数据集,以及如何应用网络分析方法来评价与优化公共服务设施布局。

第12章 空间句法的应用

城市系统由空间物体和自由空间组成，空间物体指城市建筑物，自由空间指人可以自由移动的空间。本章将介绍的空间句法，是常见的空间分析方法之一。

空间句法与GIS的联系非常紧密，众多学者应用GIS平台来实现空间句法分析，如Axwoman由江斌等基于ArcView二次开发而来，被视为GIS的扩展模块。空间句法常用的分析软件有Axwoman、Axman、Depthmap、Syntax等，前两个应用于轴线分析，后两个则应用于视域分析，本章将介绍与GIS结合比较好的Axwoman，利用它来完成城市街道的轴线分析。

12.1 空间句法简介

12.1.1 空间句法概述

空间句法是英国伦敦大学巴格特建筑学院的比尔·希列尔(BillHillier)于20世纪80年代提出的可用于城市空间结构和形态分析的理论，创立的目的是描述建筑设计中选择不同的实体和空间构造可能带来的视觉和行为影响。如今已经应用在各个领域并已形成一套完整的理论体系、成熟的方法论以及专门的空间分析软件技术。

空间句法是对空间本身的研究，可以有效地以量化的方式揭示空间的结构，进而揭示空间组织与人类活动之间的关系，为研究空间形态与功能之间的关系提供了一种理性量化的方法。空间句法中所指的空间，不仅仅是欧氏几何所描述的可用数学方法来量测的对象，而且描述空间之间的拓扑、几何、实际距离等关系。它不仅关注局部的空间可达性，而且强调整体的空间通达性和关联性。

12.1.2 空间句法的图解

空间句法理论认为，空间本身不重要，重要的是空间之间的关系。空间句法的基本思路是通过对自由空间进行尺度划分和空间分割，剖析出连接图中的小尺度空间之间的连接情况，计算一些形态变量。空间句法的分析流程可以概括为三步：

第一步：分割空间。

空间句法中有三种基本分割方法：凸空间法、轴线法、视区法：

(1)凸空间法。图12-1(a)所示的是凸空间分割法，把整个空间分成任意两点间可以互视的10个自由空间，即凸空间。空间句法规定，用最少且最大的凸空间覆盖整个研究空间系统。此方法一般适用于建筑分析，如建筑内部空间的划分，不太适用于城市系统的研究。

(2)轴线法。该方法是用直线来代替凸空间，规定使用最少且最长的直线来代替空间。此方法适用于例如城市道路网的空间分析。

(3)视区法。视区是指在空间某一点所能看到的所有区域，分割方法为首先在空间系统中选择如道路交叉、转折点等一些特征点，再求出每个特征点的视区。

不同的空间构型会有不同的分割方法。城市空间系统的研究一般用轴线法和视区法，本章案例所用的城市街道的分析就是用轴线法进行空间分析。

第二步：建立小尺度空间关系图解。

用圆圈来代替分割好的小尺度空间，用直线来表示各元素间的连接，根据彼此的关系建立连接图，依据图 12-1(a)，以空间 10 作为中心进行空间重映射，和 10 直接相连的是空间 9，和空间 9 直接连接的是空间 8 和 7，以此类推，得出图 12-1(b)所示的连接图，即关系图解，各个空间被称为节点。

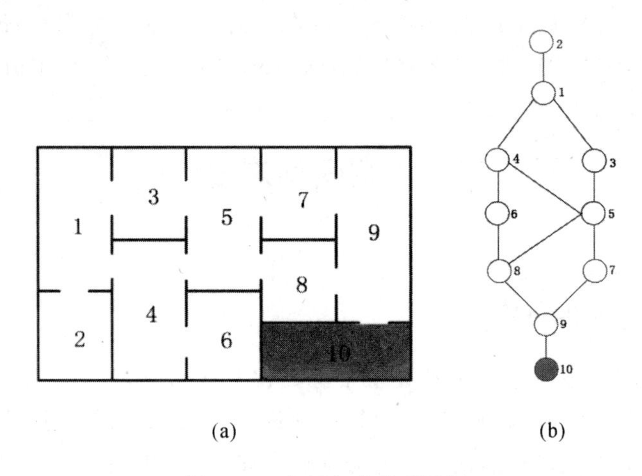

(a)　　(b)

图 12-1　空间句法关系图解

第三步：计算形态变量。

借助相关软件可以计算出一系列的形态变量，下面会着重介绍空间句法常用的一系列形态变量，阐明每个变量所表达的意义。

12.1.3　空间句法形态变量

空间句法中常用的形态变量有以下几个：连接值（Connectivity Value）、深度值（Depth Value）、集成度（Integration Value）、控制值（Control Value）。为了更直观，我们用经典图解图 12-2 为例，解释这几个形态变量值的含义。

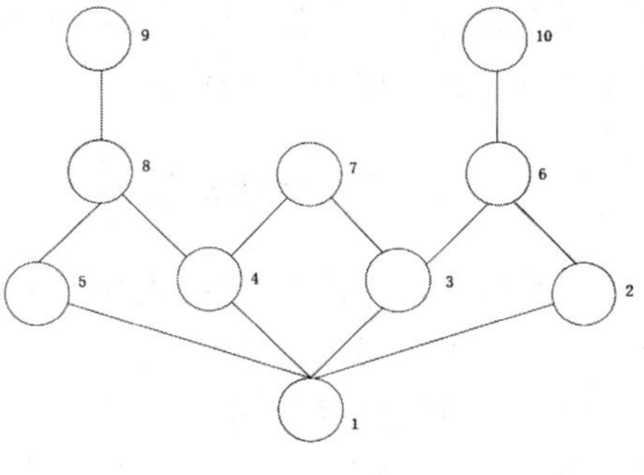

图 12-2　经典关系图解

1. 连接值

连接值为某节点邻接的节点数，在图 12-2 中，节点 1 的连接值为 4，节点 2 的连接值为 2。在空间句法中，连接值越高，说明该空间的渗透性越好。

2. 深度值

深度值表达了节点在拓扑意义上的可达性,即一个空间到达另一个空间的容易程度。设两相邻节点间的距离为一步,则节点 a 到节点 b 的深度值为两节点的最少步数(最短路径)。某一节点到其他各节点的最少步数的平均值,就是该节点的深度值。我们以图 12-2 为例,计算节点 1 的深度值:

Totaldepth(总深度)$_{(1)}$ =1+1+1+1+2+2+2+3+3=16

Meandepth(平均深度)$_{(1)}$ =16/(10-1)=1.78

这是深度值最基本且简单易懂的计算公式,根据实际情况还会有进一步的拓展延伸。显而易见,节点的深度值底,则可达性高,反之可达性差,人的活动降低,在城市系统中往往与犯罪、盲区等有关。

3. 集成度

集成度有时也会被叫做整合度,与深度值有一定的关联。连接值表示空间与直接相交空间的关系,而集成度则反映某个空间和整个空间中其他空间的关系,描述了与其他空间集聚或离散的程度。集成度可以分为局部集成度(local integration value)和整体集成度(general integration value),局部集成度表示某一空间在一定范围内(通常是三步)空间的相互关系,整体集成度则为与所有空间的关系。

集成度越高,则表示该空间公共性越高,位置越便捷,它衡量了某一空间吸引人流、车流等交通的潜力。应用到城市街道分析中,街道中集成度越高的道路,集聚性越高,人流量越大,更容易吸引超市、商铺和其他公共服务设施的布局。分析结果可以为城市街道的空间品质提升等研究提供参考。

4. 控制值

控制值表示某一空间与之相交空间的控制程度。控制值越高,表示对邻接空间的控制度越高。

12.2　案例 基于 Axwoman 的空间句法分析

本章案例所使用的数据为 T 县的道路网数据“路网. dwg”,请读者下载后保存至 C:\ArcGIS\Ch12\source。以下将利用 ArcGIS 的外挂模块 Axwoman 来开展空间句法分析,包括绘制 T 县道路网的轴线图,计算形态分析变量,等等。通过该案例的学习,读者可初步掌握空间句法分析的基本方法,并熟悉空间分析工具 Axwoman 的使用。

12.2.1　安装 Axwoman

(1)安装 Axwoman,本书中所用的是 arcgis10. 2 版本,所以安装 Axwoman 6. 3(arcgis 10. 0 应安装 Axwoman6. 0)。

(2)启动 ArcMap,加载 Axwoman 6. 3 和 AxialGen 2. 0(见图 12-3)。

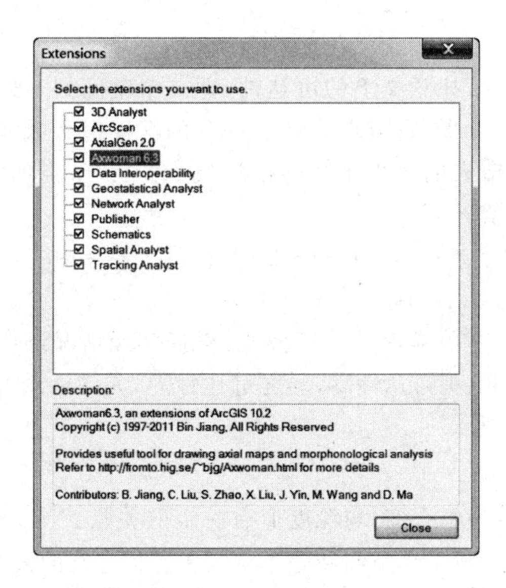

图 12-3　加载 Axwoman 6.3 和 AxialGen 2.0

12.2.2　导入路网数据

导入本案例所需的路网数据“路网. Dwg”，导出数据生成 shape 格式，命名为“路网”。如图 12-4 所示。

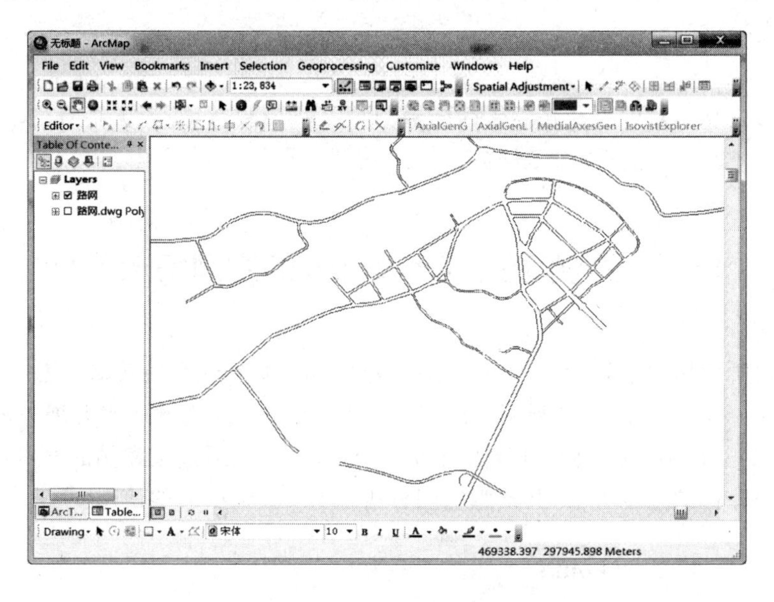

图 12-4　加载“路网”图层

12.2.3　绘制轴线图

1. 画轴线的注意点

用 Axwoman 绘制轴线存在一定的主观性。为了使分析结果更可靠些，可用一组最长而数目最少的直线来绘制轴线以连接街道空间。绘制轴线图，需遵循以下准则：

(1)交接处要稍微出头，确保至少两条轴线是相交的；

(2)对于空间的概括要准确，以下几种形状的街道类型，按以下方式进行处理：

①S 形(见图 12-5)。

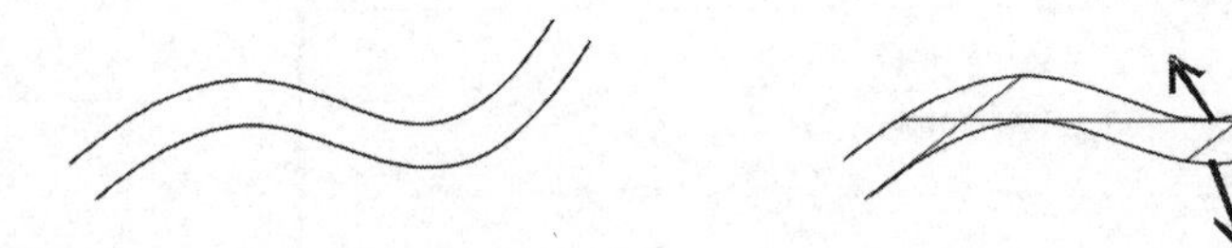

图 12-5　S 形街道轴线画法

② 折线形(见图 12-6)。

图 12-6　折线形街道轴线画法

③ 平交的交通转盘(见图 12-7)。

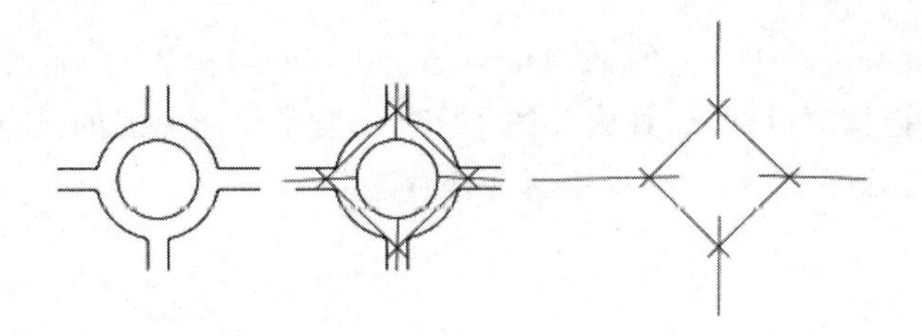

图 12-7　平交的交通转盘的轴线画法

④不规则的交通转盘(见图 12-8)。

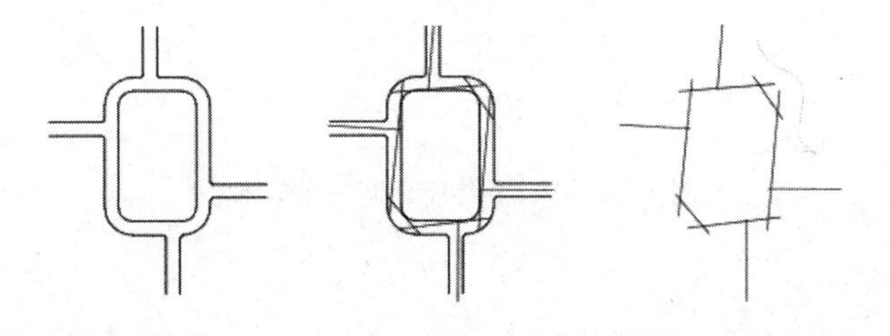

图 12-8　不规则的交通转盘的轴线画法

2. 绘制轴线

(1)选择编辑工具条上的“Start Editing”命令，让图层“路网”处于编辑状态。

(2)在创建新的轴线图之前，必须先存在一个线图层，可以使用 ArcCatalog 新建一个图层“axialmap”。

(3)在编辑器模块里点击“Create Features”按钮打开对话框，选择目标图层“axialmap”(见图 12-9)，创建工具选择 Line。

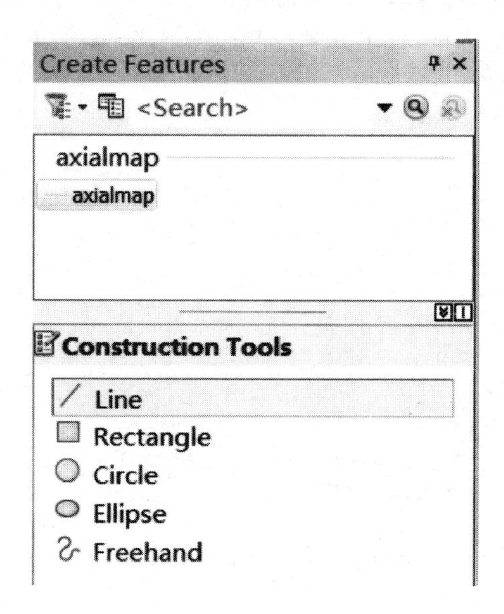

图 12-9　选择图层和直线工具

(4)点击 Axwoman 工具条上的(Draw Axial Lines)按钮，开始绘制轴线，具体操作是：点击鼠标左键，拖移至目标点，释放。图 12-10 示意了绘制完成的某条长轴线，直至绘制完成整个轴线地图(见图 12-11)，结束编辑并保存。

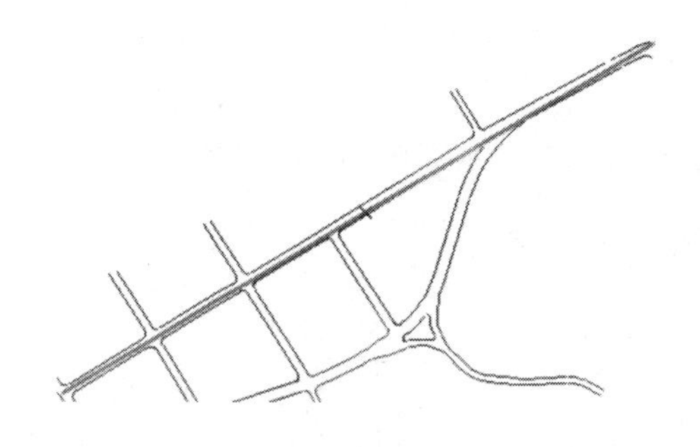

图 12-10　拖动鼠标绘制一条长轴线

3. 检查独立线

(1)使图层“axialmap”继续处于编辑状态，用 ArcMap 的“Select Features”工具，选中任意一条轴线。

(2)点击 Axwoman 工具条上的“Get Isolated Lines”按钮，检查是否存在孤立的线，如

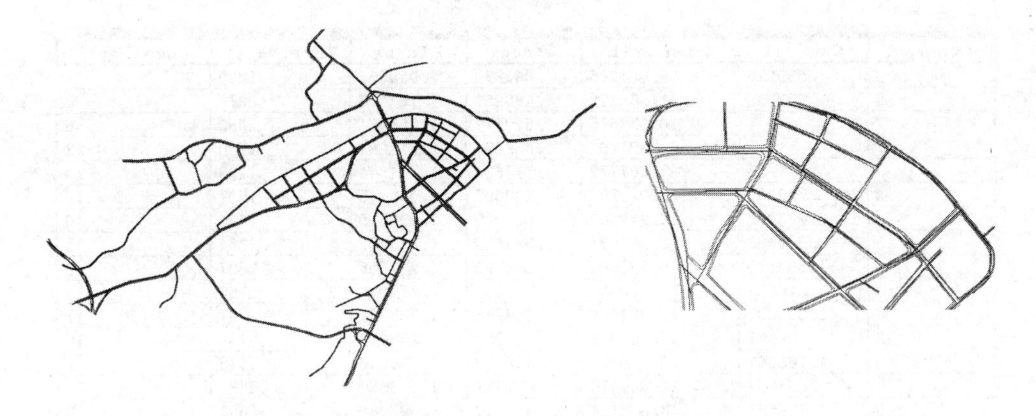

图 12-11　轴线图绘制完成

图 12-12 所示，消息框提示有一条独立线并且在地图窗中被亮显为蓝色，连接该条独立线至最近邻的轴线。选择另一条独立线并继续操作，直至没有独立线为止。当提示框显示如图 12-12所示的消息时，轴线图的绘制就完成了。

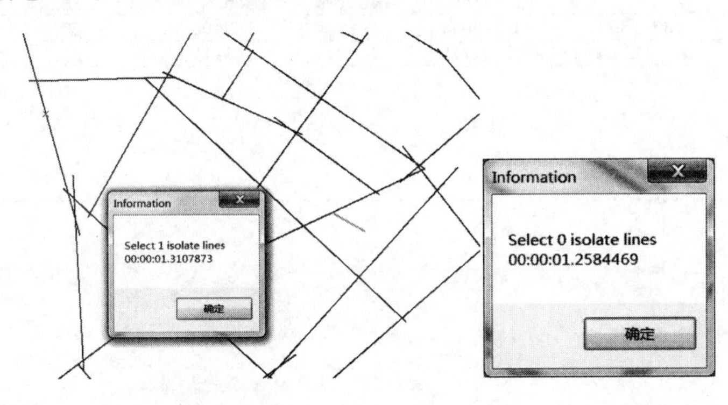

图 12-12　检查独立线

12.2.4　计算形态变量

(1)使轴线图处于编辑状态，点击 Axwoman 工具条上的(“Calculate Parameters in Case of Lines with Lines”)按钮，计算每条轴线的形态变量。

打开图层“axialmap”的属性表，用户可发现属性表中新增了 Connect，Control，…，LocalDepth 等字段(见图 12-13)，这些字段对应了空间句法分析计算出的一系列空间形态变量。这些变量可用于后续的研究。例如，可利用全局集成度(GInteg)来确定城市的主要道路，或据此确定需重点布局商业服务业设施的街道，或需要重点打造的街道。

选择全局集成度字段对 axilmap 图层进行可视化，红色表示集成度高，蓝色表示集成度低，可视化结果如图 12-14 所示。

Connect	Control	MeanDepth	GInteg	LInteg	TotalDepth	LocalDepth
3	.509524	6.865285	.862872	2.020563	1325	21
2	.833333	11.80829	.468251	1.163408	2279	8
2	1	10.673575	.523177	1.055981	2060	6
4	1.5	6.891192	.859077	2.312281	1330	22
3	1.25	7.507772	.777684	1.774044	1449	13
2	.583333	8.222798	.700697	1.379145	1587	12
4	2.833333	8.932642	.637995	2.298575	1724	10
3	.833333	9.658031	.584543	1.833333	1864	15
4	1.333333	10.398964	.538463	2.217556	2007	12
3	.916667	11.170984	.497591	1.774044	2156	13
3	1.333333	11.901554	.464245	1.723931	2297	11
2	.666667	12.601036	.436253	1.273684	2432	10
3	1.166667	13.160622	.416179	1.698246	2540	9
2	.666667	12.839378	.427471	1.273684	2478	10
3	1.166667	13.632124	.400644	1.698246	2631	9
3	1	13.492228	.405131	1.723931	2604	11
3	1.166667	12.57513	.437230	1.774044	2427	13
3	1	13.150259	.416533	1.723931	2538	11
3	1.166667	13.678756	.399171	1.698246	2640	9
2	.833333	14.134715	.385314	1.163408	2728	8
2	1	14.19171	.383649	1.055981	2739	6
2	1	14.07772	.386993	1.055981	2717	6
2	1	13.585492	.402129	1.055981	2622	6
2	.833333	13.015544	.421204	1.163408	2512	8
3	2	12.34715	.446014	1.745112	2383	7

图 12-13　axialmap 属性表

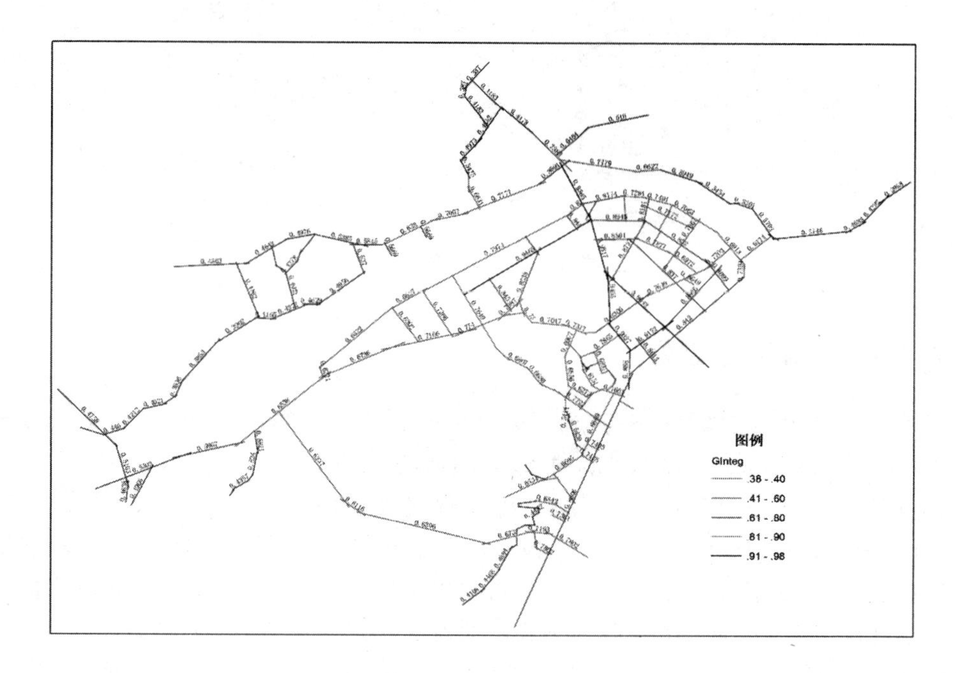

图 12-14　集成度显示

12.3　本章小结

空间句法，是常见的空间分析方法之一，是对空间本身的研究，它为研究空间形态与功能之间的关系提供了一种理性量化的方法。空间句法的分析流程包括分割空间、建立小尺度空间关系图解和计算形态变量三个步骤。本章简要介绍了空间句法的基本概念，并通过具体的案例讲解如何了利用 Axwoman 来开展空间句法的相关分析，读者可借此掌握空间句法分析的基本流程和技能。

第 13 章　地理处理框架

ArcGIS 地理处理框架是指一组用于管理和执行工具的窗口和对话框，它提供了一系列数据处理的工具用于快速轻松地创建、执行、管理、记录和共享地理处理工作流(Paul A. Zandbergen)。地理处理框架包括 ArcToolbox、ModelBuilder、Python，ArcToolbox 在第 2 章已经介绍过，所有的工具都整合在工具箱中，每个工具箱通常包含一个或多个工具集，每个工具集则包含相关的一个或多个工具；ModelBuilder 通过把上一个工具的输出作为下一个工具的输入的方法，将一系列工具串联成一个流程图，构建出来的模型可以当成工具来使用；Python 是广泛应用于 GIS 的脚本语言，通过它可以高效简洁实现任务自动化，ArcGIS 10 中引入了将 ArcGIS 和 Python 紧密连接的 ArcPy 站点包，使用该站点包可以访问 ArcGIS 的地理处理功能。以下将分别介绍地理处理的两大主要内容：ModelBuilder 和 ArcPy。

13.1　ModelBuilder 简介

在进行数据处理或空间分析时，可以按照顺序运行相应的工具，但这种方法也有不足，如遇到流程冗长或需要多次重复处理的情况，该方法烦琐且效率低下(需要多次交互)。为了解决上述问题，可考虑把一系列工具和数据组织在一起构建一个模型，建立模型可以让用户在明确空间处理任务的情况下，有一个自行管理、固定有序的处理过程。在 ArcGIS 中，通过模型生成器 ModelBuilder 可以生成这样的模型。把分析过程中所用到的数据和分析工具通过流程结合在一起，不仅实现空间数据处理工作流的可视化表达，而且每次的操作都可以保存并重复使用。在 ArcGIS 中，创建的模型与 ArcToolbox 中的工具一样方便使用。

13.1.1　ModelBuilder 的优点

ModelBuilder 的优点体现在以下几个方面：

(1)把分析过程中所用到的数据和分析工具通过流程图结合在一起形成模型，以实现空间数据处理的自动化。

(2)模型保存下来可以重复使用，其运行与 ArcToolbox 中的工具一样便利。工具和数据通过图文来表达，简单易懂且方便共享。

(3)可以根据需要添加复杂模型，一个模型可以包含几个子模型，以实现复杂的应用。

(4)模型可以生成脚本文件，和脚本语言结合起来使用，增加了应用的灵活性。

13.1.2　ModelBuilder 界面组成

ModelBuilder 界面由菜单条工具条、窗口三部分组成(见图 13-1),其中菜单条包含模型(Model)、编辑(Edit)、插入(Insert)、视图(View)、窗口(Window)和帮助(Help)六个下拉菜单(见图 13-2),各自包含一系列命令,使用方法和其他软件的一般命令类似。

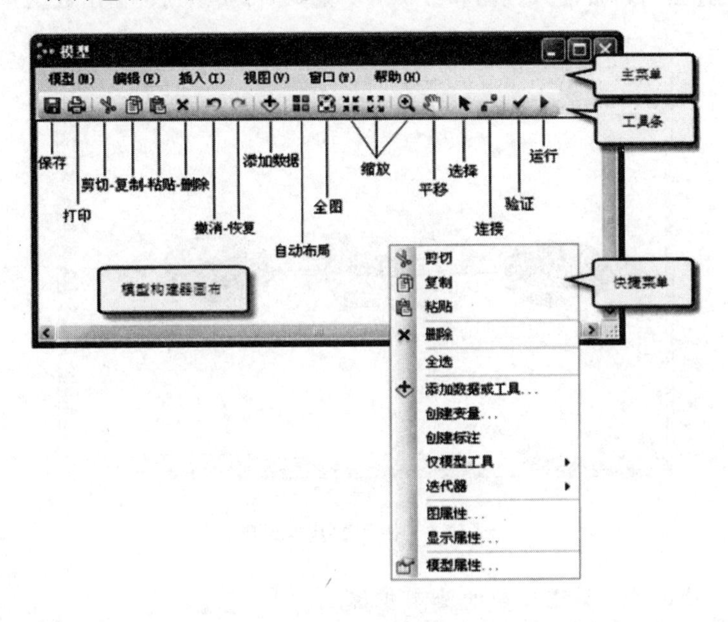

图 13-1　ModelBuilder 中文界面

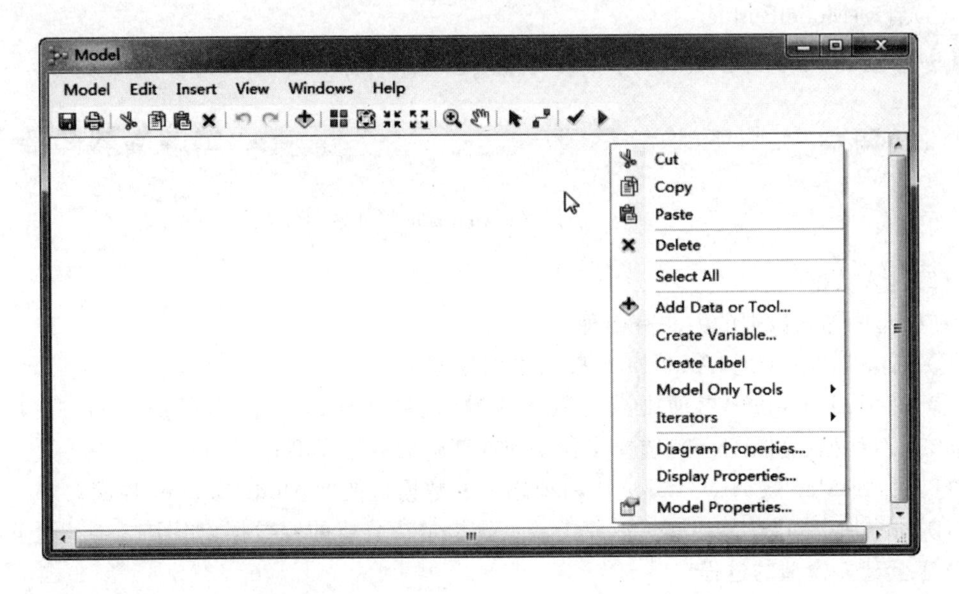

图 13-2　ModelBuilder 英文界面

13.1.3 创建和运行 ModelBuilder

1. 模型的基本组成

一个基本模型由输入数据、输出数据、空间分析工具三部分组成(见图 13-3),简单来说,模型是通过连接符连接输入数据和分析工具的,运行模型则可输出数据。

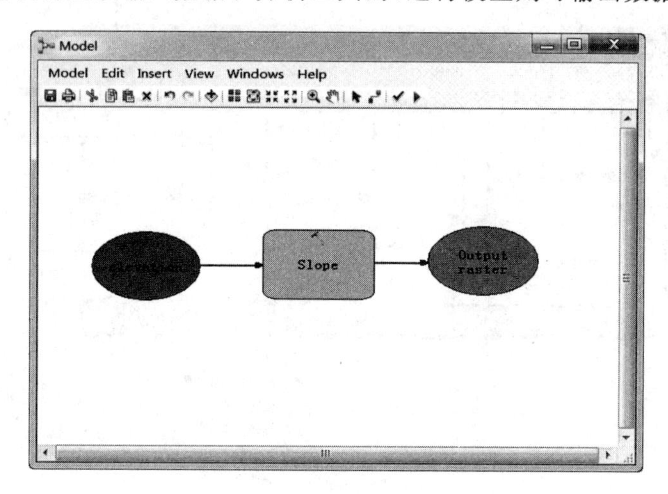

图 13-3 模型的基本组成

2. 用 ModelBuilder 创建模型的基本步骤

用 ModelBuilder 创建并运行一个模型,包含以下几个步骤:

(1)启动 ModelBuilder

点击 ArcMap 标准工具条(见图 13-4)的图标以启动 ModelBuilder。

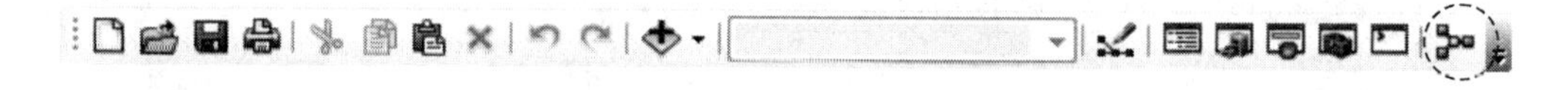

图 13-4 ArcMap 标准工具条

(2)输入数据

在模型中输入数据的方法有四种:

① 点击工具条上的“Add Data”按钮添加数据;

② 在 Modelbuilder 界面中点击鼠标右键,选择“Create Variable”命令,打开‘Create Variable’对话框(见图 13-5),选择需要添加或新建的数据类型;

③ 从 ArcMap 或 ArcCatalog 中将要输入的数据拖拽到 ModelBuilder 界面;

④ 先添加空间分析工具,然后双击该工具指定待分析的源数据,如图 13-6 示例了利用 Slope 工具建立模型的过程。

(3)添加工具

最简单直接的方法就是直接从 ArcToolbox 里面拖已有的工具。

(4)添加连接

为数据和工具添加连接的最常用方法有两种:

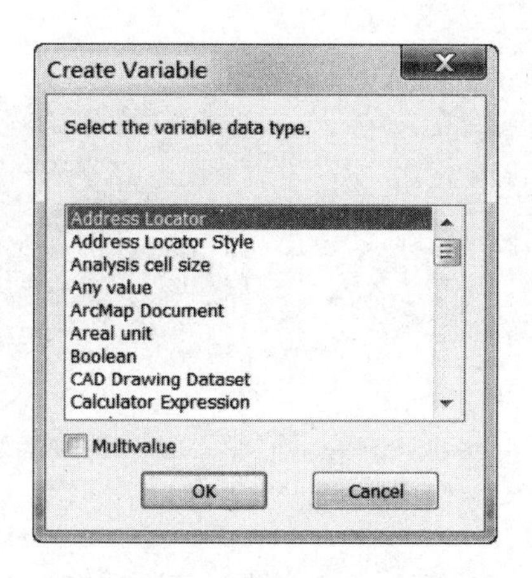

图 13-5　'Create Variable'对话框

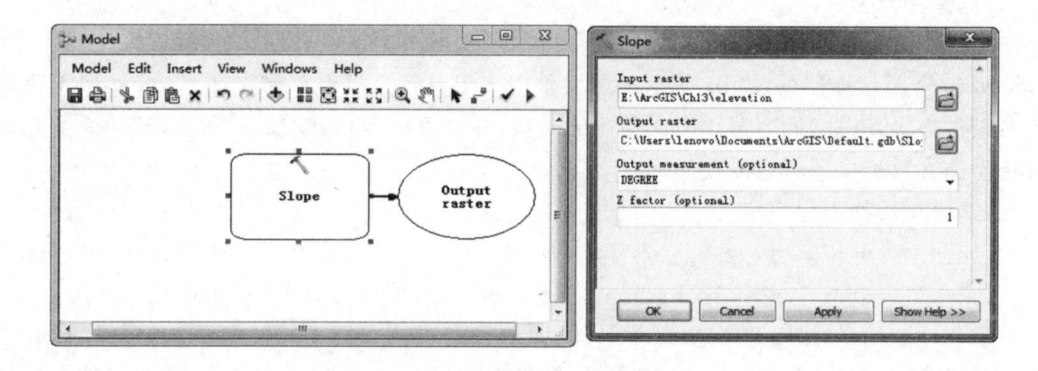

图 13-6　通过双击工具加载数据

① 鼠标左键点击工具条上的图标 (Connect)，把数据和工具连接起来；

② 就是输入数据的第四种方法，即为数据和工具添加了连接。

(5)设置模型参数

模型参数指的是模型运行时所需要输入的各种参数，比如栅格分析时我们需要事先指定分析时的空间范围、栅格大小(cell size)，在做缓冲区分析时需要设定缓冲区半径，等等。输入数据和输出数据可设置为模型参数，模型在 ArcToolbox 中运行时，用户可交互输入 Input data 和 Output data，这将提高模型应用的灵活性，具体设置方法有两种：

① 选择一个拟设置，为参数的数据，右键单击，在弹出菜单中选择"Model Parameter"，在数据上方出现一个 p，表明已成功设置模型参数(见图 13-7)。

② 在 ArcToolbox 下，找到要设置的模型，右键选择"Properties"命令，进入选项卡"Parameter"，点击按钮 添加参数。

(6)运行模型

添加完数据和工具，设置好模型的参数之后，输入数据图标、工具图标和输出数据图标的底色分别为蓝色、黄色和绿色(见图 13-7(a))。如果这些图标的底色还是白色，这表明模型尚未设置好。点击工具条上的按钮(Run)运行模型，运行完后会有运行成功与否的提示框。成功运行后的模型如图 13-7(b)所示，对比图(a)和图(b)不难发现，模型运行后，工具和输出数据图标出现了阴影。

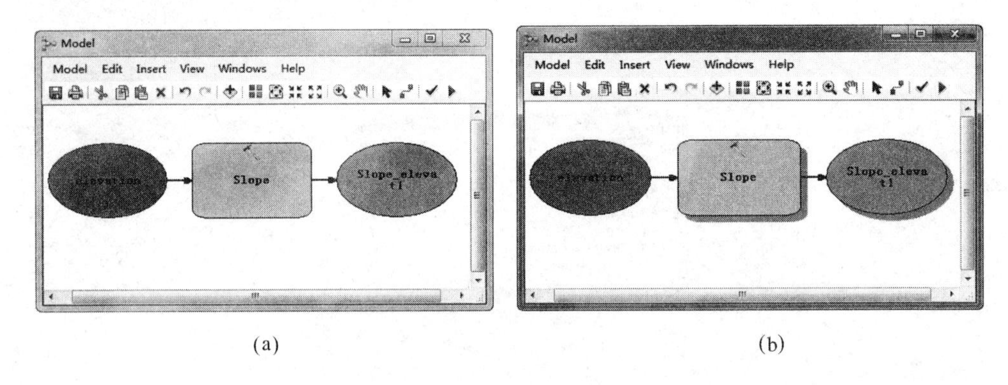

图 13-7 图模型运行前后对比

(7)保存模型

点击工具条上的图标(Save)以保存模型。模型不能单独保存,只能保存在工具箱(在 Windows 资源管理器里以 tbx 为后缀的文件即为工具箱),故保存前先在 Catalog 中新建好工具箱作为保存模型的容器。下次使用的时候,在该模型上选择"Edit"命令,打开模型并修改模型的参数可以进行重复使用。

(8)模型转换为程序模型

已建模型可以转换为 Python 脚本使用。在 ModelBuilder 界面的菜单条上选择"model">>"export">>"To Python scripts"命令,可将模型输出为 Python 脚本。

需要注意的是,模型可转换为脚本,但脚本不能转换成模型。模型和脚本可以混合使用,即用户可在 ModelBuilde 中创建模型,转换为脚本后,经过编辑和修改,编写成较复杂的脚本来使用。

13.2 案例 新学校选址

13.2.1 案例概述

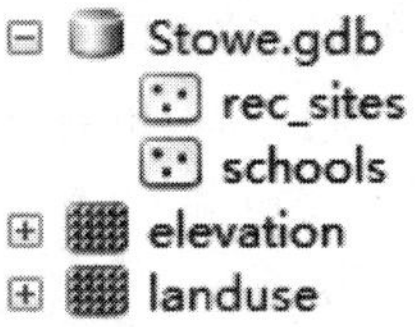

Stowe.gdb
rec_sites
schools
elevation
landuse

图 13-8 所用数据

本案例通过用地适建性评价为一所新建学校的选址决策提供依据。对案例的基本描述如下:

(1)案例数据:图 13-8 列出了 Catalog 下案例所用到的空间数据,其中包括土地利用栅格数据 landuse;高程栅格数据 elevation;现有公共康体设施点数据 rec_sites,矢量格式;现有学校的点数据 schools,矢量格式。

(2)案例目标:为一所新建学校寻找最适宜的校址。

(3)案例目的:通过该例子,练习一个较复杂模型的建立过程,让读者掌握如何使用 ModelBuilder。

13.2.2　案例解析

1. 明确问题

该案例旨在为一所新学校寻找适宜的选址。合适的选址应当满足:适宜的土地利用类型,较平坦的地势,离康体设施较近以便这些设施能共享给新学校,远离现有学校的选址,如图13-9所示。

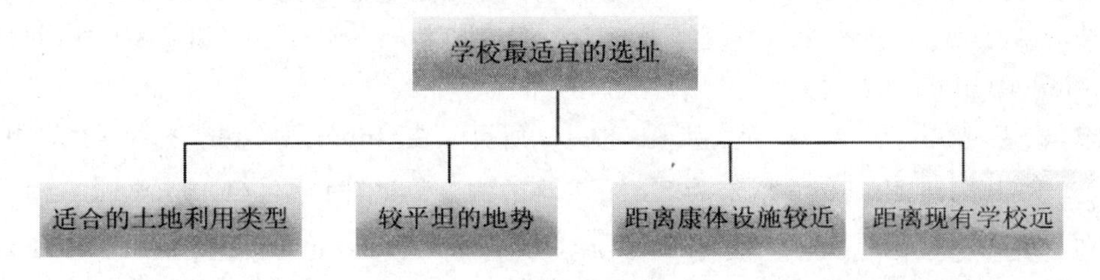

图13-9　合适选址应当满足的条件

2. 建模思路

模型的建构主要围绕图13-9中的四个因素展开,具体如下:

(1)地形情况:坡度越小的区域(或栅格)地势越平坦,其建设成本也越低,适建性程度越高。坡度数据可以通过高程数据elevation派生得到,并对其进行重分类以便为坡度值赋分。赋分原则为:坡度小的赋值大,坡度大的赋值小。

(2)靠近康体设施:为共享设施,离康体设施越近越好。需要计算研究区内各栅格到康体设施的直线距离,并对其重分类以便为上述距离值赋分。赋分原则为:距离越小赋值越大,反之亦然。

(3)远离现有学校:同康体设施数据的处理一样,先计算新学校到现有学校的直线距离,再重分类。赋分原则为:距离远的赋值大,反之亦然,因为新的学校不宜在现有学校附近布置,这是常识。

(4)适宜的土地利用类型:不同的土地利用类型,其适建性程度差异较人。本案例的土地利用分为Brush/Transitional、Water、Barren land、Built up、Agriculture、Forest、Wetland等七类。各类土地利用的适建性程度按以下方式赋分:

Agriculture:10

Barren land:6

Brush/Transitional:5

Forest:4

Build up:3

Water和Wetland:Nodata(此类土地不宜开展建设活动,相应栅格不参与计算)

根据以上四个因素的重要性程度(权重),对各个因素进行加权求和,获得最终的适宜性评价结果,其中各个因素的权重分别为:

(1)地形:0.2

(2)与康体设施的远近:0.3

(3)与学校的远近:0.3

(4)土地利用类型:0.2

13.2.3 建模过程

建模过程其实就是将四个因素量化，继而加权求和整合为一个总的评价结果，具体的建模过程如下：

1. 地形适宜性评价

步骤 1：打开 ModelBuilder 界面，在建模窗口中添加地形数据 elevation。

步骤 2：打开 ArcToolbox，选择 Spatial Analyst Tools→Surface→Slope 工具，并将其拖拽到 ModelBuilder 窗口中。

步骤 3：双击 Slope 工具，如图 13-10 所示，在 Input Raster 下拉列表中选择 elevation，将 elevation 指定为 Slope 工具的输入数据，同时在 Output raster 输入框中指定包含完整路径的输出栅格文件 *E*:*ArcGIS**slopeRaster*，此时模型如图 13-11 所示。请读者注意此操作后模型的变化。

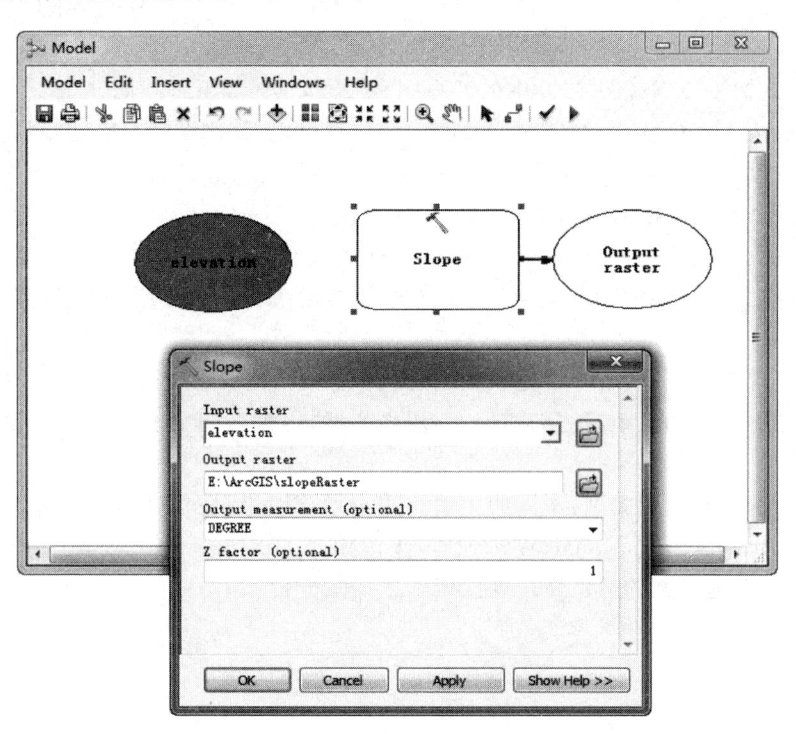

图 13-10 ‘Slope’对话框

步骤 4：设置坡度分析属性，右键点击“slope”工具，使用弹出菜单“Make Variable”>>“From EnvironmentRaster Analysis”>>“Cell Size”，界面如图 13-12 所示。进一步双击模型的“Cell Size”图标，在弹出的‘Cell Size’对话框（见图 13-13）设置栅格的大小为 30 米分辨率。

当然，用户也可以在‘Model Properties’（模型属性）对话框的 Environments 选项卡中对 Raster Analysis 项的 Cell Size 子项进行设置。当 Cell Size 下拉列表的选择项为 *As Specified Below* 时，用户可在下方的输入框中输入栅格的大小（见图 13-14）。需要注意的是，此处设置的是针对模型的全局变量，其设置会作用于所有的分析工具。

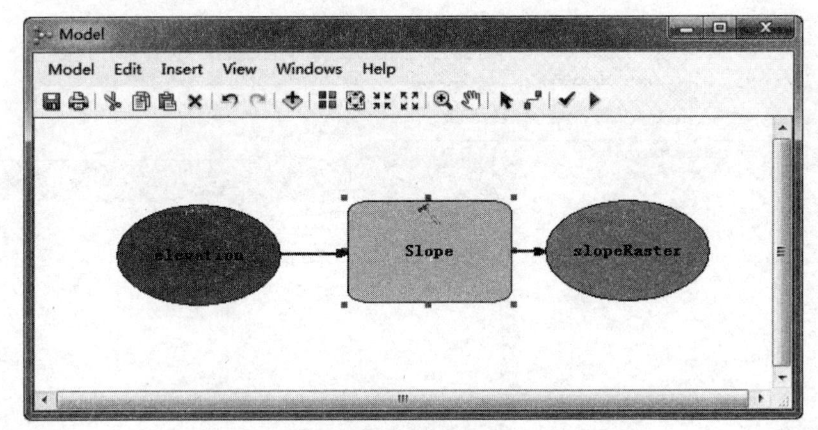

图 13-11　完成 Slope 工具相关参数设置

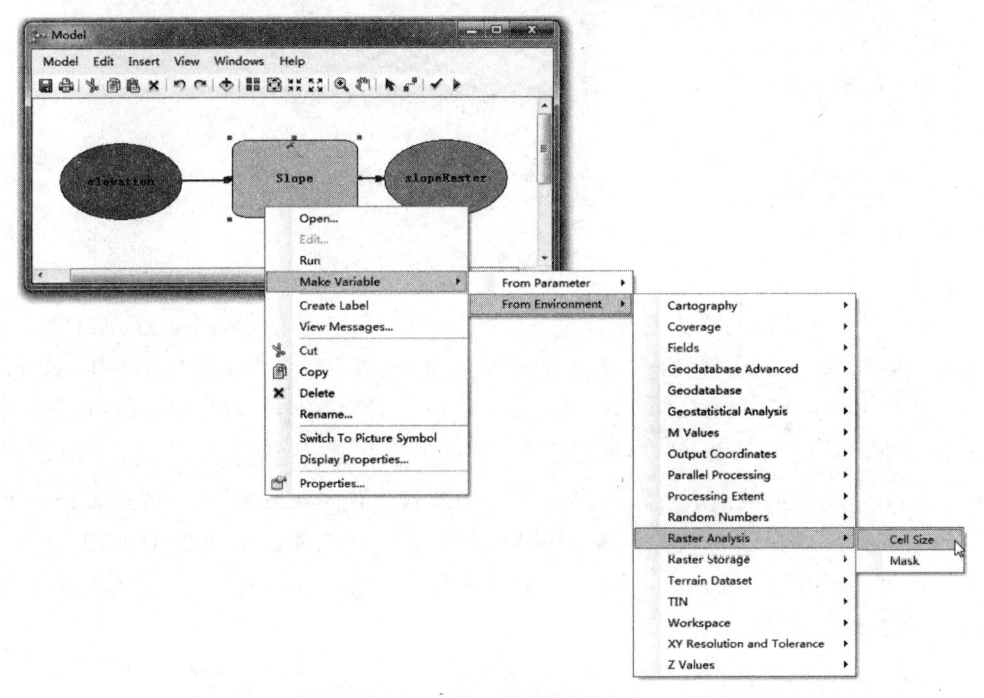

图 13-12　设置坡度分析属性

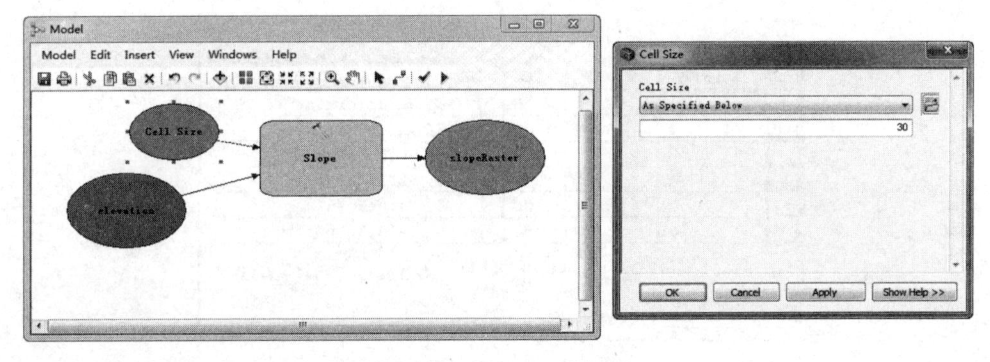

图 13-13　'Cell Size'对话框

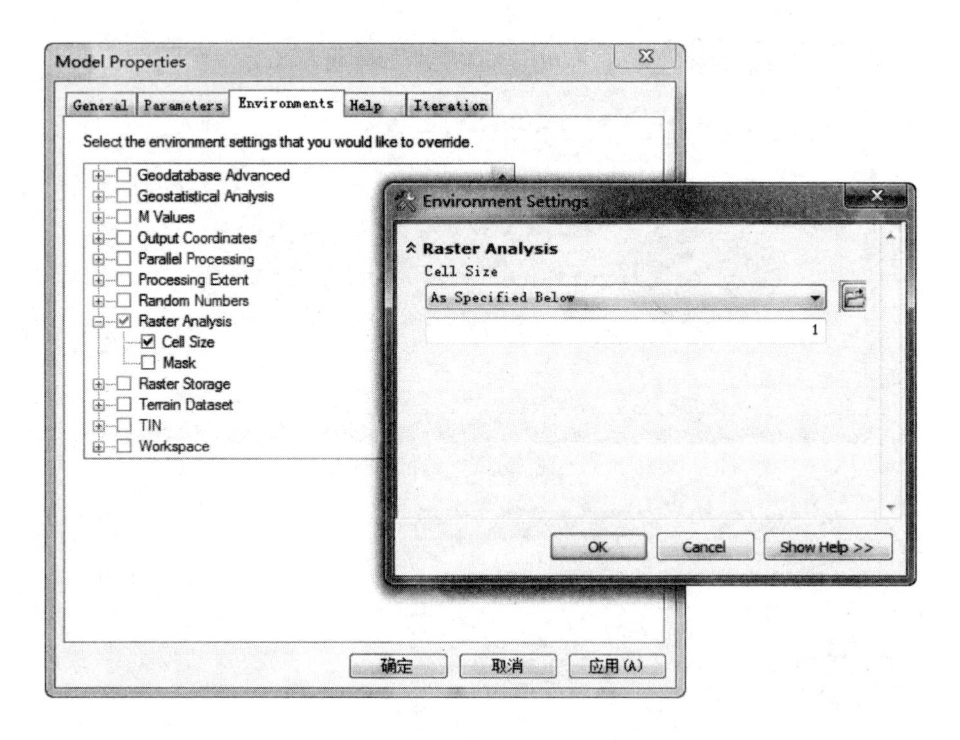

图 13-14　环境设置中的栅格大小设置

步骤5:对上述输出结果进行重分类。选择ArcToolbox中的Spatial Analyst Tools→Reclass→Reclassify工具,将其拖拽到模型编辑窗口中,双击该工具,在Input Raster(输入影像)下拉列表中选择*slopeRaster*,在Reclass field下拉列表中选择*Value*,即按照Input raster的亮度值进行重分类,具体的分类或分级方案可通过 Add Entry 按钮,手动输入到Reclassification下方的映射表,或通过 Load... 按钮加载已有的映射表,此处映射表是一个类似于图13-15所示的Table表,设置完成后的'Reclassify'对话框与模型如图13-16和图13-17所示。不同的工程领域,其分类或分级方案可能有差异,但同一工程领域的分类或分级方案是相对固定的。

Table

slopeclassify

Rowid	FROM	TO	OUT	MAPPING
1	0	3	10	ValueToValue
2	3	5	8	ValueToValue
3	5	10	6	ValueToValue
4	10	15	4	ValueToValue
5	15	20	2	ValueToValue
6	20	90	0	ValueToNoData

1　(0 out of 6 Selected)

slopeclassify

图 13-15　Table 表

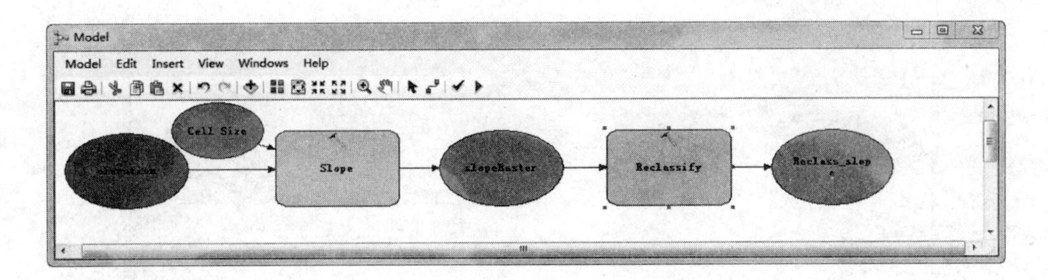

图 13-16　设置重分类工具后的模型

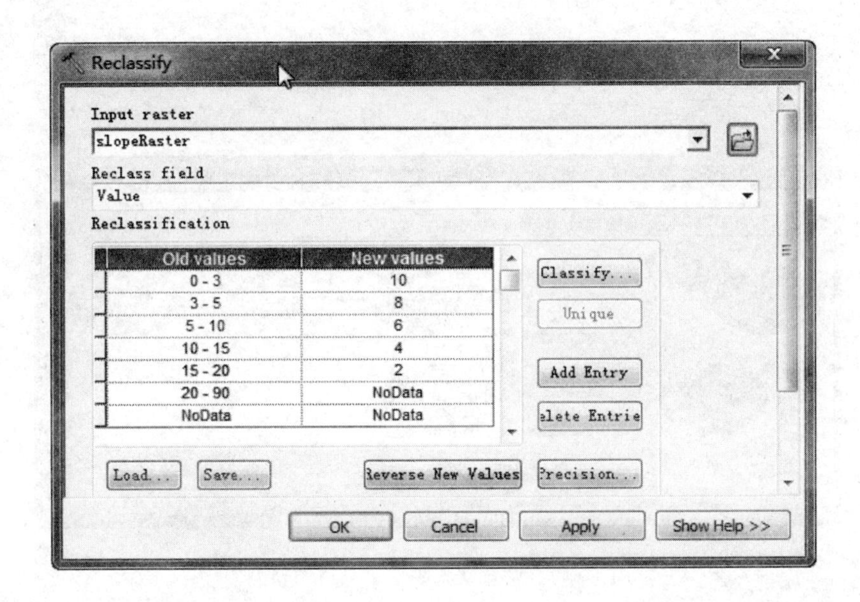

图 13-17　'Reclassify'对话框

2. 康体设施邻近性评价

康体设施邻近性评价包括两个步骤：一是首先计算研究区内各个 cell（栅格）到康体设施的距离；二是对该距离进行分级，到康体设施距离越近的栅格赋分越高，最高分为 5 分。具体步骤如下：

步骤 1：计算 Euclidean Distance（欧氏距离）

选择 ArcToolbox 中的 Spatial Analyst Tools→Distance→Euclidean Distance 工具，将其拖拽到模型编辑窗口中，模型如图 13-18 所示。双击该工具，按下图进行设置，点击 OK 按钮后结果如图 13-19所示。

进一步按图 13-20 所示添加 Extent 参数，双击模型中的新添加的 Extent 图标，在弹出的对话框的 Extent 下拉列表选择 *Same as layer elevation*（见图 13-21），确保分析处理范围与 elevation（地形栅格）一致。Euclidean Distance 工具在运行时还会派生出一个 Output direction raster，可采用缺省设置，即不为其指定输出路径。

步骤 2：重分类 Euclidean Distance（欧氏距离）

该步骤可参考前面地形适宜性评价的相关内容，重分类所用的映射表如图 13-22 所示，其他参数的设置与前面的重分类类似，不再赘述。此步骤执行完毕后的模型如图 13-23 所示。

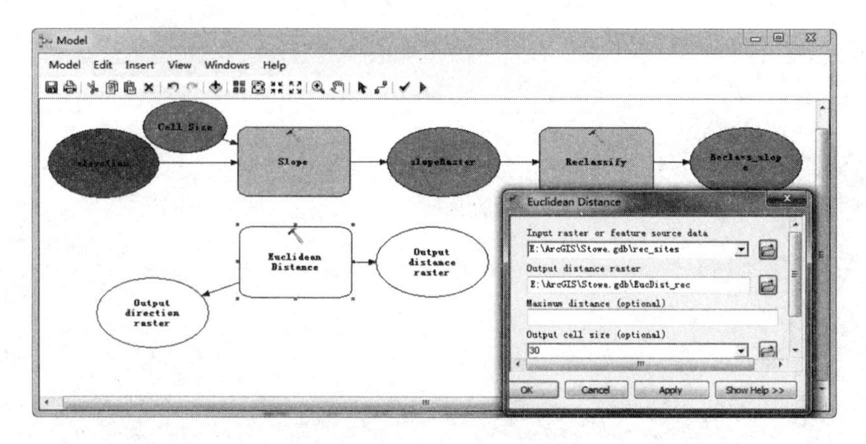

图 13-18 ‘Euclidean Distance’对话框

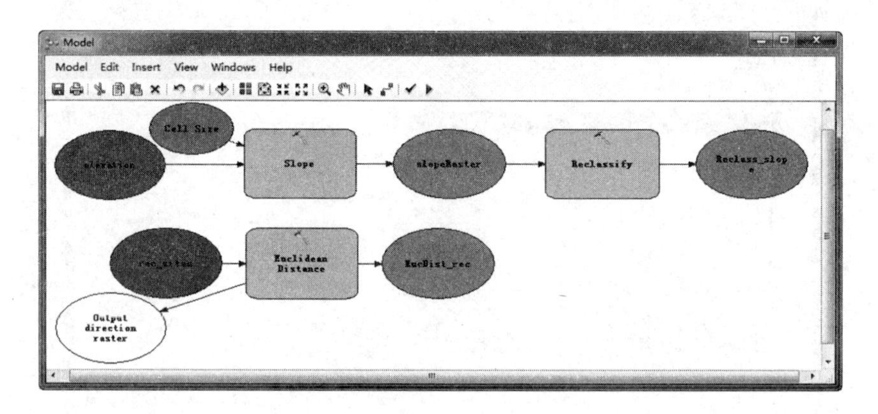

图 13-19 设置欧式距离工具后的模型

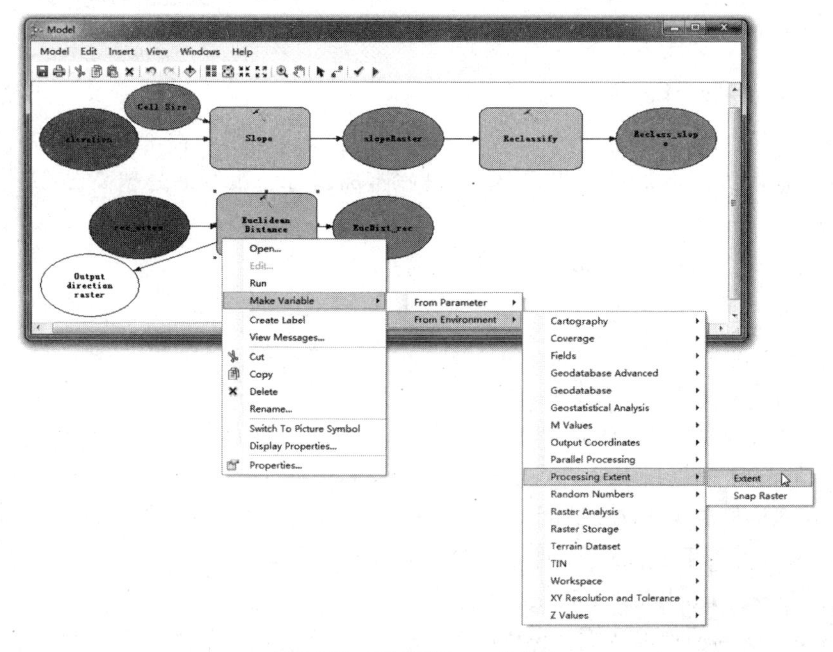

图 13-20 设置“Extent”参数

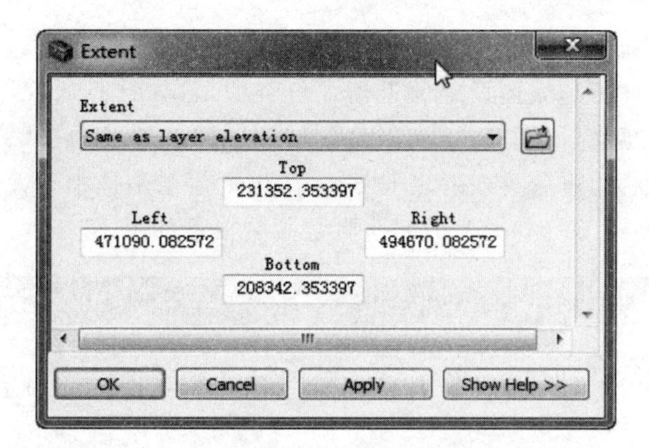

图 13-21　'Extent'对话框

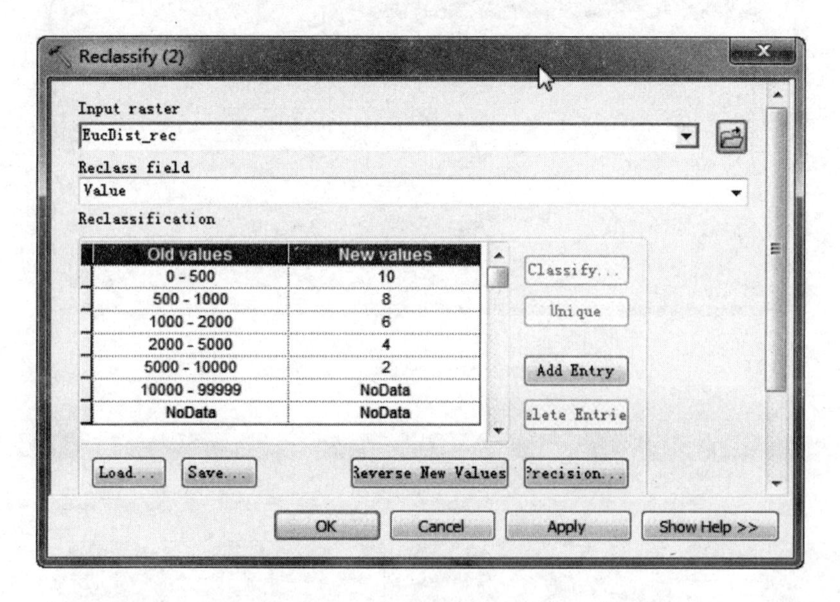

图 13-22　'Reclssify(2)'对话框

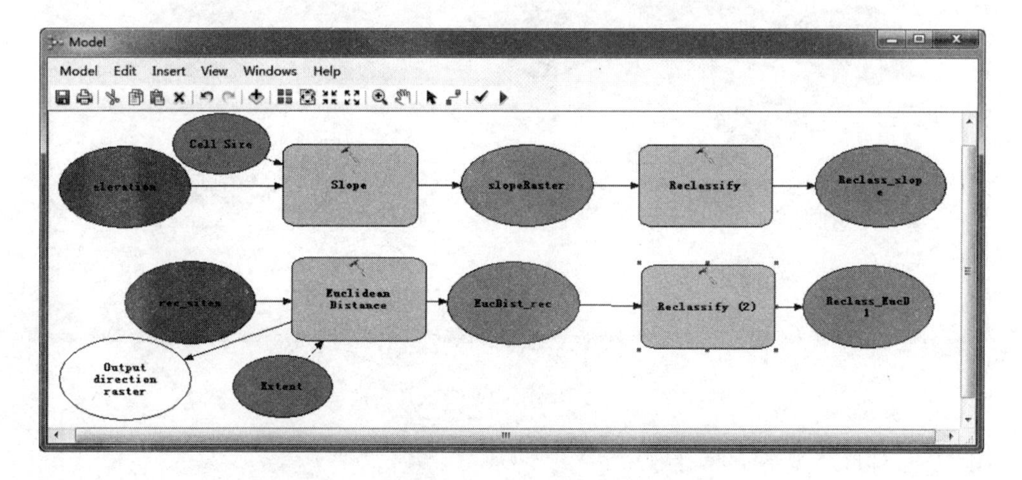

图 13-23　设置 Reclassify(2)工具后的模型

3. 已有学校邻近性评价

已有学校邻近性评价与康体设施邻近性评价类似，首先计算研究区内各个 cell(栅格)到已有学校的距离，然后对该距离进行分级，到学校距离越近的栅格赋分越低，最高分为 5 分，也即按距离从小到大，重分类映射表的 New values 值也是从小到大排列，刚好与康体设施邻近性评价相反(见图 13-24)。完成此步骤之后的模型如图 13-25 所示。

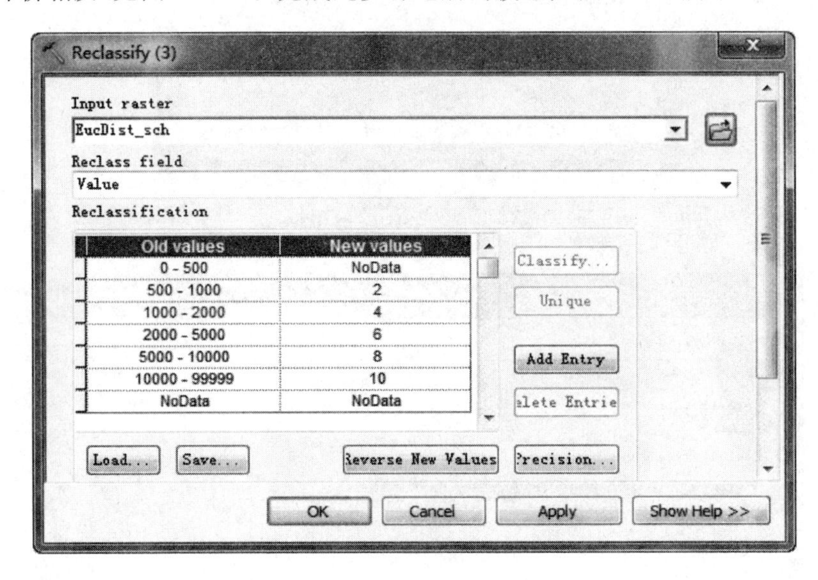

图 13-24　'Reclssify(3)'对话框

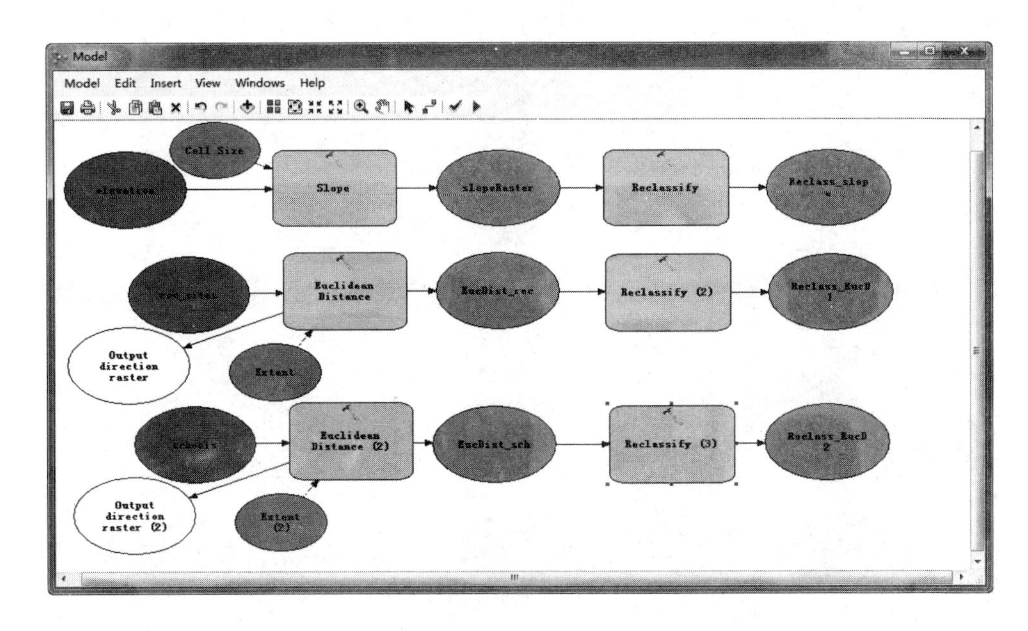

图 13-25　设置 Reclassify(3)工具后的模型

4. 土地利用类型适宜性评价

在不同土地利用类型的土地上建设学校的费用将有明显的差异。为新学校选址时，某些土地类型比其他类型更有优势。我们将重分类土地利用类型数据集，较低的值表示该特定土地利用类型较不适宜建设新学校。因无法在水体和湿地建设学校，其栅格值将被赋为空值(NoData)。具体的建模步骤如下：

采用前面所使用过的 Reclassify 工具，双击之，在弹出的对话框中，按图 13-26 所示，将 landuse 要素输入到 Input raster 输入框中，在 Reclass field 下拉列表中选择 *LANDUSE*(此为 landuse 属性表中的一个字段，记录了土地利用文本描述)，也即按土地利用类型进行重分类，重分类所用的属性映射表如图 13-27 所示(Agriculture 赋值为 10，Build up 赋值为 3，Barren land 赋值为 6，Forest 赋值为 4，Brush/Transitional 赋值为 5)。

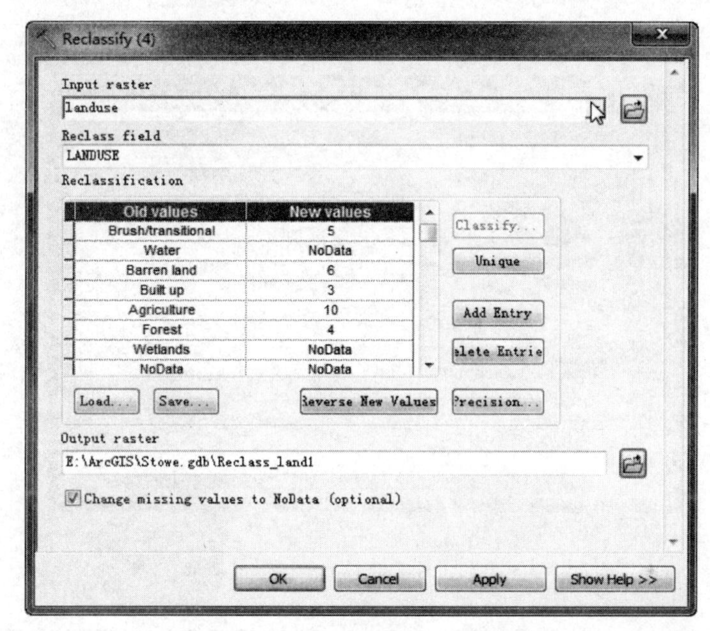

图 13-26　‘Reclssify(4)’对话框

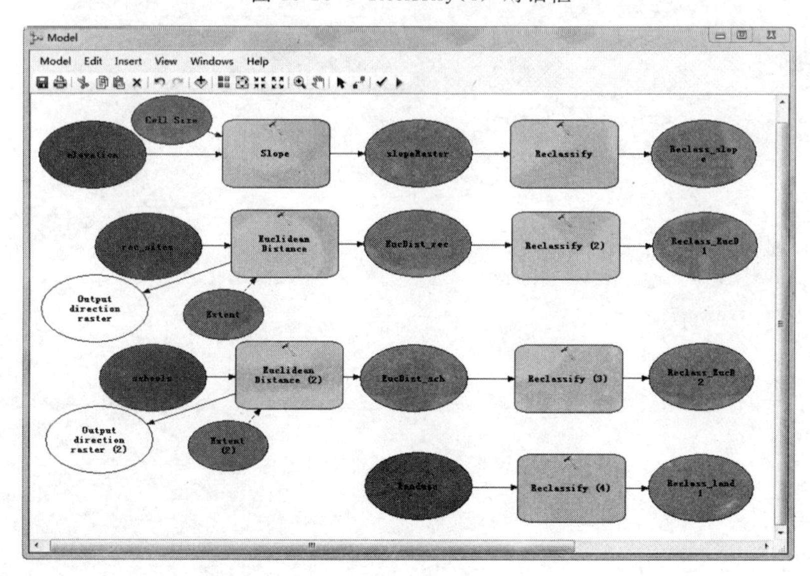

图 13-27　设置 Reclassify(4)工具后的模型

5. 总体适宜性评价

为以上四个要素的评价结果赋予不同的权重，然后加权求和，得到研究区的总体适宜性评价结果，其中，地形要素和土地利用的权重各为 0.2，康体设施邻近性和已有学校邻近性的权重各为 0.3，具体步骤如下：

选择 ArcToolbox 中的 Spatial Analyst Tools→Map Algebra→Raster Calculator 工具，将其拖拽到模型编辑窗口中，双击该工具，在弹出对话框的中部文本框中输入以下公式：

“%Reclass_slope%”×0.2+“%Reclass_EucD1%”×0.3+“%Reclass_EucD2%”×0.3+“%Reclass_land1%”×0.2，并在 Output raster 指定输出结果(见图 13-28)。执行完此步骤后的模型如图 13-29 所示。

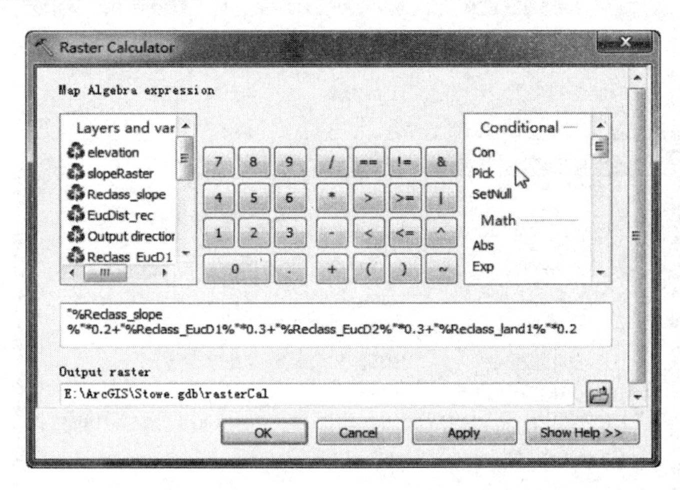

图 13-28 ‘Raster Calculator’对话框

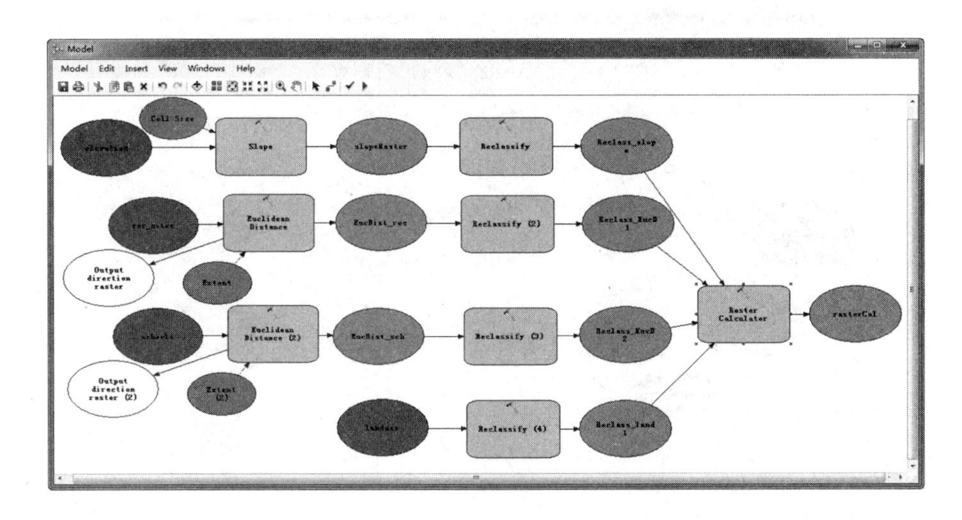

图 13-29 设置栅格计算器工具后的模型

13.2.4 评价结果

在 modelbuilder 界面的选择(Validate Entire Model)按钮，验证整个模型，然后点击运行按钮，最终的评价结果如图 13-30 所示。

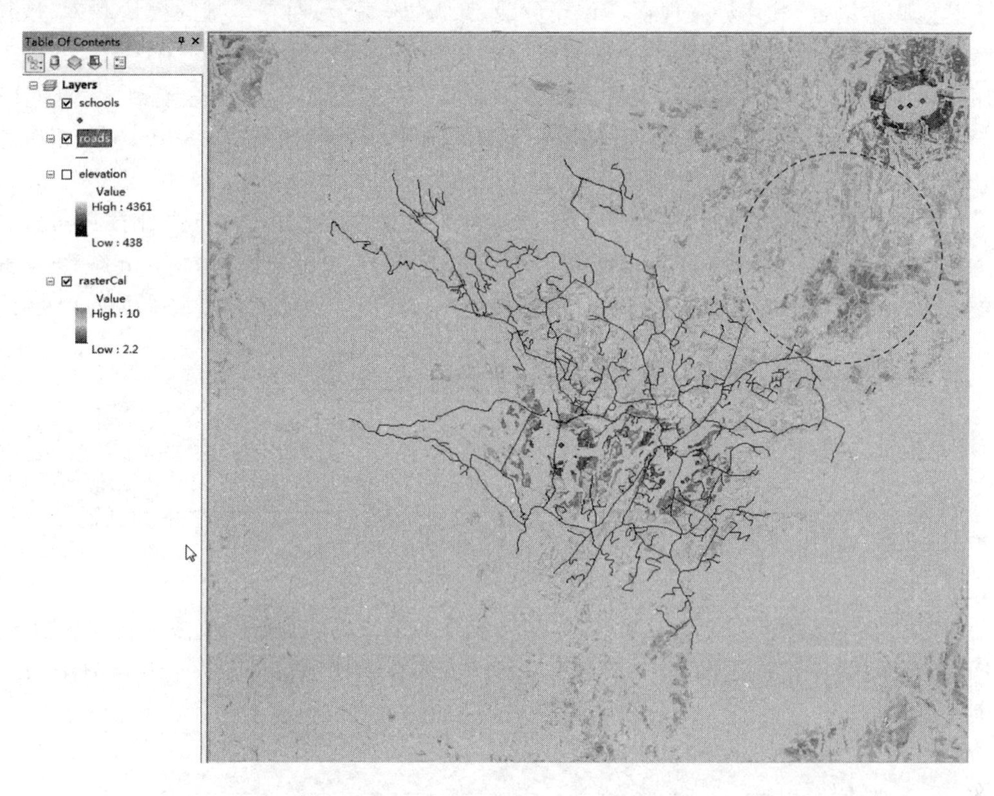

图 13-30　最终评价结果

运行完模型，加载最终的评价结果 rasterCal 栅格，不难发现虚线所圈出的区域，适宜性评分最高，虽然研究区域的西北角和东南角也有得分较高的区域，但是这些区域远离现有的道路网络，不适合新建学校。

13.3 ArcPy

同 ModelBuilder 一样，脚本语言也可以用来创建和运行工具，创建好的脚本也可以当成工具使用。虽然很多地理处理任务都可以通过创建模型来实现，但模型的局限性也是显而易见的，对一些复杂或特殊的任务，模型很多时候无能为力。此时，脚本语言就有了用武之地。脚本(Script)是批处理文件的延伸，是一种纯文本保存的程序，可以将大批量的数据处理，通过流程化的方式，自行修改参数，完成数据的批量、自动化处理。一些底层的地理处理任务不能通过模型实现，但可通过脚本完成。例如，使用脚本游标可以遍历属性表中的记录，读取现有的记录，并且插入新的记录。脚本可实现更高级的编程逻辑，例如它具有高级的错误处理机制，并且使用复杂的数据结构。包括 Python 在内的很多脚本语言，都添加了许多类库来提供更高级的功能。

常见的支持 COM 的脚本语言都可以执行 ArcGIS 的处理工具，如 JavaScript、Python、VBScript 等。其中，Python 是一种解释性的、开源的、面向对象的、跨平台的编程语言。相对于其他脚本语言，其优势表现在：简单、免费、开源、跨平台、拥有丰富的模块和库、擅长大量文件的批量化处理等。作为一种日渐流行的编程语言，Python 被封装在 ArcGIS 的安装程序中，也被嵌入到许多地理处理工具集中，ArcGIS10 甚至将 Python 整合到了 ArcGIS 的用户界面中，在 ArcMap 中嵌入了 Python 窗口。与本书所使用的 ArcGIS 10.2 相对应的 Python 版本为 V2.7。

用户可在 ArcGIS 的 ArcMap 界面中的标准工具条发现按钮，点击此按钮可打开如图 13-31 所示的 Python 窗口。该窗口左侧是内嵌于 ArcGIS 的交互式 Python 解释器，此处可输入 Python 代码，右侧是帮助面板，将显示交互式解释器中输入命令的有关使用提示。

图 13-31　Python 窗口

交互式解释器中的“>>>”为主提示符，表示一个代码的开始。完成一行代码输入后，按回车键即可执行代码，结果会显示在下一行。例如在主提示符下输入 print “Python”，输入回车键后即可在下一行显示输出结果 Python，如图 13-32 所示。

图 13-32　下一行输出结果显示

当需要同时输入多行时，完成一行代码输入后，按 Shift＋回车键可输入下一行，新的一行前面会出现“...”符，如图 13-33 所示。

虽然在 ArcGIS 的 Python 窗口可进行简单的代码测试，但当需要编写相对复杂的脚本程序①或代码时，Python 窗口就难以胜任了，并且也不方便代码的调试。此时，用户需要借助 Python 脚本编辑器来编写和运行脚本。

虽然一个通用的文本编辑器可以打开和编辑大多数的脚本文件，但训练有素的用户一般会使用适用于 Python 的集成开发环境(IDE)，它可提供 Python 代码编写、分析、编译、调试等功能。用户可通过访问 ArcGIS 的启动菜单项 IDLE(Python GUI)来使用 ArcGIS 自

① 一个脚本文件从本质上来说是一系列可以由程序或脚本引擎运行的指令。脚本通常只是简单的文本文件，它有一个特定的文件扩展名(Python 程序的扩展名为 *.py)，并且使用特定的脚本语法编写指令。

```
>>> import arcpy
... from arcpy import env
... env.workspace = "C:/ArcGIS/ArcPy/data"
... fclist = arcpy.ListFeatureClasses()
... for fc in fclist:
...     fcdescribe = arcpy.Describe(fc)
...     print "Name: " + fcdescribe.name
...     print "Data type: " + fcdescribe.dataType
```

图 13-33 提示符

带的 IDE。可选择的 IDE 较多,用户一般倾向于选择可自动补全、具智能感知、方便调试、能自动检查语法错误、开源的 IDE,在以上几个评价指标中,PyCharm 均表现优异,是较理想的 IDE。与在 ArcGIS 的 Python 窗口中使用 ArcPy 类似,用户在脚本编辑器中编写代码时需首先导入 ArcPy 站点包,这样才能调用该站点包的各个模块,并使用地理处理的所有工具。

ArcPy(通常称为 ArcPy 站点包)是基于 arcgisscripting 模块发展而来,它是一个集结了 ArcGIS 中大部分功能的站点包(库),该包为用户提供了使用 Python 语言操纵所有地理处理工具(包括扩展模块)的入口。ArcPy 旨在利用 Python 来高效、实用地实现地理数据分析、数据转换、数据管理和自动制图等功能。概括地说,ArcPy 由模块、工具、函数和类组成。

13.3.1 ArcPy 的地理处理工具

在 Python 脚本里,用户可通过工具的名称来调用工具。这些工具还有各自的标签,它们是显示在 ArcToolbox 中的名称。工具名称与工具标签很相似,但是需要注意的是,工具名称是不含空格的。例如,在 Data Management 工具箱中工具 Copy Features 的标签是 Copy Features,其名称为 CopyFeatures,前者含空格。在实际调用工具时,还需要引用工具箱的别名,具体的语法如下:

```
arcpy.<toolname_toolboxalias>(<parameters>)
```

例如,Analysis 工具箱的别名为 analysis,Data Management 工具箱的别名为 management。因此,在 Python 中,在调用 Data Management 工具箱中的 Copy Features 工具所使用的函数为 CopyFeatures_management。

运行 Copy Features 工具的代码如下:

```
import arcpy
import os
from arcpy import env
env.workspace="c:/arcgis/ArcPy/demo"
outWorkspace="c:/arcgis/ArcPy/output.gdb"
fc="roads.shp"
outFc=os.path.join(outWorkspace, fc.strip(".shp"))
arcpy.CopyFeatures_management(fc, outFc)
```

与此同时，也可以通过匹配工具箱别名的形式调用工具。以这种方式调用工具首先要引用工具箱的别名，然后是工具名，最后是工具参数，具体语法如下：

arcpy.< toolboxalias>.<toolname>(<parameters>)

以上代码的最后一行调整为：

```
arcpy.management.CopyFeatures(fc, outFc)
```

各个地理处理工具都具有一组固定的参数，这些参数为工具提供执行所需的信息。工具通常包含多个输入参数以定义一个或多个数据集，这些数据集一般是输入数据或待生成的输出数据。参数具有几个重要属性：

- 每个参数具有一种或多种特定的数据类型，如要素类、整型、字符串或栅格。
- 参数为输入值或输出值。
- 参数需有值，或为可选。
- 各个工具参数都具有唯一的名称。

在 Python 中使用工具时，必须正确设置工具的参数值，以便在脚本运行时工具可以执行。一旦提供了一组有效的参数值，工具即准备好执行。参数将被指定为字符串或对象。

字符串是唯一标识参数值的简单文本，如数据集的路径或关键字。在下面的代码示例中，为缓冲区工具定义了输入和输出参数。请注意，工具名称要追加其工具箱的别名。在下例中，两个字符串变量用于定义输入和输出参数，以便读者更容易阅读工具调用的有关代码。

```
import arcpy
roads="c:/arcgis/arcpy/data.gdb/roads"
output="c:/arcgis/arcpy/data.gdb/roads_Buffer"
arcpy.Buffer_analysis(roads, output, "distance", "FULL", "ROUND", "NONE")
```

大部分地理处理工具同时包含必选参数和可选参数。通常，在许多情况下都存在多个不需要进行指定的可选参数。有两种方法可以处理这些未使用的参数：一是按出现的顺序依次设置可选参数，然后将不需要的参数设置为空字符串“√”、井号“#”或类型为 None 的参数。二是使用关键字参数，并使用参数名称来分配值。使用关键字参数可跳过未使用的可选参数或以不同的顺序指定它们。

以 buffer 工具为例，其函数及参数为：Buffer_analysis (in_features, out_feature_class, buffer_distance_or_field, {line_side}, {line_end_type}, {dissolve_option}, {dissolve_field})，其中，前三个参数为必选参数，后四个“{}”的参数为可选参数。以下使用 buffer 工具的几种方法都是合法的。

```
import arcpy
roads="c:/arcgis/arcpy/data.gdb/roads"
output="c:/arcgis/arcpy/data.gdb/roads_Buffer"
distance=100
# 执行 buffer 操作，忽略所有可选参数
arcpy.Buffer_analysis(roads, output, distance)
```

仅设置第三个可选参数，其他可选参数设置为空字符串“”，以上 Buffer 处理可表述为：

```
arcpy.Buffer_analysis(roads, output, distance, " ", " ", "LIST", " ")
```

使用关键词参数设置可选参数，其他可选参数忽略，以下 Buffer 处理可表述为：

```
arcpy.Buffer_analysis(roads, output, distance, dissolve_option="LIST")
```

ArcPy 将以对象的形式返回输出结果。当输出结果是一个新的要素，则结果对象为包含新要素的完整路径。工具执行的结果可以是字符串、数字或布尔值。使用结果对象的优点是它可以保留工具执行的相关信息，包括消息、参数和输出。

例如，下面这段代码运行一个地理处理工具并且以对象的形式输出结果：

```
import arcpy
roads="c:/arcgis/arcpy/Demo.gdb/roads"
output="c:/arcgis/arcpy/Demo.gdb/roads_Buffer"
distance=100
# buffer 工具返回输出要素的结果对象
myOutput=arcpy.Buffer_analysis(roads, output, distance)
# print 语句将以字符串形式显示输出要素的完整路径
print myOutut
```

以上代码的输出结果为："c:\arcgis\ArcPy\Demo.gdb\roads_Buffer"。

13.3.2　ArcPy 的非工具函数

在 ArcPy 中，所有地理处理工具均以函数形式提供，但并非所有函数都是地理处理工具。除工具之外，ArcPy 还提供多个非工具函数以更好地支持在 Python 中进行地理处理。这些函数可用于列出某些数据集，检索数据集的属性，在将表添加到地理数据库之前验证表名称或执行其他许多有用的地理处理任务。

这些函数的一般形式与工具类似，它接受参数（可能需要也可能不需要）并返回某些结果。非工具函数的返回值类型多样，包括字符串和地理处理对象等，而工具函数则始终返回 Result 对象，并提供地理处理消息支持。

下面的代码示例了两个 ArcPy 函数，其中，GetParameterAsText()函数用于接收输入参数，Exists()函数用于确定输入是否存在，并返回一个布尔值（“真”或“假”）。

```
import arcpy
input=arcpy.GetParameterAsText(0)
if arcpy.Exists(input):
    print("Data exists")
else:
    print("Data does not exist")
```

下面的示例使用 ListFeatureClasses 函数创建一个要素类列表，然后循环列表，裁剪具有边界要素类的各个要素类。

```
import arcpy
import os
arcpy.env.workspace="c:/arcgis/arcpy/demo.gdb"
out_workspace="c:/arcgis/arcpy/results/"
clip_features="c:/arcgis/arcpy/demo.gdb/boundary.shp"
# 遍历工作空间的要素列表
for fc in arcpy.ListFeatureClasses():
    output=os.path.join(out_workspace, fc)
    # Clip each input feature class in the list
    arcpy.Clip_analysis(fc, clip_features, output, 0.1)
```

13.3.3 ArcPy 类

ArcPy 包含多个类，常见的类包括 Array，Cursor，env，Extent，FeatureSet，Field，Geometry，Index，Point，Polygon，Polyline，Raster，RecordSet，Result，Row，SpatialReference 等。类的构造函数用于初始化类的新实例。类实例化之后，便可使用其属性和方法。下例将创建一个名为 cursor 的游标，通过 for 循环取出每一条记录，并对记录的特定字段进行赋值操作。

```
import arcpy
arcpy.env.workspace="c:/base/data.gdb"
# 创建 update cursor
cursor=arcpy.UpdateCursor("roads")
# 基于"TYPE"字段更新 buffer 距离，TYPE 字段的取值是 1～4
for row in cursor:
    row.setValue("BUFFER_DIST", row.getValue("TYPE") * 100)
    cursor.updateRow(row)
# 删除 cursor 和 row 对象
del cursor, row
```

类可以重复使用；在下例中，通过 Point 类创建了两个点对象：

```
import arcpy
pointA=arcpy.Point(2.0, 4.5)
pointB=arcpy.Point(3.0, 7.0)
```

13.3.4 ArcPy 的环境设置

不同于常规的工具参数，环境设置是一种额外的、全局性的参数，它独立设置，且作用于所有地学处理工具。工作空间、输出坐标、处理范围、XY 分辨率和容差、输出数据集的空间参考以及栅格数据集的栅格像元大小等设置都可以使用地理处理环境指定。用户可通过访问 arcpy.env 类来设置或获取环境属性。

以下代码分别设置了工作空间，XY 容差和 Spaticl Grid 1(空间格网 1)的大小。

```
import arcpy
# 设置工作空间
arcpy.env.workspace="c:/arcgis/ArcPy/Demo.gdb"
# 设置 XY 容差
arcpy.env.XYTolerance=2.5
# 计算默认空间格网索引
grid_index=arcpy.CalculateDefaultGridIndex_management("roads")[0]
#将空间格网 1 的大小设置为空间格网索引的 1/2
arcpy.env.spatialGrid1=float(grid_index) / 2
# 利用 urban area 要素切割出城区内的河流要素
arcpy.Clip_analysis("roads", "urban_area", "urban_roads")
```

以下代码读取并设置了栅格像元的尺寸。

```
import arcpy
arcpy.env.workspace="c:/arcgis/ArcPy/Demo.gdb"
if arcpy.env.cellSize < 10:
    arcpy.env.cellSize=10
elif arcpy.env.cellSize > 20:
    arcpy.env.cellSize=20
arcpy.HillShade_3d("dem", "dem_shade", 300)
```

scratchGDB 和 scratchFolder 是只读的环境属性，它是用来临时保存数据的地理数据库和文件夹位置。以下代码使用环境设置生成临时处理数据：

```
import arcpy
inputFc="c:/arcgis/arcpy/Demo.gdb/roads"
clipFc="c:/arcgis/arcpy/Demo.gdb/urbanArea"
outputFc="c:/arcgis/arcpy/Demo.gdb/urban_roads"
# 利用 env 类的 scratchGDB 属性将临时数据 tempData 保存到相应的地理数据库中
tempData=arcpy.CreateScratchName(workspace=arcpy.env.scratchGDB)
result=arcpy.Buffer_analysis(inputFC, tempData, "50 METERS")
arcpy.Clip_analysis(clipFC, result, outputFC)
```

由于地理处理环境对工具操作和输出有较大的影响，因此有必要追踪环境设置并在必要时将其重置为默认状态。在 with 语句中使用 EnvManager 类，可用于临时设置一个或多个环境，当退出 with 语句块时，环境变量将恢复初始值。

在以下代码中，像元大小和范围设置仅在 with 语句内有效。

```
import arcpy
with arcpy.EnvManager(cellSize=10, extent='-16, 25, 44, 64'):
```

此外,可使用 arcpy. ResetEnvironments()函数恢复默认环境值,或者使用 arcpy. ClearEnvironment()函数重置特定环境。

13.3.5 ArcPy 模块

ArcPy 模块包括数据访问模块(arcpy. da)、制图模块(arcpy. mapping)、空间分析模块(arcpy. sa)、网络分析模块(arcpy. na)、地统计分析模块(arcpy. ga)等。当导入某个模块后,用户就可以调用该模块的所有函数和类,实现 ArcGIS 对应模块中的所有功能。例如,通过 import arcpy. sa 语句导入 arcpy. sa 模块,可访问 Spatial Analyst Tools 所提供的所有地理处理工具。

13.4 Python 脚本案例

13.4.1 研究区网格划分并输出网格对角点到文本文档

本例将按指定的网格,根据研究区域的四至范围,利用 ArcGIS 的 fishnet 工具,将其划分成多个同等大小的网格,剔除落在研究区域外的网格,并将网格的左上角和右下角坐标输出到文本文档中。具体的代码如下:

```
# coding: utf-8     #当代码中有中文字符时,需此行代码
# 输入要素: studyArea.shp
# 格网大小参数 edge:3(格网大小为 3km * 3km)
# 输出要素:grid.shp
# 输出文本:data.txt

import arcpy      #引入 arcpy 站点包

#设置环境变量
from arcpy import env
env.overwriteOutput=True     #生成的要素会覆盖已有的同名要素
env.workspace="C:/arcgis/arcpy/Demo"     #指定当前的工作空间
studyArea="studyArea.shp"               #单位为 degree(度)
descFC=arcpy.Describe(studyArea)  #获得研究区要素的描述信息
ext=descFC.extent  #获得四至信息

# 设置渔网参数
env.outputCoordinateSystem=arcpy.Describe(studyArea).spatialReference
#设置输出网格的坐标系
outputGrid="grid.shp"  #指定输出网格
```

```
edge=3  #grid size is 3km * 3km
gridSizeWidth=0.0104 * edge # 研究区位于纬度为30°时,经差0.0104°约为1千米
gridSizeHeight=0.009 * edge  #同一条经线上,纬差0.009°约为1千米
originCoordinate=str(ext.XMin)+" "+str(ext.YMin)  # 设置渔网的起点
yAxisCoordinate=str(ext.XMin)+ "+str(ext.YMin+5) # 设置表征Y轴的坐标点
oppositeCorner=str(ext.XMax)+" "+str(ext.YMax) # 设置渔网的对角点
labels='NO_LABELS'          #无须创建网格中心点
templateExtent='#'          #由起点和对角点设置范围,无须使用模板要素
geometryType='POLYGON'      #输出要素类型为多边形

try:
#创建渔网
    arcpy.CreateFishnet_management(outputGrid, originCoordinate, yAxisCoordinate,
gridSizeWidth, gridSizeHeight, " "," ", oppositeCorner, labels, templateExtent,
geometryType)

    arcpy.MakeFeatureLayer_management('grid.shp', 'grid_lyr') #生成要素图层
便于查询
     lyr = arcpy.SelectLayerByLocation_management('grid_lyr', 'intersect',
'studyArea.shp')  #选择与研究区相交的网格,并将结果赋给lyr

    matchCount=int(arcpy.GetCount_management('grid_lyr').getOutput(0))  #
获取满足相交条件的网格数

    if matchCount == 0:
      print('Error, no grid is selected! ')  #选中网格数为0,输出错误提示
    else:
      arcpy.CopyFeatures_management('grid_lyr', 'grid_sel.shp')  #输出选中的网格
      print('{0} grids is written! '.format(matchCount))  #输出选中网格的数量
    f=open('data.txt','w')  #以写模式打开文本文档
    count=0  # 计数器
    for row in arcpy.da.SearchCursor(lyr, ["FID", "SHAPE@"]):  #获得lyr的
游标
      gridExtent=row[1].extent  #获取每一条记录对应网格的四至范围
      #输出网格的左上角和右下角坐标为字符串
       str = '%d,%f,%f,%f,%f\n'%(count,gridExtent.XMin,gridExtent.
YMax,\
                                        gridExtent.XMax,gridExtent.YMin)
      f.writelines(str)  #写入一行到文本文档
```

```
        count+=1  计数器加 1
      f.close()  #  关闭文本文档

except Exception as e:
print e.message  #程序异常时输出出错信息
```

13.4.2 计算小区出入口到公园绿地出入口的最短距离

以下代码示例了每一个小区出入口到公园绿地出入口的最短距离，并将此距离写到小区出入口要素的相应字段中。在编写代码前，请读者将本例中所使用的空间数据库 NA.gdb 拷贝至 C:/ArcGIS/Ch13 目录下，该数据库包含 data 数据集，内含道路网络数据，小区出入口(rEntrances)、公园绿地出入口(gEntrances)和存放临时点对的 tempNodePair 等三个点要素。其中，rEntrances 属性表中包含多个“GE *”字段，将记录小区出入口到相应公园绿地的最短网络距离。例如，“GE8”字段将记录小区出入口到编号为 8 的公园绿地出入口的最短距离。具体代码如下：

```
# -*-coding: utf-8-*-
# Created on: 2016-03-25 20:32:18.00000
#   (generated by Qiuxiao Chen, ZJU)
# Description: Calculate minimum distance between residential quarters to parks
#

import sys, time
import arcpy
# Check out any necessary licenses
arcpy.CheckOutExtension("Network")
arcpy.env.overwriteOutput=True
arcpy.env.workspace="D:/ArcGIS/Ch13/NA.gdb" #指定工作空间
Road_ND="data/Road_ND" #指定路网数据集
GreensEntrances="data/gEntrans" #指定公园绿地出入口
ResidentialEntrances="data/rEntrances" #指定居住小区出入口

tempNodes="data/tempNodePair"#用于计算最短路网距离的临时点对
#计算最短网络距离的函数，引自 ArcGIS 的 Demo 代码，将被后面的程序直接调用
def SRoute(pairnodes):
    shortestRoute="data/ShortestRoute" # output route
    begin=time.time()
    # Process: Make Route Layer
    routeLayer=arcpy.MakeRouteLayer_na("data/Road_ND", "Route", "Length",
```

```
"USE_INPUT_ORDER", "PRESERVE_BOTH", "NO_TIMEWINDOWS", "Length", "ALLOW_UTURNS", "
", "NO_HIERARCHY", " ", "TRUE_LINES_WITH_MEASURES", " ")
        routeLayer=routeLayer.getOutput(0)
        #Get the network analysis class names from the route layer
        naClasses=arcpy.na.GetNAClassNames(routeLayer)

        #Get the routes sublayer from the route layer
        routesSublayer = arcpy.mapping.ListLayers(routeLayer, naClasses["
Routes"])[0]

        #modify a variable refer to the subroute layer, which will frequently be
used to access the needed information without wasting the time of saving the featues
back to the disk. Reading data from is always faster than disk.

        shortest_route_cursor=arcpy.da.UpdateCursor(routesSublayer, "*")
        #print shortest_route_cursor.fields

        distance_index=shortest_route_cursor.fields.index("Total_Length")
        # Process: Add Locations
        arcpy.AddLocations_na("Route", "Stops", tempNodes, " ", "10000 Meters", "
", "Road SHAPE;Road_ND_Junctions NONE", "MATCH_TO_CLOSEST", "CLEAR", "NO_SNAP", "5
Meters", "INCLUDE", "Road #;Road_ND_Junctions #")

        # Process: Solve
        arcpy.Solve_na("Route", "SKIP", "TERMINATE", " ")

        shortest_route_cursor.reset()
        #read the result from the subroutelayer, which actually is a Feature Class
and means we could handler it like a Feature Class Database with the arcpy.da...

        row=shortest_route_cursor.next()
        total_length=float(row[distance_index])
        #arcpy.management.CopyFeatures(routesSublayer, shortestRoute)
        end=time.time()
        print "solve shortest route costs",(end-begin),"s"
        return total_length
        #end of SRoute 函数

    #清空 tmpNodes 游标,它可能包含两个节点(小区入口点和公共绿地入口点)
```

```
tmpNodes_cursor=arcpy.UpdateCursor(tempNodes)
for row in tmpNodes_cursor:
    tmpNodes_cursor.deleteRow (row)
del tmpNodes_cursor

#创建小区出入口的更新游标
RE_rows=arcpy.UpdateCursor(ResidentialEntrances)
i=1
for reRow in RE_rows:#遍历更新游标,逐个取出小区出入口
    reID=reRow.getValue("OBJECTID")

    #提取出入口点
    feaRE=reRow.shape
pntRE=feaRE.getPart()

    #将出入口点拷贝到pnt01
    pnt01=arcpy.CreateObject("Point")
    pnt01.X=pntRE.X
    pnt01.Y=pntRE.Y

    #创建公园绿地出入口的更新游标
    GE_rows=arcpy.UpdateCursor(GreensEntrances)
for geRow in GE_rows:  #遍历更新游标,逐个取出公共绿地出入口

#创建tempNodes的插入游标
      tmpNodes_cursor=arcpy.InsertCursor(tempNodes)
      #为tmpNodes要素增加一个小区出入口—pnt01
      feaNode01=tmpNodes_cursor.newRow()
      feaNode01.shape=pnt01
      tmpNodes_cursor.insertRow(feaNode01)

      ##为tmpNodes要素增加一个公园出入口—pnt02
      feaGE=geRow.shape
      pntGE=feaGE.getPart()
      feaNode02=tmpNodes_cursor.newRow()
      pnt02=arcpy.CreateObject("Point")
      pnt02.X=pntGE.X
      pnt02.Y=pntGE.Y
      feaNode02.shape=pnt02
```

```
            tmpNodes_cursor.insertRow(feaNode02)

            #调用 SRoute 函数,计算两个出入口的最短路径,函数返回值赋给 MinDist
            minDist=int(SRoute(tempNodes))
            del tmpNodes_cursor

            #清除 tempNodes 要素中的所有点
            tmpNodes_cursor=arcpy.UpdateCursor(tempNodes)
            for row in tmpNodes_cursor:
                tmpNodes_cursor.deleteRow(row)
            del tmpNodes_cursor
            #将最短距离写入小区出入口要素的当前记录中,写入与公园绿地出入口编号对
应的字段中。例如,公园绿地入口点的"OBJECTID"为 8,则最短距离 minDist 赋值给 GE8 字段。

            ObjID=geRow.getValue("OBJECTID")
            fld="GE%d" %ObjID
            reRow.setValue(fld, minDist)
            RE_rows.updateRow(reRow)
        del GE_rows
        print 'finish processing residential community entrance with ID %d' %
(reID)
        i+=1
    del RE_rows
```

13.5 本章小结

ArcGIS 地理处理框架是指一组用于管理和执行工具的窗口和对话框,它提供了一系列数据处理的工具用于快速轻松地创建、执行、管理、记录和共享地理处理工作流。Python 是广泛应用于 GIS 的脚本语言,通过它可以高效简洁实现任务自动化,ArcGIS 10 中引入了将 ArcGIS 和 Python 紧密连接的 ArcPy 站点包,使用该站点包可以访问 ArcGIS 的地理处理功能。本章主要介绍了地理处理的两大主要内容:ModelBuilder 和 ArcPy。在 ArcGIS 中,通过模型生成器 ModelBuilder 可以生成这样的模型:把分析过程中所用到的数据和分析工具通过流程结合在一起,不仅实现空间数据处理工作流的可视化表达,而且每次的操作都可以保存并重复使用。Python 是一种解释性的、开源的、面向对象的、跨平台的编程语言。相对于其他脚本语言,其优势表现在:简单、免费、开源、跨平台、拥有丰富的模块和库、擅长大量文件的批量化处理等。作为一种日渐流行的编程语言,Python 被封装在 ArcGIS 的安装程序中,也被嵌入到许多地理处理工具集中,ArcGIS 10 甚至将 Python 整合到了 ArcGIS 的用户界面中,在 ArcMap 中嵌入了 Python 窗口。

第14章　双评价

资源环境承载能力和国土空间开发适宜性评价简称双评价，是国土空间规划编制的一项重要内容，它主要包括三个方面——生态适宜性评价、农业生产适宜性评价和城镇建设适宜性评价。本章将以某县级市为例，介绍国土空间开发适宜性评价中的生态适宜性评价与建设适宜性评价，包括主要指标及操作流程。本案例只做教学用途，并不作为地方实际相关规划编制的参考依据。

14.1　案例概述

本案例将选取坡度、土地覆被类型、水域影响度、保护区等4个指标来评价生态适宜性，而建设适宜性评价则采用坡度、人口密度、地质灾害、交通可达性、已建区等5个指标。各指标的权重如表14-1所示。

表14-1　指标权重

评价类型	指标名称	权重
生态适宜性	坡度	0.25
	土地覆被类型	0.30
	水域影响度	0.15
	保护区	0.30
建设适宜性	坡度	0.152
	人口密度	0.224
	地质灾害	0.146
	交通可达性	0.205
	已建区	0.273

评价采用栅格分析法，将评价区域划分成100m×100m栅格的评价底图。先分别计算单个因子的评价结果，再利用Raster Calculator对各个指标加权求和得到最终的评价得分，将最终的评价得分划分为4个等级，综合评价在[1,2]范围内为不适宜区，综合评分在(2,3]范围内为一般适宜区，综合评分在(3,4]范围内为较适宜区，综合评分在(4,5]范围内为最适宜区。

本章所使用的数据下载后请保存至C:\ArcGIS\Ch14\ex14，具体的数据如下：

(1)矢量数据，包括“评价区域”、“建设用地”、“交通用地”、“其他保护区”、“生态保护区”、“生态公益林”、“水域”。

(2)栅格数据,包括土地利用数据“土地利用”、“DEM”、“地质灾害”、“人口密度”。

通过本案例的学习,读者可了解适宜性评价的整体流程和常见指标,进一步掌握缓冲区分析以及计算坡度、重分类、栅格计算器等相关分析工具。

14.2　案例 1 某县级市生态适宜性评价

14.2.1　加载分析模块并设置分析环境

1. 激活 Spatial Analyst Tools 模块并加载数据

(1)新建一个地图文档,点击“Customize”>>“Extensions”,勾选 *Spatial Analyst* 以激活 Spatial Analyst Tools 模块。双击数据框“Layers”,打开数据框属性对话框‘Data Frame Properties’(见图 14-1),点击 General,在 Units 框内,设置地图 Map 和显示 Display 的单位都为 *Meters*(米)。

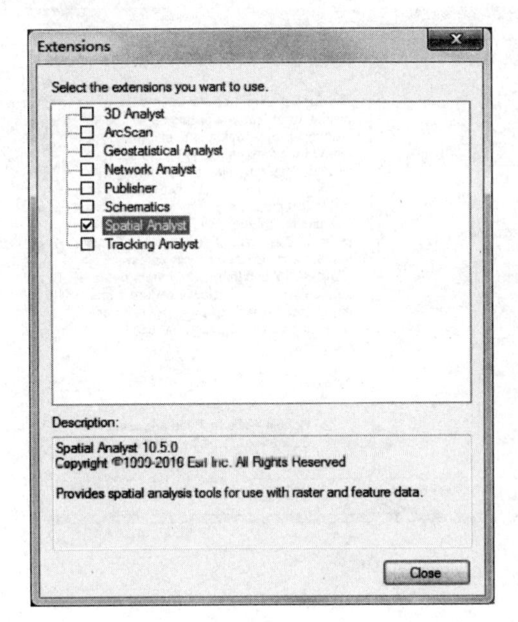

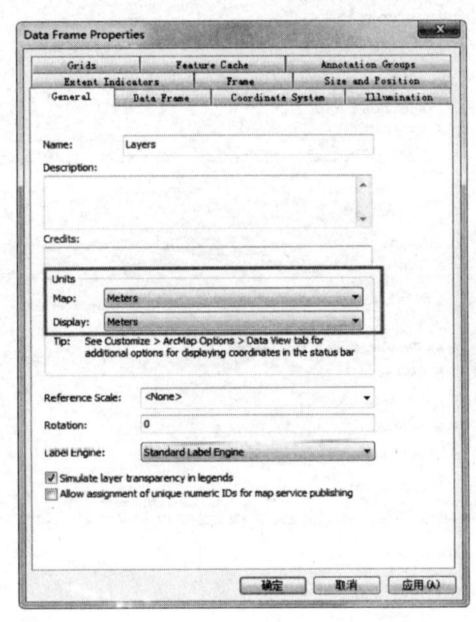

图 14-1　设置扩展选项和数据框属性

(2)通过“Catalog”或“Add Data”加载分析所需的基础数据,初步了解各数据的属性和字段值代表的意义。

2. 设置分析环境

(1)设置工作空间,点击“Geoprocessing”>>“Environments”,设置 Workspace 中的当前工作空间 Current Workspace 和临时工作空间 Scratch Workspace 为新建的文件地理数据库 *result.gdb*(见图 14-2)。

(2)设置分析区域和像元大小,设置 Processing Extent 的处理范围为 *Same as layer* 评价区域(见图 14-3),即与“评价区域”的范围一致,并设置 Raster Analysis 中的栅格大小

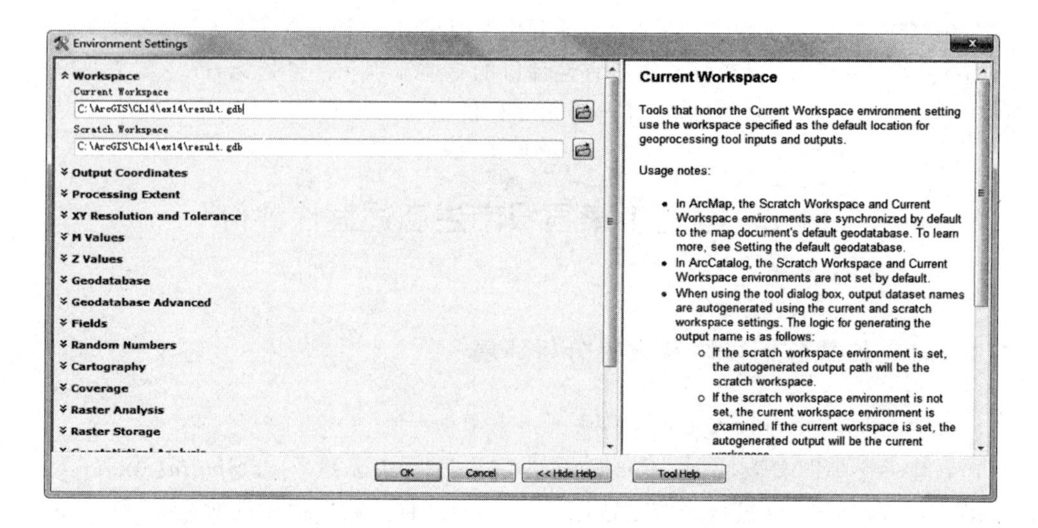

图 14-2　设置工作路径

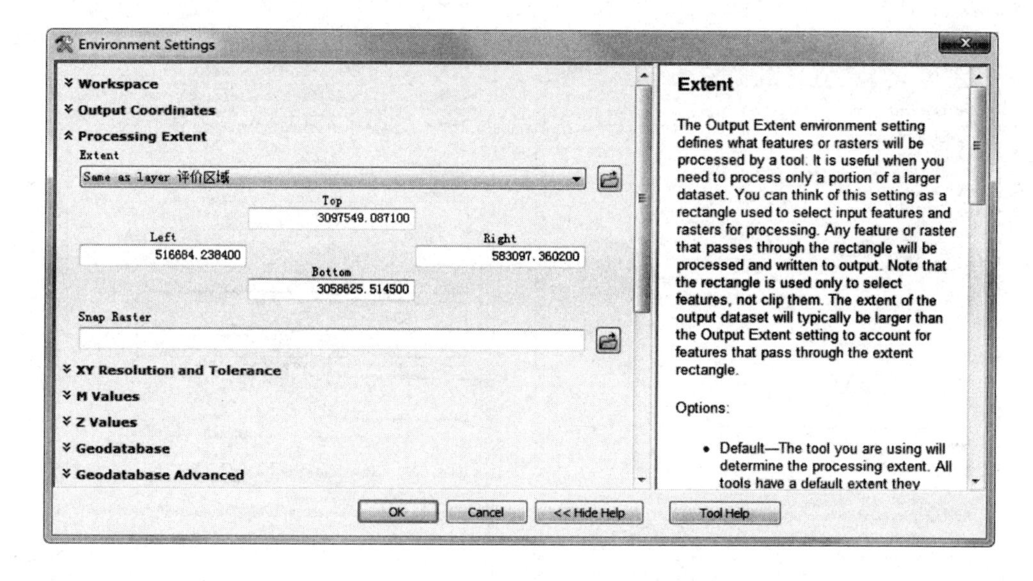

图 14-3　设置分析区域

Cell Size 为 100。此外，也可在 Mask 处选择掩膜数据，设置只在所选择的区域进行空间分析，本案例设置掩膜数据为评价区域（见图 14-4）。

先分别分析坡度、土地覆被类型、水域影响度、保护区 4 个指标的评价结果，再综合计算得到总体的生态适宜性评价结果。新建一个数据框命名为"生态适宜性评价"，并同样设置地图单位和显示单位为米。加载与生态适宜性评价相关的数据，包括"评价区域"、"土地利用"、"DEM"、"生态保护区"、"其他保护区"、"生态公益林"、"水域"。

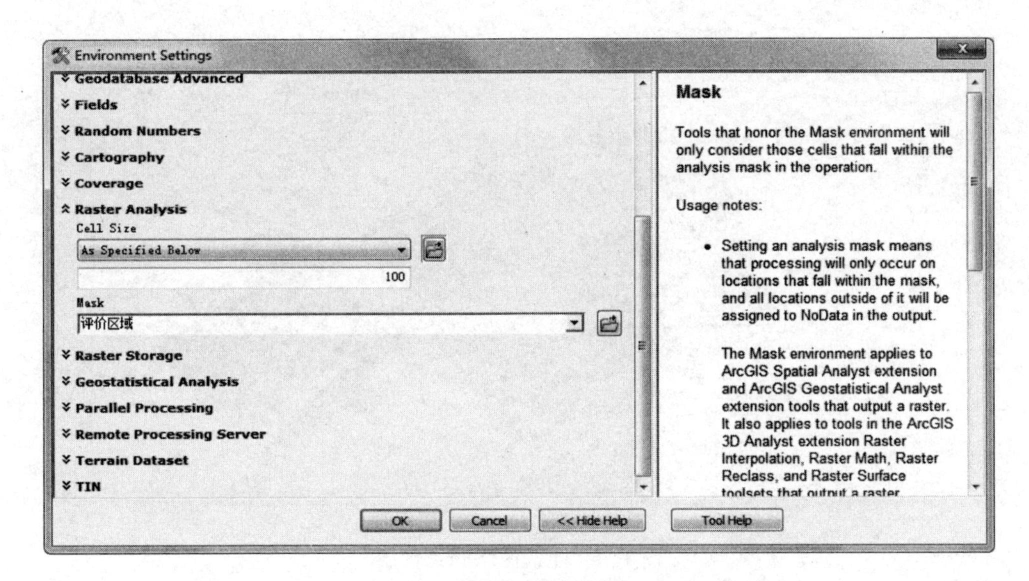

图 14-4 设置栅格分析相关参数

14.2.2 坡度

1. 计算坡度

选择 Spatial Analyst Tools→Surface→Slope 工具(见图 14-5),本案例中由于分级评价中以度为单位,因此选择输出单位为 *DEGREE*。坡度计算结果如图 14-6 所示。

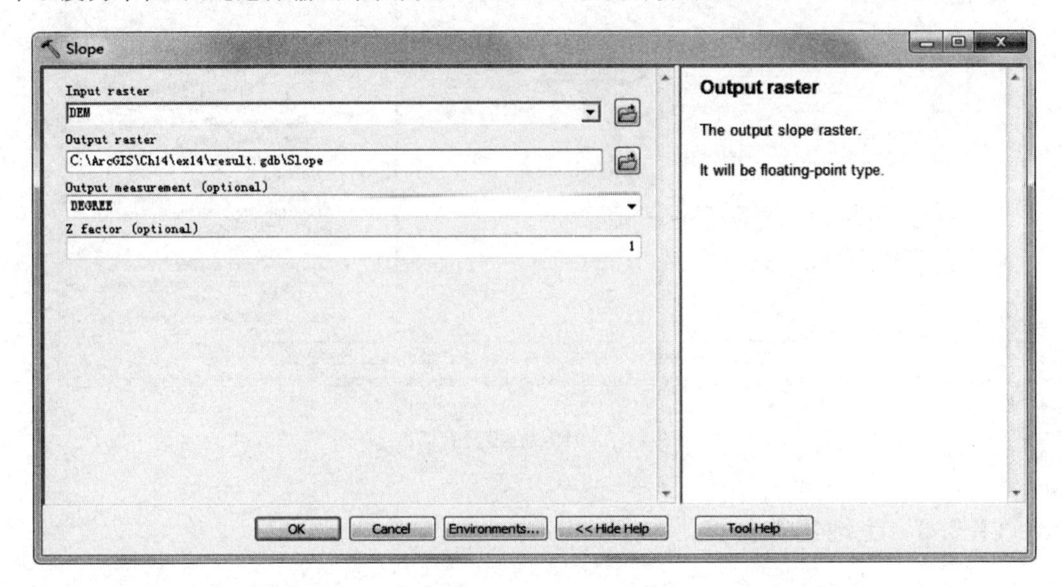

图 14-5 'Slope'对话框

2. 对坡度进行重分类

将坡度分为 5 级并进行标准量化,即坡度 0～2°赋值为 5,2～6°赋值为 4,6～15°赋值为 3,15～25°赋值为 2,大于 25°则赋值为 1。选择 Spatial Analysis Tools→Reclass→Reclassify

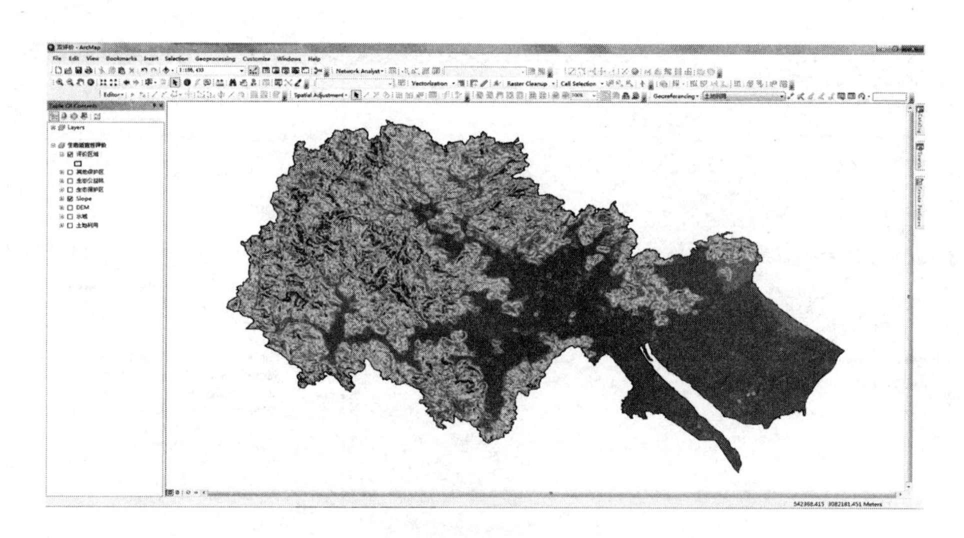

图 14-6　生成的“Slope”图层

工具对其进行重分类(见图 14-7),点击“Classify”,打开‘Classification’对话框(见图 14-8),选择手动分类 *Manual*,并选择分为 5 类和设置对应的间断值,最后设定重分类后的值。坡度重分类后的结果如图 14-9 所示。

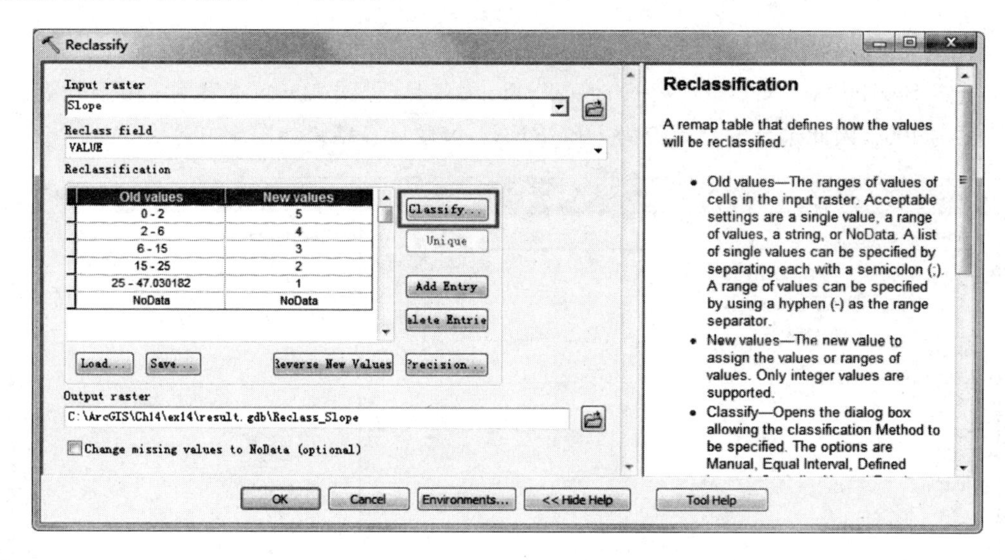

图 14-7　‘Reclassify’对话框

14.2.3　土地覆被类型

将不同的土地覆被类型划分为 5 个等级,量化其对生态保护的重要性程度,赋值越大则重要性程度越高。其中城镇、工矿用地及农村居民点赋值为 1,一般耕地赋值为 2,园地、草地赋值为 3,林地、未利用地赋值为 4,基本农田、水域、保护地赋值为 5。

根据土地利用分级标准,对土地利用数据进行重分类。选择 Spatial Analysis Tools→Reclass→Reclassify 工具(见图 14-10),对各土地利用覆盖类型进行重新赋值。结合中国土

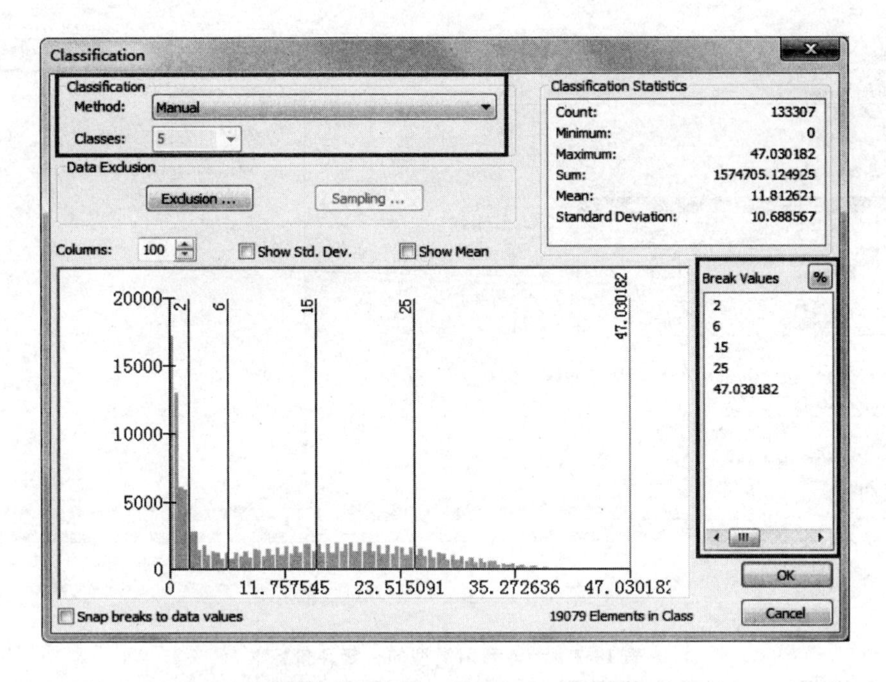

图 14-8　'Classification'对话框

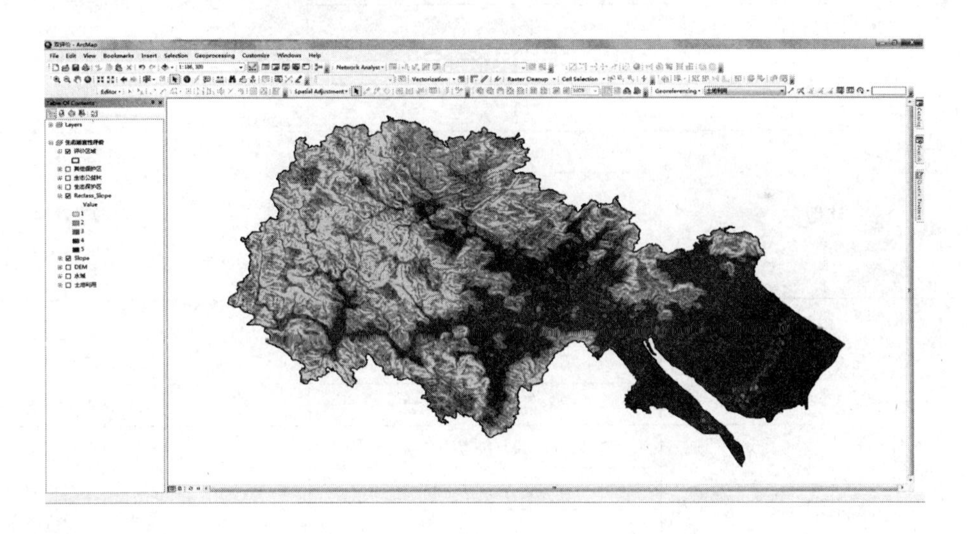

图 14-9　重分类结果"Reclass_Slope"

地利用分类表①,不同土地利用类型的分级评价标准如表 14-2 所示。土地覆被类型评价结果如图 14-11 所示。

① 具体可参考资源环境数据云平台:http://www.resdc.cn/data.aspx? DATAID=99

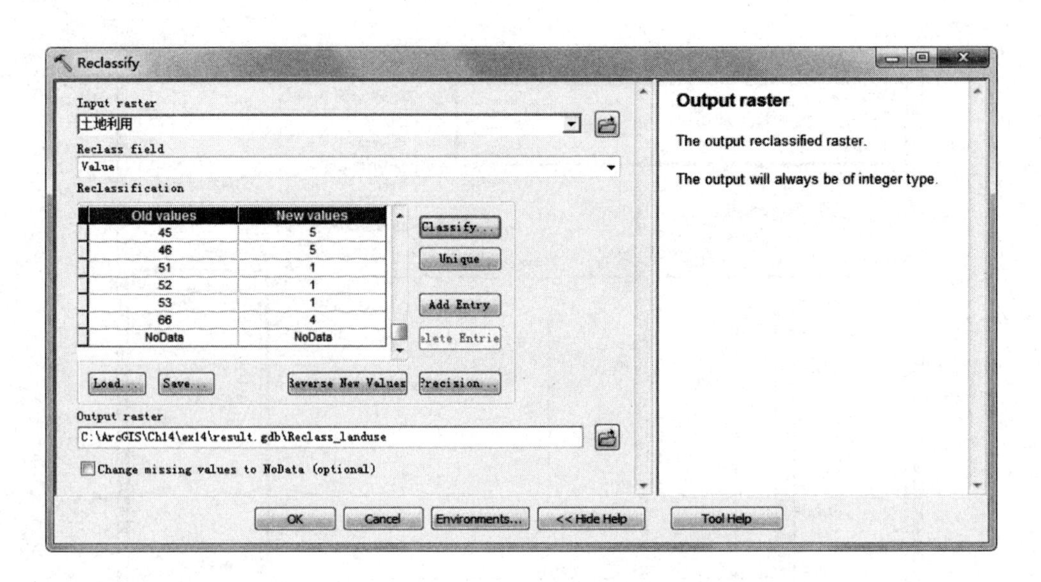

图 14-10 ‘Reclassify’对话框

表 14-2 土地利用类型的分级评价标准

一级类型	二级类型	分级评价赋值
编号与名称	编号与名称	
1 耕地	11 水田	2
	12 旱地	
2 林地	21 有林地	4
	22 灌木林	
	23 疏林地	
	24 其他林地	
3 草地	31 高覆盖度草地	3
	32 中覆盖度草地	
	33 低覆盖度草地	
4 水域	41 河渠	5
	43 水库坑塘	
	45 滩涂	
	46 滩地	
5 城乡、工矿、居民用地	51 城镇用地	1
	52 农村居民点	
	53 其他建设用地	
6 未利用土地	66 裸岩石质地	4

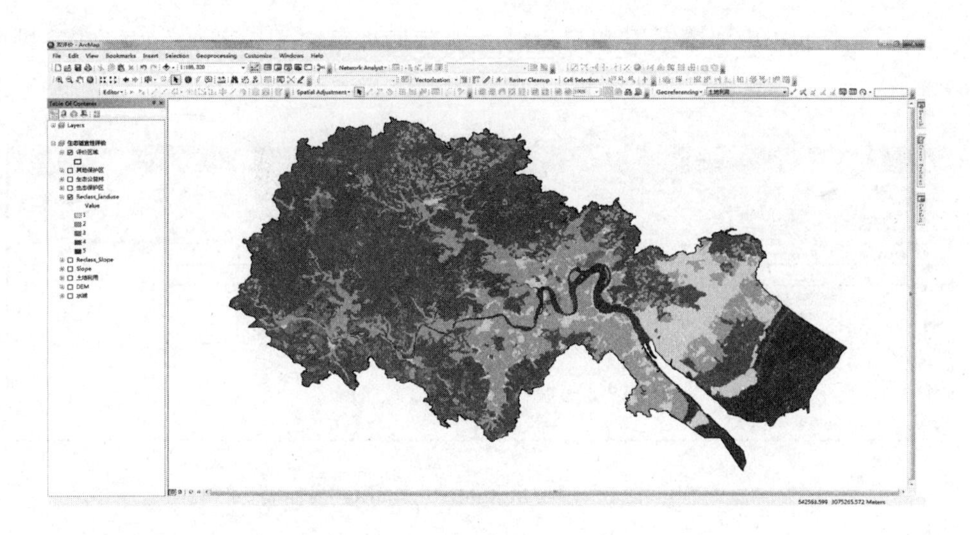

图 14-11　生成“Reclass_landuse”

14.2.4　水域影响度

利用已有的水系数据进行缓冲区分析，距离水域越近，该区域的水域保护等级越高。水域保护区范围划分为五个等级，即水域 300m 缓冲区内赋值为 5，300～500m 赋值为 4，500～800m 赋值为 3，800～1500m 赋值为 2，缓冲区 1500m 外赋值为 1。具体过程如下：

(1)利用 Analysis Tools→Proximity→Multiple Ring Buffer 工具进行缓冲区分析（见图 14-12），设定距离间断值及其单位。

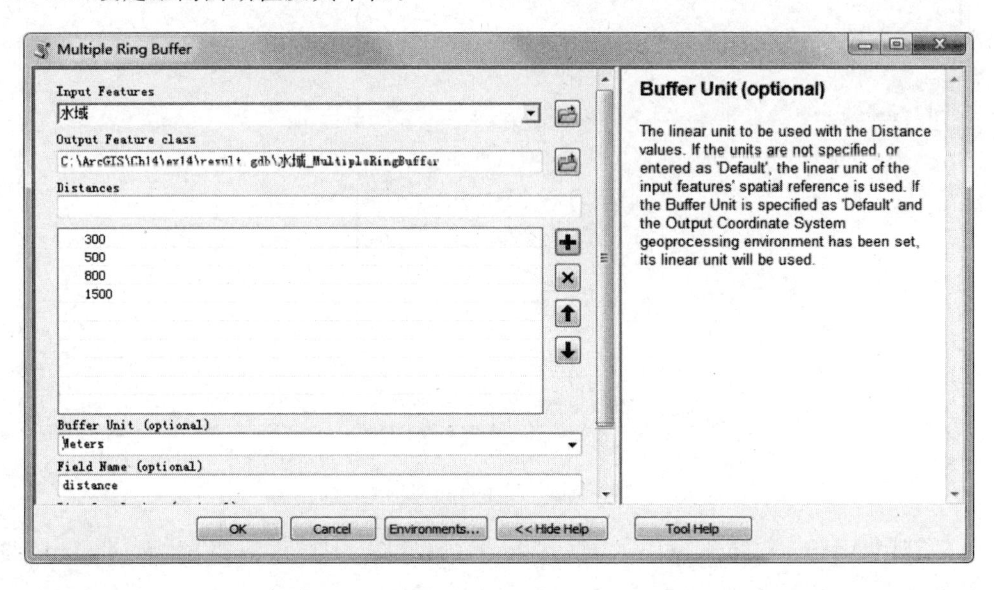

图 14-12　‘Multiple Ring Buffer’对话框

(2)在“水域_MultipleRingBuffer”数据图层上右击打开属性表，点击左上角的图标，并点击“Add Field”添加名为“value”的短整型字段，并根据缓冲距离赋予相对应的值（见

图 14-13)。可通过选中要素后利用字段计算器赋值也可启用“Editor”直接在字段中输入值。

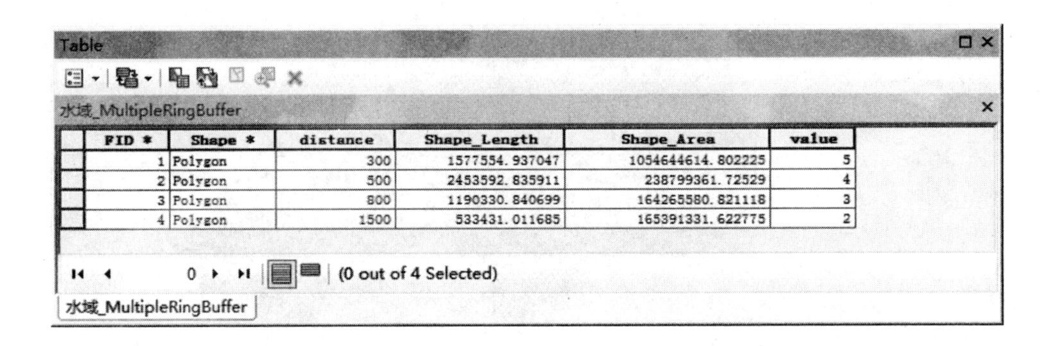

FID *	Shape *	distance	Shape_Length	Shape_Area	value
1	Polygon	300	1577554.937047	1054644614.802225	5
2	Polygon	500	2453592.835911	238799361.72529	4
3	Polygon	800	1190330.840699	164265580.821118	3
4	Polygon	1500	533431.011685	165391331.622775	2

图 14-13 “水域_MultipleRingBuffer”属性表

(3)给“评价区域”添加一个名为“value”的短整型字段,并赋值为 1(距离保护区 1500m 以外赋值为 1)。

(4)利用 Analysis Tools→Overlay→Update 工具(见图 14-14),设置输入要素 Input Features 为评价区域,更新要素 Update Features 为水域_*MultipleRingBuffer*,使得两者叠加生成“水域_Update”。

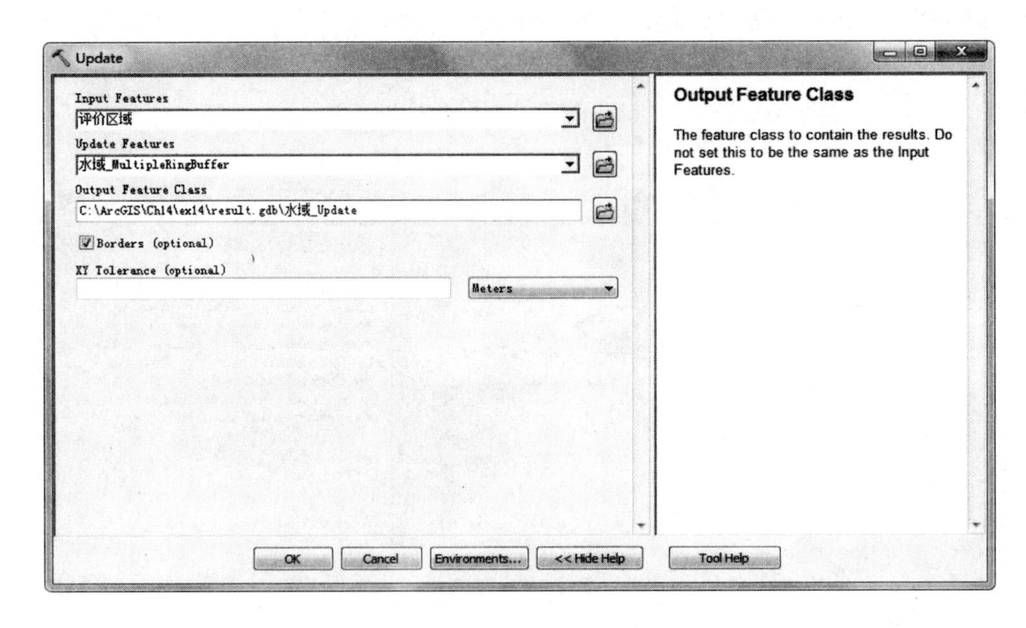

图 14-14 ‘Update’对话框

(5)利用 Analysis Tools→Extract→Clip 工具(见图 14-15),裁剪“水域_Update”得到“水域_Clip”。

(6)利用 Conversion Tools→To Raster→Feature to Raster 工具将“水域_Clip”转换为栅格数据(见图 14-16),得到水域影响度的最终评价结果“水域_result”(见图 14-17)。

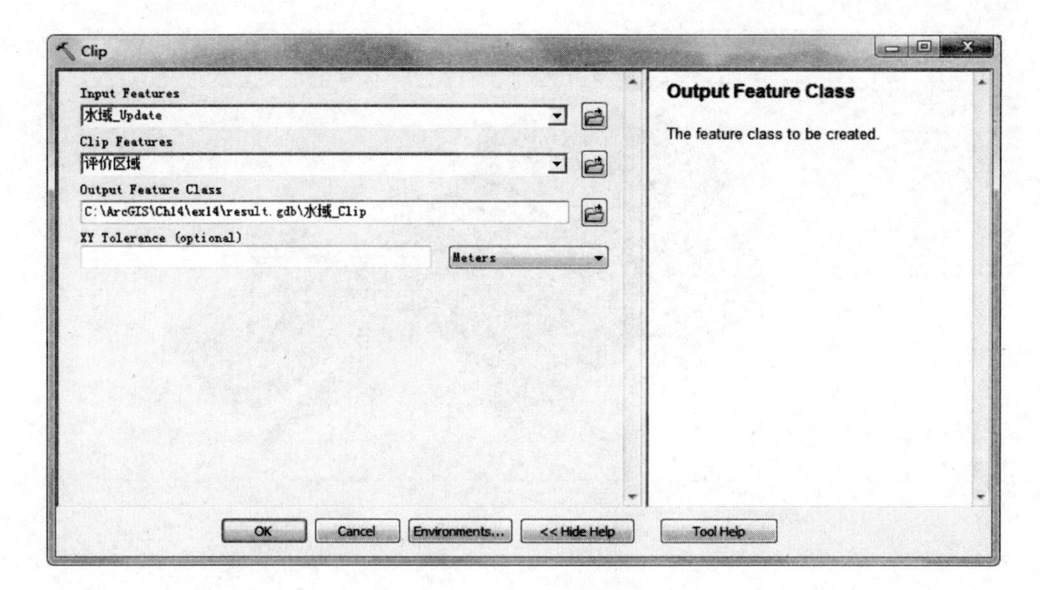

图 14-15　'Clip'对话框

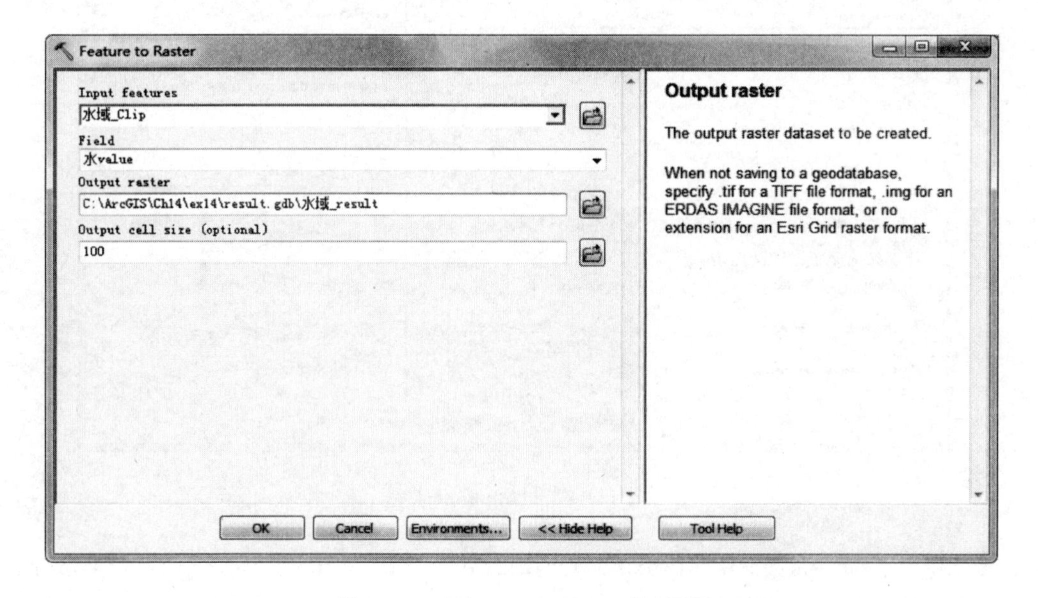

图 14-16　'Feature to Raster'对话框

14.2.5　保护区

通过缓冲区分析，根据评价区域与保护区（包括自然生态保护区、其他保护区、生态公益林）的距离进行分级。将各评价单元与保护区的距离划分为五个等级，即保护区赋值为 5，500m 缓冲区内赋值为 4，500～1000m 缓冲区内赋值为 3，1000～1500m 缓冲区内赋值为 2，距保护区 1500m 以外赋值为 1。

（1）利用 Analysis Tools→Overlay→Union 工具（见图 14-18），将"生态保护区"、"其他保护区"、"生态公益林"三个图层数据叠加生成"保护区"，并给其添加一个名为"value"的短整型字段，且赋值为 5。

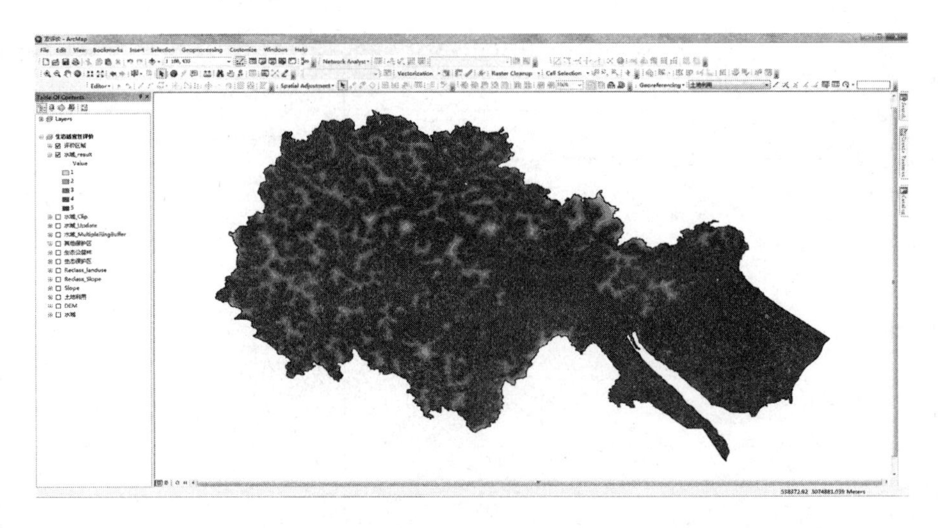

图 14-17　生成“水域_result”

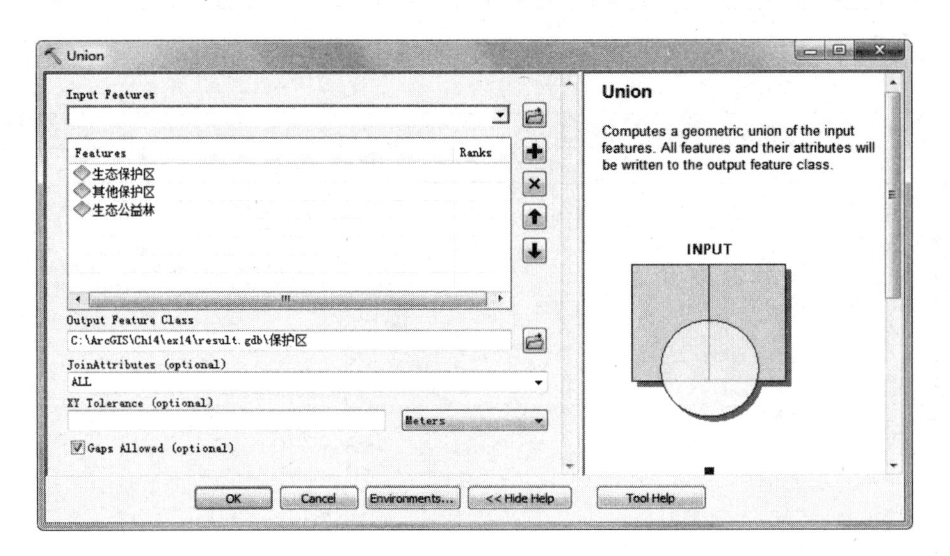

图 14-18　‘Union’对话框

(2)利用 Analysis Tools→Proximity→Multiple Ring Buffer 工具进行缓冲区分析(见图 14-19),设定距离间断值及其单位。

(3)在“保护区_MultipleRingBuffer”数据图层上右击打开属性表,点击左上角的图标,并点击“Add Field”添加名为“value”的短整型字段,并根据缓冲距离赋予相对应的值(见图 14-20)。

(4)利用 Analysis Tools→Overlay→Update 工具(见图 14-21),设置输入要素为“保护区_MultipleRingBuffer”,更新要素为“保护区”,使得两者叠加生成“保护区_Update”。

(5)再次利用 Analysis Tools→Overlay→Update 工具(见图 14-22),设置输入要素为“评价区域”,更新要素为“保护区_Update”,使得两者叠加生成“保护区_Update2”。

(6)利用 Analysis Tools→Extract→Clip 工具(见图 14-23),裁剪“保护区_Update2”得到“保护区_Clip”。

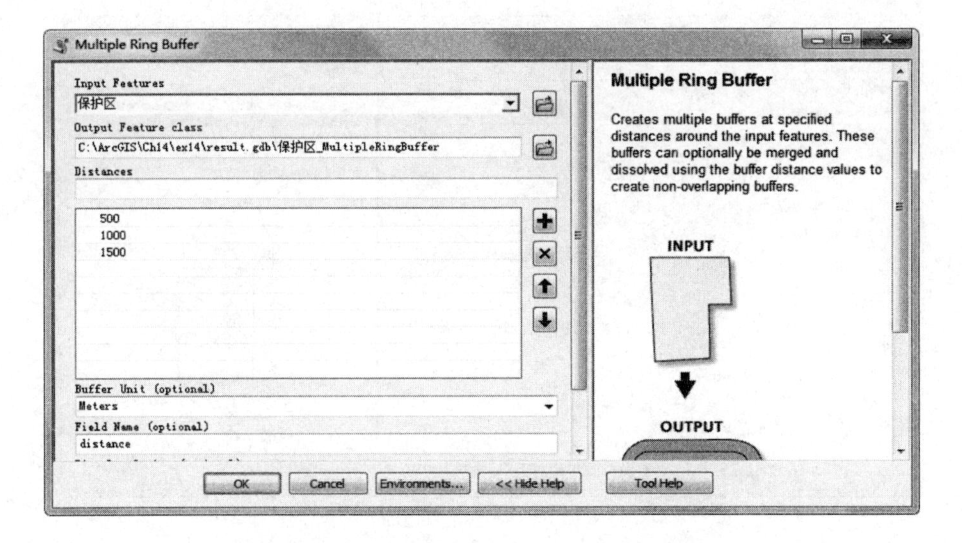

图 14-19　'Multiple Ring Buffer'对话框

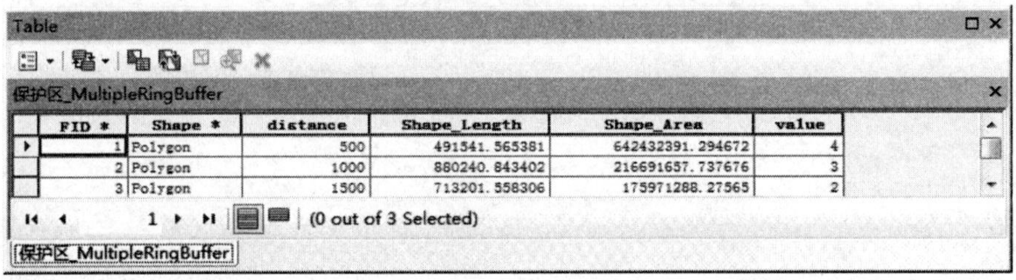

Table

保护区_MultipleRingBuffer

FID *	Shape *	distance	Shape_Length	Shape_Area	value
1	Polygon	500	491541.565381	642432391.294672	4
2	Polygon	1000	880240.843402	216691657.737676	3
3	Polygon	1500	713201.558306	175971288.27565	2

(0 out of 3 Selected)

保护区_MultipleRingBuffer

图 14-20　"保护区_MultipleRingBuffer"属性表

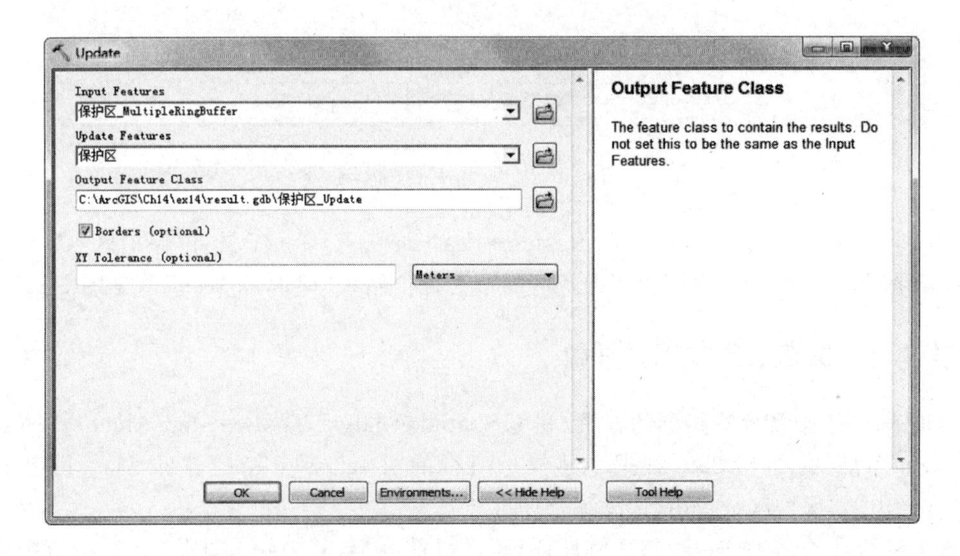

图 14-21　'Update'对话框(一)

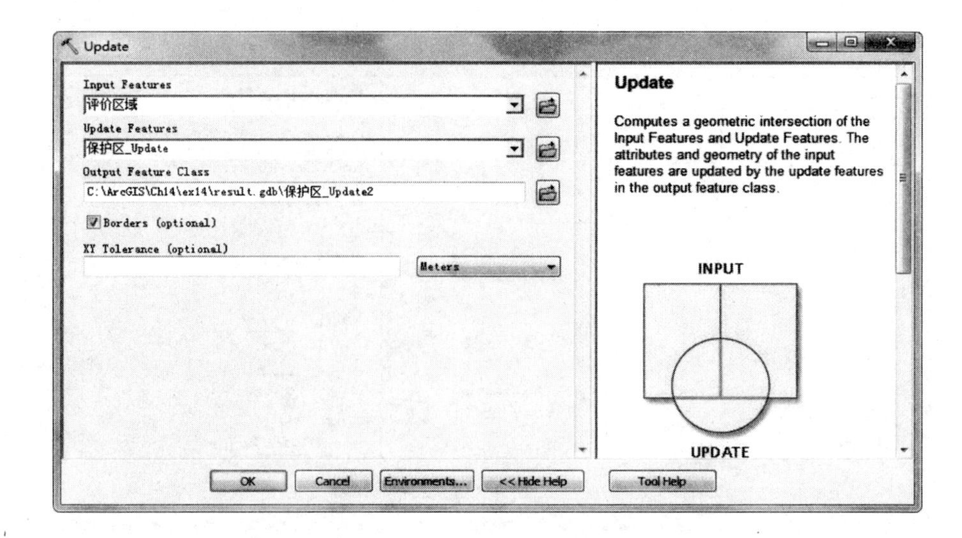

图 14-22 'Update'对话框(二)

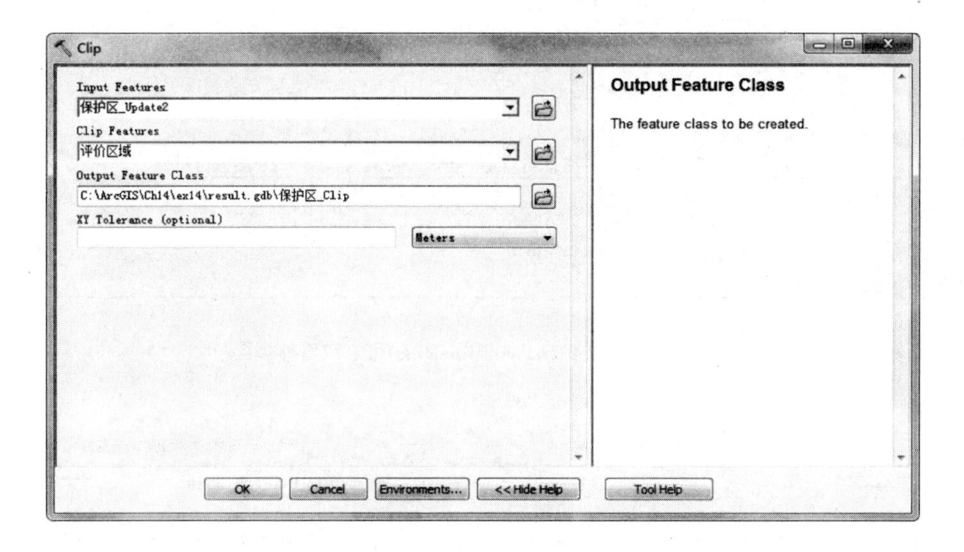

图 14-23 'Clip'对话框

(7)利用 Conversion Tools→To Raster→Feature to Raster 工具将"保护区_Clip"转换为栅格数据(见图 14-24),得到生态保护区的最终评价结果"保护区_result"(见图 14-25)。

14.2.6 生态适宜性综合评价

根据表 14-1 中各评价指标的权重,利用 Spatial Analyst Tools→Map Algebra→Raster Calculator 工具(见图 14-26),根据上述操作所得的"Reclass_Slope"、"Reclass_landuse"、"水域_result"、"保护区_result"计算综合评价结果。

根据综合评价结果,对"生态适宜性评价"进行重分类,其中综合评价在[1,2]范围内为不适宜区,综合评分在(2,3]范围内为一般适宜区,综合评分在(3,4]范围内为较适宜区,综合评分在(4,5]范围内为最适宜区。点击 Spatial Analysis Tools→Reclass→Reclassify 工

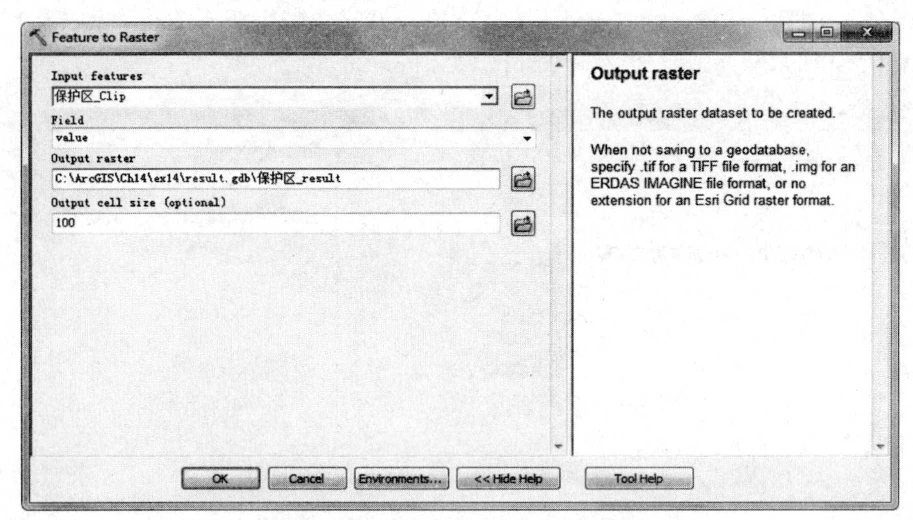

图 14-24　'Feature to Raster'对话框

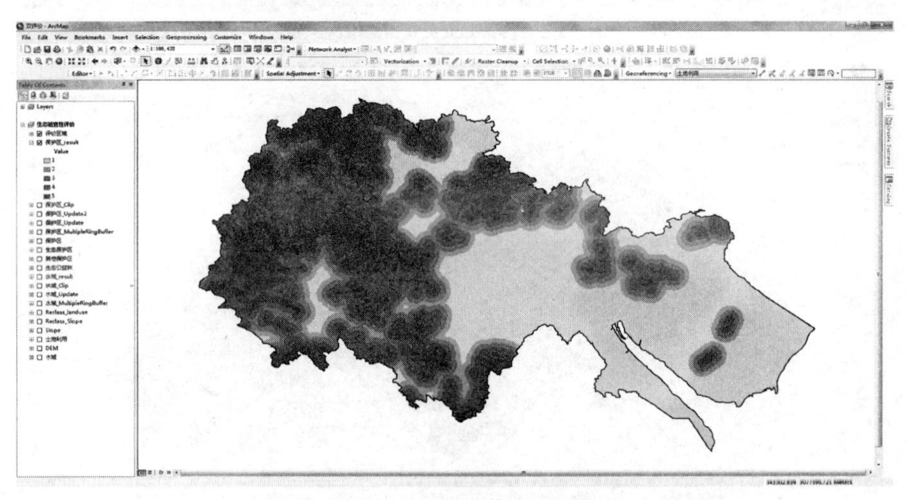

图 14-25　生成"保护区_result"

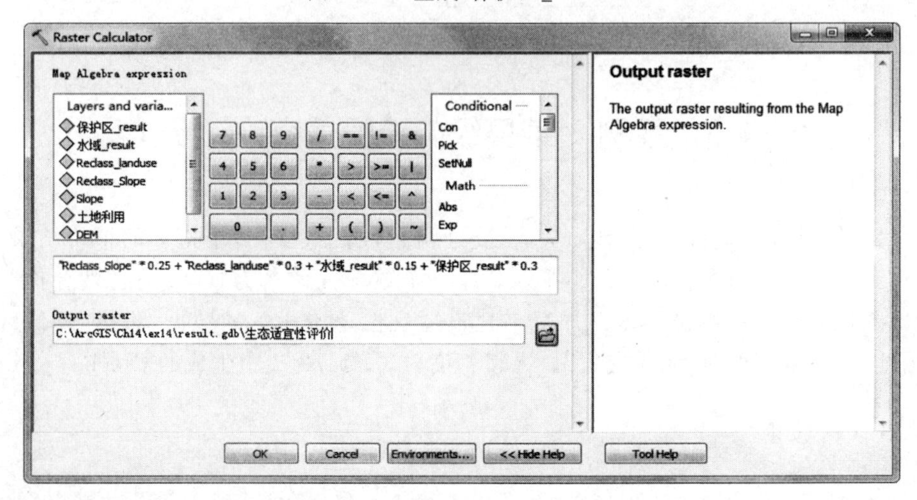

图 14-26　'Raster Calculator'对话框

具(见图 14-27)进行重分类(赋值 1 代表不适宜区,2 代表一般适宜区,3 代表较适宜区,4 代表最适宜区),生成“生态适宜性评价_result”(见图 14-28)。

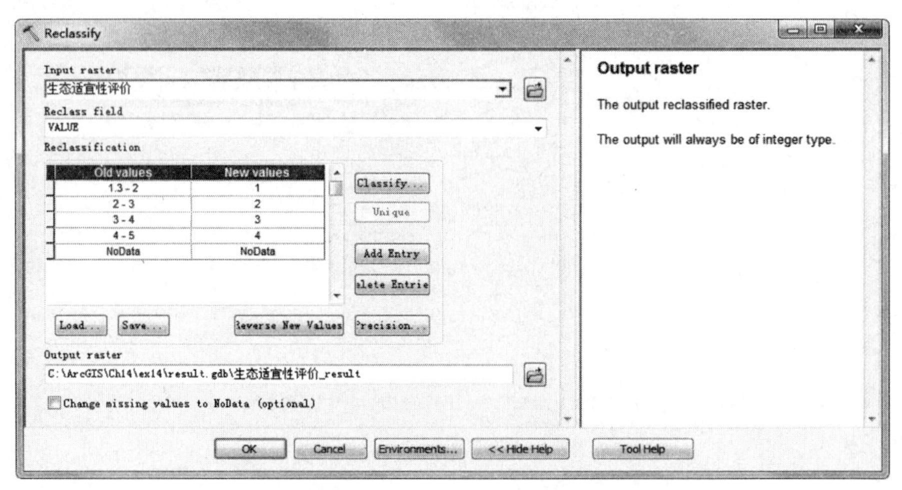

图 14-27 ‘Reclassify’对话框

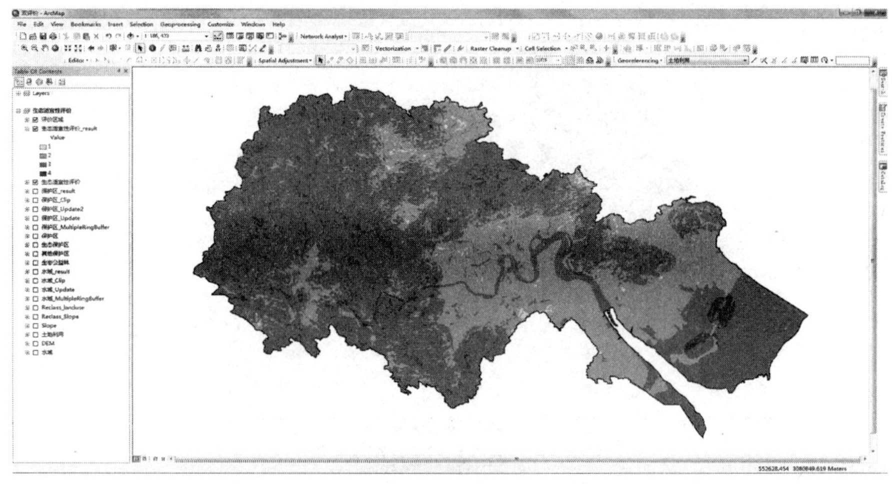

图 14-28 生成“生态适宜性评价_result”

14.3 案例 2 某县级市建设适宜性评价

先分别分析坡度、人口密度、地质灾害、交通可达性、已建区 5 个指标的评价结果,再综合计算得到总体的生态适宜性评价结果。新建一个数据框命名为“建设适宜性评价”,并同样设置地图单位和显示单位为米。加载与建设适宜性评价相关的数据,包括“评价区域”、“交通用地”、“建设用地”、“地质灾害”、“人口密度”以及 14.2.2 中生成的“Reclass_Slope”。

14.3.1 坡度

坡度的评价标准及操作流程与 14.2.2 中的步骤一致,因此将直接使用生成的“Reclass_Slope”数据。

14.3.2 人口密度

根据该市的人口密度栅格分布图，利用 ArcGIS 中的自然分级模块 Natural Breaks (Jenks)，取 25、80、170、330 人/公顷为阈值划分区间等级，分别赋值 1、2、3、4、5。

选择 Spatial Analysis Tools→Reclass→Reclassify 工具对“人口密度”按照人口密度分级标准进行重分类（见图 14-29）。其中，水域范围内部分栅格缺失，因此在重分类时将 *NoData* 赋值为 1（即这些区域的人口密度为 0），人口密度重分类的结果如图 14-30 所示。

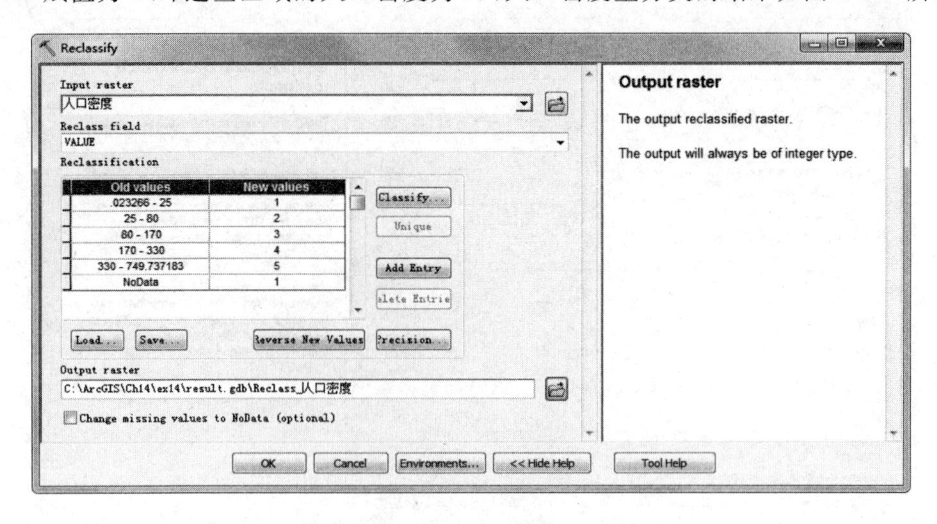

图 14-29 ‘Reclassify’对话框

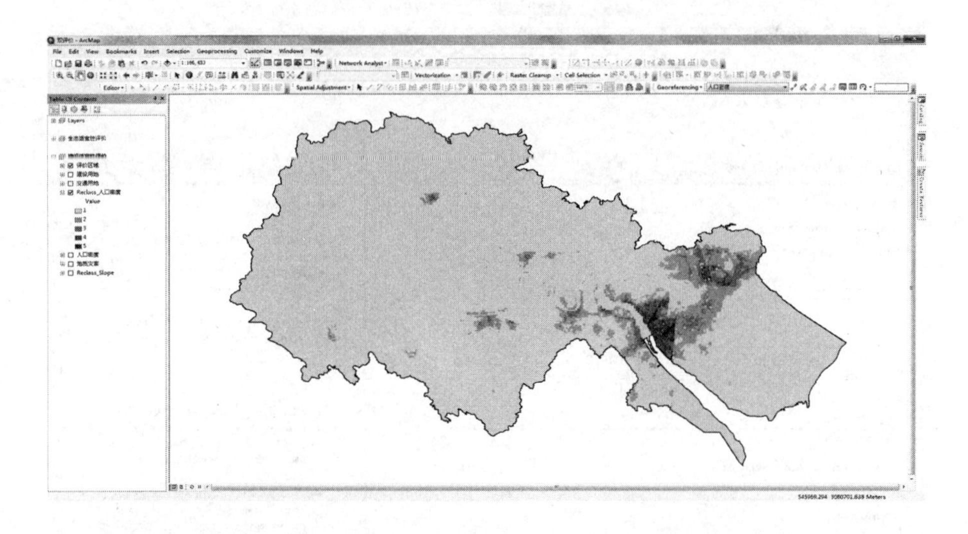

图 14-30 生成“Reclass_人口密度”

14.3.3 地质灾害

根据市域的地质灾害的类型和情况，将地质灾害易发程度划分为不易发区、低易发区、中易发区、高易发区四个等级，其中不易发区赋值为 5，低易发区赋值为 4，中易发区赋值为 2，高易发区赋值为 1。

首先，利用 ArcToolbox 中的 Data Management Tools→Projections and Transformations→Raster→Project Raster 工具对“地质灾害”栅格数据进行投影变换(见图 14-31)，设置 Output Coordinate System 为 *CGCS2000_3_Degree_GK_CM_120E*，并设定 Output Cell Size 为 100。并在“Environments”的 Processing Extent 中设置 Snap Raster 为 *Reclass_Slope*(见图 14-32)。地质灾害评价结果如图 14-33 所示。

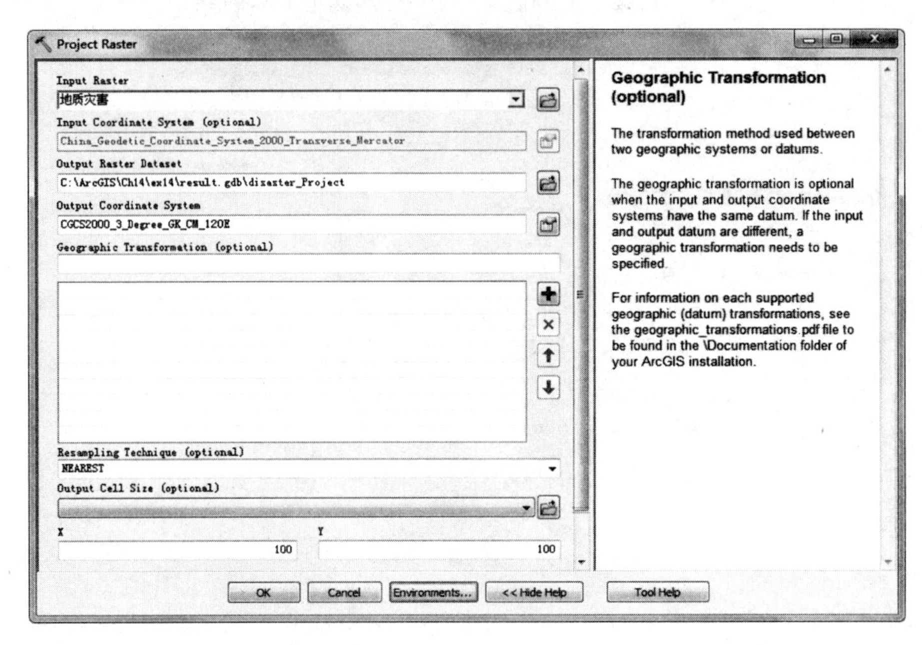

图 14-31 ‘Project Raster’对话框

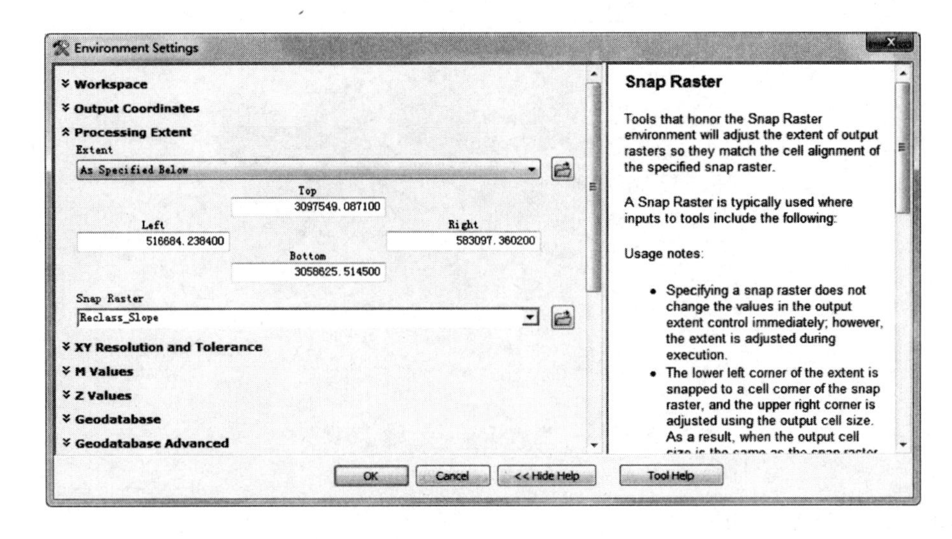

图 14-32 设置 Snap Raster

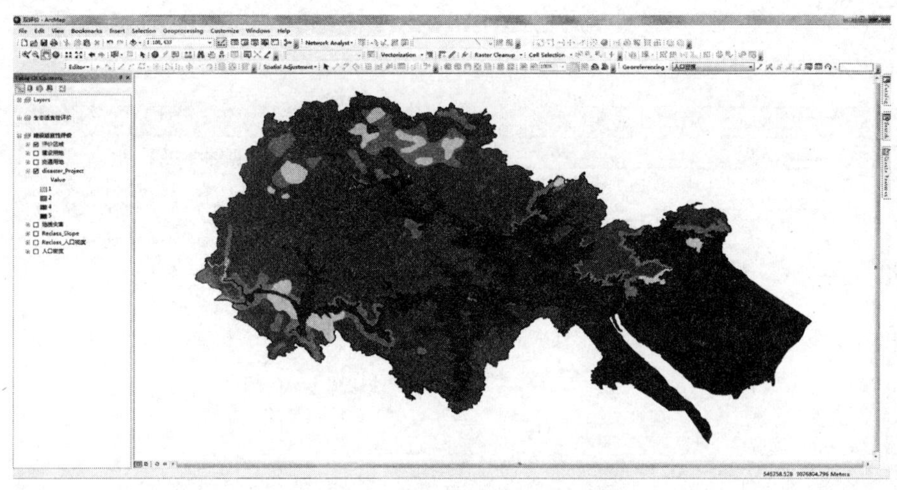

图 14-33　生成“disaster_Project”

14.3.4　交通可达性

区域的交通便利性可根据道路等级和与道路的距离来评价，将交通评价因子划分为三个等级并进行标准量化。对于公路和铁路，道路 1km 缓冲区范围内赋值 5，1～2km 缓冲区范围赋值为 3，2km 缓冲区范围外为 1。

(1)打开“交通用地”图层的属性表，点击左上角的 ☰▾ 图标，并点击“Select By Attributes”，在弹出的对话框(见图 14-34)中按以下条件 DLMC=‘公路用地’ OR DLMC=‘铁路用地’选择地类名称为“公路用地”和“铁路用地”的用地图斑，并导出为“road”。

Select by Attributes

Enter a WHERE clause to select records in the table window.

Method : Create a new selection

YSDM
TBYBH
TBBH
DLBM
DLMC

= <> Like
> >= And
< <= Or
_ % () Not
Is In Null

'城镇村道路用地'
'港口码头用地'
'公路用地'
'交通服务场站用地'
'农村道路'
'铁路用地'

Get Unique Values　Go To:

SELECT * FROM 交通用地 WHERE:

DLMC = '公路用地' OR DLMC = '铁路用地'

Clear　Verify　Help　Load...　Save...

Apply　Close

图 14-34　‘Select By Attributes’对话框

(2)对“road”进行缓冲区分析，利用 Analysis Tools→Proximity→Multiple Ring Buffer 工具设定距离间断值及其单位(见图 14-35)。

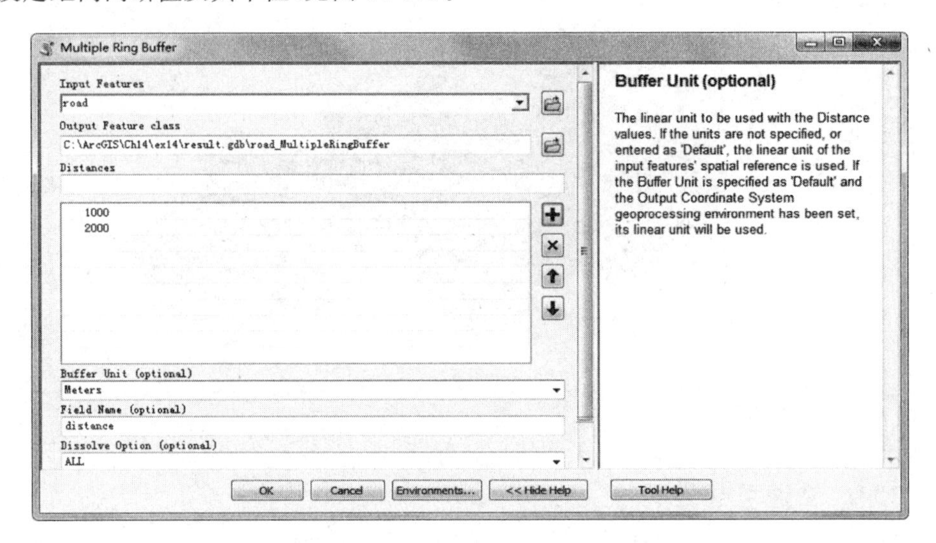

图 14-35 ‘Multiple Ring Buffer’对话框

(3)为“road _MultipleRingBuffer”添加名为“value”的短整型字段并赋予对应的值。类似地，再利用 Analysis Tools→Overlay→Update 工具进行更新，得到“road_Update”。之后用 Analysis Tools→Extract→Clip 工具裁剪“road_Update”生成“road_Clip”。最后再利用 Conversion Tools→To Raster→Feature to Raster 工具将其转换为栅格数据，得到交通可达性的最终评价结果“road_result”(见图 14-36)。

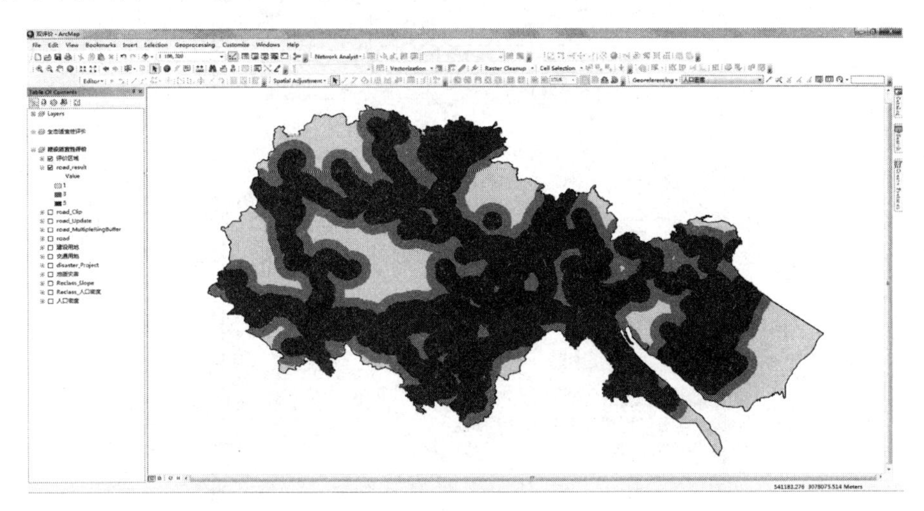

图 14-36 生成“road_result”

14.3.5 已建区

与已建区的距离远近可在一定程度上体现其开发潜力，一般距离建成区越远，其可达性和便利性越弱。因此对建设用地进行缓冲区分析，并将其标准量化，其中建成区赋值为 5，建成区 1km 缓冲区内为 3，1km 缓冲区外的范围为 1。

利用 Analysis Tools→Proximity→Buffer 工具进行缓冲区分析(见图 14-37)，指定距离为 1000m，并在融合类型 Dissolve Type(optional)中选择 *ALL*，即输出的为一个要素。

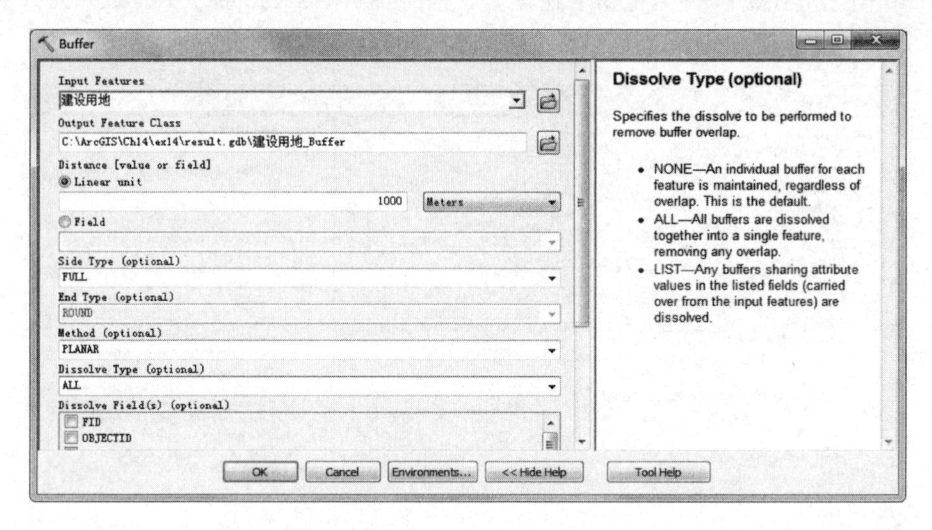

图 14-37　'Buffer'对话框

给"建设用地_buffer"添加一个名为"value"的短整型字段，并赋值为 3(建成区 1km 缓冲区内为 3)。同时，给"建设用地"添加一个名为"value"的短整型字段，并赋值为 5。类似地，利用 Analysis Tools→Overlay→Update 工具同样进行两次更新，得到"建设用地_Update2"。再利用 Analysis Tools→Extract→Clip 工具，裁剪"建设用地_Update2"得到"建设用地_Clip"。最后利用 Conversion Tools→To Raster→Feature to Raster 工具将"建设用地_Clip"转换为栅格数据，得到已建区的最终评价结果"建设用地_result"(见图 14-38)。

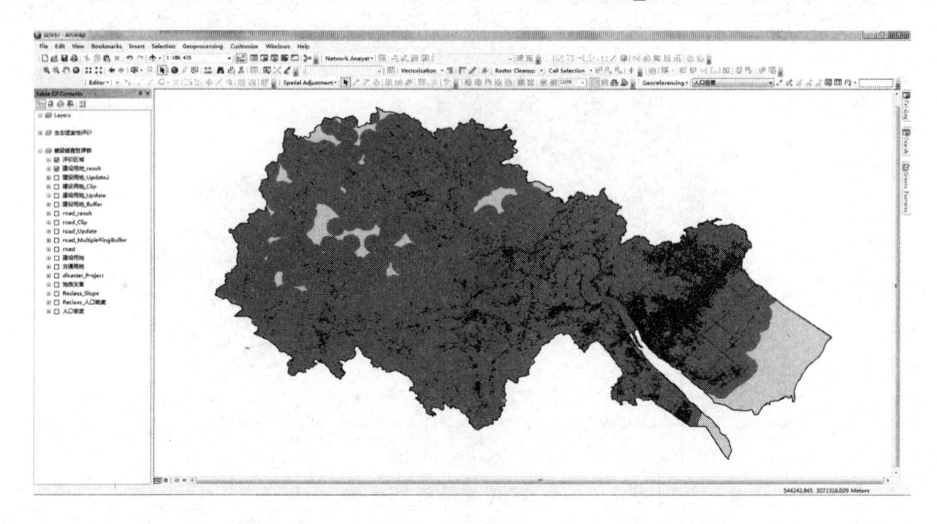

图 14-38　生成"建设用地_result"

14.3.6 建设适宜性综合评价

根据表14-1中各评价指标的权重，利用 Spatial Analyst Tools→Map Algebra→Raster Calculator 工具(见图14-39)，根据上述操作所得的“Reclass_Slope”、“Reclass_人口密度”、“disaster_Project”、“road_result”、“建设用地_result”计算综合评价结果。

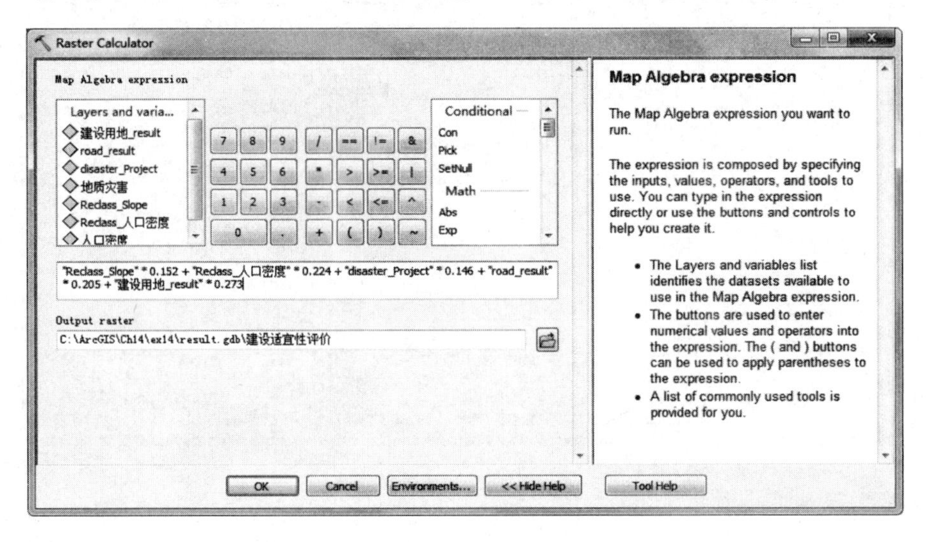

图14-39 ‘Raster Calculator’对话框

根据综合评价结果，对“建设适宜性评价”进行重分类。点击 Spatial Analysis Tools→Reclass→Reclassify 工具进行重分类，生成评价结果——“建设适宜性评价_result”(见图14-40)。

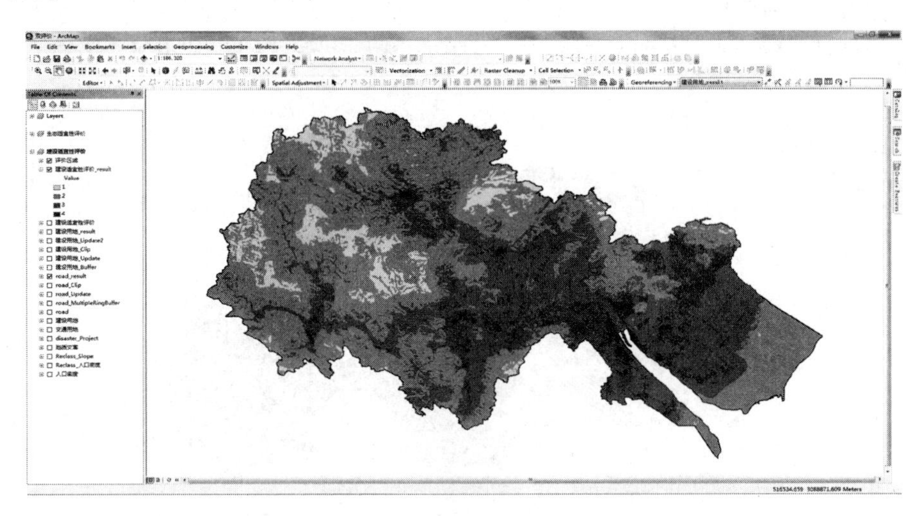

图14-40 生成“建设适宜性评价_result”

14.4　本章小结

双评价，即资源环境承载能力和国土空间开发适宜性评价，是国土空间规划编制的一项重要内容。它主要包括三个方面——生态保护重要性评价、农业生产适宜性评价和城镇建设适宜性评价。本章选取了某县级市，以案例的形式，分别介绍了国土空间开发适宜性评价中的生态适宜性评价与建设适宜性评价。选取了坡度、土地覆被类型、水域影响度、保护区等 4 个指标来评价生态适宜性，坡度、人口密度、地质灾害、交通可达性、已建区等 5 个指标来评价建设适宜性。通过学习本章内容，读者可了解并掌握双评价的技术方法和操作流程。

第15章　城乡规划大数据获取与分析

15.1　概　述

严格来说，目前学术界对大数据尚未形成一个统一的定义。麦肯锡(Mickinsey Global Institute)是研究大数据的先驱，他认为：大数据是指大小超出了典型数据库软件收集、存储、管理和分析能力的数据集。比较普遍的定义是：大数据是指所涉及的数据量规模巨大到无法通过人工在合理时间内达到获取、管理、处理并整理成为人类所能解读的信息。在城乡规划领域中，所使用的大数据包括POI数据、公交刷卡数据、微博签到数据、网约车数据、手机信令数据、大众点评数据、链家房产数据等。

就城市规划领域而言，传统城市规划是以物质形态规划为主导，以土地利用为核心，关注的是规划蓝图的实现。在快速城市化和信息化的影响下，传统的城市规划理论和研究范式难以应对现代日益复杂多变的城市问题。大数据技术为城市研究提供了一种以“数据”为中心的研究范式，在传统城市规划对物质空间进行分析的基础上，强调对居民行为感知、企业、交通、要素流动等综合要素的系统性研究，通过对城市数据之间的关联性分析(而非因果关系)，从而发现城市要素在运行过程中的相关规律和变化趋势。通过对获取城市经济、社会和地理空间信息的实时数据并进行动态分析，借助GIS、云计算等技术平台为城市规划提供良好的系统分析和科学决策。

在大数据时代，居民日常行为数据的采集量显著增长，其精确性也明显提高，采用GPS、手机移动终端和网络日志等数据对居民空间行为研究已经成为当今城市研究的重要方向，研究的方法也由传统的抽样调查转向依托大数据技术的海量数据的分析，研究的对象也逐渐呈现由个体向群体转变。

在所有大数据中，POI数据由于覆盖范围广、分类细致、免费获取等优点，正被各高等院校和规划设计单位广泛使用。另外，随着城市化进程的推进，人口不断向大中城市集聚，机动车数量激增，城市交通问题日益突出。实时掌握城市道路系统中各级道路的通行速度和拥堵情况，对于改善和优化城市道路系统、提高大众的出行效率、减少城市碳排放等具有重要作用。以下将主要介绍POI数据和交通态势数据的获取与分析。

15.2　百度POI数据获取与分析

POI是“Point of Interest”的简称，即通常所说的兴趣点。每个兴趣点都包含了经纬度等空间信息，以及名称、类别等信息。各类 POI 数据提取方法类似，以下以百度 POI 为例进行介绍。

15.2.1　百度 POI 数据

百度地图 POI 是所有 POI 数据中类型比较全面、覆盖地域范围较广的一类，它包含 17 个大类，每个大类中又包含若干小类，如表 15-1 所示。由于百度 POI 数据录入过程相对客观，并且根据实际建设情况会进行实时变动，因而数据的准确性和现势性较好，具有较强的研究应用潜力。

表 15-1　百度地图 POI 数据分类

一级分类	二级分类
美食	中餐厅、外国餐厅、小吃快餐店、甜品店、咖啡厅、茶座、酒吧
酒店	星级酒店、快捷酒店、公寓式酒店
购物	购物中心、超市、便利店、家居建材、家电数码、商铺、集市
生活服务	通信营业厅、邮局、物流公司、售票处、洗衣店、图文快印店、照相馆、房产中介机构、公用事业、维修点、家政服务、殡葬服务、彩票销售点、宠物服务、报刊亭、公共厕所
丽人	美容、美发、美甲、美体
旅游景点	公园、动物园、植物园、游乐园、博物馆、水族馆、海滨浴场、文物古迹、教堂、风景区
休闲娱乐	度假村、农家院、电影院、KTV、剧院、歌舞厅、网吧、游戏场所、洗浴按摩、休闲广场
运动健身	体育场馆、极限运动场所、健身中心
教育培训	高等院校、中学、小学、幼儿园、成人教育、亲子教育、特殊教育学校、留学中介机构、科研机构、培训机构、图书馆、科技馆
文化传媒	新闻出版、广播电视、艺术团体、美术馆、展览馆、文化宫
医疗	综合医院、专科医院、诊所、药店、体检机构、疗养院、急救中心、疾控中心
汽车服务	汽车销售、汽车维修、汽车美容、汽车配件、汽车租赁、汽车检

15.2.2　百度地图 API

1. 百度开发者密钥申请

在百度地图开放平台选择 Web 服务 API＞获取密钥（见图 15-1）＞创建应用（见图 15-2），获取密钥。

2. 查询 POI

百度 API 提供了免费的 POI 检索办法，即百度提供免费 Place API 接口，提供多种场景的地点（POI）检索功能，包括城市检索、圆形区域检索、矩形区域检索，且提供单个 POI 的详情查询服务，如图 15-3 所示。用户可使用 Python、C＃、C＋＋、Java 等开发语言发送请求且接收 json、xml 数据。

图 15-1　百度地图密钥申请入口

图 15-2　百度地图 API 应用创建

以行政区划区域检索为例，其接口格式为：http://api. map. baidu. com/place/search? &query=关键字 &bounds=查询区域 &output=输出格式类型 &key=用户密钥。

若要查询北京市所有银行的 ATM 机情况，则输入 http://api. map. baidu. com/place/search? &query=ATM 机 &tag=银行 &bounds=北京 &output=json&key=ak，就可以得到以下查询结果，如图 15-4 所示。

Web服务API

概述
获取密钥
地点检索
地点检索V2.0
境外地点检索V1.0
地点输入提示
正/逆地理编码
路线规划
批量算路
普通IP定位
智能硬件定位
鹰眼轨迹
轨迹纠偏

服务介绍　服务文档　使用指南　常见问题　更新日志　资源下载

接口功能介绍

行政区划区域检索

http://api.map.baidu.com/place/v2/search?query=ATM机&tag=银行®ion=北京&output=json&ak=您的ak //GET请求

行政区划区域检索
圆形区域检索
矩形区域检索
地点详情检索服务

请求参数

参数名	参数含义	类型	示例	是否必须
query	检索关键字。行政区划区域检索不支持多关键字检索。如果需要按POI分类进行检索，请将分类通过query参数进行设置，如query=美食	string(45)	天安门、美食	必选
tag	检索分类偏好，与q组合进行检索，多个分类以","分隔（POI分类），如果需要严格按分类检索，请通过query参数设置	string(50)	美食	可选
region	检索行政区划区域（增加区域内数据召回权重，如需严格限制召回数据在区域内，请搭配使用city_limit参数），可输入行政区划名或对应cityCode	string(50)	北京、131	必选
city_limit	区域数据召回限制，为true时，仅召回region对应区域内数据。	string(50)	true、false	可选
output	输出格式为json或者xml	string(50)	json或xml	可选
scope	检索结果详细程度。取值为1 或空，则返回基本信息；取值为2，返回	string(50)	1、2	可选

图 15-3　百度地图地点(POI)检索界面


```
{
    "status":0,
    "message":"ok",
    "results":[
        {
            "name":"招商银行ATM(北京常营支行)",
            "location":{
                "lat":39.932896,
                "lng":116.606342
            },
            "address":"朝阳北路长楹天街常惠路6号V中心西侧一层附近",
            "province":"北京市",
            "city":"北京市",
            "area":"朝阳区",
            "street_id":"a8247a999fbf6a201c3894a4",
            "detail":1,
            "uid":"a8247a999fbf6a201c3894a4"
        },
        {
            "name":"中国工商银行ATM(中粮万科FUNMIX半岛广场)",
            "location":{
                "lat":39.759717,
                "lng":116.216979
            },
            "address":"北京市房山区广阳新路9号院1号楼中粮万科FUNMIX半岛广场F1",
            "province":"北京市",
            "city":"北京市",
            "area":"房山区",
            "detail":1,
            "uid":"c83b1522901be73400ff2dc1"
        },
        {
            "name":"招商银行ATM(朝阳大悦城)",
            "location":{
                "lat":39.930403,
                "lng":116.524959
            },
            "address":"北京市朝阳区朝阳北路101号朝阳大悦城B1",
            "province":"北京市",
            "city":"北京市",
            "area":"朝阳区",
            "street_id":"e0d6078dbeadc0859ff7794a",
            "detail":1,
            "uid":"e0d6078dbeadc0859ff7794a"
        },
```


图 15-4　北京市 ATM 机 POI 数据

15.2.3 基于自适应窗口的POI数据提取

用百度API搜索POI,用一次ak生成的URL页面只能显示20个兴趣点的信息,而一个搜索区域范围内,最多能生成20个URL页面。也就是说,一个搜索区域范围内,用ak生成的URL页面最多能获取400个兴趣点的信息。如果搜索结果大于400个的时候只显示400条记录。百度地图为开发者提供的配额为2000次请求/天,并发访问的限制为120。为突破以上制约,可对研究区域采用分块搜索的策略,并且分块的大小可根据其所含POI数量的多寡进行自适应调整,具体的思路如下:

该思路的伪代码如下:

```
LLw←研究区左下角坐标
URw←研究区右上角坐标
m←研究区东西向切分数
n←研究区南北向切分数
px←(URw[0]-LLw[0])/m
py←(URw[1]-LLw[1])/n
for i←0 to m do
for j←0 to n do
  ll←[LLw[0]+i*px, LLw[1]+j*py]  # 定义搜索窗左下角坐标
  ur←[LLw[0]+(i+1)*px, LLw[1]+(j+1)*py]  # 定义搜索窗右上角坐标
  results←Searching POIs  # 在ll和ur定义的窗口中搜索POI
  if length(results) >=200 Then
     create arrays L  # 当前窗口一分为四,写入四个窗的左上和右下角坐标
     while length[L] >=2 do
        newResults←Searching POIs  # 在L[0]和L[1]定义的窗口中搜索
        if length(newResults) >=200 then
           append L  # 当前窗口一分为四,写入四个窗的左上和右下角坐标
        else
           output newResults  # 输出搜索结果
        end if
        delete L[0], L[1]  # 删除定义当前窗口的左上角和右下角坐标
     end while
  else
     output results
  end if
End For
End For
```

15.2.4　杭州市萧山区 POI 数据提取及处理

1. 获取提取范围

为提取该区的 POI 数据，需先在百度拾取坐标系统中拾取萧山区行政边界的左下角点和右上角点坐标，也可通过坐标转换工具对已有坐标进行转换获得其百度坐标。萧山区的两个角点坐标为[120.0840，29.8497]，[30.3069，120.6473]。

2. POI 提取

根据伪代码编写 Python 程序，执行代码可以获得关于研究区的 POI 数据。如果研究范围比较大，建议向百度申请以提高检索的配额(个人用户经审批后可达到 30 万次/天)。本案例所使用的 POI 数据的采集时间为 2017 年 10 月。如图 15-5 所示。

food.txt - 记事本
文件(F) 编辑(E) 格式(O) 查看(V) 帮助(H)
"阿良饭店",30.075372,119.993031
"苏兰饭店",30.075884,119.995834
"胜祥面馆",30.073812,119.995425
"富春山居亚洲餐厅",30.088401,119.995726
"秋莲妈妈(富阳硅谷店)",30.152073,119.992634
"古古麦有饭吃(银湖店)",30.152618,119.994143
"肯德基(富阳九龙DT餐厅)",30.152131,119.991613
"梅氏私房菜",30.151352,119.998087
"王小姐的茶(富春硅谷店)",30.152004,119.992206
"培根先生披萨(富春硅谷店)",30.151221,119.991657
"王大厨私房菜",30.151942,119.992083
"唐记面馆",30.150555,119.993325
"白鹤谷米食",30.152152,119.991527
"凝味餐厅龙游风味",30.152374,119.991681
"杨国福麻辣烫",30.152074,119.992327
"有汤有馍",30.152068,119.992551
"卤当家",30.152063,119.992739
"和园餐厅(富春硅谷店)",30.150173,119.993663
"紫竹楼农家菜",30.152584,119.994136
"多拉客餐厅",30.150367,119.9933
"聚味餐厅",30.150565,119.99184
"百味烧烤小吃",30.15075,119.991974
"原生态私房菜",30.1577,119.9963
"初久烘焙工作室",30.210171,119.999812
"渝锦干锅",30.226544,119.993214
"张记烤饼",30.228407,119.991222
"幺妹时尚自助火锅(闲林店)",30.226655,119.996926
"锦碗人家(联合大厦店)",30.226679,119.997037
"江南名宴(闲林店)",30.226655,119.996926

图 15-5　提取后的“美食”POI 记录

3. 坐标转换

获取的坐标为百度坐标。为便于与其他数据叠合，可事先用坐标转换器将百度坐标转换为地球坐标，用户也可自己编写代码来转换坐标，相应的 Python 代码如下：

```
#－*－coding：utf－8－*－
import math
```

```
x_pi=3.14159265358979324 * 3000.0 / 180.0
pi=3.1415926535897932384626  #  π
a=6378245.0  # 长半轴
ee=0.00669342162296594323  # 扁率
def bd09_to_gcj02(bd_lon, bd_lat):
    """
    百度坐标系(BD-09)转火星坐标系(GCJ-02)
    百度——>谷歌、高德
    :param bd_lat:百度坐标纬度
    :param bd_lon:百度坐标经度
    :return:转换后的坐标列表形式
    """
    x=bd_lon-0.0065
    y=bd_lat-0.006
    z=math.sqrt(x * x+y * y)-0.00002 * math.sin(y * x_pi)
    theta=math.atan2(y, x)-0.000003 * math.cos(x * x_pi)
    gg_lng=z * math.cos(theta)
    gg_lat=z * math.sin(theta)
    return [gg_lng, gg_lat]

def gcj02_to_wgs84(lng, lat):
    """
    GCJ02(火星坐标系)转GPS84
    :param lng:火星坐标系的经度
    :param lat:火星坐标系纬度
    :return:
    """
    if out_of_china(lng, lat):
      return lng, lat
    dlat=_transformlat(lng-105.0, lat-35.0)
    dlng=_transformlng(lng-105.0, lat-35.0)
    radlat=lat / 180.0 * pi
    magic=math.sin(radlat)
    magic=1-ee * magic * magic
    sqrtmagic=math.sqrt(magic)
    dlat=(dlat * 180.0) / ((a * (1-ee)) / (magic * sqrtmagic) * pi)
    dlng=(dlng * 180.0) / (a / sqrtmagic * math.cos(radlat) * pi)
    mglat=lat+dlat
    mglng=lng+dlng
```

```
        return [lng * 2-mglng, lat * 2-mglat]

    def bd09_to_wgs84(bd_lon, bd_lat):
        lon, lat=bd09_to_gcj02(bd_lon, bd_lat)
        return gcj02_to_wgs84(lon, lat)

        def _transformlat(lng, lat):
        ret=-100.0+2.0 * lng+3.0 * lat+0.2 * lat * lat+\
            0.1 * lng * lat+0.2 * math.sqrt(math.fabs(lng))
        ret+=(20.0 * math.sin(6.0 * lng * pi)+20.0 *
              math.sin(2.0 * lng * pi)) * 2.0 / 3.0
        ret+=(20.0 * math.sin(lat * pi)+40.0 *
              math.sin(lat / 3.0 * pi)) * 2.0 / 3.0
        ret+=(160.0 * math.sin(lat / 12.0 * pi)+320 *
              math.sin(lat * pi / 30.0)) * 2.0 / 3.0
        return ret

    def _transformlng(lng, lat):
        ret=300.0+lng+2.0 * lat+0.1 * lng * lng+0.1 * lng * lat+0.1 *
math.sqrt(math.fabs(lng))
        ret+=(20.0 * math.sin(6.0 * lng * pi)+20.0 *math.sin(2.0 * lng *
pi)) * 2.0 / 3.0
        ret+=(20.0 * math.sin(lng * pi)+40.0 *math.sin(lng / 3.0 * pi)) *
2.0 / 3.0
        ret+=(150.0 * math.sin(lng / 12.0 * pi)+300.0 *math.sin(lng / 30.0
 * pi)) * 2.0 / 3.0
        return ret

    def out_of_china(lng, lat):
        判断是否在国内,不在国内不做偏移
        return not (lng > 73.66 and lng < 135.05 and lat > 3.86 and lat < 53.55)

    if __name__ =='__main__':
        lng=120.12
        lat=30.23
        result1=bd09_to_wgs84 (lng, lat)
        print(result1)
```

调用 bd09_to_wgs84(bd_lon, bd_lat)函数,用户即可完成百度坐标向 WGS84 坐标的转换。

4. POI数据导入ArcGIS

新建空白地图文档，添加所获取的POI数据“poiFood. txt”，在Table of Contents窗口中右击“poiFood. txt”图层，在弹出菜单中选择“Display XY Data”选项，并按图15-6所示进行设置以加载POI数据，进一步将加载的点数据(对应的图层名称为poiFood. txt Events)导出为shape格式，将其转换为CGCS2000 3 Degree GK CM 120E投影，并命名为food. shp结果如图15-7所示。

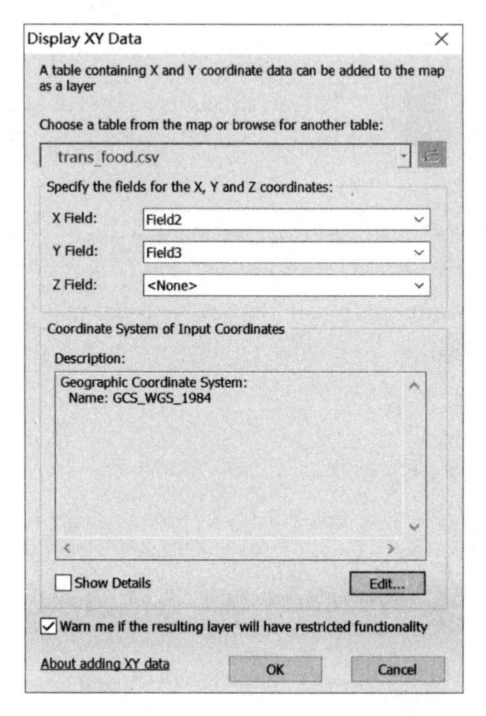

图15-6 ‘Display XY Data’对话框

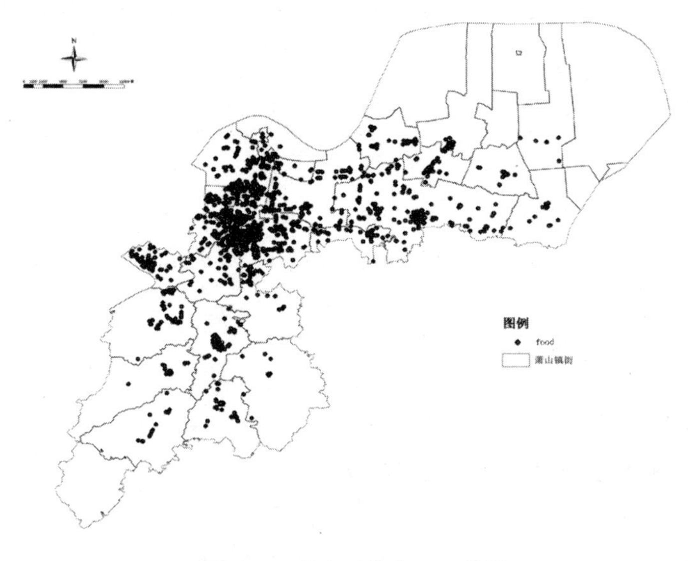

图15-7 萧山区美食POI数据

15.2.5　公共服务中心提取

1. 提取方法——核密度分析

核密度分析用于计算要素在其周围邻域中的密度。此方法既可计算点要素的密度，也可计算线要素的密度。

(1)点要素的核密度分析

核密度分析在计算时假定：每个点上方均覆盖着一个平滑曲面，在点所在位置处的表面取值最高，随着与点的距离增大，曲面表面的取值逐渐减小，在与点的距离等于搜索半径的位置处值为零(曲面覆盖为圆形)。曲面与下方的平面所围成的空间的体积等于此点的 Population 字段值，如果将此字段值指定为 NONE，则所围成空间的体积为 1。每个输出栅格像元的密度值为叠加在栅格像元中心的所有点的核表面值之和。核函数以 Silverman 的著作(1986 年版)中描述的四次核函数为基础。

(2)线要素的核密度分析

核密度分析还可用于计算每个输出栅格像元的邻域内的线状要素的密度。计算时，假定每条线上方均覆盖着一个平滑曲面。其值在线所在位置处的表面取值最高，随着与线的距离的增大，此值逐渐减小，在与线的距离等于搜索半径的位置处此值为零如图 15-8 所示。由于定义了曲面，因此曲面与下方的平面所围成的空间的体积等于线长度与 Population 字段值的乘积。每个输出栅格像元的密度值为叠加在栅格像元中心的所有线的核表面值之和。用于线的核函数是根据 Silverman 著作中用于计算点密度的四次核函数改编的。

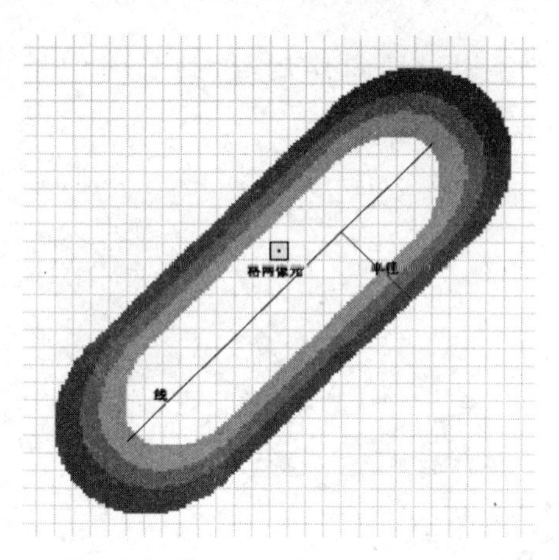

图 15-8　线段与覆盖在其上方的核表面

核密度分析采用 ArcToolbox→Spatial Analyst Tools→Density→Kernel Density 工具。加载已经转换为 CGCS2000 的平面直角坐标的 food. shp，激活 Kernel Density 工具，在弹出的对话框中，设置 Output cell size 为 200(单位为米)，设定 Search radius 为 1200(单位为米)(见图 15-9)，得到美食点的核密度图。

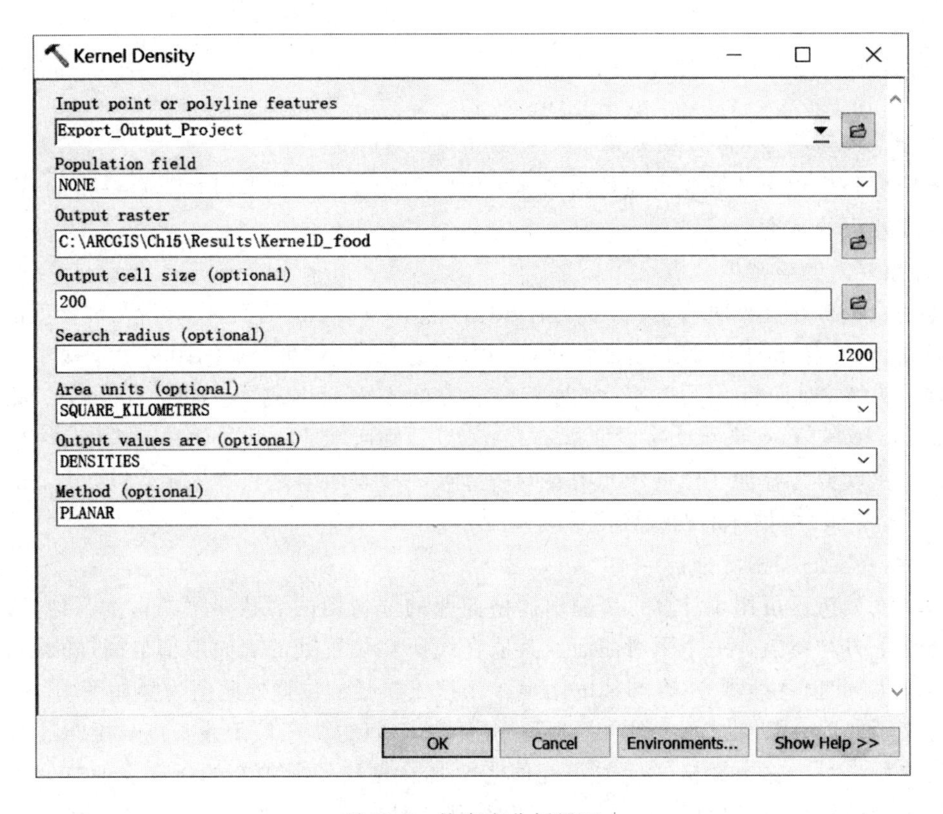

图 15-9 核密度分析界面

将核密度图与底图结合加以编辑绘制，得到最终的萧山区美食 POI 核密度图（见图 15-10）。

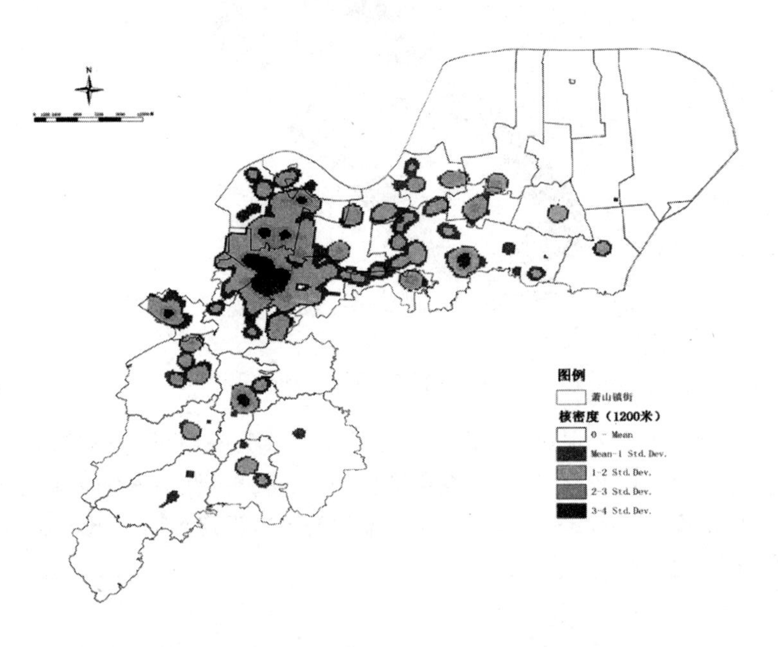

图 15-10 萧山区美食 POI 核密度分析结果

2. 提取结果

把公共服务设施分为文化、教育、体育、医疗、社会福利和商业六种设施，获取了教育、金融、医疗、娱乐、购物、酒店等 10 个类别的 POI 数据，最终获得有效 POI 数据总计近 38486 条，基于以上所有 POI 数据来识别萧山区的公共中心。POI 数据的类别及数量如图 15-11 所示。

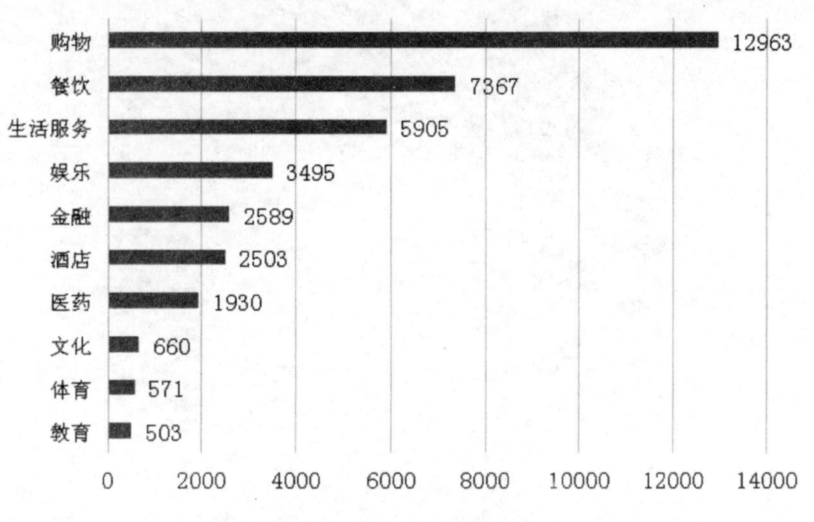

图 15-11　各类 POI 数量分布图

综合教育、金融、医疗、娱乐、购物、酒店等 10 个类别的 POI 数据（见图 15-12），利用核密度分析方法，按 1200 米进行搜索，得到如图 15-13 所示的分析结果。

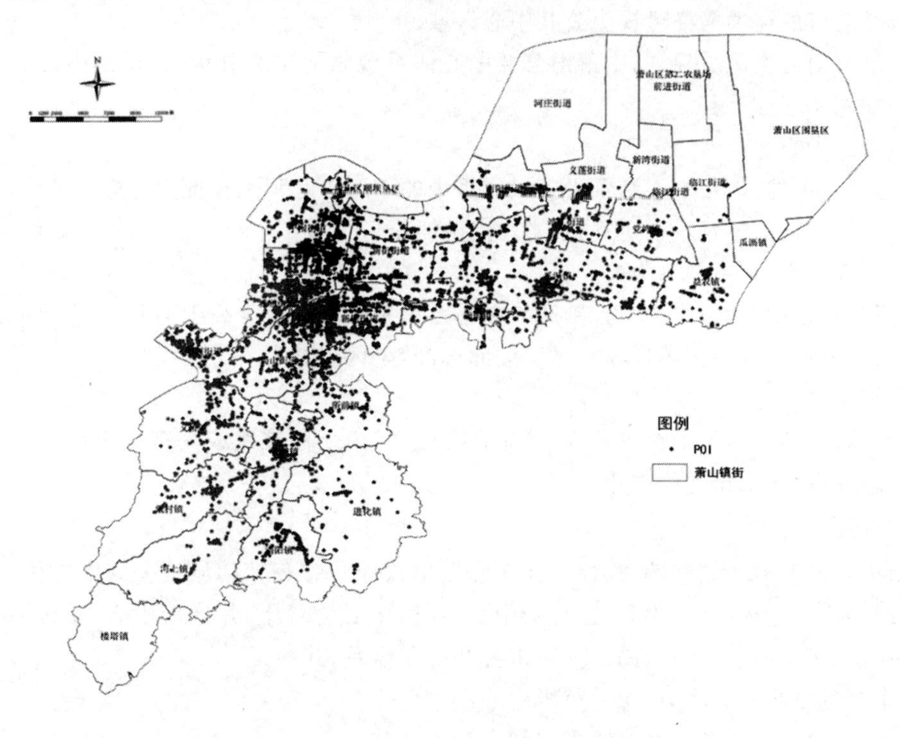

图 15-12　公共服务设施 POI 数据分布图

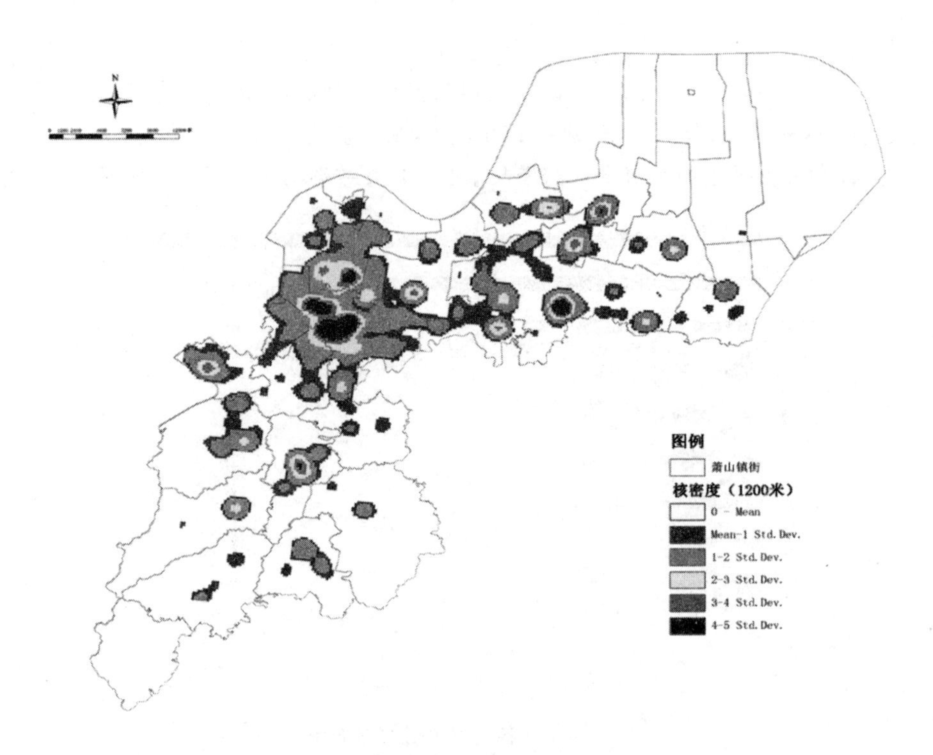

图 15-13　基于 POI 的核密度分析结果

一般认为 POI 核密度值服从正态分布，核密度值与均值的离差大于 2 倍（或 3 倍）的标准差时，其对应的连通网格可视为公共中心区域。

参考《萧山区次区域规划》中萧山公共中心体系规划的中心分级，在识别中心时将其分成三级，如图 15-14 所示。

（1）市级中心

参考规划中的“市级中心”，预设等级体系中的市级中心识别标准为与周边区域连片，高于均值 4～5 个标准差且成一定规模。按此标准，全区现有 1 个市级中心，位于城厢街道。

（2）区级中心

参考原规划中“区级中心”与“副区级中心”，识别标准为至少高于均值 3～4 个标准差且具有一定规模或与周边区域连成一体。按此标准，全区现共有 5 个区级中心。

（3）街道级中心

结合镇街的现状，识别标准为至少高于均值 2～3 个标准差或具有一定范围。按此标准，全区现共有 13 个街道级中心。

3. 与规划比对

《萧山区次区域规划修编（2014—2040）》提出构建“1-2-2-4”的城市公共中心体系设想，即以市级中心为主体，区级中心、区级副中心、片区中心为骨干，片区副中心、小区网点为补充的多层次、多中心、多元化、网络型城市公共中心体系，其中：

一个“市级中心”：钱江世纪城市级中心；

两个“区级中心”：萧山区级主中心和大江东公共中心；

两个“区级副中心”：空港—瓜沥公共中心和临浦公共中心；

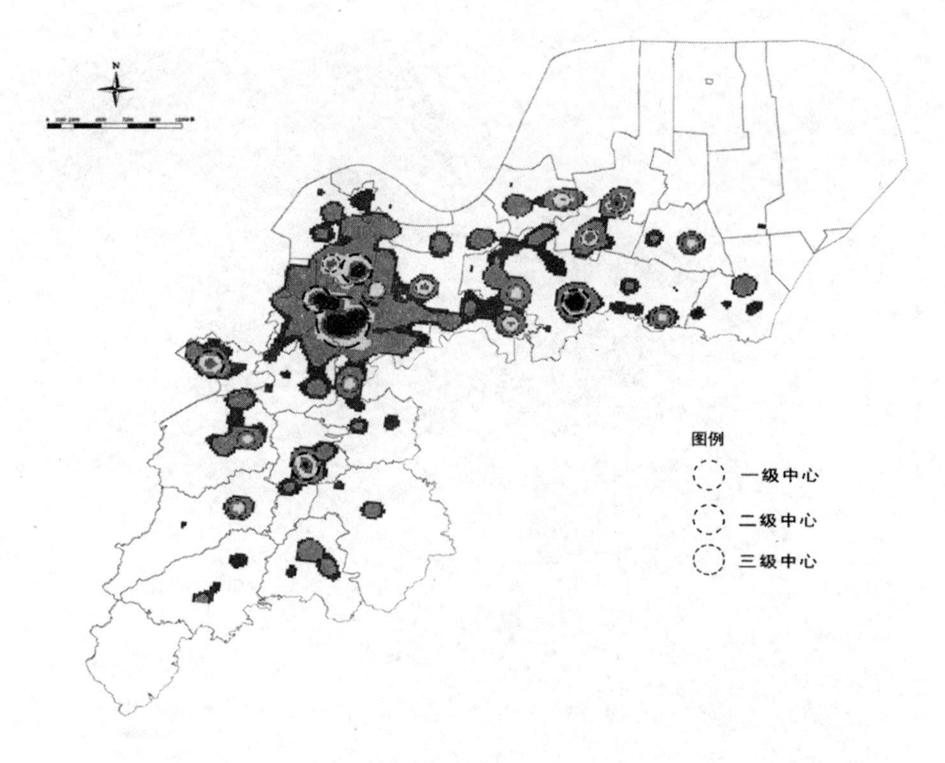

图 15-14　萧山区公共中心评分图

四个“片区中心”：科技城片区中心、南站片区中心、湘湖度假区中心、空港新城公共中心。

结合现状中心体系，规划实施情况总结如图 15-15、图 15-16 所示：

(1)地理位置：已形成的中心点，地理位置基本符合规划。

(2)等级位次：已形成的中心点，萧山区级主中心、空港—瓜沥公共中心、临浦公共中心在公共中心体系中的等级位次符合规划。湘湖度假区中心在公共中心体系中的等级位次不符合规划。

(3)等级位次发生改变的中心：钱江世纪城市级中心未形成，南站片区中心、空港新城、科技城公共中心未能形成。

(4)新增中心：相较于原规划新增的两个片区中心，湘湖度假区中心发展较好，而科技城片区中心未能形成。

除原规划的中心外，城厢街道依托萧山区级中心形成了一个二级中心。宁围街道在公共服务设施连片区域形成了一个二级中心(见图 15-16)。

4. 相关建议

(1)强化培育市级综合中心

萧山现状公共中心体系仍处于“一主多副”的状态，处于中心体系发展较初级的阶段，且与规划相比，钱江世纪城尚未发展成为城市主中心，次级中心发展不成熟，尤其是南部的临浦次中心，街道级中心也多呈现中心性不突出的问题。

建议着力打造钱江南岸杭州市主中心，完善位于城厢街道的市级副中心，强化中心等级

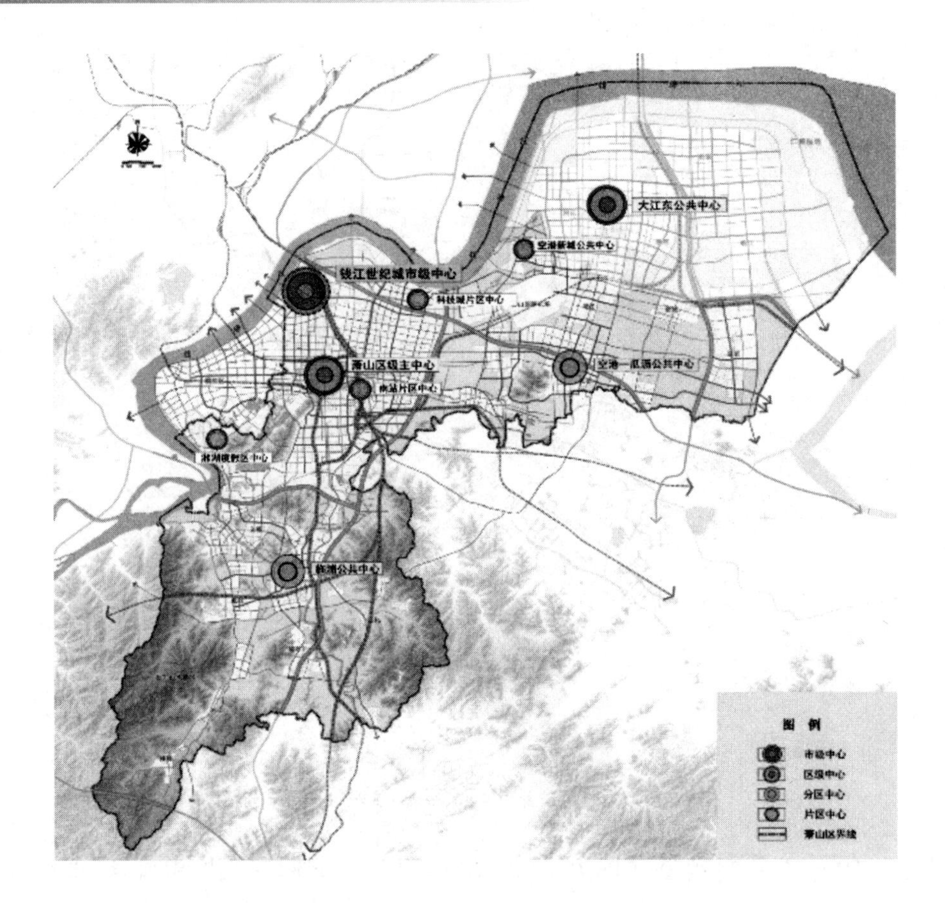

图 15-15　萧山区公共中心规划图

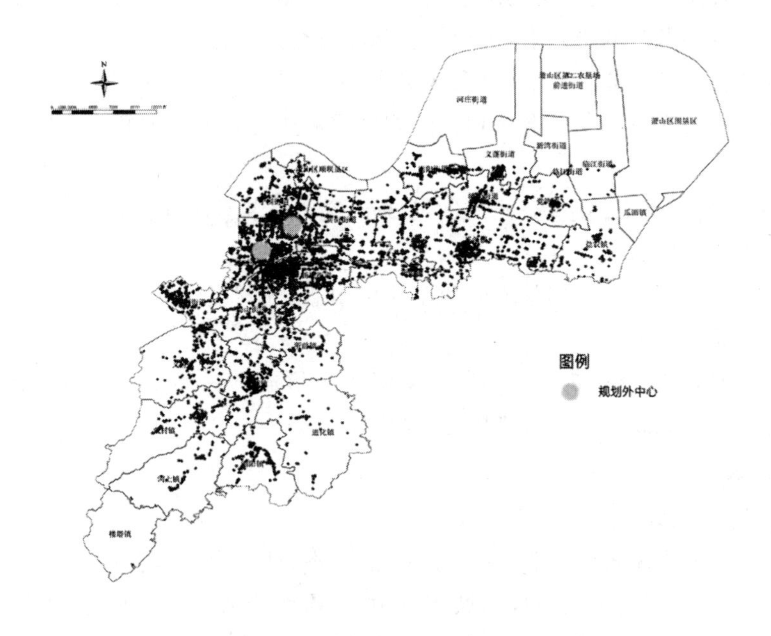

图 15-16　规划外公共中心的分布图

功能，扩大中心辐射范围使其与国际化城区定位相匹配。进一步完善位于城厢街道的市级副中心，激发作为老城区的城厢街道的活力。

(2)巩固组团中心地位

就设施的空间覆盖范围而言，中心城区各街道的设施覆盖情况较好，周边镇街则显现出设施密度下降，设施覆盖空白区面积较大的状况，尤其是在萧山南部镇街，设施缺失现象较为突出。由于其离中心城区较远，而片区中心尚未形成规模，因此这些镇的公共服务水平较低。

以瓜沥、临浦为例，两镇在萧山东部及萧山南部都各自具有显著的中心地位，但若着眼于整个萧山区范围，其辐射能力尚显不足。为此，应加快建设瓜沥和临浦的公共服务设施，补足设施短板，提升设施等级，形成与杭州市级组团中心地位相适应的公共服务设施能级水平，从而更好地推动萧山东部和南部地区的整体发展。

15.3　交通态势数据获取与分析

国内的地图服务供应商如百度地图、高德地图均提供实时路况查询服务。实时路况查询服务(又名 Traffic API)是一类 Web API 接口服务，开发者可利用该服务查询指定道路或区域的实时拥堵情况和拥堵趋势，应用于智能车载设备、交通出行类应用中。关于百度实时路况查询 API 请访问 http://lbsyun.baidu.com/index.php?title=webapi/traffic，高德的相关信息请访问 https://lbs.amap.com/api/android-sdk/guide/map-data/traffic-information。与百度相比，高德的交通态势(实时路况)查询 API 的上线时间更早一些，用户也相对更多一些。下面以高德为例，介绍交通态势数据的获取与分析。需要特别指出的是，以下的代码和可视化方法参考了 CSDN.net 网站的博文“Python 突破高德 API 限制爬取交通态势数据+GIS 可视化”。

15.3.1　交通态势数据获取

1. 前期准备

利用高德的交通态势 API，提取含有交通态势信息的矢量路网数据。

2. 安装 Python 及必要的站点包

(1)安装 Python 3，本章所使用的 Python 版本为 3.6.5。

(2)打开 cmd(见图 15-17)，使用 CD 命令将当前目录切换到 Python 3 的安装目录下的 scripts 子目录。

在提示符下先后键入以下内容，以便安装 requests、numpy 和 pandas 包：

```
pip install requests-i http://pypi.douban.com/simple—trusted-host pypi.douban.com
pip install numpy-i http://pypi.douban.com/simple—trusted-host pypi.douban.com
pip install pandas-i http://pypi.douban.com/simple—trusted-host pypi.douban.com
```

3. 申请高德开发者 KEY

(1)注册高德账号，界面如图 15-18 所示。

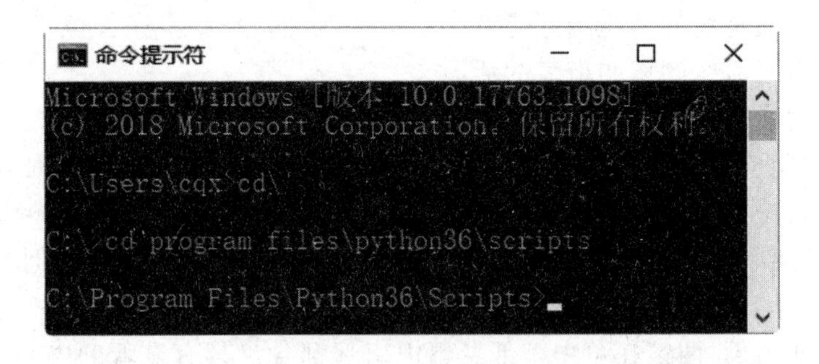

图 15-17　cmd 界面

图 15-18　高德账号注册界面

(2)访问 lbs. amap. com(高德地图 API,见图 15-19),用申请好的账号和密码登录。

4. 申请“web 服务”KEY

在用户登录后的控制台界面中(见图 15-20),点击右上角“+”按键申请面向高德开发者的“web 服务”KEY,并命名“Key 名称”(见图 15-21)。

5. 高德地图 API(交通态势查询)

根据高德提供的交通态势信息 API 文档,高德提供了三种获取交通态势信息的方式(见图 15-22):①通过设定矩形区域(传入左下角以及右上角坐标)的方式;②通过设定圆形区域的方式(设定圆心坐标和半径);③通过设定道路名称的方式。具体采用哪种方式,视应用需求而定。图 15-23 说明了如何调用高德 API 获取矩形区域的交通走势数据。(资料来源:https://lbs. amap. com/api/webservice/guide/api/trafficstatus/)

用户可使用 Python 的 requests 模块处理高德 API 的返回信息,将返回的信息数据

图 15-19　高德地图 API 界面

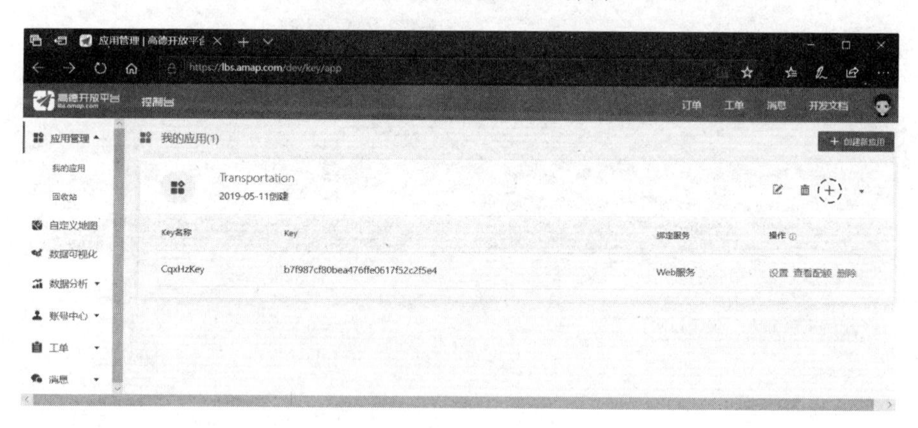

图 15-20　“Web 服务”KEY 申请入口

(JSON 格式,如图 15-24 所示)通过代码解析的方式存入 CSV 文件中,再导入 ArcGIS 中进行可视化处理。trafficinfo 数据结构如图 15-25 所示。高德 API 每次仅能搜索有限的矩形区域(对角线长度不超过 10 千米),可将研究区域划分为多个网格(见图 15-26),逐个提取网格内的数据,以便能提取整个研究区的相关数据。

6. 编写代码

```
#-*-coding: utf-8-*-
#高德交通态势数据获取
#北纬 30 度纬线圈,经差 1 度,长度为 111.3*cos30=111.3*0.866=96.3858km
#经线长度为 40000km,同一条经线上纬差为 1 度的长度是 111.1km
#lng_delta=0.01037 #相当于 1km
```

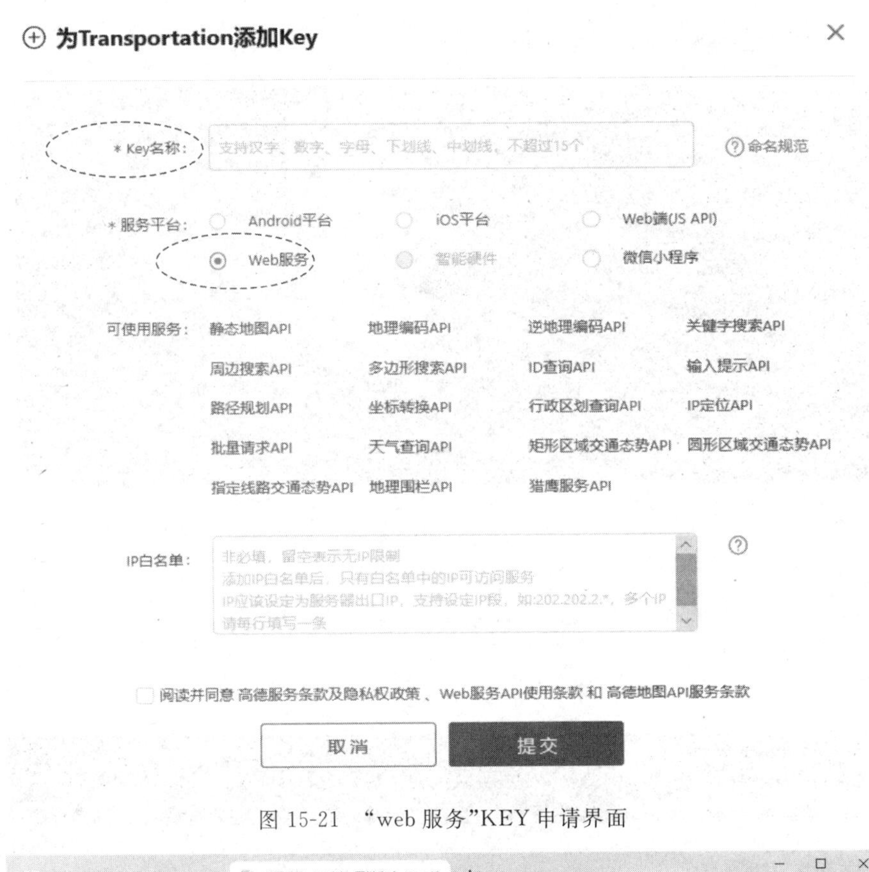

图 15-21 “web 服务”KEY 申请界面

图 15-22 交通态势数据获取说明及适用区域

矩形区域交通态势查询服务地址：

URL	https://restapi.amap.com/v3/traffic/status/rectangle?parameters
请求方式	GET

parameters代表的参数包括必填参数和可选参数。所有参数均使用和号字符(&)进行分隔。下面的列表枚举了这些参数及其使用规则。

· 请求参数

参数名	含义	规则说明	是否必填	缺省值
key	请求服务权限标识	用户在高德地图官网申请Web服务API类型KEY	必填	无
level	道路等级	指定道路等级，下面各值代表的含义： 1：高速（京藏高速） 2：城市快速路、国道(西三环、103国道) 3：高速辅路（G6辅路） 4：主要道路（长安街、三环辅路路） 5：一般道路（彩和坊路） 6：无名道路	可选	5
extensions	返回结果控制	可选值：base,all	可选	base
sig	数字签名	数字签名认证用户必填	可选	无
output	返回数据格式类型	可选值：JSON,XML	可选	JSON
callback	回调函数	callback值是用户定义的函数名称，此参数只在output=JSON时有效	可选	无
rectangle	代表此为矩形区域查询	左下右上顶点坐标对。矩形对角线不能超过10公里 两个坐标对之间用";"间隔 xy之间用","间隔 最后格式为	必填	无

图 15-23　矩形区域交通态势数据获取说明

```
#lat_delta=0.009   #相当于 1km
#事先计算需将研究区域划分为多少个网格数,每一个网格的对角线长度不大于 10 公里

import requests
import pandas as pd
import json
import time
import random
import csv

#初始 API 的 URL
url="https://restapi.amap.com/v3/traffic/status/rectangle? \
key=yourkey&&extensions=all&rectangle="
#yourkey 用你申请的 key 代替

#设定研究区外包矩形左下角坐标的经纬度值
baselng=120.128599#Hangzhou
baselat=30.225998
```

名称			含义	规则说明
status			结果状态值，值为0或1	0：请求失败；1：请求成功
info			请求状态	OK代表成功
infocode			请求状态编码	10000代表成功，其余请参见错误编码
trafficinfo			交通态势信息	
	description		路况综述	
	evaluation		路况评价	
		expedite	畅通所占百分比	
		congested	缓行所占百分比	
		blocked	拥堵所占百分比	
		unknown	未知路段所占百分比	
		status	路况	0：未知 1：畅通 2：缓行 3：拥堵 4：严重拥堵
		description	道路描述	
	roads	此为road列表 其中包含道路信息	当extensions=all时返回	
		name	道路名称	
		status	路况	0：未知 1：畅通 2：缓行 3：拥堵 4：严重拥堵
		direction	方向描述	
		angle	车行角度，判断道路正反向使用。	以正东方向为0度，逆时针方向为正， 取值范围：[0,360]
		speed	速度	单位：千米/小时
		lcodes	即locationcode的集合，是道路中某一段的id，一条路包括多个locationcode。	angle在[0-180]之间取正值，[181-359]之间取负值。
		polyline	道路坐标集，坐标集合	经度和纬度使用","分隔 坐标之间使用";"分隔。 例如：x1,y1;x2,y2

· **服务示例**

https://restapi.amap.com/v3/traffic/status/rectangle?rectangle=116.351147,39.966309;116.357134,39.968727&key=<用户的key>

图 15-24　交通态势数据含义及说明

```
#设定每个网格单元的经纬度跨度
widthlng=0.05
widthlat=0.04

x=[]  #用于储存数据
num=0 #用于标识交通态势线段
try:
```

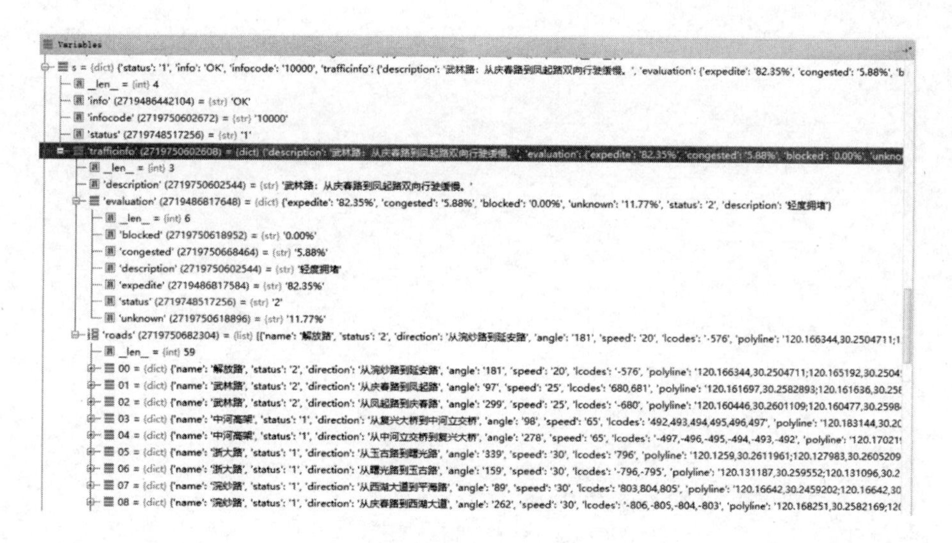

图 15-25　trafficinfo 数据结构

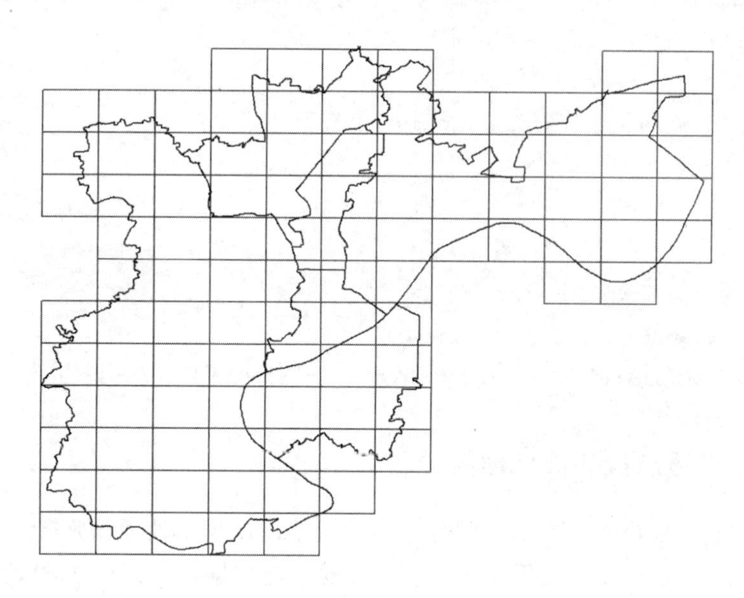

图 15-26　研究区网格划分示意图

```
#循环每个网格进行数据爬取,在这里构建了 3×3 网格
for i in range(0,3):
  #设定网格单元的左下与右上坐标的纬度值,保留 6 位小数
  startlat=round(baselat+i*widthlat,6)
  endlat=round(startlat+widthlat,6)
  for j in range(0,3):
      #设定网格单元的左下与右上坐标的经度值
      startlng=round(baselng+j*widthlng,6)
      endlng=round(startlng+widthlng,6)
      #设置 API 的 URL 并进行输出测试
```

```
        locStr=str(startlng)+","+str(startlat)+";"+str(endlng)+","+str(endlat)
            thisUrl=url+locStr
            print(thisUrl)
            #提取数据
            data=requests.get(thisUrl)
            s=data.json()
            a=s["trafficinfo"]["roads"]
            for k in range(0,len(a)):
                s2=a[k]["polyline"]
                s3=s2.split(";")
                for l in range(0,len(s3)):
                    s4=s3[l].split(",")
        x.append([a[k].get('name'),a[k].get('status'),a[k].get('speed'), num, float(s4[0]),float(s4[1])])
                    num=num+1
            time.sleep(random.randint(0,5))  # 暂停0~5秒
    except Exception  as e:
        pass

#将数据输出为CSV文件
c=pd.DataFrame(x)
c.to_csv('D:/BigRoads.csv',encoding='utf-8-sig')
```

15.3.2 交通态势数据处理与分析

下面以 2020 年杭州某个工作日为例，介绍交通态势数据的处理与分析。

(1)前期准备。执行以上代码获取相应的交通态势数据(*.csv)，打开此数据，删除第一行，以免导入 ArcGIS 时出错。

(2)交通态势信息可视化。

①打开 ArcMap，在 catalog 中将获取的 CSV 文件拖拽到 ArcMap 图形窗口中，在 Table of Contents(内容列表)中用鼠标右键单击刚刚加入的 CSV 文件，在弹出菜单中选择“Display XY Data”(显示 XY 数据)选项(见图 15-27)以加载 CSV 文件中所包含的各个交通态势点，加载这些点后的结果如图 15-28 所示。

需要注意的是，所获取的高德数据的坐标值使用的是 GCJ-02 坐标系，若要应用至实际项目中，应事先利用前面所提及的 gcj02_to_wgs84(lng, lat)函数，将其转换为 WGS84 坐标。

②在 Table of Contents(内容列表)窗口中选择所加载的交通态势点要素图层，通过右键弹出菜单项将其输出为 shape 格式或其他 ArcGIS 的内生格式。

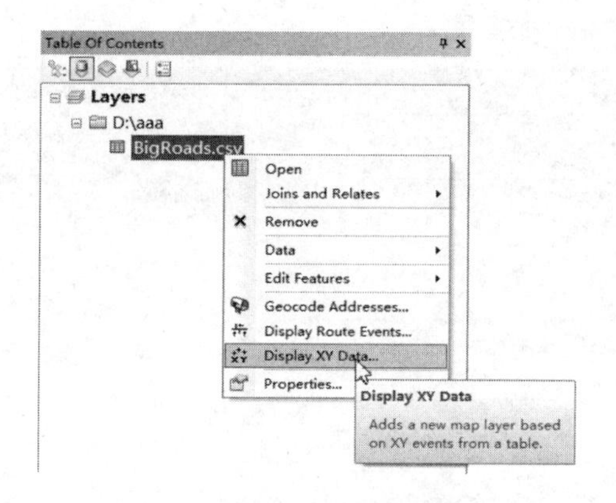

图 15-27　交通态势信息可视化操作界面

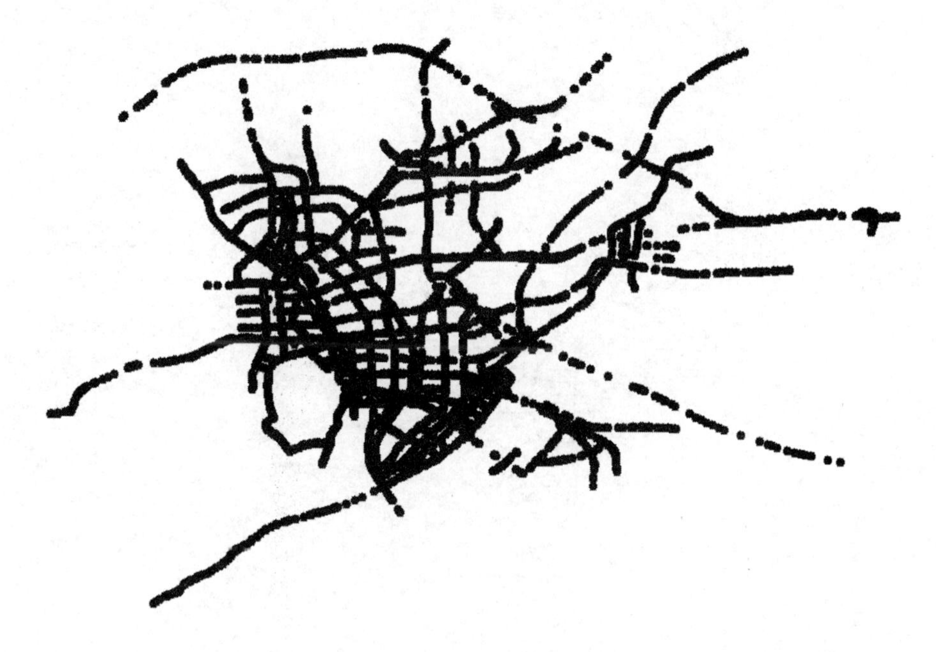

图 15-28　杭州市交通态势图

③使用“点集转线”工具(Data Management Tools→Features→Points to Line)以便将交通态势点转换为线,并按图 15-29 所示,对弹出的对话框进行设置。

前面代码所提取的交通态势点数据包含 7 个字段,各字段依次表征了点的编号、道路名称、交通拥堵指数、通行速度、道路路段编号、经度和纬度,其中 Field 5 对应了前面代码中的 num 变量,同一条道路因路况不一样,其 Field5 字段可能有多个值(编号),但是编号相同的交通态势点肯定隶属于同一条道路。完成操作后的结果如图 15-30 所示。

(3)以 Field5 作为公共字段连接生成的道路数据和原始的 CSV 表或用来转线的点文件,将通行速度、拥堵指数等信息写入道路要素的属性表中。

(4)分级渲染:在内容列表窗口中用鼠标右击路网图层,选择“Properties”>>“Symbology”>>“Graduated Colors”,根据道路的拥堵程度 *status* 字段进行分级渲染,可视化四个时段的交通拥堵状况,结果如图 5-31 所示。

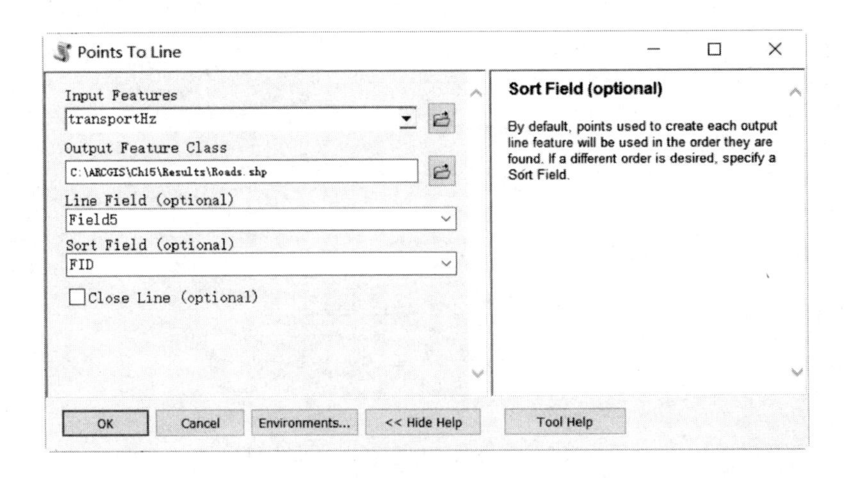

图 15-29　点集转线操作界面

图 15-30　2020 年杭州某个工作日道路交通图

从图 15-31 中可以看出，四个时段的早高峰拥堵状况总体相似，部分道路始终保持通畅，但也有部分道路拥堵状况在不同时间点呈现出明显差异。

(5)早高峰交通态势分析。将四个时间点的严重拥堵路段及长度列出，结果如表 15-2 所示。

从表 15-2 中可知，四个时段的严重拥堵路段条数比为 4∶9∶13∶21，长度比大致为 1∶2.1∶2.5∶2.3(见图 15-32)。严重拥堵路段随着时间的推移而增长，于 8∶15 时达最高峰，至 8:45 时有所下降，但仍较 8:00 之前更为拥堵。

从拥堵路段分布上看，道路拥堵程度最轻的是 7∶15，大部分道路处于通畅状态，拥堵路段主要出现在市中心偏东北的秋石快速路、绕城北高速、同协路、新风路等道路。

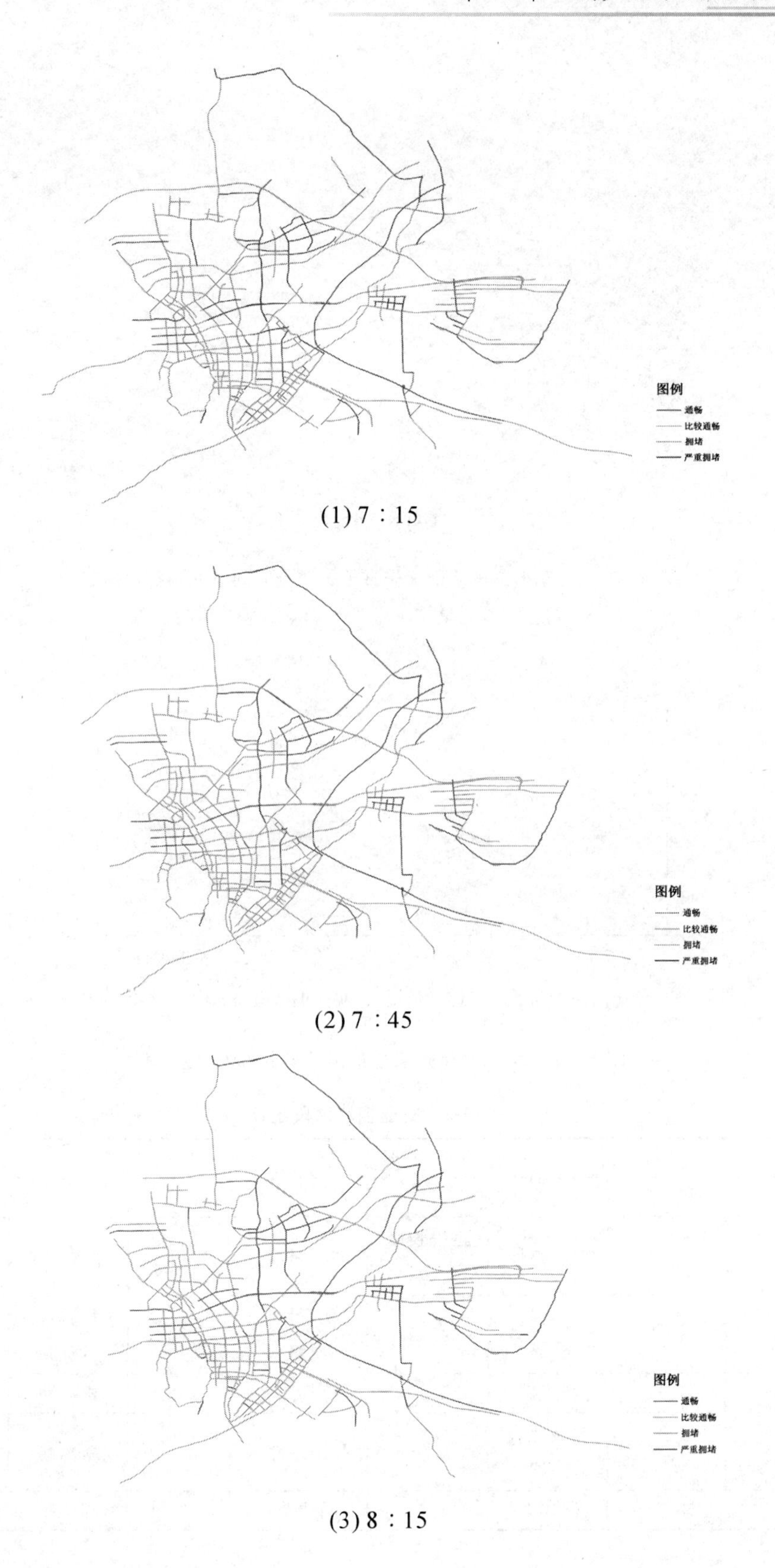

(1) 7：15

(2) 7：45

(3) 8：15

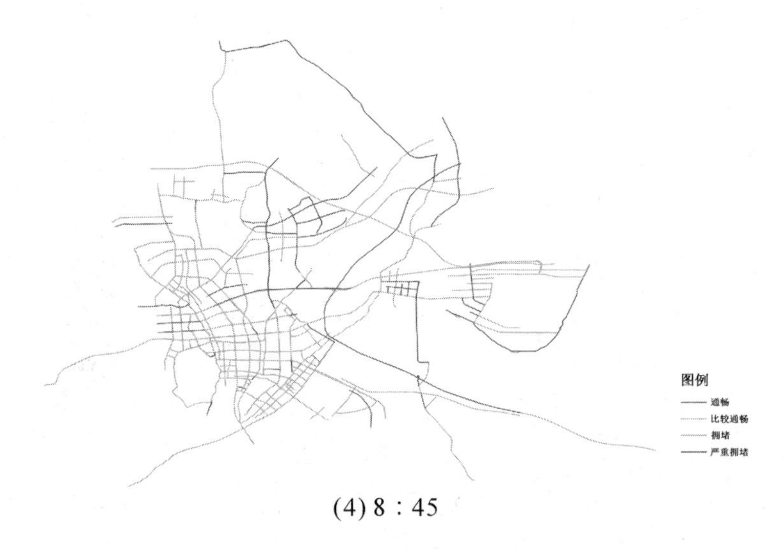

(4) 8：45

图 15-31　2020 年杭州某个工作日上午四个时间点交通拥堵状况

(1)7：15 (2)7：45 (3)8：15 (4)8：45

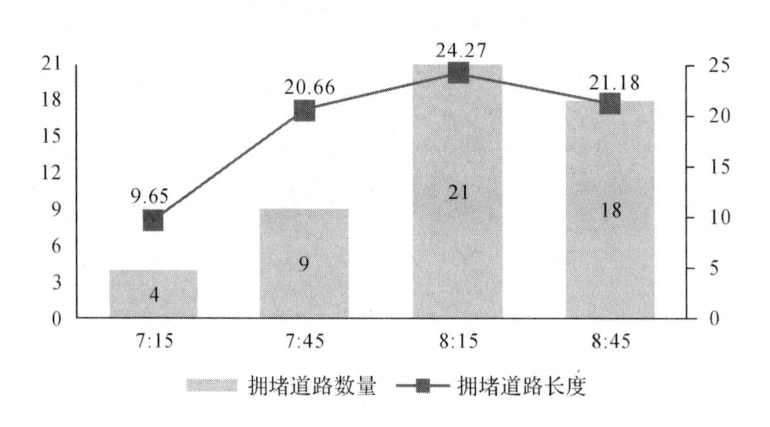

图 15-32　2020 年杭州某个工作日交通拥堵状况统计

表 15-2　交通拥堵路段统计

时点							
7:15		7:45		8:15		8:45	
拥堵路段	路段长度/km	拥堵路段	路段长度/km	拥堵路段	路段长度/km	拥堵路段	路段长度/km
秋石快速路	4.42	秋石快速路	4.42	秋石快速路	4.73	秋石快速路	4.42
新风路	1.11	新风路	1.11	机场路	1.82	机场路	2.73
绕城北线高速	3.34	绕城北线高速	9.06	艮山东路	4.71	新风路	0.67
同协路	0.78	同协路	1.41	同协路	0.78	同协路	0.78

续表

时点							
7:15		7:45		8:15		8:45	
		德胜东路	1.1	德胜东路	1.12	德胜东路	1.1
		上塘高架	1.4	秋涛北路	1.46	秋涛北路	0.95
		建国北路	1.05	建国北路	0.47	运河之江隧道	1.97
		解放东路	0.42	保俶路	1.04	保俶路	1.04
		新塘路	0.69	体育场路	0.92	体育场路	1.28
				环城西路	0.81	环城西路	0.18
				104 国道	1.09	钱江路	0.38
				凤起路	0.72	凤起路	0.64
				钱江路	0.7	绍兴路	1.35
				湖墅南路	0.61	环城北路	1.13
				教工路	0.54	教工路	0.54
				华中路	0.72	新塘路	1.08
				20 号大街	0.53	天目山路	0.59
				富春路	0.43	车站南路	0.35
				庆春路	0.38		
				文一路	0.35		
				临半路	0.34		
总计	9.65	总计	20.66	总计	24.27	总计	21.18

7∶45，8∶15，8∶45 三个时间点在不同路段上出现不同程度拥堵。相较于 7∶15，7∶45除原拥堵路段外，还出现在解放东路、建国北路、上塘高架等市区中心路段。而莫干山路、文一路、学院路等市中心北部区域拥堵缓行情况较为常见，严重拥堵路段则集中在绕城高速。

8∶15 则出现全市范围内的严重拥堵，拥堵路段在市中心、市心北部和东站的连片区域较为集中。在市心北部，以莫干山路、上塘高架、秋石快速路等南北向道路更为拥堵，秋涛北路至秋实快速路的整条道路均出现拥堵缓行。市中心内部则出现包括凤起路、体育场路、解放路在内的东西向道路部分路段的整体拥堵情况。总的来说，此时道路的拥堵呈现向市中心集聚的趋势。

8∶45 严重拥堵路段和 8∶15 相似，拥堵路段集中在市中心及其北部，拥堵道路密度较半小时前有所降低，但市区内部拥堵缓行状况仍较为严重。

交通态势数据既可用于观测某个时间点的整体交通拥堵情况，也可用于针对特定路段进行不同时间段的道路拥堵状况监测。基于交通态势数据的分析结果可为城市道路系统的优化提供决策支持。

15.4 本章小结

随着大数据、云计算、云存储等信息技术的成熟应用，城乡规划成为大数据应用的主要领域之一。大数据为城乡规划决策提供数据基础和技术支撑，推动着城乡规划精准化以及城市治理高效化发展。本章介绍了两类典型的大数据——兴趣点(POI)数据和交通态势数据的获取与分析方法。以杭州市萧山区为例，介绍了通过百度地图 API 进行查询与获取 POI 数据的具体方法，以及如何利用核密度分析等空间分析方法来探测城市空间结构。以 2020 年杭州市主城区某个工作日为例，利用高德的交通态势 API，提取了含有交通态势信息的矢量路网数据，并简要介绍了交通态势数据的处理与分析方法。通过本章的学习，读者可初步掌握城乡规划大数据的获取与分析方法。

附　　录

附录 1　工具英中对照表

3D Analyst Tools	3D 分析工具
Add Rule	添加规则
Advanced Editing	高级编辑
Align To Shape	对齐至形状
ArcToolbox	工具箱
Aspect	坡向
Auto Complete Freehand	自动完成手绘多边形
Auto Complete Polygon	自动完成多边形
Buffer	缓冲区
Calculate Geometry	计算几何
Catalog	目录
Clip	裁剪
Construct Geodetic	构造大地要素
Construct Points	构造点
Construct Polygons	构造面
Construction Tools	构造工具
Contour	等值线
Contour List	等值线序列
Contour With Barriers	含障碍的等值线
Copy Features Tool	复制要素工具
Copy Parallel	平行复制
Cost Allocation	成本分配
Cost Distance	成本距离
Create Custom Geographic Transformation	创建自定义地理(坐标)变换
Create Features	创建要素

Create Thiessen Polygons	创建泰森多边形
Create TIN	创建 TIN
Create Variable	添加变量
Curvature	曲率
Customize/Extentions	自定义/扩展模块
Cut Fill	填挖方
Cut Polygons Tool	切分面工具
Data Frame	数据框架
Data Frame Properties	数据框属性
Define Projection	定义投影
Display XY Data	显示 XY 数据
Edit	编辑
Edit TIN	编辑 TIN
Edit Vertices	编辑顶点
Editor	编辑器
Erase	擦除
Error Inspector	错误检查器
Euclidean Allocation	欧式分配
Euclidean Distance	欧氏距离
Explode Multipart Feature	拆分多部件要素
Export Map	导出地图
Extend Tool	延伸工具
Extensions	扩展
Feature to Point	要素转点
Feature To Polygon	要素转面
Feature to Raster	要素转栅格
Field Calculator	字段计算器
Fillet Tool	内圆角工具
Folder Connections	文件夹连接
Freehand	手绘
General	常规
Generalize	概化
Geoprocessing	地理处理
Georeferencing	地理配准
Geostatistical Analyst Tools	地统计分析工具

Help	帮助
Hillshade	山体阴影
Identity	标识/空间叠加
IDW	反距离权重法
Insert	插入
Int	转为整型
Interpolate Shape	插值 Shape
Intersect	相交
Join	连接
Kernel Density	核密度分析
Layer Properties	图层属性
Legend Wizard	图例向导
Line Intersection	线相交
Location-Allocation	位置分配
Merge	合并
Model	模型
ModelBuilder	模型构建器
Move	移动
Multiple Ring Buffer	多环缓冲区
Network Analyst Tools	网络分析工具
North Arrow Selector	指北针选择器
Observer Points	视点分析
Open Attribute Table	打开属性表
Project	投影
Project Raster	投影栅格
Quantities	分级渲染
Raster Calculator	栅格计算器
Raster to TIN	栅格转 TIN
Reclassify	重分类
Relate	关联
Replace Geometry Tool	替换几何工具
Reshape Feature Tool	整形要素工具
Rotate Tool	旋转工具
Scale Bar Selector	比例尺选择器
Schematics Tools	逻辑示意图工具

Select By Attribute	根据属性选择
Select By Location	根据空间位置选择
Slope	坡度
Smooth	平滑
Spatial Adjustment	空间校正
Spatial Analyst Tools	空间分析工具
Spatial Join	空间连接
Split	分割
Split Polygons	分割面
Split Tool	分割工具
Summarize	汇总
Summary Statistics	汇总统计数据
Symbology	符号系统
Symmetrical Difference	交集取反
Table of Contents	内容列表
Tabulate Area	面积制表
Terrain to TIN	Terrain 转 TIN
TIN to Raster	TIN 转栅格
To Python scripts	转为 Python 脚本
Topology	拓扑
Tracking Analyst Tools	追踪分析工具
Trim Tool	修剪工具
Turn Field Off	关闭字段
Union	联合
Update	更新
View	视图
Viewshed	视域
Visibility	可见性
Zonal Fill	区域填充
Zonal Geometry	分区几何统计
Zonal Geometry as Table	以表格显示分区几何统计
Zonal Histogram	区域直方图
Zonal Statistics	分区统计
Zonal Statistics as Table	以表格显示分区统计

附录2　工具中英对照表

3D分析工具	3D Analyst Tools
Terrain转TIN	Terrain to TIN
TIN转栅格	TIN to Raster
帮助	Help
比例尺选择器	Scale Bar Selector
编辑	Edit
编辑TIN	Edit TIN
编辑顶点	Edit Vertices
编辑器	Editor
标识/空间叠加	Identity
擦除	Erase
裁剪	Clip
插入	Insert
插值Shape	Interpolate Shape
拆分多部件要素	Explode Multipart Feature
常规	General
成本分配	Cost Allocation
成本距离	Cost Distance
窗口	Window
创建TIN	Create TIN
创建泰森多边形	Create Thiessen Polygons
创建要素	Create Features
创建自定义地理(坐标)变换	Create Custom Geographic Transformation
错误检查器	Error Inspector
打开属性表	Open Attribute Table
导出地图	Export Map
等值线	Contour
等值线序列	Contour List
地理处理	Geoprocessing
地理配准	Georeferencing
地统计分析工具	Geostatistical Analyst Tools
定义投影	Define Projection

对齐至形状	Align To Shape
多环缓冲区	Multiple Ring Buffer
反距离权重法	IDW
分割	Split
分割工具	Split Tool
分割面	Split Polygons
分级渲染	Quantities
分区几何统计	Zonal Geometry
分区统计	Zonal Statistics
符号系统	Symbology
复制要素工具	Copy Features Tool
概化	Generalize
高级编辑	Advanced Editing
根据空间位置选择	Select By Location
根据属性选择	Select By Attribute
更新	Update
构造大地要素	Construct Geodetic
构造点	Construct Points
构造工具	Construction Tools
构造面	Construct Polygons
关闭字段	Turn Field Off
关联	Relate
含障碍的等值线	Contour with Barriers
合并	Merge
核密度分析	Kernel Density
缓冲区	Buffer
汇总	Summarize
汇总统计数据	Summary Statistics
计算几何	Calculate Geometry
交集取反	Symmetrical Difference
可见性	Visibility
空间分析工具	Spatial Analyst Tools
空间连接	Spatial Join
空间校正	Spatial Adjustment
扩展	Extensions

连接	Join
联合	Union
逻辑示意图工具	Schematics Tools
面积制表	Tabulate Area
模型	Model
模型构建器	ModelBuilder
目录	Catalog
内容列表	Table of Contents
内圆角工具	Fillet Tool
欧氏距离	Euclidean Distance
欧式分配	Euclidean Allocation
平行复制	Copy parallel
平滑	Smooth
坡度	Slope
坡向	Aspect
切分面工具	Cut Polygons Tool
区域填充	Zonal Fill
区域直方图	Zonal Histogram
曲率	Curvature
山体阴影	Hillshade
视点分析	Observer Points
视图	View
视域	Viewshed
手绘	Freehand
数据框	Data Frame Properties
数据框架	Data Frame
替换几何工具	Replace Geometry Tool
添加变量	Create Variable
添加规则	Add Rule
填挖方	Cut Fill
投影	Project
投影栅格	Project Raster
图层属性	Layer Properties
图例向导	Legend Wizard
拓扑	Topology

网络分析工具	Network Analyst Tools
位置分配	Location-Allocation
文件夹连接	Folder Connections
显示 XY 数据	Display XY Data
线相交	Line Intersection
相交	Intersect
修剪工具	Trim Tool
旋转工具	Rotate Tool
延伸工具	Extend Tool
要素转点	Feature to Point
要素转面	Feature To Polygon
要素转栅格	Feature to Raster
移动	Move
以表格显示分区几何统计	Zonal Geometry as Table
以表格显示分区统计	Zonal Statistics as Table
栅格计算器	Raster Calculator
栅格转 TIN	Raster to TIN
整形要素工具	Reshape Feature Tool
指北针选择器	North Arrow Selector
重分类	Reclassify
转为 Python 脚本	To Python scripts
转为整型	Int
追踪分析工具	Tracking Analyst Tools
自定义/扩展模块	Customize/Extentions
自动完成多边形	Auto Complete Polygon
自动完成手绘多边形	Auto Complete Freehand
字段计算器	Field Calculator

附录3　重要概念中英对照表

Web墨卡托投影	Web Mercator
阿尔伯斯正轴等面积割圆锥投影	Albers Equal-Area Conic
比例范围	Scale Range
边捕捉	Edge-Snap
边线	Edges
边线连通性	Connectivity Policies
变换-仿射	Transformation-Affine
变换-投影	Transformation-Projective
变换-相似	Transformation-Similarity
表面分析	Surface
不规则三角网	TIN
不能相交或内部接触	Must Not Intersect Or Touch Interior
不能有伪结点	Must Not Have Pseudo Nodes
不能有悬挂点	Must Not Have Dangles
布局视图	Layout View
成本	Cost
城市信息模型	City Information Model
大地基准面	Datum
大数据	Big Data
单位	Units
等级	Hierarchy
地理数据库	GeoDatabase
地理信息服务	Geographic Information Service
地理信息科学	Geographic Information Science
地理信息系统	Geographic Information System
地理坐标系	Geographic Coordinate System
叠置分析	Spatial Overlay Analysis
端点	End points
多要素综合分析	Multi-factor Comprehensive Analysis
二阶多项式变换	2nd Order Polynomial
高程坐标系	Z Coordinate System
高斯-克吕格投影	Gauss-Kruger (Projection)
缓冲区分析	Buffer Analysis
汇	Sink

集成度	Integration Value
集成开发环境	IDE
几何网络	Geometric Network
建筑信息模型	Building Information Modeling
交点处连通	Override
交汇点	Junctions
交通网络	Transportation Network
空间查询	Spatial Query
空间关系查询	Spatial Relationship Query
空间句法	Space Syntax
空间数据	Spatial Data
空间坐标	Space Coordinates
控制值	Control Value
兰勃特等角正轴割圆锥投影	Lambert Conformal Conic (Projection)
连接值	Connectivity Value
邻近分析	Near Analysis
邻域分析	Neighbor Analysis
零阶多项式变换(平移)	Zero Order Polynomial(Only shift)
描述	Description
描述符	Descriptor
名称	Name
墨卡托投影	Mercator (Projection)
平面定位坐标系	XY Coordinate System
区域分析	Zonal
全球定位系统	Global Positioning System
任意节点	Any vertexes
三阶多项式变换	3rd Order Polynomial
三维分析	3D Analyst
三维模型分析	3D Model Analysis
设施网络	Utility Network
深度值	Depth Value
实时路况查询服务	Traffic API
矢量数据	Vector data
使用限制	Use limitation
属性数据	Attribute data
属性数据查询	Attribute Data Query
数据表	Data Sheet
数据类型	Data type

数据视图	Data View
数字地形高程分析	Digital Terrain Elevation Analysis
数字地形模型	Digital Terrain Model,DTM
数字高程模型	Digital Elevation Model,DEM
特征提取	Feature extraction
通用墨卡托投影	Universal Transverse Mercator,UTM
投影变换	Projective Transformation
投影坐标系	Projection Coordinate System
凸空间法	Convex Analysis
拓扑	Topology
拓扑叠加	Topological overlay
网络分析	Network Analysis
网络数据集	Network Datasets
限制	Restriction
项目描述	Item Description
橡皮页变换	Rubbersheet (Transformation)
校正	Adjust
形态变量	Morphology variable
兴趣点	Point of Interest
虚拟现实	Virtual Reality
样条函数变换	Spline
遥感	Remote Sensing
要素类	Feature Class
要素数据集	Feature Datasets
要素子类	Subtype
一阶多项式变换(仿射)	1st Order Polynomial(Affine)
应用程序编程接口	Application Programming Interface
用途	Usage
源	Source
栅格大小	Cell Size
栅格数据	Raster data
摘要	Summary
制作者名单	Credits
主菜单	Main Menu
转弯	Turns
转弯成本表	Turn table
阻抗	Impedance

附录 4　ArcPy 函数列表

函数名称	类别
AcceptConnections	地理数据库管理
AddDataStoreItem	数据存储
AddError	消息和错误处理
AddFieldDelimiters	字段
AddIDMessage	消息和错误处理
AddMessage	消息和错误处理
AddReturnMessage	消息和错误处理
AddToolbox	工具和工具箱
AddWarning	消息和错误处理
AlterAliasName	常规
AsShape	Geometry
CheckExtension	许可授予和安装
CheckInExtension	许可授予和安装
CheckOutExtension	许可授予和安装
CheckProduct	许可授予和安装
ClearCredentials	ArcGIS Online/Portal
ClearEnvironment	环境和设置
Command	常规
CopyParameter	获取和设置参数
CreateObject	常规
CreateGeocodeSDDraft	发布
CreateGPSDDraft	发布
CreateImageSDDraft	发布
CreateRandomValueGenerator	常规
CreateScratchName	常规数据函数
CreateUniqueName	常规数据函数
DecryptPYT	工具和工具箱
Describe	描述数据
DisconnectUser	地理数据库管理
EncryptPYT	工具和工具箱
Exists	常规数据函数
FromCoordString	Geometry

FromGeohash	Geometry
FromWKB	Geometry
FromWKT	Geometry
GetActivePortalURL	ArcGIS Online/Portal
GetArgumentCount	获取和设置参数
GetIDMessage	消息和错误处理
GetInstallInfo	许可授予和安装
GetLogHistory	日志历史
GetMaxSeverity	消息和错误处理
GetMessage	消息和错误处理
GetMessageCount	消息和错误处理
GetMessages	消息和错误处理
GetParameter	获取和设置参数
GetParameterAsText	获取和设置参数
GetParameterCount	获取和设置参数
GetParameterInfo	获取和设置参数
GetParameterValue	获取和设置参数
GetPortalDescription	ArcGIS Online/Portal
GetPortalInfo	ArcGIS Online/Portal
GetReturnCode	消息和错误处理
GetSeverity	消息和错误处理
GetSeverityLevel	消息和错误处理
GetSigninToken	ArcGIS Online/Portal
GetSystemEnvironment	环境和设置
ImportCredentials	ArcGIS Online/Portal
ImportToolbox	工具和工具箱
InsertCursor	游标
IsSynchronous	工具和工具箱
ListDatasets	列出数据
ListDataStoreItems	数据存储
ListEnvironments	环境和设置
ListFeatureClasses	列出数据
ListFields	列出数据
ListFiles	列出数据
ListIndexes	列出数据
ListInstallations	许可授予和安装
ListPortalURLs	ArcGIS Online/Portal

ListPrinterNames	常规
ListRasters	列出数据
ListSpatialReferences	空间参考和变换
ListTables	列出数据
ListToolboxes	工具和工具箱
ListTools	工具和工具箱
ListTransformations	空间参考和变换
ListUsers	地理数据库管理
ListVersions	列出数据
ListWorkspaces	列出数据
NumpyArrayToRaster	栅格
ParseFieldName	字段
ParseTableName	常规数据函数
ProductInfo	许可授予和安装
RasterToNumPyArray	栅格
RemoveDataStoreItem	数据存储
RemoveToolbox	工具和工具箱
ResetEnvironments	环境和设置
ResetProgressor	进度对话框
SearchCursor	游标
SetLogHistory	日志历史
SetParameter	获取和设置参数
SetParameterAsText	获取和设置参数
SetParameterSymbology	获取和设置参数
SetProduct	许可授予和安装
SetProgressor	进度对话框
SetProgressorLabel	进度对话框
SetProgressorPosition	进度对话框
SetSeverityLevel	消息和错误处理
SignInToPortal	ArcGIS Online/Portal
TestSchemaLock	常规数据函数
UpdateCursor	游标
Usage	常规
ValidateDataStoreItem	数据存储
ValidateFieldName	字段
ValidateTableName	常规数据函数